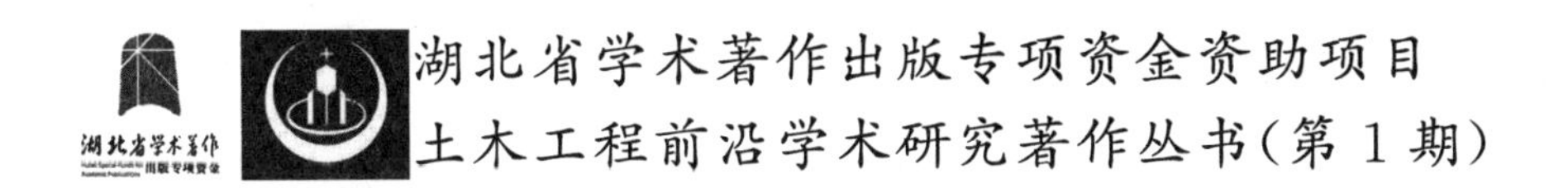

钢结构平面内稳定理论

（上册）

张文福 著

武汉理工大学出版社
·武 汉·

图书在版编目(CIP)数据

钢结构平面内稳定理论(上册)/张文福著.—武汉:武汉理工大学出版社,2018.12
ISBN 978-7-5629-5694-5

Ⅰ.①钢… Ⅱ.①张… Ⅲ.①钢结构-结构稳定性-研究生-教材 Ⅳ.①TU391

中国版本图书馆CIP数据核字(2017)第331435号

项目负责人:杨万庆 高 英 汪浪涛 **责任编辑**:王一维 高 英
责任校对:雷 芳 **封面设计**:橙 子
出版发行:武汉理工大学出版社
地　　址:武汉市洪山区珞狮路122号
邮　　编:430070
网　　址:http://www.wutp.com.cn
经 销 者:各地新华书店
印 刷 者:武汉中远印务有限公司
开　　本:787×1092 1/16
印　　张:21.25
字　　数:585千字
版　　次:2018年12月第1版
印　　次:2018年12月第1次印刷
定　　价:90.00元
凡购本书,如有缺页、倒页、脱页等印装质量问题,请向出版社发行部调换。
本社购书热线电话:027-87391631 87664138 87785758 87165708(传真)

前　言

本书源自于作者在东北石油大学的研究生教学实践和相关科学研究工作的积累。

全书分为上、下两册。上册为钢结构平面内稳定理论，第一部分介绍 Euler 柱的数学力学模型：微分方程模型和能量变分模型，Euler 柱模型在有限元、转角-位移法、框架屈曲简化分析方法和非保守力下屈曲的应用；第二部分介绍 Timoshenko 柱模型的理论基础，微分方程模型和能量变分模型，Timoshenko 柱模型在有限元、转角-位移法、格构柱以及高层框架-剪力墙等体系屈曲分析中的应用。下册为钢结构平面外稳定理论，第一部分介绍 Kirchhoff 薄板屈曲的微分方程模型和能量变分模型，刚周边假设下其组合扭转与弯扭屈曲的板-梁理论；第二部分介绍薄壁构件组合扭转、钢柱和钢梁弯扭屈曲及畸变屈曲的板-梁理论，弹性支撑钢梁的弯扭屈曲分析。

本书是为适应土木工程学科研究生教学需要而编写，与经典稳定理论著作和教材相比，本书既注重梁、板和薄壁构件力学模型之间的区别，更注重它们的联系，据此作者提出了薄壁构件组合扭转和弯扭屈曲的板-梁理论，为解决钢-混凝土组合结构、空翼缘钢梁等复杂构件的组合扭转和弯扭屈曲问题奠定了理论基础；同时，相关的理论推导较为详尽，既可满足研究生开展相关科学研究的需要，也可满足高年级本科生和工程师的自学需求。书中部分 matlab 程序的源代码大多以二维码的形式出现，读者可直接用微信扫码下载阅读。

在该书的成稿过程中，要感谢国家自然科学基金（51178087，51578120）、黑龙江省自然科学基金（A9915，E200811）、南京工程学院科研基金（YKJ201617）等项目的资助；感谢在东北石油大学工作期间，校院提供的科研平台及课题组成员计静、刘迎春、刘文洋、陈克珊、柳凯议、邓云、任亚文、梁文锋、谭英昕、李明亮、王总、侯贵兰、谢丹、常亮等在数值模拟和试验验证方面所做大量出色的基础工作；感谢南京工程学院宗兰、黄斌、章丛俊、过轶青、于旭等同事的热情鼓励与帮助；感谢高英编辑及其同事，她们的专业水准及敬业态度保证了出版的进度与质量；还要特别感谢我的夫人赵文艳女士，她的默默付出和深情鼓励是我科研之舟的不竭动力，她对书稿高效认真的校对及润色完善使得该书能得以如期付梓完成。

此外，我更要衷心感谢我的导师钟善桐先生，先生严谨治学和勇于创新的精神时刻鞭策和激励我前行，谨以此书纪念钟善桐先生诞辰 100 周年！

此书仅是作者目前对钢结构稳定理论的认识，疏漏在所难免，敬请各位读者不吝赐教！作者的邮箱为zhang_wenfu@njit. edu. cn。

张文福

2018.4 于英国帝国理工学院

目　录

第二版编审人员名单

主　编　南京农业大学　郭世荣

副主编（按单位名称笔画排序）

山东农业大学　王秀峰

沈阳农业大学　李天来

南京农业大学　孙　锦

编　者（按单位名称笔画排序）

山东农业大学　王秀峰　魏　珉

山西农业大学　温祥珍

中国农业科学院　蒋卫杰

内蒙古大学　陈贵林

北京市农林科学院　刘　伟

西北农林科技大学　李建明　胡晓辉

西南大学　罗庆熙

华南农业大学　刘士哲

安徽农业大学　汪　天

沈阳农业大学　李天来　孙红梅　杨延杰

河北工程大学　王丽萍

河北农业大学　高洪波

河南农业大学　孙治强

南京农业大学　郭世荣　吴　震　房伟民　孙　锦　吴　健

浙江农林大学　朱祝军　樊怀福

审　稿　南京农业大学　李式军

第一版编审人员名单

主　　编　郭世荣（南京农业大学）

副 主 编（按单位名称笔画排序）

王秀峰（山东农业大学）

李天来（沈阳农业大学）

吴　震（南京农业大学）

参编人员　王秀峰　魏　珉（山东农业大学）

温祥珍（山西农业大学）

黄丹枫（上海交通大学）

高丽红（中国农业大学）

蒋卫杰（中国农业科学院）

邹志荣（西北农林科技大学）

刘士哲（华南农业大学）

罗庆熙（西南农业大学）

汪　天（安徽农业大学）

李天来　孙红梅　杨延杰（沈阳农业大学）

陈贵林　任良玉（河北农业大学）

孙治强（河南农业大学）

郭世荣　吴　震　石海仙

王广东　房伟民　翁忙玲

刘　伟　吴　健（南京农业大学）

朱祝军（浙江大学）

审　　稿　郑光华（中国农业科学院）

李式军（南京农业大学）

第二版前言

《无土栽培学》教材自2003年初版以来，已近9年，在此期间，由于国内外现代农业和设施农业的飞速发展，无土栽培技术取得了长足的进步和越来越广泛的应用。因此，亟须对本教材的内容进行必要的补充、修订和完善。

第二版基本保持初版的原有体系与基本内容，主要增补了近年来成熟的新技术和新成果等，在体例结构和文字上作了认真的调整与修改，使之更好地理论联系实际，利于教学与参考。新版对无土栽培技术的新进展、无土栽培理论与实践的紧密结合、新型固体基质的研发和应用、无土栽培环境调控设备的应用、新型水培设施及技术、新型固体基质培设施及技术、无土栽培与有机农业等内容进行了重点补充和完善。

本教材修订原则上仍以初版原执笔者各自修订相关章节为主，个别进行了调整。具体修订分工按章次序分别为：第一章 郭世荣；第二章 李天来、孙红梅、杨延杰；第三章 朱祝军、樊怀福；第四章 刘士哲；第五章 罗庆熙、郭世荣；第六章 温祥珍；第七章 魏珉、王秀峰；第八章 郭世荣、刘伟、高洪波；第九章 孙治强、蒋卫杰；第十章 吴震、李建明、胡晓辉；第十一章 房伟民、王丽萍、汪天；第十二章 蒋卫杰、郭世荣；第十三章 陈贵林、房伟民、吴健；实验指导 汪天、孙锦。全书由郭世荣和孙锦统稿。本书承蒙南京农业大学李式军教授审稿，并提出许多宝贵的修改意见；在修订过程中收到汪晓云先生等提供的宝贵资料和图片，收到许多读者和使用单位提出的建设性修改意见，使本教材更实用；还有为本书编写提供丰富的参考文献，而未能一一列出姓名的国内外学者和专家；修订中得到各参编单位的大力支持与合作，在此一并谨致衷心的感谢。

无土栽培学作为一门多学科交叉的边缘科学体系，属农业应用性学科，我们在编写过程中始终以“基本”和“新”为原则，力求做到理论联系实际，注重教材的先进性和实用性。但由于编者水平所限，缺点错误在所难免，恳请读者不吝赐教，以便再版时及时修正。

编　者

2011年4月

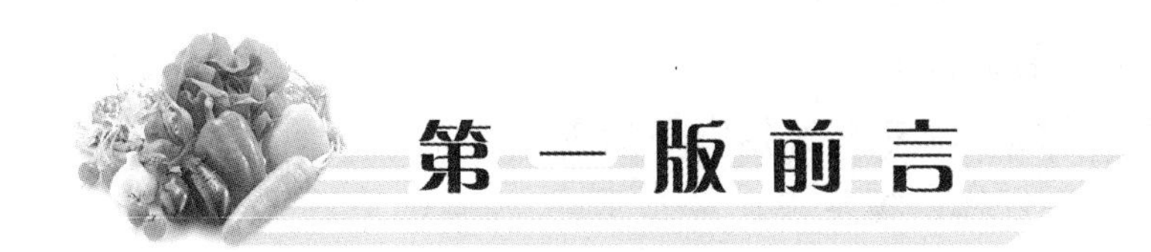

第一版前言

无土栽培作为一项农业高新技术已走过140余年的发展历程，和生物技术一起被列为20世纪对农业生产影响较大，引起人们广泛关注的两项具有划时代意义的高科技农业新技术。无土栽培技术的形成极大地拓宽了农业生产的空间，使沙漠、荒滩、海岛、盐碱地、南北极等不毛之地的作物生产变成了现实；使家庭绿化更方便、洁净、易行。进入20世纪80年代以后，随着塑料工业、仪器仪表、信息技术、温室制造和自动化环境控制技术等的迅速发展，加之人们对植物生理代谢、生长发育规律等方面的深入研究和认识，使无土栽培技术的进步日新月异，许多发达国家已逐步达到了无土栽培的集约化、现代化、自动化、工厂化生产和高产、优质、高效、低耗的目的，无土栽培已成为许多国家设施园艺的关键技术并被广泛采用，使设施园艺作物的产量和品质大幅度提高，生态环境保护得到保障，以无土栽培技术为核心的植物工厂在世界各地相继建成，仅日本1999年登记在册正常运行的植物工厂就达40余处；无土栽培已成为太空中生产绿色植物产品唯一的有效途径，无土栽培的优越性和重要性已被世人所公认，无土栽培技术的发展水平和应用程度已成为世界各国农业现代化水平的重要标志之一。

我国无土栽培技术自20世纪80年代以来，随着国际交流和旅游业的发展以及世界无土栽培技术的发展已得到了飞速的进步。农业部、科技部和各地政府设立了一系列有关无土栽培技术的重点研究课题，通过国外引进、消化吸收，结合国情研究出适应我国不同气候区、不同档次的一系列无土栽培生产设施和相应的管理技术；尤其是近年来国家级、省市级大量农业高科技示范园区的建立，加之无公害优质农产品市场的形成和大量出口农产品生产的需要，大大促进了无土栽培技术的推广应用，已形成许多规模化经营、产业化生产的无土栽培基地。无土栽培技术是国外高新技术在我国率先实现国产化、实用化，并大面积推广应用的高科技农业技术的范例。1992年由连兆煌教授和李式军教授等组织编写的我国第一部无土栽培方面的高校教材——《无土栽培原理与技术》，对我国无土栽培技术的研究开发和应用做出了历史性的贡献。目前，随着社会、科技、生产、市场、经济发展和人才培养的需要，急需一本能紧跟时代发展要求、集中反映近年来国内外无土栽培技术的新理论、新成果、新技术、新动态的教科书。因此，组织国内长期从事无土栽培教学、科研、生产第一线的中青年骨干专家、学者编写了这本普通高等教育“十五”国家规划教材，以满足社会发展的需要。

根据参编人员的学术专长安排编写任务，按章节次序分别为：第一章 郭世荣；第二章 李天来、孙红梅、杨延杰；第三章 朱祝军；第四章 石海仙、郭世荣、刘士哲、黄丹枫；第五章 罗庆熙；第六章 温祥珍、郭世荣；第七章 魏珉、王秀峰；第八章 郭世荣、翁忙玲、刘伟、汪天；第九章 孙治强；第十章 高丽红、吴震；第十一章 王广东、房伟民、邹志荣；第十二章 陈贵林、吴健、任良玉；第十三章 蒋卫杰、郭世荣；实验指导 汪天、郭世荣。全书由郭世荣教授统稿。本书承蒙南京农业大学李式军教授、中国农业科学院郑光华教授审稿，并提出许多宝贵的修改意见，在编写过程中得到各参编单位大力支持与合作，在此一并谨致衷心的感谢。

无土栽培学作为一门多学科交叉的边缘科学体系，属农业应用性学科，我们在编写过程中以“基本”和“新”为原则，力求做到理论联系实际，注重教材的先进性和实用性。但由于编者水平所限，缺点错误在所难免，恳请读者不吝赐教，以便再版时修改完善。

编　者

2002年9月

目录

第一章 概 述

无土栽培作为植物培植高新技术已在设施作物生产、城市绿化和家庭植物栽培等领域广泛采用，有必要了解无土栽培技术的基本概念、分类、历史、现状、特点、应用和展望等，以便学习和掌握无土栽培的基本理论和方法。

第一节 无土栽培及其分类

一、无土栽培与无土栽培学

无土栽培（soilless culture，hydroponics，solution culture）是指不用天然土壤，而用营养液或固体基质加营养液等栽培作物的方法。营养液或固体基质代替天然土壤向作物提供良好的水、肥、气、热等根际环境条件，使作物完成从苗期开始的整个生命周期。无土栽培必须具有独立的栽培系统，作物整个生育期（含育苗期）不接触土壤。过去甚至目前日本、英国等国家的一些学者认为无土栽培主要指营养液栽培，所以无土栽培有时又被称为营养液栽培、水耕、水培、溶液栽培、养液栽培等。近20年来，我国广泛推广应用有机基质培无土栽培技术，用含有一定营养成分的有机型基质作载体，栽培过程中浇灌低浓度营养液或阶段性浇灌营养液，有时完全不用营养液而施用有机固体肥料并进行合理灌水（有机生态型无土栽培），大大降低了一次性投资和生产成本，简化了操作技术。

无土栽培学是研究无土栽培技术原理、栽培方式和管理技术的一门综合性的应用科学。它是现代农业新技术与生物科学、作物栽培学相结合的一门边缘学科，要学好无土栽培学必须掌握现代生物科学技术、信息技术、环境工程技术、材料科学技术以及农业经济与经营管理等相关知识与理论基础，并紧密结合生产实践，通过实际观察和操作，才能了解和掌握无土栽培的原理及技术。

二、无土栽培的分类

无土栽培从早期的试验研究开始至今已有100多年的历史。它从实验室走向大规模的商品化生产应用过程中，已从19世纪中期德国科学家萨克斯（Sachs）和克诺普（Knop）的无土栽培基本模式（图1-1），发展到目前种类繁多的无土栽培类型和方法。很多人从不同角度对无土栽培进行过分类，但要进行科学、详细的分类比较困难，现在比较通用的分类方法为依栽培床是否使用固体的基质材料，将其分为非固体基质栽培和固体基质栽培两大类型，进而根据栽培技术、设施构造和固定植株根系的材料不同又分为多种类型（图 1-2）。

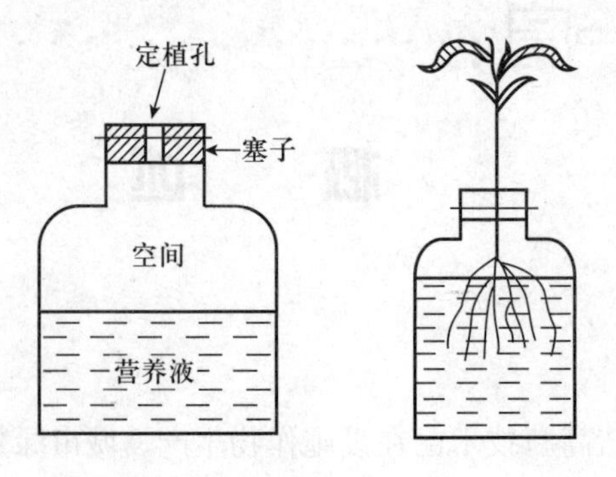

图 1-1　Sachs 和 Knop 的水培装置图

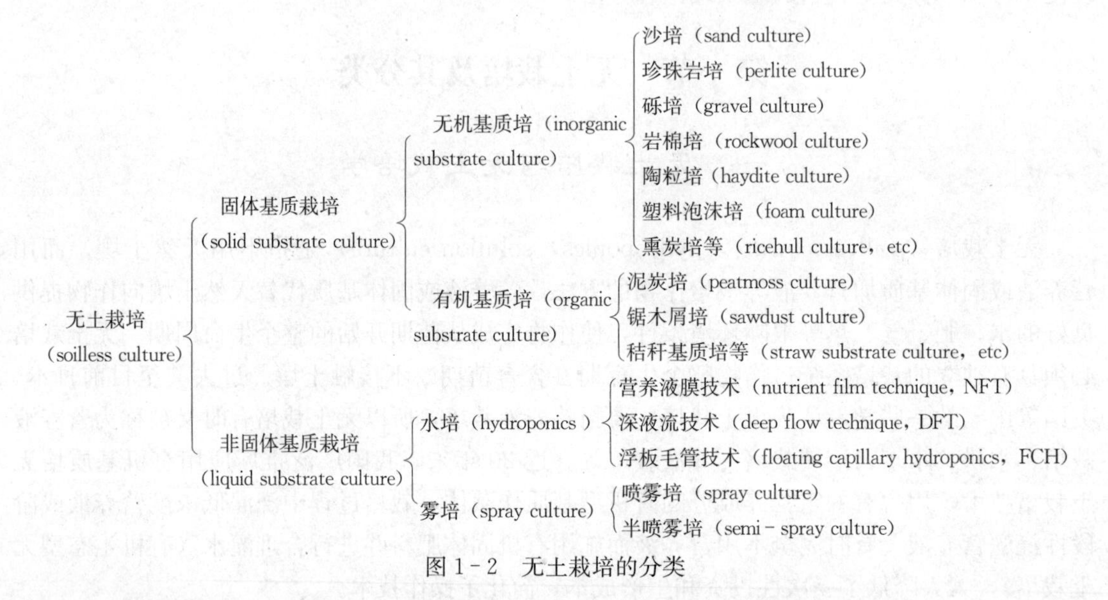

图 1-2　无土栽培的分类

1. 非固体基质栽培　非固体基质无土栽培是指根系直接生长在营养液或含有营养成分的潮湿空气之中，根际环境中除了育苗时用固体基质外，一般不使用固体基质。它又可分为水培和雾培两种类型。

（1）水培　水培是指作物根系直接生长在营养液液层中的无土栽培方法。它又可根据营养液液层的深度不同分为多种形式：以 1～2 cm 的浅层流动营养液来种植作物的营养液膜技术（nutrient film technique，NFT）；液层深度为 4～10 cm 的深液流技术（deep flow technique，DFT）；在 5～6 cm 深的营养液液层中放置一块上铺无纺布的泡沫板，部分根系生长在湿润的无纺布上的浮板毛管技术（floating capillary hydroponics，FCH）；还有以早期格里克（W. F. Gericke）开发应用的"水培植物设施"为代表的半基质栽培（图 1-3），它实际为水培的一种形式。

（2）雾培　雾培又称为喷雾培或气培，它是将营养液用喷雾的方法直接喷到作物根系上。根系悬空在一个容器中，容器内部装有自动定时喷雾装置，每隔一段时间将营养液从喷头中以雾状的形式喷洒到植物根系表面，同时解决了根系对养分、水分和氧气的需求。由于雾培设备投资大，管理不甚方便，而且根系温度易受气温影响，变幅较大，对控制设备要求较高，生产上很少应用。雾培中还有一种类型是有部分根系生长在浅层的营养液层中，另一部分根系生长在雾状营养液空间，称为半雾培。也可把半雾培看做是水培的一种。

2. 固体基质栽培　固体基质无土栽培简称基质培，它是指作物根系生长在各种天然或人工合成的固体基质环境中，通过固体基质固定根系，并向作物供应营养、水分和氧气的方法。基质培可很好地协调根际环境的水、气矛盾，且投资较少，便于就地取材进行生产，为我国目前无土栽培的主要形式。

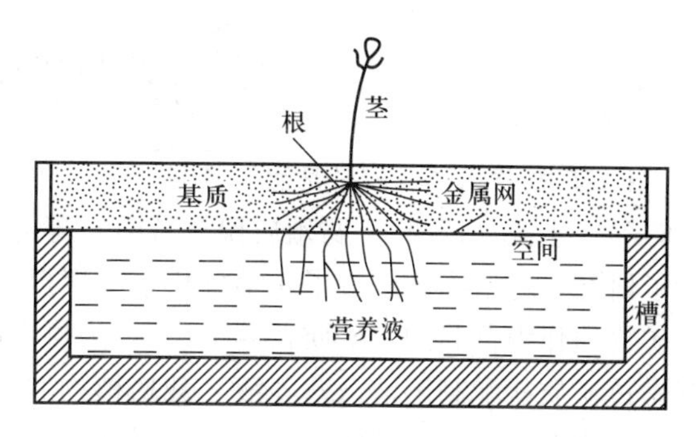

图 1－3　格里克的“水培植物设施”

基质培可根据选用的基质不同而分为不同类型，例如以泥炭、秸秆、醋糟、树皮、椰子纤维等有机基质为栽培基质的基质培称为有机基质培，还有岩棉培、沙培、砾培等无机基质培。

基质培也可根据栽培形式的不同而分为槽式基质培、袋式基质培和立体基质培。槽式基质培是指将栽培用的固体基质装入一定容器的种植槽中以栽培作物的方法，一般有机基质培和容重较大的重基质多采用槽式基质培；袋式基质培是指把栽培用的固体基质装入纺织袋中，排列放置于地面上以种植作物的方法；立体基质培是指将固体基质装入长形袋状或柱状的立体容器中，竖立排列于温室之中，容器四周螺旋状开孔，以种植小株型作物的方法。一般容重较小的轻基质可采用袋式基质培和立体基质培，如岩棉、蛭石、椰子纤维、秸秆基质等。

第二节　无土栽培的发展历史

“土壤是农业生产的基础”，这是长期以来人们对作物种植所形成的基本概念，而无土栽培不用天然土壤，努力摆脱自然界的影响，冲破传统观念的束缚，在技术和观念上是一重大的改革和进步。人们很早以前就开始了无土栽培的各种尝试，形成了原始的无土栽培雏形。随着 19 世纪李比希（J. V. Liebig）提出植物矿质营养学以来，人们对植物营养本质逐步认识，便进行了广泛的无土栽培试验研究工作，现已进入大规模的生产应用阶段。从人们无意识地进行无土栽培至今已有 2 000 年以上的历史，中国、古埃及、巴比伦、墨西哥等都有文字记载原始的无土栽培方式。据考证，我国在 1 700 年前的汉末（公元 3 世纪）时，南方水乡就有利用葑田（又名架田，是菰的根系和茎多年聚结起来的“板块”，常浮于水面）种稻、种菜的图文记载，令人感兴趣的是在中美洲的墨西哥 Aztecs 地方，有用芦苇编成的筏子上铺泥土种植蔬菜和玉米，当地印第安人自古以来就有水面种植，称这种筏子为 chinampas，表明 1492 年哥伦布发现新大陆前，我国和中美洲已有往来。此外，我国宋代已盛行豆芽菜栽培，利用盘碟种蒜苗、风信子、水仙花，竹筏草绳种水蕹菜等等。但是科学地自主性地进行无土栽培试验研究到今天大规模生产应用不过经历了 170 余年的历程，大体上可分为试验探索研究、生产应用和高科技发展 3 个时代。

一、试验探索研究时代

1. 矿质营养学说的提出 1840年，德国化学家李比希在有关植物营养源于水说(1648)、土说(1731)、腐殖质说(1761)等前人大量研究的基础上，对植物的养分吸收进行了研究，对植物体进行了化学分析，并根据当时农业上关于物质循环的观念，提出了植物以矿物质作为营养的“矿质营养学说”，为科学的无土栽培奠定了理论基础。尽管他本人没有做过矿质盐配制溶液（营养液）栽培植物的尝试，但他的学说引发许多有关矿物质作为植物营养来源和作用的试验研究广泛地开展起来，许多观点被以后科学工作者的试验所证实，并得到补充和完善，成为一个至今仍发挥巨大作用、划时代的伟大学说。

2. 矿质营养学说的证实 1842年，德国科学家卫格曼（Wiegmann）和波斯托罗夫(Postolof）证实李比希的矿质营养学说，使用铂坩埚，用石英砂和铂碎屑作基质支撑植物，并加入溶有硝酸铵和植物灰分浸提液的蒸馏水来栽培植物获得成功，发现仅用硝酸铵溶液时植物发育不够完全，而添加植物灰分浸提液后植物生育良好，这是营养液栽培的雏形。虽然该试验的营养液比较笼统，但是有意识地配制矿物质营养液成功地证实了矿质营养学说。此后，布森高（Jen Boussingault)、霍斯特马尔（Salm - Horst Mar）进一步进行营养液栽培试验，证实了矿质营养学说。

3. 矿质营养学说的充实 1859年，萨克斯（Julius Von Sachs）对石英砂栽培植物用的营养液进行了研究，1865年他又与克诺普（W. Knop）一起设计了一种水培植物的装置(图1-1)，该装置利用广口瓶作栽培容器，加入他们配制的营养液，用棉塞固定植株，把植株悬挂起来而根系伸入瓶内的营养液中，进行栽培植物试验。同时应用化学分析的方法分析植物体的元素组成，首次提出了10元素学说，这10种元素为C、H、O、N、P、K、Ca、Mg、S、Fe，并确定了相应的无机化合物KNO_3、$Ca(NO_3)_2$、KH_2PO_4、$MgSO_4$、$FeCl_3$为营养源，配制出一种比较完整的克诺普营养液。他们的试验获得成功，并明确了许多水培过程的管理方法。这种利用含有矿质元素的溶液（即营养液）来种植植物的方法被称为溶液培养（solution culture）或水培（water culture)，该方法至今仍在许多科学研究领域中应用。萨克斯和克诺普可以称为现代无土栽培技术的先驱。

4. 标准营养液配方的提出 随着现代化学科学和生物科学的进展，继萨克斯和克诺普工作之后，许多科学工作者对营养液进行了深入的研究，提出了很多营养液的配方，有许多标准的营养液配方至今世界各地仍作为营养液的规范配方在广泛使用。其中最有代表性的科学家有诺伯（F. Nobbe，1869)、托伦斯（B. Tollens，1882)、舒姆佩尔（F. W. Schimper，1890)、普法发尔（W. Pfefter，1900)、科劳恩（von der Crone，1902)、托丁汉姆(W. E. Tottingham，1914)、斯福（J. W. Shive，1915）等。特别值得一提的是美国科学家霍格兰和阿农（Hoagland and Arnon)，他们在1938—1940年通过试验研究，阐明了营养液中添加微量元素的必要性，并对营养液中各种营养元素的比例和浓度进行了大量的研究，在此基础上发表了标准的霍格兰均衡营养液配方，迄今仍被广泛采用。

二、生产应用时代

1929年美国加利福尼亚州大学的格里克（W. F. Gericke）教授参照霍格兰营养液配方

配制营养液栽培番茄取得成功，株高达 7.5 m，一株收获果实 14.5 kg，成为第一个把植物生理学实验采用的无土栽培技术引入商业化生产的科学家。他在装有营养液的种植槽上方安装四周用木板、底部由金属网做成的定植网框，依次装入麻袋片、锯木屑和蛭石等固体基质以固定、支撑植物，并保证根系在黑暗的环境下生长。植物定植在基质中，随着植株的生长，根系伸长后穿过金属网而漂浮于种植植物的营养液中，从营养液中吸收水分和养分（图 1-3）。格里克于 1933 年用这种种植植物的装置以“水培植物设施”为名取得专利。为了区别于以前的水培（water culture），格里克将之称为液培（aqua culture），后来又称为水耕（hydroponics，water working）。他还用营养液成功地栽培出萝卜、胡萝卜、马铃薯及一些花卉和果树等。两年后格里克指导生产者建造了面积达 8 000 m^2 的无土栽培生产设施，用于商品化生产。后来美国泛美航空公司（Pan American World Airways）请格里克指导，在太平洋中部的威克岛上建立了一个蔬菜无土栽培基地，为航空班机的乘客和服务人员提供新鲜蔬菜。由于格里克的工作极大地推动了无土栽培技术在生产上的应用，无土栽培很快传到了欧洲和亚洲。

同期，美国新泽西农业试验场利用沙子作基质，进行沙培（sand culture）玫瑰获得成功。1938 年，美国普鲁东大学又在沙培基础上改用排水透气性较好的石砾作为栽培基质，进行大规模的砾培（gravel culture）。

第二次世界大战期间规模化无土栽培得以发展，美国拉科石油公司在荷兰属地西印度的阿鲁巴岛和丘拉克岛的油田上进行无土栽培，以生产新鲜蔬菜供员工生活的需要。同年，美国空军在南大西洋英属圭亚那的阿森松岛，1944 年又在日本硫黄岛，都曾建立了无土栽培基地，生产蔬菜以解决军需供应。同期，华侨张四维在我国上海虹桥创办四维农场开展了温室番茄的无土栽培，供应聚居上海的国内外豪富消费，浙江大学农学院的陈子元院士是当时该农场的青年技师。由于第二次世界大战期间无土栽培在解决不毛之地的军需供应上的突出贡献，战后美国、欧洲等喜生食蔬菜的国家和地区的国际交流频繁，把无土栽培技术推广到日、韩、中等东方使用人畜粪尿的国家，以生产洁净的蔬菜满足西方人饮食文化需求。1946 年在日本东京的调布、滋贺县大津及韩国太原等地建立了大型的砾培设施，作为美军新鲜洁净蔬菜的生产与供应基地，其中调布投资 2 亿日元，面积达 22 hm^2，提供了大量的莴苣、芹菜、萝卜、白菜等新鲜蔬菜，当时在无土栽培基地中规模堪称世界第一，直到 1961 年美军移驻异地。

由于无土栽培理论和技术本身已趋于完善和成熟，在生产应用上也初步显示出其优越性，作为一种理想的农业生产模式被展示，引起了科技界和各国政府部门的普遍关注，成为生产者所期望的一种农业新技术。由于广阔的应用前景和社会需要，众多的研究者和非农业生产部门迅速介入，使无土栽培技术自第二次世界大战以后真正进入大规模生产应用阶段。随着石油化工业的迅速发展，无土栽培中大量使用塑料制品，使栽培设施定型化、标准化，使安装操作简易、方便化，使栽培环境洁净化，且成本投入大幅度降低，使得许多种植者可以接受，实现了大面积的推广应用。

三、高科技发展时代

可以说 20 世纪 50～60 年代是无土栽培大规模商品生产的时期，在世界各国包括美、日、意、法、英、荷以及西班牙、以色列、丹麦、瑞典和前苏联都得到迅速的应用与发展。但是，1973 年由于受世界石油危机的冲击，以石化产品为依托的无土栽培业严重受挫，当时石油价格上涨3倍，水耕成本激增，生产处于停滞状态。幸在英国温室作物研究所的Cooper开发了营养液膜技术（nutrient film technique，NFT）以及丹麦首先开发后在荷兰普及的岩棉培技术（rockwool culture，RW），使濒临绝境的水培技术极大地简化了设备和技术，节约了能耗，成本大为降低，挽救了处于危机之中的无土栽培，许多学者认为营养液膜技术和岩棉培技术的开发应用是无土栽培技术的重大突破。进入20世纪80年代以后，世界高科技日新月异的发展对无土栽培的进步起到了巨大的推动作用，由于各种营养液管理系统辅助设施、仪器、仪表的开发、应用和发展，尤其是温室环境计算机全自控技术的应用，基本实现了室内温、湿、光、气等环境调控与营养液管理的自动化；由于园艺设施工程技术的发展，使无土栽培的环境保护设施不断提高和完善，且设施不断向大型化方向发展；由于园艺设施内栽培床、运送机械设备与机器人的研发和使用，使得无土栽培的生产全程逐步实现机械化、自动化与智能化操作，生产规模日益扩大。80年代后期和90年代初，许多发达国家的无土栽培已实现了集约化、现代化、自动化、工厂化和高产、优质、高效、低耗的生产目标，特别是在获取高附加值产品方面效果十分明显。进入20世纪90年代以后，世界各国都以立足本国条件和取得高效为前提，努力寻找适合本国国情、国力的无土栽培形式。在全球面临人口、环境、资源严重危机的今日，联合国提出可持续农业的发展对策，西欧等发达国家纷纷立法禁止使用化学农药进行土壤消毒，限制化肥使用量，以防地下水被污染。迫使经营温室园艺的农家放弃土壤栽培，而改用易于用蒸汽等物理方法消毒的轻基质无土栽培，并实行营养液循环利用的封闭式无土栽培系统。近几年来，西欧等发达国家设施园艺农家纷纷将温室作物生产从有土栽培更新为岩棉培等无土栽培，例如荷兰无土栽培的推广应用面积，1971年为20 hm^2，1981年推广至120 hm^2，1993年700 hm^2，1995年8 500 hm^2，2000年超过1万 hm^2，近10年来稳定在1.1万 hm^2 左右；荷兰依托高科技，使温室无土栽培番茄和黄瓜单产，从20世纪70年代每平方米年产20 kg，增长到2008年的100 kg，38年间增长4倍。这在一定程度上反映了西欧各国无土栽培生产应用的发展态势和规模化程度。

近30年来，无土栽培技术的发展已逐渐趋向于多学科研究成果的综合，大型的机械化或自动化的无土栽培植物工厂已在世界各地建立，无土栽培技术已成为植物工厂的核心技术。20世纪80年代开始在日本、英国、美国、奥地利、丹麦及中国都陆续建有高度自动化的蔬菜工厂、花卉工厂和果树工厂。1981年英国Littlehampton建立了一个面积达8 hm^2 的大型温室，专门用于番茄的生产，号称“番茄工厂”。在沙特阿拉伯萨地亚特岛的干旱地区研究所建立了面积为8 hm^2 的水培温室。奥地利的鲁斯那（Luthner）公司研发了一种作物连续水培的装置，在一个高大温室中设一些传送带，在传送带上固定作物，从传递带的一端开始每天播种，根据作物生长期的不同，设立多个不同生长期最适的环境，传送带把不同苗龄的植株逐级向后传送，直至最后收获，这种装置主要用于小株型作物的种植。20世纪80年代，美国的亚基塔尼约卢·米德兰农场建成一座18 000 m^2 的植物工厂，规模之大前所未有。日本相继建立了50余所植物工厂，采用封闭式LED/CCEF或荧光灯人工光源和全新的调控系统，最大限度地满足作物对水、肥、气、光、热等条件的要求，采取水平放任栽培法，使番茄根茎粗达20 cm以上、一株生产果实1 300个，一株黄瓜生产3 300条瓜，一株甜瓜生产90个瓜，开拓了生命科学新空间，最大限度地发挥了植物的生产潜能。日本神内农场2001年建立了一个面积为3 000 m^2 的全自动、全天候的植物工厂，太阳光和人工光并用，它由计算机对室内所有的作物生长条件自动控制，从种子的播种开始，经历生长的各阶段直至最后的收获均由计算机全自动控制，采用M式水培技术，多层立体栽培叶用莴苣和青梗菜，机器人采收，生产过程高度机械化和自动化。我国 20 世纪末从国外引进成套水培生产设施，例如 1996 年上海从荷兰引进 6 hm^2 钢结构玻璃温室，其中 3 hm^2 设在浦东孙桥现代农业开发区，并引进相应的岩棉培无土栽培技术，长季节栽培番茄、甜椒等蔬菜作物获得成功；1998 年、1999 年深圳和北京分别从加拿大引进 1.33 hm^2 和 1.5 hm^2 的叶用莴苣连续生产深池水培装置；2009 年 9 月在长春、寿光，2010 年 2 月、2011 年 4 月分别在北京和南京建成现代化植物工厂，反映了高科技时代的无土栽培技术水平。

第三节 无土栽培的特点和应用

无土栽培作为一项新的现代化农业技术具备许多优点，发展潜力很大，但同时也存在一些缺陷和不足，只有正确评价无土栽培技术，充分认识其特点，才能对其应用范围和价值有所把握，才能恰到好处地应用好这一新技术，扬长避短，发挥作用。

一、无土栽培的优点

1. 可避免土壤连作障碍 设施土壤栽培，常由于作物连作导致土传病虫害大量发生、盐分积聚、养分失衡以及根系分泌物引起自毒作用等成为设施土壤栽培的难题，土壤处理和消毒不仅困难、成本高，而且缺乏高效药品、消毒难以彻底，致使设施土壤种植数年后效益急速下滑，直至停种。无土栽培可以从根本上避免和解决土壤连作障碍的难题，每收获一茬作物，只要对栽培设施进行必要的清洗和消毒就可以种植下一茬作物。

2. 省水、省肥、省力、省工 无土栽培可以避免土壤灌溉水分、养分的流失和渗漏以及土壤微生物的吸收固定，充分被作物吸收利用，提高利用效率。无土栽培的耗水量只有土壤栽培的 1/10～1/4，节省水资源，尤其是对于干旱缺水地区的作物种植有着极其重要的意义，是发展节水型农业的有效措施之一。土壤栽培的肥料利用率大约只有 40%，甚至低至 10%～20%，有一半以上的养分损失，而无土栽培尤其是封闭式营养液循环栽培，肥料利用率高达 90%以上，即使是开放式无土栽培系统，营养液的流失也很少。无土栽培省去了繁重的翻地、中耕、整畦、除草等体力劳动，而且随着无土栽培生产管理设施中计算机和智能系统的使用，逐步实现了机械化和自动化操作，可大大降低劳动强度，节省劳动力，提高劳动生产率，可采用与工业生产相似的方式而为劳动者提供优美的劳作环境。

3. 作物长势强、产量高、品质好 无土栽培与园艺设施相结合，能合理调节作物生长所需的水、肥、气、光、热等环境条件，充分发挥作物的生产潜力。与土壤栽培相比，无土栽培的植株生长速度快、长势强。例如西瓜播种后 60 d，无土栽培的株高、叶片数、相对最大叶面积分别为土壤栽培的 3.6 倍、2.2 倍和 1.8 倍，作物产量可成倍的提高（表 1-1）。

无土栽培作物不仅产量高，而且产品品质好，洁净无污染、鲜嫩、无公害，可以生产绿色食品，产品档次高。无土栽培生产的叶用莴苣、芥菜、芹菜、小白菜等绿叶蔬菜生长速度快，粗纤维含量低，维生素 C 含量高；番茄、黄瓜、甜瓜等瓜果蔬菜外观整齐，着色均匀，口感好，营养价值高；香石竹等花卉香味浓郁，花期长，开花数多。例如，无土栽培芥菜粗纤维含量 2.8%，仅为土壤栽培的 61%；无土栽培番茄维生素 C 含量为 154.9 mg/kg，比土壤栽培提高 25%；无土栽培香石竹单株开花数为 9 朵，裂萼率仅为 8%，而土壤栽培则分别为 5 朵和 90%。

表 1-1 无土栽培与土壤栽培作物产量比较

作物	土壤栽培（t/hm²）	无土栽培（t/hm²）	两者相差倍数
番茄	25～75	150～1 000	6～13
黄瓜	30～80	300～1 000	10～12
叶用莴苣	10.0	23.5	2.4
马铃薯	7.4	154.4	20.9
豌豆	2.5	22.2	8.9
甘蓝	14.8	20.5	1.4
水稻	1.1	5.6	5.1
小麦	0.7	4.6	6.6
大豆	0.7	1.7	2.4

4. 可极大地扩展农业生产空间 无土栽培使作物生产摆脱了土壤的约束，可极大地扩展农业生产的可利用空间。我国有着广阔的沙漠、荒岛、海涂等非可耕地，还有城市工厂、建筑物屋顶凉台、阳台与四周隙地，都可利用。例如我国地处沙漠和雪线以上高原极地的新疆克拉玛依和甘肃玉门油田一带大戈壁滩以及西藏拉萨，海南与南海的海滩、礁岛等非可耕地，都已开始无土栽培进行规模化新鲜瓜果蔬菜生产；中东的以色列等国，在严酷的沙漠地带发展设施园艺和节水滴灌，使沙漠变绿洲，从农产品进口国变为出口国。日本东京、中国上海等国际化大城市，密集建筑物与空调配置，形成了“热岛效应”，各地的屋顶阳台、四周隙地和水泥道路的绿化也可进行无土栽培，特别在人口密集的城市，可利用楼顶凉台、阳台等空间进行无土栽培，同时改善了生存环境。在温室等园艺设施内可发展多层立体栽培，充分利用空间，挖掘园艺设施的农业生产潜力。

5. 有利于实现农业生产的现代化 无土栽培通过多学科、多种技术的融合，现代化仪器、仪表、操作机械的使用，可以按照人们的意志进行作物生产，属一种可控环境的现代农业生产，有利于实现农业机械化、自动化，从而逐步走向工业化、现代化。世界上众多的“植物工厂”是现代化农业的标志。无土栽培是高科技航天太空领域中生命保障系统的核心技术之一，我国21世纪以来兴建的现代化温室及其配套的无土栽培技术，均有力地提高了我国农业现代化的水平。

二、无土栽培应注意的问题

无土栽培具有上述许多优点，但也应当清楚地看到，无土栽培是农业科学技术发展到一定程度的产物，它的应用要求一定的设备和熟练的专业知识与技术才能，它本身也具有一些固有的缺点，要做到扬长避短。

1. 投资大、运行成本高 要进行无土栽培生产，就需要有相应的设施、设备，这就比土壤栽培投资大，尤其是大规模、集约化、现代化无土栽培生产投资更大。我国从国外引进的现代化温室和相应的成套无土栽培设施，其价格更加昂贵，一般面积为 1～1.5 hm²，总投资在1 000万～1 500万元以上，平均每平方米投资在1 000～1 200元之多。在目前我国的经济收入和消费水平条件下，依靠种植作物很难收回如此巨大的投资。加之无土栽培生产对肥料要求严格，有些生产单位依靠进口化肥生产，营养液的循环流动、加温、降温等亦需消耗能源，生产运行成本同样比土壤栽培要大。如上海孙桥现代农业公司从荷兰引进 3 hm^2 现代温室进行蔬菜岩棉栽培，从 1996—1998 年运行状况来看，年运行成本在 300 万元以上，每平方米运行成本高达 100 元之多，直接用于无土栽培生产的费用每平方米也高达 40 元以上。高昂的运行费用迫使无土栽培生产高附加值的园艺经济作物和高档的园艺产品，以求高额的经济回报。另外，必须因地制宜，结合当地的经济水平、市场状况和可利用的资源条件选择适宜的无土栽培设施和形式。20 世纪 90 年代以来，国内的许多大学和科研单位根据我国国情，研制出一些节能、低耗的简易无土栽培形式，大大降低了投资成本和运行费用。例如，浮板毛管水培技术、鲁 SC 型无土栽培、有机基质培无土栽培、有机生态型无土栽培、基质袋培、立体栽培等都具有投资少、运行费用低、实用的特点。

2. 技术要求严格 无土栽培生产过程中需要依据作物和季节选用营养液配方配制营养液，对营养液浓度、pH 等进行管理，即使是有机生态型无土栽培也需要进行水分、营养元素的调节和管理，同时地上部生长环境的温、湿、气、光等也要进行必要的调控，这些对管理人员的文化素质和技术水平都提出了较高的要求。管理人员必须具有一定的文化水平、实际经验和技术才能，否则难以取得良好的种植效果。目前我国农业高校和中等职业学校都相继开设了无土栽培学课程，同时各地有计划地培训一线人员，为无土栽培的实施和推广储备了大量人才。另外，适合我国国情的简易无土栽培，如有机基质培等大大降低了无土栽培的技术难度；通过一些工厂预先配制好不同作物无土栽培专用的固体肥料和有机固体肥以及自动化设备的采用，简化了操作上的复杂程度，便于推广应用。

3. 管理不当，易发生某些病害的迅速传播 无土栽培生产是在相对密闭的园艺保护设施内进行，栽培环境湿度较大、光照相对较弱，而水培形式中根系长期浸于营养液之中，若遇高温，营养液中含氧量急减，根系生长和功能受阻，地上部环境高温高湿，像轮枝菌属和镰刀菌属的病菌等易快速繁殖侵染植物，再加上营养液循环流动极易迅速传播，导致种植失败。若栽培设施、种子、基质、器具、生产工具等消毒不彻底，操作不当，易造成病原菌的大量繁殖和传播。所以，在进行无土栽培时，必须加强管理，做到每步到位，万无一失，杜绝病原菌的侵入和病害发生。

另外，无土栽培的营养液在使用过程中缓冲能力差，水肥管理不当易出现生理性障碍。因此，为取得无土栽培的成功，在管理上必须把好每一环节，详细记录每一个生产操作过程，以便复查核对，在出现问题时找出原因，及时解决。

三、无土栽培的应用

无土栽培可以完全代替天然土壤的所有功能，可以为作物提供更好的水、肥、气、热等根际环境条件。人类可以用无土栽培代替土壤栽培，但它的推广应用需要有一定的设备、技术条件和相当的经济基础，而且要求一定的社会化生产程度，在现阶段或今后相当长的时期内，无土栽培不可能完全取代土壤栽培，只能够作为土壤栽培的一种补充形式，但在设施栽培园艺作物的现代化设施园艺产业中，土壤栽培向无土栽培转型是必然的趋势。需要正确把握无土栽培的应用范围。

1. 用于优质、高效、洁净、无污染的高档园艺产品的生产 当前多数国家用无土栽培生产洁净、优质、高产、无污染的高档新鲜蔬菜产品，多用于反季节和长季节栽培。例如，近几年在我国厚皮甜瓜的东进、南移过程中，无土栽培技术发挥了巨大的作用，利用专用装置，采用有机基质培技术，为南方地区栽培甜瓜提供了有效的途径，在早春和秋冬栽培上市，经济效益十分可观；还有露地很难栽培、产量和质量较低的七彩甜椒、高糖生食番茄、迷你番茄、小黄瓜等可用无土栽培生产，供应高档消费、出口创汇，经济效益良好。

近年来，花卉无土栽培逐渐增多，多用于栽培切花、盆花的草本和木本花卉，其花朵较大、花色鲜艳、花期长、香味浓，尤其是家庭、宾馆等场所无土栽培盆花深受欢迎。另外，草本药用植物和食用菌无土栽培同样效果良好。

2. 在沙漠、礁岛、滨海滩涂和盐碱地等进行作物生产 在沙滩薄地、盐碱地、沙漠、礁岛、南北极等不适宜进行土壤栽培的不毛之地，可利用无土栽培大面积生产蔬菜和花卉，具有良好的效果。这在我国直接关系到国土安全、粮食安全和经济安全，意义重大。例如，新疆吐鲁番和甘肃酒泉等地在戈壁滩上兴建日光温室，采用沙培和有机基质培形式种植瓜果蔬菜，南海南沙群岛军需蔬菜生产应用无土栽培技术，业已取得了良好的经济和社会效益。

3. 在设施园艺中应用 无土栽培技术作为解决温室等园艺保护设施土壤连作障碍的有效途径被世界各国广泛应用，在我国设施园艺迅猛发展的今天，更具有其重要的意义。2010年统计，我国温室、大棚面积约 250 万 hm^2 之多，占世界大型园艺设施面积的 85%以上，但长期土壤栽培的结果，连作障碍日益严重，直接影响设施园艺的生产效益和可持续发展，适合我国国情的各种无土栽培形式在解决设施园艺连作障碍的难题中发挥了重要的作用，为设施园艺的可持续发展提供了技术保障。

4. 在庭园经济中应用 采用无土栽培在自家的庭院、阳台和屋顶来种花、种菜，既有娱乐性，又有一定的观赏和食用价值，便于操作，洁净卫生，可美化环境。

5. 作为中小学生的教具和科研人员的研究工具 营养液栽培植物新颖、直观、生动、说服力强，可帮助中小学生了解植物生长发育、根系吸收矿质营养等方面的知识，培养青少年学科学、爱科学，开发学生智力，培养学生的动手能力，无土栽培植物是中小学生物课、课外兴趣小组良好的教具，我国许多中小学已在校内建立了无土栽培种植园或种植基地；现有的许多现代化无土栽培基地已被列为教育部门科教基地，中小学生定期参观或参加劳动，对学生了解现代化农业科学技术和接触农业生产实际发挥了积极的作用。

无土栽培技术从诞生以来，就成为重要的科学研究工具被广泛采用，日益显示出其优越的便利性和可控的特点，在植物的营养生理、根系生理、逆境生理、化学他感、根际病理、植物加代快繁等领域的应用已十分普遍。

6. 太空农业上的应用 随着航天事业的发展和人类进住太空的需要，在太空中采用无土栽培种植绿色植物生产食物可以说是最有效的方法，无土栽培技术在航天农业上的研究与应用正发挥着重要的作用。例如，美国肯尼迪宇航中心对用无土栽培生产宇航员在太空中所需食物做了大量研究与应用工作，有些粮食作物、蔬菜作物的栽培已获成功，并取得了很好的效果。

第四节 无土栽培的发展现状与展望

无土栽培技术从 19 世纪 60 年代提出模式至今已走过了近 150 年的发展历程，20 世纪 60 年代以后，随着温室等设施栽培的迅速发展，在种植业形成了一种新型农业生产方式——可控环境农业（controlled environment agriculture，CEA），特别是近二十几年的发展非常迅速，无土栽培作为可控环境农业中的重要组成部分和核心技术，随之得到迅速发展。它作为一项农业高新技术，充分吸收传统农业技术中的精华，广泛采用现代农业技术、信息技术、环境工程技术及材料科学技术等，已发展为设置齐全而配套的现代化高新农业技术，已成为设施生产中一种省工、省力、能克服连作障碍、实现优质高效农业的理想模式，该项技术已在世界范围内广泛研究和推广应用，一些发达国家的发展应用更为突出。

世界上许多国家和地区先后设立了无土栽培技术研究和开发机构，专门从事无土栽培的基础理论和应用技术方面的研究和开发工作。国际上无土栽培技术的学术活动非常活跃，1955年在第十四届国际园艺学会上成立了国际无土栽培工作组（International Working Group on Soilless Culture，IWGSC），隶属于国际园艺学会，并于1963、1969、1973、1976年在意大利和西班牙交替召开4届国际无土栽培学术会议。1980年在荷兰召开第五届国际无土栽培学术会议，并在会上把国际无土栽培工作组改名为"国际无土栽培学会"（International Society of Soilless Culture，ISOSC），以后每4年举行一次国际无土栽培学会年会，对推动世界无土栽培技术的发展起到了重要的作用，标志着无土栽培技术的研究与应用已进入一个崭新的阶段。

现从世界上一些有代表性的国家无土栽培技术的发展情况来看其发展现状与展望。

一、中国无土栽培的发展简史与展望

1931年，中山大学的罗宗洛研究铵盐、硝酸盐营养的成果受到世界同行的瞩目。1937—1941年，上海的四维农场（Safeway Farm）在虹桥附近约2 000 m^2 的温室内采用"基质培"栽培番茄，后因第二次世界大战市场萧条农场停办。1941年上海化学工业出版社出版余诚如、陈怀圃合著的《无土种植法浅说》一书。第二次世界大战结束后的1946—1948年，驻南京的美军顾问团为了生产洁净卫生的生食蔬菜，在御道街附近办了一个无土栽培农场，进行砾培生产蔬菜，后因国内战争停办。1969年我国台湾在龙潭农业职业高校进行无土栽培试验研究，进入20世纪70年代以后开始进行蔬菜和水稻的营养液育苗。1975年山东农业大学由于特需供应的任务在中国大陆率先开展西瓜、黄瓜、番茄等蔬菜作物的无土栽培实用化生产，先后研制出半基质培的"鲁SC-Ⅰ型"和"鲁SC-Ⅱ型"无土栽培装置。

就全国而言，推广应用无土栽培技术是在改革开放以后，随着国际交流和旅游业的发展而发展起来的。当时刚刚实现了开放的城市、港口，如北京、上海、广州、南京等地，涉外部门纷纷要求提供洁净、无污染的供外宾生食的新鲜蔬菜，商品化无土栽培应运而生。20世纪80年代，农牧渔业部委托南京农业大学邀请世界著名无土栽培学者、专家伊东正、山崎肯哉、池田、詹森、亚当斯等在南京农业大学举办全国性无土栽培培训研讨班多达6次，为该项农业高新技术在全国的研究开发奠定了技术基础。1980年北京林业大学马太和教授以美国Howard M. Resh的水培为基础编译出版了系统介绍无土栽培理论与技术的专著《无土栽培》。1985年中国农业工程学会下设无土栽培学组，至1992年每年召开一次年会，1992年年会上改名为"中国农业工程学会设施园艺工程专业委员会"，每2年召开一次年会，并且与国际无土栽培学会等学术组织和研究机构建立了日趋频繁的联系，2012年5月在上海举行现代无土栽培国际研讨会。1986—1995年的"七五"、"八五"期间农业部把蔬菜作物的无土栽培列为重点科研攻关项目，北京农业大学、南京农业大学、中国农业科学院、中国农业工程研究设计院、江苏省农业科学院和浙江省农业科学院等教学、科研、生产单位参加了这一攻关项目，同时山东、广东、上海等省市也开展了适合我国国情的无土栽培技术研究开发。通过引进消化吸收和改良创新，先后研究开发出适合我国国情的高效、节能、实用的系列蔬菜无土栽培技术，包括简易营养液膜培、基质培、有机生态型基质培、浮板毛管水培、鲁 SC 型和华南深液培等无土栽培装置，在全国范围内推广普及，使我国的无土栽培从实验研究阶段迅速进入了商品化生产时期，获得了一批具有中国自主知识产权的农业高新技术，使国外的先进实用农业技术率先实现了国产化。

随着从国外大型现代化温室的引进，现代化的无土栽培设施也随之有所引进，1985 年北京长青果菜开发公司和深圳农垦果菜公司分别从日本和美国引进了整套无土栽培设施，终因成本过高、经营不善，未能持续运行。随着全国各地农业科技示范园区的兴建，引进国外温室设施的高潮再次出现，仅 1996—2000 年短短 4 年间，引进国外 10 多个国家现代化温室 175.4 hm^2，也带动了无土栽培成套设备的引进。例如，1996 年上海浦东孙桥现代农业开发区在引进荷兰温室的同时，引进成套岩棉生产设施；深圳、北京分别于 1998 年和 1999 年从加拿大引进叶用莴苣连续生产的深池浮板水培装置，其特点是设备、品种、技术和管理人才一并引进，较 20 世纪 80 年代的引进完全不同，这对于开拓研究者和生产者的视野，消化、吸收、学习国外无土栽培先进技术、设备，形成适合我国国情、适合我国气候特点的无土栽培设施和技术有着积极的作用。

“八五”期间，浙江省农业科学院和南京农业大学在对日本浮根水培设施充分研究的基础上，研制出用定型泡沫塑料板槽的浮板毛管水培技术（FCH），用分根法较好地解决了水培中供液与供氧的矛盾，并在东南沿海地区广泛推广应用。1985 年开始，华南农业大学依据我国南方热带、亚热带气候特点，在日本神园式深液流栽培设施的基础上开发出华南改进型水泥砖结构型深液流水培装置，并在华南各省市推广应用。南京市蔬菜研究所研制出简易营养液膜技术，上海、北京等地广泛引进岩棉培技术并应用于生产。

同期，中国农业科学院蔬菜花卉研究所推出有机生态型无土栽培技术，采用砖结构加薄膜的槽式栽培，生产过程中全部施用有机肥，以固体肥料施入固体基质中，滴灌清水，力图降低无土栽培的投入和化肥营养液对环境污染的压力，同时简化了栽培设施，降低了投资和生产成本，在北京、新疆、山西等地推广应用。“九五”期间，南京农业大学和江苏大学以造纸厂下脚料——芦苇末等污染环境的工农业有机废弃物，添加发酵微生物群体和其他辅料，发酵合成优质环保型系列有机栽培基质，广泛应用于工厂化穴盘育苗和无土栽培之中，并形成配套的有机基质培无土栽培技术，在我国东南沿海地区推广应用效果良好。1994 年华南农业大学连兆煌教授和南京农业大学李式军教授组织编写了全国第一本无土栽培方面的高校统编教材——《无土栽培原理与技术》，大部分高等农业院校在各专业开设了无土栽培学课程；2003 年南京农业大学郭世荣教授主编了普通高等教育“十一五”国家级规划教材《无土栽培学》，许多院校相继设立设施农业科学与工程本科专业，将无土栽培学列为专业核心课程，对无土栽培技术的人才培养和技术普及起到了重要的推动作用。

从全国无土栽培面积的增长速度可以看出我国无土栽培发展的态势和应用前景。20 世纪 80 年代后期无土栽培面积不足 10 hm^2（不含台湾省），1990 年增长到 15 hm^2，1995 年突破 100 hm^2，1999 年超过 200 hm^2，2000 年急速增至 500 余 hm^2，2001 年约 865 hm^2，2004 年 1 070 hm^2，2006 年 2 000 hm^2，2008 年 10 000 余 hm^2，迄今仍处于蓬勃发展的强劲势头。

从栽培形式来看，各地都在多年栽培积累经验的基础之上，努力摸索适合本地经济水平、市场状况和资源条件的无土栽培系统和方式。总的来看，南方以广东为代表，以深液流水培为主，槽式基质培也有一定的发展，有少量的基质袋培；东南沿海长江流域以江、浙、沪为代表，过去以浮板毛管、营养液膜技术为主，近几年有机基质培发展迅速，有一部分深液流水培；而北方广大地区由于水质硬度较高，水培难度较大，以基质栽培为主，有一部分进口岩棉培，北京地区有少量的深液流浮板水培。有机基质槽式栽培（含有机生态型无土栽培）面积占我国无土栽培面积的一半以上；无土栽培面积最大的属新疆和甘肃酒泉戈壁滩、海南滨海滩涂和南沙群岛，主要推广有机生态型无土栽培技术、鲁 SC 型改良而成的沙培技术，其沙培蔬菜和瓜果的面积占全国无土栽培面积的 1/3。水培技术主要集中于都市观光农业、工厂化育苗中心、高档花木盆花和绿叶蔬菜工厂化生产领域。

无土栽培这一农业高新技术，在我国虽然开发利用的时间不长，但已取得明显效果，表现出广阔的发展前景和开发的巨大潜力。

我国受人口增长、土地减少的挑战非常严峻，人口占世界总人口的约 1/5，但所具有的耕地面积仅为世界总耕地面积的 7%，据 2011 年统计，全国人均耕地面积仅为 0.092 hm^2，仅为世界平均水平的 40%，且仍处于锐减的趋势，要使国民经济保持可持续发展，不断提高国民生活水平，必须不断提高有限土地面积的生产效率，开拓农业生产的空间，无土栽培可提供超过普通土壤栽培几倍甚至十多倍的产品数量，可利用沙漠、滩涂、盐碱土等不毛之地生产农产品，为食品安全保障体系的建设提供有力基础；我国是水资源相当贫乏的国家，被列为世界上 13 个贫水国之一，全国人均水资源占有量仅为世界人均水平的 1/4，农业每年缺水约 300 亿 m^3，无土栽培作为节水农业的有效手段，将在干旱缺水地区发挥其重要的作用；我国设施栽培发展迅速，已成为许多地区农民致富、农业增效的有效手段，但长期栽培的结果，设施土壤栽培连作障碍日益加剧，无土栽培作为根治土壤栽培连作障碍的有效手段正在发挥着积极的作用，今后在设施栽培中将得到广泛应用；另外，随着居民生活水平提高对农产品种类和质量的要求，参与国际竞争的需要和随着城市化、现代都市农业发展进程的加快，无土栽培技术将会受到更大的重视，发展进程将进一步加快。遵循就地取材、因地制宜、高效低耗的原则，无土栽培形式将呈现以基质培为主，多种形式并存的发展格局。经济发达的沿海地区和大中城市将是现代化无土栽培发展的重点地区，它已作为都市农业和观光农业的主要组成部分，将会有更大的发展；具有成本低廉、管理简单的简易槽式基质培和其他无土栽培形式将是大规模生产应用、推广的主要形式。

二、国外无土栽培的发展现状与展望

1. 欧洲国家 欧洲是世界现代温室的发源地，设施园艺生产水平较高。对当代无土栽培的发展有重大影响的两项技术——营养液膜技术和岩棉培均在欧洲发明和应用，欧洲已成为世界无土栽培发展的中心之一，欧洲联盟已明确规定欧洲联盟国家所有温室作物栽培应采用无土栽培技术。

荷兰是世界上温室栽培发达的国家，温室面积自 2000 年以来一直维持在 1.1 万 hm^2 左右。国际无土栽培学会（ISOSC）总部设在荷兰，极大地促进了欧洲和荷兰的无土栽培发展速度。1971 年荷兰无土栽培面积仅 20 hm^2，1995 年达到 8 500 hm^2，2000 年已超过 1 万 hm^2，温室栽培基本全部采用无土栽培技术，它是世界上无土栽培最发达的国家之一。荷兰无土栽培不仅发展快、面积大，而且生产管理水平高，充分发挥了无土栽培高产、高效的优势，栽培上有如下特点：①岩棉培为无土栽培的主要形式，占无土栽培总面积的3/4之多，温室番茄栽培90%采用岩棉培，荷兰无土栽培的迅猛发展与岩棉培的利用分不开，尤其是解决了岩棉重复利用问题以后发展水平提高更快。②无土栽培与温室密闭系统相结合，不仅可以最大限度地节省能源，而且可使温室栽培环境（如温、光、水、气、营养等）优化，充分发挥作用，取得最好的栽培效果。③充分发挥无土栽培优势，作物达到稳产、高产，如海牙市的DALSEM温室作物生产公司，大面积番茄平均产量达到52 kg/m²，荷兰大面积温室黄瓜平均产量达75 kg/m²，高的达到100 kg/m²。④无土栽培达到高度自动化、现代化，温室作物栽培从播种、育苗、定植、管理以及收获、包装、运输等实现了自动化，温室的环境控制、作物栽培、营养液管理等采用计算机程序管理，使作物、环境、营养三者协调一致。⑤无土栽培的主要作物是番茄、甜椒、黄瓜和花卉（主要是切花），其中花卉作物占50%以上，蔬菜作物以茄果类为主。

英国人Cooper在1973年发明了营养液膜技术（NFT），由于世界各国竞争采用这一新技术，掀起了无土栽培试验研究和推广应用的新高潮，1980年仅资料记载的就有68个国家正在研究和应用该技术进行无土栽培生产。1981年，英国温室作物研究所在英国北部坎伯来斯福尔斯建成了一个面积为8 hm²的水培温室，采用自动化控制营养液和温室环境，专门生产番茄，被称为当时世界上最大的“番茄工厂”，年产量达到220万kg。营养液膜技术虽有其先进性，很好地解决了水培中根系供氧的问题，但在栽培过程中也反映出不少缺陷，主要是种植槽中的液层浅薄，植株供液量少，营养液的浓度、温度、pH等易产生剧烈变化，根际环境稳定性差，对营养液循环流动要求严格，管理技术要求较高，栽培风险较大。因此，营养液膜技术在最初盛行几年之后，逐渐被岩棉培所替代，目前主要应用于叶菜类等浅根性蔬菜的栽培。据1984年统计，英国的无土栽培面积为158 hm²，其中岩棉培和其他形式占2/3，营养液膜技术只占1/3。还有人认为，营养液膜技术不宜种植黄瓜、甜瓜等根系易衰老的作物，而种植番茄等根系再生能力强、适应性好的作物效果较好，而英国黄瓜种植面积较大，这也是营养液膜技术栽培面积不及岩棉培的原因之一。

欧洲其他国家无土栽培也有一定的发展。法国早在1978年无土栽培的面积已达到400 hm²，俄罗斯大约有120 hm²。

2. 美国 美国是世界上最早应用无土栽培技术进行商业化生产的国家，而且由于军需，也是在世界范围内广泛传播和推广无土栽培技术的国家。20世纪70年代以后无土栽培发展迅速，1972年已有水培场地30余处，80年代以后新建的温室广泛采用无土栽培。作为栽培形式以岩棉培和珍珠岩袋培两种形式为主，大面积生产多用岩棉培，小规模栽培多用珍珠岩袋培，也有少量混合基质的立体栽培，沙培、深液流技术、营养液膜技术及雾培等面积较小。1984年无土栽培面积为200 hm²，1997年约为308 hm²，相对于辽阔的国土面积来说，面积不大，且多数集中于干旱、沙漠地区。美国无土栽培虽然面积不大，但无土栽培技术和科研水平都相当发达和先进，目前美国无土栽培技术的研究重点已转向太空农业，无土栽培是太空中进行绿色植物生产的唯一方法，美国宇航中心已成功地采用无土栽培技术生产人类在太空中生活必需的食物，作为太空人封闭式生命保障系统核心技术之一，其研究成果显示出了高度的科学性和可观的实用生产能力。

3. 日本 日本无土栽培技术的起始发展得益于美军基地一些大型无土栽培设施的建立。例如，1946年建立的22 hm²砾培新鲜蔬菜生产基地，生产军需蔬菜，同时吸收了40名日本技术人员参与管理。当时，无土栽培技术很快引起社会的极大关注，各地的农业试验场、大学等科研单位广泛投入无土栽培的实用性和以无机营养基础为中心的营养液配方研究，加之1960年前后全国范围内设施栽培的普及和连作障碍的日益突出，更加促进了无土栽培原理和技术的研究。在营养液配方研究方面，山崎氏提出了植物吸水和吸肥按比例同步进行的概念，并以此为依据设计出一系列的山崎营养液配方；另一位无土栽培专家堀氏由霍格兰和阿农配方修正设计出一系列“园试配方”的均衡营养液配方，这些配方至今仍为世界各国广泛采用。从栽培形式来看，最初以砾培较多，20世纪70年代以后砾培逐渐减少，水培面积逐渐增加，由于塑料工业的急速发展，成型泡沫塑料栽培槽的大量生产极大地促进了水培的发展，无土栽培面积由1971年的31 hm^2 到1981年增至282 hm^2，具有日本特色的深液流水培技术逐渐形成，其具体形式多种多样，如M式、神园式、协和式等，但都离不开深液层这一特征。20世纪80年代以后，由于石油危机和经济衰退的影响，加之营养液膜技术和岩棉培技术的引进使用，使深液流水培推广应用面积趋缓，1995年以后岩棉培面积已超过深液流水培，成为无土栽培的主要形式，节能低耗简易栽培形式不断形成，无环境污染的封闭循环栽培成为主流。1999年无土栽培面积为1 056 hm^2，2003年1 342 hm^2，2006年2 800 hm^2。其中岩棉培约占40%，深液流水培约占22%，营养液膜水培约占8%，其他形式约占30%。从栽培作物种类来看，蔬菜约占76.5%，花卉约占22.4%，果树约为0.9%。日本不仅在无土栽培的试验研究和大规模应用方面处于世界先进水平，而且开展了卓有成效的超前性研究。例如在植物工厂的研究应用上也处于世界领先水平，据2009年统计遍及全国各地的植物工厂有50处，如三菱重工、M式水耕研究所、日本电力中央研究所、四国综合研究所、日立株式会社等研制的各种全自动控制的植物工厂基本实现了机械化和自动化生产。

4. 无土栽培的前景展望 无土栽培技术的发达，使人类对作物不同生育时期的整个环境（地上和地下）条件进行精密控制成为可能，从而使农业生产有可能彻底摆脱自然条件的制约，按照人类的愿望，向着空间化、机械化、自动化和工厂化的方向发展，将会使农作物产量和品质得以大幅度提高。

欧洲、北美、日本等技术先进的国家，农业人口逐年减少、劳动力逐年老龄化、劳动成本逐年加大等，解决这些问题的对策就是实行栽培设施化、作业机械化、控制自动化，无土栽培将成为其重要的解决途径和关键技术。对于发达国家，既有技术和设施，资金又雄厚，无土栽培必定向着高度设施化、现代化方向发展，植物工厂就是精密的无土栽培设施，它具有生产回转率高、产品洁净、无公害等优点。如美国的怀特克公司、艾克诺公司，加拿大的冈本农园，日本的富士农园、三浦农园、原井农园等都具有已进入实用化的植物工厂。

地球上人口在不断膨胀，耕地在急速缩减，耕地已成为一种极为宝贵的不可再生资源。由于无土栽培可以将许多过去不可利用的非可耕陆地、荒岛加以开发利用，使得农业生产空间得到扩展，这对于缓和地球上日益严重的土地问题有着深远的意义。海洋、太空已成为无土栽培技术开发利用的新领域，将进一步扩大人类的生存空间。另外，水资源的紧缺也随着人口的不断增长日显突出，无土栽培避免了水分的渗漏和流失，将成为节水型农业的途径之一。

可以说，无土栽培是高科技农业、都市农业、娱乐观光农业、高效农业、环保型农业和节水农业的最佳形式。

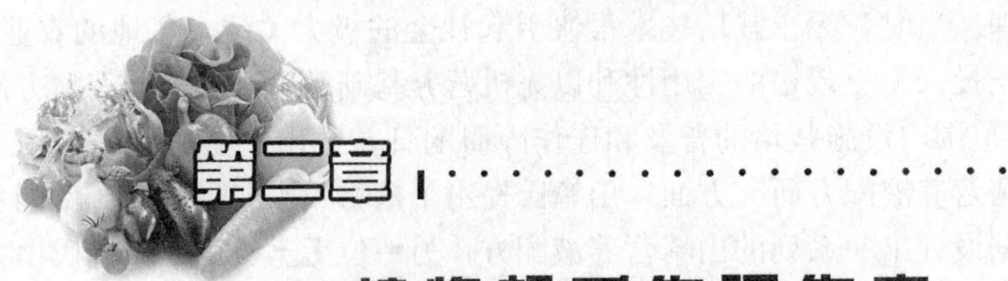

第二章 植物根系生理生态

植物的产量形成，不仅需要植株地上部分良好的光合作用和光合产物运转效率，而且需要地下部分根系良好的吸收功能和代谢功能。实践证实，植物产量的高低与植物根系发育直接相关。因此，了解植物根系的生理生态特性是无土栽培技术的重要理论基础之一。

第一节　植物根系与地上部分的关系

高等植物的绿叶吸收阳光的能量，同化二氧化碳和水进行光合作用，积累有机营养，形成植株的结构物质和功能物质；而根系从土壤中吸收水分和营养，用于植物叶片光合及其他生理活动。植物根系与地上部分不仅相互供应营养，还存在信息交流，从而在整体上协调植株行为，适应环境变化。

一、植物根系的生育与分布特征

植物根系的发育和分布类型总体可分两大类，一类是以明显而发达的主根和各级侧根组成，称为直根系（taproot system）；另一类是主根生长缓慢或停止，主要以不定根组成，称为须根系（fibrous root system）。双子叶植物多为直根系，而单子叶植物多为须根系。须根系作物均为浅根性，直根系作物多为深根性，个别直根系作物为浅根性，如瓜类；有些作物根系损伤后不易生长新根，如豆类。无土栽培时，应根据作物根系的分布特征采用不同的栽培方式，直根系的深根性作物宜选用基质深厚或液层较深的深液流技术（DFT）等栽培形式，而须根系的浅根性作物则可采用浅层营养液的营养液膜技术（NFT）等栽培形式。

直根系作物根系的深浅与作物种类和品种特性有关。总体来说，果菜类蔬菜的根系粗且多，而叶菜类和根菜类的根系均较小；瓜类作物中冬瓜和南瓜根系生长量和根系活力大，粗根多且分布广，而黄瓜根系少、分布浅；茄科作物中茄子粗根较多，纵向发育深，横向分布范围较广；番茄主根发育少，细根多。地上部较高的品种根系分布深，而地上部较矮的品种根系趋向横向分布。当然，根系的生长深度还与栽培方式有关。通过伤流液比较发现，不同作物种类或品种根系数量不同，对营养和水分的吸收能力有很大差异，粗根和根量多的植物吸收水肥能力强，地上部的生长也较强，但施肥过多会导致地上部的长势过旺而相互遮阴，影响见光；细根和根量少的植物施肥过多会造成盐浓度危害，而肥料不足会导致植株长势较弱。

二、植物根系与地上部分的关系

根系数量和根系活力直接影响植物地上部分的生长，如影响叶片功能和寿命。叶片是植物的光合器官，在叶面积达到最大前光合能力一直在提高，叶面积最大时叶片成熟，光合能力达到最大，之后光合能力逐渐下降。叶片光合能力下降与根系活力降低显著相关，也与根际环境条件有关。直根系植物根系分布深，吸收营养和水分比较充分，叶片光合能力降低较慢；相反，须根系植物叶片光合能力下降很快。

植物根系的发育状况常常是影响产量的主要因素，同种作物的产量随根量的增加而增加。根系正常发育需要充足的氧气、营养和水分、适宜的温度及酸碱度，在满足根系生长的基本要求时，根系吸收能力主要受根系生长量的影响。促进根系生长、增加粗根数量和根毛数量，提高根系对营养和水分的吸收能力以及产生细胞分裂素能力，可以维持地上部分的活性，延缓叶片老化，促进植株的生长发育和产量提高。除结球叶菜外，多数蔬菜作物粗根数量与产量成正相关（图 2－1）。对番茄、茄子和甜椒的调查发现，随地下主根数量的增加，地上果实数量也随之增加。茄科植物的根系分布深而广，随定植时间的延长，根系数量和产生伤流能力增加，证明根系数量对根系的吸收能力有重要影响。另外，根系的吸收能力还受根系活力的影响。茄果类蔬菜中，茄子根系生长最好，但生长过程中番茄根系对营养和水分的吸收能力更强，茄子和甜椒相对较差，原因是番茄根系活力强，根系产生细胞分裂素的能力较强，而茄子和甜椒的根系活力相对较弱。在植株负担果实过多时，根系生长发育会受到抑制，使根系数量不能增加，甚至减少；更重要的是产生细胞分裂素的能力降低，导致根系老化速度加快，使根系的吸收活力降低，吸收的营养和水分不能满足植株需要，最终影响产量。

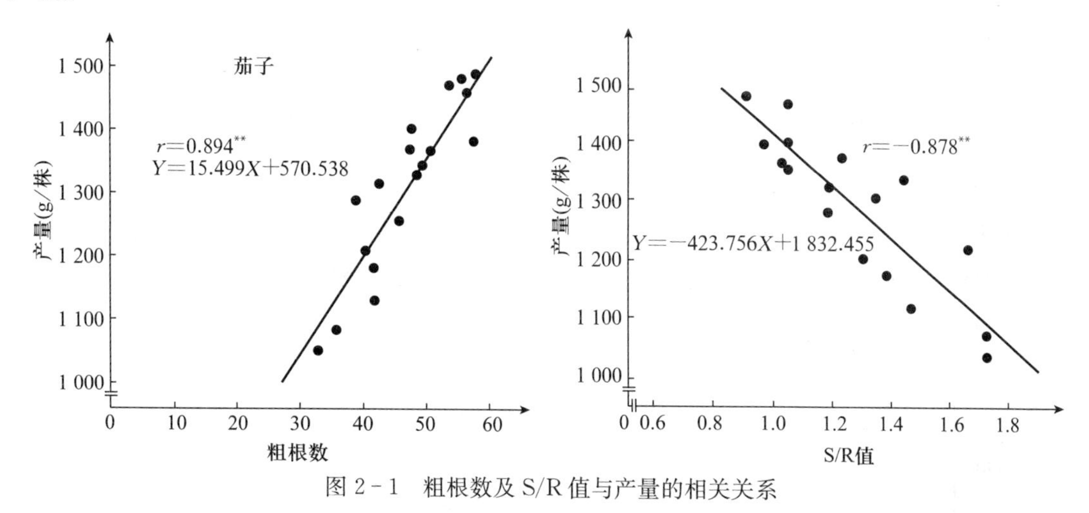

图 2－1　粗根数及 S/R 值与产量的相关关系

一些试验已证实，矿质营养吸收量和细胞分裂素产生量与粗根数密切相关（图 2－2、图 2－3）。沙培条件下，植株根系正常生长时，伤流液中矿质元素含量较多，细胞分裂素浓度较高；而在断根后，随根量降低，伤流液中矿质元素含量减少，细胞分裂素浓度也降低。根系吸收矿质元素和产生充足的细胞分裂素是地上部分顺利生长的重要条件，根系吸收能力下降、产生细胞分裂素减少，明显抑制地上部生长发育，加快功能叶片的老化，结果导致产量降低和果实品质下降。黄瓜断根后侧枝数显著减少，番茄断根后空洞果增多，甜瓜断根则导致化瓜。

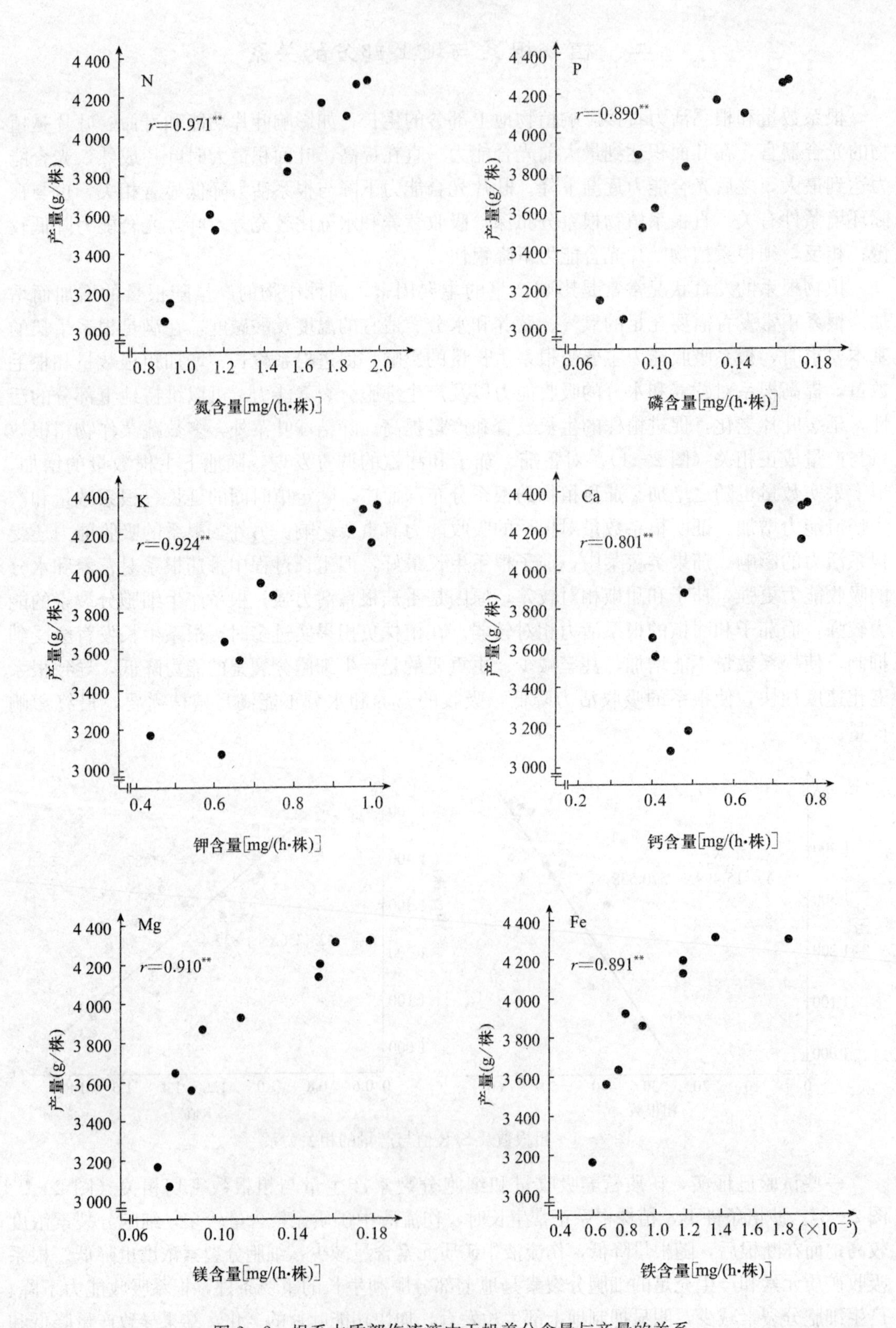

图 2-2 根系木质部伤流液中无机养分含量与产量的关系

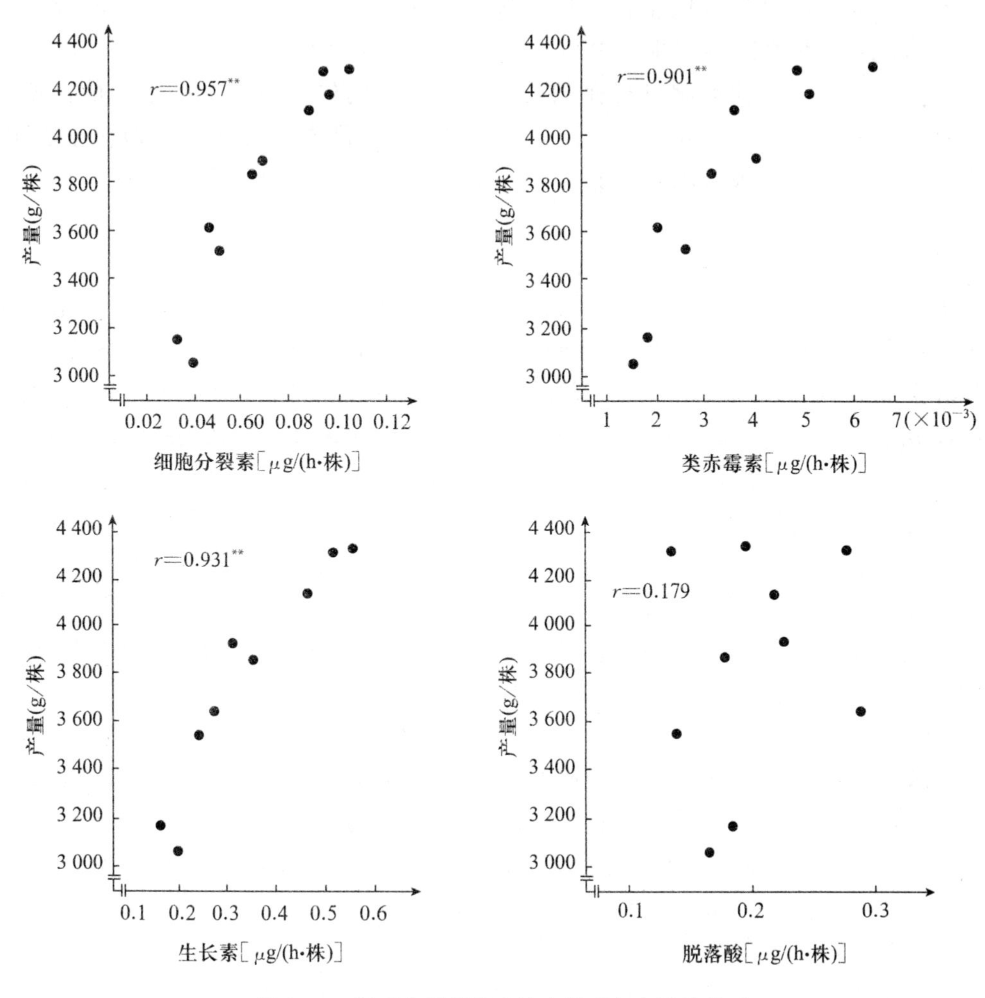

图 2-3 根系木质部伤流液中激素与产量的关系

三、地上部生长状态及栽培管理对根系生长的影响

(一)整枝方式对根系走向的诱导

植株根系的走向与整枝方式具有一定关系。瓜类和茄果类蔬菜可通过整枝方式，调整根系的伸长方向和根系的扩展能力。植株垂直生长时根系向下垂直发展；植株倾斜直到水平生长时，根系分布变浅，并倾向横向生长；而且大部分主根逆着植株的倾斜方向生长，而在地上植株伸展的方向上分布须根。另外，整枝方式还影响主根数量。垂直生长的植株粗根多；水平或倾斜角度大的植株粗根少，多数是须根。而粗根数量与产量又具有很强的相关，因此整枝方式可影响植株产量。

(二)摘心和侧枝数量对根系发育的影响

摘心会导致根系生长受到抑制。番茄植株摘心后，剩余叶片光合能力提高，可以促进果实膨大，但叶片老化加快；甜瓜摘心后叶片枯萎并导致化瓜；黄瓜进行换头栽培时不但降低产量，而且会导致植株寿命缩短。植物地上部分光合降低和老化加快，是由于摘心导致根系的生长受到抑制。植株顶部不但合成光合产物，向下运输满足根系生理活动的需要，而且还合成生长物质向根系运输，促进根系的生长。摘心导致地上部生长素合成及向根部运输减少，根系生长素浓度降低导致对光合产物竞争能力下降，从而抑制根系生长，这种抑制只有在侧枝生长后才能消失。增加侧枝数量能促使根系数量增加，侧枝形成过程合成较多生长素向下运输，提高根系对光合产物的竞争能力，促进根系的生长，导致根系增粗并扩大根系分布范围，增加分布深度，提高根系的吸收能力。

（三）坐果数量与根系生长的关系

果实生长过程中，光合产物向果实的分配比例增大，向根系中分配比例减小，使根系生长变弱。植株叶片较少，低节位坐果会使根系变弱，即使以后叶片增多，由于根系不能满足地上部营养和水分的需要，限制了地上部的代谢，反过来也会抑制根系生长；而在叶片和坐果数均较多时，植株根系也会因光合产物减少而衰弱。根系较弱时，遇到高温干燥或低温弱光会加速根系老化。坐果抑制根系生长，是由于果实生长时合成生长激素，对光合产物竞争力强，导致向根系和侧枝中运输光合产物减少；侧枝发育受阻，使根系中生长激素浓度降低，降低对光合产物的竞争能力，限制了根系的生长发育，导致根系劣变。根系劣变后对营养、水分的吸收减少，合成并向地上运输的细胞分裂素减少，导致侧枝生长受到抑制。果实采收后，根系和侧枝的生长开始恢复，根系活力重新提高，花的质量和果实生长状况变好。在茄果类生产中常常会产生这种产量的波动现象。

防止坐果对根系的抑制应考虑以下几点：较弱植株低节位花朵及畸形果应尽早除掉，果实达上市标准尽早采收，坐果多时适当疏果；坐果前促进根系生长，坐果的周期性波动与定植苗的好坏关系很大，需要培育壮苗；定植后施肥过多、耕层过浅都会导致根系发育不良，而适当降低夜温、提高基质温度、减少基质水分可促进根系发育，促进光合产物向根系运输；不良气候促使较弱植株的根系更弱，应及早疏果以促进根系发育。

（四）摘叶对根系的影响

植株根系数量与叶面积总量正相关，摘叶导致叶片展开速度加快，但是总叶面积降低，导致根系衰老，并抑制新根产生。

摘除不同部位的叶片对根系生长和根系活力的影响不同。叶片按其生理年龄分为初生叶和成熟叶。初生叶光合作用较弱，需要吸收其他叶片的光合产物，其蒸腾作用也较弱，由根系吸收的矿质元素如钙、镁、钾、铁等数量不足，常常导致叶绿素合成受阻，叶片黄化。幼叶是生长素和赤霉素合成的重要场所，赤霉素与花芽分化以及茎的伸长生长关系密切，生长素和赤霉素向下运输到根系中，可以促进新根产生和根的伸长生长，所以摘除新叶抑制根系发育及伸长。成熟叶片是进行光合作用的主要场所，合成的光合产物向其他器官输送，部分输送到根系中，主根系中光合产物以淀粉形式贮藏起来，供应根系生理活动的需要，而在须根系中光合产物以糖的形式被直接利用；成熟叶蒸腾作用旺盛，对钙、钾、硼等元素吸收能力强；在根系较弱、营养和水分供应不足时，成熟叶衰老后养分会释放并转移到其他器官中，保持植株继续生长的活力；成熟叶在逆境下产生脱落酸，不但促使叶片气孔关闭，还能输送到其他器官引发植株的逆境反应，提高植株对不良环境的抗性；成熟叶产生的成花激素促进花芽分化和发育；此外，成熟叶合成根系生长必需的维生素类物质（维生素 B_1、维生素 B_2、尼克酸），摘除成熟叶片会使根系生长失去物质基础，导致根系早衰。

第二节　植物根系的构造

一、根系的形态、类型及构造

（一）根系的形态与类型

由胚根直接发育而成的根称为主根（taproot），主根上发生的分枝称为侧根（lateral root），侧根上还可再发生分枝，称为二级侧根，以此类推，还有三级侧根、四级侧根等，这些根的来源一定，称为定根（normal root）。而在胚轴和茎上生成的根称为不定根（adventitious root）。根的前端产生侧根较早，倾向向下生长，而产生较晚的根系在下胚轴附近，一般水平生长，二级侧根也有相同的生长倾向。从地上部输送来的生长素、光合产物和维生素可以使根系增粗。当根系不能伸长时，侧根生成数量增多，相应的二级侧根的生长数量也增多；而当根系周围的环境适合根系生长时，初生根能够很好地伸长生长，侧根的数量减少，导致根系的数量减少。

植物根系有粗细之分和白根、变色根之分，当然也有中间类型的根系。一般认为，根系粗壮、分布广泛的植株产量较高，而根系较细、分布较浅的植株产量较低。根系生长状况及分布虽与根际环境、育苗管理、定植方法及栽培管理制度有一定的关系，但归根结底与其遗传特性密切相关。

（二）根系的构造

不论哪种根系，根的尖端均由4个部分组成（图2-4、图2-5），即根冠（root cap）、分生区（meristem zone）、伸长区（elongation zone）、根毛区（root-hair zone）。

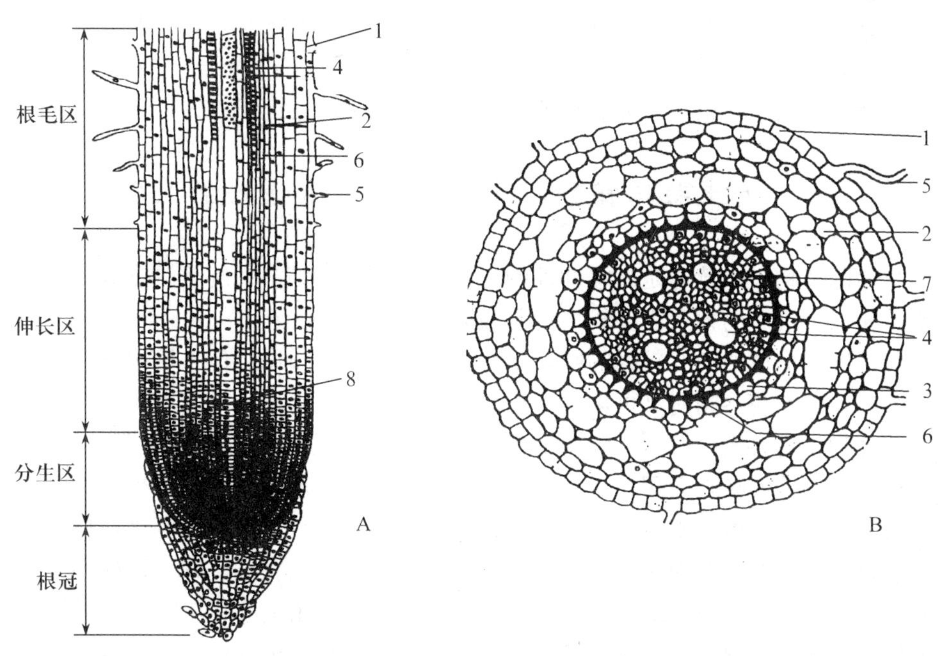

图2-4　根系的构造示意图

A. 根尖的纵切面　B. 次生根的横切面

1. 表皮　2. 皮层　3. 内皮层　4. 导管　5. 根毛　6. 中柱鞘　7. 筛管　8. 原形成层

1. 根冠 根冠位于根尖顶部，形似帽状，系由许多薄壁细胞组成，含有较多的淀粉、核酸，具有调控根系向地性生长、保护分生组织的作用。一般水生作物的根冠较明显而发达，可用来防止养分外渗或小动物的侵袭。

2. 分生区 分生区位于根冠与伸长区之间，系根尖顶端分生组织存在部位。这部位合成旺盛，富含蛋白质和生长素，也是合成细胞分裂素的地方，能不断进行细胞分裂，增生新细胞。一般作物根系分生区仅有数毫米，但玉米、豌豆此区长达 10～15 mm。

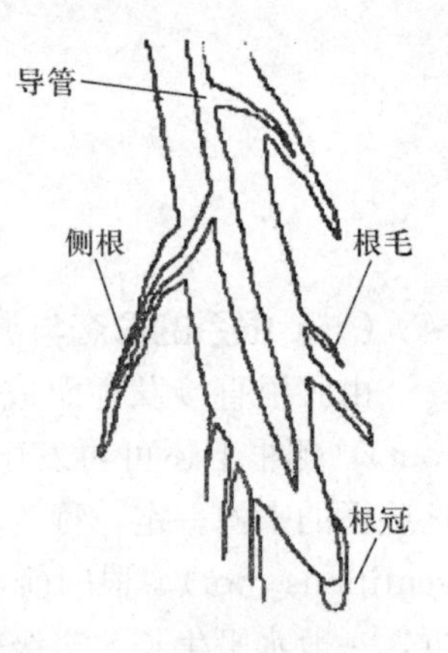

图 2-5 根系结构

3. 伸长区 伸长区位于分生区与根毛区之间。此区的特点是细胞分裂停止，细胞体积扩大，出现明显的大型液泡，并沿根的长轴方向延伸，促进根的伸长；同时，皮层、中心柱内的维管束等组织开始分化。此区代谢旺盛，干物质重和蛋白质含量高，转化酶、细胞壁合成酶类、氧化酶等活性均高，RNA 显著增加，赤霉素含量较分生区明显增多，吸水量增加，细胞膨压高，细胞迅速伸长。

4. 根毛区 根毛区又称吸收区或成熟区，在伸长区上方。此区细胞已明显地分化表皮、皮层、内皮层、中柱鞘以及初生木质部和初生韧皮部等组织，是表皮细胞不均等分裂的结果。根毛的生长速度较快，但寿命较短，一般只有几天到十几天，随着根的生长，此区上部的根毛渐枯萎，而下部又产生新的根毛。根毛是吸收水分和养分的主要器官，细胞壁很薄，呈纤细的管状，其成分除了纤维素和半纤维素外，还富含果胶质，它是决定阳离子代换量的主要因素，同时果胶质富含水分，有成为根系离子吸贮空间的作用，也是转化酶的活动场所。根毛的分化使根系吸收面积增加了 20～60 倍，从而能从介质中吸收大量的水分、养分和氧气。水培时，浸于营养液中的根系很少或不发生根毛，而暴露于湿气中的根系根毛很多，但一旦遇干旱缺水，根毛首先萎蔫死亡，从而造成吸收功能下降。

二、无土栽培植物根系结构与土壤栽培的区别

土壤栽培的植物吸收营养是有缓冲性的，土壤中真菌、细菌和酶等的生理反应能释放出营养物质，所以土壤中的根系需要较多的侧根以及根毛去吸收营养元素。根毛是部分表皮细胞的外壁向外突起形成的，有较强的吸收水分及固着土壤的作用，但土培根在生长过程中不断与土壤摩擦，根毛脱落同时又可再生。相反，无土栽培植物是从营养液中直接吸收营养元素，根系营养吸收的表面积较大，根周围有充足的水分可以直接通过表皮细胞渗透到根内，而不必通过由根毛扩大吸水面积的方式来吸收水分，而水培植物气生根的根毛又为植物提供了足够的氧气。同时，由于水培根长期生长在水中，根的固着作用逐渐消失，所以通常水培植物根毛退化，长出的根多为一次根系，洁白晶莹剔透。但也有一些耐旱而根系并不发达的植物，如金琥（*Echinocactus grusonii*），经水培驯化后根毛比土壤栽培情况下大量发生。

除了根系外观的差异外，土壤栽培的植物根系与无土栽培植物根系在显微结构和超微结构上也有所不同（表 2-1）。植物细胞的生长显著受细胞水分状态的影响，土壤栽培时植物的根因常受到大气的水分胁迫而呈肉质膨大，表面粗糙，皮层细胞小，中柱大；而无土栽培由于水分供应充足，根系较长，根径显著变小，皮层细胞层数变少，细胞间隙增大，老根逐

渐脱落，新根代替老根进行养分和水分的吸收。在自然光照下水生根系的皮层细胞能形成叶绿体进行光合放氧，为根系提供一定的能量和物质。生活在水环境中的植物根皮层内一般会形成发达的通气组织，但不同种类的植物存在差异，如金琥、鸡冠花（*Celosia cristata*）和凤凰草（*Myriophyllum aquaticum*）等植物在水培时根内形成较发达的通气组织，而水培吊兰（*Chlorophytum comosum*）的根系则细胞间隙相对较小且无规则。传统观点认为淀粉体起着平衡石的作用，向地生长的趋势越明显，淀粉体起的作用越大，相应淀粉粒的数量越多、体积越大。无土栽培根的生存环境充满了水分及无机盐类，根的向地性生长作用不明显，因此淀粉体起的作用不大，相应淀粉粒的数量较少、体积较小。含晶细胞（crystal cell）普遍存在于旱生、沙生以及盐生植物的叶和轴内，有研究表明土培吊兰较水培吊兰根皮层内存在的含晶细胞数量较多，这说明含晶细胞能通过提高渗透势而增强根系吸收水分的能力。

表 2-1 土壤栽培吊兰根系结构与水培吊兰的区别

（孔妤，2009）

根系结构	土壤栽培	水 培
外观形态	肉质肥大，但根尖和根基处较细，侧根数多，根表面粗糙	相对细小，侧根数少，但长势好，根毛退化，根表面光滑莹白，质地柔软，根基及周围的侧根呈绿色
显微结构	根冠部含有较多含晶细胞和淀粉体。表皮细胞致密且有磨损，外皮层与之连接紧密且层数较多。根皮层细胞小且致密，细胞层数多，薄壁细胞小，间隙小。维管束辐射状排列，一般为 12～13 个，木质部多元型，髓所占的体积较大	根冠部几乎不存在含晶细胞，淀粉体较少。表皮细胞薄壁，细胞明显增大，气生根根毛清晰可见。根皮层细胞体积变大，薄壁细胞层数少，整个皮层区所占体积较大，细胞间隙大。维管束多为 10 个，木质部退化，髓清晰可见，但明显变小
超微结构	根的幼嫩部位的皮层细胞中可见较多数量的粗糙型内质网分布在细胞核和细胞壁周围，细胞内还存在较多的线粒体、圆球体和一些质体。根细胞的质膜上可见多处胞饮处，推测胞饮作用可能是土培根系吸收水分或矿质元素的一种方式	少见粗糙型内质网、线粒体、圆球体和质体。根系在较成熟部位质体会转化为叶绿体，少量叶绿体和质体存在于细胞壁附近，叶绿体基质片层丰富，片层内含有脂质小球与淀粉粒，表明其根系具有一定的光合能力

第三节 植物根系的功能

植物根系的主要功能：一是在生长介质中对植物的固定支撑作用，二是水分以及各种离子进入植株并在各器官进行再分配的通道。另外，根系在植物代谢、繁殖以及气体交换等方面也起着重要作用。

一、根系的固定支撑功能

无土栽培方式不同，根的支撑功能表现得不尽相同。例如水培、雾培以及营养液膜技术等，根漂浮在营养液中或暴露在潮湿的空气中，因此其支撑作用不大，植株的固定和支撑靠人工措施实现；而在基质栽培中，如沙培、砾培、蛭石以及岩棉等基质栽培法，根的固定与支撑功能与在土壤栽培中一样重要。

某些植物能从茎秆上或近地表的茎节上长出一些不定根，能起到支持植物直立生长的作用，称为支柱根（prop root），这种现象可见于玉米、甘蔗、榕树等。一些木质藤本植物如常春藤、凌霄、地锦等，在茎部能长出可依附于其他物体表面生长的一种不定根，称为攀缘根（climbing root）。借助于这些攀缘根，植株可以调整自己的空间位置，使细长柔弱的茎固着或攀缘其他物体向上生长，从而更好地生长发育。

二、根系的吸收与输导功能

吸收是根的重要生理功能之一，植物生长发育过程中所需要的水分、矿质营养等主要是通过根系进行吸收的。其他器官吸收水分和矿质营养的数量不如根部多，速度也不及根部快。根系各个部位的吸收能力存在很大差异，其中以根毛区最强，根冠和根基部较差。水分和矿质营养必须通过根系表皮的细胞壁和细胞内的质膜才能进入植物体，然后通过输导组织运往植株的地上部分。

矿质营养必须溶于水中以离子形态才能进入根系的自由空间，如果没有水，植物对营养的吸收就难以进行。但是根系对水分和矿质营养的吸收机制是不同的。水分吸收与传导的主要动力是蒸腾作用产生的蒸腾拉力，是个被动吸收过程；而无机离子的吸收必须靠呼吸代谢产生的能量并在载体存在的情况下进行，不同种类的植物所具有的载体不同，选择运载的离子不同，吸收矿质营养的数量也不一样，例如耐盐植物可以阻止根际过多的 Na^+ 进入植株体内。以往认为，根系对水分和矿质营养的吸收是同步进行即成正比的，后来大量研究表明并非如此。无土栽培过程中，如果营养液的浓度较低，则根系吸收营养物质的量比水多，造成营养液浓度越来越低；反之，当营养液的浓度较高时，根系吸收的水分比营养元素要多，从而使营养液的浓度越来越高，这种现象在一定的范围内时有发生。

根系的输导功能表现在根能够将其吸收的水分、无机盐类的分子或离子、简单的小分子有机化合物、气体以及根系合成的各种物质等输送到地上部有关器官供其生长所需，同时可以将地上部生产的有机物输送到根部。根尖顶端对矿质元素的积累最多，但由于该区域没有发达的输导系统，因此难以将吸收的离子运转到其他部位；而根毛区有完全分化的木质部，可以将矿质元素很快运至其他器官，因此该区域对矿质元素的积累不多。

三、根系的合成与分泌功能

植物根系能够利用来自地上部分的糖类，以及本身所吸收的 CO_2 和 NH_4^+-N 等，作为原料合成许多有机物质，其中包括氨基酸、维生素、植物激素、生物碱等，例如植物体内约1/3的赤霉素在根内合成，细胞分裂素主要在根尖的分生组织中合成。这些物质的合成和产生对植物地上器官的生长发育起着重要作用。

根在生长过程中还能分泌出糖类、有机酸等近百种物质，根系分泌物（root exudate，RE）按分子质量的大小可分为高分子质量分泌物和低分子质量分泌物，前者主要包括黏胶和外酶，其中黏胶有多糖和多糖醛酸；后者主要是低分子有机酸、糖、酚及各种氨基酸（包括非蛋白氨基酸，如植物载体）。这些物质在微生物的作用下均可生成 CO_2 和低分子质量有机物质（图2-6）。根系分泌物中还含有一些生理活性物质，如激素、维生素及各种自伤性和他伤性化合物。

植物的根还有不同程度的氧化还原能力。例如，当根际环境中铁供应不足时，根可以通过其还原力把 Fe^{3+} 还原成容易吸收的 Fe^{2+}，使铁元素的有效性增加；反之，当根际 Fe^{2+} 过量可能对植株造成危害时，根可以通过其氧化力把 Fe^{2+} 氧化成 Fe^{3+}，防止过多的 Fe^{2+} 进入植物体。

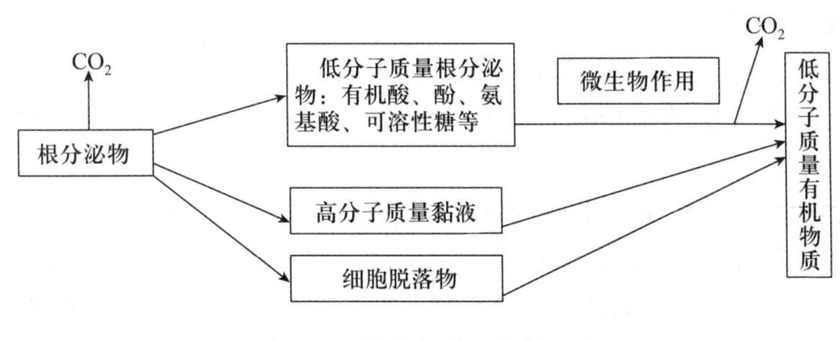

图 2－6　植物根分泌物的组成

四、根系的贮藏与繁殖功能

大多数作物的根都贮藏了许多养分，或含有生物碱、苷等物质。有些植物的根膨大，形成明显的贮藏器官，例如萝卜、胡萝卜、甜菜、芜菁等主根膨大形成养分贮藏器官，而甘薯等是由侧根膨大形成养分贮藏器官，这些植物的根可以作食用；人参、大黄、甘草、何首乌、百部等的根可以用作药材。许多球根花卉根部贮存了大量糖和脂肪等，当需要时，这些大分子物质降解为小分子物质被植株生长所利用，如大丽花、花毛茛、芍药等。对于生长在干旱环境下的植物来说，较大的根冠比具有重要意义。

许多植物的根可以产生不定芽，而这些不定芽可以形成新的植株，这一功能特性常被应用在植物繁殖中，如甘薯、大丽花、花毛茛、芍药、荷包牡丹等。

五、根系的呼吸与气体交换功能

根系在生长过程中要不断呼吸，与环境进行气体交换。多数情况下，植物进行有氧呼吸，在淹水的情况下，部分植物也能通过无氧呼吸来维持生命。榕树、绿萝、龟背竹等生长于热带、亚热带地区的植物，由于多雨、潮湿的气候条件，土壤中的水分长时间处于饱和或近于饱和的状况，根系由于长期生活在缺氧环境中，逐步形成了向上生长、露出地表或水面的不定根。茎秆上长出的粗壮气生根，除了可以吸收空气中的水分以外，还能进行气体交换，以补充土壤中氧气的不足，也称作呼吸根（pneumatophore）。此外，石斛（*Dendrobium nobile*）的茎节上也常有许多气生根；多年生草本植物吊兰，在匍匐茎上长出新植株时，也生有许多粗短的气生根。

六、根系的其他功能

1. 感应功能　植物在长期的进化过程中，为了生存形成了感应周围环境的本能。当根际环境不能满足根的生长需要时，根的形态及生长方向等都会发生变化。例如根在生长介质中会向营养丰富、水分条件和通气性良好的方向延伸。

2. 寄生功能 一些植物如菟丝子（dodder）能够从茎部长出根状突出物，可生长到另一些植物体内，深入维管组织从而吸取水分和营养。这种靠其他植物进行生长的植物称为寄生植物，寄生植物生长到其他植物体内的根称为寄生根（parasitic root）。

3. 收缩功能 绵枣儿（*Scilla scilloides*）、小苍兰（*Freesia hybrida*）等草本植物在发育过程中，根的部分皮层薄壁细胞出现径向扩展与纵向收缩，这时其中部的维管组织发生扭曲，从而将靠近基质表层的球根拉向深处，这些具有收缩功能的根称为收缩根或牵引根（contractile root）。

4. 与菌的共生功能 根菌共生称为菌根（fungus root），二者合作可从根系附近的区域吸收更多的水分与矿物质，这种关系称为共生关系（symbiosis）。根菌吸收根系生长过程中分泌的许多代谢产物，如多种氨基酸、核苷酸、糖、有机酸和酶类等，植物则通过根菌吸收激素、维生素和矿物质等。

第四节 植物根系对水分的吸收

水是植物生长发育必需的重要环境条件之一，植物的一切生命活动都必须有水存在才能正常进行。水不仅是所有生命细胞的溶剂和反应介质，而且是许多代谢过程如光合作用的重要参与者。另外，作为大分子的结合水，形成了原生质的部分结构，以有序而不稳定的形态存在。正常生长的植物需水量很大，植物每形成 1 g 干物质需要消耗 200～1 000 g的水分。植物的幼叶和根含水量高达 90%左右，成熟组织含水量减少，如茎的含水量为 30%～40%，成熟的种子含水量只有 10%左右。由此可见，凡是生命活动旺盛的部分，水分含量都较高。然而，植物吸收的水分只有 5%用于其生物功能的需要，其他 95%随着蒸腾作用而散失。

一、根系吸水的机理

植物的形态是由其水分含量决定的。含水量下降时，植物开始弯曲、下垂或者萎蔫。萎蔫最先发生在尚未形成稳定细胞结构的幼嫩组织，这常常是由于植物根系环境限制了根对水分的吸收或者水分在植物体内的运转受阻所致。一般来说，在可控环境下栽培的植物比露地种植的植物对水分胁迫更加敏感，这可以部分解释为什么温室内的植物对水分胁迫非常敏感，进而显著影响其生长发育。

植物根系吸水的主要部位是在距根尖 10～100 mm 的区域内，主要依靠被动吸水和主动吸水两种方式进行，其吸水的基本依据是细胞的渗透吸水。所谓被动吸水，是指当植物进行蒸腾作用时，水分便从叶片的气孔和表皮细胞蒸腾到大气中去，使叶肉细胞的水势因失水而减小，失水的叶肉细胞便从邻近含水量较多的细胞吸水，导致接近叶脉导管的叶肉细胞向叶脉导管吸水，这个因蒸腾作用所产生的吸力称为蒸腾拉力（transpirational pull）或蒸腾牵引力。蒸腾牵引力可经过茎部导管传递到根系，使根系再从周围环境中吸收水分。由于吸水的动力发源于叶的蒸腾作用，故而把这种吸水称为根的被动吸水。主动吸水即由根压引起的根系吸水。基质内的溶液或者营养液在根内沿质外体向内扩散，其中的离子则通过主动吸收进入共质体，然后释放到中柱内的木质导管内，引起离子积累，导致内皮层以内的质外体渗透势降低，内皮层以外的质外体渗透势升高，水分则通过渗透作用透过内皮层细胞到达中柱导管，造成水分向中柱扩散，在中柱内产生静水压力，即根压。只要离子主动吸收存在，根压也就能够存在，但对于高大的植物体，仅靠根压不足以实现导管中水向上的驱动作用，则被动吸水就占主导。

二、根系的吸水过程

植物根系的吸水过程可看做植物根细胞和地上部分叶片之间存在一个连续的水柱，水分运动速率受叶片和周围大气之间水势变化程度的调控。水在植物体内的运动可分为 3 个主要步骤：水由根际环境进入根皮层组织，并向木质部导管传送；水由根向叶输送；在叶片中水以气体分子形态释放到大气中。

根系对水的吸收，主要依靠毛细管作用和渗透作用。根细胞的细胞壁呈多孔结构，这些微孔直径通常小于 10 nm，从而具有毛细管作用而吸收介质中的水分。这种毛细管作用实质是细胞壁对水分产生的基质势（ψ_M），可低达－10 MPa。由于毛管水势小于基质水势，所以基质水分通过根细胞壁的毛细管作用可直接进入根系组织。水分由皮层组织进入木质部导管有两条途径，即质外体途径和共质体途径。靠近根尖部位，由于内皮层细胞尚未形成凯氏带，所以质外体途径畅通；而在根成熟区，由于凯氏带形成以及木栓质不断增厚，阻止了水分通过质外体途径进入木质部，共质体途径就成了水分向心运输的主要方式。所以，根尖区域水分吸收速率往往高于远离根尖区域。但未形成凯氏带的根尖区域只占根系的很小一部分，如多年木本植物不足 1%，因此水分主要是通过共质体途径向心运输的。

根细胞水分共质体运输的第一个步骤是水分进入细胞内，这个步骤的推动力是渗透作用。细胞膜起着半透膜的功能，由于细胞的代谢活动，如离子主动吸收、有机酸和蔗糖的合成，细胞内具渗透活性的溶质增加，渗透势降低，细胞水势随之降低，从而推动水分进入细胞内。一般根外介质水势为－0.02～－0.2 MPa，根内水势则达－0.5 MPa。显然，这一过程与根系代谢密切相关。低温缺氧、有毒物质等抑制代谢的因素存在，将会降低根对水分的吸收。如网纹甜瓜（*Cucumis melo* var. *reticulatus*）在果实发育期间根际 10%和 5% O_2 处理后叶片光合作用降低，可能是低氧条件下根部水孔蛋白阻力变大或密度下降，根对水的透性和对水分的传导性降低，造成对水分的吸收及向地上部运输的能力下降。叶片为了保持组织内的水势，气孔关闭，CO_2 通过气孔进入叶组织的扩散阻抗增大，最终导致叶片光合作用降低。

水分由根细胞进入木质部导管的机理目前仍不完全清楚。一般认为主要依赖于渗透作用，即离子由木质部薄壁细胞主动分泌入木质部导管，使导管内水势下降，水分随之流入导管中，这就是根压的成因。在幼小植物中，根压强烈，足以使水从叶尖泌出，称为吐水（guttation）。如叶尖出现水珠，说明根部水分状态良好。但由根压所产生的植物体内水分垂直输送距离仅 10～20 cm，最多不超过 30 cm，所以只靠根压作用不能作远距离输水。

三、蒸腾作用与蒸腾系数

水分从植物的地上部以水蒸气状态向外界散失的过程称为蒸腾作用（transpiration）。蒸腾作用所产生的蒸腾拉力是植物吸收与传导水分的主要动力。如果没有这一动力，高大植株就不能获得水分。蒸腾是一个复杂的植物生理过程，是植物调节体内水分平衡的主要环节，是对变化环境的适应，与环境因子关系密切。影响植物蒸腾的各环境因子并不是孤立的，它们共同作用且相互影响。

作物的蒸腾主要通过叶片进行，即角质层蒸腾和气孔蒸腾。角质层蒸腾在叶片蒸腾作用中所占比重因其厚薄而异，幼嫩或长期生长在阴湿区的植物，角质层较薄，比重较大；而长期生长在阳光充足地区的植物，则角质层较厚，通过叶面蒸腾所占的比重明显要小。作物幼嫩时，地上部的整个表面都可进行蒸腾，植株长成以后，其茎枝木栓化，水分散失就受到一定限制，然而仍可通过茎枝上的皮孔进行蒸腾，但所占比重很小，仅占全部蒸腾量的0.2%。成长中作物的蒸腾作用主要是通过气孔的逸散，其蒸腾失水量占总量的80%～90%。由于叶面气孔的生理调节作用，使得植株蒸腾现象极为复杂，不仅与影响蒸腾作用的物理条件有关，而且还与植株本身的生物学特性以及植株的生理适应程度有关。

蒸腾作用受环境因子综合作用的影响，其中除气温、风速和光照对蒸腾作用的影响较大外，基质的水分含量对总蒸腾耗水量、作物水分生产率和作物产量均有极显著影响。当基质含水量偏低时，总蒸腾耗水量最大、产量最低；而当基质含水量偏高时，导致植株的“无效”蒸腾增加，降低了作物水分生产率，致使产量显著降低（表2-2）。因此，无土栽培过程中保证基质适当的水分含量非常重要。空气湿度也是影响作物蒸腾作用的重要因子之一，高湿度下气孔增大、密度减小，叶片气孔导度和蒸腾速率提高（表2-3），气孔在叶片失水后的反应迟钝，关闭速度慢于低湿度下生长的叶片。高湿度下植株茎流也较慢（图2-7），水分吸收少于低湿度下的植株。因此，高湿度温室内生产的月季、百合等切花寿命大大缩短，并加速叶片衰老。

表2-2 不同基质含水量下盆栽番茄产量、总蒸腾耗水量及作物水分生产率

（李霞，2010）

水分处理（kPa）	总蒸腾耗水量（kg）	作物水分生产率（kg/m³）	番茄产量（g）
10	9.72±0.40 A	21.79±1.50 B	210.80±9.92 C
30	8.54±0.45 AB	34.97±0.49 A	298.33±4.88 A
50	6.34±0.23 C	34.85±1.80 A	220.52±9.30 C
70	7.40±0.11 BC	34.58±0.73 A	255.68±1.42 B

表2-3 不同空气湿度对东方百合叶片蒸腾的影响（以泥炭为栽培基质）

（尤伟忠，2009）

品种	相对湿度（%）	气孔密度（个/mm²）	气孔长度（μm）	气孔导度（cm/s）	叶片蒸腾速率［μg/(cm²·s)］
凝视星空	60	57.1 a	72.2 a	0.106 a	0.704 a
	75	45.7 b	77.8 b	0.116 b	0.710 a
	90	38.6 c	82.1 c	0.129 c	0.713 a
巴希亚布兰卡	60	30.8 d	92.9 d	0.182 d	1.203 b
	75	27.7 e	95.0 e	0.302 e	1.462 c
	90	24.8 f	97.1 f	0.477 f	1.855 d

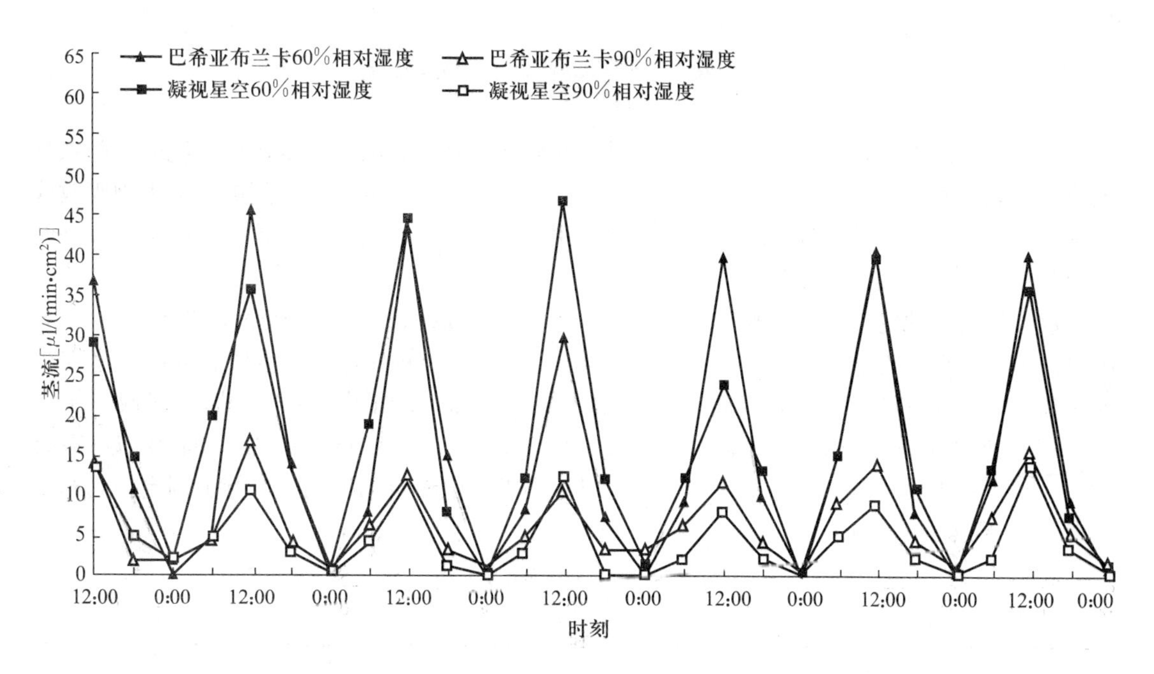

图 2-7　相对湿度 60%和 90%条件下无土栽培东方百合植物茎流图

植物需水量（water requirement in plant）是指植物全生育期内总吸水量与总干物质重（扣除呼吸作用的消耗等）的比率。由于植物所吸收的水分绝大部分用于蒸腾，所以需水量也可认为是总蒸腾量与总干物质重的比率。蒸腾系数（transpiration coefficient）是指植物在一定生长时期内的蒸腾失水量与其干物质积累量的比值，通常用每产生 1 g 干物质所需散失的水量克数表示。根据蒸腾系数的大小，可大体估计出不同作物的需水量，也可反映作物对水分利用的效率。蒸腾系数小，表示植物合成 1 g 干物质所蒸腾消耗水分克数少，植物对水分需求程度低，水分利用效率高；反之，植物对水分需求高，水分利用效率低。蒸腾系数的大小取决于气象条件、作物类型和基质条件等因素。不同植物的蒸腾系数有很大差异（表 2-4）。

表 2-4　各种作物的蒸腾系数

（W. Larcher，1980）

作物（C_4 植物）	蒸腾系数	作物（C_3 植物）	蒸腾系数	作物（C_3 植物）	蒸腾系数
玉　米	370	水　稻	680	南　瓜	834
高　粱	280	小　麦	540	西　瓜	580
粟	300	苜　蓿	840	菜　豆	700
苋	300	向日葵	600	豌　豆	788
马齿苋	280	棉　花	570	马铃薯	640

从表 2-4 中可知，C_4 植物的蒸腾系数（250～400）明显地较 C_3 植物（500～900）为小。以作物的生物产量乘以蒸腾系数，即可大致估计出作物需要水分的量，这可作为灌溉用水量的一种参考。C_4 植物由于有较高的光合固碳效率，因而增大了气孔对水分的阻力，一般气孔频率低于 C_3 植物，减少了蒸腾失水，提高了水分利用效率。

四、表观吸收成分组成浓度

对无土栽培而言，既要考虑必要的水量，又要考虑各元素的吸收量，用单纯的蒸腾系数不能充分表达必要水量和必要肥量这一双重关系。为此，日本的山崎肯哉提出了表观吸收成分组成浓度这一概念。表观吸收成分组成浓度用 n/w 表示。n 表示各元素的吸收量，以毫摩尔为单位；w 表示吸收消耗水量，以升为单位。

每天测定植株的吸收消耗水量 [L/(株·d)]，同时每天测定植株吸收各营养元素（N、P、K、Ca、Mg）的量 [mmol/(株·d)]。这样即可计算出每株作物一生中总共吸收了多少水分和多少各种营养元素，并以此来计算 n/w 值。例如，1 株番茄一生中总共吸收了水分 164.5 L，吸收了氮 1 151.5 mmol，则 n/w＝1 151.5/164.5＝7(mmol/L)。即番茄每吸收 1 L水，就同时吸收 7 mmol 的氮。其余元素以此类推。山崎对几种蔬菜进行了测定，其结果如表 2－5 所示。

表 2－5　几种蔬菜的 n/w 值

（山崎，1976）

蔬　菜	生长季节	1 株作物一生吸水量 (L)	每吸收 1 L 水的同时吸收各元素的量（n/w=mmol/L）				
			N	P	K	Ca	Mg
甜　瓜	3～6 月	65.45	13	1.33	6	3.5	1.50
黄　瓜	12 月至翌年 7 月	173.36	13	1.00	6	3.5	2.00
番　茄	12 月至翌年 7 月	164.50	7	0.67	4	1.5	1.00
甜　椒	8 月至翌年 6 月	165.81	9	0.83	6	1.5	0.75
茄　子	3～10 月	119.08	10	1.00	7	1.5	1.00
结球莴苣	9 月至翌年 1 月	29.03	6	0.50	4	1.0	0.50
草　莓	11 月至翌年 3 月	12.64	7.5	0.75	4.5	1.5	0.75

表观吸收成分组成浓度概念反映了植物吸水与吸肥之间的关系，即植物吸收一定量的水就相应地吸收一定量的各种营养元素。这就表明，人们向作物供给一定量水分的时候，也要同时供给相应数量的各种养分，显然，这就是营养液。因而，n/w 值就成为配制营养液的浓度标准。这表明无土栽培上采取既供水又供肥的方式向作物供水，要比大田上单纯供水优越得多。

第五节　植物根系生长与根际环境的关系

根际（rhizosphere）是指受植物根系的影响，在物理、化学和生物学特性等方面不同于周围介质的根表面的微区。它是介质—根系—微生物三者相互作用的场所，也是各种营养、水分和有益或有害微生物进入根系的门户。1904 年，德国微生物学家 Lorenz Hiltner 提出根际这一概念，然而早期的研究仅限于微生物的根际效应。20 世纪 60 年代，Jenny 和 Grossenbercher 开创性地明确了植物根系、微生物和介质之间存在关系，而 Barber 和 Nye 分别提出了营养从介质向根迁移的截获、质流和扩散机理。至此，奠定了根际微域环境的研究基础，开始了这一研究领域的蓬勃发展。

培育作物对贫瘠和含酸、碱、盐等有害物质的不良介质的适应性，提高水和营养的利用效率，合理轮作和间作，以及根部病害的生物学防治是提高单位面积产量的重要途径，而这些都与根际环境的调控有着密切的关系，因此研究根际环境的特点和植物根系与根际环境的关系在未来农业发展中具有重要意义。

一、植物根际环境的特点

科学家通过电子显微镜观察发现，植物的根与介质之间并不是紧密结合的，它们之间有一黏液层。黏液层由新生根和根毛的根冠、表皮细胞分泌的黏液和根际微生物分泌物、脱落细胞的降解产物等组成，厚度可达 10～50 μm。这个黏液层可以流动，并且越靠近根表面密度越大。由于黏液的亲水性，介质中可溶性养分可以溶解于其内而被根系吸收，并且黏液中的大量有机物质是微生物繁殖生存的天然培养介质。

（一）根际 pH 和 Eh 环境

根际的酸碱度（pH）主要取决于植物的遗传特性和各种因素影响下吸收阴、阳离子的比率以及为维持植物体内电荷平衡而相应地释放出的 H^+ 和 HCO_3^-。例如，当某种植物以 NH_4^+ - N 为主要氮源时，根系吸收阳离子多于阴离子，为维持电荷平衡，根分泌出的 H^+ 多于 HCO_3^-，使根际 pH 下降；相反，当植物以 NO_3^- - N 为主要氮源时，根际 pH 则上升。

不同种类或品种的作物，其根际 pH 的变化也不同。例如禾谷类作物根系吸收的阴离子多于阳离子，因此根际趋向于碱性；荞麦根系吸收的阳离子多于阴离子，根际趋向于酸性。人们还发现，耐贫瘠的植物根际都有酸化现象，这有益于吸收磷、铁等难溶性物质。另外，根际 pH 的变化还受起始介质的 pH、缓冲容量、水分含量和扩散阻抗因子等的影响。

根际的氧化还原电位（Eh）状况也与非根际不同。对于旱生植物而言，根际的 Eh 低于非根际，这主要是根际微生物活动的结果。有研究表明，渍水条件下的水稻根际由于存在由叶片向根际输氧的组织，并有氧气从根中排出，使根际 Eh 高于非根际。许曼丽（1997）试验结果表明，在锰胁迫下，番茄生长介质的 Eh 明显下降，根系分泌的活性还原性物质数量逐渐增加，这为锰元素的形态转化、还原溶解提供了物质条件。

（二）根际的营养环境

由于植物的吸收速率与介质中养分的移动性不同，使不同的营养物质在根际出现亏缺或积累，造成根际的营养分布不均一。通过对影响根际营养状况的诸因素进行分析，Barber 提出了营养生物有效性（nutrient bioavailability）的概念，即将植物生长期间介质离子库中可移动到根表面并被吸收的营养称为有效营养。近年来，对养分在根际的形态转化、吸附和解吸、络合溶解等方面开展了广泛研究。结果表明，凡是以质流方式向根运输的养分，如 Cu^{2+}、Mg^{2+}、SO_4^{2-}、NO_3^- 等易于在根际积累，而其他大多数养分在根际是亏缺的，特别是 NH_4^+、$H_2PO_4^-$ 和金属微量元素，而且它们的亏缺范围也大小不等。例如，NH_4^+ - N 在水稻根际随离根表距离成亏缺的浓度梯度变化，离根表越近亏缺率越大，但其变化幅度随植株年龄、根部位和温度等变化而不同。而 K^+ 亏缺和积累的梯度变化与介质类型、钾供应状况和介质含水量有密切关系，其中介质含水量的影响最为显著，在介质水分含量低于持水量 70%时，根际就出现 K^+ 亏缺；介质含水量高于此数值时，根际

就将出现 K^+ 积累。

(三) 根际微生物

根际微生物在正常情况下比非根际明显增多。研究表明，在离根表 1～2 mm 的介质中，细菌和放线菌数量是非根际的 10～1 000 倍。微生物与植物相互作用，有关生物互作（allelopathy）的问题是近年来非常受重视的研究领域。

二、植物根系生长与根际环境的关系

植物的生长状况与根系的生长发育状况密切相关，而根系的生长必然受到根际环境的影响。根际环境是植物与介质相互作用的结果，不同植物的根际环境有很大差别。随着农业生产的发展，越来越显示出根际的物理、化学和生物环境与作物的生长发育、抗逆性和生产力的直接关系。在未来的农业生产中，合理调节根际微域环境，对控制植物病害、实现优质高产具有重要意义。

(一) 植物根系与根际温度的关系

温度条件是影响根系吸收的一个重要环境因素，它不仅影响根系的吸收能力，还影响营养液中养分的有效性。不同的植物种类，其根系要求的温度条件也不一样。部分园艺植物的适宜营养液温度范围见表 2-6。在一定的温度范围内，温度越高，根系吸水量越多，这是由于温度较高时，蒸腾作用强烈，导致植物吸水量增加。但是植物根系对温度的适应范围较窄，所以在生长发育期间给予根系适宜的温度，对于水分和养分的吸收具有重要意义。如果根际温度过高，超过了适宜温度的上限，会造成根系呼吸过旺，不仅消耗大量糖分，而且 O_2 减少，CO_2 增加，使根系的代谢紊乱，出现早衰，妨碍植物对水分和养分的吸收。反之，如果根际温度过低，则根系生长缓慢，吸收面积减小，并且低温时细胞原生质黏性增大，水分子不易透过根系组织而进入根内，同时低温也会使水分子本身的运动速度减慢，渗透作用降低，不利于水分和养分的吸收。

表 2-6 部分园艺植物的适宜营养液温度范围（℃）

温度范围	10～12	12～15	15～18	20～25	25～30
植物名称	堇 菜	蕨 菜	莴 苣	番 茄	黄 瓜
	郁金香	洋 葱	马铃薯	甜 瓜	热带花木
	金合欢	草 莓	胡萝卜	芹 菜	水 芋
		含羞草	香豌豆	烟 草	柑 橘
		香石竹	唐菖蒲	蔷 薇	
		仙客来	百 合	秋海棠	
			水 仙	非洲菊	
			风信子	百日草	
			鸢 尾		
			菊 花		

根际温度通过对植物根系生长的影响，从而进一步影响地上部分的生长。但由于品种、生长阶段和发育状况的不同，根际的适宜温度也并不相同，生产中应根据具体需要进行

调整。

（二）植物根系与根际通气状况的关系

植物根际环境的通气状况与根系生长和养分吸收直接相关。呼吸作用需要消耗 O_2，如果根际环境通气良好，则根系的主动吸收能力增强，对大多数作物而言，根际 O_2 含量达到5%～10%时，根系生长良好；反之，根际环境通气不畅，O_2 含量低于0.5%～2%时，则根系生长速度缓慢，吸收水分和养分减少。此外，根际通气良好，还可以防止 CO_2 积累，有利于根系的生理代谢。尤其在无土栽培中，保证根际的通气状况良好和营养液中有充足的溶解态氧，是决定植物良好生长和获得高产优质的关键因素。

（三）植物根系与根际营养液浓度的关系

植物根系所吸收的水分是含有一定溶质的溶液，无论是固体基质栽培还是非固体基质栽培，营养液浓度都是影响根系吸收的因素之一。在一定范围内，随着溶液浓度的增加，根系吸收速率有所提高，这是由于离子被载体吸收运转尚未达到饱和状态。当被载体吸收的离子达到饱和以后，营养液的浓度再提高，根系吸收速率也不会增加。并且，介质溶液浓度过大，则水势较低，如果介质溶液的水势与植物根系细胞的水势相等，植物根系就不能从介质溶液中吸水，如果介质溶液的水势比根系细胞的水势还要低，反而会使植物体内原有的水分通过质膜反渗透到介质中，使植物出现生理失水导致萎蔫和死亡。因此，根际的营养液浓度切勿过低或过高，否则，一方面不利于经济用肥，另一方面也会影响植物对水分和养分的吸收。

（四）植物根系与根际 pH 的关系

根际的酸碱度直接影响根系对营养的吸收及养分的有效性，过酸或过碱都会引起根系蛋白质变性和酶的钝化。一般在酸性条件下，根系吸收阴离子多些；而在碱性条件下，根系吸收阳离子多于阴离子。对大多数植物而言，根际的适宜 pH 范围为微酸性到中性之间，因为微酸性可提高磷素和铁、锰、锌、铜等微量元素的有效性；如果 pH 过低，则钾、钙、镁的有效性下降；而 pH 过高，Fe^{2+}、PO_4^{3-}、Ca^{2+}、Mg^{2+}、Cu^{2+}、Zn^{2+} 等离子逐渐变为不溶状态，不利于植物的吸收。因此，保持营养液适宜的 pH 是无土栽培成功的根本保证。

根际 pH 的变化受植物种类、品种、施肥和其他环境状况等多种因素的影响。根际 pH 的大小，不仅影响到盐类的溶解度，同时影响植物细胞原生质膜对矿质盐类的透性，从而影响根系对矿质盐类的吸收。不适宜的根际 pH 还会影响根际微生物的活动。如酸性反应导致根瘤菌死亡，失去固氮能力；碱性反应促使反硝化细菌生长，使氮素发生损失，对植物营养不利。部分园艺作物生长的适宜 pH 见表 2-7。

表 2-7　常见园艺植物生长的适宜 pH 范围

种类	适宜 pH	种类	适宜 pH	种类	适宜 pH
马铃薯	4.8～6.0	胡萝卜	5.6～7.0	文　竹	6.0～7.0
甘　薯	5.0～6.0	花　生	5.0～6.0	梅　花	6.0～7.5
南　瓜	5.5～6.8	百　合	5.0～6.5	杜　鹃	4.5～5.0
番　茄	6.0～7.0	仙客来	5.5～6.5	苹　果	6.0～8.0
黄　瓜	6.4～7.5	唐菖蒲	6.0～6.5	葡　萄	6.0～8.0
白　菜	7.0～7.4	小苍兰	6.0～6.5	柑　橘	5.0～7.0
甘　蓝	6.0～7.0	郁金香	7.0～7.5	山　楂	6.5～7.0

（续）

种类	适宜 pH	种类	适宜 pH	种类	适宜 pH
西　瓜	6.0～7.0	风信子	6.5～7.5	梨	5.6～7.2
甜　菜	7.0～7.5	水　仙	6.5～7.5	桃	5.2～6.5
青　梗	6.0～7.0	美人蕉	6.0～7.0	栗	5.5～6.5
洋　葱	6.4～7.5	非洲菊	5.5～6.5	枣	5.2～8.0
豌　豆	6.0～7.0	菊　花	6.5～7.5	柿	6.0～7.0
菜　豆	6.4～7.1	紫罗兰	5.5～7.5	杏	5.6～7.5
莴　苣	6.0～7.0	雏　菊	5.5～7.0	茶	4.0～5.0
萝　卜	5.0～7.3	石　竹	7.0～8.0		

根际 pH 还与不同形态的氮素有关。研究表明，禾谷类、荞麦和豆科作物根系在吸收 NH_4^+ - N 时均可引起根际明显酸化；而吸收 NO_3^- - N 时，禾谷类根际 pH 呈上升趋势，豆科作物根际则出现 pH 下降。

（五）植物根系与根际营养的关系

植物对营养物质的吸收包括从根外介质到根表的迁移、从根表进入根内的移动以及养分在植物体共质体内的运输等复杂过程。根际某种营养元素缺乏或过量，均会导致植物根系和地上部分的生长受阻，称为营养逆境。国内外对于根际营养逆境尤其是营养逆境与根际 pH 及根系分泌物的关系进行了广泛的研究，并取得了重要结果。

1. 根际缺铁　当根际环境中铁缺乏时，双子叶植物和非禾本科单子叶植物的根系向外分泌大量质子，以降低根际 pH 和增加根表铁的还原，提高铁的有效性。缺铁诱导双子叶植物和非禾本科单子叶植物的根系局部分泌质子是一种普遍现象，而且不同于吸收过量阳离子引起的质子分泌。后者发生在整个根系，而前者仅在根尖局部发生，根际这种强烈的局部酸化对铁的溶解相当重要。

缺铁胁迫时，根系一方面加强质子分泌，另一方面在根尖合成和积累有机酸。缺铁条件下，禾本科植物的根系也积累苹果酸和草酸，但对根际并无酸化作用，可见有机酸的合成不是质子分泌的前提条件。关于双子叶植物根际缺铁时根系的特定分泌物种类曾有过不少报道，不同植物种类很不一致，但大多属于酚醛类化合物，如番茄根系分泌咖啡酸、向日葵根系分泌绿原酸、烟草根系分泌核黄素等，然而对这些分泌物质在缺铁条件下提高难溶性铁利用率的作用尚有待于进一步研究。

有关根际缺铁胁迫方面的研究，另一突出成就是从禾本科单子叶植物根系中分离出麦根酸类（mugineic acid）物质，这类有机化合物能够与 Fe^{3+} 形成专一性的络合物并被植物吸收，称为植物高铁载体（P. S）。除了麦根酸以外，还包括脱氧麦根酸、燕麦酸等。植物高铁载体的分泌部位主要是根尖。不同植物甚至同一植物的不同品种分泌的高铁载体的化学性质不同，而且这些植物分泌高铁载体的量与其对缺铁的抗性一致，即分泌高铁载体越多，对缺铁的抗性越强。随着缺铁胁迫的加重，植物高铁载体的分泌量增加，如果缺铁症状不改善，植物生长受到抑制，高铁载体的分泌量下降；如果根际的缺铁胁迫有所缓解，植物恢复正常生长，高铁载体的分泌也会减少。植物高铁载体的分泌还具有昼夜节律性，一般在早晨照光后开始释放，并在一定时间内达到高峰。

2. 根际缺磷　磷供应不足时，作物根系除了分泌 H^+ 外，还将分泌有机酸，使根际 pH

降低，提高难溶磷的有效性。不同种类和品种的作物根际酸化的程度有明显差异，这种差异与作物的耐低磷能力有一定的联系。分泌质子量多的品种对难溶性磷的利用率较高。而且，其中利用率高的高效型品种，根系同时分泌出低分子质量的有机化合物如氨基酸和酚类等。早在20世纪50年代，我国知名学者李庆逵等就发现江西红壤地区的肥田萝卜等植物对难溶性磷矿粉的利用能力较强。80年代Gardner和Marschner等先后对白羽扇豆适应缺磷胁迫的根系形态变化和大量分泌柠檬酸的机理进行了深入研究，认为这些专一性耐低磷的有机分泌物可以提高土壤中难溶性磷的利用率。陈凯等（1999）研究了豆科、禾本科、十字花科和蓼科的6种作物在缺磷胁迫下根系的分泌情况，结果表明，印度豇豆、荞麦、玉米、肥田萝卜、油菜和白羽扇豆6种作物在感受到磷胁迫后的不同时间都表现出根系有机酸的分泌量显著增加，进一步证实了磷胁迫下植物根系有机酸分泌增加是一种较为普遍的主动的适应性反应机制，而不是由于根细胞膜透性增大、渗漏增加引起的。

根际磷胁迫下不同植物根系所分泌的有机酸种类有所不同，主要包括柠檬酸、草酸、酒石酸、琥珀酸、乳酸和苹果酸。这些有机酸在植物根际的富集明显促进土壤中磷的释放，提高植物对磷的吸收，缓解了根际磷胁迫，这是由于各种有机酸可以从难溶性Ca－P、Al－P和Fe－P中释放出磷。所以，低分子质量有机酸的分泌作用是磷高效型植物的适应性表现。

3. 根际缺锌　锌对植物细胞膜结构的稳定性和膜功能的完整性起着重要作用。缺锌导致向日葵、稻、麦等作物根系释放质子，酸化根际环境。研究表明，根际缺锌胁迫时，双子叶植物根系的分泌物能够使石灰性介质中铁和锰的活化率分别提高1.6～2.1倍和2.7～3.5倍，而对锌无明显酸化作用；而禾本科植物根分泌物不仅可以活化石灰性介质中难溶性锌，而且可以活化新沉淀的难溶性铁。通过^{14}C标记和$^{14}CO_2$饲喂试验表明，缺锌同缺铁一样，也可诱导植物高铁载体的分泌。而且，它们对铁的活化作用也不是专一的，还可以活化铜、锰、锌等金属微量元素，这种活化作用不仅发生在根际，同时还在根内自由空间中反应。因此，麦根酸类植物高铁载体的分泌并非禾本科植物对缺铁的专一性反应，而是对微量元素广泛的适应性反应。但缺锌和缺铁诱导小麦分泌植物高铁载体的作用是两个独立的过程，其机理仍有待于进一步研究。

（六）植物根系与根际有毒物质的关系

根际存在的有毒物质会对根系造成不同程度的伤害，从而降低根系吸收水分和营养的能力。

1. 硫化氢（H_2S）　硫化氢是细胞色素氧化酶的抑制剂，所以根系周围介质中硫化氢增多时，根的呼吸会明显受到抑制。因为钾、硅、磷酸的吸收需消耗较多的能量，而镁、钙的吸收与能量供应关系较小，从而表现出以下抑制顺序：K_2O、P_2O_5＞SiO_2＞NH_4^+、MnO＞CaO、MgO。当介质的温度在20℃以上、Eh在0 V左右、并含有较多未腐熟有机质时，反硫化细菌的产物——硫化氢便会大量产生。

2. 某些有机酸　介质中的正丁酸、乙酸、甲酸等有毒的有机酸对根系吸收营养物质有抑制作用，严重时还可引起烂根。在含有机质过多的根际环境中，随着温度的升高和有机质的分解，当Eh在0.1 V时就可生成上述有毒物质。

3. 过多的铁离子　铁参与植物体内许多氧化还原反应，是叶绿素形成必不可少的元素，在植物的生长发育过程中具有重要作用。但过多的铁会抑制根的伸长和细胞色素氧化酶的活性，并且妨碍植物对钾、磷、硅、锰等元素的吸收。

4. 重金属元素　重金属元素过量会引起缺绿症。例如，根际铜的吸附量大于非根际，过量的铜会使水稻因铁的吸收受阻而发生失绿。根际Mn^{2+}、Zn^{2+}、Co^{2+}、Ni^{2+}等过量也会引起植物同样的反应。

此外，植物根系分泌物中还包括一些毒素，主要是苯丙烷类、乙酰基类、类萜、甾类和生物碱等成分。这些毒素对植物的生长以及土壤微生物生长有抑制作用，可以通过轮作等措施加以克服。

第六节 植物根系与根际微生物的关系

根际微生物是指聚居在植物根部，并以根的外渗物质和容易分解的死细胞为主要营养的一群微生物，其种类因植物类别、生长发育阶段和根际介质性质而异。作物"根际一微生物"系统可粗略概括为植物、有益微生物和有害微生物三者之间的相互作用。

一、根际微生物的特点

根际微生物的数量比非根际多出几倍甚至几十倍，这种现象称为根际效应（rhizosphere effect)。产生这种特殊效应的主要原因在于植物根系不断分泌各种代谢产物，同时根表组织陆续死亡和脱落改良着根际的理化性质，可使根际的有机物质大大增加，为根际微生物的大量繁殖创造条件。当作物生长旺盛时，根系分泌物增多，微生物在根际的繁殖加快，数量增加。一般作物在开花前后根际微生物的数目最多。根际微生物主要为细菌、真菌和放线菌。根际效应的范围因作物和微生物的种类而异，如番茄为 5 mm，羽扇豆为 16 mm 等。研究表明，微生物的种类与土壤 pH 有一定关系，在中性条件下微生物以细菌为主，酸性条件下则以真菌为主。

根际微生物只有在基质水分充足时才能发育和活动。基质过干，根际介质周围的水膜变薄，影响细菌的游动、真菌和放线菌菌丝的发育以及营养物质的扩散；基质过湿，影响根际的通气性，对好气性微生物不利。多数微生物是好气性细菌，如根瘤菌、固氮菌、磷细菌等，它们的呼吸作用相当强烈，要求基质比较疏松，具有良好的结构与通气状况。根际基质具有较好的结构，有利于微生物的生长繁殖。因此，必须注意水培中的通气状况和固体基质培中的水气比例。

二、植物根系与根际微生物的关系

植物根系与根际微生物互相联系、互相制约。根系影响根际微生物的数量、组成和活性，而根际微生物对植物也产生多方面的影响。

(一) 根系分泌物是根际微生物的重要营养和能量来源

植物生长期间，根系向根外不断分泌有机物质，这个过程称为根际沉淀（rhizodeposition)。根际沉淀的碳氮化合物，除了调节植物对矿质营养的吸收以及植物对其他环境胁迫的抗逆性外，主要是维持根际环境内的微生物活性。一般情况下，植物光合产物的 28%～59%转移到了地下部，其中有 4%～70%通过分泌作用进入根系生长介质，这些分泌物是根际微生物的重要营养和能量来源，极大地影响着植物的根际微生态特征。有报道表明，根表和根际的微生物活度和数量从根际向非根际呈明显的递减趋势，这是由于距根越远，根系分泌物越少，供给微生物的能源物质也就越少。

根系分泌的有机化合物主要是糖、有机酸、氨基酸、酶和维生素等，无机化合物主要是钙、钾、磷、硫等，它们是微生物的重要养料。根系分泌物为根际微生物提供碳源。在根际，微生物的数量尤其是细菌的数量大幅度提高，这种现象主要受植物年龄、种类及营养状况的影响。根系分泌物的种类、动态及量上的差异性是植物营养基因型差异的重要外在表现形式。不同植物拥有不同根际微生物区系。低分子质量有机酸是根系分泌物的主要成分，不同基因型植物分泌特定的有机酸，如油菜主要分泌柠檬酸和苹果酸，富钾植物子粒苋（*Amaranthus cruentus*）主要分泌草酸等。不同种类的根际分泌物是形成不同根际微生态的主要原因。

（二）根际微生物的活动能促进植物的生长

1. 微生物分解有机物质和难溶性矿物 许多微生物可将有机物质和某些难溶性矿物分解并转化为植物能够吸收利用的有效养分，同时不断地释放出二氧化碳和氮、磷、钾、硫等无机营养，且有机质越丰富，根际微生物活动越强，对有机物质和难溶性矿物的分解更为强烈。例如，根际微生物中的有机磷细菌可以将磷脂和核酸等有机磷化物分解成有效性磷；无机磷细菌可产生酸，分解难溶性磷酸盐释放出磷；根际中的硝化细菌和硫化细菌能产生硝酸和硫酸，也可分解介质中的难溶性磷；有些细菌还分泌胞外酶，如酸性磷酸酶，可以促进难溶性磷解离，提高磷的有效性。但根际微生物对有机质的分解和利用受许多环境因子的影响。在施氮量高的生长基质中，微生物偏嗜于利用根系分泌物，而对基质中原有有机质的分解作用降低；在施氮量低的基质中则不产生这种偏嗜性。

2. 植物促生细菌对根系的促生作用 在植物根际有些能够促进植物生长的细菌，称为植物促生细菌（plant growth-promoting rhizobacteria，PGPR）。现已明确植物促生细菌对植物的促生作用是由它产生的生理活性物质引起的。从处于分蘖阶段的小麦根际分离的细菌中，约有20%能产生促进植物生长的物质，它们包括吲哚类、赤霉素类、激动素类等生物刺激素和多种维生素物质。

根际微生物还能合成链霉素和土霉素等抗生素。虽然这些抗生素数量很少，但植物吸收之后，可以增强对有害微生物侵染的抗性。另外，植物促生细菌还可以靠产生铁载体而获得促进植物生长的效果。能产生较多铁载体的植物促生细菌在与不能产生铁载体或产生铁载体较少的有害微生物竞争铁素时占有优势，使它们得不到铁素而受到抑制，从而改善植物的营养。在铁素缺乏的生长基质中，这种作用更为明显。

3. 微生物对根际营养的调节和贮存作用 在营养贫乏的系统中，微生物生物量起着营养贮存库的作用，并且调节对植物营养的供应。在气候干旱等逆境条件下，植物的生长受到抑制，也降低了植物对营养的需求，而微生物仍保持较高的生长势，大多数营养元素被微生物吸收并转化为微生物生物量。当逆境解除、植物恢复正常生长时，微生物生物量中的营养元素将重新释放出来供植物利用，其转换的速度远远超过生长基质中原有有机质所含营养元素的转换。例如，从微生物死细胞中转换出来的氮，比从基质原有有机质中转换出来的氮要高出5倍。

有些固氮微生物在植物根系中生活时进行联合固氮作用，增加了氮素的供应。由于植物的生理特性不同，微生物在根际的固氮作用表现也不同。一般来说，高光效的C_4植物将更多的有机物质送到根部，有利于固氮微生物的生长繁殖。

（三）根际微生物与植物根系存在营养竞争关系

根系分泌物为根际微生物的生长提供了能量物质，从而促进了微生物的活动，同时根系巨大的表面积也是微生物的寄存之处。反过来，微生物的活动又有助于基质中某些营养元素的有效化过程。但是，植物与微生物之间普遍存在营养竞争关系。植物和微生物的生长都需要氮、磷和微量元素等矿质营养，这些矿质营养是植物和微生物竞争的对象。在有效态养分供应不足时，植物和微生物对难溶性养分的活化作用有利于提高自身的竞争能力，因而，具有直接活化机制的生物往往在竞争中占优势地位。

植物和微生物之间的竞争非常复杂，这种复杂性在氮素营养竞争方面表现得尤为突出。当生长基质中碳源物质与氮源物质充足并均匀分布时，微生物对氮素的竞争能力较强，植物根系的竞争能力变弱。例如，在使用未充分发酵腐熟的有机基质栽培作物时，往往由于发酵微生物的旺盛活动，吸收利用大量的氮元素，导致作物根系吸收不到充足的氮素，引起植株缺氮，产生黄化现象。随着氮素转化过程空间变异性的增加，植物根系对氮的竞争能力逐渐加强，并显著超过微生物。

根际微生物的活动还可导致植物对钼、硫、钙等元素的吸收量减少。根际细菌对某些重要元素的固定还可严重影响植物的发育，如果树的小叶病、燕麦的灰斑病是由于细菌分别固定了锌和氧化锰的结果。

（四）根际微生物对根系的其他有害影响

由于不同植物根际条件的选择性，使某些病原菌在相应植物的根际增殖，助长了病害的发生。而有些有害微生物虽没有致病性，但它们产生的有毒物质能抑制根系的伸长。例如，马铃薯根际的大量假单胞杆菌中至少有40％能产生氰化物，削弱了根的功能，影响根对养分的吸收。

植物在生长发育过程中，一方面从基质中吸取营养，另一方面通过根分泌物和脱落物来调节微生物的活性。根际微生物的活性随着植物的不同生长时期的转变而发生变化，这是植物通过根系的代谢作用来调节微生物活性从而为自身创造有利环境的一种表现。

植物的矿质营养

第一节　植物体的元素组成和必需营养元素

植物从外界环境中吸取其生长发育所需要的各种养分，用以维持其生命活动，植物体所需的化学元素称为营养元素。植物吸收的这些营养元素，有的作为植物体的组成成分，有的参与调节植物体的生理功能，有的兼有这两种功能。营养元素尤其是矿质营养元素主要由根系吸收进入植物体内，运输到需要的部位，进行同化代谢，以满足植物的生育需要。营养元素是植物新陈代谢过程的主要参与者，与代谢过程紧密相关。

植物营养生理即营养元素的吸收、运输、分配与生理功能、循环利用等，了解植物的营养生理，对于指导无土栽培营养液配方设计、营养液管理和提高作物产量、改善产品品质均具有重要的意义。

一、植物的组成成分

植物体由水和干物质两部分组成，干物质又可分为有机质和矿物质两部分。

(一) 水

水分是植物体的重要组成成分，植物含水量常常成为影响植物生命活动强度的重要因素。不同种类的植物以及同一种植物在不同环境中的含水量有很大的差异。水生植物含水量可达95%，而在干旱环境中生长的低等植物仅为6%左右。一般木本植物含水量低于草本植物。生长在荫蔽、潮湿环境中的植物含水量高于生长在向阳、干燥环境中的植物。植物生命活动旺盛的器官或组织其含水量高，随着器官的成熟与衰老，含水量也逐渐下降，如生长点、根尖、幼嫩茎等含水量达90%以上，功能叶70%～90%，树干、休眠芽约40%，风干种子约10%。

水分在植物体内的存在状态可分为两类，一类是与细胞组分紧密结合不易自由移动的水分，称为束缚水，其特点是不参与代谢，不能作为溶剂，不易结冰；另一类是可以在细胞中自由移动的水分，称为自由水，其特点是参与代谢，能作为溶剂，易结冰。事实上，这两种状态水分的划分是相对的，它们之间没有明显的界线，只是物理性质有所不同。由于自由水参与各种代谢作用，而束缚水不参与，因此，当自由水与束缚水比值高时，植物细胞原生质体呈溶胶状态，代谢活动旺盛，但抗逆性减弱；反之，植物细胞原生质呈凝胶状态，代谢活动减弱，但抗逆性却增强。

（二）干物质

新鲜植物体烘干除去水后，剩余部分即为干物质，其中有机质占植株干重的70%～90%，矿物质为5%～10%。

植物体中主要的有机质为蛋白质和其他含氮化合物、脂肪、淀粉、蔗糖、纤维素和果胶，它们由碳、氢、氧和氮组成，这4种元素通常称为能量元素，又由于燃烧时这些元素发生挥发，所以又称气态元素。

干物质燃烧后，余下的部分称为灰分。灰分中的元素称为灰分元素或矿质元素，这些元素以氧化物的形态存在于灰分之中，包括磷、钾、钙、镁、硫、铁、锰、铜、钼、硼、氯、硅、钴、铝等。分析表明，在植物中可检出70余种矿质元素，几乎自然界存在的元素在植物体内都能找到。

植物的灰分含量因不同植物、器官及不同环境等差异较大。一般水生植物的灰分含量较低，占干重的1%左右；盐生植物最高，可达45%以上。大部分陆生植物灰分含量为5%～15%。植物不同器官的灰分含量差别较大，以叶片的含量最高；不同年龄而言，老年植株或部位的含量大于幼年的植株或部位；凡在根际介质中矿质含量高的地方生长的植物，其灰分含量也高。

二、植物营养元素的分类

由于植物遗传性状的制约和环境因素的影响，各种植物体内化学元素的含量不相同，即使是同一品种，生长环境不同，其组成元素的种类和含量也不同。植物体内所含的这些元素并不都是其生长发育所必需的，而有些元素，虽然它们在植物体内的含量可能极微，但恰是植物生长不可缺少的，如果缺少这些元素，植物的新陈代谢活动就会受阻。因此，植物体内的元素可以分为两类，一类是必需元素，另一类是非必需元素。

（一）必需元素

所谓必需元素是植物生长发育必不可少的元素。

1. 判断必需元素的依据 国际植物营养学会确定了以下3个依据：

① 在它完全缺乏时，植物不能进行正常的生长和生殖。

② 需要是专一的，其他元素不能代替，当完全缺乏这一元素时，植物产生专一的缺素症状，只有加入该元素才能恢复正常。

③ 该元素必须是直接的，而不是仅仅使其他某些元素更有效或仅仅对其他元素发生抗毒效应等间接效应。

必需元素在植物体内不论数量多少都是同等重要的，任何一种营养元素的特殊功能都不能为其他元素所替代，这就是营养元素的同等重要律和不可替代律。

迄今已被确认的有16种必需元素，分别是碳（C）、氢（H）、氧（O）、氮（N）、磷（P）、钾（K）、钙（Ca）、镁（Mg）、硫（S）、铁（Fe）、锰（Mn）、硼（B）、锌（Zn）、铜（Cu）、钼（Mo）、氯（Cl）。

2. 必需的依据 从判断必需性的3条标准可知这些元素对于植物的新陈代谢和生长发育起着重要的作用。

① 细胞结构及其代谢活性化合物的组成成分，如碳、氢、氧、氮、磷、钙、镁、硫等。

② 生命活动的调节者，参与酶活性调节，如钾、镁、锌、钼、铁、锰等。

③ 电化学作用及渗透调节，如钾、氯等。

④ 与体内其他物质结合成脂化物参与物质代谢和运输，如磷、硼等。

3. 必需元素的分类 必需元素在植物体内的含量相差很大，因此可以根据其在植物体内含量多少分为大量元素和微量元素（表 3－1）。

表 3－1 高等植物必需营养元素及其较适合的浓度

	营养元素	植物可利用形态	在干组织中的含量（mg/kg）
大量元素	碳（C）	CO_2	450 000
	氧（O）	O_2，H_2O	450 000
	氢（H）	H_2O	60 000
	氮（N）	NO_3^-，NH_4^+	15 000
	钾（K）	K^+	10 000
	钙（Ca）	Ca^{2+}	5 000
	镁（Mg）	Mg^{2+}	2 000
	磷（P）	$H_2PO_4^-$，HPO_4^{2-}	2 000
	硫（S）	SO_4^{2-}	1 000
微量元素	氯（Cl）	Cl^-	100
	铁（Fe）	Fe^{3+}，Fe^{2+}	100
	锰（Mn）	Mn^{2+}	50
	硼（B）	BO_3^{3-}，$B_4O_7^{2-}$	20
	锌（Zn）	Zn^{2+}	20
	铜（Cu）	Cu^{2+}，Cu^+	6
	钼（Mo）	MoO_4^{2-}	0.1

（1）大量元素 大量元素指植物需要量较大的元素，在植物体内含量较高，占干物重的 1 000 mg/kg 以上，包括碳、氢、氧、氮、磷、钾、钙、镁、硫。

（2）微量元素 微量元素指植物需要量较少的元素，在植物体内含量较低，常占干重的 100 mg/kg 以下，包括氯、铁、锰、硼、锌、铜和钼。

植物体内元素的含量因环境条件的变化差异很大，所以微量元素和大量元素之间的界限并不明显。

（二）有益元素（非必需元素）

植物体内还有一些元素，限于目前的科学技术水平，虽然尚未证明对高等植物的普遍必需性，但它们对特定植物的生长发育有益，或为某些种类所必需，或在一定条件下为植物所必需，因而称这些元素为有益元素。目前对这些有益元素了解较多的有钠、硅、铝、钴、钛、钒、锂、铬、硒、碘等。例如，钠为一些盐土植物所必需，钠对芜菁、甜菜、芹菜的生长也有较好的作用；硅对禾谷类作物特别对水稻的生长有很好的作用；钴为豆科植物共生固氮时所必需；硒是有毒元素，一般植物都不需要，但对黄芪和黄芪属其他种类非但无毒，而且还可以在体内积累；铝为茶树生长所必需，而且低浓度（1 mg/kg 以下）对豌豆、菜豆、甜菜等作物生长有良好的促进作用；某些藻类中碘为必需元素。

三、植物体内营养元素的分布和比例

对许多种类植物组织的分析表明，由于吸收特性和输送能力不同，营养元素在植物地上部和根系中的分配比例并不相同。一般移动性大的元素，如钾和镁等在地上部和根部的含量相近；有些元素如磷等，它们是有机物的组成成分，所以地上部的浓度高于根系；钙与硅也是地上部的浓度较高；钠以及重金属元素如锰等根部浓度较高。营养元素在植物体内的这种分布形式既受植物种类和品种的影响，又受生育阶段的影响，在体内分布还受供给水平以及元素间的相对浓度影响。

第二节　植物根系的表面特性

一、根的阳离子代换量

根组织能够吸附阳离子，具有阳离子交换的特性。根的阳离子代换量主要来源于细胞壁。细胞壁的化学成分是多糖、木质素、蛋白质、水以及一些包壳物质，多糖是其主要成分，又可分为微纤丝多糖（纤维素）和基质多糖（半纤维素和果胶质）。高等植物细胞壁的果胶质主要由α-D-半乳糖醛酸聚合成，每个半乳糖醛酸残基具有1个羧基，部分羧基可以酯化，部分与Ca^{2+}等多价阳离子牢固结合，其余部分羧基则成为吸附阳离子与阴离子代换的位点。根阳离子代换量的70%～90%来自果胶质中的游离羧基，其余10%～30%则可能来自蛋白质和纤维素。因此，乳糖醛酸含量的高低往往决定了根阳离子代换量的大小。

植物根阳离子代换量一般变化于10～70 cmol/kg之间。一般而言，单子叶植物根阳离子代换量约为双子叶植物的一半，这是因为双子叶植物根细胞初生壁主要的基质多糖是果胶质，而在单子叶植物根初生壁中果胶质占很小的部分。

有些人认为，根阳离子代换量影响植物对不同阳离子的选择性积累。根阳离子代换量高的植物吸收积累二价、三价阳离子的能力强，同时利用难溶性含磷化合物如磷灰石中的磷的能力较强；反之，阳离子代换量低的植物吸收积累一价阳离子如K^+、Na^+的能力强。试验证明，只有在植物活跃的生长时期，由于对养分的吸收十分旺盛，根阳离子代换量与离子吸收才有较好的相关性。

除阳离子代换特性之外，根细胞壁还能吸附少量阴离子，这可能是细胞壁中蛋白质成分的碱性氨基酸残基引起的。

二、自由空间

自由空间即细胞膜外细胞壁中的空隙，介质中的水分和养分比较容易进入自由空间。由于细胞壁中含有相当数量的非扩散阴离子，因此阳离子和阴离子不是等量地进入非扩散阴离子的周围空间，其中与非扩散离子同电荷的离子浓度将小于介质溶液该离子的浓度。换言之，在细胞壁非扩散阴离子周围空间，离子分布受道南平衡原则的支配，这部分空间称为道南相或道南自由空间，而另一部分自由空间不受非扩散阴离子影响，阴、阳离子浓度与介质一致，称为水分自由空间（WFS）。因为自由空间是实验估测值，故也称表观自由空间

(AFS)。自由空间的范围从表皮直至内皮层为止。自由空间占根总体积的10%～30%，因植物种类、株龄的不同而有差异，不同测定方法所得结果差异甚大。

第三节　必需营养元素的生理功能和吸收形态

一、大量元素

植物必需的营养元素中，碳、氢、氧不属于矿质元素，因而这3种元素的生理功能和吸收形态在此不作阐述。

（一）氮素营养

1. 生理功能　植物的含氮量一般为干重的0.3%～5%，其含量随不同作物种类、品种和植物器官而不同。氮是植物体内蛋白质、氨基酸、核酸、酶、叶绿素、维生素、生物碱、激素等的重要组成成分，主要以含氮化合物的形态存在，并发挥生理作用。

（1）蛋白质和氨基酸　在植物体内，氮的最重要作用就是组成蛋白质分子。蛋白质一般含氮16%～18%，蛋白质氮占植株全氮的80%～85%。蛋白质是细胞原生质的重要组成部分，在植物生长发育过程中，细胞分裂和新细胞的形成必须要有蛋白质。所以缺氮时，因新细胞的形成受阻，植物的生长发育延缓或停滞。

氨基酸是蛋白质的组成成分，可溶性氨基氮约占植株全氮的5%。

当作物施氮过多时，在体内可能积累谷氨酰胺和天冬酰胺，它们是植物体内氮素贮藏和运输的化合物。

（2）核酸　核酸氮占植株全氮的10%左右。RNA和DNA都是含氮化合物，是合成蛋白质、形成遗传物质的必要成分。

（3）酶　酶是生物催化剂，是功能蛋白。植物体内的各种代谢过程都必须有相应的酶参加，所以作物的氮素营养状况关系到体内各种物质和能量的转化过程。

（4）叶绿素　氮参与叶绿素的组成，叶绿素a和叶绿素b中都含有氮。叶绿素含量的多少，直接影响光合作用的速率和光合产物的形成。作物缺氮时叶绿素含量下降，叶片黄化，光合作用强度减弱。

（5）其他　维生素（如维生素B_1、维生素B_2、维生素B_6等）、生物碱（如烟碱和茶碱等）和激素等化合物中都含有氮素，它们在植物体内数量很少，但对于调节某些生理过程起着重要作用。细胞分裂素是嘌呤或嘧啶的衍生物，是一种含氮环状化合物，可以促进植株侧芽的发生及果实的膨大。

2. 氮的吸收　根系吸收氮素的主要形态是NO_3^-和NH_4^+。由于园艺作物大部分是喜硝作物，因此园艺作物主要氮素吸收形态为NO_3^-，NH_4^+可以被吸收利用，但如果NH_4^+浓度太高会对植株造成毒害作用。低浓度的NO_2^-也可以为植物吸收，但浓度较高时则对植物有害。一般土壤中NO_2^-含量少，对植物营养无重要意义。

某些可溶性有机氮化合物如氨基酸、酰胺、尿素也可为作物直接吸收，但所占比例很少。

（1）植物对NO_3^-的吸收　植物吸收NO_3^-是一个主动的过程。与外界溶液相比，植物根细胞溶质的电位相对来说更负一些，因此植物对NO_3^-的吸收是逆电化学势的主动吸收。只有当外界溶液中的NO_3^-浓度较高而细胞中的NO_3^-浓度较低时才会发生NO_3^-的被动吸收。

溶液中的其他阴离子如Cl^-、SO_4^{2-}和Br^-等能减少植物对NO_3^-的吸收。但这些阴离子对植物吸收NO_3^-的影响较小，因为植物对NO_3^-的吸收是一个专性过程。阳离子对NO_3^-的吸收也有较大的影响。Ca^{2+}可以增加NO_3^-的吸收。低温、呼吸阻碍剂、厌气过程和氧化磷酸化过程的解偶联都可抑制植物对NO_3^-的吸收。介质溶液pH显著影响植物对NO_3^-的吸收。溶液pH升高，植物对NO_3^-的吸收减少。

(2) 植物对NH_4^+的吸收　人们对植物吸收NH_4^+-N有不同的见解。Epstein认为NH_4^+-N的吸收机理与K^+相类似，两者有相同的吸收载体，因而常表现出NH_4^+-N与K^+之间有竞争效应。Dejaegere和Neirenckx等人认为，NH_4^+-N与H^+进行交换而被吸收，所以介质会变酸。Heber等人认为，NH_4^+-N是以NH_3的形式被吸收的，NH_3进入植物体比电中性分子（水分子除外）要快1 000倍。Mengel也认为，NH_4^+-N在质膜上首先发生脱质子化作用，成为NH_3以后才在质膜上运转，而后方能进入细胞内。Mengel等人(1978)在水培条件下种植水稻，他们发现NH_4^+-N的吸收与H^+的释放存在着相当严格的等摩尔关系。由于NH_3是中性分子，能通过扩散迅速透过细胞膜，因此他们推测NH_4^+-N是在细胞膜外脱去质子成为NH_3后被植物吸收的。他们确认植物吸收的是NH_3，而不是NH_4^+，因为植物吸收NH_4^+-N时根际土壤明显酸化，而吸收NH_3是NH_4^+脱质子化作用的结果。

(3) NH_4^+-N和NO_3^--N营养作用的比较　NO_3^-是阴离子，为氧化态的氮源，NH_4^+是阳离子，为还原态的氮源，它们所带电荷不同，因此在营养上的特点也就必然不同。但是必须指出，不能简单地判断哪种形态好还是不好，因为肥效高低与作物种类及各种影响吸收和利用的因素有关。各种作物都能利用这两种形态的氮源，但形态不同，作物的反应也并不一样。大多数园艺植物是喜硝作物，而杜鹃、茶等则是典型的喜NH_4^+-N作物，施用铵态氮肥的效果比硝态氮肥好，在于它们对环境介质pH的敏感性，中性介质最有利于NH_4^+-N的吸收，随着pH降低而吸收减少，相反NO_3^--N在pH低时吸收较快。试验证明，环境酸化是影响铵态氮肥肥效的关键，同时也说明，不消除生理酸性影响就不可能对NO_3^--N和NH_4^+-N的营养作用作出正确的判断。从理论上来讲，硝酸盐所形成的碱性也有不利的影响，但实际上其危害程度要小得多，因为植物根系释放的CO_2和各种有机酸有利于中和碱性。

当水培时，营养液中NH_4^+-N和NO_3^--N两种氮源同时存在时，氮的吸收率最高。为什么加入NH_4^+-N对生长有促进作用还不清楚，由于NO_3^--N还原成NH_3需要能量，因而可以假定施用NH_4^+-N可使能量保存并转移到离子吸收和生长等其他新陈代谢过程。低浓度时NH_4^+可能促进NO_3^-的还原作用。在强光和较高的温度下，NH_4^+供应植株易发生铵毒害作用，而弱光和较低的温度下，可以相对增加NH_4^+的比例，而不发生NH_4^+的毒害作用。

（二）磷素营养

1. 生理功能　作物的全磷含量一般为其干物重的0.05%～0.5%，其含量随植物种类、生育期、测定部位和环境条件的不同而不同。植物体内磷可分有机态磷和无机态磷，其中有机态磷占大多数，但受磷肥施用的影响。有机态磷占全磷量的85%左右，它以核酸、磷脂和植素等形态存在，在植物体内发挥重要的生理作用。

（1）植物体中的含磷化合物

① 核酸和蛋白质：核酸和蛋白质是保持细胞结构稳定、正常分裂、能量代谢和遗传所必需的物质。

② 磷脂：植物体内有多种磷脂，是生物膜的构成物质。

③ 植素：植素是磷脂类化合物的一种，为环已六醇磷酸酯的钙镁盐。它的形成和积累有利于淀粉的合成。

④ ATP 和含磷酶：磷是植物体内许多高能化合物的成分，ATP 是其中之一。

磷还是许多酶的组成成分，如辅酶Ⅰ（NAD）、辅酶Ⅱ（NADP）、辅酶 A、黄素蛋白酶（FAD）和氨基转移酶中含有磷。因此，保证足够的磷素营养对调节生物体中呼吸作用、光合作用和氮代谢等生物化学过程有重要意义。

（2）积极参与植物体内代谢

① 参与光合作用：磷参与光合磷酸化和光合作用暗反应 CO_2 的固定。

② 参与糖代谢：植物叶片中糖代谢及光合产物的运输均受磷的调控。

③ 氮代谢：磷是氮代谢过程中一些重要酶的组分，缺磷使氮素代谢明显受阻。

④ 脂肪代谢：脂肪合成过程中需要多种含磷化合物。此外，糖是合成脂肪的原料，而糖的合成、糖转化为甘油和脂肪酸的过程都需要磷，与脂肪代谢密切相关的辅酶 A 就是含磷的酶。

（3）提高作物抗逆性和适应能力　磷能提高原生质胶体的水合度和细胞结构的疏水度，使其维持胶体状态，并能增加原生质的黏度和弹性，因而增强了原生质抵抗脱水的能力，植株表现抗旱。另外，磷能提高体内可溶性糖和磷脂的含量，可溶性糖能使原生质的冰点降低，磷脂则能增强细胞对温度变化的适应性，从而增强作物的抗寒能力。施用磷肥能提高植物体内无机态磷酸盐的含量，其主要以磷酸二氢根和磷酸氢根的形态存在，它们常形成缓冲系统，使细胞内原生质具有抗酸碱变化的缓冲性。

2. 植物对磷的吸收　植物根系是逆浓度地主动吸收磷酸盐，一般认为磷的主动吸收过程是经液泡膜上 H^+-ATP 酶的 H^+ 为驱动力，借助于质子化的磷酸根载体而实现的，即属于 H^+ 与 $H_2PO_4^-$ 共运方式。根的表皮细胞是植物积累磷酸盐的主要场所，磷酸盐通过共质体途径进入木质部导管，然后运往植株地上部。植物吸收磷酸盐与体内代谢关系密切，磷的吸收是需要能量的过程，增加营养液中氧分压和光照都能提高磷的吸收速率。植物对磷的吸收也受 pH 的影响，因为不同 pH 条件下营养液中 $HPO_4^{2-}/H_2PO_4^-$ 的比例是不相同的。当 $pH<7$ 时，$H_2PO_4^-$ 占比例大；当 $pH>7$ 时，则 HPO_4^{2-} 占比例大。

（三）钾素营养

1. 生理功能　一般植物体内的含钾量（K_2O）占干物重的 0.3%～5%，有些作物含钾量比氮高。植物体内的含钾量常因作物种类和器官的不同而有很大差异。钾在植物体内的流动性很强，易于转移至地上部，并且有随植物生长中心转移而转移的特点。因此，植物能多次反复利用钾素营养。钾在植物体内不形成稳定的化合物，而呈离子状态存在，它主要是以可溶性无机盐形式存在于细胞中，或以 K^+ 形态吸附在原生质胶体表面。钾不仅在生物物理和生物化学方面有主要作用，而且对体内同化产物的运输、能量变化等有促进作用。

（1）促进光合作用、提高 CO_2 同化率　钾能促进叶绿素的合成，改善叶绿体的结构。钾在叶绿体内不仅能促进电子在类囊体膜上的传递，还能促进电子在线粒体内膜上的传递，从而明显提高 ATP 合成的数量。在 CO_2 同化的整个过程中都需要有钾参加，钾一方面提高了 ATP 合成的数量，为 CO_2 的同化提供了能量，另一方面降低了叶肉组织对 CO_2 的阻抗，因而能明显提高叶片对 CO_2 的同化。

（2）促进光合产物的运输　钾能促进光合产物向贮藏器官运输，增加“库”的贮存。

（3）促进蛋白质的合成　钾是氨基酰- tRNA 合成酶和多肽合成酶的活化剂，因而能促进蛋白质和谷胱甘肽的合成。当供钾不足时，植物体内蛋白质合成减少，可溶性氨基酸含量明显增加，且有时植物组织中原有的蛋白质也会分解，形成大量异常的含氮化合物，如腐胺、精胺等而导致胺中毒。

（4）参与细胞渗透调节作用　钾对调节植物细胞的水势有重要作用。植物对 K^+ 的吸收有高度选择性，因此钾能顺利进入植物细胞中，进入细胞内的钾不参加有机物的组成，而是以离子的状态累积在细胞质的溶胶和液泡中。K^+ 的累积能调节胶体的存在状态，也能调节细胞的水势，它是细胞中构成渗透势的重要无机成分。

（5）调节气孔运动　植物的气孔运动与渗透压、压力势有密切关系，植物体内积累大量的钾，能提高细胞的渗透势，增加膨压，使气孔增大。

（6）酶的活化剂　已知有 60 多种酶需要一价阳离子来活化，而其中 K^+ 是植物体内最有效的活化剂。这 60 多种酶大约可归纳为合成酶、氧化还原酶和转移酶 3 大类，它们都是植物体内极其重要的酶类。

（7）促进植物的抗逆性　在逆境条件下，K^+ 通过调节细胞内和组织中淀粉、糖分、可溶性蛋白以及各种阳离子的含量，提高细胞的渗透势和水势。此外，钾能使细胞壁增厚，从而提高其抵御外界逆境的能力，提高细胞木质化程度，促进茎秆维管束的发育，使茎壁增厚、腔变小，从而提高植物的抗病力和抗倒伏性。

2. 钾的吸收　钾以 K^+ 的形态被植物根系吸收。

（四）钙素营养

1. 生理功能　植物体内的含钙量为 0.1%～5%，不同植物种类、部位和器官的含钙量变辐很大。在植物细胞中，钙大部分分布于细胞壁上，细胞内含钙量较高的区域是中胶层和质膜外表面。细胞器内钙主要分布在液泡中，细胞质内较少。植物体内的钙有 3 种存在形式，即离子形式、盐的形式以及有机物结合的形式。钙的生理生化功能十分重要。

（1）作为细胞结构组分　钙是细胞某些结构的组分，可稳定细胞膜、细胞壁，保持细胞的完整性。钙将生物膜表面的磷酸盐、磷酸酯与蛋白质基桥连接起来，提高膜结构的稳定性和疏水性，从而增强细胞膜对 K^+、Na^+ 和 Mg^{2+} 等吸收的选择性，增强植物对环境胁迫的抗逆能力及防止早衰。植物中绝大部分的钙以构成果胶质的结构成分分布于细胞壁中。在发育健全的植物细胞中，Ca^{2+} 主要分布在中胶层和原生质膜的外侧，这一方面可增强细胞壁结构与细胞间的黏结作用，把细胞联结起来，另一方面对膜的透性和有关的生理生化过程也有调节作用。

（2）参与第二信使传递　钙能结合在钙调蛋白（CAM）上，对植物体内许多种关键酶起活化作用，并对细胞代谢有调节作用。钙调蛋白是一种由 148 个氨基酸组成的低分子质量多肽，对 Ca^{2+} 具有很强的选择性亲和性，并能同 4 个 Ca^{2+} 结合，它能激活的酶有 NAD 激酶和 Ca - ATP 酶等。当无活性的钙调蛋白与 Ca^{2+} 结合成 Ca - CAM 复合体后，CAM 因发生变构而被活化，活化的 CAM 与细胞分裂、细胞运动以及细胞中信息的传递有关，同时也与植物的光合作用、激素调节等有密切关系。

（3）调节渗透作用　在有液泡的叶细胞内，大部分 Ca^{2+} 存在于液泡中，它对液泡内阴、阳离子的平衡有重要贡献。在随硝酸还原而合成草酸盐的一些植物中，液泡中草酸钙的形成有助于维持液泡以及叶绿体中游离 Ca^{2+} 浓度处于较低的水平。由于草酸钙的溶解度很低，它的形成对细胞的渗透调节十分重要。

（4）具有酶促作用　Ca^{2+} 对细胞膜上结合的酶（如 Ca－ATP 酶）非常重要。Ca－ATP 酶的主要功能是参与离子和其他物质的跨膜运输。Ca^{2+} 能提高 α－淀粉酶和磷脂酶的活性，也能抑制蛋白激酶的活性。迄今为止，已发现钙可以同 70 多种蛋白质结合，不过由于细胞质中的 Ca^{2+} 与许多酶的亲和力很低，另外由于细胞质中的 Ca^{2+} 浓度也低，因此细胞质中钙的酶促作用受到了限制。

2. 钙的吸收　钙主要以 Ca^{2+} 的形态被植物根系所吸收。

（五）镁素营养

1. 生理功能　植物体内的含镁量为 0.05%～0.7%。在植物器官和组织中的含镁量不仅受植物种类和品种的影响，而且受植物生育时期和许多生态条件的影响。在正常植物的成熟叶片中，大约有 10%的镁在核糖体中，其余的 15%或呈游离态或结合在各种需镁激化的酶上或细胞中可被镁置换的阳离子结合部位（如蛋白质的各种配位基团，有机酸、氨基酸和细胞壁自由空间的阳离子交换部位）。当植物叶片中的镁含量低于 0.2%时则可能缺镁。镁的生理功能主要表现在以下几方面。

（1）合成叶绿素并促进光合作用　镁作为叶绿素 a 和叶绿素 b 卟啉环的中心原子，在叶绿素合成和光合作用中起重要作用。镁对叶绿体中的光合磷酸化和羧化反应都有影响，如镁参与叶绿体基质中 1,5－二磷酸核酮糖羧化酶（RuBP 羧化酶）催化的羧化反应，而 RuBP 羧化酶的活性完全取决于 pH 和镁的浓度。

（2）合成蛋白质　镁作为核糖体亚单位联结的桥接元素，保证核糖体结构的稳定，为蛋白质合成提供场所。蛋白质合成中需要镁的过程还包括氨基酸的活化、多肽链的启动和多肽链的延长反应等。另外，活化 RNA 聚合酶也需要镁。由此可见，镁参与细胞核中 RNA 的合成。

（3）活化和调节酶促反应

2. 镁的吸收　镁是以 Mg^{2+} 的形态被植物根系所吸收。

（六）硫素营养

1. 生理功能　植物体内的含硫量为 0.1%～0.5%。植物体内的硫有无机硫酸盐（SO_4^{2-}）和有机含硫化合物两种形态。无机硫酸盐是组成蛋白质的必需成分，而有机含硫化合物主要是以含硫氨基酸及其化合物如胱氨酸、半胱氨酸、蛋氨酸和谷胱甘肽等存在于植物体的各器官中。硫在植物体内的主要生理作用如下。

（1）参与合成蛋白质　硫是含硫氨基酸的组分，因此是蛋白质不可缺少的组分。在多肽链中，两种含巯基（—SH）氨基酸可形成二硫化合键，它对于蛋白质的三级结构十分重要。正是由于二硫化合键的形成，才使蛋白质真正具有酶蛋白的功能。

（2）参与各种生化反应

① 硫作为辅酶 A(CoA) 的组分而参与物质（糖和脂肪）代谢和能量代谢。

② 硫是铁氧还蛋白、硫氧还蛋白和固氮酶（酸性可变硫原子）的组分，能够传递电子，因而在光合、固氮、硝态氮还原过程中发挥作用。

③ 硫作为谷胱甘肽和维生素 B_1 的成分参与氧化还原反应。

④ 硫作为巯基（—SH）的组分而起作用，一方面—SH 是某些酶类的活性中心，另一

方面由于2个—SH与二硫基—S—S—可相互转化，不仅参与氧化还原反应，而且具有稳定蛋白质空间结构的作用。

2. 硫的吸收 硫以SO_4^{2-}的形态被植物根系吸收。

二、微量元素

（一）铁素营养

1. 生理功能 大多数植物的含铁量在100～300 mg/kg（干重）之间，且常随植物种类和植株部位而有差别。某些园艺作物含铁量较高，如菠菜、叶用莴苣、甘蓝等含铁量一般均在100 mg/kg以上，最高可达800 mg/kg。但应注意的是，采用植物含铁量作为缺铁诊断指标往往并不可靠，必须了解总量中有效铁所占的比例。

（1）叶绿素合成所必需 许多研究资料都证明，植物体内铁与叶绿素的含量成正相关。大多数植物中铁与叶绿素的物质的量之比是1∶4～10。铁虽然不是叶绿素的组成成分，但它对叶绿素的形成是必不可少的。铁在影响叶绿素合成的同时，还影响所有能捕获光能的器官、蛋白复合物以及色素的形成，包括叶绿体、叶绿素蛋白复合物、类胡萝卜素等。铁与光合作用有密切的关系，铁不仅影响光合作用中的氧化还原系统，而且还参与光合磷酸化作用，直接参与CO_2还原过程。

（2）参与光能吸收和光合电子传递过程 铁可与细胞色素、Fe-S中心、Fd等成分组成光合链。铁与光合作用有密切的关系。

（3）作为许多酶的辅基，在呼吸作用中发挥重要功能 铁能与卟啉结合成铁卟啉，成为细胞色素氧化酶、抗氰氧化酶、过氧化物（氢）酶等的成分，铁常处于酶结构的活性部位上。

（4）参与氮代谢 铁作为固氮酶中铁蛋白和铁钼蛋白的成分，作为硝酸及亚硝酸还原酶的组分等参与生物固氮及硝酸还原。

2. 铁的吸收 一般认为，Fe^{2+}是植物吸收的主要形式，螯合铁也可以被吸收。Fe^{3+}在高pH条件下溶解度很低，大多数植物都很难利用。除禾本科植物可吸收Fe^{3+}外，Fe^{3+}只有在根的表面还原成Fe^{2+}以后才能被植物根尖吸收。植物吸收铁受多种离子的影响，如Mn^{2+}、Cu^{2+}、Mg^{2+}、K^+、Zn^{2+}等金属离子与Fe^{2+}有明显的拮抗作用。

（二）锰素营养

1. 生理功能 植物体内锰的含量高，变化幅度很大，这主要是在吸收过程中其他阳离子与锰有竞争作用，特别是Mg^{2+}能降低植物对Mn^{2+}的吸收，且土壤中pH对锰的吸收有明显的作用。pH>7的土壤，植物含锰量低（一般在100 mg/kg以下）；pH<7的土壤，植物的含锰量偏高，有时可能会发生锰中毒现象。

（1）参与光合放氧 叶绿体中含有两种锰组分，一种与膜结合松散，可能与放氧有关；另一种与膜结合牢固，可能是PSⅡ的原初电子供体。锰还对维持叶绿体片层结构有作用。在叶绿体中锰与蛋白质结合形成酶蛋白，它是光合作用中不可缺少的参与者。

（2）多种酶的活化剂 锰在植物代谢过程中的作用是多方面的，而这些作用往往是通过酶活性的影响来实现的，如某些转移磷酸基团的酶类、多种脱氢酶、硝酸还原酶、IAA氧化酶和某些肽酶，均需锰作为活化剂。

2. 锰的吸收 锰主要以Mn^{2+}的形态被植物根系吸收，并优先运到分生组织。叶绿体中含锰较多。

（三）锌素营养

1. 生理功能 植物正常含锌量为 25～150 mg/kg（干重），它在植物体内的含量较低。

（1）一些酶的成分 锌是色氨酸合成酶的组分，能催化丝氨酸与吲哚形成色氨酸，而色氨酸又是生长素（IAA）合成的前体，所以锌能促进细胞伸长。锌是碳酸酐酶的组分，催化 CO_2 的水合作用（$CO_2+H_2O \rightarrow H^+ + HCO_3^-$），其反应速率很快，每秒钟可使 6×10^5 个 CO_2 分子发生水合作用。该酶存在于叶绿体内，与光合作用的 CO_2 供应有关。锌还是羧肽酶等十多种酶类的辅基。

（2）几种脱氢酶、激酶的活化剂 锌对酶的作用可能有 3 种形式：一是维持酶蛋白的结构，二是使酶蛋白与辅基结合，三是使酶与底物结合。

（3）RNA 聚合酶的成分 每分子 RNA 聚合酶中约含 2 个锌原子，因此锌参与 RNA 的合成，从而与蛋白质代谢有密切关系。缺锌植物体内蛋白质含量降低，是由于 RNA 降解加快所引起的。

2. 锌的吸收 锌主要以 Zn^{2+} 的形态被植物吸收。

（四）铜素营养

1. 生理功能 植物需铜数量不多，大多数植物的含铜量在 5～25 mg/kg（干重）之间，多集中于幼嫩叶片、种子等生长活跃的组织中。植物含铜量常因植物种类、植物部位、成熟状况、土壤条件等因素而有变化，且不同种类作物体内含量差异很大。铜在叶片中的分布是均匀的，这一点与锰不同，在叶细胞的叶绿体和线粒体中都含有铜，约有 70%的铜结合在叶绿体中。

铜离子形成稳定性螯合物的能力很强，它能与氨基酸、肽、蛋白质及其他有机物质形成配合物，如各种含铜的酶和多种含铜的蛋白质，它们是植物体内行使各项功能的主要形态。含铜的酶类主要有细胞色素氧化酶、多酚氧化酶、抗坏血酸氧化酶、吲哚乙酸氧化酶等，各种含铜酶和含铜蛋白质有着多方面的功能。

（1）参与体内氧化还原反应 铜是细胞色素氧化酶、抗坏血酸氧化酶和多酚氧化酶的成分，参与呼吸中底物脱氢的电子向 O_2 传递形成 H_2O 或 H_2O_2 的反应。

（2）作为超氧化物歧化酶（SOD）的组分 参与消除生物体内超氧自由基（O_2^-）的作用。

（3）构成酶蛋白并参与光合作用 叶片中的铜大部分结合在细胞器中，尤其在叶绿体中含量较高。铜与色素可形成配合物，对叶绿素和其他色素有稳定作用，特别是在不良环境中能防止色素被破坏。铜也积极参与光合作用。铜是叶绿体中质蓝素（PC）的组分，参与光合电子的传递。

（4）参与氮代谢 铜对氨基酸活化及蛋白质合成有促进作用，且铜对共生固氮作用也有影响。

2. 铜的吸收 铜以 Cu^{2+} 形式被植物吸收。铜化合价的可变性（Cu^+ 和 Cu^{2+}）是其参与氧化还原反应的基础。

（五）硼素营养

1. 生理功能 植物体内硼的含量变幅很大，含量少的只有 2 mg/kg，含量多的可高达 100 mg/kg，分布不均匀。硼与铁、锰、锌、铜等微量元素不同，硼不是酶的组成成分，不以酶的方式参与生理作用；它也没有化合价的变化，不参与电子传递；也没有氧化还原的能力。但硼对植物具有某些特殊的营养功能。

(1) 促进体内糖的运输和代谢　硼的重要营养功能之一是参与糖的运输，其原因是：①合成含氮碱基的尿嘧啶需要硼，而尿嘧啶又是尿苷二磷酸葡萄糖（UDPG）的前体物质之一，因而硼有利于蔗糖合成和糖的外运。②硼直接作用于细胞膜，从而影响蔗糖的韧皮部装载。③硼能以硼酸的形式与游离态的糖形成带负电性的复合体，因此容易透过质膜，促进糖的运输。

(2) 作为细胞壁的成分　已发现硼与果胶结合存在于细胞壁中。

(3) 调节酚的代谢和木质化作用　硼与顺式二元醇形成稳定的硼酸复合体（单酯或双酯），从而能改变许多代谢过程。例如，6-磷酸葡萄糖与硼酸根结合能抑制底物进入磷酸戊糖途径和酚的合成，并通过形成稳定的酚酸—硼复合体（特别是咖啡酸—硼复合体）来调节木质素的生物合成。

(4) 促进细胞伸长和细胞分裂　硼对植物激素含量也有一定的影响。缺硼时，细胞分裂素合成受阻，而生长素（IAA）却大量累积。在正常组织中，硼能与酚类化合物螯合，以保证 IAA 氧化酶系统正常工作。当植物体内有过多生长素存在时，即被分解，避免它对植物的危害作用，并有利于根的生长和伸长。

(5) 促进生殖器官的建成和发育　硼能促进花粉萌发和花粉管伸长。缺硼时花药与花丝萎缩，绒毡层组织破坏，花粉发育不良。

2. 硼的吸收　硼以不解离的硼酸（H_3BO_3）的形式被植物吸收。

(六) 钼素营养

1. 生理功能　在 16 种必需营养元素中，植物对钼的需要量低于其他任何一种，通常含量不到 1 mg/kg。钼的生理功能如下。

(1) 作为某些酶的成分　钼是硝酸还原酶和豆科植物固氮酶钼蛋白的成分，参与氮代谢。缺钼导致植物体内硝酸盐积累和固氮受阻。

(2) 促进植物体内有机含磷化合物的合成　钼与植物的磷代谢有密切关系。钼能促进无机磷向有机磷转化。钼酸盐会影响正磷酸盐和焦磷酸酯一类化合物的水解作用，还会影响植物体内有机态磷和无机态磷的比例。缺钼时，体内磷酸酶的活性明显提高，使磷酸酯水解，不利于无机态磷向有机态磷的转化，因此体内磷酯态-P、RNA-P 和 DNA-P 都有减少。

(3) 参与植物体内的光合作用和呼吸作用　植物体内抗坏血酸的含量常因缺钼而明显减少，这可能是由于缺钼导致植物体内氧化还原反应不能正常进行所引起的。钼能提高过氧化氢酶、过氧化物酶和多酚氧化酶的活性，钼还是酸式磷酸酶的专性抑制剂。钼在光合作用中的直接作用还不清楚，但缺钼会引起光合作用强度降低，还原糖的含量减少。

(4) 增强植物抵抗病毒的能力　施钼使烟草对花叶病毒具有免疫力，使受病毒感染而患萎缩病的桑树恢复健康。

2. 钼的吸收　钼主要以 MoO_4^{2-} 的形态被植物所吸收。植物对钼的吸收与其生长环境有关，代谢水平显著影响根系对 MoO_4^{2-} 的吸收速率。SO_4^{2-} 是植物吸收 MoO_4^{2-} 的竞争离子。钼主要存在于韧皮部和维管束薄壁组织中，在韧皮部内可以转移，但它以何种形态转移还不清楚，它仅属于中等活动的元素。

(七) 氯素营养

1. 生理功能　在必需微量元素中，植物含氯量最高。

(1) 参与光合作用　在光合作用中，氯作为锰的辅助因子参与水的光解反应，并与 H^+

一起由间质向类囊体腔转移，起平衡电性的作用。

（2）参与气孔调节　Cl^-作为液泡中溶质的成分，与K^+、Na^+一起参与渗透调节，并与K^+一起调节气孔开闭。

（3）激活质子泵H^+-ATP酶　在原生质膜和液泡膜上还存在着一种需要氯化物激活的质子泵H^+-ATP酶，这种酶不受一价阳离子的影响，而专靠氯化物激活。质子泵H^+-ATP酶可以把原生质中的H^+转运到液泡内，而使液泡膜内外产生pH梯度。

2. 氯的吸收　在植物体中，氯以离子（Cl^-）态存在，流动性很强，植物对氯的吸收属逆化学梯度的主动吸收过程。由于光合磷酸化作用中所形成的ATP可提供主动吸收所需的能量，所以光照有利于氯的吸收。此外，植物吸收Cl^-的速度主要取决于介质中氯的浓度。氯易于透过质膜进入植物组织。

三、有益元素

有益元素与植物生长发育的关系可分为两种类型：第一种是该元素为某些植物种群中的特定生物反应所必需，例如钴是根固氮所必需的；第二种是某些植物生长在该元素过剩的特定环境中，经过长期进化后，逐渐变成需要元素，例如甜菜对钠、水稻对硅等。

1. 钠　通常植物体内钠的平均含量是干物重的0.1%左右，是含钾量的1/10。Na^+可代替K^+行使部分生理功能。在保卫细胞中Na^+参与渗透调节气孔开闭；盐生植物常常以Na^+调节渗透势，促进吸水；Na^+有利于甜菜叶片淀粉转化为糖，促进同化物运输；Na^+通过活化C_4植物NAD-苹果酸酶活性和PEP羧激酶活性等促进光合作用；Na^+可提高质膜Na^+-K^+-ATP酶活性，促进呼吸作用。

2. 硅　不同植物体的含硅量差异很大，这种差异有时可达196倍。高等植物主要吸收分子态的单硅酸。硅对禾谷类作物，特别是水稻生长具有很好的作用。硅参与细胞壁的组成，它与植物体内硅藻酸或果胶酸共价结合，增加机械强度和稳固性；硅影响植物光合作用与蒸腾作用，硅化细胞有利于光能透过进入绿色细胞，增加光能吸收；硅增加角质层厚度，减少水分蒸腾，利于经济用水；硅还能降低转化酶、过氧化物酶、多酚氧化酶、磷酸酶等的活性，促进蔗糖合成；硅能提高抗病虫能力，可能与角质层厚、机械强度大有关。

3. 铝　植物体内的含铝量通常在20～200 mg/kg之间，不同植物种间体内含铝量有明显的差异。植物中铝的分布特点是老叶含铝量高于幼叶。茶树是典型的铝积累型植物。低浓度的铝对豌豆、菜豆、甜菜、树胶桉、玉米、麦子等植物生长有良好的促进作用。铝可能是某些酶的非专性活化剂，铝还是抗坏血酸氧化酶的专性激活剂。低浓度的铝可增强茶树、桉树对磷的吸收和运输。但当铝浓度略高（10 μmol/L）时，大豆、水稻等出现铝中毒，表现为抑制根尖分生组织的细胞分裂，严重时细胞分裂停止主根伸长停止，尖端长侧枝。铝中毒一是扰乱植物对养分和水分的吸收和利用；二是影响DNA合成，抑制细胞分裂。

4. 钴　植物体内含钴量为0.02～0.5 mg/kg，不同种类的植物含钴量的变异范围有所不同，但豆科植物需要并积累较多的钴。钴为豆科植物固氮所必需，参与生物固氮、核酸和蛋白质代谢。豆科植物的根中有3种酶需钴，即甲硫氨酸合成酶、核糖核苷酸还原酶、甲基丙二酰-CoA变位酶。钴能提高过氧化物（氢）酶的活性，参与呼吸代谢；钴还能减少生长素（IAA）氧化，促进细胞分裂素（CTK）合成，从而具有促进茎、芽和胚芽鞘伸长的作用。

5. 钛 钛可提高叶绿素含量，增强光合作用，促进 Hill 反应；促进固氮酶、脂肪氧合酶、果糖-1,6-二磷酸酶等磷酸酶活性；促进植物对 N、P、K、Ca、Mg、Mn、Fe、Cu、Zn 等养分的吸收。

6. 钒 钒可与固氮酶蛋白结合，促进固氮作用；钒还可促进叶绿素合成和 Hill 反应，从而提高光合速率；钒促进铁的吸收利用，促进含钼酶的合成，促进种子萌发等。

7. 锂 锂可激活乙酰磷酸酶，为离子主动吸收提供能量；影响膜透性，促进植物对 K、Na、Ca、Fe、Mn 等元素的吸收；锂可以代替钠使盐生植物中的聚 β-羟基丁酸解聚酶活化；锂还可以提高叶绿体光化学活性和叶绿素含量，促进光合作用，增强植物的抗病性。

8. 铬 铬能促进固氮酶和硝酸还原酶活性，增加气孔数目和开放度。

9. 硒 大多数植物含硒量一般都较低，平均含硒量在 0.01～1.0 μg/g 之间。在食用植物中含硒量变化的大致趋势是：油料作物＞豆类＞粮食作物＞蔬菜＞水果。植物根吸收的硒主要是硒酸盐和亚硒酸盐，根对硒酸盐的吸收易于对亚硒酸盐的吸收，同时植物也能吸收少量小分子的有机态硒。低浓度的硒（0.001～0.05 μg/g）可促进植物种子萌发和幼苗生长，硒还是谷胱甘肽过氧化酶的必要成分，能增强植物体的抗氧化作用。

10. 镍 低浓度的镍能刺激许多植物如豌豆、水稻、小麦等的种子发芽和幼苗生长。镍对生长的刺激作用与激素控制系统有关，研究证明，镍盐能显著抑制苹果和绿豆胚轴组织中乙烯的产生。镍在植物体内主要以 Ni^{2+} 的形式存在。镍是脲酶的金属成分，脲酶的作用是催化尿素水解成 CO_2 和 NH_4^+。镍也是氢化酶的成分之一，氢化酶在生物固氮过程中将 H_2 催化成 H_2O，为固氮提供 H^+。缺镍时，叶尖积累较多的脲，出现坏死现象。

第四节 植物根系对养分的吸收和运转

一、植物吸收养分的器官和途径

根部是植物吸收养分的主要器官，吸收养分最活跃的部位在根毛形成区，不同于吸收水分的活跃区域根毛区。根毛形成区呼吸代谢旺盛，紧靠疏导组织发育完善的根毛区，吸收的离子易于运输，加之有根毛正在形成，吸收的表面积巨大，这些特征有利于根系从外界溶液吸收矿质离子。

根系吸收养分离子是分两个阶段进行的：一是离子由外部进入根部表观自由空间，这是快速阶段。在这个空间中，由于细胞壁及细胞间隙中果胶物质带有负电荷，进入表观自由空间的各种离子以代换吸附和杜南扩散的形式被细胞壁吸附。低温、缺氧和呼吸抑制剂对这一阶段的离子吸收影响很小，这是不需代谢能的物理过程。二是离子由表观自由空间通过质膜进入细胞内部，这是缓慢阶段。在这个过程中，由于质膜是半透性的，使某些离子可以逆浓度梯度进入细胞，又阻止另外一些离子进入，是以消耗代谢能为主的主动吸收过程。

二、根系吸收无机养分的机制

根系主要吸收无机营养元素，按吸收方式和耗能情况可以分为被动吸收和主动吸收。

(一) 被动吸收

被动吸收包括扩散、质流和截获。

1. 扩散　扩散吸收是溶液中的离子和分子由高浓度区向低浓度区扩散而进入根系，这些物质主要是CO_2、O_2、H_2O、NH_3及多数阴离子（NO_3^-、Cl^-等），是吸收无机离子的主要途径。

2. 质流　质流又称集流或液流。质流吸收主要是由作物的蒸腾液流所引起的，溶液中营养元素随着水溶液而进入根细胞。

3. 截获　截获是根系与营养离子接触，进行直接吸收的方式。截获吸收的量与根系的生长量关系密切，在土壤系统中，作物根系占耕作层土壤总体积不到2%～3%，故截获吸收总量是很有限的，但在无土栽培中，截获吸收总量提高3倍以上。

被动吸收还包括离子交换吸附，它是由根细胞进行呼吸所产生的H^+和HCO_3^-（HCO_3^-还可进一步电离出H^+）吸附在根系表皮细胞的原生质膜表面，可能与土壤溶液中的离子或黏土颗粒表面吸附的离子进行离子交换而被根系吸收。离子交换吸附被认为是扩散、质流和截获吸收的一种特殊形式。

（二）主动吸收

植物体内离子态的浓度一般比土壤溶液中或土壤胶体表面所吸附的离子浓度高得多，但仍能逆浓度梯度吸收，这是需要生物代谢能量的过程。目前关于主动吸收的具体机理及代谢能量被利用的方式较为完整的假说有两种，即载体假说和离子泵假说。

1. 载体假说　该假说认为，生物膜上存在着一些能携带离子通过膜的大分子，这些大分子就称为载体。有人认为，载体可能是蛋白质分子，类似变构酶。载体对一定的离子有专一的结合部位，能选择性地携带某种离子通过膜。载体的形成需要ATP，ATP的来源主要是由呼吸作用中糖分解产生的，ADP和无机磷在光合磷酸化、氧化磷酸化的作用下重新获得能量，又形成ATP。

2. 离子泵假说　该假说认为，“泵”就是位于原生质膜上的ATP酶。许多阳离子如K^+、Na^+、Rb^+等都能活化ATP酶，促进ATP分解形成ADP^-和$H_2PO_3^+$，$H_2PO_3^+$不稳定，遇水分解成H_3PO_4和H^+。生成的H^+被泵出膜外，这样就形成一个跨质膜的质子梯度，从而使膜内与膜外产生了电化学势梯度，于是膜外的阳离子就利用这个梯度进入膜内。膜外的阳离子进入细胞之后抵消了膜内外的电化学势，于是ATP重新分解，上述过程重新进行。所以阳离子的吸收实质上是H^+的反向运输。

在$H_2PO_3^+$水解形成H^+的同时，ADP^-也水解产生OH^-，生成的OH^-也被排出膜外，在排出OH^-的同时，引起膜外的阴离子反向运输而进入到细胞内。阴离子的这种反向运输可能有载体类物质的参与。

离子泵假说较好地解释了ATP酶活性与阳离子吸收的关系，在离子膜运输过程方面（反向运输）又与现代的化学渗透学说相符合。另外，离子泵假说在能量利用方面与载体理论基本一致，认为ATP酶本身就是一种载体。

三、根系吸收有机养分的机制

植物根系在吸收无机养分的同时，还可以吸收分子质量不大的有机养分，如各种氨基酸、酰胺、磷酸已糖、磷酸甘油酸、核酸和核苷酸，以及腐殖酸等。这些有机化合物固然可以被作物吸取，但不是作物吸收利用的主要成分，吸收的数量比起无机养分微不足道。对于有机养分的吸收机制，多数人认为是属于主动吸收，需要载体也需要能量，并具有选择性。

Wheeler 和 Hancheg（1971）等认为，植物细胞也有类似动物的“胞饮作用”，先是原生质膜内凹呈嘴形，把有机分子引入，然后封口，成为细胞的内含物。但一般认为胞饮作用不常见，可能只是在特殊的情况下，如大分子物质，植物细胞才发生胞饮作用，所以不是有机养分吸收的主要途径。现在已经在生物膜上发现了许多能吸收和转运有机物质的载体。

四、植物体内养分的运转

根系从外界吸收的营养元素，只有一部分留在根系，大部分被运到植物体的地上部分。

（一）矿质元素的运输形式

不同的元素在植物体内运输的形式不同。以必需的矿质元素而言，金属元素以离子状态运输，非金属元素既可以离子状态运输，又可以小分子有机化合物形式运输。例如，根部吸收的无机氮化合物绝大部分在根中柱薄壁细胞转化为有机氮化物，再运往地上部，也有一部分 NO_3^- 运至叶片进行代谢还原，并同化为氨基酸。有机氮化物主要是氨基酸（如天冬氨酸、谷氨酸，还有少量丙氨酸、蛋氨酸和颉氨酸等）和酰胺（如谷酰胺、天冬酰胺）。磷主要以正磷酸形式运输，但也有一部分在根内转变为有机磷化物（如磷酰胆碱、甘磷酰胆碱）再向上运输。硫元素主要以 SO_4^{2-} 形式进行运输，但也有少部分转化为蛋氨酸和谷胱甘肽向上运输。

（二）矿质元素的运输途径

1. 矿质在根内的径向运输　根系吸收的矿质离子径向运输到中柱有两条途径：一是质外体途径，外界的离子通过扩散作用迅速地进入根系皮层细胞的质外体空间，但这条途径却受到内皮层凯氏带的阻隔；二是共质体途径，外界离子可通过杜南平衡、胞饮作用，尤其是主动吸收进入根细胞内，然后通过胞间连丝在细胞内转移，最后进入中柱。当内皮层木栓化后，Ca^{2+}、Mg^{2+} 进入枝条的数量往往显著减少，但 K^+、NH_4^+、$H_2PO_4^-$ 的运输却不受影响，表明这些离子易于在共质体内径向运输。

2. 离子在植物体内的纵向运输　将一株双分枝的柳树苗，在两枝的对应部位把茎中的一段木质部、韧皮部分开，并在其中的一枝夹入蜡纸，另一枝重新接触（对照），然后在根部施入 $^{42}K^+$，5 h 后测定 $^{42}K^+$ 在茎中的分布状况。结果表明，在木质部内存在大量的 $^{42}K^+$，而在韧皮部内几乎没有，这说明根系吸收的 $^{42}K^+$ 是通过木质部的导管向上运输的。而在韧皮部与木质部未分开部位或已分开但未夹蜡纸的部位，韧皮部中反而存在较多的 $^{42}K^+$，这说明 $^{42}K^+$ 可以从木质部活跃地横向运输到韧皮部。

矿质元素在植物体内运输的速度相当快，一般为 30～100 cm/h。

3. 矿质元素在植物体内的分配与再利用　矿质元素进入根部导管后，便随着蒸腾流上升到地上部分，除硅外，其他元素大部分运至生长点、幼叶、幼枝、幼果等生长旺盛部位，少部分运至功能叶与老叶。

某些元素（如钾）进入植物体后呈离子状态，有些元素（如氮、磷、镁）形成不稳定的化合物，细胞衰老时释放出离子又转移到其他需要的器官中去，尤其是氮和磷最易被再利用。硼过去一直被认为不能再利用，近来发现植物体内有硼库存在，组成细胞壁的硼不能被再利用，但存在于胞质硼库中的硼在富含山梨糖醇的蔷薇科植物中形成硼—糖复合物可以被再利用。另一些元素（如硫、钙、铁、盐、锌、铜、钼等）被植物地上部分吸收后，即形成永久性细胞结构物质，即使叶片衰老也不能被分解，因此不能被再利用，其中以钙最难再利用。

五、影响植物吸收养分的因素

1. 温度　在植物生长的适宜温度范围内，随着温度的上升，植物吸收作用也随之加强，ATP的形成加速，根系的被动吸收和主动吸收速度都会增加。温度过高或过低，由于呼吸作用下降，植物生理代谢功能或酶的活性受到抑制，根系的吸肥能力就明显削弱。在低温条件下，对于阴离子态的营养元素的抑制非常明显，因为阴离子吸收特别需要消耗能量。

2. 通气　通气有利于有氧呼吸，所以也有利于养分的吸收。这是因为有氧呼吸可形成较多的ATP，供阴、阳离子的吸收。无土栽培虽然明显地改善了作物的根系环境条件，但在生产过程中若处理不当，也易缺氧，根系氧供应不足时，吸收养分受阻。营养液中含氧量在1.5 mg/L左右时，叶片中磷、钾、钙、镁、铁、锰的含量都下降；但对氮来说，NH_4^+-N吸收受阻，而NO_3^--N影响较小。增氧措施通过利用机械和物理的方法来增加营养液与空气的接触机会，增加氧在营养液中的扩散能力，从而提高营养液中氧气的含量，进而提高肥料的利用率。

3. 养分浓度和有效性　养分在较低浓度下，离子吸收的数量随浓度的升高而增加，但当浓度增加到一定程度后离子的吸收不再增加，即达到饱和。人们认为这种饱和现象是由于根内载体有限所引起的。有些离子浓度与吸收速率的关系表现为双向饱和动力学曲线，认为这是有两种不同亲和力的载体的缘故，在低浓度时由高亲和力的载体运载，在高浓度时由低亲和力的载体运载。

4. pH　外界溶液的pH对养分的吸收有很大影响。组成细胞质的蛋白质是两性电解质，在弱酸性条件下氨基酸带正电荷，易吸收外界溶液中的阴离子；在弱碱性条件下氨基酸带负电荷，易吸收外界溶液中的阳离子。另外，pH影响矿质元素的有效性。如营养液碱性加强时，Fe^{3+}、PO_4^{3-}、Ca^{2+}、Mg^{2+}、Cu^{2+}和Zn^{2+}等离子变为不溶状态，不利于植物的吸收。

5. 离子间的相互作用　离子间的相互作用也影响着植物对养分的吸收。

（1）协同作用　离子间的协同作用是指某一元素的存在可以促进植物对另一种元素的吸收，这种作用主要存在于阳离子与阴离子之间以及阴离子与阴离子之间。如光照下NO_3^-能促进对K^+的吸收，NH_4^+能促进对PO_4^{3-}和SO_4^{2-}的吸收，Ca^{2+}能促进对NH_4^+、K^+和Rb^+的吸收。离子间产生协同作用的原因尚不清楚。引起这一现象的原因可能是两种离子在代谢上具有相应的功能关系，如NO_3^-的吸收必然使硝酸还原酶（NR）活性增强，而K^+作为硝酸还原酶的专一性活化剂，有利NO_3^-还原。

（2）拮抗作用　离子间的拮抗作用是指某一离子的存在能抑制另一离子的吸收，即离子间对根系的吸收有相互抑制作用，这种作用主要发生在等价的同电荷离子之间，如K^+、Cs^+、Rb^+之间，NH_4^+与Cs^+之间，Ca^{2+}与Mg^{2+}之间，此外阴离子如Cl^-与Br^-之间，$H_2PO_4^-$、NO_3^-和Cl^-之间，以及一价的H^+、NH_4^+对2个Ca^{2+}的吸收，都有不同程度的拮抗作用。产生拮抗作用的原因是多方面的。据研究，Ca^{2+}影响膜上孔的大小，减少膜的透性。所以Ca^{2+}的存在影响水合半径较大的离子如Na^+的吸收，而较小的离子如K^+、NH_4^+、Rb^+就能透过，在根系对它们主动吸收的过程中，在载体上可能属于同一结合位，从而产生相互抑制。另外，由于离子所带的电荷量不一样，以及水合离子半径不一样，土壤胶体或细胞质膜的静电对它们的吸附力也就不同，一般电荷量大的或水合离子半径小的离子具较强的吸附力和交换力，从而抑制了土壤溶液中吸附力弱的和交换力弱的离子被根系吸收的机会。

第五节 植物的营养诊断

植物必需的各种营养元素在体内均有其特殊的营养功效，缺乏时会影响到植物的各种生理生化过程，当缺乏某种营养元素达到一定程度时，就会在外观上表现出一定症状；反之，如果过剩也会产生特定的症状。这些病态特征称为生理性病害，可以作为人们对作物营养失调提供形态上的诊断依据，这在配制营养液时是很重要的。

一、作物营养失调症状的形成

众所周知，作物的生长发育所需要的环境条件，除光照、温度、氧气和水分外，最重要的就是矿质元素，目前已肯定为作物生长发育所必需的营养元素有16种。土壤栽培时，矿质营养主要靠土壤和施肥得以供应，而无土栽培的作物，其所需的矿质营养唯一的来源就是靠人工配制的营养液不断进行补充。

作物每一种必需营养元素的缺乏或过多，都能明显的形成不同的症状。因此，根据作物的生长发育表现的失调症状，就能鉴别出所缺乏或过量的某种元素。

形成无土栽培作物营养失调症状的主要原因如下：

1. 营养液配方及营养液配制中的不慎，而造成的营养元素的不足或过量 如营养液配方选用不当；选用的肥料不当或杂质过多，溶解不好，或计算时有误；营养液配制方法不当而造成某些营养元素的溶解度变小或形成沉淀。在混合与溶解肥料时，要严格注意顺序，Ca^{2+}与SO_4^{2-}、PO_4^{3-}要分开，即硝酸钙不能与硫酸镁等硫酸盐类、磷酸盐类混合，以免产生钙沉淀。营养液添加时计算有误，使某些元素的浓度过低或过高，都会形成营养失调。

2. 作物根系选择性吸收所造成的营养失调 在无土栽培中，作物的根系不断从营养液中摄取营养，因而使营养液的浓度不断降低。同时由于作物根系对矿质营养的吸收具有选择性，表现在对同一溶液中的不同离子或同一种盐分中的阴、阳离子吸收的不同，选择吸收的结果导致介质溶液过剩下来的离子影响而变酸或变碱。

3. 离子间的拮抗作用引起的营养失调 离子间的拮抗作用，表现在某一离子的存在会抑制另一离子的吸收。已发现阳离子中一价离子会抑制高价离子的吸收，如H^+、NH_4^+、K^+会抑制植物对Ca^{2+}、Mg^{2+}、Fe^{2+}的吸收，其中H^+、NH_4^+对Ca^{2+}的抑制作用特别明显。此外，Na^+抑制植物对K^+的吸收，Ca^{2+}抑制植物对Mg^{2+}的吸收，Cl^-抑制NO_3^-的吸收。

4. pH的变化引起的营养失调 营养液中的pH变化较大，应经常检测与调整，如不及时调整，就会影响到某些盐类的溶解度，从而导致缺素症状的产生。$pH>7$时，磷、钙、镁、铁、硼、锌等的有效性会降低，特别是铁最突出；$pH<5$时，由于H^+浓度较大，使植物对Ca^{2+}吸收不足，而表现缺钙症。

二、作物营养失调症状的诊断

在土壤栽培中，当诊断出缺素症时，对当季作物的挽救效果不大，而对后作的施肥调整很有意义。但在无土栽培中，如能及时诊断，立即调整营养液成分，几天以后就会见效。常用的诊断方法有以下几种。

1. 形态诊断 当作物必需营养元素缺乏或过剩时，往往表现出各种病态，它可以作为人们对作物营养失调提供形态上的诊断依据。形态诊断时应注意以下两方面的问题：一是同一元素在不同作物中缺乏或过剩所呈现出的症状是不尽一致的；二是许多其他因素，如病虫危害、环境条件不适宜（温度过高或过低、光照不足等），也会造成不正常的长势长相，而且很难同某些元素的缺乏或过剩区分，这就需要有丰富的经验，并在诊断时尽量做深入细致的调查，以查明原因，得出可靠的结论。形态鉴别一般以叶片为重点，并结合其他器官。

2. 图谱诊断 图谱诊断是形态诊断的进一步深入，依据不同作物以及同一种作物的不同生长时期的失调症不完全一致。图谱诊断是在人为的设计下，使各种作物、各个生育时期呈现出各类营养失调的典型症状，并提供当时作物和培养基营养元素的临界含量指标，然后把它们摄印下来，复制成彩色图片、幻灯片或电视录像，可作为形态诊断和其他诊断方法的参比图像和营养丰缺的参比指标。常用沙—水结合培养法，在一密封容器中以石英砂或珍珠岩作栽培基质，定期施用专门营养液的方法。

3. 试药诊断 缺乏某种养分的营养液或作物，除待测养分外，必须控制其他各种生长条件，使其保持一致，设置某种养分的添加与缺失两种处理，进行盆栽对比试验，也可以配制一定浓度的含某种养分的营养液叶面喷施，或者采用注射、浸泡、涂抹等方法。经一定时间后，观察某种养分有无或施用前后作物叶色、长相、长势等形态变化，分析养分含量，从处理养分变化和作物生长量或产量的差异，判断作物是否要补充某种养分。试药诊断特别适合微量元素的营养诊断。

三、作物营养失调症状的表现

对于无土栽培而言，营养元素的供应过剩或不足，都会不同程度地表现出相应的营养失调症状，所以准确地鉴别出营养失调症状并及时予以防治，是确保无土栽培成功的关键之一。

植物必需的营养元素，可分为移动和不移动两大类。移动的营养元素有氮、磷、钾、镁、锌等，当缺乏这些元素时，它们可以从老叶中移向新叶，因此使老叶出现缺素症状。不移动的营养元素包括钙、铁、硼、铜、锰等，这些元素是不能在植物体内移动的，所以这类元素的缺素症状多出现在幼叶上。不同营养元素的供应缺乏与过剩，都会产生不同的营养失调症状，应及时准确地进行鉴别。

1. 氮营养失调症状 蔬菜缺乏氮素时最主要症状是叶片变黄，首先从老叶开始，逐渐波及新叶、幼叶，最后变成褐色。氮素营养供应过多会引起氮中毒，植株呈暗绿色，叶子生长过旺，严重时新叶似鸡爪状萎缩，根系较少。

番茄缺氮时，植株生长慢，叶片小而薄，颜色变黄，叶脉黄绿色逐渐变成红色；茎秆干硬细弱，可能变成红色；缺氮前期根系可维持缓慢生长，后期根系停止生长，甚至死亡；花芽停止分化，果实少，个小味寡，并易感灰霉病。氮素过量时，果实易发生筋腐病或空洞果。

黄瓜缺氮时，生长明显减缓，叶色变成深浅不一的黄绿色，甚至叶绿素分解，全株变黄，重则变白；茎细脆弱，严重时根系死亡；果实不发育，已结的瓜条变细，无商品价值。

萝卜缺氮时，地上部生长缓慢，叶片小而薄，叶色黄；根系也由红转变为白色。

洋葱缺氮时，植株生长缓慢，叶片狭小，叶色浅绿，叶尖呈黄褐色，最后由叶尖波及全叶。

叶用莴苣缺氮时，生长缓慢，叶片黄绿色，严重时老叶变白腐烂。

2. 磷营养失调症状 蔬菜缺磷的主要症状是叶片容易变为紫红色，植株矮小瘦弱，幼芽及根部都生长缓慢，根系小，虽能开花，但不能坐果。磷素营养过剩时，植株茎秆稍细，叶色较深，还会导致铜和锌营养的缺乏。

番茄缺磷时，叶背面先呈深紫红色，叶片先出现斑点，叶脉逐渐呈紫红色；茎部细弱；果实小，成熟慢。

萝卜缺磷时，叶背面呈红色。

芹菜缺磷时，根和叶片生长受抑制。

洋葱缺磷多表现在生长后期，生长缓慢，老叶干枯或叶尖端死亡，有时叶片有黄绿同褐绿相间的花斑。

结球甘蓝和花椰菜缺磷时，叶背呈紫色。

3. 钾营养失调症状 植物缺钾症状主要表现在叶部，老叶叶尖及叶缘变黄呈灼伤状，叶缘卷曲，叶脉间失绿，出现花叶、黄化，有小干斑，后期发展到整个叶片或全株失绿干枯，小叶枯萎；果实有枯斑，成熟不均匀，有绿色区；茎表现出褐色椭圆形斑点；根发黄，须根少。钾过量时，果实表皮粗糙，过量的钾还会引起镁、锰、锌和铁的缺乏。

番茄缺钾时，生长缓慢，植株矮小；幼叶小而皱缩，颜色变黄，老叶黄化明显，尤其叶缘黄化严重，最后叶色变褐、脱落；茎木质化变硬，停止生长；果实生长不正常，果肉薄而空，易感染灰霉病。

结球甘蓝缺钾时，叶缘变成青铜色，而后向内部扩展，严重时叶缘干枯，叶表面出现褐斑。

胡萝卜缺钾时，叶扭转且叶缘变褐，内部绿叶变白或呈灰色，最后呈青铜色。

黄瓜缺钾时，叶脉间的叶肉呈青铜色，主脉下陷，老叶症状严重。

洋葱缺钾时，外部老叶尖端灰黄色或浅白色，随着外部叶片脱落，缺素症状向内叶扩展，叶片干枯后呈硬纸状，上面密生绒毛。

4. 钙营养失调症状 由于钙在作物体内的移动慢，不能被再利用，因此缺钙时上部叶片的叶缘黄化，下部叶片转紫或棕色，小叶变小，叶缘向上卷曲变黄，甚至枯死；上部叶片呈鸡爪形萎缩，叶柄扭曲，黄化枯萎，生长点死亡。

番茄缺钙时，下部叶片正常而顶部新叶黄化，植株瘦弱，叶柄卷缩，顶芽死亡，顶芽周围出现坏死组织；根系不发达，分杈，有些侧根膨大呈褐色；果实易发生脐腐病或空洞果。

黄瓜缺钙时，叶缘和叶脉间呈白色透明腐烂斑点，严重时多数叶脉间失绿，植株矮化，嫩叶向上卷，老叶向下弯曲；花小呈黄白色，瓜小无味，严重时植株从上向下逐渐死亡。

5. 铁营养失调症状 铁在作物体内亦不能移动和不能被再利用，因此缺铁时心叶初呈淡绿色，后来发展到黄色叶片上形成绿色网状，最后全叶变黄，无枯斑。铁过剩时，叶片出现干枯斑。

番茄缺铁时，顶端叶片失绿，初期在最小叶的叶脉上产生黄绿相间网纹，然后从顶叶向老叶发展，并有叶片坏死。

黄瓜缺铁时，叶脉绿色，叶肉黄色，逐渐变成柠檬黄色，芽停止生长，叶缘坏死或完全失绿。

6. 硼营养失调症状　作物体内缺硼，植株的生长点及顶芽枯死，枝条易簇生；上部叶片脉间失绿，小叶出现斑驳，向内卷曲变形；叶柄小，易折断，维管束堵塞。硼过剩时叶尖发黄，继而叶缘失绿并向中脉扩展。

芹菜缺硼时，叶柄开裂，发病初期沿叶缘出现病斑，叶柄发脆，叶柄表面出现褐斑，然后叶柄出现横裂纹，破裂处组织外翻；根系变褐，侧根死亡，全株也常常死亡。

叶用莴苣缺硼时，生长缓慢，外部叶片出现斑点和日灼状，心叶向后弯曲呈畸形生长，叶片也出现斑点，生长点附近叶片呈卷缩状。

7. 锌营养失调症状　作物缺锌时，老叶及顶部叶变小，有不规则的棕色干枯斑，叶柄向下卷，整个叶片呈螺旋状，严重时整个叶片枯萎。锌过量会导致缺铁而失绿。

番茄缺锌时，叶片少而且小，叶片失绿、皱缩，叶柄有褐斑并向后弯曲，叶片几天内坏死脱落。

黄瓜缺锌时，芽呈丛生状，生长受抑制。

8. 镁营养失调症状　植物缺镁时，老叶叶缘先失绿，失绿区见枯斑，小叶脉无绿色；严重时老叶死亡，全株变黄。作物镁过剩时，根的发育受阻，茎中木质部组织不发达。

番茄缺镁时，叶片易碎向下弯曲，叶脉深绿色，叶脉之间呈黄色，逐渐扩展，最后全部变成褐色死亡。

甘蓝缺镁时，下部叶片失绿，有斑点和皱缩。

9. 铜营养失调症状　蔬菜缺铜时，叶色改变，呈白色并失掉韧性。铜过剩时引起中毒，植株生长减慢，后因缺铁而失绿，发枝少，小根变粗、发暗。

番茄缺铜时，叶片的叶缘向主脉卷曲呈管状，顶部叶片小、坚硬且折叠在一起，叶柄向下卷曲，茎短；后期主脉和大叶脉附近出现枯斑。

黄瓜缺铜时，生长受抑制，节间短，幼叶小，呈丛生状；后期老叶为青铜色，逐渐向新叶扩展。

10. 锰营养失调症状　植物缺锰时，老龄叶呈苍白色，以后幼叶亦为苍白色，黄叶上有特殊的网状绿色叶脉，后在苍白区可见枯萎，失绿症状不如缺铁严重。锰中毒常见失绿，叶绿素分布不匀。

番茄缺锰时，植株中部叶片和老叶逐渐变成浅绿色，随后幼叶也失绿，叶片呈典型网纹状，失绿症状不如缺铁严重。

黄瓜缺锰时，植株顶部及幼叶叶脉间失绿呈黄色条纹，初期叶脉末梢为绿色，叶片网纹状，后期除主脉外，整个叶片呈黄白色，老叶白化严重并死亡。

11. 钼营养失调症状　植物缺钼时，番茄小叶叶脉间出现浅绿色至黄色斑驳，叶缘向上卷曲呈喷口，最小的叶片叶脉失绿，顶部小叶的叶缘黄色区干枯，最后整个叶片枯萎。钼中毒时叶片变为金黄色。

12. 硫营养失调症状　番茄缺硫时，上部叶片坚硬下卷，最后可见大的不规则枯斑，叶片变黄，茎、叶脉、叶柄变紫，叶尖、叶缘干枯，叶脉间有小紫斑。硫过剩时，首先表现在作物的叶片变为暗黄色或暗红色，继而叶片中部或叶缘受害，并在老叶上形成水渍状斑块，最后形成白色坏死斑点。

作物营养缺乏简要检索表见表3-2。

表 3-2　作物营养缺乏简要检索表

作物表现症状	缺乏元素
根系表现的症状：	
根生长短粗、发褐	缺钙或铝、铜中毒
茎叶及新梢生长点表现的症状：	
新梢不张开，幼叶卷曲，叶尖坏死，植株失绿	缺铜
叶尖弯钩状，并相互粘连，不易伸展	缺钙
顶芽不易枯死，脉间失绿，出现细小棕色斑点，组织易坏死	缺锰
脉间失绿，发展至整片叶淡黄或苍白	缺铁
新叶或中部叶发灰，生长变粗，叶小簇生	缺锌
新叶淡绿，老叶黄化枯焦、早衰	缺氮
茎叶暗绿或呈紫红色，生育期延迟	缺磷
叶尖及叶缘先干枯，并出现斑点，症状随生育期而加重，早衰	缺钾
新叶黄化，失绿均一，生育期延迟	缺硫
老组织易出现斑点，脉间失绿	缺镁
茎变粗，易开裂，花器官发育不正常，生育期延迟	缺硼
叶片生长畸形，斑点散布在整个叶片	缺钼

四、作物营养失调症状的防治

在无土栽培时出现营养失调症状，如能准确及时诊断，立即调整营养液成分或叶面施肥，几天后就可见效。

1. 缺氮　叶面喷洒 0.25%～0.50%尿素液或营养液中加入硝酸钙或硝酸钾。

2. 缺磷　营养液中加入适量的磷酸二氢钾，或叶面喷洒 0.2%～1.0%磷酸二氢钾。

3. 缺钾　叶面喷洒 2%硫酸钾或向营养液中加入硫酸钾。

4. 缺镁　叶面喷洒大量 2%硫酸镁或少量 10%硫酸镁，或向营养液中加入硫酸镁。

5. 缺锌　叶面喷洒 0.1%～0.5%硫酸锌或直接加入营养液中。

6. 缺钙　叶面喷洒 0.75%～1.0%硝酸钙或 0.4%氯化钙，亦可向营养液中加入硝酸钙。

7. 缺铁　每 3～4 d 叶面喷洒 0.02%～0.05%螯合铁 EDTA-Fe 1 次，连续 3～4 次，或直接加入营养液中。

8. 缺硫　于营养液中加入适量的硫酸盐，但以硫酸钾较为安全。

9. 缺铜　及时于叶面喷洒 0.1%～0.2%硫酸铜溶液加 0.5%水化石灰。

10. 缺钼　叶面喷洒 0.07%～0.1%钼酸铵或钼酸钠溶液，亦可直接加入营养液中。

11. 缺硼　及时于叶面喷洒 0.1%～0.25%硼砂或直接加入营养液中。

第四章 营养液

营养液是将含有植物生长发育所必需的各种营养元素的化合物和少量为使某些营养元素的有效性更为长久的辅助材料，按一定的数量和比例溶解于水中所配制而成的溶液。无论是固体基质培（有机生态型无土栽培除外）还是非固体基质培的无土栽培形式，都主要靠营养液来为作物生长发育提供所需的养分和水分。无土栽培的成功与否，在很大程度上取决于营养液配方和浓度是否合适、营养液管理是否能满足植物不同生长阶段的需求。不同地区的气候条件、水质以及不同的作物种类、品种等都将对营养液的使用效果产生很大的影响。因此，要正确、灵活地使用营养液，只有通过认真实践、深入了解营养液的组成和变化规律及其调控技术，才能够真正掌握无土栽培生产技术的精髓。所以，营养液的配制与管理是无土栽培技术的核心。

第一节 营养液的原料及其要求

在无土栽培中用于配制营养液的原料是水和含有营养元素的各种化合物及辅助物质。为了灵活而有效地使用营养液，在生产上还可根据当地的水质、气候条件和种植作物品种的不同，将前人使用的、被认为是合适的营养液中的营养物质的种类、用量和比例作适当的调整。因此，必须对配制营养液所用的水、营养物质及辅助材料的理化性质有较好的了解。

一、水

配制营养液的水质会或多或少地影响到营养液的组成和营养液中某些养分的有效性，有时甚至严重影响到作物的生长。因此，在进行无土栽培之前，要先对当地的水质进行分析检验，以确定所选用的水源是否适宜。

（一）营养液的水质要求

无土栽培对水质的要求比国家环境保护局颁布的《农田灌溉水质标准》（GB 5084—85）稍高，但可低于饮用水水质要求。水质要求的主要指标如下：

1. 硬度 根据水中含有钙盐和镁盐的数量，可将水分为软水和硬水两大类型。硬水中的钙盐主要是重碳酸钙［$Ca(CO_3)_2$］、硫酸钙（$CaSO_4$）、氯化钙（$CaCl_2$）和碳酸钙（$CaCO_3$），镁盐主要为氯化镁（$MgCl_2$）、硫酸镁（$MgSO_4$）、重碳酸镁［$Mg(HCO_3)_2$］和碳酸镁（$MgCO_3$）等。而软水的这些盐类含量较低。水的硬度统一用单位体积的 CaO 含量来表示，即每度相当于 CaO 含量 10 mg/L。硬度划分标准如表 4-1 所示。

表 4-1 水的硬度划分标准

水质种类	CaO 含量（10 mg/L）	硬度
极软水	0～40	0°～4°
软　水	40～80	4°～8°
中硬水	80～160	8°～16°
硬　水	160～300	16°～30°
极硬水	>300	>30°

在石灰岩地区和钙质土地区的水多为硬水，例如我国华北地区许多地方的水为硬水；而南方除了石灰岩地区之外，大多为软水。硬水由于所含钙盐、镁盐较多，一方面导致营养液pH较高，另一方面在配制营养液时如果按营养液配方中的用量来配制，常会使营养液中的钙、镁含量过高，甚至总盐分浓度也过高。因此，利用硬水配制营养液时要将硬水中的钙、镁含量计算出来，并从营养液配方中扣除。在北京地区，曾有人试验过单纯依靠硬水中的钙就可满足叶用莴苣的生长要求。一般利用硬度为15°以下的水进行无土栽培较好。我国北方地区往往因水质硬度太高而不能作为无土栽培用水，特别是进行水培时更是如此。

2. 酸碱度 酸碱度范围较广，pH 5.5～8.5 的水均可使用。

3. 悬浮物 要求悬浮物含量≤10 mg/L。若利用河水、水库水等要经过澄清之后才可使用。

4. 氯化钠含量 要求氯化钠含量≤200 mg/L，但不同作物、不同生育时期要求不同。

5. 溶存氧 无严格要求。最好是在未使用之前溶存氧含量≥3 mg/L。

6. 氯（Cl_2） 氯主要来自自来水中消毒时残存于水中的余氯和进行设施消毒时所用含氯消毒剂如次氯酸钠（NaClO）或次氯酸钙［$Ca(ClO)_2$］残留的氯。氯对植物根系有害，为此，用自来水配制的营养液在进入栽培床循环系统之前需放置半天，设施消毒后空置半天，以便余氯散逸。

7. 重金属及有毒物质含量 有的地区地下水、水库水、河水等水源可能含有重金属、农药等有毒物质，而无土栽培的水中要求重金属及有毒物质含量不能超过表 4-2 中的标准。

表 4-2 无土栽培水中重金属及有毒物质含量标准

名　称	标　准	名　称	标　准
汞（Hg）	≤0.001 mg/L	镉（Cd）	≤0.005 mg/L
砷（As）	≤0.05 mg/L	铅（Pb）	≤0.05 mg/L
硒（Se）	≤0.02 mg/L	铬（Cr）	≤0.05 mg/L
铜（Cu）	≤0.10 mg/L	锌（Zn）	≤0.20 mg/L
氟化物（F^-）	≤3.0 mg/L	大肠菌群	≤1 000 个/L
六六六	≤0.02 mg/L	滴滴涕	≤0.02 mg/L

（二）无土栽培的水源选择

无土栽培生产中常用自来水和井水作为水源，有些地方还可以通过收集温室或大棚屋面的雨水作为水源。

如果以自来水作为水源使用，因其价格较高而提高了生产成本。但由于自来水是经过处理的，符合饮用水标准，因此作为无土栽培生产的水源在水质上是较有保障的。如果以井水作为水源，要考虑到当地的地层结构，开采出来的井水也要经过分析化验。如果是通过收集雨水作为水源，因降水过程会将空气中的尘埃和其他物质带入水中，所以应将收集的雨水澄清、过滤，必要时可加入沉淀剂或其他消毒剂进行处理。如果当地空气污染严重，则不能利用雨水作为水源。有些地方在开展无土栽培生产时，也把较为清洁的水库水或河水作为水源，这时要特别注意不能利用流经农田的水作为水源。究竟采用何种水源，可视当地的情况而定，但在使用前都必须经过水质的分析化验，以确定其适用性。

（三）无土栽培的水量

不管采用何种水源，无土栽培要求有足够的水量供配制营养液用，尤其在夏天不能缺水。例如，番茄在旺盛生长期，据测定每株每天耗水 1～1.5 L，因此无土栽培的用水量是相当大的。一般而言，如果当地的年降水量在 1 000 mm 以上，则通过收集雨水可以完全满足无土栽培生产的需要。在实际无土栽培生产中，如果单一水源水量不足时，可以把自来水和井水、雨水、河水等混合使用，又可降低生产成本。

二、各种营养元素化合物

营养液是用各种化合物按一定的数量和比例溶解在水中配制而成的。在无土栽培中用于配制营养液的化合物种类很多，一般按化合物的纯度等级分为 4 类：第一，化学试剂，又细分为 3 级，即保证试剂（guaranteed reagent，GR，又称一级试剂）、分析纯试剂（analytic reagent，AR，又称二级试剂）、化学纯试剂（chemical pure，CP，又称三级试剂）；第二，医药用；第三，工业用；第四，农业用。化学试剂类的纯度高，其中保证试剂纯度最高，价格也昂贵；农业用的化合物纯度最低，价格也最便宜。在无土栽培中，研究营养液新配方及探索营养元素缺乏症等试验时，需用到化学试剂。要求特别精细的试验用分析纯试剂，一般用化学纯试剂即可。在生产中，除了微量元素用化学纯试剂或医药用品外，大量元素的供给多采用农业用品，以利降低成本。

营养液配方中标出的用量是以纯品表示的。在配制营养液时，要按各种化合物原料标明的百分纯度来折算出原料的用量。商品标识不明、技术参数不清的原料严禁使用。如采购到的大批原料缺少技术参数，应取样送化验部门化验，确认无害时才允许使用。

原料中本物以外的其他物质，包括营养元素都作杂质处理。例如，磷酸二氢钾中含有少量铁和锰，虽然铁和锰是营养元素，但它是本物磷酸二氢钾的杂质，使用时要注意这类杂质的量是否达到干扰营养液平衡的程度。有时原料的本物虽然符合纯度要求，但因混杂的少数有害元素超过了标准，也不能使用。例如，某硝酸钾产品纯度达到 98%是符合纯度要求的，但其混杂有 0.008%的铅（Pb），这就要考虑铅是否会超过标准的问题。假设 1 L 营养液用 1 g KNO_3，则会同时带入 0.08 mg 铅，按上述水质要求含铅不准超过 0.05 mg/L，所以这种硝酸钾产品就不能用了。所以大量元素化合物中的有害物质的量都要经过计算，以确定其可用性。下面介绍无土栽培中常用化合物原料的理化性质及其要求。

（一）含氮化合物

1. 硝酸钙［$Ca(NO_3)_2 \cdot 4H_2O$］　硝酸钙的相对分子质量为 236.15，含有氮和钙两种营养元素，其中氮（N）含量为 11.9%，钙（Ca）含量为 17.0%。硝酸钙外观为白色结晶，极易溶解于水，20 ℃时 100 ml 水可溶解 129.3 g，吸湿性极强，暴露于空气中极易吸水潮解，高温高湿条件下更易发生，因此贮藏时应注意密闭并放置于阴凉处。硝酸钙是一种生理碱性肥料。

为了解决硝酸钙易吸潮结块甚至溶解的问题，现在有许多厂家生产过程中加入硝酸铵来降低其吸湿性而生产粗硝酸铵钙，其分子式为［$5Ca(NO_3)_2 \cdot NH_4NO_3 \cdot 10H_2O$］，相对分子质量为 1 080.71，其中氮（N）含量为 26%，钙（Ca）含量为 3%，镁（Mg）含量为 2%。因为在成品中含有铵和镁，所以在使用时应注意其加入量。硝酸铵钙的生理碱性较小。

作物根系吸收 NO_3^- 的速率大于吸收 Ca^{2+}，因此硝酸钙表现出生理碱性。由于 Ca^{2+} 也被作物吸收，其生理碱性表现得不太强烈，随着 Ca^{2+} 被作物吸收之后，其生理碱性会逐渐减弱。硝酸钙是目前无土栽培中用得最广泛的氮源和钙源肥料，特别是钙源，绝大多数营养液配方都是由硝酸钙来提供。

2. 硝酸铵（NH_4NO_3） 硝酸铵的相对分子质量为 80.05，硝酸铵中氮含量为 34%～35%，其中铵态氮（NH_4^+-N）和硝态氮（NO_3^--N）含量各占一半。硝酸铵外观为白色结晶，农用及部分工业用硝酸铵为了防潮常加入疏水性物质制成颗粒状。其溶解度很大，20 ℃时 100 ml 水中可溶解 214.0 g。硝酸铵的吸湿性很强，易板结，纯品硝酸铵暴露于空气中极易吸湿潮解，因此在贮藏时应密闭并置于阴凉处。另外，硝酸铵有助燃性和爆炸性，在贮运时不可与易燃易爆物品共同存放。受潮结块的硝酸铵，不能用铁锤等金属物品猛烈敲击，应用木槌或橡胶槌等非金属性材料来轻敲打碎。

硝酸铵中含有 50%的铵态氮和 50%的硝态氮，由于多数作物在加入硝酸铵初始的一段时间内对 NH_4^+ 的吸收速率大于 NO_3^-，因此易产生较强的生理酸性，但当硝态氮和铵态氮都被作物吸收之后，其生理酸性逐渐消失。同时，在用量较大时，对于铵态氮较敏感的作物会影响到其他养分的吸收和植株的生长，因此，在使用硝酸铵作为营养液的氮源时要特别注意其用量。

3. 硝酸钾（KNO_3） 硝酸钾的相对分子质量为 101.10，硝酸钾的氮（N）含量为 13.9%，钾（K）含量为 38.7%，它能够提供氮源和钾源。外观上为白色结晶，吸湿性较小，但长期贮藏于较潮湿的环境下也会结块。在水中的溶解性较好，20 ℃时 100 ml 水中可溶解 31.6 g。硝酸钾具有助燃性和爆炸性，贮运时要注意不要猛烈撞击，不要与易燃易爆物品混存一处。硝酸钾是一种生理碱性肥料。

4. 硫酸铵［$(NH_4)_2SO_4$］ 硫酸铵的相对分子质量为 132.15，硫酸铵中氮（N）含量为 20%～21%，外观为白色结晶，易溶于水，在 20 ℃时 100 ml 水中可溶解 75.4 g 硫酸铵。硫酸铵物理性状良好，不易吸湿。但当硫酸铵中含有较多的游离酸或空气湿度较大时，长期存放也会吸湿结块。

溶液中的硫酸铵被植物吸收时，由于多数作物根系对 NH_4^+ 的吸收速率大于 SO_4^{2-}，使得溶液中累积较多的硫酸，呈酸性。所以，硫酸铵是一种生理酸性肥料，在作为营养液氮源时要注意其生理酸性的变化。因效果不如硝态氮，无土栽培中用得较少。

5. 尿素［$CO(NH_2)_2$］ 尿素的相对分子质量为 60.03。尿素是在高温、高压并且有催化剂存在时，由氨气（NH_3）和二氧化碳（CO_2）反应而制得的。尿素含氮量很高，达 46%，是固体氮肥中含氮量最高的。纯品尿素为白色针状结晶，吸湿性很强。为了降低其吸湿性，作为肥料用的尿素常制成颗粒状，外包被一层石蜡等疏水物质。所以，肥料尿素的吸湿性一般不大。尿素易溶于水，在 20 ℃时 100 ml 水中可溶解 105.0 g。

加入营养液中的尿素由于在植物根系分泌的脲酶作用下，会在数天内逐渐转化为碳酸铵［$(NH_4)_2CO_3$］，由于作物对 NH_4^+ 的选择吸收速率较对 CO_3^{2-} 的快，产生较为强烈的生理酸性，致使溶液的酸碱度降低，因此尿素为生理酸性肥。无土栽培的水培中除了少数配方是使用尿素作为氮源的以外，很少使用。在基质栽培中可以混入基质中使用。

(二) 含磷化合物

1. 过磷酸钙 [$Ca(H_2PO_4)_2 \cdot H_2O + CaSO_4 \cdot 2H_2O$] 过磷酸钙的相对分子质量为252.08+172.17。过磷酸钙又称普通过磷酸钙或普钙，它是一种广泛使用的磷肥。它是由粉碎的磷矿粉中加入硫酸溶解而制成，其中含磷的有效成分为水溶性磷酸一钙 [$Ca(H_2PO_4)_2 \cdot H_2O$]，同时还含有在制造过程中产生的硫酸钙（石膏，$CaSO_4 \cdot 2H_2O$），它们分别占肥料质量的30%～50%和40%左右，其余的为其他杂质。过磷酸钙的外观为灰白色或灰黑色颗粒或粉末，一级品的过磷酸钙的有效磷（P_2O_5）含量为18%，游离酸含量小于4%，水分含量小于10%，同时还含有钙19%～22%、硫10%～12%。过磷酸钙是一种水溶性磷肥，溶解度较小，20 ℃时100 ml水中可溶解1.8 g，25 ℃时100 ml水中可溶解15.4 g；硫酸钙溶解度更小，20 ℃时100 ml水中可溶解0.26 g。过磷酸钙由于在制造过程中原来磷矿石中的铁、铝等化合物也被硫酸溶解而同时存在于肥料中，当过磷酸钙吸湿后，磷酸一钙会与铁、铝形成难溶性的磷酸铁和磷酸铝等化合物，这时磷酸的有效性就降低了，这个过程称为磷酸的退化作用。因此，在贮藏时要放在干燥处以防吸湿而降低过磷酸钙的肥效。

在无土栽培中，过磷酸钙主要用于基质培和育苗时预先混入基质中以提供磷源和钙源。由于它含有较多的游离硫酸和其他杂质，并且有硫酸钙的沉淀，所以一般不作为配制营养液的肥源。

2. 磷酸二氢钾（KH_2PO_4） 磷酸二氢钾的外观为白色结晶或粉末，相对分子质量为136.09，含磷（P_2O_5）22.8%，含钾（K_2O）28.6%，易溶于水，20 ℃时100 ml水中可溶解22.6 g。磷酸二氢钾性质稳定，吸水性很小，不易潮解，但贮藏在湿度大的地方也会吸湿结块。由于磷酸二氢钾溶解于水中时，磷酸根解离有不同的价态，因此对溶液pH的变化有一定的缓冲作用，它可同时提供钾和磷两种营养元素，被称为磷钾复合肥，是无土栽培中重要的磷源。

3. 磷酸二氢铵（$NH_4H_2PO_4$） 磷酸二氢铵也称磷酸一铵或磷一铵，相对分子质量为115.05。它是将氨气通入磷酸中而制得的。纯品的磷酸二氢铵外观为白色结晶，作为肥料用的磷酸二氢铵外观多为灰色结晶。纯品含磷（P_2O_5）61.7%，含氮（N）11%～13%。易溶于水，溶解度大，20 ℃时100 ml水中可溶解36.8 g。它可同时提供氮和磷两种营养元素。对溶液pH变化有一定的缓冲能力。

4. 磷酸一氢铵 [$(NH_4)_2HPO_4$] 磷酸一氢铵也称磷酸二铵或磷二铵，相对分子质量为132.07，20 ℃时100 ml水中可溶解68.6 g。它是将氨气通入磷酸溶液中制得的，纯品的磷酸一氢铵外观为白色结晶，含磷（P_2O_5）53.7%，含氮（N）21%。作为肥料用的磷酸一氢铵常含有一定量的磷酸二氢铵，为白色结晶体，呈粉状，有一定的吸湿性，易结块，易溶于水，水溶液呈中性，一般含磷（P_2O_5）20%，含氮（N）18%。它对营养液或基质pH的变化有一定的缓冲能力。

5. 重过磷酸钙 [$Ca(H_2PO_4)_2$] 重过磷酸钙是一种高浓度的过磷酸钙，有效成分为磷酸二氢钙即磷酸一钙 [$Ca(H_2PO_4)_2 \cdot H_2O$]，相对分子质量为252.08，外观为灰白色或灰黑色颗粒状或粉末，磷（P_2O_5）含量为40%～52%，含有4%～8%的游离磷酸，易溶于水，故水溶液呈酸性，其吸湿性和腐蚀性都比过磷酸钙强，很易结块，但不存在像过磷酸钙那样的磷酸退化作用。无土栽培中主要用于预混入固体基质中使用，很少作为配制营养液的磷源使用。

(三) 含钾化合物

1. 硫酸钾 (K_2SO_4) 硫酸钾的相对分子质量为174.26，纯品的外观为白色粉末或结晶，作为农用肥料的硫酸钾多为白色或浅黄色粉末。纯品硫酸钾含钾 (K_2O)54.1%。肥料硫酸钾含钾 (K_2O)50%～52%，含硫 (S)18%，较易溶解于水，但溶解度较低，20 ℃时100 ml水中可溶解11.1 g，吸湿性小，不结块，物理性状良好，水溶液呈中性，属生理酸性肥料。硫酸钾是无土栽培中良好的钾素肥源。

2. 氯化钾 (KCl) 氯化钾的相对分子质量为74.55，纯品的外观为白色结晶，作为肥料用的氯化钾常为紫红色或淡黄色或白色粉末，这与生产时不同来源的矿物颜色有关。氯化钾含钾 (K_2O)50%～60%，含氯 (Cl)47%，易溶于水，20 ℃时100 ml水中可溶解34.0 g，吸湿性小，通常不吸潮结块，水溶液呈中性，属生理酸性肥料。在无土栽培中也可作为钾源来使用，但由于氯化钾含有较多的氯离子 (Cl^-)，对忌氯作物不宜使用；此外，氯化钾含有氯化钠杂质，含杂质多时应慎重使用。

3. 磷酸二氢钾 见上述"含磷化合物"部分。

4. 磷酸一氢钾 见上述"含磷化合物"部分。

(四) 含镁、钙化合物

1. 硫酸镁 ($MgSO_4 \cdot 7H_2O$) 硫酸镁通称泻盐，相对分子质量为246.48，外观为白色结晶，呈粉状或颗粒状，含镁 (Mg)9.86%，含硫 (S)13.01%，易溶于水，20 ℃时100 ml水中可溶解35.5 g硫酸镁。稍有吸湿性，吸湿后会结块。水溶液为中性，属生理酸性肥料，它是无土栽培中最常用的良好镁源。

2. 硝酸钙 [$Ca(NO_3)_2 \cdot 4H_2O$] 见上述"含氮化合物"部分。

3. 氯化钙 ($CaCl_2$) 氯化钙的相对分子质量为110.98，外观为白色粉末或结晶，含钙 (Ca)36%，含氯 (Cl)64%，吸湿性强，易溶于水，20 ℃时100 ml水中能溶解74.5 g，溶液呈中性，属生理酸性肥料，在配制营养液中很少使用，可替代硝酸钙作为钙源，应慎重使用，要考虑到Cl^-对作物生长的影响，主要用于作物钙营养不足时叶面喷施使用。

4. 硫酸钙 ($CaSO_4 \cdot 2H_2O$) 硫酸钙通称石膏，相对分子质量为172.17，外观为白色粉末状，含钙 (Ca)23.28%，含硫 (S)18.62%。它由石膏矿粉碎或加热制成。溶解度很低，20 ℃时100 ml水中只能溶解0.26 g。水溶液呈中性，属生理酸性肥料，在营养液配制中很少使用，在极个别的配方中可能使用硫酸钙作为钙盐，一般在基质培中可混入基质作为钙源的补充。

(五) 含铁化合物

1. 硫酸亚铁 ($FeSO_4 \cdot 7H_2O$) 硫酸亚铁的相对分子质量为278.02，硫酸亚铁又称黑矾、绿矾，外观为浅绿色或蓝绿色结晶，含铁 (Fe)20.1%，含硫 (S)11.5%，易溶于水，20 ℃时100 ml水中能溶解26.5 g，有一定的吸湿性。硫酸亚铁的性质不稳定，常因失去结晶水而被空气中的氧氧化为棕红色的硫酸铁，特别是在高温和光照强烈的条件下极易被氧化，因此需将硫酸亚铁放置于不透光的密闭容器中，并置于阴凉处存放。硫酸亚铁是工业的副产品，来源广泛，价格便宜，是无土栽培中良好的铁源。但由于硫酸亚铁在营养液中易被氧化且易与其他化合物（特别是磷酸盐）形成难溶性磷酸铁沉淀，因此，现在的大多数营养液配方中都不直接使用硫酸亚铁作为铁源，而是采用螯合铁或硫酸亚铁与螯合剂（如EDTA、EDDHA或DTPA等）先行螯合之后才使用，以保证其在营养液中维持较长时间的有效性。同时，还要注意营养液的 pH 应保持在 7.0 以下，否则也会因高 pH 而产生沉淀。如果发现硫酸亚铁被严重氧化、外观颜色变为棕红色时则不宜使用。但在基质栽培中可混入基质中作为铁源使用。

2. 三氯化铁（$FeCl_3 \cdot 6H_2O$） 三氯化铁的相对分子质量为 270.30，外观为棕黄色结晶体，含铁（Fe）20.66%，含氯（Cl）65.5%，吸湿性强，易结块，易溶于水，20 ℃时 100 ml 水中能溶解 91.9 g。作物对三价铁（Fe^{3+}）的利用率较低，而且营养液的 pH 较高时，三氯化铁易产生沉淀而降低其有效性，故现较少单独使用三氯化铁作为营养液的铁源。

3. 螯合铁 螯合铁是铁离子与螯合剂螯合而成的螯合物。螯合铁作为营养液的铁源不易被其他阳离子所代替，不易产生沉淀，即使营养液的 pH 较高，仍可保持较高的有效性，而且易被作物吸收，从而解决了营养液中铁源的沉淀或氧化失效的问题；螯合铁也可用于叶面喷施及混入固体基质中使用。铁螯合物一般为浅棕色粉末状物质，易溶于水，常用的有乙二胺四乙酸钠铁（EDTA－NaFe）和乙二胺四乙酸二钠铁（EDTA－2NaFe）等。这些螯合铁性状稳定，易溶于水，使用方便。

（六）微量元素化合物

1. 硼酸（H_3BO_3） 硼酸的外观为白色结晶，相对分子质量为 61.83，含硼（B）17.5%，易溶于水，但冷水中的溶解度较低，20 ℃时 100 ml 水中可溶解 5.0 g 硼酸，热水中较易溶解，水溶液呈微酸性，是无土栽培营养液中良好的硼源。硼素在营养液中的有效性与营养液的 pH 有关，一般在酸性或弱酸性条件下硼的有效性较高，在碱性条件下其有效性降低，有效成分被固定而发生缺硼症。

2. 硼砂（$Na_2B_4O_7 \cdot 10H_2O$） 硼砂的外观为白色或无色粒状结晶，相对分子质量为 381.37，含硼 11.34%。在干燥的条件下硼砂失去结晶水而呈白色粉末状，易溶于水，20 ℃时 100 ml 水中可溶解 2.7 g，是营养液中硼素的良好来源。

3. 硫酸锰（$MnSO_4 \cdot 4H_2O$ 或 $MnSO_4 \cdot H_2O$） 硫酸锰的外观为粉红色结晶体，四水硫酸锰的相对分子质量为 223.06，含锰 24.63%，一水硫酸锰的相对分子质量为 169.01，含锰 32.51%。它们都易溶解于水，20 ℃时 100 ml 水中可溶解 62.9 g。硫酸锰为无土栽培中的主要锰源。

4. 硫酸锌（$ZnSO_4 \cdot 7H_2O$） 硫酸锌俗称皓矾，为无色斜方晶体，相对分子质量为 287.55，易溶于水，20 ℃时 100 ml 水中可溶解 54.4 g，在干燥的环境下会失去结晶水而变成白色粉末。含锌（Zn）22.74%，含硫（S）11.15%，它是无土栽培重要的锌源。

5. 氯化锌（$ZnCl_2$） 氯化锌的外观为白色结晶体，相对分子质量为 174.51，纯品含锌（Zn）37.45%，易溶于水，20 ℃时 100 ml 水中可溶解 367.3 g。由于溶解在水中会水解而生成白色氢氧化锌沉淀，故在无土栽培中较少用作锌源。

6. 硫酸铜（$CuSO_4 \cdot 5H_2O$） 硫酸铜的外观为蓝色或浅蓝色结晶体，呈块状或粒体，在干燥条件下会因风化而呈白色粉末状，相对分子质量为 249.69，含铜（Cu）25.45%，含硫（S）12.84%，易溶于水，20 ℃时 100 ml 水中可溶解 20.7 g。它是无土栽培良好的铜素来源。

7. 氯化铜（$CuCl_2 \cdot 2H_2O$） 氯化铜的外观为蓝绿色结晶，相对分子质量为 170.48，含铜（Cu）37.28%，易溶于水，20 ℃时 100 ml 水中可溶解 72.7 g。

8. 钼酸铵［$(NH_4)_6Mo_7O_{24} \cdot 4H_2O$］ 钼酸铵为白色结晶体或淡黄色结晶体，含钼 54.34%，易溶于水，为无土栽培中配制营养液的钼源。由于作物对钼的需要量极微，在基质或水中可以满足，有时不再另外加入。

三、辅助物质——络合剂

凡是两个或两个以上含有孤对电子的分子或离子（即配位体）与具有空的价电子层轨道的中心离子相结合的单元结构的物质，同时具有一个成盐基团和一个成络基团与金属阳离子作用，除了有成盐作用之外还有成络作用的环状化合物称为螯合剂，又称络合剂。多价阳离子都能与螯合剂形成螯合物，但对不同的阳离子螯合能力不一样，其稳定性也不同。不同金属阳离子形成的螯合物的稳定性以下列顺序递减：$Fe^{3+}>Cu^{2+}>Zn^{2+}>Fe^{2+}>Mn^{2+}>Ca^{2+}>Mg^{2+}$。常见的络合剂主要有以下几种。

1. 乙二胺四乙酸（EDTA） 分子式为 $(CH_2N)_2(CH_2COOH)_4$，相对分子质量为 292.25，外观为白色粉末，在水中的溶解度很小。常用的是乙二胺四乙酸二钠盐［EDTA－2Na，$(NaOOCCH_2)_2NCH_2N(CH_2COOH)_2 \cdot 2H_2O$］，相对分子质量为 372.42，外观为白色粉末，它与硫酸亚铁作用可形成乙二胺四乙酸二钠铁（EDTA－2NaFe），由于其价格相对较便宜，因此它是目前无土栽培中最常用的铁络合剂。

2. 二乙酸三胺五乙酸（DTPA） 分子式为 $HOOCCH_2N[CH_2CH_2N(CH_2COOH)_2]_2$，相对分子质量为 393.20，外观为白色结晶，微溶于冷水，易溶于热水和碱性溶液中。

3. 1，2－环己二胺四乙酸（CDTA） 分子式为 $(HOOCCH_2)_2NCH(CH_2)_4HCN(CH_2COOH)_2$，相对分子质量为 346.34，外观为白色粉末，难溶于水，易溶于碱性溶液中。

4. 乙二胺-N，N′-双邻羟苯基乙酸（EDDHA） 分子式为 $(CH_2N)_2(OHC_6H_4CH_2COOH)_2$，相对分子质量为 360，外观为白色粉末，溶解度小。

5. 羟乙基乙二胺三乙酸（HEEDTA） 分子式为 $(HOOCCH_2)_2NCH_2CH_2N(CH_2CH_2OH)CH_2COOH$，相对分子质量为 278.26，外观为白色粉末，冷水中的溶解度小，易溶于热水及碱性溶液中。

在配制营养液中最常用的是铁与络合剂所形成螯合物，而其他的金属离子如 Mn^{2+}、Zn^{2+}、Cu^{2+} 等在营养液中的有效性一般较高，很少使用这些金属离子与络合剂形成的螯合物。上述的几种络合剂都可以与铁盐形成螯合铁，但无土栽培中较常用的是乙二胺四乙酸二钠铁（EDTA－2NaFe），它的相对分子质量为 390.04，含铁 14.32％，外观为黄色结晶粉末，可溶于水。有时也用乙二胺四乙酸钠铁（EDTA－NaFe），它的相对分子质量为 367.05，含铁 15.22％，外观为黄色结晶粉末，易溶于水。

第二节　营养液的组成

营养液的组成直接影响到作物对养分的吸收和生育状况，关系到肥料中养分经济有效利用的问题，营养液的配方组成和使用中的浓度调节是无土栽培的重要技术环节。营养液组成包括各种营养元素的离子浓度、各离子间的比例、总盐量、pH 和渗透压等理化性质。根据当地的种植作物种类、水源、肥源和气候条件等具体情况，有针对性地确定和调整营养液的组成成分，将是无土栽培技术中十分重要的内容。

一、营养液浓度的表示方法

营养液浓度是指在一定质量或一定体积的营养液中，所含有的营养元素或其化合物的质量。无土栽培营养液常用一定体积的溶液中含有多少营养元素或其化合物的质量来表示其浓度，常用直接表示法和间接表示法两种方法表示。

（一）直接表示法

1. 化合物质量/升（g/L，mg/L）　化合物质量/升即每升（L）营养液中含有某种化合物的质量，质量单位可以用克（g）或毫克（mg）来表示。例如，一个营养液配方中 $Ca(NO_3)_2$、KNO_3、KH_2PO_4 和 $MgSO_4 \cdot 7H_2O$ 的浓度分别为 590 mg/L（0.590 g/L）、404 mg/L（0.404 g/L）、136 mg/L（0.136 g/L）和 246 mg/L（0.246 g/L），即表示按这个配方所配制的营养液，每升营养液中含有 $Ca(NO_3)_2$、KNO_3、KH_2PO_4 和 $MgSO_4 \cdot 7H_2O$ 分别为 590 mg（0.590 g）、404 mg（0.404 g）、136 mg（0.136 g）和 246 mg（0.246 g）。按这种表示法可以称量化合物进行营养液的具体配制，故这种表示法通常称为工作浓度或操作浓度。

2. 元素质量/升（g/L，mg/L）　元素质量/升即每升营养液中含有某种营养元素的质量，质量单位通常用毫克（mg）表示。例如，某营养液配方中含氮 210 mg/L，指该营养液每升中含有氮元素 210 mg。这种营养液浓度的表示方法在营养液配制时不能够直接应用，因为实际操作时不可能称取多少毫克的氮元素放进营养液中，只能称取一定质量的氮元素的某种化合物的质量。因此，在配制营养液时要把单位体积中某种营养元素含量换算成为某种营养元素化合物的质量才能称量。在换算时首先要确定提供这种元素的化合物，然后再根据该化合物所含该元素的百分数来计算。例如，某一营养液配方中钾的含量为 160 mg/L，而其中的钾由硝酸钾来提供，因硝酸钾含钾为 38.67%，则该配方中提供 160 mg 钾所需要硝酸钾的数量为 160 mg/38.67%＝413.76 mg，即需要 413.76 mg 的硝酸钾来提供 160 mg 的钾。

用单位体积元素质量表示的营养液浓度虽然不能够用来直接配制营养液操作使用，但它可以作为不同营养液配方之间同种营养元素浓度的比较。因为不同的营养液配方提供同一种营养元素可能会用到不同的化合物，而不同的化合物中含有某种营养元素的百分数是不相同的，单纯从营养液配方中化合物的数量难以真正了解究竟哪个配方的某种营养元素的含量较高，哪个配方的较低，这时就可以将配方中的不同化合物的含量转化为某种元素的含量来进行比较。例如，有两种营养液配方，一个配方的氮源是以 $Ca(NO_3)_2 \cdot 4H_2O$ 1.0 g/L 来提供的，而另一配方的氮源是以 NH_4NO_3 0.4 g/L 来提供的。单纯从化合物含量来看，前一配方的含量是后一配方的 2.5 倍，不能够比较这两种配方氮的含量的高低。经过换算可知，1.0 g/L $Ca(NO_3)_2 \cdot 4H_2O$ 提供的氮为 118.7 mg/L，而 0.4 g/L NH_4NO_3 提供的氮为 140 mg/L，这样就可以清楚地看到后一配方的氮含量要比前一配方的高。

3. 摩尔/升（mol/L）　摩尔/升即每升营养液中含有某物质的摩尔（mol）数。某物质可以是元素、分子或离子。1 摩尔的值等于某物质的原子量或分子量或离子量，其质量单位为克（g）。由于营养液的浓度都是很稀的，因此常用毫摩尔/升（mmol/L）来表示浓度，1 mol/L＝1 000 mmol/L。以摩尔或毫摩尔表述的物质的量，配制时也不能直接进行操作，必须进行换算后才能称取。换算时将每升营养液中某种物质的摩尔数与该物质的分子量、离子量或原子量相乘，即可得知该物质的用量。例如，2 mol/L 的 KNO_3 相当于 KNO_3 的重量为 2 mol/L×101.1 g/mol＝202.29 g/L。

（二）间接表示法

1. 渗透压　渗透是植物通过根系细胞进行吸水的一种生理活动。渗透压是浓度不同的两种溶液以半透性膜（水等分子较小的物质可自由通过而溶质等分子较大的物质不能透过的膜）阻隔时所产生的水压，水从浓度低的溶液中通过半透性膜进到浓度高的溶液中就产生压力，溶液浓度越高，渗透压越大。因此，可利用渗透压来表示溶液的浓度。

植物根系细胞的原生质膜具有半透性，根系处于介质溶液中，如果介质溶液的浓度低于根细胞内溶液的浓度时，介质中的水分就可以透入根细胞中，植物就能吸到水分；如果介质溶液的浓度高于根细胞内溶液的浓度时，介质中的水分不但不能被植物吸收，反而植物根系细胞中的水分还要向外渗出，这称为生理失水，植物就会萎蔫。植物生理学上常将溶液的浓度与渗透压联系起来，并以渗透压的单位反映溶液的浓度。因此，介质溶液的渗透压是牵涉介质溶液能否使植物正常生长的重要指标。营养液的渗透压可作为反映无土栽培的营养液是否适宜作物生长的重要指标。

渗透压的单位用帕（Pa）表示，它与大气压（atm）的关系是 1 atm=$1.013\ 25\times10^5$ Pa。溶液的渗透压大小可用渗透计法、蒸气压法、冰点下降法等进行测量，但无土栽培的营养液的渗透压值一般用下面的理论公式来计算。

根据范特荷甫（Van't Hoff）关于稀溶液的渗透压定律建立起来的溶液渗透压的计算公式为：

$$p=c\times0.022\ 4\times\frac{273+t}{273}\times1.013\ 25\times10^5$$

式中：p——溶液的渗透压，Pa；

c——溶液的浓度，即每升溶液中正、负离子的总浓度，mmol/L；

t——使用时溶液的温度，℃；

式中 0.022 4 是范特荷甫常数，273 是绝对温度与摄氏温度的换算常数，$1.013\ 25\times10^5$ Pa=1 atm。

计算营养液的渗透压时，只需用大量元素的正、负离子的总浓度来计算。例如，某配方溶液每升含 $Ca(NO_3)_2\cdot4H_2O$ 4 mmol、KNO_3 6 mmol、$NH_4H_2PO_4$ 1 mmol、$MgSO_4\cdot7H_2O$ 2 mmol，所以该溶液含有正、负离子的总浓度为 30 mmol/L。该营养液在 20 ℃使用时，渗透压为：

$$p=30\times0.022\ 4\times\frac{273+20}{273}\times1.013\ 25\times10^5=73\ 078.7(\text{Pa})$$

对已知各种溶质物质及浓度的溶液可以采用上述方法来进行溶液渗透压的理论计算。但如果溶液的浓度是未知的，例如种植一段时间之后的营养液，由于营养液中的化合物被植物吸收之后而使其浓度发生变化成为未知数，则不能够用公式计算出其渗透压。在无土栽培的营养液管理上，常用电导仪测定营养液的电导率，利用电导率与渗透压之间的经验公式来计算此时营养液的渗透压。

2. 电导率（EC） 通常配制营养液用的无机盐是强电解质，其水溶液具有导电能力。导电能力的强弱可用电导率来表示。电导率是指单位距离的溶液其导电能力的大小，国际上它通常以毫西门子/厘米（mS/cm）或微西门子/厘米（μS/cm）来表示，日本等国也有用 dS/m 来表示，它们的关系是：

$$1\ \text{mS/cm}=1\ \text{dS/m}=1\ 000\ \mu\text{S/cm}$$

在一定浓度范围内，溶液的含盐量与电导率呈密切的正相关，含盐量越高，溶液的电导率越大，渗透压也越大。所以，电导率能反映溶液中盐分含量的高低，也能反映溶液的渗透压。

电导率用电导率仪测定，目前已生产出许多便携式电导率测定仪供无土栽培生产之用，非常简单。应该提醒的是，通过测定营养液的电导率虽然能够反映其总的盐分含量，但不能够反映出营养液中各种无机盐类的盐分含量。要想了解各种无机盐类的盐分含量，只能进行个别营养元素含量的分析测定，这需要一定的仪器设备，且工作量较大。一般在无土栽培生产中，每隔 1～2 d 测一次营养液的电导率，来进行营养液浓度的判断，并以此为依据进行营养液浓度的调节控制；每隔 1.5 个月或 2 个月左右才测定一次大量元素的含量，而微量元素含量一般不进行测定，进行适当的调节，以确保植物生长良好。

电导率和营养液浓度（g/L）的关系可通过以下方法来求得，在无土栽培中为了方便营养液的管理，应根据所选用的营养液配方（这里以日本园试配方为例），以该配方的 1 个剂量（配方规定的标准用盐量）为基础浓度 S，然后以一定的浓度梯度差（如每相距 0.1 或 0.2 个剂量）来配制一系列浓度梯度差的营养液，并用电导率仪测定每一个级差浓度的电导率（表 4 - 3）。

表 4 - 3　日本园试配方各浓度梯度差的营养液电导率值

（山崎，1987）

溶液浓度梯度（S）	其大量元素化合物总含量（g/L）	测得的电导率（mS/cm）
2.0	4.80	4.465
1.8	4.32	4.030
1.6	3.84	3.685
1.4	3.36	3.275
1.2	2.88	2.865
1.0	2.40	2.435
0.8	1.92	2.000
0.6	1.44	1.575
0.4	0.96	1.105
0.2	0.48	0.628

由于营养液浓度（S）与电导率（EC）之间存在着正相关的关系，这种正相关的关系可用线性回归方程来表示：

$$EC = a + bS \qquad (a、b \text{ 为直线回归系数})$$

从表 4 - 3 中的数据可以计算出电导率与营养液浓度之间的线性回归方程为：

$$EC = 0.279 + 2.12S \qquad (\text{相关系数 } r = 0.999\,4^{**}) \qquad (\text{公式 } 1)$$

通过实际测定得到某个营养液配方的电导率与营养液浓度之间的线性回归方程之后，就可在作物生长过程中测定出营养液的电导率，并利用此回归方程来计算出营养液的浓度，依此判断营养液浓度的高低来决定是否需要补充养分。例如，栽培上确定用日本园试配方的 1 个剂量浓度的营养液种植番茄，管理上规定营养液的浓度降至 0.3 个剂量时即要补充养分恢复其浓度至 1 个剂量。当营养液被作物吸收以后，其浓度已成为未知数，今测得其电导率（EC）为 0.72 mS/cm，代入公式 1 得 $S=0.21$，而此值小于需要进行营养补充的低限 0.3 个剂量，这表明营养液浓度已低于规定的限度，需要补充养分。

营养液浓度与电导率之间的回归方程，必须根据具体营养液配方和当地不同的水质配制的营养液自行测定予以配置专用的线性回归关系。因为不同的配方所用的盐类形态不尽相同，各地区的自来水含有的杂质有异，这些都会使溶液的电导率随之变化。因此，各地要根据当地选定的配方和水质的情况，实际配制不同浓度梯度水平的营养液来测定其电导率，以建立能够真实反映情况、较为准确的营养液浓度与电导率之间的线性回归方程。

电导率与渗透压之间的关系，可用经验公式 $p(\mathrm{Pa})=0.36\times10^5\times\mathrm{EC}(\mathrm{mS/cm})$ 来表达。换算系数 0.36×10^5 不是一个严格的理论值，它是由多次测定不同盐类溶液的渗透压与电导率得到许多比值的平均数，因此，它是近似值。但对一般估计溶液的渗透压或电导率还是可用的。

电导率与总含盐量的关系，可用经验公式营养液的总盐分（g/L）$=1.0\times\mathrm{EC}(\mathrm{mS/cm})$ 来表达。换算系数 1.0 的来源和渗透压与电导率之间的换算系数 0.36×10^5 的来源相同。

二、营养液的组成原则和确定方法

（一）营养液的组成原则

1. 齐全 营养液中必须含有植物生长所必需的全部营养元素。营养液是无土栽培植物矿质营养的主要来源，在某些基质栽培中除了基质供应少量的营养元素之外，其营养来源主要是由营养液提供，而在水培中营养液是唯一的营养来源。现已明确的高等植物必需的 16 种营养元素中，除了碳、氢和氧这 3 种营养元素是由空气和水提供的之外，其余的氮、磷、钾、钙、镁、硫、铁、锰、锌、铜、钼、硼和氯这 13 种营养元素属矿质营养，是由营养液提供的。有些微量元素由于植物的需要量很微小，在水源、固体基质或肥料中已含有植物所需的数量，因此配制营养液时不需另外加入。

2. 可利用 营养液中的各种化合物都必须以植物可以吸收的形态存在，即这些化合物在水中要有较好的溶解性，呈离子状态，能够被植物有效地吸收利用。一般选用的化合物大多为水溶性的无机盐类，只有少数为增加某些元素有效性而加入的络合剂是有机物。某些基质培营养液也选用一些其他的有机化合物，例如用酰胺态氮尿素作为氮源组成。不能被植物直接吸收利用的有机肥一般不宜作为营养液的肥源，但现在也有研究者利用堆沤腐熟的有机肥溶液作为营养液。

3. 合理 营养液中的各种营养元素的数量和比例应符合植物正常生长的要求，而且是生理均衡的，可保证各种营养元素有效性的充分发挥和植物吸收的平衡。在进行营养液配制时，一般在保证植物必需营养元素品种齐全的前提下，所用的肥料种类应尽可能的少，以防止化合物带入植物不需要和引起过剩的离子或其他有害杂质。

4. 有效 营养液中的各种化合物在种植过程中，能在营养液中较长时间地保持其有效性。不会由于营养液的温度变化、根系的吸收以及离子间的相互作用等使其有效性在短时间内降低。

5. 适合 营养液中各种化合物组成的总盐分浓度及其酸碱度应是适宜植物正常生长要求的。不会由于总盐分浓度太低而使植物产生缺肥，也不会由于总盐分浓度太高而对植物产生盐害。

6. 稳定 营养液中的所有化合物在植物生长过程中由于根系的选择吸收而表现出来的营养液总体生理酸碱反应是较为平稳的。在一种营养液配方中可能有某些化合物表现出生理酸性或生理碱性，有时甚至其生理酸碱性表现得较强，但作为一个营养液配方中所有化合物的总体表现出来的生理酸碱性应比较平稳。

（二）确定营养液组成的方法

1. 营养液的总盐分浓度的确定　首先，根据不同作物种类和品种、不同生育时期在不同气候条件下对营养液含盐量的要求，来大体确定营养液的总盐分浓度。一般情况下，营养液的总盐分浓度控制在 0.4%～0.5%以下，对大多数作物来说都可以较正常地生长；当营养液的总盐分浓度超过 0.4%～0.5%，很多蔬菜、花卉植物就会表现出不同程度的盐害。不同作物对营养液总盐分浓度的要求差异较大，例如番茄、甘蓝、香石竹对营养液的总盐分浓度要求 0.2%～0.3%，荠菜、草莓、郁金香对营养液的总盐分浓度要求 0.15%～0.2%，显然前者比后者较耐盐。因此，在确定营养液的盐分总浓度时要考虑到植物的耐盐程度。营养液的总盐分浓度见表 4－4，以供参考。

表 4－4　营养液总浓度范围

浓度表示方法	范　围		
	最低	适中	最高
渗透压（Pa）	3.04×10^4	9.12×10^4	1.52×10^5
正、负离子合计数（mmol/L）（在 20 ℃时的理论值）	12	37	62
电导率（mS/cm）	0.83	2.5	4.2
总盐分含量（g/L）	0.83	2.5	4.2

2. 营养液中各种营养元素的用量和比例的确定　主要根据植物的生理平衡和营养元素的化学平衡来确定营养液中各种营养元素的适宜用量和比例。

（1）生理平衡　能够满足植物按其生长发育要求吸收到一切所需的营养元素，又不会影响到其正常生长发育的营养液，它是生理平衡的营养液。

影响营养液生理平衡的因素主要是营养元素之间的相互作用。营养元素的相互作用分为两种，一是协助作用，即营养液中一种营养元素的存在可以促进植物对另一种营养元素的吸收；二是拮抗作用，即营养液中某种营养元素的存在或浓度过高会抑制植物对另一种营养元素的吸收，从而使植物对某一种营养元素的吸收量减少以致出现生理失调的症状。营养液中含有植物生长所需的所有必需营养元素，这些营养元素以各种离子形态存在于营养液中，而离子之间的相互关系非常复杂。至于营养液中的营养元素究竟在何种比例之下或多高的浓度时会表现出相互之间的促进作用或拮抗作用呢？到现在为止，还没有得到一个通用的标准或明确的结论，实际上也不存在这样的标准和结论。因为不同的植物种类其遗传特性不同，植物的生长环境和生育阶段也不一样，所以就不会有千篇一律的比例数值。例如，营养液中的阴离子如 NO_3^-、$H_2PO_4^-$ 和 SO_4^{2-} 能够促进 K^+、Ca^{2+}、Mg^{2+} 等阳离子的吸收，但同时也存在着 Ca^{2+} 对 Mg^{2+} 的拮抗作用；NH_4^+、H^+、K^+ 会抑制植物对 Ca^{2+}、Fe^{2+}、Mg^{2+} 等的吸收，特别是 NH_4^+ 对 Ca^{2+} 吸收的抑制作用特别明显。日本的池田（1988）、Nukaya 等（1995）试验表明，在番茄无土栽培中，营养液中随着铵态氮比例的增加，脐腐病发生率也增加。其原因在于铵态氮的拮抗作用导致 Ca^{2+} 吸收量减少，而番茄的脐腐病是一种果实缺钙的生理失调症状。另外，阴离子如 NO_3^-、$H_2PO_4^-$ 和 Cl^- 之间也存在着不同程度的拮抗作用。

Steiner(1961) 以叶用莴苣和番茄为供试作物进行了营养液中不同离子比例对作物生长影响的试验，他把营养液的总离子浓度设为一定值，把阳离子中的 K^+、Ca^{2+}、Mg^{2+} 的比例以及阴离子中的 NO_3^-、$H_2PO_4^-$、SO_4^{2-} 的比例以多种组合来配制营养液。结果发现，营养液中的阳离子和阴离子之间的比例在相当宽的范围内变动，作物都可较好地生长。Steiner又以总离子浓度为4.86×10^4 Pa、7.30×10^4 Pa、1.09×10^5 Pa、1.64×10^5 Pa和1.82×10^4 Pa、3.65×10^4 Pa、7.30×10^4 Pa、1.09×10^5 Pa的营养液分别种植叶用莴苣和番茄。为了防止在栽培过程中由于植物吸收而造成营养液中组分的急剧变化，每个试验区都加入大量的营养液（叶用莴苣用15 L/株，番茄用35 L/株），并且在试验过程中随时监测营养液的成分，如某种成分降低了就及时补充，以保证在试验过程中离子间的比例保持在一个较为恒定的水平。通过分析植株的吸收比例发现，尽管各处理间阴离子和阳离子的比例变动较大，但叶用莴苣吸收阴离子间的比例始终在一个较小的范围内变化。例如，不管营养液中NO_3^-占阴离子量的15%或70%，也不管Mg^{2+}占阳离子量的64%或是营养液总离子浓度为4.86×10^4～1.64×10^5 Pa，叶用莴苣吸收阴离子间的比例（NO_3^-：$H_2PO_4^-$：SO_4^{2-}）相对固定。番茄的试验结果也类似。原因是植物根系具有较强的选择吸收能力。

植物对阳离子的吸收也有相似的趋势。当营养液中K^+、Mg^{2+}的比例正常，则被吸收的阳离子比例限制在一个较小的范围内。但当这些离子比例差异大，番茄和叶用莴苣都以较高的比例吸收这些离子，差别也不很大。总离子浓度不同，对叶用莴苣吸收阳离子比例没有影响，而番茄营养液总离子浓度不同，被吸收的阳离子的比例主要是受到K^+/Ca^{2+}的影响，也就是说，当总离子浓度从1.82×10^4 Pa升高至1.09×10^5 Pa时，则所吸收的阳离子中K^+的量从39%增加到49%，而Ca^{2+}则从35%下降到28%。

以上叶用莴苣和番茄在选择吸收阴、阳离子的比例的差异，可能是作物种类不同，其吸收特性不同所致，也可能是受其他环境因素的影响。但是对产量来说，虽然当营养液中阳离子间和阴离子间的比例有较大的变化时，作物吸收离子的比例随之改变或不变，但对产量却没有过多的影响。例如叶用莴苣除了在低浓度（4.86×10^4 Pa）的总离子浓度下产量降低9%之外，其他处理的产量没有明显的差异，而对番茄来说，除了在营养液中NO_3^-或K^+的比例很高的情况下产量稍低外，其他处理的产量差异不大。

那么究竟该怎样确定营养液中各营养元素之间的比例和浓度呢？前人的经验告诉我们，可以通过分析正常生长的植物体内各种营养元素的含量及其比例来确定，这就是植物对供应的外界营养元素数量和比例的要求。美国的霍格兰（Hoagland）和阿农（Arnon）在20世纪30年代时就利用这种方法开展了许多实际的研究，并以此为基础确定了许多营养液配方，这些配方经数十年的应用证明是行之有效的生理平衡配方。在利用分析植物正常生长吸收营养元素的含量及其比例来确定营养液配方时要注意以下几个方面问题。

① 根据对生长正常的植株进行化学分析的结果来确定营养液配方是符合生理平衡要求的。这样确定的营养液配方不仅适用于一种作物，而且可以适用于这一大类作物，但不同大类的作物之间的营养液配方可能有所不同。因此要根据作物大类的不同而选择其中有代表性的作物来进行营养元素含量和比例的化学分析，从而确定出适用于该类作物的营养液配方。

② 由于种植季节、植物本身特性以及供给作物的营养元素的数量和形态等的不同，可能会影响到植物体的化学分析结果，有时分析的结果可能还会有较大的不同。例如，硝态氮可能会由于外界供给量的增大而出现大量的奢侈吸收，导致植物体内含量大幅度增加，这样测定的结果不能真实地反映植物的实际需要量。

③ 通过化学分析确定的营养液配方中的各种营养元素的含量和比例并非严格不能变更的，它们可在一定的范围内变动而不至于影响植物的生长，也不会产生生理失调的症状。这是因为植物对营养元素的吸收具有较强的选择性，只要营养液中的各种营养元素的含量和比例不是极端地偏离植物生长所要求的范围，植物基本上能够通过选择吸收其生理所需要的数

量和比例。一般而言，以分析植物体内营养元素含量和比例所确定的营养液配方中的大量营养元素的含量可以在一定范围内变动，变化幅度在±30%左右仍可保持其生理平衡。在大规模无土栽培生产中，不能够随意变动原有配方中的营养元素含量，新的调整配方必须经过试验证明对植物生长没有太大的不良影响后，方可大规模地使用。

除了确定正常生长的植株体内营养元素的含量之外，还需要了解整个植物生命周期中吸收消耗的水分数量，这样才可以确定出营养液的总盐分浓度。以下介绍霍格兰（Hoagland）和阿农（Arnon）通过化学分析植物体内营养元素含量以及山崎通过分析正常生长的植物从营养液中吸收各种养分和水分的数量，来确定生理平衡营养液配方的两个例子，具体步骤如下。

【例一】霍格兰（Hoagland）和阿农（Arnon）以植株化学分析确定番茄营养液配方的方法。

步骤1：对正常生长的番茄植株进行化学分析，依此确定正常生长的番茄植株一生中吸收各种营养元素的数量。微量元素的吸收量较少，因此，这里只考虑大量营养元素氮、磷、钾、钙、镁、硫的吸收量。分析得到番茄一生中氮、磷、钾、钙、镁、硫的吸收量分别为14.79 g/株、3.68 g/株、23.06 g/株、7.10 g/株、2.84 g/株、1.80 g/株，共计53.27 g/株。

步骤2：将分析所得的植株体内各种营养元素的量（g/株）换算成毫摩尔数（mmol），以便确定配方时进行计算。氮、磷、钾、钙、镁、硫的吸收量分别为1 069.3 mmol、118.7 mmol、591.3 mmol、177.5 mmol、118.3 mmol、56.3 mmol，共计2 131.4 mmol。

步骤3：用毫摩尔数计算出每一种营养元素吸收的量占植株吸收的所有营养元素总量的百分比。氮、磷、钾、钙、镁、硫分别为50.17%、5.57%、27.74%、8.33%、5.55%、2.64%。

步骤4：以表4-4为依据来确定出营养液适宜的总盐分浓度为37 mmol，并根据步骤3的百分比计算出每种营养元素在此总盐分浓度下所占的毫摩尔数。氮、磷、钾、钙、镁、硫分别为18.56 mmol、2.06 mmol、10.27 mmol、3.08 mmol、2.05 mmol、0.98 mmol。

步骤5：选择合适的化合物作为肥源，按照每种营养元素所占的数量来计算出选定的每种化合物的用量，这是营养液配方确定的最后一步，也是最关键的一步。提供某种营养元素的化合物的形态可能有很多种，究竟选用哪些化合物来作为配方中的肥源，这要考察许多方面的问题。首先，为了减少某些盐类伴随离子的影响以及总盐分浓度的控制，要使营养液配方选用的化合物的种类尽可能的少；其次，考虑氮源的生理酸碱性问题、某种营养元素的盐类本身的伴随离子是否为植物生长无用的或吸收量很少的、选用的盐类是否有酸碱缓冲性能等。

氮源的生理酸碱性及其选择将放在后面详细讨论。在这个营养液配方中，选用了$Ca(NO_3)_2 \cdot 4H_2O$、KNO_3、$NH_4H_2PO_4$、$MgSO_4 \cdot 7H_2O$这4种盐类来提供各种大量营养元素，这4种盐类的每一种都能够同时提供两种植物必需的营养元素，没有多余的伴随离子，在保证提供足够营养元素的同时，有利于降低营养液的总盐分浓度。这4种盐类中$Ca(NO_3)_2$和KNO_3虽为生理碱性盐，但它们提供的K^+、Ca^{2+}和NO_3^-都能够被植物吸收利用，因此营养液的生理碱性表现得不会过于剧烈，而且对作为喜硝作物的番茄来说，选用硝态氮作为配方中的主要氮源也是较为合适的。$NH_4H_2PO_4$是一种化学酸性盐，有一定的缓冲营养液酸碱变化的功能，它主要以提供磷源为主，而由$NH_4H_2PO_4$所提供的氮的数量较少，只起到调节供氮量的作用。$MgSO_4 \cdot 7H_2O$是一种生理酸性盐，它能够同时提供镁和硫营养，但作物吸收硫的数量比镁少，这样会在营养液中累积一定量的硫，但$MgSO_4 \cdot 7H_2O$的用量较少，一般不会对作物生长产生危害。

选定了这4种盐类作为肥源后，就要确定其各自的用量了。首先考虑的是提供一种营养元素的盐的数量，例如钙只是由$Ca(NO_3)_2 \cdot 4H_2O$来提供的，而需要的钙为3.08 mmol/L，这时用3 mmol $Ca(NO_3)_2 \cdot 4H_2O$来提供即可，这个用量虽然比植物所需的3.08 mmol低了0.08 mmol，但对植物生长无多大影响，同时带入了6 mmol的$NO_3^- - N$；钾的需要量为10.27 mmol/L，用10 mmol/L的KNO_3来提供，同时也带入了10 mmol的$NO_3^- - N$；用$NH_4H_2PO_4$来提供磷，植物需要的磷为2.06 mmol/L，$NH_4H_2PO_4$加入量为2 mmol/L即可，此时可带入2 mmol/L的$NH_4^+ - N$，这样由$Ca(NO_3)_2 \cdot 4H_2O$、$NH_4H_2PO_4$和KNO_3这3种盐类带入的氮为18 mmol的$NO_3^- - N$，与植物需要的氮量18.56 mmol/L少了0.56 mmol/L，相差不多，无所另外补充氮。用2 mmol/L的$MgSO_4 \cdot 7H_2O$来提供植物所需的镁2 mmol/L，这时也带入了2 mmol/L的硫，这要比植物需要硫的量（0.98 mmol/L）多出1倍多，但不能够降低整个$MgSO_4 \cdot 7H_2O$的用量来将就硫的用量，因为植物吸收的镁的量要比硫多，如果降低了硫的用量势必会造成镁的缺乏。而经过种植实践证明，2 mmol/L的硫对植物生长并没有太大的危害性。

步骤6：将确定了的各种盐类的用量从mmol/L转换为用mg/L来表示，这就是一个标准营养液的组成。即$Ca(NO_3)_2 \cdot 4H_2O$用量3 mmol/L＝708 mg/L，KNO_3用量10 mmol/L＝1 011 mg/L，$NH_4H_2PO_4$用量2 mmol/L＝230 mg/L，$MgSO_4 \cdot 7H_2O$用量2 mmol/L＝493 mg/L。

【例二】山崎依据植物吸收营养液中水分和养分的比值来确定黄瓜营养液配方的方法。

日本学者山崎肯哉认为，从植物体的化学分析来确定营养液中各营养元素的吸收数量和比例，其结果往往由于栽培环境的改变而出现较大的差异。他还认为，正常生长的植物其吸水和吸肥的过程是同步的，即吸收一定量水的同时，也将一定数量的营养元素同时吸收到体内。因此，他提出用分析水培植物的营养液，以差减法确定植物对各营养元素的吸收量及它们之间的吸收比例，同时测定植物的吸水量，并将各营养元素的吸收量与吸水量联系起来，以确定营养液的适宜浓度。在日本用此法已设计了多种蔬菜的营养液配方，其中目前用得较多的园试配方就是用这种方法设计出来的，实践证明这种方法是可行的。在此以山崎黄瓜营养液配方为例来说明这种确定营养液配方的步骤。

步骤1：用一种较好的平衡营养液配方（所谓的通用配方）来种植黄瓜，在正常生长的情况下，每隔一段时间（1～2周）用化学分析方法测定营养液中各种大量营养元素的含量，同时测定植株的吸水量，直至种植结束时将植物吸收营养元素和水的数量累加，以此得出每株植物一生中营养元素的吸收量（n，单位为mmol）和吸水量（w，单位为L）。经测定，每株黄瓜一生的吸水量为173.36 L，吸收的氮、磷、钾、钙、镁的量分别为2 253.8 mmol、173.4 mmol、1 040.2 mmol、606.8 mmol、346.8 mmol。

步骤2：计算各营养元素的n/w值。氮的$n/w = 2\ 253.8/173.36 = 13$(mmol/L)，以此方法可算得氮、磷、钾、钙、镁的n/w值分别为13 mmol/L、1 mmol/L、6 mmol/L、3.5 mmol/L、2 mmol/L（这些数值只取近似值即可，不必十分准确）。

n/w值反映的是植物吸水量和吸肥量之间的相互关系，表示吸收1 L水时也就同时吸收了一定量的各种营养元素。例如，黄瓜每吸收1 L水就吸收13 mmol的氮、1 mmol的磷、6 mmol的钾、3.5 mmol的钙、2 mmol的镁等，这是植物吸肥规律的一种反映。它既显示出植物吸收各营养元素的量和比例，又显示出植物生长过程需要的营养液的浓度。所以，有了n/w值就可确定营养液配方中各营养元素的用量。这样设计出来的营养液配方，应是生理平衡的。

步骤3：选择合适的化合物作为肥源，并按 n/w 值来确定其用量。肥料用量的确定与例一类似，先用 $Ca(NO_3)_2 \cdot 4H_2O$ 配制钙的需要量，确定用3.5 mmol，这样既满足了钙的需要，同时又配入了7 mmol的氮；再用 KNO_3 配制钾的需要量，确定用6 mmol，这样既满足了钾的需要，又配入了6 mmol的氮，到此时氮已配够所需的13 mmol；再用 $NH_4H_2PO_4$ 配置磷，确定用1 mmol，与此同时也配入了1 mmol的 NH_4^+ - N，据试验结果，多出1 mmol的 NH_4^+ - N不会对黄瓜生长产生不良影响；最后用 $MgSO_4 \cdot 7H_2O$ 配置镁，确定为2 mmol，同时也配入了2 mmol的硫。在测定中，没有测硫的吸收量，故无其 n/w 值。一般认为，在确定镁的用量时所带入营养液的硫对植物生长的影响不大。

步骤4：将确定了的各种盐类的用量从mmol/L表示的剂量转换为用mg/L来表示。即 $Ca(NO_3)_2 \cdot 4H_2O$ 用量3.5 mmol/L＝826 mg/L，KNO_3 用量6 mmol/L＝607 mg/L，$NH_4H_2PO_4$ 用量1 mmol/L＝115 mg/L，$MgSO_4 \cdot 7H_2O$ 用量2 mmol/L＝493 mg/L。

上述两例确定出来的营养液配方都只是大量营养元素的用量，而微量元素的用量并没有包括进去。由于植物对微量元素需求量都很低，且大多使用浓度范围要求在每升营养液中含铁元素3～6 mg、硼元素0.2～0.5 mg、锰元素0.5～1.0 mg、锌元素0.02～0.2 mg、铜元素0.01～0.05 mg、钼元素0.01～0.05 mg；氯元素因水源中都含有足够植物生长需要的量，且过多往往造成毒害，所以不用考虑添加。现在除了一些作物对某些微量元素用量有特殊需要外，一般的微量元素用量可采用较为通用的配方来提供（表4-5）。

表4-5　营养液微量营养元素用量（各配方通用）

化合物名称	营养液中化合物含量（mg/L）	营养液中元素含量（mg/L）
EDTA - NaFe①（含Fe 14.0%）	20～40②	2.8～5.6
H_3BO_3	2.86	0.5
$MnSO_4 \cdot 4H_2O$	2.13	0.5
$ZnSO_4 \cdot 7H_2O$	0.22	0.05
$CuSO_4 \cdot 5H_2O$	0.08	0.02
$(NH_4)_6Mo_7O_{24} \cdot 4H_2O$	0.02	0.01

注：① 如购买不到螯合铁——EDTA - NaFe，可用 $FeSO_4 \cdot 7H_2O$ 和EDTA - 2Na两种物质自制以代之，自制方法见本书附录七。

② 易出现缺铁症的作物选用高用量。

（2）化学平衡　这里所指的营养液配方的化学平衡主要是指营养液配方中的有些营养元素的化合物，当其离子浓度达到一定的水平时就会相互作用而形成难溶性化合物而从营养液中析出，从而使营养液中某些营养元素的有效性降低，以致影响到营养液中这些营养元素之间的相互平衡。在植物所必需的16种营养元素之间，Ca^{2+}、Mg^{2+}、Fe^{3+} 等阳离子和 PO_4^{3-}、SO_4^{2-}、OH^- 等阴离子之间在一定的条件下会形成溶解度很低的难溶性化合物沉淀，如 $CaSO_4$、$Ca_3(PO_4)_2$、$FePO_4$、$Fe(OH)_3$、$Mg(OH)_2$ 等。

几乎是所有平衡的营养液配方中都存在着产生沉淀的可能性。那么，在溶液中是否会形成这些难溶性化合物（或称难溶性电解质）是根据溶度积法则来确定的。所谓的溶度积法则是指存在于溶液中的两种能够相互作用形成难溶性化合物的阴、阳离子，当其浓度（以mol为单位）的乘积大于这种难溶性化合物的溶度积常数（K_{sp}）时，就会产生沉淀。所以，这些沉淀的产生与溶液中阴、阳离子的浓度有关，而有些阴离子如PO_4^{3-}、OH^-的浓度高低与溶液的酸碱度又有很大的关系。因此，要避免在营养液中产生难溶性化合物就要采取适当降低阴、阳离子浓度的方法来解决，或者通过适当降低溶液的pH使得某些阴离子的浓度降低的方法。难溶性化合物的溶度积常数（K_{sp}）可在有关的化学手册中查得，溶度积常数可表示为：

$$K_{sp-A_xB_y}=[A^{m+}]^x\times[B^{n-}]^y$$

式中：K_{sp}——溶度积常数；

[A]——阳离子的物质的量浓度；

[B]——阴离子的物质的量浓度；

m、n——阳离子和阴离子的价数；

x、y——组成难溶性化合物分子的阳离子和阴离子的数目；

A_xB_y——难溶性化合物分子式。

例如，$CaHPO_4$在水中会解离为Ca^{2+}和HPO_4^{2-}，则$CaHPO_4$的溶度积常数为：

$$[Ca^{2+}]\times[HPO_4^{2-}]=K_{sp-CaHPO_4}=1\times10^{-7}$$

同样，$Mg(OH)_2 \rightleftharpoons Mg^{2+}+2OH^-$

则：$[Mg^{2+}]\times[OH^-]^2=K_{sp-Mg(OH)_2}=1.8\times10^{-11}$

$Ca_3(PO_4)_2 \rightleftharpoons 3Ca^{2+}+2PO_4^{3-}$

则：$[Ca^{2+}]^3\times[PO_4^{3-}]^2=K_{sp-Ca_3(PO_4)_2}=2\times10^{-29}$

依据营养液配方中各种离子的浓度，利用溶度积法则即可计算出该配方所配制的营养液是否存在着产生难溶性化合物沉淀的可能。现以阿农-霍格兰（Arnon-Hoagland）番茄营养液配方（简称A-H配方）为例来说明产生难溶性化合物的可能性。

① 产生$CaSO_4$沉淀的可能性：A-H配方中SO_4^{2-}浓度为2 mmol=2×10^{-3} mol，Ca^{2+}的浓度为3 mmol=3×10^{-3} mol，利用溶度积法则计算这两种离子的溶度积得：$[Ca^{2+}]\times[SO_4^{2-}]=3\times10^{-3}\times2\times10^{-3}=6\times10^{-6}$。查$CaSO_4$溶度积常数为：$K_{sp-CaSO_4}=9.1\times10^{-6}$，则$[Ca^{2+}]\times[SO_4^{2-}]<K_{sp-CaSO_4}$，故A-H配方中不会产生$CaSO_4$沉淀。

② 产生磷酸盐沉淀的可能性：这个问题比较复杂。因为要形成难溶性磷酸盐，则必须在营养液中有二价以上的磷酸根存在。而正磷酸盐（KH_2PO_4是易溶性化合物，营养液常用其为磷源）在水溶液中可以解离成不同价数的磷酸根离子，即$H_2PO_4^-$、HPO_4^{2-}、PO_4^{3-}。这3种离子都能与钙形成化合物$Ca(H_2PO_4)_2$、$CaHPO_4$、$Ca_3(PO_4)_2$，它们的溶解度是极不相同的。$Ca(H_2PO_4)_2$的溶解度很大（在25 ℃时达15.4%），属易溶性化合物；$CaHPO_4$和$Ca_3(PO_4)_2$都属难溶性化合物，其溶度积常数分别为1×10^{-7}和2×10^{-29}。从溶度积常数看，这两种难溶性的磷酸钙盐在很稀的营养液中都有可能形成沉淀。

要形成$CaHPO_4$、$Ca_3(PO_4)_2$沉淀，必须有足够的二价HPO_4^{2-}和三价PO_4^{3-}的存在。正磷酸盐在溶液中离解成各级离子的数量受溶液中H^+浓度的制约，其规律如图4-1所示。

图4-1的曲线表示的数值可以通过以下公式计算出来：

$$\lg\frac{(H_3PO_4)}{(H_2PO_4^-)}=2.15-pH \quad (公式2)$$

$$\lg\frac{(H_2PO_4^-)}{(HPO_4^{2-})}=7.20-pH \quad (公式3)$$

$$\lg\frac{(HPO_4^{2-})}{(PO_4^{3-})}=12.35-pH \quad (公式4)$$

式中 2.15、7.20、12.35 为离子生成常数，$(H_3PO_4)/(H_2PO_4^-)$ 等为各离子的百分比。当 pH 等于生成常数时，式中两种离子各占 50%。以公式 3 为例，pH = 7.20 时，$\lg[(H_2PO_4^-)/(HPO_4^{2-})] = 0$，则 $(H_2PO_4^-)/(HPO_4^{2-}) = 1 = 50\%/50\%$。即当溶液 pH=7.20 时，正磷酸盐会有 50% 的磷酸根离子以 HPO_4^{2-} 的形态存在。运用这些公式可以计算出在某 pH 时溶液中正磷酸盐离解成各级磷酸根的百分比，这样就可以通过计算得知形成难溶性磷酸盐沉淀的可能性。

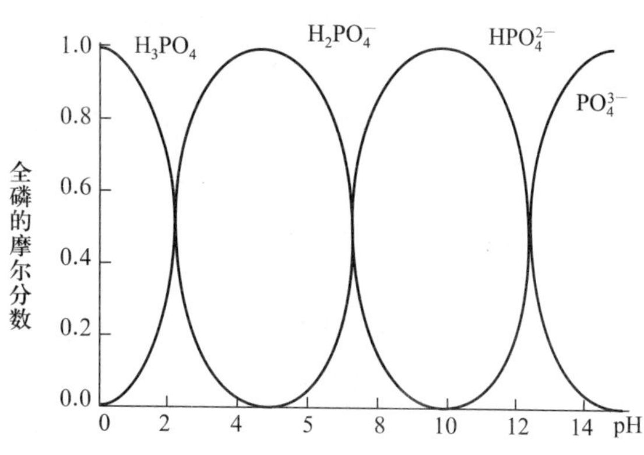

图 4-1 pH 对溶液正磷酸盐离子的分布影响
(Lindsay, 1979)

例如，A-H 配方中含磷 2 mmol，含钙 3 mmol，试计算在 pH=6.0 时会不会产生 $CaHPO_4$ 沉淀。

首先，计算 pH=6.0 时正磷酸盐有多少离解成 HPO_4^{2-}。应用正磷酸盐离解与 pH 关系公式 3：

$$\lg\frac{(H_2PO_4^-)}{(HPO_4^{2-})}=7.2-pH$$

将 pH=6.0 代入得：

$$\lg\frac{(H_2PO_4^-)}{(HPO_4^{2-})}=7.2-6.0=1.2$$

$$\frac{(H_2PO_4^-)}{(HPO_4^{2-})}=15.849$$

解联立方程组
$$\begin{cases}(H_2PO_4^-)+(HPO_4^{2-})=100\% \\ \dfrac{(H_2PO_4^-)}{(HPO_4^{2-})}=15.849\end{cases}$$

得 $(H_2PO_4^-)=94.1\%$，$(HPO_4^{2-})=5.9\%$，即可溶性磷酸盐在 pH=6.0 的溶液中有 5.9%呈 HPO_4^{2-} 形态存在。

在 A-H 配方中磷的用量为 2 mmol，钙的用量为 3 mmol，用溶度积公式计算 Ca^{2+} 与 HPO_4^{2-} 两离子浓度的乘积：

$$(2\times10^{-3})\times0.059\times(3\times10^{-3})=3.54\times10^{-7}>1\times10^{-7}$$

表明在 A-H 配方中正磷酸盐离解成 HPO_4^{2-} 的浓度与 Ca^{2+} 的浓度的乘积大于 $CaHPO_4$ 的溶度积常数（$K_{sp\text{-}CaHPO_4}=1\times10^{-7}$）。故 A-H 配方在 pH=6.0 时会产生 $CaHPO_4$ 沉淀。

要使 A-H 配方不产生这种沉淀，一是降低其 pH，二是降低其中的磷或钙的用量。

降低 pH 使达到不产生 $CaHPO_4$ 沉淀的方法如下：

设 x 为 HPO_4^{2-} 的百分率，则有 $(2\times10^{-3})\times x\times(3\times10^{-3})=1\times10^{-7}$的关系，此时$x=0.0167=1.67\%$，即所用的 2 mmol 磷酸盐只容许有 1.67%离解成 HPO_4^{2-}。那么在 pH 等于几时才能控制到这种百分率呢？通过公式 3 可得：

$$\lg\frac{(H_2PO_4^-)}{(HPO_4^{2-})}=7.20-pH$$

即
$$\lg \frac{98.33}{1.67}=7.2-pH$$

$$pH=7.2-\lg \frac{98.33}{1.67}=7.2-1.77=5.43$$

可知，要使A－H配方不产生$CaHPO_4$沉淀，则其溶液的pH必须控制在5.43以下。

降低磷、钙浓度使不产生沉淀的方法如下：

设使用A－H原配方的1/2剂量配营养液，则磷的用量为1 mmol，钙的用量为1.5 mmol，仍维持pH＝6.0，则HPO_4^{2-}和Ca^{2+}的浓度乘积为：$(1\times10^{-3})\times0.059\times(1.5\times10^{-3})=8.85\times10^{-8}<1\times10^{-7}$。故采用A－H配方的1/2剂量配制成的营养液在pH＝6.0时不会发生$CaHPO_4$沉淀。实践证明，1/2剂量的A－H配方营养液栽培作物时作物生长良好。

③ 产生$FePO_4$沉淀的可能性：$FePO_4$是一种极难溶的电解质，故其溶度积常数极小（$K_{sp\text{-}FePO_4}=1.3\times10^{-22}$）。从而可知，只要溶液中有很微量的$PO_4^{3-}$和$Fe^{3+}$存在时，即会产生沉淀。从$FePO_4$分子式看，1分子$FePO_4$可以离解出1个$Fe^{3+}$和1个$PO_4^{3-}$，因此，溶度积关系式为：$[Fe^{3+}]\times[PO_4^{3-}]=1.3\times10^{-22}$。在饱和溶液中，$[Fe^{3+}]$和$[PO_4^{3-}]$的摩尔浓度是相等的，即$[Fe^{3+}]=[PO_4^{3-}]$，故有$[Fe^{3+}]^2=[PO_4^{3-}]^2=1.3\times10^{-22}$的关系，亦即$[Fe^{3+}]=[PO_4^{3-}]=\sqrt{1.3\times10^{-22}}=1.14\times10^{-11}$ mol/L。从而可知，在溶液中只要有1.14×10^{-11} mol的Fe^{3+}和1.14×10^{-11} mol的PO_4^{3-}存在，就会产生$FePO_4$沉淀。按照计算，即使A－H配方营养液的pH为5.0，也会产生沉淀。

应用正磷酸盐离解与pH关系公式3，可以算出在pH＝5.0时，溶液中的磷酸盐有0.63%离解为HPO_4^{2-}；应用公式4可算出其中HPO_4^{2-}又有4.47×10^{-8} mol/L离解为PO_4^{3-}。以此比例计算A－H配方中的磷酸盐有：$(2\times10^{-3})\times(6.3\times10^{-3})\times(4.47\times10^{-8})=5.63\times10^{-13}$ mol/L呈PO_4^{3-}存在。在此PO_4^{3-}的浓度下有多少Fe^{3+}才能形成$FePO_4$沉淀呢？应用溶度积常数关系式计算：$[Fe^{3+}]\times(5.63\times10^{-13})=1.3\times10^{-22}$，得$[Fe^{3+}]=2.31\times10^{-10}$ mol/L即会形成$FePO_4$沉淀。

在A－H配方中铁的用量为3 mg/L＝5.37×10^{-5} mol/L，远远大于2.31×10^{-10} mol/L，故肯定会产生$FePO_4$沉淀。在无土栽培的水培条件下，营养液中的铁常被磷酸盐所沉淀，致使作物吸收不到铁而出现缺铁症。这是无土栽培中长期以来的一个突出问题。

无土栽培中缺铁问题经长期研究后已得到解决。主要是应用有机络合物将Fe^{3+}络合成为铁的络合物而隐蔽了Fe^{3+}原有的化学反应特性，Fe^{3+}便不会与PO_4^{3-}起化学反应而沉淀，但仍可溶于水中并能被作物吸收利用。

④ 镁、钙形成氢氧化物沉淀的可能性：镁、钙形成氢氧化物沉淀主要是在营养液变成碱性时出现。可通过计算离子浓度乘积与溶度积常数K_{sp}比较而确定营养液的pH为多少时会产生沉淀。

$Mg(OH)_2$的溶度积常数$K_{sp\text{-}Mg(OH)_2}=1.8\times10^{-11}$，即：
$$[Mg^{2+}]\times[OH^-]^2=K_{sp\text{-}Mg(OH)_2}=1.8\times10^{-11}$$

$Ca(OH)_2$的溶度积常数$K_{sp\text{-}Ca(OH)_2}=5.5\times10^{-6}$，即：
$$[Ca^{2+}]\times[OH^-]^2=K_{sp\text{-}Ca(OH)_2}=5.5\times10^{-6}$$

以A－H配方为例，计算营养液的pH为多少时会产生$Mg(OH)_2$沉淀。已知镁的浓度为2 mmol，代入关系式得：
$$(2\times10^{-3})\times(OH^-)^2=1.8\times10^{-11}$$

$$[OH^-]^2=\frac{1.8\times10^{-11}}{2\times10^{-3}}=9\times10^{-9}=90\times10^{-10}=90\times(10^{-5})^2$$

$$[OH^-]=9.49\times10^{-5}(mol/L)$$

即溶液中需要有 9.49×10^{-5} mol/L 以上的 OH^- 浓度，才能使 Mg^{2+} 形成 $Mg(OH)_2$ 沉淀。取 OH^- 浓度的负对数得：$-lg9.49\times10^{-5}=pOH=4.02$，转换成以 pH 表示，得：$pH=14-pOH=9.98$，则营养液的 pH 在 9.98 以上时形成 $Mg(OH)_2$ 沉淀。$Ca(OH)_2$ 沉淀的形成可仿此计算出。

在一般栽培过程中，营养液的 pH 很少会达到 9 以上。但在营养液由于生理酸性的作用变得过酸时，需要用碱液去中和，此时所用的母液如果浓度过大，加进贮液池时会造成局部过碱而出现沉淀，所以设计这类操作程序时要有溶度积概念为指导。

3. 营养液氮源的选择 选择合适的氮源是农业生产长期以来不断研究讨论的问题。植物的根系可以吸收硝态氮（NO_3^--N）、铵态氮（NH_4^+-N）、亚硝态氮（NO_2^--N）和一些小分子有机态氮。一般以吸收硝态氮和铵态氮为主，在各自最适条件下吸收速率都很快，而且吸收到体内两种氮源都可迅速被同化为氨基酸和蛋白质，在生理上具有同等的生理功能。美国植物营养学家 Arnon(1937) 在研究营养液时得出结论，无论硝态氮还是铵态氮都可作为植物生长和高产的良好氮源。前苏联著名农业化学家普良尼斯尼可大经过 50 年的全面研究之后明确指出，假使对每一种氮源（NO_3^--N 和 NH_4^+-N）提供其最适条件，那么原则上它们在生理上具有同等的价值，假使在某一条件下比较两种氮源，那么视提供的条件而异，有时铵态氮优越，有时硝态氮优越。日本著名植物生理学家坂村彻同样指出，硝态氮和铵态氮的营养价值本身不存在差异，在应用上之所以产生差异是由其盐类的伴随性质所引起的。两种氮源的盐类化合物所伴随的性质主要区别在于各自所产生的生理酸碱性及其离子的特性上。铵态氮源都是生理酸性盐，如 NH_4Cl、$(NH_4)_2SO_4$、甚至 NH_4NO_3，这是由于一般植物根系优先选择吸收 NH_4^+，而相对地把 Cl^-、SO_4^{2-}、NO_3^- 等阴离子剩余在营养液中，引起溶液的酸化，同时根系在吸收 NH_4^+ 时向溶液中大量分泌出 H^+，这样使得营养液等根际环境 pH 下降。同时，过多的 H^+ 和 NH_4^+ 是一价阳离子，对二价离子具有拮抗作用，尤其对 Ca^{2+} 和 Mg^{2+} 的吸收具有明显的抑制作用，所以使用铵盐化合物作氮源时易出现缺钙和缺镁导致作物生长不良，甚至伤害根系，出现根系腐烂现象。例如，生长在以铵盐为氮源的营养液中的番茄，易出现果实因缺钙引起的脐腐病。硝态氮源除 NH_4NO_3 外，$NaNO_3$、$Ca(NO_3)_2$、KNO_3 等都是生理碱性盐，植物根系优先选择吸收 NO_3^-，而相对地把 Na^+、Ca^{2+}、K^+ 等阳离子剩余在营养液中，同时根系向营养液中分泌 OH^-，使得根际介质的 pH 上升，造成一些营养元素如铁、镁和锰在高 pH 下产生沉淀而失效，使植株出现缺铁和缺镁症状。吴正宗（1989）以不同比例的铵态氮和硝态氮作氮源种植小白菜的试验结果（图 4-2）说明了上述推理，当铵态氮用量超过 40% 时，栽培小白菜后营养液的 pH 呈下降趋势，但 20 d 以后 pH 又开始上升，这可能是小白菜优先吸收利用铵态氮，而此时铵态氮已被根系吸收较

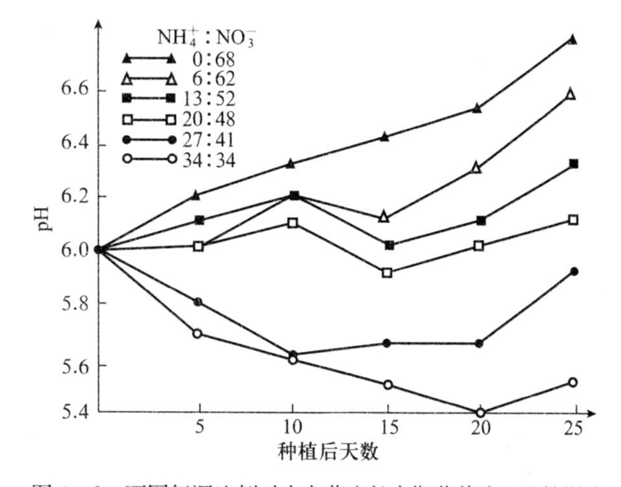

图 4-2 不同氮源比例对小白菜生长中期营养液 pH 的影响
（吴正宗，1989）

多，开始利用硝态氮之故；而当硝态氮用量超过70%时，尤其是全都采用硝态氮时，营养液的pH呈上升趋势。一般情况下，硝酸盐所造成的生理碱性比较弱、pH变化缓慢，植物根系本身可以短时间忍耐和抵抗，而且人工调节和控制比较容易，植物吸收较多的NO_3^-时也不会造成伤害；而铵盐所造成的生理酸性比较强、pH变化迅速，人工控制十分困难，植物根系难以适应、很难抵抗，且植物吸收NH_4^+过多时易出现中毒现象（表4-6）。因此，利用硝态氮作为氮源较为安全，易于管理，这也是营养液配方中以采用硝态氮作为主要氮源的原因。

表4-6 不同氮源营养液生理酸碱性变化的趋势和速度（pH）*

（华南农业大学，2001）

日　期	$Ca(NO_3)_2$	NH_4NO_3	$(NH_4)_2SO_4$
11月5日（定植）	6.5	6.5	7.4
11月6日	6.4	6.3	6.5
11月7日	6.5	6.1	5.4
11月8日	6.7	5.8	3.1
11月9日	6.7	5.5	2.9
11月10日	6.9	3.7	2.8

* 营养液浓度（元素mmol/L）：N 9、P 1、K 5、Ca 2.5、Mg 2；用量：2 L/株；指示植物：番茄（株高50 cm，叶数9片，始花期，单株鲜重100 g）。

实际上，不同的植物种类对铵态氮和硝态氮的反映不同，即植物之间存在着对这两种氮源的吸收利用程度和喜好的差别，所以有喜铵植物和喜硝植物之分。但大多数的草本园艺植物是喜硝态氮作物，硝态氮为100%的处理时，大多数园艺作物生长良好，但有些作物在以硝态氮为主要氮源时，适量供应铵态氮时生长最好，而且其生长状况不仅受氮源比例的影响，还受光照度和通气状况等环境条件的影响。表4-7表明，不同光照条件下鸭儿芹对两种氮源利用情况不同，适当增加铵态氮可提高产量，当铵态氮用量过高时，产量就会降低。大多数作物一般以硝态氮作为氮源时生长较好。

表4-7 不同氮源比例与光照度对鸭儿芹产量的影响

（位田、永井，1981）

NO_3^--N∶NH_4^+-N (mmol/L)	光照度（lx）					
	12 000		6 000		3 000	
	产量（g/株）	百分比（%）	产量（g/株）	百分比（%）	产量（g/株）	百分比（%）
10∶0	9.80	100	8.14	100	6.42	100
6∶4	9.99	101	10.02	123	8.93	139
5∶5	11.94	122	10.10	124	8.89	138
4∶6	12.59	128	10.28	126	9.00	140
2∶8	10.14	103	9.79	120	5.73	89

用硝酸盐作为氮源进行无土栽培时，由于植物根系对NO_3^-普遍存在着“奢侈吸收”的现象，即吸入植物体内的NO_3^-数量往往超过其生理代谢所需的数量，就在转化器官根或叶片中积累。以前人们认为蔬菜中的硝酸盐对人体健康是有害的，但近10年来的研究证明，蔬菜中的硝酸盐对人体是无害，有时甚至是有益的。因此，目前国内的无公害蔬菜中的硝酸盐项目已取消，而用亚硝酸盐含量来代替之。可以说，用硝酸盐作为氮源的营养液生产出的

蔬菜是安全卫生的，完全可以达到无公害蔬菜产品安全质量标准的要求。

4. 营养液的 pH　pH 是营养液非常重要的一个化学性质，了解营养液的 pH 并对其进行调控，对无土栽培生产有着十分重要的意义。

（1）pH 的概念　pH 是表示水（溶液）中氢离子（H^+）浓度（以 mol 为单位）。水（溶液）中含有多少氢离子，是水（溶液）的一种很重要的性质，它关系到众多的化学反应及生物的适应性。因此，明确这一概念及其运算法则，对掌握好无土栽培的原理与技术是十分重要的。

水是极难离解的物质，但毕竟有极微量的离解。在 25 ℃时，1 L 纯水中有 0.000 000 1 mol（10^{-7} mol）的水分子（H_2O）离解成氢离子（H^+）和氢氧根离子（OH^-）。按离解方程式 $H_2O \rightleftharpoons H^+ + OH^-$ 可知，水中有 10^{-7} mol 的水分子（H_2O）离解，就必然会产生 10^{-7} mol 的氢离子（H^+）和 10^{-7} mol 的氢氧根离子（OH^-）。这表明纯水中的氢离子浓度 $[H^+]$ 和氢氧根离子浓度 $[OH^-]$ 是相等的，都等于 10^{-7} mol/L。用式子表达为：

$$[H^+]=[OH^-]=10^{-7}$$

根据质量作用定律，水中氢离子的浓度 $[H^+]$ 和氢氧根离子的浓度 $[OH^-]$ 的乘积是一个定值，称为水的离子积常数，用 K_{H_2O} 表示，这个定值 $K_{H_2O}=10^{-14}$。其定义式写成：

$$[H^+]\times[OH^-]=K_{H_2O}=10^{-14}$$

水的离子积常数 $K_{H_2O}=10^{-14}$ 的定值会受温度的影响而有一些变化，但在一般常温下把它确定为 10^{-14}，其精度是足够日常工作之用的。

在纯水的情况下，$[H^+]$ 和 $[OH^-]$ 都等于 10^{-7}，即有 $[H^+]\times[OH^-]=K_{H_2O}=10^{-7}\times10^{-7}=10^{-14}$ 的关系。

如果在纯水中加入一些酸，如 HCl，则水溶液的氢离子就会增加，此时 $[H^+]$ 和 $[OH^-]$ 就不相等。例如，加入的 HCl 使水溶液的 H^+ 浓度变为 10^{-5} mol/L，此时 OH^- 的浓度必然减小，小到使两者的浓度的乘积等于水的离子积常数 $K_{H_2O}=10^{-14}$ 为止。可从定义式中算出：$10^{-5}\times[OH^-]=10^{-14}$，故 OH^- 的浓度：$[OH^-]=10^{-14}/10^{-5}=10^{-9}$。

同理，在纯水中加入一些碱，如 NaOH，则溶液中的 OH^- 就会增加，此时 $[H^+]$ 和 $[OH^-]$ 也变得不相等，H^+ 的浓度也必然减小。例如，加入的 NaOH 使 OH^- 浓度变为 10^{-4} mol/L，此时 H^+ 的浓度就会减小到如下式的计算结果：$[H^+]\times10^{-4}=10^{-14}$，$[H^+]=10^{-14}/10^{-4}=10^{-10}$。

水溶液中的氢离子和氢氧根离子的浓度是按严格的比例关系变化的，其规律集中反映于其离子积常数的定义式之中。因此，要反映这两种离子在水中的状况，只要用其中的一种来表示，就可以同时反映出另一种离子的状况。世界上已共同约定用 H^+ 浓度来表示。用 H^+ 浓度来反映水溶液中 H^+ 和 OH^- 比例关系，可以说明水溶液的性质特征。

溶液中 $[H^+]=10^{-7}$ mol/L 时，即 $[H^+]=[OH^-]$，称为中性溶液。

溶液中 $[H^+]>10^{-7}$ mol/L 时，即 $[H^+]>[OH^-]$，称为酸性溶液。

溶液中 $[H^+]<10^{-7}$ mol/L 时，即 $[H^+]<[OH^-]$，称为碱性溶液。

使用带负指数的数字表示氢离子浓度极不方便，采用这些数值的负对数（$-\lg$）来表示较方便，即有：

$pH=-\lg[H^+]$，称为氢离子浓度（mol/L）的负对数，pH 简称为氢离子指数；

$pOH=-\lg[OH^-]$，称为氢氧根离子浓度（mol/L）的负对数，pOH 简称为氢氧根离子指数。

用离子指数 pH 和 pOH 反映溶液中 H^+ 和 OH^- 的增减关系，可将离子积常数定义式取负对数，则有：

$$[H^+]\times[OH^-]=10^{-14}$$

$$(-\lg[H^+])+(-\lg[OH^-])=-\lg 10^{-14}$$

$$pH+pOH=14$$

这表明溶液的 pH 和 pOH 相加恒等于 14。pH 增加时 pOH 相应变小，pOH 增大时 pH 也相应变小。因此，溶液的 pH 可以从 0 变到 14，pOH 也可以从 0 变到 14。一般不用 pOH 表示溶液的性质，而用 pH 表示。这里讲明 pH 与 pOH 的关系是为以后计算之用。

用 pH 表示溶液性质有如下规则：

pH=7，溶液为中性（H^+ 和 OH^- 相等）；

pH<7，溶液为酸性（H^+ 多于 OH^-）；

pH>7，溶液为碱性（H^+ 少于 OH^-）。

有关氢离子和氢氧根离子浓度的详细变化关系见表 4-8。

表 4-8 pH 同氢离子浓度（mol/L）的关系

	氢氧根离子浓度 $[OH^-]$	pH	氢离子浓度 $[H^+]$	
	0.000 000 000 000 01 10^{-14}	0	10^0 1	
	0.000 000 000 000 1 10^{-13}	1	10^{-1} 0.1	
	0.000 000 000 001 10^{-12}	2	10^{-2} 0.01	
	0.000 000 000 01 10^{-11}	3	10^{-3} 0.001	酸性
	0.000 000 000 1 10^{-10}	4	10^{-4} 0.000 1	
	0.000 000 001 10^{-9}	5	10^{-5} 0.000 01	
	0.000 000 01 10^{-8}	6	10^{-6} 0.000 001	
中性	0.000 000 1 10^{-7}	7	10^{-7} 0.000 000 1	中性
	0.000 001 10^{-6}	8	10^{-8} 0.000 000 01	
	0.000 01 10^{-5}	9	10^{-9} 0.000 000 001	
	0.000 1 10^{-4}	10	10^{-10} 0.000 000 000 1	
碱性	0.001 10^{-3}	11	10^{-11} 0.000 000 000 01	
	0.01 10^{-2}	12	10^{-12} 0.000 000 000 001	
	0.1 10^{-1}	13	10^{-13} 0.000 000 000 000 1	
	1 10^0	14	10^{-14} 0.000 000 000 000 01	

（2）营养液 pH 的变化　营养液的 pH 在栽培作物过程中会发生一系列的变化，主要决定于以下 3 个方面的原因。

一是营养液中生理酸性盐和生理碱性盐用量及其比例，其中又以氮源和钾源类化合物所引起的生理酸碱性变化最大。使用碱或碱土金属的硝酸盐为氮源均会显出生理碱性而使 pH 升高，其中 $NaNO_3$ 表现最强，$Ca(NO_3)_2$ 和 KNO_3 较弱。如果在配制营养液时该盐类使用量较大，则会表现出生理碱性的趋势。例如，日本园试配方营养液主要用 $Ca(NO_3)_2$ 和 KNO_3 作氮源，在软水地区用自来水配制的营养液种植叶用莴苣，每株占液 2 L，在 3 周内其 pH 的变动范围在 6.4～7.8 之间，对作物生长无不良影响，但对铁较敏感的作物（如蕹菜和芥菜等），则会造成缺铁的失绿症状；以铵盐为氮源，都会显示出生理酸性而使营养液的 pH 迅速下降，尤以 $(NH_4)_2SO_4$ 和 NH_4Cl 为甚，完全以 $(NH_4)_2SO_4$ 作为氮源的营养液在使用过程中可使 pH 降低至 3.0 以下，NH_4NO_3 也可使 pH 降低至 4.0 以下。NH_4Cl 与 $(NH_4)_2SO_4$ 类似，而且由

于其中含有较多的 Cl^-，对忌氯作物的生长和品质有不良的影响。若营养液配方中全部采用铵态氮作为氮源，则由此而产生的生理酸性已达到对一般植物的根系造成伤害的程度。因此，除了专门针对喜酸性根际环境的作物如茶树、凤梨科作物等的特殊营养液配方之外，大多数营养液配方很少完全采用铵态氮为氮源。尿素作为氮源在营养液中使用时，由于根系分泌脲酶对尿素的水解作用而形成碳酸铵 [$(NH_4)_2CO_3$]，可使营养液的 pH 降低至 3.0～4.0。

钾源盐类在营养液的使用中对溶液 pH 也有一定的影响，由于作物一般吸收较多的钾，一般配方中钾的用量都大于氮（以元素 mg/L 计），且作物吸收快，往往造成奢侈吸收。常用 KNO_3、K_2SO_4、KH_2PO_4 作为钾源，由于 KCl 含有较多的 Cl^-，故一般不用或很少用 KCl 作为钾源。KNO_3 为生理碱性，KH_2PO_4 的生理酸碱性不明显，K_2SO_4 为强生理酸性。如果完全采用 K_2SO_4 作为钾源，则可使营养液的 pH 下降到 3.0 以下。

二是每株植物占有营养液量的大小。盐类化合物的生理酸碱性是由于植物根系对营养液中不同离子间的选择性吸收所引起的，由此而产生的 pH 的变化需要一定的过程。另外，作物根系的分泌物（如 H^+、CO_3^{2-} 等）和根系脱落物的腐败也会引起营养液 pH 的变化，同样随时间推移而加深。如果每株植物所占有营养液的体积较大，则其营养液 pH 的变化速率就会减缓，变化幅度就会变小。因此，营养液总量较多的深液流水培系统（DFT）中营养液的 pH 等性质在栽培作物的过程中变化较小，相对稳定，而营养液总量较少的营养液膜系统（NFT）在栽培作物的过程中 pH 等的稳定性较差。

三是营养液的更换速率。营养液 pH 变化的强度随着营养液使用时间的延长而加大，通过营养液的更换可以减轻 pH 变化的强度和延缓其变化的速度。

（3）营养液 pH 对植物生长的影响　营养液的 pH 对栽培植物生长的影响有直接和间接两个方面。

每种植物对其生长的根际环境 pH 都有一定的要求和适应范围（表 4－9），一般要求 pH 在 4～9 之间，当营养液的 pH 过高（大于 9）或过低（小于 4）时，大多数植物的根系生长都会受到影响，严重时会对根系造成伤害。但是，有些耐酸或耐碱的植物可以在 pH 4～9 的范围之外正常生长，例如凤梨和蕹菜在 pH 为 3 时仍可生长良好。

表 4－9　几种作物的最适 pH 范围

作物	最适 pH	作物	最适 pH
苜蓿	7.2～8.0	叶用莴苣	6.0～7.0
甜菜	7.0～7.5	向日葵	6.0～6.8
白菜	7.0～7.4	荞麦	4.7～7.5
黄瓜	6.4～7.5	萝卜	5.0～7.3
洋葱	6.4～7.5	胡萝卜	5.6～7.0
大麦	6.0～7.5	番茄	5.0～8.0
小麦	6.3～7.5	三叶草	6.0～7.0
玉米	6.0～7.5	马铃薯	4.5～6.3
大豆	6.5～7.5	茶	4.0～5.0
豌豆	6.0～7.0	菜豆	6.4～7.1

间接的影响在于当营养液的 pH 过高或过低时，会使其中某些营养元素的有效性降低至失效。在 $pH>7$ 的碱性条件下，磷、钙、镁、铁、锰、硼、锌等的有效性会降低，尤其是铁最突出。在 $pH<5$ 的酸性条件下，由于 H^+ 浓度过高而对 Ca^{2+} 产生显著的拮抗作用，而

使植株对 Ca^{2+} 吸收不足而出现缺钙症状。所以，除了一些特殊的嗜酸或嗜碱的植物外，一般将营养液的 pH 控制在 5.5～6.5。

（4）营养液 pH 的控制　在配制营养液时所使用水的水质与营养液的 pH 有一定的关系，配制的营养液 pH 与水源 pH 相近，如果用硬水来配制营养液，由于其中含有较多 Ca^{2+}、Mg^{2+}、CO_3^{2-}、HCO_3^- 等离子，会使营养液 pH 偏高；而用软水或自来水配制的营养液，则多为中性。用硬水配制营养液时可通过适当调整配方中 Ca^{2+}、Mg^{2+} 用量以及稀释中和的方法来控制。

在栽培植物的过程中对营养液 pH 的控制主要从两方面着手。一是治标，即在栽培过程中营养液的 pH 偏离了植物根系生长所要求的适宜 pH 范围时，采用酸碱中和的办法来进行调节，使其 pH 恢复到合适的水平，这将在本章第五节中介绍；二是治本，即在营养液配方的组成上进行适当的调整，如选择使用生理酸性盐和生理碱性盐的种类、调整用量和相互之间的比例，使营养液在种植过程中内部酸碱变化稳定在适宜作物生长的范围之内。

营养液 pH 的变化是以盐类的种类、用量和比例以及水的性质（硬度）等为物质基础，以植物根系的选择性吸收为主导而产生的结果。它不是一个简单的物理化学过程，很难从理论计算上设计出一个稳定的配方。只能运用已有的理论知识来把握发展的趋势，在前人已有的配方基础上进行一系列的探索性试验（主要是植物吸收试验），来调整出一个有稳定的 pH 范围的配方。

首先，要熟悉常用的营养盐类的化学性质和生理反应性质，以把握其在溶液中的可能趋势。氮源盐类中 $NaNO_3$、$Ca(NO_3)_2$、KNO_3 都是强酸与强碱的化合物，在水溶液中不起水解作用，是化学中性盐，但它们都是生理碱性盐，而以 $NaNO_3$ 最强；NH_4NO_3、$(NH_4)_2SO_4$、NH_4Cl 是强酸与弱碱的化合物，在水溶液中起水解作用显出酸性，是水解酸性盐，同时也是生理酸性盐，而以 NH_4NO_3 较弱。磷源盐类中 KH_2PO_4、K_2HPO_4、NaH_2PO_4、Na_2HPO_4 都是弱酸与强碱的化合物，都是水解碱性盐；$NH_4H_2PO_4$、$(NH_4)_2HPO_4$ 是弱酸与弱碱的化合物，而其中的酸比碱易离解些，故水解时为酸性。一般磷酸盐的生理反应不强烈。磷酸的钾、钠盐有缓冲作用，故一般用其一氢盐与二氢盐的不同比例配合（KH_2PO_4∶K_2HPO_4），有稳定初始 pH 的作用。钾源盐类中 K_2SO_4、KCl、KNO_3 都是强酸与强碱的化合物，是化学中性盐，其中 K_2SO_4 和 KCl 是强生理酸性盐，KNO_3 是弱生理碱性盐。

其次，在前人已有的配方基础上进行探索性的改进试验。例如日本园试配方用软水地区自来水配制的营养液，其 pH 变动于 6.4～7.8 之间，易造成铁的失效。为求其 pH 不要升得太高，设计了将其中的 KNO_3（生理碱性）用 NH_4NO_3 和 K_2SO_4 代替（NH_4NO_3 为弱生理酸性，K_2SO_4 为强生理酸性），其代替量设几个级差，经生物试验后，确定哪一级符合需要。结果如下：原配方 pH 6.4～7.8；取代全部 KNO_3，pH 2.8～6.4；取代 1/2 KNO_3，pH 6.0～6.6；取代 1/3 KNO_3，pH 6.3～7.2。再从以上结果中选出符合要求的那一级进行代替配制。

第三节　营养液配方选集

在一定体积的营养液中，规定含有各种必需营养元素盐类的数量称为营养液配方。在一百多年无土栽培的发展过程中，很多专家和学者根据植物种类、生育阶段、栽培方式、水质和气候条件以及营养元素化合物来源的不同，研制出许许多多的营养液配方。表 4-10 选列的多为国内外经实践证明为均衡良好的营养液配方，供参考使用（微量元素用量可参考表 4-5）。但在使用过程中要明确，均衡良好的营养液配方既具有专一性，同时又具有一定程度上的通用性。实际应用中，要结合栽培作物种类、当地的具体条件和栽培实践经验灵活运用营养液配方。

表 4-10 营养液配方选集

营养液配方名称及适用对象	盐类化合物用量（mg/L）													元素含量（mmol/L）							备注
	四水硝酸钙	硝酸钾	硝酸铵	磷酸二氢钾	磷酸氢二钾	磷酸二氢铵	硫酸铵	硫酸钾	七水硫酸镁	二水硫酸钙	磷酸二氢钠	氯化钠	盐类总计	氮		磷	钾	钙	镁	硫	
														铵态氮	硝态氮						
Knop（1865）古典通用水培配方	1 150	200		200					200				1 750		11.7	1.47	3.43	4.88	0.82	0.82	当代仍有用
Hoagland 和 Snyde（1938）通用	1 180	506		136					693				2 315		15.0	1.0	6.0	5.0	2.0	2.0	世界著名配方，用 1/2 剂量较妥
Hoagland 和 Arnon（1938）通用	945	607				115			493				2 160	1.0	14.0	1.0	6.0	4.0	2.0	2.0	
Arnon 和 Hoagland（1940）番茄	708	1 011				230			493				2 442	2.0	16.0	2.0	10.0	3.0	2.0	2.0	世界著名配方，用 1/2 剂量较妥，亦可通用
Rothamsted 配方 A 通用（pH 4.5）		1 000		450	67.5				500	500			2 518		9.89	3.70	14.0	2.9	2.03	2.03	英国洛桑试验站配方（1952），用 1/2 剂量较妥
Rothamsted 配方 B 通用（pH5.5）		1 000		400	135				500	500			2 535		9.89	3.72	14.4	2.9	2.03	2.03	
Rothamsted 配方 C 通用（pH 6.2）		1 000		300	270				500	500			2 570		9.89	3.75	15.2	2.9	2.03	2.03	
Hewitt(1952）通用	1 181	505							369		160		2 215		15.0	1.33	5.0	5.0	1.5	1.5	英国著名配方，用 1/2 剂量较妥

（续）

营养液配方名称及适用对象	盐类化合物用量（mg/L）													元素含量（mmol/L）								备注
	四水硝酸钙	硝酸钾	硝酸铵	磷酸二氢钾	磷酸氢二钾	磷酸二氢铵	硫酸铵	硫酸钾	七水硫酸镁	二水硫酸钙	磷酸二氢钠	氯化钠	盐类总计	氮		磷	钾	钙	镁	硫	
														铵态氮	硝态氮						
Cooper(1975) 推荐NFT通用	1 062	505		140					738				2 445		14.0	1.03	6.03	4.5	3.0	3.0	用1/2剂量较妥
法国国家农业研究所普及NET之用（1977），通用于好酸性作物	614	283	240	136	17			22	154			12	1 478	3.0	11.0	1.1	4.25	2.6	0.63	0.75	法国代表配方
法国国家农业研究所普及NFT之用（1977），通用于好中性植物	732	384	160	109	52				185			12	1 634	2.0	12.0	1.1	5.2	3.1	0.75	0.75	
荷兰温室作物研究所，岩棉滴灌用	886	303		204			33	218	247				1 891	0.5	10.5	1.5	7.0	3.75	1.0	2.5	以番茄为主，也可通用
荷兰花卉研究所，岩棉滴灌用	600	378	64	204					148				1 394	0.8	8.94	1.5	5.24	2.2	0.6	0.6	以非洲菊为主，也可通用
荷兰花卉研究所，岩棉滴灌用	786	341	20	204					185				1 536	0.25	10.3	1.5	4.87	3.33	0.75	0.75	以玫瑰为主，也可通用
Sideris 和 Young（1949），铵型，凤梨、茶、杜鹃等水培、沙培				68.5			132	174	246	172			793	2.0		0.5	2.5	1.0	1.0	4.0	强生理酸性
日本园试配方（堀1966）通用	945	809				153			493				2 400	1.33	16.0	1.33	8.0	4.0	2.0	2.0	日本著名配方，用1/2剂量较妥

（续）

营养液配方名称及适用对象	盐类化合物用量（mg/L）													元素含量（mmol/L）							备 注
	四水硝酸钙	硝酸钾	硝酸铵	磷酸二氢钾	磷酸氢二钾	磷酸二氢铵	硫酸铵	硫酸钾	七水硫酸镁	二水硫酸钙	磷酸二氢钠	氯化钠	盐类总计	氮		磷	钾	钙	镁	硫	
														铵态氮	硝态氮						
日本山崎配方（1978）甜瓜	826	607				153			370				1 956	1.33	13.0	1.33	6.0	3.5	1.5	1.5	
日本山崎配方（1978）黄瓜	826	607				115			483				2 041	1.0	13.0	1.0	6.0	3.5	2.0	2.0	
日本山崎配方（1978）番茄	354	404				77			246				1 081	0.67	7.0	0.67	4.0	1.5	1.0	1.0	
日本山崎配方（1978）甜椒	354	607				96			185				1 242	0.83	9.0	0.83	6.0	1.5	0.75	0.75	按作物吸肥水规律 n/w 值制定的配方，稳定性较好
日本山崎配方（1978）叶用莴苣	236	404				57			123				820	0.5	6.0	0.5	4.0	1.0	0.5	0.5	
日本山崎配方（1978）茼蒿	472	809				153			493				1 927	1.33	12.0	1.33	8.0	2.0	2.0	2.0	
日本山崎配方（1978）草莓	236	303				57			123				719	0.5	7.0	0.5	3.0	1.0	0.5	0.5	
日本山崎配方（1978）茄子	354	708				115			246				1 423	1.00	10.0	1.00	7.0	1.5	1.0	1.0	
日本山崎配方（1978）小芜菁	236	506				57			123				922	0.5	7.0	0.5	5.0	1.0	0.5	0.5	按作物吸肥水规律 n/w 值制定的配方，稳定性较好
日本山崎配方（1978）鸭儿芹	236	708				192			246				1 380	1.67	9.0	1.67	7.0	1.0	1.0	1.0	

（续）

营养液配方名称及适用对象	盐类化合物用量（mg/L）													元素含量（mmol/L）							备注
	四水硝酸钙	硝酸钾	硝酸铵	磷酸二氢钾	磷酸氢二钾	磷酸二氢铵	硫酸铵	硫酸钾	七水硫酸镁	二水硫酸钙	磷酸二氢钠	氯化钠	盐类总计	氮		磷	钾	钙	镁	硫	
														铵态氮	硝态氮						
山东农业大学（1978）西瓜	1 000	300		250				120	250				1 920		11.5	1.84	6.19	4.24	1.02	1.71	在山东大面积使用可行
山东农业大学（1986）番茄、辣椒	910	238		185					500				1 833		10.11	1.75	4.11	3.85	2.03	2.03	
华南农业大学（1990）番茄，pH 6.2～7.8	590	404		136					246				1 376		9.0	1.0	5.0	2.5	1.0	1.0	
华南农业大学（1990）果菜，pH 6.4～7.2	472	404		100					246				1 222		8.0	0.74	4.74	2.0	1.0	1.0	在广东大面积使用可行，也可通用
华南农业大学农化室（1990）叶菜A，pH 6.4～7.2	472	267	53	100				116	264				1 254	0.67	7.33	0.74	4.74	2.0	1.0	1.67	
华南农业大学（1990）叶菜B，pH 6.1～6.3	472	202	80	100				174	246				1 274	1.0	7.0	0.74	4.74	2.0	1.0	2.0	适宜用于易缺铁的作物
华南农业大学（1990）豆科，pH 6.0～6.5		322		150					150	750			1 372	3.19	1.11	4.3	4.32	0.61	4.97		含氮低，非豆科不宜

第四节　营养液的配制

一、营养液配方的调整

现成的营养液配方不经适当地调整直接配制使用，这是不妥当的做法。因为，首先在不同地区间水质和盐类原料纯度等存在着差异，会直接影响营养液的组成；其次是栽培作物的品种和生育阶段不同，要求营养元素的比例不同，特别是氮、磷、钾三要素的比例；还有栽培方式，特别是基质栽培时，基质的吸附性和本身的营养成分都会改变营养液的组成。所以，配制前要正确、灵活地调整营养液的配方，配制成的营养液才能够真正满足作物生长的需要，取得高产优质。

（一）水和肥料的纯度

由于在不同的地区水的硬度不同，含有的各种元素的数量也不一样，因此要根据实际的测定结果来进行营养液配方的调整。水在选用符合无土栽培要求的前提下，需要测定其中某些营养元素的含量，如钙、镁、钾、硝态氮及各种微量营养元素，以便按营养液配方计算用量时扣除这部分含量。例如，在硬水中含 Ca^{2+} 70 mg/L、Mg^{2+} 13 mg/L，且主要以硫酸盐形态存在。若配方中的 Ca^{2+}、Mg^{2+} 分别由 $Ca(NO_3)_2 \cdot 4H_2O$ 和 $MgSO_4 \cdot 7H_2O$ 来提供，这时计算实际的 $Ca(NO_3)_2 \cdot 4H_2O$ 和 $MgSO_4 \cdot 7H_2O$ 的用量时要把水中所含的 Ca^{2+}、Mg^{2+} 扣除，但这会使硝态氮和硫酸根的用量减少。那么，扣除水中所含的 Ca^{2+} 后所缺的硝态氮可用硝酸来补充，加入的硝酸不仅起到补充氮源的作用，而且可以中和硬水的碱性；扣除水中所含的 Mg^{2+} 后所缺的硫酸根不必用硫酸来补充，因为硬水中含有多余的硫酸根。在中和硬水的碱性时，如果由于加入补充氮源的硝酸后仍未能够使水的 pH 降低至栽培要求时，可适当减少磷酸盐的用量，而改用部分磷酸以中和硬水的碱性，改用多少视中和的需要而定。硬水地区配制营养液是一难点，不可能有一成不变的修改比例。因各地硬水的硬度及元素比例不同，这就要求操作者掌握必要的基础知识，在实践中自行制定调整配方的分量。至于微量元素，只要测出水中有哪几种存在且又不过量，配制营养液时不加即可。

配制营养液的大量元素化合物大多使用工业原料或农用肥料，常含有其他杂质。虽然杂质含量在允许范围内，但配制时必须按实际含量来进行营养液配方的调整计算。例如，营养液配方中硝酸钾用量为 0.5 g/L，而原料中硝酸钾的含量为 95%，又含有少量铁。通过计算得到实际原料硝酸钾的用量应为 0.53 g/L(0.5/0.95)，其中铁是微量元素，在配制营养液时要适当扣除这部分含量。微量元素化合物常用纯度较高的化学试剂，且实际用量较少，不必考虑和计算杂质量，可按纯品直接称取。营养元素的化合物很多都具有很强的吸湿性，如原料吸湿明显，必须测定其湿度进行折算使用。

（二）作物种类和生育时期

植物营养学研究表明，不同作物对各种营养元素及其比例的要求不同，即使是同一作物，在不同的生长发育时期，对各种营养元素的比例和浓度也要求各异（表 4－11）。因而在实际栽培生产中，应根据作物各个生育时期的要求来适当调整营养液的配方和浓度。蔡象元等研究指出，番茄在长期栽培过程中可分为 7 个生长发育时期，各个时期的营养液配方调整如表 4－12 所示。在高温期间栽培番茄很容易发生脐腐病，无土栽培中营养液组成与番茄脐腐病的发生关系密切，日本学者在这方面研究较多，结果表明随着营养液中 Ca^{2+} 浓度的下降，随着营养液中 K^+ 与 Ca^{2+} 物质的量浓度比例的增加，随着营养液中铵态氮比例的增加，番茄脐腐病发生率都会增加。所以，在番茄结果期间为了防止番茄脐腐病的发生，有必要对营养液组成进行适当的调整。例如，日本通常的做法是高温期间配方中的 $NH_4H_2PO_4$ 改用 KH_2PO_4。

表 4－11　蔬菜作物不同生长发育时期对营养液 EC 的要求（mS/cm）

（蔡象元，2000）

作物	育苗时期	定植前后	营养生长期	开花后	坐果后
黄瓜	0.8～1.0	1.5	2.0～2.2	2.5～3.0	2.2～2.8
番茄	0.8～1.0	2.0	2.0～2.5	2.5～2.8	2.5～3.5
甜椒	0.8～1.0	2.0	2.2	2.2～2.4	2.4～2.8
茄子	0.8～1.0	2.0	2.2	2.2～2.4	2.4～2.8

表 4－12　番茄不同生长发育阶段营养成分的增减

（蔡象元，2000）

营养成分	生育阶段						
	移栽前	移栽后	第一花序开花后	第三花序开花后	第五花序开花后	第十花序开花后	第十二花序开花后
NO_3^- (mmol/L)	同	+1.0	同	同	同	同	同
NH_4^+ (mmol/L)	−0.5	同	同	同	同	同	同
K^+ (mmol/L)	−3.5	−1.0	同	+0.5	+1.75	+0.5	同
Ca^{2+} (mmol/L)	+1.0	+0.5	同	−0.125	−0.62	−0.125	同
Mg^{2+} (mmol/L)	+1.0	+0.5	同	−0.125	−0.25	−0.125	同
HBO_3^- (μmol/L)	+10.0	同	同	同	同	同	同

注："同"表示与标准配方相同。

（三）栽培方式

无土栽培主要分为水培和基质培，对营养液组成的稳定性影响较大的是基质培。因基质种类较多，如有机基质、无机基质和混合基质，其理化性质差异较大，所以根据不同的基质类型，按其理化性质不同对营养液配方进行不同的调节，并进一步试种确定，具体将在第五章中进行讲述。

二、营养液配制的原则

营养液配制总的原则是确保在配制后存放和使用营养液时都不会产生难溶性化合物的沉淀。但是，每一种营养液配方都潜伏着产生难溶性物质沉淀的可能性，因为每种配方中都含有相互之间会产生难溶性物质的盐类。例如，任何的均衡营养液配方中都必然含有 Ca^{2+}、Mg^{2+}、Fe^{3+}、Mn^{2+} 等阳离子和 PO_4^{3-}、SO_4^{2-} 等阴离子，当这些离子在浓度较高时会互相作用而产生化学沉淀形成难溶性物质。但如果在营养液配制时，运用前面所讲的难溶性物质溶度积法则作指导，就不会产生沉淀。

三、营养液的配制技术

（一）营养液的配制方法

配制营养液一般配制浓缩贮备液（又称母液）和工作营养液（或称栽培营养液，即直接用来种植作物用的）两种。生产上一般用浓缩贮备液稀释成工作营养液，所以前者是为了方便后者而配制的，如果有大容量的容器或用量较少时也可以直接配制工作营养液。

1. 母液的配制 为了防止在配制母液时产生沉淀，不能将配方中的所有化合物放置在一起溶解，因为浓缩后有些离子的浓度的乘积超过其溶度积常数而会形成沉淀。所以应将配方中的各种化合物进行分类，把相互之间不会产生沉淀的化合物放在一起溶解。为此，配方中的各种化合物一般分为3类，配制成的浓缩液分别称为A母液、B母液、C母液。

A母液以钙盐为中心，凡不与钙作用而产生沉淀的化合物均可放置在一起溶解，一般包括$Ca(NO_3)_2$、KNO_3，浓缩100～200倍。

B母液以磷酸盐为中心，凡不与磷酸根产生沉淀的化合物都可溶在一起，一般包括$NH_4H_2PO_4$、$MgSO_4$，浓缩100～200倍。

C母液是由铁和微量元素合在一起配制而成的。由于微量元素的用量少，因此其浓缩倍数可以较高，可配制成1 000～3 000倍液。

在配制各种母液时，母液的浓缩倍数，一方面要根据配方中各种化合物的用量和在水中的溶解度来确定，另一方面以方便操作的整数倍为宜。浓缩倍数不能太高，否则可能会使化合物过饱和而析出，而且在浓缩倍数太高时溶解也较慢。

配制浓缩贮备液的步骤：按照要配制的浓缩贮备液的体积和浓缩倍数计算出配方中各种化合物的用量，依次正确称取A母液和B母液中的各种化合物重量，分别放在各自的贮液容器中，化合物依次加入，必须充分搅拌，且要等前一种化合物充分溶解后才能加入第二种化合物，待全部溶解后加水至所需配制的体积，搅拌均匀即可。在配制C母液时，先量取所需配制体积2/3的清水，分为两份，分别放入两个塑料容器中，称取$FeSO_4 \cdot 7H_2O$和EDTA-2Na分别加入这两个容器中，搅拌溶解后，将溶有$FeSO_4 \cdot 7H_2O$的溶液缓慢倒入EDTA-2Na溶液中，边加边搅拌；然后称取C母液所需的其他各种微量元素化合物，分别放在小的塑料容器中溶解，再分别缓慢地倒入已溶解了$FeSO_4 \cdot 7H_2O$和EDTA-2Na的溶液中，边加边搅拌，最后加清水至所需配制的体积，搅拌均匀即可。

2. 工作营养液的配制 利用母液稀释为工作营养液时，在加入各种母液的过程中，也要防止沉淀的出现。配制步骤：应在贮液池中放入需要配制体积的1/2～2/3的清水，量取所需A母液的用量倒入，开启水泵循环流动或搅拌器使其扩散均匀；然后再量取B母液的用量，缓慢地将其倒入贮液池中的水源入口处，让水源冲稀B母液后带入贮液池中，开启水泵将其循环或搅拌均匀，此过程所加的水量以达到总液量的80%为宜；最后量取C母液，按照B母液的加入方法加入贮液池中，经水泵循环流动或搅拌均匀即完成工作营养液的配制。

在生产中，如果一次需要的工作营养液量很大，则大量营养元素可以采用直接称量配制法，而微量营养元素可采用先配制成C母液再稀释为工作营养液的方法。具体的配制步骤：

在种植系统的贮液池中放入所要配制营养液总体积1/2～2/3的清水，称取相当于A母液的各种化合物，放在容器中溶解后倒入贮液池中，开启水泵循环流动；然后称取相当于B母液的各种化合物，放入容器中溶解后，用大量清水稀释后缓慢地加入贮液池的水源入口处，开动水泵循环流动；再量取C母液，用大量清水稀释，在贮液池的水源入口处缓慢倒入，开启水泵循环流动至营养液均匀为止。

在荷兰、日本等国家，现代化温室中进行大规模无土栽培生产时，一般采用A、B两母液罐，A罐中主要含硝酸钙、硝酸钾、硝酸铵和螯合铁，B罐中主要含硫酸钾、磷酸氢二钾、磷酸二氢钾、硫酸镁、硫酸锰、硫酸铜、硫酸锌、硼砂和钼酸钠，通常制成100倍的母液。为了防止母液罐出现沉淀，有时还配备酸液罐以调节母液酸度。整个系统由计算机控制调节，稀释、混合形成灌溉营养液。

（二）营养液配制的操作规程

为了避免在配制营养液的过程中出差错而影响到作物的种植，需要建立一套严格的操作规程，内容应包括：

① 营养液原料的计算过程和最后结果要多次核对，确保准确无误。

② 称取各种原料时，要反复核对称取数量的准确性，并保证所称取的原料名称相符，切勿张冠李戴。特别是在称取外观上相似的化合物时更应注意。

③ 各种原料在分别称好之后，一起放到配制场地规定的位置上，最后核查无遗漏，才可动手配制。切勿在用料未配齐的情况下匆忙动手操作。

④ 建立严格的记录档案，将配制的各种原料用量、配制日期和配制人员详细记录，以备查验。

（三）注意事项

为了防止母液产生沉淀，在长时间贮存时，一般可加入硝酸或硫酸将其酸化至pH 3～4，同时应将配制好的浓缩母液置于阴凉避光处保存，C母液要用深色容器贮存。

在直接称量营养元素化合物配制工作营养液时，在贮液池中加入钙盐及不与钙盐产生沉淀的盐类之后，不要立即加入磷酸盐及不与磷酸盐产生沉淀的其他化合物，而应在水泵循环大约30 min或更长时间之后再加入。加入微量元素化合物时也要注意，不应在加入大量营养元素之后立即加入。

在配制工作营养液时，如果发现有少量的沉淀产生，就应延长水泵循环流动的时间，以使产生的沉淀溶解。如果发现由于配制过程中加入化合物的速度过快，产生局部浓度过高而出现大量沉淀，并且通过较长时间开启水泵循环之后仍不能使这些沉淀溶解时，应重新配制营养液，否则在种植作物的过程中可能会由于某些营养元素沉淀而失效，最终出现营养液中营养元素的缺乏或不平衡而表现出生理失调症状。例如微量元素铁被沉淀之后出现的作物缺铁失绿症状。

第五节　营养液的管理

营养液的管理主要是指对在作物栽培过程中循环使用的营养液的管理，非循环使用的营养液管理将在后面有关章节中叙述。在营养液膜系统（NFT）等水培中，一方面，由于作物的根系大部分生长在营养液中，并吸收其中的水分、养分和氧气，从而使其浓度、成分、酸碱度、溶存氧含量等都不断变化。作物根系的吸收改变了营养液中各种化合物或离子的数量和比例，所以营养液的浓度、酸碱度和溶存氧含量等也随之改变；同时，由于根系的代谢过程会分泌出一些有机物以及根系表皮细胞的脱落、死亡甚至部分根系的衰老、死亡而残存于营养液之中，致使微生物在营养液中繁殖，从而或多或少地改变了营养液的性质；还有，环境气候的改变也直接影响到营养液液温的变化。另一方面，植物在不同的生育阶段对营养液的浓度、液温等要求也不同。因此，为了满足作物最适生长的要求，要对营养液的浓度、酸碱度、溶存氧含量、液温等进行合理调节管理，必要时进行营养液的全面更换。

一、营养液的浓度

种植作物以后，由于植物不断地吸收养分和水分，加上营养液本身水分的蒸发，营养液中的水分和养分都会发生变化。因此，需要对营养液的养分和水分进行监测和补充。

（一）水分的补充

水分的补充应以不影响营养液的正常循环流动为准，一般应每天进行。具体操作：每天早或晚定时进行补水，在贮液池内画上刻度，使水泵关闭，让营养液全部回到贮液池中，如发现液位降低到一定的程度就必须补充水分至原来的液位水平。一天要补充多少水，视作物蒸腾耗水的多少和营养液本身蒸发的多少来确定。如植株较大、长势旺盛，天气炎热、干燥的气候条件下，蒸腾耗水和蒸发量大，这时应补充较多的水分。

（二）养分的补充

养分的补充与否以及补充数量的多少，要根据在种植系统中补充了水分之后营养液的电导率或各种营养元素含量的实测值来确定。但除了严格的科学试验之外，在生产中一般不进行营养液中单一营养元素含量的测定和调节，大都根据 EC 进行调节控制。而且在养分的补充上，也不是单独补充某种营养元素，而是根据所用的营养液配方全面补充。那么，营养液的 EC 究竟该如何确定呢？这要根据种植作物种类、气候条件、营养液配方和栽培方式等的不同来具体确定。

首先，不同作物对营养液的浓度要求不同，这与作物的耐肥性有关。一般情况下，蔬菜作物的茄果类和瓜果类要求的营养液浓度要比叶菜类要求的高。但每一种作物都有一个适宜的浓度范围，绝大多数作物适宜的 EC 范围为 0.5～3.0 mS/cm，最高不超过 4.0 mS/cm。

其次，同一种作物营养液的浓度管理，要求根据生育阶段和气候条件不同而改变，这对果菜类的高产、优质非常重要。一般而言，苗期、生育初期植株较小，浓度可低一些；开花结果盛期植株较大，吸收量大，浓度应较高（表 4－13）。夏季浓度低，冬季浓度高（表 4－14），这是因为夏季水分消耗大，冬季小之故。日本的北条等（1996）报道，无土栽培的番茄在生育期中，营养液浓度变化管理比维持浓度恒定不变的管理，有利于果实品质的提高。

最后，无土栽培方式的不同，营养液的浓度管理也不同。例如，番茄水培与基质培相比，一般定植初期营养液的浓度都一样，到采收期基质培的营养液浓度比水培的低，这是因为基质培的基质会吸附营养之故。所以，在营养液的浓度管理上要区别对待。

另外，不同配方的营养液 1 个剂量的营养液 EC 相差很远。例如，番茄的配方中，美国的 A－H 配方比日本的山崎配方总盐分浓度高出 1 倍多。因此，它们补充养分的方法差别较大。山崎配方补充养分的方法是每天测定营养液的电导率，每天补充，使营养液常处于 1 个

表 4-13　几种 NFT 栽培的蔬菜在不同生育阶段对营养液浓度（EC）的要求（mS/cm）

（青木宏史，1996）

番茄	黄瓜	草莓
0.5～0.8，第一花序开花为止	1.5～2.0，定植后	0.6，第一朵花开花为止
↓	↓	↓
1.0～1.2，第三花序开花为止	2.0～2.5，成活后	1.3，果实膨大期
↓	↓	↓
1.5～2.0，果实膨大期		
↓		
2.0～2.5，果实采收期	2.5～3.0，采收期	1.6，果实采收期

表 4-14　几种岩棉培的蔬菜在不同月份对营养液浓度（EC）的要求（mS/cm）

（田中和夫，1996）

月份	1	2	3	4	5	6	7	8	9	10	11	12
番茄	1.85	1.84	1.65	1.57	1.46	1.49	1.43	1.46	1.36	1.53	1.81	1.82
黄瓜	2.02	2.02	1.82	1.76	1.61	1.54	1.57	1.61	1.50	1.68	1.99	2.00
甜瓜	1.99	1.99	1.78	1.73	1.58	1.61	1.54	1.58	1.47	1.65	1.95	1.97

剂量的浓度水平。而用高浓度的配方如美国的 A-H 配方种植时，补充养分的方法是以总浓度不低于 1/3～1/2 个剂量为补充界限，即定期监测营养液的浓度，如发现其浓度已下降到 1/3～1/2 个剂量的水平时即行补充养分，补回到原来的浓度。隔多少天会下降到此限，视生育阶段和每株占液量多少而定。一般要求定期（间隔 1～2 d）测定营养液的电导率，初次栽培时应每天监测其浓度的变化，以便充分了解变化情况。

据华南农业大学无土栽培技术研究室的经验，在深液流水培中，每株番茄占液量为 18 L，使用美国 A-H 配方的 1/2 剂量，控制补充养分的界限为 1/2 剂量的 60%（约维持氮 76 mg/L、磷 19 mg/L、钾 117 mg/L，相当于山崎配方的 75%），当营养液的浓度下降到 A-H 配方 1/2 剂量的 60%时，即补回到 1/2 剂量的水平。这样控制营养液的浓度，能使番茄生长结果正常，在广州地区秋植生育期 5 个月（9 月至翌年 1 月），667 m^2 产量可达 7 500kg。

二、营养液的酸碱度

营养液的酸碱度直接影响养分的溶解度和根系养分吸收情况，从而影响作物的生长发育。所以，营养液酸碱度的调节是营养液管理中必不可少的。如前所说，无土栽培中营养液的 pH 变化主要受营养液配方中生理酸性盐和生理碱性盐的用量和比例、栽种植物种类（植物根系的选择性吸收）、每株植物所占有营养液体积的多少、营养液的更换频率等多种因素影响。

如果选用平衡营养液配方，使用时一般不会过于偏离作物生长所要求的 pH 范围。一般来说，如一个营养液配方中的硝酸盐如 $Ca(NO_3)_2$ 和 KNO_3 的用量较多，则这个配方的营养液大多呈生理碱性；反之，如果配方中 NH_4NO_3、$(NH_4)_2SO_4$ 等铵态氮和尿素［$CO(NH_2)_2$］以及 K_2SO_4 为氮源和钾源的用量较多，则这个配方的营养液大多呈生理酸性。一般情况下生理碱性来得慢且变化幅度小，没有那么剧烈，也较易控制。在实际生产过程中最好选用一些生理酸碱性变化较平稳的营养液配方，以减少调节 pH 的次数。

每株植物所占有营养液体积的大小也影响营养液的 pH 变化。因为，植物根系对营养液中离子的选择吸收而表现出的生理酸碱性的变化需要一定的过程，如果每株占有营养液的体积越大，则其 pH 的变化速率也就越慢，变化幅度也就越小，反之亦然。

营养液的更换频率也影响其 pH 的变化。通过营养液的更换可以延缓其变化的速度，更换的频率高，则营养液可经常保持在一个较小的 pH 变化幅度内。但在生产中通过更换营养液来控制其 pH 的变化是很不经济的，而且费时费力，很不实际。只有在进行严格的科学试验时才会用到这种方法。

那么，在种植植物的过程中如何对营养液的 pH 进行控制呢？主要采用酸碱中和的方法，使其 pH 回复到合适的水平。当 pH 上升时，可用稀硫酸（H_2SO_4）或稀硝酸（HNO_3）溶液来中和。用稀 HNO_3 中和时，HNO_3 中的 NO_3^- 会被植物吸收利用，但要注意，当中和营养液 pH 的 HNO_3 用量太大则可能会造成植物硝酸盐含量过多的现象；用稀 H_2SO_4 中和时，尽管 H_2SO_4 中的 SO_4^{2-} 也可作为植物的养分被吸收，但吸收量较小，如果中和营养液 pH 的 H_2SO_4 用量太大时可能会造成营养液中 SO_4^{2-} 的累积。应根据实际情况，如作物种类等来考虑用何种酸为好。进行营养液 pH 的调节时，不能用 pH 理论计算值来确定中和的用酸量。因为营养液中有高价弱酸与强碱形成的盐类存在，如 K_2HPO_4、$NH_4H_2PO_4$ 和 $Ca(HCO_3)_2$等，其离解是逐步的，会对营养液的 pH 起缓冲作用。因此，必须用实际滴定曲线的办法来确定用酸量。具体做法是，量取一定体积的营养液，用已知浓度的稀酸逐滴加入，用酸度计监测其 pH 的变化，达到要求值后记下其用酸量，然后推算出整个栽培系统的总用酸量。

当营养液的 pH 下降时，可用稀碱溶液如氢氧化钠（NaOH）或氢氧化钾（KOH）来中和。用 KOH 中和时，带入营养液中的 K^+ 可被作物吸收利用，而且作物对 K^+ 有着大量的奢侈吸收现象，一般不会对作物生长有不良影响，也不会在溶液中产生大量累积的问题；而用 NaOH 来中和时，由于 Na^+ 不是必需的营养元素，因此会在营养液中累积，如果量大的话，还可能对作物产生盐害。由于 KOH 的价格较 NaOH 昂贵，在生产中仍常用 NaOH 来中和营养液酸性。具体方法同上。

进行营养液酸碱度调节所用的酸或碱的浓度不能太高，一般可用 1～3 mmol/L 的浓度，使用时要用水稀释后才加入种植系统的贮液池中，并且要边加边搅拌或开启水泵进行循环。要防止酸或碱溶液加入过快、过浓，否则可能会使局部营养液过酸或过碱，而产生 $CaSO_4$、$Fe(OH)_3$、Mn $(OH)_2$ 等沉淀，从而产生养分的失效。

经中和调节之后的营养液经一段时间的种植，其 pH 仍会继续变化。因此，在整个作物的生长期内要经常（一般每周 1 次）进行 pH 的测定和调节。

三、营养液的溶存氧

植物根系生长发育过程中，需要有足够的氧气。而无土栽培植物根系大部分生长在营养液中，尤其深液流栽培方式液层深厚很容易造成根系缺氧。生长在营养液中的根系，氧的来源主要有两种，一是通过吸收溶解于营养液中的溶存氧来获得，二是通过存在于植物体内的氧气的输导组织由地上部向根系的输送来获得。第二种氧气供应途径并非所有植物都具备。一般可根据植物根系对淹水的耐受程度的不同将植物分为3类：①沼泽性植物，这些植物长期生长在淹水的沼泽地，体内存在着氧气的输导组织，甚至可以向根际环境中分泌氧气，如水稻、豆瓣菜、水芹、茭白、蕹菜等。②耐淹的旱地植物，这些植物主要生长在旱地，但当它们根系受水淹时根的结构会产生一些适应性的变化而形成氧气的输导组织或增大根系的吸收面积以增加对水中溶存氧的吸收，如豆科绿肥的田菁以及芹菜等。日本并木氏研究发现，当番茄苗期就栽培于低溶存氧的营养液中时，可以形成具有氧气输导组织的根系。郭世荣等试验表明，在溶存氧浓度为1 mg/L的营养液中栽培黄瓜时，下胚轴孔腔增大，且形成许多诱导性的酶，以提高对低氧的耐性。③不耐淹的旱生植物，这类植物体内不具有氧气的输导组织，在淹水的条件下难以发生根系结构向着有利于氧气吸收的方向改变，也不会由于淹水而诱导出输送氧的组织。很多园艺作物属于此类，如瓜类、十字花科作物对营养液栽培中低氧环境较为敏感，解决好营养液中溶存氧的供应就显得非常重要，甚至是无土栽培能否取得成功的关键因素之一。

（一）溶存氧浓度

营养液中的溶存氧浓度（dissolved O_2，DO）是指在一定温度、一定大气压条件下单位体积营养液中溶解的氧气（O_2）的数量，以mg/L来表示。而在一定温度和一定大气压条件下单位体积营养液中能够溶解的氧气达到饱和时的溶存氧含量称为氧的饱和溶解度。由于在一定温度和压力条件下溶解于溶液中的空气，其氧气占空气的比例是一定的，因此也可以用空气饱和百分数（%）来表示此时溶液中的氧气含量相当于饱和溶解度的百分比。

营养液的溶存氧浓度可以用溶氧仪（测氧仪）来测得，也可以用化学滴定的方法来测得。用溶氧仪来测定的方法简便、快捷，而用化学滴定的方法测定手续很繁琐。溶氧仪来测定溶液的溶存氧时，一般测定溶液的空气饱和百分数（air saturated,%），然后通过溶液的液温与氧气含量的关系表（表4-15）查出该溶液液温下的氧含量，并用下列公式计算出此时营养液中实际的氧含量。

表4-15 在一个标准大气压和不同温度条件下溶液中饱和溶存氧含量

温度（℃）	溶存氧（mg/L）	温度（℃）	溶存氧（mg/L）	温度（℃）	溶存氧（mg/L）	温度（℃）	溶存氧（mg/L）
1	14.23	11	11.08	21	8.99	31	7.50
2	13.84	12	10.83	22	8.83	32	7.40
3	13.48	13	10.60	23	8.68	33	7.30
4	13.13	14	10.37	24	8.53	34	7.20
5	12.80	15	10.15	25	8.38	35	7.10
6	12.48	16	9.95	26	8.22	36	7.00
7	12.17	17	9.74	27	8.07	37	6.90
8	11.87	18	9.54	28	7.92	38	6.80
9	11.59	19	9.35	29	7.77	39	6.70
10	11.33	20	9.17	30	7.63	40	6.60

$$M_0=M\times A$$

式中：M_0——在一定温度和大气压力下营养液中的实际溶存氧含量（mg/L）；

M——在一定温度和大气压力下营养液中的饱和溶存氧含量（mg/L）；

A——在一定温度和大气压力下营养液中的空气饱和百分数（%）。

（二）营养液缺氧的原因

营养液中溶存氧的多少，一方面是与温度和大气压力有关，温度越高、大气压力越小，营养液中的溶存氧含量就越低；反之，温度越低、大气压力越大，其溶存氧的含量就越高。另一方面是与植物根和微生物的呼吸有关，温度越高，呼吸消耗营养液中的溶存氧越多，这就是为什么在夏季高温季节水培植物根系容易产生缺氧的原因。例如，30 ℃下溶液中饱和溶存氧含量为 7.63 mg/L，植物每克根的呼吸耗氧量是 0.2～0.3 mg/h，如每升营养液中长有 10 g 根，则在不补给氧的情况下，营养液中的氧 2～3 h 就消耗完了。

（三）植物对溶存氧浓度的要求

不同的作物种类对营养液中溶存氧浓度的要求不同，耐淹水或沼泽性的植物对营养液中的溶存氧含量要求较低，而不耐淹水的旱地作物对营养液中的溶存氧含量的要求较高。而且同一植物的一天中，在白天和夜间对营养液中溶存氧的消耗量也不尽相同，晴天时，温度越高、光照度越大，植物对营养液中溶存氧的消耗越多；反之，在阴天、温度低或光照度小时，植物对营养液中溶存氧的消耗就少。一般地，在营养液栽培中维持溶存氧的浓度在 4～5 mg/L 水平以上（相当于在 15～27 ℃时营养液中溶存氧的浓度维持在饱和溶解度的 50%左右），大多数的植物都能够正常生长。

（四）植物对氧的消耗量和消耗速率

植物根系对营养液中溶存氧的消耗量及消耗速率的大小取决于植物种类、生育时期以及每株植物平均占有的营养液量的多少。生长过程耗氧量大的植物、处于生长旺盛时期以及每株植物平均占有的营养液量少时，则营养液中溶存氧的消耗速率就大，反之则小。一般地，甜瓜、辣椒、黄瓜、番茄、茄子等瓜类或茄果类蔬菜作物的耗氧量较大，而蕹菜、叶用莴苣、菜心、白菜等叶菜类的耗氧量较小。据山崎测定，网纹甜瓜在夏季种植营养液液温 23 ℃时，白天在始花期的耗氧量为 12.6 mg/(株・h)，而在果实膨大、网纹形成期为 40 mg/(株・h)。如果在种植系统中每株甜瓜平均占有的营养液量为 15 L，即此时每株甜瓜占有的营养液饱和溶存氧总量为 8.68 mg/L×15 L=130.20 mg，如果这时营养液中的氧含量只达空气饱和百分数的 80%，即此时每株甜瓜实际占有的营养液溶存氧的量为 130.20 mg×80%=104.16 mg，如果不考虑甜瓜在吸收氧过程中空气中的氧向营养液中扩散补充的量，这时始花期消耗到溶存氧含量低于饱和溶存氧含量的 50%所用的时间为（104.16 mg/株×50%）÷12.6 mg/(株・h)=4 h，即经过大约 4 h 之后就可将原来营养液中相当于饱和溶存氧含量 80%的溶存氧降低至饱和溶存氧含量的 50%以下。而在果实膨大、网纹形成期大约 1 h 即可降低至饱和溶存氧含量的 50%以下。

华南农业大学的研究表明，秋栽番茄白天的耗氧量，在始花期为 3.4 mg/(株・h)，在盛果期则为 15.8 mg/(株・h)。如果在深液流水培中，每株番茄占有的营养液量为 15 L，则在 20 ℃时营养液的饱和溶存氧含量为 9.17 mg/L，此时每株番茄占有营养液饱和溶存氧的总量为 9.17 mg/L×15 L=137.6 mg，如果这时营养液中的溶存氧含量只达饱和溶存氧的 80%，即此时每株番茄实际占有的溶存氧的总量为 137.6 mg×80%=110.08 mg。类似上例计算可知，在始花期和盛果期分别经过 12 h 和 2.6 h 之后，原来营养液中相当于饱和溶存氧含量的 80%就会降低至饱和溶存氧含量的 50%以下。

从以上两个例子可以看到，不同作物和同一作物的不同生育时期的耗氧量和耗氧速率是不同的，要根据具体的情况来确定补充营养液溶存氧含量。

（五）补充营养液溶存氧的途径

营养液溶存氧补充的途径主要是空气向营养液的自然扩散和通过人工的方法增氧两种。通过自然扩散而进入营养液的溶存氧数量极少，速度很低。在 20 ℃左右，液深在 5～15 cm 范围，靠自然扩散每小时进入营养液中的氧只相当于饱和溶存氧含量的 2%左右。从上述两例作物消耗营养液溶存氧的速率来看，除了在作物较小的苗期之外，靠自然扩散进入营养液的溶存氧远远达不到作物生长的要求。因此，要用人工增氧的方法来补充作物根系对氧的消耗，这是水培技术种植成功与否的一个重要环节。

人工增氧的方法主要有以下几种。

1. 搅拌 通过机械的方法来搅动营养液而打破营养液的气—液界面，让空气溶解于营养液之中，效果较好，但很难具体实施，因为种植了植物的营养液中有大量的根系存在，操作困难，一经搅拌极易伤根，会对植物的正常生长产生不良的影响。

2. 压缩空气 用压缩空气泵通过起泡器将空气直接以微细气泡的形式在营养液中扩散以提高营养液溶存氧含量，这种增氧方法效果很好，主要用于小盆、钵、箱水培上，但在大规模生产上要在种植槽的许多地方安装大量通气管道及起泡器，施工难度较大，成本较高，一般很少采用。这种方法主要用在进行科学研究的小规模水培上。

3. 反应氧 用化学试剂（化学增氧剂）加入营养液中产生氧气的方法。在日本，有一种可控制过氧化氢（H_2O_2）缓慢释放氧气的装置，将这种装置装上过氧化氢之后放在营养液中即可通过氧气的释放来提高营养液的溶存氧含量。这种方法虽然增氧的效果尚好，但价格昂贵，在生产上难以采用，现主要用于家用的小型装置中。

4. 循环流动 通过水泵将贮液池中的营养液抽到种植槽中，然后让其在种植槽内流动，最后流回贮液池中形成不断的循环。在营养液循环流动过程中，通过增加水和空气的接触面等来提高溶存氧含量（表 4-16）。这种方法效果很好，在生产上被普遍采用，但不同的无土栽培设施的设计稍有不同，因此，营养液循环的增氧效果也不同。

表 4-16 营养液循环流动增氧效果

（板木利隆，1986）

液中含氧量（饱和溶解度的百分数，%）	70	61	54	45	37	25	20	11	6	6	5	4	2	58	73
经过的时间（h）	0	4	8	12	16	25	24	28	32	36	40	44	48	52	56
循环流动的起止	开始停止流动													恢复流动	
液　温	21 ℃					22 ℃									
槽内总液量及流速	总液量 1 400 L，液深 12 cm，每分钟出进约 23 L，每小时 1 400 L														
种植作物日期与长相	黄瓜 9 月 1 日播种，10 月 20 日进入收瓜期，已在种植槽内长满根系														
测定日期	10 月 20 日 15:00 起停止流动，22 日 15:00 起恢复流动														

5. 落差 营养液循环流动进入贮液池时，人为造成一定的落差，使溅泼面分散，效果较好，普遍采用。

6. 喷射（雾） 适当增加压力使营养液喷出时尽可能地分散形成射流或雾化，效果较好，经常采用。

7. 增氧器　在进水口安装增氧器或空气混入器，提高营养液中溶存氧含量，已在较先进的水培设施中普遍采用。

8. 间歇供液　利用停液时，营养液从种植槽流回贮液池，根系裸露于空气中吸收氧气，效果较好。如夏季每小时供液 15 min，停液 45 min，可使番茄等作物根系得到充足的氧气供应。

9. 滴灌法　采用基质袋培等无土栽培方式时，通过控制滴灌流量及时间，也可保证根系得到充足的氧气。

10. 间混作　旱生作物与根系泌氧的水生作物间混作。

人工增氧的多种方法往往结合起来配合使用，努力提高溶存氧浓度，如营养液循环流动的同时，在入水口上安装增氧器、营养液喷射入槽、回流液形成落差泼溅入池等。

为了满足水培植物根系需氧，现在许多研究者都在尝试新的栽培体系，如浮根法栽培、毛根法栽培等。

四、营养液的更换

循环流动使用的营养液，在作物种植一段时间后要将它全部排掉，重新更换新配制的营养液。因为长时间种植作物后，会造成某些物质积累过多而出现生理障害，严重时可能会影响到营养液中养分的平衡、病菌的繁衍和累积等根圈环境，甚至造成植株死亡。而且这些物质在营养液中的累积也会影响到用电导率仪测定营养液浓度的准确性，因此在种植一定时间之后需要更换。

营养液更换的时间首先决定于有碍作物正常生长的物质在营养液中累积的程度。这些物质主要来源于营养液配方所带的非营养成分（如 $NaNO_3$ 中的 Na^+、$CaCl_2$ 中的 Cl^- 等）、中和生理酸碱性所产生的盐分、使用硬水作水源时所带的盐分、植物根系的分泌物和脱落物以及微生物分解产物等。积累过多，造成总盐浓度过高而抑制作物生长，也会干扰对营养液养分浓度的准确测量。在生产中，营养液的养分浓度高低都用电导率来反映，而多余的非营养成分的盐类必然也反映到电导率上，从而出现电导率虽高，但实际的营养成分很低的状况，此时电导率就不能再用来反映营养成分的高低。这种状况可以根据以下方法来推测：在作物生长中对营养液吸收后其电导率必然是降低的，在连续测定营养液的电导率一段时间之后，如果发现在补充几次营养之后，虽然植物仍可正常生长，但营养液的电导率值一直处于一个较高的水平而不降低，这说明此时营养液中非营养成分的物质可能积累得较多。当然，要更准确地掌握营养液的营养状况，应同时测定营养液中主要营养元素（氮、磷、钾）的含量，如它们的含量较低，而电导率却很高，这说明此时营养液中含有非营养成分的盐类较多，营养液需要更换。

营养液更换的时间也可用作物种植时间长短来决定，有时根据经验来确定。一般地，若选用平衡配方营养液，在软水地区，生长期较长的作物（每茬 3～6 个月，如黄瓜、甜瓜、番茄、辣椒等）在整个生长期中可以不更换营养液，只要补充消耗的水分和养分即可，但病菌大量繁殖、累积而引起作物发病且难以用农药控制的情况除外。而生长期较短的作物（每茬 1～2 个月，如许多的叶菜类）一般不需要每茬都更换，可连续种植 3～4 茬才更换一次营养液，在前茬作物收获后将种植系统中的残根及其他杂物清理掉之后再补充养分和水分即可种植下一茬作物。在硬水地区，因常需调节 pH，则每个月要更换一次。如水质的硬度偏高，更换的时间可能更要缩短，这要根据实际情况来决定。

如果在营养液中积累了大量的病菌而致使种植的作物已经开始发病，而此时的病害已难以用农药来进行控制时，就需要马上更换营养液，更换时要对整个种植系统进行彻底的清洗和消毒。

虽然更换营养液次数越多，根圈环境就越好，但排出的营养液对环境的污染就越严重，而且也浪费养分、水分和人力，所以应尽量减少营养液更换次数。

五、营养液的液温

营养液的液温直接影响植物根系的养分吸收、呼吸和微生物活动情况，从而影响到植物发育、产量和品质。在冬季设施内虽有加温设备，但营养液的液温会比气温低而需加温；而夏季设施内营养液的液温上升很快且高，如设施内最高气温达到 40 ℃时，营养液的液温会超过 30 ℃，此时番茄等很多园艺植物都会出现生理障害。不同的栽培方式营养液的液温变化不同，循环利用的比非循环利用的营养液液温变化快、变幅大，水培比基质培的营养液液温变化快、变幅大。一般来说，植物生长要求营养液的液温范围在 13～25 ℃，最适液温 15～23 ℃（表 4－17）。所以，液温的调节和控制显得非常重要。

表 4－17　各种蔬菜作物生育最高、最低和最适液温

植物名称	营养液的液温（℃）		
	最高	适温	最低
番茄	25	15～23	13
茄子	25	18～23	13
甜椒	25	18～23	13
黄瓜	25	18～22	13
西瓜	25	18～22	13
甜瓜	25	18～23	13
草莓	25	15～20	13
菠菜	25	16～20	13
水芹	25	18～22	13
葱	25	16～22	13
叶用莴苣	25	18～22	13

我国目前进行的无土栽培生产大多采用一些较为简易的设施，一般没有液温的调控设备，难以人为地控制营养液的温度。但生产上利用设施的结构和材料以及增设一些辅助的设备，可在一定程度上来控制营养液的温度。冬季温度较低时，利用泡沫塑料板等保温性能较好的材料来建造种植槽，可起到营养液的保温作用；而在夏季高温时，利用反光膜等隔热性能较好的材料，可以隔绝太阳光的直射而使营养液温度不至于过高。同时，设地下贮液池和提高每株植物平均占有的营养液量，利用水这种热容量较大的物质来阻止液温的急剧变化。

在有条件的地方也可以设置增温或降温装置，即在地下贮液池中安装热水管或冷水管道，来进行循环加温或降温；或利用锅炉、厂矿等的余热来加温；也可以通过电器装置来增温或降温，但成本较高，除了现代化的温室外，一般很少用。

第六节　废液的处理和利用

随着人们对环境保护意识的增强，对无土栽培系统中所排出废液的处理和再利用日益重视。荷兰政府规定 2000 年以后，温室生产要做到“封闭式”，即废物、废液不准向外排放，循环应用营养液。日本在 1999 年的无土栽培学会年会上对此进行了专场讨论。我国农业环境污染非常严峻，水体的富营养化和土壤盐渍化严重地威胁着农业的可持续发展。无土栽培废液不加以处理就排放或不进行有效的利用，将对环境产生很大压力。

一、废液的处理

无土栽培系统中排出的废液并非含有大量的有毒物质而不能排放，主要是因为大面积栽培时大量排出的废液将会影响地下水水质，如大量排向河流或湖泊将会引起水的富营养化问题。另外，即使有基质栽培的排出废液量少，但随着时间的推移也将对环境产生不良的影响。因此，一般认为重复循环利用或回收作肥料等是比较经济且环保的方法，然而在此之前必须进行以下处理。

1. 杀菌和除菌　根系病害和其他各种病原菌都会进入营养液中，必须要进行杀菌和除菌之后才能再利用。一般营养液杀菌和除菌的方法有如下几种。

（1）紫外线照射　紫外线可以杀菌。日本研发出一种“流水杀菌灯”，适用于营养液膜水培和岩棉培等营养液流量少的无土栽培系统，可有效地抑制番茄青枯病和黄瓜蔓枯病的蔓延。

（2）加热　把废液加热，利用高温来杀菌。如番茄青枯病菌在 60 ℃条件下 10 min 就可被杀死，而根腐病菌要 80～95 ℃ 10 min 才能被杀死。但大量废液加热杀菌处理费用较高。

（3）过滤　用 1 m 以上的沙层使营养液慢慢渗透通过，在欧洲生产上使用沙石过滤器除去废液中的悬浮物（图 4－3），再结合紫外线照射，可杀死废液中的细菌。

（4）拮抗微生物　用有益微生物来抑制病原菌的生长，原理与病虫害的生物防治相同。

（5）药剂　药剂杀菌效果非常好，但应注意安全生产以及药剂残留的不良影响。

2. 除去有害物质　在栽培过程中，根系会分泌一些对植物生长有害的物质累积在营养液中，一般可用上面提到的过滤法或膜分离法除去。膜分离法是利用一种特殊的膜，加上一定的压力使水从膜内渗出，有害物质、盐类等大分子物质不能通过此膜。

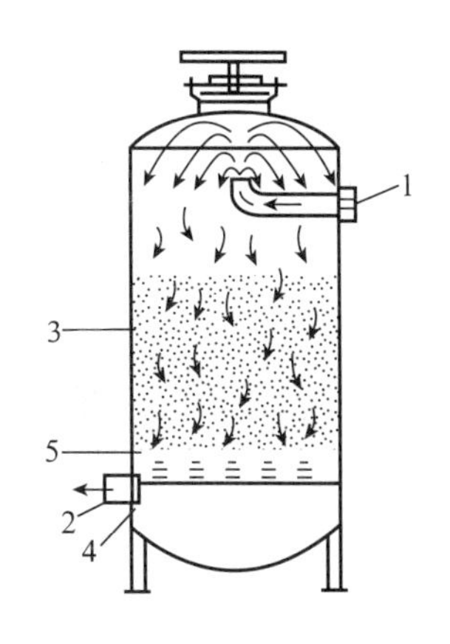

图 4－3　沙石过滤器构造

1. 进液口　2. 出液口　3. 过滤器壳体
4. 过滤器单元　5. 过滤介质

3. 调整离子组成　进行营养成分测定，根据要求进行调整，再利用。

二、废液的有效利用

废液经处理后收集起来，进行再利用。

1. 再循环利用 处理过的废液可以用于同种作物或其他作物的栽培。例如，日本设计出一套栽培系统，营养液先进入果菜类蔬菜的栽培循环，废液经处理后进入叶菜类蔬菜的栽培循环，废液再处理最后进入花菜等蔬菜的栽培循环。

2. 作肥料利用 最常见的是处理后的废液作土壤栽培的肥料，但应注意需与有机肥合理搭配使用。

3. 收集浓缩液再利用 用膜分离法或多次使用后通过自然蒸发把废液浓缩收集起来，在果菜类结果期使用，可以提高营养液的养分浓度，从而提高果实品质。

第五章 固体基质

在无土栽培中，固体基质的使用是非常普遍的，从用营养液浇灌的作物基质栽培，到营养液栽培中的育苗阶段和定植时利用少量的基质来固定和支持作物，都需要应用各种不同的固体基质。无土栽培常见的固体基质有沙、砾石、锯末、泥炭、蛭石、珍珠岩、岩棉、椰壳纤维等，随着具有良好性能的新型固体基质的不断开发并投入商品化生产与应用，使得应用固体基质的作物基质栽培具有性能稳定、设备简单、投资较少、管理较易的优点得到了充分发挥，并较水培有较好的实用价值和经济效益，因而被越来越多的地方和栽培者所使用。

第一节　固体基质的作用及要求

一、固体基质的作用

1. 支持固定植物的作用　固体基质可以支持并固定植物，使其扎根于固体基质中而不致沉没和倾倒，并有利于植物根系的伸展和附着。

2. 保持水分的作用　能够作为无土栽培使用的固体基质一般都可以保持一定的水分。例如，珍珠岩可以吸收相当于本身重量 3～4 倍的水分，泥炭则可以吸收保持相当于本身重量 10 倍以上的水分。固体基质吸持的水分在灌溉期间使作物不致失水而受害。

3. 透气的作用　作物的根系进行呼吸作用需要氧气，固体基质的孔隙存有空气，可以供给作物根系呼吸所需的氧。固体基质的孔隙同时也是吸持水分的地方。因此，在固体基质中，透气和持水两者之间存在着对立统一的关系，即固体基质中空气含量高时，水分含量就低，反之亦然。这样就要求固体基质的性质能够协调水分和空气两者的关系，以满足作物对空气和水分两者的需要。

4. 缓冲的作用　当外来物质或根系本身新陈代谢过程中产生一些有害物质危害作物根系时，缓冲作用会将这些危害化解为无。具有物理化学吸附功能的固体基质都具有缓冲作用，例如蛭石、泥炭等就有这种功能。具有这种功能的固体基质，通常称为活性基质。无土栽培生产中所用的无机固体基质缓冲作用较弱，其根系环境的物理化学稳定性较差，需要生产者对其进行处理，使其能够保持良好的稳定性。

5. 提供营养的作用　有机固体基质如泥炭、椰壳纤维、熏炭、苇末基质等，可为作物苗期或生长期间提供一定的矿质营养元素。

总之，要求无土栽培用的基质不能含有不利于植物生长发育的有害、有毒物质，要能为植物根系提供良好的水、气、肥、热、pH 等条件，充分发挥其不是土壤胜似土壤的作用；

还要能适应现代化的生产和生活条件，易于操作及标准化管理。

二、对固体基质的要求

固体基质所具备的各种能够满足无土栽培要求的性能，是由其本身的物理性质和化学性质所决定的。因此，无土栽培中对固体基质的要求，即是对基质本身的物理性质和化学性质的要求。

（一）对基质物理性质的要求

在无土栽培中，对栽培作物生长有较大影响的基质物理性质主要有容重、总孔隙度、持水量、基质气水比（大小孔隙比）、粒径等。

1. 容重 容重指单位体积内干燥基质的重量，用 g/L 或 g/cm^3 表示。可以取一个一定体积的容器，装满干基质，称其重量，然后用其重量除以容器的体积即得到容重值。由于计算容重时的体积包括了颗粒之间的空隙，因此容重大小主要受基质的质地和颗粒的大小影响。基质的容重反映基质的疏松、紧实程度。容重过大，则基质过紧实，总孔隙度小，通气透水性差，这种基质操作不方便，也影响作物根系的生长；容重过小，则基质过于疏松，基质过轻，总孔隙度大，虽具有良好的通透性，但浇水时易漂浮，不利于固定根系。

不同基质的容重差异很大（表 5－1），同一种基质由于受到压实程度、颗粒大小的影响，其容重也存在着很大的差异。例如，新鲜蔗渣的容重为 0.13 g/cm^3，经过 9 个月堆沤分解之后容重为 0.28 g/cm^3。一般认为，小于 0.25 g/cm^3 属于低容重基质，0.25～0.75 g/cm^3 属于中容重基质，大于 0.75 g/cm^3 的属于高容重基质，而基质容重在 0.1～0.8 g/cm^3 范围内作物栽培效果较好。

表 5－1 几种常用基质的容重和密度

基质种类	容重（g/cm^3，近似值）	密度（g/cm^3）	基质种类	容重（g/cm^3，近似值）	密度（g/cm^3）
土壤	1.10～1.70	2.54	草炭	0.05～0.20	1.55
沙	1.30～1.50	2.62	蔗渣	0.12～0.28	—
蛭石	0.08～0.13	2.61	树皮	0.10～0.30	2.00
珍珠岩	0.03～0.16	2.37	松树针叶	0.10～0.25	1.90
岩棉	0.04～0.11	—			

容重对于园艺植物的生产还有一层经济意义。一个直径 30 cm 的容器，若装填土壤，干重为 28～33 kg，湿重为 40 kg 左右，从搬运的角度看，这是一个不轻的重量。然而，容重过轻，盆栽植物又容易被风吹倒。所以，用小盆栽种低矮植物或在室内栽培时，基质容重宜在 0.1～0.5 g/cm^3；用大盆栽种高大植物或在室外栽培时，则宜在 0.5～0.8 g/cm^3，否则应采取辅助措施将盆器予以固定。

值得指出的是，基质容重可分别从干容重和湿容重两个角度去衡量。假设珍珠岩和蛭石的干容重都是 0.1 g/cm^3，前者吸水后为自身重的 2 倍，后者吸水后为自身重的 3 倍，则湿容重分别为 0.2 g/cm^3 和 0.3 g/cm^3。在实际使用中，有时湿容重可能较干容重更为现实些。例如，人工土的干容重为 0.01 g/cm^3，极容易令人直感地认为太轻，不能将植物根系固定住，但从其湿容重能达到 0.2～0.3 g/cm^3 来看，与珍珠岩、蛭石相近，就不易产生错觉了。密度是指单位体积固体基质的质量，不包括基质中的孔隙度，指基质本身的体积。

2. 总孔隙度 总孔隙度是指基质中持水孔隙和通气孔隙的总和，以相当于基质体积的百分数（%）来表示。总孔隙度大的基质，其空气和水的容纳空间就大，反之就小。总孔隙度可以按下列公式计算：

$$总孔隙度=\left(1-\frac{容重}{密度}\right)\times 100\%$$

如果一种基质的容重为 0.1 g/cm^3，密度为 1.55 g/cm^3，则总孔隙度为：

$$(1-0.1/1.55)\times 100\%=93.55\%$$

总孔隙度大的基质较轻且疏松，容纳空气和水的量大，有利于作物根系生长，但对于作物根系的支撑固定作用的效果较差，易倒伏。例如蔗渣、蛭石、岩棉等的总孔隙度在 90%～95%以上。总孔隙度小的基质较重，水、气的容纳量较少，如沙的总孔隙度约为 30.5%，不利于植物根系的伸展，必须频繁供液以弥补此缺陷。因此，为了克服单一基质总孔隙度过大或过小所产生的弊病，在实际应用时常将 2～3 种不同颗粒大小的基质混合使用，可以改善基质的物理性能。

在基质的分类中，大孔隙占 5%～30%的基质属于中等孔隙度，小于 5%的属低孔隙度，而大于 30%的属高孔隙度（这时基质持水量低，容易干燥）。一般来说，基质的总孔隙度在 54%～96%范围内即可。

3. 基质气水比（大小孔隙比） 总孔隙度只能反映在一种基质中空气和水分能够容纳的空间总和，它不能反映基质中空气和水分各自能够容纳的空间。而在植物生长的根系周围，能提供多少空气和容易被利用的水分，这是园艺基质最重要的物理性质。最适宜的基质的总孔隙度状况是同时能提供 20%的空气和 20%～30%容易被利用的水分。

气水比是指在一定时间内，基质中容纳气、水的相对比值，通常以基质的大孔隙和小孔隙之比来表示，并且以大孔隙值作为 1。大孔隙是指基质中空气能够占据的空间，即通气孔隙；小孔隙是指基质中水分所能够占据的空间，即持水孔隙。通气孔隙与持水孔隙的比值称为大小孔隙比，用下式表示：

$$大小孔隙比=\frac{通气孔隙（\%）}{持水孔隙（\%）}$$

通气孔隙一般指孔隙直径在 1 mm 以上，灌溉后的溶液不会吸持在这些孔隙中而随重力作用流出的那部分空间，因此这种孔隙的作用是贮气；持水孔隙一般指孔隙直径在 0.001～0.1 mm 范围内的孔隙，水分在这些孔隙中会由于毛细管作用而被吸持，充满于孔隙内，也称为毛管孔隙，存在于这些孔隙中的水分称为毛管水，这种孔隙的主要作用是贮水，没有通气作用。

大小孔隙比能够反映出基质中气、水之间的状况，是衡量基质优劣的重要指标，与总孔隙度合在一起可全面地表明基质中气和水的状态。如果大小孔隙比大，则说明空气容量大而持水容量较小，即贮水力弱而通透性强；反之，如果大小孔隙比小，则空气容量小而持水量大。一般而言，大小孔隙比在 1∶2～4 范围内为宜，这时基质持水量大，通气性又良好，作物都能良好地生长，并且管理方便。

4. 粒径 粒径是指基质颗粒的直径大小，用毫米（mm）表示。基质的颗粒大小直接影响着容重、总孔隙度和大小孔隙比。同一种基质粒径越小，颗粒越细，容重越大，总孔隙度越小，大小孔隙比越小；反之，粒径越大，颗粒越粗，容重越小，总孔隙度越大，大小孔隙比越大。因此，为了使基质既能满足根系吸水的要求，又能满足根系吸收氧气的要求，基质的粒径不能太大。粒径太大，虽然通气性较好，但持水性就较差，种植管理上要增加浇水次数；粒径太小，虽然有较高的持水性，但其表面吸附的和小孔隙内容留的水分不易流动、排出，导致颗粒间通气不良，易产生基质内水分过多，造成过强的还原状态，也不利于养分的流通和吸收，影响根系生长。因此，颗粒大小应适中，其表面应虽粗糙而不带尖锐棱角，并且孔隙应多而比例适当。但不同种类的基质，各自有适宜的粒径。就沙粒来说，粒径以 0.5～2.0 mm 为宜；就陶粒来说，粒径在 1 cm 以内为好；就岩棉（块状）等基质来说，粒径大小并不重要。

配制混合基质时，颗粒大小不同的基质混合后，其总体积小于原材料体积的总和。例如，1 m^3 沙子和 1 m^3 树皮相混后，因为沙粒充填在树皮的孔隙中，总体积变为 1.75 m^3，而非 2 m^3。同时，随着时间的推移，由于树皮分解，总体积还会减小，这都会削弱透气性。所以，在配制混合基质时最好选用抗分解的有机基质，以免颗粒日久后由大变小。无机基质与有机基质相比，其颗粒大小不易因分解而变细变小。

此外，栽培的基质还应有较好的形状，不规则的颗粒具有较大的表面积，能保持较多的水；而多孔物质还能在颗粒内部保持水分，因而保持的水多。

盆栽植物生长不良或死亡，往往是由于基质的总孔隙度和大孔隙值过小，基质中缺乏空气，植物根系因受到自身释放出的二氧化碳的毒害，丧失吸收水分和养分的能力。尽管灌水可以挤出二氧化碳，引入新鲜空气，但如果基质没有足够的大孔隙，灌水的后果无异于饮鸩止渴。

木屑等有机基质分解后因颗粒变细变实，会造成大孔隙减少。容器的底和壁建立了一个保持水分的高表面张力界面后，也会导致大孔隙减少。

花卉根系对大孔隙的需求各不相同。杜鹃、兰花、秋海棠、栀子、大岩桐、观叶植物等要求大孔隙多些，山茶、菊花、唐菖蒲、一品红、百合等要求大孔隙中度，香石竹、天竺葵、棕榈、草坪草、松柏等要求大孔隙可少些。

表 5－2 列出了几种常见基质的物理性状。

表 5－2　几种常见基质的物理性状

基质名称	容重（g/cm^3）	总孔隙度（%）	大孔隙（%）（通气容积）	小孔隙（%）（持水容积）	大小孔隙比
菜园土	1.10	66.0	21.0	45.0	0.47
沙　子	1.49	30.5	29.5	1.0	29.50
煤　渣	0.70	54.7	21.7	33.0	0.66
蛭　石	0.13	95.0	30.0	65.0	0.46
珍珠岩	0.16	93.0	53.0	40.0	1.33
岩　棉	0.11	96.0	2.0	94.0	0.02
泥　炭	0.21	84.4	7.1	77.3	0.09
锯木屑	0.19	78.3	34.5	43.8	0.79
炭化稻壳	0.15	82.5	57.5	25.0	2.30
蔗渣（堆沤 6 个月）	0.12	90.8	44.5	46.3	0.96

（二）对基质化学性质的要求

了解基质的化学性质及其作用，可使生产者在选择基质和配制、管理营养液的过程中做到有的放矢，提高栽培管理效果。对作物栽培生长有较大影响的基质化学性质，主要有基质的化学组成及由此而引起的化学稳定性、酸碱性、阳离子代换量（盐基交换量）、缓冲能力和电导度等。

1. 基质的化学组成及其稳定性　基质的化学组成通常指其本身所含有的化学物质种类及其含量，既包括了作物可以吸收利用的矿质营养和有机营养，又包括了对作物生长有害的有毒物质等。基质的化学稳定性是指基质发生化学变化的难易程度，与化学组成密切相关，对营养液和栽培作物生长具有影响。在无土栽培中要求基质有很强的化学稳定性，基质不含有毒物质，这样可以减少营养液受干扰的机会，保持营养液的化学平衡，便于管理和保证作物正常生长。

基质的种类不同，化学成分不同（表 5－3）。

基质的化学稳定性因化学组成不同而差别很大。由无机矿物构成的基质（沙、砾石等），如其成分由石英、长石、云母等矿物组成，则其化学稳定性最强；由角闪石、辉石等组成的次之；而以石灰石、白云石等碳酸盐矿物组成的最不稳定。前两者在无土栽培生产中不会产生影响营养液平衡的物质，后者则会产生钙、镁离子而严重影响营养液的化学平衡，这是无土栽培中要经常注意的问题。

表 5－3　常见基质的营养元素含量

基质	全氮（%）	全磷（%）	速效磷 (mg/L)	速效钾 (mg/L)	代换钙 (mg/L)	代换镁 (mg/L)	速效铜 (mg/L)	速效锌 (mg/L)	速效铁 (mg/L)	速效硼 (mg/L)
菜园土	0.106	0.077	50.0	120.5	324.70	330.0	5.78	11.23	28.22	0.425
煤　渣	0.183	0.033	23.0	203.9	9 247.5	200.0	4.00	66.42	14.44	20.3
蛭　石	0.011	0.063	3.0	501.6	2 560.5	474.0	1.95	4.0	9.65	1.063
珍珠岩	0.005	0.082	2.5	162.2	694.5	65.0	3.50	18.19	5.68	—
岩　棉	0.084	0.228	—	1.338*	—	—	—	—	—	—
棉子壳	2.20	0.210	—	0.17*	—	—	—	—	—	—
炭化稻壳	0.54	0.049	66.0	6 625.5	884.5	175.0	1.36	31.30	4.58	1.290

* 为全钾百分数（%）。

由植物残体构成的基质，如泥炭、木屑、稻壳、蔗渣等，其化学组成比较复杂，对营养液的影响较大。从影响基质的化学稳定性的角度来划分其化学成分类型，大致可分为 3 类：第一类是易被微生物分解的物质，如糖、淀粉、半纤维素、纤维素、有机酸等；第二类是有毒物质，如某些有机酸、酚类、鞣质等；第三类是难被微生物分解的物质，如木质素、腐殖质等。含第一类物质多的基质（新鲜稻草、蔗渣等），使用初期会由于微生物活动而引起强烈的生物化学变化，严重影响营养液的平衡，最明显的是引起氮素的严重缺乏。含有第二类物质比较多的基质会直接毒害根系。所以第一、二类物质较多的基质不经处理是不能直接使用的。含第三类物质为主的基质最稳定，使用时也最安全，如泥炭及经过堆沤处理后腐熟了的木屑、树皮、蔗渣等。堆沤是为了消除基质中易分解物质和有毒物质，使其转变成以难分解的物质为主体的基质。

2. 基质的酸碱性（pH）　pH 表示基质的酸碱度。$pH=7$ 为中性，$pH<7$ 为酸性，$pH>7$ 为碱性。pH 变化 1 个单位，酸碱度就增加或减少 10 倍。例如，pH 5 较 pH 6 酸度增加 10 倍，较 pH 7 酸度增加 100 倍。

基质的酸碱性各不相同，既有酸性的，又有碱性的和中性的。无土栽培基质的酸碱度应保持相对稳定，且最好呈中性或微酸性状态。过酸、过碱都会影响营养液的平衡和稳定。一些资料认为，石灰质（石灰岩）的砾和沙含有非常多的碳酸钙（$CaCO_3$），用这种砾或沙作基质时，它就会将碳酸钙释放到营养液中，而提高营养液的 pH，即产生碱性。这种增加的碱度能使铁沉淀，造成植物缺铁。对于这种砾和沙，虽然可以用水洗、酸洗或在磷酸盐溶液中浸泡等方法减缓其碳酸根离子的释放，但这只能在短期内有效，终归是要发生营养问题的。这一问题使得碳酸岩地区难以进行砾培和沙培。在生产中必须事先对基质检验清楚，以便采取相应措施予以调节。生产上比较简便的测定方法是取 1 份基质，按体积比加 5 份蒸馏水混合，充分搅拌后进行测定。在初期使用时，基质的 pH 会发生变化，但变化幅度不宜过大，否则将影响营养液成分的有效性和作物的生长发育。

pH 与植物养分的溶解度相关联。改变 pH 时，碱性物质（如石灰）或酸性物质（如硫黄粉）的用量取决于基质的盐基交换量和起始 pH。例如，将 pH 从 5.0 调高为 5.7，泥炭需耗用白云石 2.1 kg/m^3，沙壤则仅需耗白云石 0.4 kg/m^3。

尽管多数观赏植物比较适应 5.5～6.5 的 pH 范围，但基质的 pH 以 6.5（微酸性）～7.0（中性）为宜，并且最好容易人为调节，又不会供液后影响营养液某些成分的有效性，导致植物出现生理障碍。

石灰质的砾石富含碳酸钙，供液后溶入营养液中使 pH 升高，使铁发生沉淀，造成植物缺铁，故不适于用作基质。糠醛属于强酸性，必须用碱性物质调节其 pH 至微酸性，否则也不宜用作基质。

一般来说，由于营养液大都偏酸性，基质经多次供液后 pH 会略有下降或保持与营养液的 pH 相近；如果用碱性物质调节基质的酸性，则有引起微量元素缺乏之虞。

3. 阳离子代换量 阳离子代换量是指基质的盐基交换量，即在一定酸碱度条件下基质含有可代换性阳离子的数量。阳离子代换量可表示基质对肥料养分的吸附保存能力，并能反映保持肥料离子免遭水分淋洗并能缓缓释放出来供植物吸收利用的能力，对营养液的酸碱反应也有缓冲作用。

基质的颗粒一般带负电荷。肥料养分水解后形成阴离子和阳离子。阳离子如 NH_4^+、K^+、Ca^{2+}、Mg^{2+} 和 Na^+，可被带负电荷的基质颗粒所吸附，以抵抗淋洗，直至被其他阳离子（一般为 H^+）所代换。阴离子如 NO_3^-、SO_4^{2-} 和 Cl^-，因不能被带负电荷的颗粒所吸附，易遭受淋洗。

有高阳离子代换量的基质有较强的养分保持作用，但过高时，因养分淋洗困难，容易出现可溶性盐类蓄积而对植物造成伤害；反之则只能保持少量养分，因而需要经常施用肥料。有高阳离子代换量的基质能缓解营养液 pH 的快速变化，但当调节 pH 时，也需使用较多的校正物质。一般来说，有机基质具有高的阳离子代换量，故缓冲能力强，可抵抗养分淋洗和 pH 过度升降。

基质的阳离子代换量（CEC）以每千克基质代换吸收阳离子的厘摩尔数（cmol/kg）来表示。有的基质几乎没有阳离子代换量（如大部分的无机基质），有些却很高，它会对基质中的营养液组成产生很大影响。基质的阳离子代换量有不利的一面，即影响营养液的平衡，使人们难以按需控制营养液的组分；但也有有利的一面，即保存养分、减少损失和对营养液的酸碱反应有缓冲作用。应对每种基质的阳离子代换能力有所了解，以便权衡利弊而做出使用的选择。几种常见基质的阳离子代换量见表 5-4。

表 5-4　几种常见基质的阳离子代换量

基质种类	阳离子代换量（cmol/kg）
高位泥炭	140～160
中位泥炭	70～80
蛭　　石	100～150
树　　皮	70～80
沙、砾、岩棉等惰性基质	0.1～1

4. 基质的电导率　基质既要含有可供植物吸收利用的氮、磷、钾、铁、镁等营养成分，又要求所含的成分不会对配制营养液产生干扰以及不会因浓度过高而对植物有害，更要求不含有害物质和污染物质，还要化学成分比较稳定。

基质的电导率也称电导度，是指基质未加入营养液时本身具有的电导率，用以表示各种离子的总量（含盐量），一般用毫西门子/厘米（mS/cm）表示。电导率是基质分析的一项指标，它表明基质内部已电离盐类的溶液浓度，它反映基质中原来带有的可溶盐分的多少，将直接影响到营养液的平衡。基质中可溶性盐含量不宜超过 1 000 mg/kg，最好在 500 mg/kg 以下。例如受海水影响的沙，常含有较多的海盐成分；煤渣含代换钙高达 9 247.5 mg/kg；某些植物性基质含有较高的盐分，如树皮、炭化稻壳等。使用基质前应对其电导率了解清楚，以便用淡水淋洗或作其他适当处理。

基质的电导率与硝态氮之间存在相关性，故可由电导率值推断基质中氮素的含量，判断是否需要施用氮肥。一般在花卉栽培时，当电导率小于 0.37～0.5 mS/cm（相当于自来水的电导率）时，必须施肥；电导率达 1.3～2.75 mS/cm 时，一般不再施肥，并且最好淋洗盐分。栽培蔬菜作物的溶液电导率应大于 1 mS/cm。

电导率的简便测定方法同酸碱度测定法，并可用专门仪器（电导仪）测量。样品溶液的制备方法多样，除基质与水之比为 1∶5(v/v) 外，尚有 1∶2、饱和法等，必须事先确定，才能正确解释所得结果。

5. 基质的缓冲能力　基质的缓冲能力是指基质在加入肥料后，基质本身所具有的缓和酸碱度（pH）变化的能力。缓冲能力的大小主要由阳离子代换量以及存在于基质中的弱酸及盐类的多少而决定。一般阳离子代换量高的，其缓冲能力就强。含有较多的碳酸钙、镁盐的基质对酸的缓冲能力大，但其缓冲作用是偏性的（只缓冲酸性）；含有较多腐殖质的基质对酸碱两性都有缓冲能力。依基质缓冲能力的大小排序，则为：有机基质>无机基质>惰性基质>营养液。在常用基质中，有些矿物性基质有很强的缓冲能力，如蛭石，但大多数矿物性基质缓冲能力都很弱。因此，应了解清楚基质的缓冲能力，以便利用其优点，避免其缺点。

6. 碳氮比　碳氮比是指基质中碳和氮的相对比值。

碳氮比高（高碳低氮）的基质，由于微生物生命活动对氮的争夺，会导致植物缺氮。碳氮比达到 1 000∶1 的基质，必须加入超过植物生长所需的氮量，以补偿微生物对氮的需求。碳氮比很高的基质，即使采用了良好的栽培技术，也不易使植物正常生长发育。因此，木屑和蔗渣等有机基质，在配制混合基质时，用量不宜超过 20%，或者每立方米加 8 kg 氮肥，堆积 2～3 个月，然后再使用。另外，大颗粒的有机基质由于其表面积较小，分解速度较慢，而且其有效碳氮比小于小颗粒的有机基质（细锯末的碳氮比为1 000∶1，而直径为0.5 cm的粗锯末的碳氮比则为500∶1），所以要尽可能使用大颗粒的尤其是碳氮比低的基质。

一般规定，碳氮比为200～500∶1属中等，小于200∶1属低，大于500∶1属高。通常，碳氮比宜中、宜低而不宜高。碳氮比为30∶1左右较适合于作物生长。

（三）理想基质的要求

自然土壤由固相、液相和气相三者组成。固相具支持植物的功能，液相具提供植物水分和水溶性养分的功能，气相具为植物根系提供氧气的功能。土壤孔隙由大孔隙和毛管孔隙组成，前者起通气排水作用，后者起吸水持水作用。理想的无土栽培用基质，其理化性状应类似土壤，应能满足如下要求：①适于种植众多种类植物，适于植物各个生长阶段，甚至包括组织培养试管苗出瓶种植。②容重轻，便于大中型盆栽花木的搬运，在屋顶绿化时可减轻屋顶的承重荷载。③总孔隙度大，达到饱和吸水量后尚能保持大量空气孔隙，有利于植物根系的贯通和扩展。④吸水率大，持水力强，有利于盆花租摆和高架公路绿化时减少浇水次数；同时，过多的水分容易疏泄，不致发生湿害。⑤具有一定的弹性和伸长性，既能支持住植物地上部分使其不发生倾倒，又能不妨碍植物地下部分伸长和肥大。⑥浇水少了，不会开裂而扯断植物根系；浇水多了，不会黏成一团而妨碍植物根系呼吸。⑦绝热性较好，不会因夏季过热、冬季过冷而损伤植物根系。⑧本身不携带土传性病虫草害，外来病虫害也不易在其中滋生。⑨不会因施加高温、熏蒸、冷冻而发生变形变质，便于重复使用时进行灭菌灭害。⑩本身有一定肥力，但又不会与化肥、农药发生化学作用，不会对营养液的配制和pH有干扰，也不会改变自身固有的理化特性。⑪没有难闻的气味和难看的颜色，不会招诱昆虫和鸟兽。⑫pH容易随意调节。⑬不会污染土壤，本身就是一种良好的土壤改良剂，并且在土壤中含量达到50%时也不出现有害作用。⑭沾在手上、衣服上、地面上极容易清洗掉。⑮不受地区性资源限制，便于工厂化批量生产。⑯日常管理简便，基本上与土培差不多。⑰价格不高昂，用户在经济上能够承受。

第二节　固体基质的分类

无土栽培用的固体基质有许多种，包括岩棉、蛭石、珍珠岩、沙、砾石、草炭、稻壳、椰糠、锯末、菌渣等，这些基质加入营养液后，能像土壤一样给植物提供氧气、水分、养分和对植物的支持，同时能够弥补水培的一些不足之处，如通气不良、不能调节供给根系的水分条件等。因此，固体基质是无土栽培中极重要的一个部分。

固体基质的分类方法很多，按基质的来源分类，可以分为天然基质和人工合成基质两类。如沙、砾石等为天然基质，而岩棉、泡沫塑料、多孔陶粒等则为人工合成基质。

按基质的组成分类，可以分为无机基质、有机基质和化学合成基质3类。沙、砾石、岩棉、蛭石和珍珠岩等都是无机物组成的，为无机基质；树皮、泥炭、蔗渣、稻壳、椰糠等是由植物有机残体组成的，为有机基质；泡沫塑料为化学合成基质。

按基质的性质分类，可以分为活性基质和惰性基质两类。所谓活性基质是指具有阳离子代换量或本身能供给植物养分的基质。惰性基质是指基质本身不起供应养分的作用或不具有阳离子代换量的基质。泥炭、稻壳、椰糠等含有植物可吸收利用的养分，并且具有较高的阳离子代换量，属于活性基质；沙、砾石、岩棉、泡沫塑料等本身既不含养分又不具有阳离子代换量，属于惰性基质。

按基质使用时组分的不同，可以分为单一基质和复合基质两类。所谓单一基质是指使用的基质是以 1 种基质作为植物生长介质的，如沙培、砾培使用的沙、砾石，岩棉培的岩棉，都属于单一基质。复合基质是指由 2 种或 2 种以上的基质按一定的比例混合制成的基质。现在生产上为了克服单一基质可能造成的容重过轻或过重、通气不良或通气过盛等弊病，常将几种基质混合形成复合基质来使用。一般在配制复合基质时，以 2 种或 3 种基质混合而成为宜。

一、无机基质和有机基质

无机基质主要是指一些天然矿物或其经高温等处理后的产物作为无土栽培的基质，如沙、砾石、陶粒、蛭石、岩棉、珍珠岩等。它们的化学性质较为稳定，通常具有较低的阳离子代换量，其蓄肥能力较差。

有机基质则主要是指一些含碳、氢的有机生物残体及其衍生物构成的栽培基质，如草炭、椰糠、树皮、木屑、菌渣等。有机基质的化学性质常常不太稳定，它们通常有较高的阳离子代换量，蓄肥、蓄水能力相对较强。

一般来说，由无机矿物构成的基质，如沙、砾石等的化学稳定性较强，不会产生影响营养液平衡的物质；有机基质如泥炭、锯末、稻壳等的化学组成复杂，对营养液的影响较大。锯末和新鲜稻壳含有易为微生物分解的物质，如糖类等，使用初期会由于微生物的活动发生生物化学反应，影响营养液的平衡，引起氮素严重缺乏，有时还会产生有机酸、酚类等有毒物质，因此用有机物作基质时必须先堆制发酵，使其形成稳定的腐殖质，并降解有害物质，才能用于栽培。此外，有机基质具有高的阳离子代换量，故缓冲能力比无机基质强，可抵抗养分淋洗和 pH 过度升降。

二、化学合成基质

化学合成基质又称人工土，是近 10 年研制出的一种新产品，它是以有机化学物质（如脲醛、聚氨酯、酚醛等）作原材料，人工合成的新型固体基质。其主体组分可以是多孔塑料中的脲醛泡沫塑料、聚氨酯泡沫塑料、聚有机硅氧烷泡沫塑料、酚醛泡沫塑料、聚乙烯醇缩甲醛泡沫塑料、聚酰亚胺泡沫塑料之任一种或数种混合物，也可以是淀粉聚丙烯树脂一类强力吸水剂，使用时允许适量渗入非气孔塑料甚至珍珠岩。

目前在生产上得到较多应用的人工土是脲醛泡沫塑料，它是将工业脲醛泡沫经特殊化改性处理后得到的一种新型无土栽培基质，它是一种具多孔结构、直径≤2 cm、表面粗糙的泡沫小块，具有与土壤相近的理化性质，pH 6～7，并容易调节。容重为 0.01～0.02 g/cm^3，总孔隙度为 827.8%，大孔隙为 101.8%，小孔隙为 726.0%，气水比 1∶7.13，饱和吸水量可达自身重量的 10～60 倍或更多，有 20%～30%的闭孔结构，故即使吸饱水时仍有大量空气孔隙，适合植物根系生长，解决了营养液水培中的缺氧问题。基质颜色洁白，容易按需要染成各种颜色，观赏效果好，可 100%的单独替代土壤用于长期栽种植物，也可与其他泡沫塑料或珍珠岩、蛭石、颗粒状岩棉等混合使用。生产过程中，经酸、碱和高温处理已杀灭病菌、害虫和杂草种子，不存在土传病害，适应出口及内销的不同场合不同层次的消费需要，其产品的质量检验容易通过。

但由于人工土相对来说是一种高成本产品，所以在十分讲究经济效益的场合，如在切花生产、大众化蔬菜生产等方面，目前不及泥炭、蛭石、木屑、煤渣、珍珠岩等实用，但在城市绿化、家庭绿化、作物育苗、水稻无土育秧、培育草坪草、组织培养和配合课堂教学等方面，则人工土具有独到的长处。

人工土又完全不同于无土栽培界有些人所称的人造土（人工土壤）、人造植料、营养土、复合土等。究其实质，后者不外乎是混合基质，将自然界原本存在的几种固体基质和有机基质按各种比例，甚至再加进田园土混合而成而已，没有人工合成出新的物质。因此，人工土是具有不同于人造土、人造植料的全新概念。

三、复合基质

复合基质又称混合基质，是指由 2 种或 2 种以上的基质按一定的比例混合制成的栽培用基质。这类基质是为了克服生产上单一基质可能造成的容重过轻或过重、通气不良或通气过盛等弊病，而将几种基质混合使用而产生的。在世界上最早采用复合基质的是德国汉堡的 Frushtifer，他在 1949 年将泥炭和黏土等量混合，并加入肥料，用石灰调节 pH 后栽培植物，并将这种基质称为“标准化土壤”。美国加利福尼亚州大学、康奈尔大学从 20 世纪 50 年代开始，用草炭、蛭石、沙、珍珠岩等为原料，制成复合基质，这些基质以商品形式出售，至今仍在欧美各国广泛使用。

复合基质将特点各不相同的基质组合起来，使各自组分互相补充，从而使基质的各个性能指标达到要求标准，因而在生产上得到越来越广泛的应用。从理论上讲，混合的基质种类越多效果越好，但由于混合基质时所需劳动力费用较高，因此从实际考虑应尽量减少混合基质的种类，生产上一般以 2～3 种基质混合为宜。

四、基质的选用原则

基质是无土栽培中重要的栽培组成材料，因此，基质的选择便是一个非常关键的因素，要求基质不但具有像土壤那样能为植物根系提供良好的营养条件和环境条件的功能，而且还可以为改善和提高管理措施提供更方便的条件。因此，对基质应根据具体情况予以精心选择。基质的选用原则可以从 3 个方面考虑，一是植物根系的适应性，二是基质的适用性，三是基质的经济性。

1. 根系的适应性 无土基质的优点之一是可以创造植物根系生长所需要的最佳环境条件，即最佳的水气比例。

气生根、肉质根需要很好的通气性，同时需要保持根系周围的湿度达 80%以上，甚至 100%的水气。粗壮根系要求湿度达 80%以上，通气较好。纤细根系如杜鹃花根系要求根系环境湿度达 80%以上，甚至 100%，同时要求通气良好。在空气湿度大的地区，一些透气性良好的基质如松针、锯末非常合适；而在大气干燥的北方地区，这种基质的透气性过大，根系容易风干。北方水质呈碱性，要求基质具有一定的氢离子浓度调节能力，选用泥炭混合基质的效果就比较好。

2. 基质的适用性　基质的适用性是指选用的基质是否适合所要种植的作物。一般来说，基质的容重在0.5 g/cm^{3}左右，总孔隙度在60%左右，大小孔隙比在0.5左右，化学稳定性强（不易分解出影响物质），酸碱性接近中性，没有有毒物质存在者，都是适用的。当有些基质的某些性状有碍作物栽培时，如果采取经济有效的措施能够消除或者改良该性状，则这些基质也是适用的。例如，新鲜蔗渣的碳氮比很高，在种植作物过程中会发生微生物对氮的强烈固定而妨碍作物的生长，但经过采用比较简易而有效的堆沤方法，就可使其碳氮比降低而成为很好的基质。

有时基质的某种性状在一种情况下是适用的，而在另一种情况下就变成不适用了。例如，颗粒较细的泥炭，对育苗是适用的，对袋培滴灌时则因其太细而不适用。栽培设施条件不同，可选用不同的基质。槽栽或钵盆栽可用蛭石、沙作基质，袋栽或柱状栽培可用锯末或泥炭加沙的混合基质，滴灌栽培时岩棉是较理想的基质。

世界各国在无土栽培生产中对基质的选择均立足于本国实际。例如，日本以水培为主，南非以蛭石栽培居多，加拿大采用锯末栽培，西欧各国岩棉栽培发展迅速。我国可供选用的基质种类较多，各地应根据自己的实际情况选择适当的基质材料。

决定基质是否适用，还应该有针对性地进行栽培试验，这样可提高判断的准确性。

3. 基质的经济性　除了考虑基质的适用性以外，选用基质时还要考虑其经济性。有些基质虽对植物生长有良好的作用，但来源不易或价格太高，因而不宜使用。现已证明，岩棉、泥炭、椰糠是较好的基质，但我国的农用岩棉仍需靠进口，这无疑会增加生产成本；泥炭在我国南方的贮量远较北方少，而且价格也比较高，但南方作物的茎秆、稻壳、椰糠等植物性材料很丰富，如用这些材料作基质，则不愁来源，而且价格便宜，亟待于规模化、产业化、商品化开发。因此，选用基质既要考虑对促进作物生长有良好效果，又要考虑基质来源容易、价格低廉、经济效益高、不污染环境、使用方便（包括混合难易和消毒难易等）、可利用时间长以及外观洁美等因素。

第三节　无机栽培基质

无机基质作为基质的一大类，在生产上应用较为广泛，常用的有岩棉、沙、砾、蛭石等，这些基质虽归为同一类，但各自的物理化学性质却有差异。为了充分发挥无土栽培的潜能以取得良好的效益，了解基质的特性尤为重要。因此，本节将对常用的无机基质进行详细介绍。

一、岩　　棉

岩棉的外观是白色或浅绿色的丝状体，容重为0.06～0.11 g/cm^3，总孔隙度大，可达96%～100%，其中大孔隙为64.3%，小孔隙为35.7%，气水比为1∶0.55，吸水力很强。岩棉的pH为6.0～8.3，碳氮比和阳离子代换量低。

岩棉吸水后，会依其厚度的不同，含水量从下至上而递减；相反，空气含量则自下而上递增。岩棉块水分垂直分布情况如表5-5所示。

栽培中施用营养液后，新岩棉pH较高，一般在7.0以上，在栽培初期能使营养液的pH有所升高，但经过一段时间岩棉自身的高pH会被营养液的低pH所中和。如果岩棉pH

较高，可在灌水时用适量酸调节，1～2 d后即可使其pH降低。岩棉在中性或弱酸、弱碱条件下是稳定的，但在强酸、强碱下纤维会溶解，而且岩棉与天然石棉是不同的，它不像石棉那样会对人体健康产生危害。

表5-5 岩棉块中水分和空气的垂直分布状况

高度（cm）（自下而上）	干物容积（%）	孔隙容积（%）	持水容积（%）	空气容积（%）
下 1.0	3.8	96	92	4
5.0	3.8	96	85	11
7.5	3.8	96	78	18
10.0	3.8	96	74	22
上 15.0	3.8	96	74	42

岩棉的制造是由辉绿岩、石灰石和焦炭以3∶1∶1或4∶1∶1的比例，或由冶铁炉渣、玄武岩和沙砾（二氧化硅）混合后，先在1 500～2 000 ℃的高温炉中熔融，将熔融物喷成直径为5～8 μm的纤维细丝，再将其压成容重为80～100 kg/m³ 的片，然后再冷却至200 ℃左右时，加入一种酚醛树脂以减小表面张力并固定成型，按需要压制成四方体（10 cm×10 cm×7.5 cm）或板片等各种形状，并且用苯酚树脂（用量占岩棉的2%～6%）和润湿剂进行处理，使固定和润湿，一般呈黄色、灰色或白色，这样生产出的岩棉能够吸持水分。因岩棉制造过程是在高温条件下进行，因此，它是完全消毒的，不含病菌和其他有机物。经压制成形的岩棉块在种植作物的整个生长过程中不会产生形态的变化。

岩棉具有低碳氮比和阳离子代换量的特性，含全氮0.084%、全磷0.228%。矿质成分中二氧化硅占35.5%～47.0%，铝、钙、镁、铁、锰、钠、钾、硫等占53.0%～64.5%（表5-6）。但这些主要成分多数是植物不能吸收利用的，属于惰性基质。

表5-6 岩棉的化学组成

成 分	含 量（%）	成 分	含 量（%）
二氧化硅（SiO_2）	47	氧化钠（Na_2O）	2
氧化钙（CaO）	16	氧化钾（K_2O）	1
氧化铝（Al_2O_3）	14	氧化锰（MnO）	1
氧化铁（FeO）	8	氧化钛（TiO）	1

无土栽培用的岩棉最早于1963年出现于丹麦。荷兰于1970年将其应用于无土栽培，在蔬菜无土栽培面积中80%用岩棉作基质，应用面积居世界之首。英国、比利时等国也在大力发展岩棉栽培。目前在全世界的无土栽培中，岩棉培的面积居第一位。现在世界上使用最广泛的一种岩棉是丹麦Groden公司生产的，商品名为格罗丹（Groden），有两种类型制品，一种是排斥水的称格罗丹蓝，另一种为能吸水的称格罗丹绿。前者孔隙之95%可为空气所占据，后者孔隙之95%可被水分所占据，两种类型按适当比例混合使用，可得到所要求的最佳气水比。透气性差的土壤或其他基质掺用一定比例的格罗丹蓝，例如3份黏性土壤加1份格罗丹蓝颗粒，就可得到较好的气水状况。

由于其孔隙大小均一，因此在同样孔隙度的情况下，可通过控制岩棉块高度以调整气水比。例如，孔隙度为96%，岩棉块高5 cm，气水比为1∶7.73；高10 cm，气水比为1∶3.36；高15 cm，则气水比为1∶0.78。所以，岩棉块的高度一般控制在10～15 cm。

岩棉作为基质具有化学性质稳定、物理性状优良、pH稳定以及经高温消毒后不携带任何病原菌等特点，因而能够为植物提供一个保肥、保水、无菌、空气供应量充足的良好根区环境，不仅可栽培蔬菜、花卉和繁育苗木，还能用于幼苗的组织培养。无土栽培中岩棉主要用在3个方面：一是用岩棉进行育苗；二是用在循环营养液栽培中，如营养液膜技术（NFT）中植株的固定；三是用于岩棉基质的袋培滴灌技术中。

岩棉质轻，不会腐烂分解，透气性好，近年对其质地性能大力改善，并确立了完善的废弃物处理法，被认为是当今世界无土栽培最理想的基质而普遍采用。

我国生产的保温隔热用岩棉，质地或松软或坚实，纤维呈横向排列，吸水后透气性随使用期延长而下降，用作盆栽基质效果均不甚理想（植物不发根，并出现叶缘枯焦），故国内已有厂家在按农用要求进行专门性生产，以求改变依靠进口的状态。

二、沙

沙的来源广泛，在河流、海、湖的岸边以及沙漠等地均有分布，加上价格便宜，是无土栽培应用最早的一种基质材料，但其缺点是容重大，持水力差，化学成分和质量因来源不同而差异较大。我国新疆戈壁滩无土栽培多采用沙培。

沙的pH为6.5～7.8，容重为1.5～1.8 g/cm^3，总孔隙度为30.5%，大孔隙为29.5%，小孔隙为1.0%，气水比为1∶0.03，碳氮比和持水量均低；没有阳离子代换量；电导率为0.46 mS/cm。由于来源的不同，其组成成分差异很大。一般含二氧化硅在50%以上，其他除钙元素外，大量元素的含量较少。各种微量元素都有一定含量，其中铁、锰、硼等有时可满足或补充植物对它们的要求，但有时会过多，对植物产生毒害作用，特别是在酸性条件下。有时含脲酶，可提高尿素、铵态氮的利用率。在使用沙之前最好进行化学分析，查明有关成分含量，以保证营养液养分的合理用量和有效性。

不同粒径的沙对作物生育有不同的影响，使用时选用0.5～3 mm粒径的沙为宜。沙的粒径大小配合应适当，如太粗易产生基质持水不良，易缺水，但通气条件较好；太细则保水力较强，但易在沙中滞水，通气性稍差。较为理想的沙粒粒径大小的组成应为：大于4.7 mm的占1%，2.4～4.7 mm的占10%，1.2～2.4 mm的占26%，0.6～1.2 mm的占20%，0.3～0.6 mm的占25%，0.1～0.3 mm的占15%，小于0.1 mm的占3%。故作基质使用时应进行过筛，剔去过大沙砾，并用水冲洗，除去泥土、粉沙。栽培时还应注意保持合理的供液量和供液时间，防止供液不足或过多。

用作无土栽培的沙应确保不含有毒物质。例如，海边的沙通常含有较多的氯化钠，在种植前应用清水清洗后才用。在石灰性地区的沙含有较多石灰质，使用时应特别注意。一般碳酸钙的含量不应超过20%，但如果碳酸钙含量高达50%而又没有其他基质可供选用时，可采用浓缩磷酸钙溶液进行处理。将含有45%～50%五氧化二磷的重过磷酸钙[$CaH_4(PO_4)_2 \cdot H_2O$] 8 kg溶于4 500 L水中，然后用此溶液浸泡要处理的沙，如果溶液中磷含量降低很快，可再加入重过磷酸钙，一直加至液体中的磷含量稳定在不低于10 mg/L时，将液体排掉就可以使用，在种植前用清水稍作清洗即可。

三、砾　石

在蔬菜营养液栽培中砾培较为普遍，基质来源是河边石子或石矿场岩石碎屑。由于其来源不同，化学组成差异很大。一般选用的砾石以非石灰性的（花岗岩等发育形成的）为好，如不得已选用石灰质砾石，可用磷酸钙溶液进行处理。新的砾粒对营养液的 pH 及其组成浓度有一定的影响，如可使营养液 pH 升高，对钙、钠、镁的浓度有一定影响，对钾、磷、铵、铁等具有吸附作用，因此在使用前可以用磷酸钙处理，或通过频繁更换营养液达到稳定营养液 pH 和协调离子平衡的目的。

砾石本身不具有阳离子代换量性能，保持水分和养分的能力差，但通气排水性能良好。砾石在早期的无土栽培中发挥了重要作用，在当今的深液流栽培中仍有作为定植填充物使用的。

砾石的粒径应选在 1.6～20 mm 的范围内，其中总体积一半的砾石直径应为 13 mm 左右。砾石应较坚硬，不易破碎；选用的砾石最好为棱角不太利的，特别是株型高大的植物或在露天风大的地方更应选用棱角钝的，否则会使植物茎部受到划伤。

由于砾石的容重大（1.5～1.8 g/cm^3），给搬运、清理和清毒等日常管理带来很大麻烦，而且用砾石进行无土栽培时需建一个坚固的水槽（一般用水泥建成）来进行营养液循环。正是这些缺点，使砾培在现代无土栽培中用得越来越少。

四、蛭　石

蛭石为云母类次生硅质矿物，为铝、镁、铁的含水硅酸盐，由一层层的薄片叠合构成；在 800～1 100 ℃炉体中受热，水分迅速逸失，矿物膨胀 15～25 倍，形成紫褐色有光泽多孔的海绵状小片，称为烧胀蛭石。它的颗粒由许多平行的片状物组成，片层之间含有少量水分。蛭石的容重很小（0.07～0.25 g/cm^3），总孔隙度为 133.5%，大孔隙为 25.0%，小孔隙为 108.5%，气水比为 1∶4.34，持水量为 55%，电导率为 0.36 mS/cm，碳氮比低。含全氮 0.011%、全磷 0.063%、速效钾 501.6 mg/kg、代换钙 2 560.5 mg/kg，所含的钾、钙、镁等矿质养分能适量释放，供植物吸收利用，在配制营养液时应予以考虑。蛭石具有较高的缓冲性和离子交换能力，通气性也好，园艺上用它作育苗、扦插或以一定比例配制混合栽培基质效果很好。

蛭石的 pH 因产地不同、组成成分不同而稍有差异。一般均为中性至微碱性（pH 6.5～9.0）。当其与酸性基质如泥炭等混合使用时不会出现问题。如单独使用，因 pH 太高，需加入少量酸进行中和。

国外园艺用蛭石按直径大小分为 4 个等级：3～8 mm 为 1 号；2～3 mm 为 2 号，最为常用；1～2 mm 为 3 号；0.75～1 mm 为 4 号，适用于种子发芽。

蛭石的吸水能力很强，每立方米可以吸收 100～650 L 水。无土栽培用的蛭石的粒径应在 3 mm 以上，用作育苗的蛭石可稍细些（0.75～1.0 mm）。因其使用一段时间后由于坍塌、分解、沉降等原因易破碎而使结构遭到破坏，孔隙度减少，结构变细，影响透气和排水，因此在运输、种植过程中不能受重压；一般使用 1～2 次其结构就会变劣，故一般不宜用作长期盆栽植物的基质，需重新更换，使用之后可作肥料或育苗的营养土成分施用到土壤中。

五、珍珠岩

珍珠岩是由一种灰色火山岩（铝硅酸盐）加热至 1 000 ℃时，岩石颗粒膨胀而形成质地均一、直径 1.5～4 mm 的灰白色多孔性闭孔疏松核状颗粒，又称为膨胀珍珠岩或“海绵岩石”。它是一种封闭的轻质团聚体，容重小，为 0.03～0.16 g/cm^3，总孔隙度约为 60.3%，其中大孔隙约为 29.5%，小孔隙约为 30.8%，气水比为 1∶1.04，持水量为 60%，电导率为 0.31 mS/cm，碳氮比低。含全氮 0.005%、全磷 0.082%、速效钾 1 055.3 mg/kg、代换钙 694.5 mg/kg。

珍珠岩的阳离子代换量低于 1.5 cmol/kg，几乎没有缓冲作用和离子交换性能，pH 为 6.0～8.5。珍珠岩的主要成分为 SiO_2，占 74%；其次是 Al_2O_3，占 11.3%；还有 Fe_2O_3 占 2%，CaO 为 3%，MnO 为 2%，Na_2O 为 5%，K_2O 为 2.3%，其他成分为 0.4%。珍珠岩中的养分大多不能被植物不能吸收利用。

珍珠岩的吸水量可达本身重量的 2～3 倍；稳定性好，能抗各种理化因子的作用，故不易分解，所含矿物成分不会对营养液产生干扰，但它是一种受压后较易破碎的基质，使良好的通气性变劣。在使用时主要有两个问题：一是珍珠岩粉尘污染较大，并对呼吸道有刺激作用，取用时需戴口罩，使用前最好先用水喷湿，以免粉尘纷飞；二是珍珠岩在种植槽或复合基质中，在淋水较多时会由于质轻而浮在水面上，不易与植物根系密贴，这个问题是没有办法解决的，故一般多用于扦插或与其他基质如泥炭、蛭石等配制成混合基质，但日久后仍会出现漂浮在表面的现象。

园艺上较常用颗粒大小为 3～4 mm 的产品。

六、膨胀陶粒

膨胀陶粒又称多孔陶粒或海氏砾石（Haydite），它是用大小比较均匀的团粒状陶土（火烧页岩，含蒙脱石和凹凸棒石成分）在 800～1 100 ℃的高温陶窑中煅烧制成的。外壳硬而较致密，色赭红。从切面看，内部为蜂窝状的孔隙构造，质地较疏松，略呈海绵状，色微带灰褐。其容重为 0.5～1.0 g/cm^3，大孔隙多，碳氮比低。膨胀陶粒较为坚硬，不易破碎，可反复使用，吸水率为 48 ml/(L・h)。颗粒大小横径为 0.5～1 cm 者占多数，少数横径小于 0.5 cm 或大于 1 cm。

膨胀陶粒的化学成分和性质受陶土原料成分的影响，其 pH 在 4.9～9.0 之间变化，有一定的阳离子代换量（6～21 cmol/kg）。

膨胀陶粒作为基质其排水通气性能良好，每个颗粒中间有很多小孔可以持水。可以单独用于无土栽培，单独使用时多用在循环营养液的种植系统中或用来种植需通气较好的花卉，也可以与其他基质混用，用量占总体积的 10%～20%或以上。因为其容重较大和透气性良好，适宜于作为人工土的表面覆盖材料使用。

膨胀陶粒在连续使用后，颗粒内部及表面吸附的盐分会造成颗粒内小孔堵塞，产生通气和供应养分上的困难，且难以用水洗去。同时，由于吸水甚慢、毛管水不易上升而排水极快，用作盆栽植物的基质时，不能使用底部有排水孔的容器，应使用排水孔设在盆壁下 1/4～1/3 的容器。另外，宜配用螯合程度较高的营养液，以免可能因某些元素蓄积过量而对植物产生伤害。又由于大孔隙远远多于珍珠岩、蛭石、沙等基质，对根系纤细的植物如杜鹃花等容易致使根系缺水干萎。所以，最好使用大小均一且粒径较小的产品，避免借用工业用陶粒。

陶粒本身价格虽高于珍珠岩、蛭石等基质，但因其耐用，故实际价格并不高。然而，如配用螯合程度高的营养液，则会大大提高盆栽花卉的生产成本。另外，不适宜用于播种和扦插，如用于移植栽种仅一两片叶的小苗则操作养护相当费力。

七、炉　渣

炉渣为煤燃烧后的残渣，工矿企业的锅炉、食堂以及北方地区居民的取暖等都有大量炉渣。炉渣容重为0.78 g/cm^3，有利于固定作物根系。炉渣具有良好的理化性质，总孔隙度为55.0%，其中大孔隙容积为22.0%，小孔隙容积为33.0%，持水量为17%（吸水量仅为其本身重的0.2），电导率1.83 mS/cm，碳氮比低，含全氮0.183%、全磷0.033%（速效磷23 mg/kg）、速效钾203.9 mg/kg、代换钙为9 247.5 mg/kg，pH为8.3。炉渣如未受污染，不带病菌，不易产生病害，含有较多的微量元素，如铁、锰、锌、钼、铜等，与其他基质混用时可以不加微量元素。

容重适中，种植作物时不易倒苗，但由于颗粒大小相差悬殊以及常混有石块，使用前最好粉碎并过筛，把粒径小于1～2 mm的细末以及大于5 mm的团块剔去。直径较大的颗粒是理想的排水层材料，可以铺在栽培床的下面，用编织袋与上部的基质隔开。炉渣最好不单独用作基质，与土壤或其他基质混合使用，既可改进通气性，又可改进吸水性。在基质中的用量也不宜超过60%（体积比）。适宜的炉渣基质应有80%的颗粒粒径在1～5 mm之间。

炉渣的优点是价廉易得和透气性好，缺点是碱性大、持水量低、质地不均一、对营养液成分影响大。使用前需进行筛选，并且最好用废酸液中和其碱性，或用清水洗碱，并淋洗去其所含的硫、钠等元素，或用堆放一定时间的陈旧炉渣。

第四节　有机栽培基质

有机栽培基质的化学性质一般不太稳定，它们通常具有较高的阳离子代换量，其蓄肥、蓄水能力相对较强。在无土栽培中，有机基质普遍具有保水性好、蓄肥力强的优点，在实际栽培中使用十分广泛。

一、泥　炭

泥炭又名草炭、草煤、泥煤、草筏子、灰夹泥等，是由苔藓、薹草、芦苇等水生植物以及松、桦、赤杨、羊胡子草等陆生植物在水淹、缺氧、低温、泥沙掺入等条件下未能充分分解而堆积形成，乃煤化程度最浅的煤，所以，它由未完全分解的植物残体、矿物质和腐殖质三者组成。

泥炭是迄今为止被世界各国普遍认为是最好的无土栽培有机基质之一，特别在工厂化无土育苗中，以泥炭为主体，配合蛭石、珍珠岩等基质，制成含有养分的泥炭钵（营养块），或直接放在育苗盘（穴盘）中育苗，效果良好。除用于育苗外，在袋培营养液滴灌或种植槽培中，泥炭也常用作栽培基质，植物生长很好。

泥炭的pH为3.0～6.5，个别可达7.0～7.5。容重一般为0.02～0.6 g/cm^3，但东北高位泥炭低达0.14 g/cm^3，江苏省低位泥炭可高达0.97 g/cm^3。总孔隙度为77%～84%，大孔隙5%～30%。含全氮0.49%～3.27%、全磷0.01%～0.34%、全钾0.01%～0.59%。阳离子代换量属中或高，持水量为50%～55%，电导率为0.2～0.5 mS/cm，碳氮比低或中。含水量为30%～40%，自然状态下可达50%以上。干物质中有机质含量40.2%～68.5%，个别低达30%，高达70%～90%。灰分含量为31.5%～59.8%，也有超出60%者。有机质中腐殖酸含量为20%～40%。风干泥炭吸水量可达自身重量的0.5～4倍，但水分不易迅速和充分渗入，水分吸足后则又不易渗出而影响通气性。吸氮量可达0.5%～3.0%。色褐黑似土。

泥炭在世界上几乎各个国家都有分布，但分布得极不均匀。据国际草炭学会的估计(1980)，现在世界上的泥炭总量超过420万km^2，几乎占陆地面积的3%。我国主要以北方的分布为多且质量较好，这与北方的地理和气候条件有关，因为北方雨水较少，气温较低，植物残体分解较慢。相反，南方高温多雨，植物残体分解较快，只是在一些山谷的低洼地表土下有零星分布。

在产区，泥炭由于开采和加工简单，价格便宜。但在非产地，由于经过层层运输和精细加工，优质泥炭（有机质95%、灰分≤5%，膨胀率200%）的价格与其他基质相比并不便宜，甚至比较昂贵。用于室内盆栽花卉，由于其褐黑如土，浇水时会从盆底孔渗出泥炭细末，故而多少带有脏感。

泥炭资源根据矿层深浅可分为现代泥炭（裸露泥炭）和埋藏泥炭两类。前者多裸露地面，形成过程尚在进行；后者被埋藏于地下1～10 m，炭层厚1～5 m，个别达20 m。

根据泥炭形成的地理条件、植物种类和分解程度可分为低位泥炭、高位泥炭和过渡泥炭3大类。

1. 低位泥炭　低位泥炭分布于低洼积水的沼泽地带，水源来自富含矿物养料的地下水。以薹草、芦苇等植物为主，其分解程度高，氮元素和灰分含量较多，酸性不强，呈微酸性至微碱性反应，持水量中或小，养分有效性较高，风干粉碎可直接作肥料使用。容重较大，吸水通气性较差，不宜单独作无土栽培基质。

2. 高位泥炭　高位泥炭分布在高寒地区，水源来自含矿物养料少的雨水。以水藓植物为主，分解程度低，氮元素和灰分含量较少，酸性较强（pH在4～5之间）。容重较小，持水力、阳离子代换量、吸水通气性较好，一般可吸持水分为其干物质重的10倍以上。在无土栽培中可作混配基质的原料。

3. 中位泥炭　中位泥炭介于高位与低位之间的过渡性泥炭，其性状介于高位泥炭与低位泥炭二者之间，也可用于无土栽培。

现将3种类型泥炭的一些理化性状比较如表5－7所示。

表5－7　不同类型泥炭的物理性质

泥炭种类	容重（g/cm³）	总空隙度（%）	空气容积（%）	易利用水容积（%）	吸水力（g/kg）
藓类泥炭（高位泥炭）	0.042	97.1	72.9	7.5	99.2
	0.058	95.9	37.2	26.8	115.9
	0.062	95.6	25.5	34.6	138.3
	0.073	94.9	22.2	35.1	100.1
白泥炭（中位泥炭）	0.071	95.1	57.3	18.3	86.9
	0.092	93.6	44.7	22.2	72.2
	0.093	93.6	31.5	27.3	75.4
	0.096	93.4	44.2	21.0	69.4

（续）

泥炭种类	容重（g/cm^3）	总空隙度（%）	空气容积（%）	易利用水容积（%）	吸水力（g/kg）
	0.165	88.2	9.9	37.7	51.9
黑泥炭（低位泥炭）	0.199	88.5	7.2	40.1	58.2
	0.214	84.7	7.1	35.9	48.7
	0.265	79.9	4.5	41.2	46.7

泥炭虽全氮含量较高，但多为有机态氮，转化成有效氮的速度很慢，数量甚少，加上有效磷、钾含量不高，且灰分偏高、酸性大、有时含活性铝和盐分或携带土传病虫草害、有机质难分解、其细末透气性差、质量因产地不同而参差不齐等特性，农业上应用要扬长避短，选用有机质含量不低于40%者，作为基质时最好不单独使用，而应与沙、煤渣、珍珠岩、蛭石、浮石等其他基质组成混合基质（用量按体积占20%～75%），以增加容重，改善孔隙度等理化性状，并注意调节好pH。

二、芦苇末

利用造纸厂废弃下脚料——芦苇末，添加一定比例的鸡粪等辅料，在发酵微生物的作用下，堆制发酵合成优质环保型无土栽培有机芦苇末基质，由南京农业大学等单位研制开发，已广泛应用于无土栽培和育苗之中，尤其在南方长江流域普遍采用。理化性状如下：容重0.20～0.40 g/cm^3，总孔隙度80%～90%，大小孔隙比0.5～1.0，电导率1.20～1.70 mS/cm，pH 7.0～8.0，阳离子代换量60～80 cmol/kg，具有较强的酸碱缓冲能力。有机苇末基质的矿质营养为：氮1.28%，磷0.21%，钾0.44%，钙0.17%，镁0.16%，铁76.16 mg/kg，锰75.20 mg/kg，锌12.10 mg/kg，铜11.00 mg/kg。各种营养元素含量丰富，微量元素的含量能基本满足作物生长发育的要求，基本上可与天然泥炭相比拟，故又称人工泥炭。

三、锯木屑

锯木屑又称锯末，是木材加工的下脚料。质轻，具有较强的吸水、保水能力。用作基质已有多年的历史，但各种树木的锯木屑成分差异很大。一般锯木屑的化学成分为：含碳48%～54%、氮0.18%，含戊聚糖14%、纤维44%～45%、木质素16%～24%、树脂1%～7%、灰分0.4%～2%。pH 4.2～6.2，容重为0.19 g/cm^3，总孔隙度为78.3%，大孔隙为34.5%，小孔隙为43.8%，气水比为1∶1.27。阳离子代换量较高。经堆积腐烂后pH为5.2，干容重为0.36 g/cm^3，湿容重为0.84 g/cm^3，持水量为48%，大孔隙为5.4%，电导率为0.56 mS/cm。

锯木屑的许多性质与树皮相似，但通常锯木屑的树脂、鞣质和松节油等有害物质含量较高，而且碳氮比很高，因此锯木屑在使用前一定要堆沤，堆沤时可加入较多的氮素，堆沤时间需较长（至少3个月以上）。

多数锯木屑碳氮比高达1 000∶1，腐烂分解后会降低通气性。某些树种如桉树、侧柏的锯木屑含有对植物有毒害作用的物质，人造板的锯木屑含化学黏合剂，所以使用时要注意以下几点：①尽量选用对植物无毒害作用的锯木屑；②在锯木屑中按干重计加1%氮，经过几个月后，如发现盐分过多，要减少氮肥的施用量；③细锯末持水量高，掺入其他基质中会降低通气性，用量不宜超过 20%；④经过一段时间，添加或更换新锯末；⑤加入适量尿素或其他氮肥，并最好添加专门发酵菌种，经堆沤制成发酵木屑后再启用。

锯木屑作为无土栽培基质，在使用过程中结构良好，一般可连续使用 2～6 茬，每茬使用后应加以消毒。作基质的锯木屑不应太细，小于 3 mm 的锯木屑所占比例不应超过 10%，一般应有 80%在 3.0～7.0 mm 之间。多与其他基质混合使用。

锯木屑的价格便宜，在产区货源充沛，有利用价值，但它是一种天然有机基质，难免有携带病虫害之虞（例如我国松树的线虫病就是通过包装箱从境外传入的），加上消毒不便和产地有一定局限性，所以，从大范围来看，除林区外，锯木屑在无土栽培中用作基质并不占优势。

四、树　　皮

树皮是木材加工过程中的下脚料。在盛产木材的地方，如加拿大、美国等国家常用来代替泥炭作无土栽培基质。树皮的化学组成因树种不同差异很大，一般松树皮的化学组成为：有机质含量为 98%，其中蜡树脂为 3.9%、鞣质木质素为 3.3%、淀粉果胶 4%、纤维素 2.3%、半纤维素 19.1%、木质素 46.3%、灰分 2%，碳氮比为 135，pH 4.2～4.5。

有些树皮含有有毒物质，不能直接使用。大多数树皮中含有较多的酚类物质，这对于植物生长是有害的，而且树皮的碳氮比都较高，直接使用会引起微生物对氮素的竞争作用。为了克服这些问题，必须将新鲜的树皮进行堆沤，堆沤时间至少应在 1 个月以上，因为有毒的酚类物质的分解至少需要 30 d。

经过堆沤处理的树皮，不仅使有毒的酚类物质分解，本身的碳氮比降低，而且可以增加树皮的阳离子代换量，阳离子代换量可以从堆沤前的 8 cmol/kg 提高到堆沤后的 60 cmol/kg。经堆沤后的树皮，其原先含有的病原菌、线虫和杂草种子等大多会被杀死，在使用时不需进行额外消毒。

树皮的容重为 0.4～0.53 g/cm^3。树皮用作基质，在使用过程中会因有机质分解而使其容重增加，体积变小，结构受到破坏，造成通气不良、易积水。但结构变劣需 1 年左右的时间。如果树皮中氧化物含量超过 2.5%，锰含量超过 20 mg/kg，则不宜用作基质。

树皮的性质与锯木屑相近，但树皮的通气性强些而持水量低些，并较耐分解。用前要破碎成 1～6 mm 大小，并最好堆积腐熟。一般与其他基质混合使用，用量占总体积的 25%～75%。如单独使用，由于过分通气，必须十分注意浇水和施肥，所以仅见用于种植兰科植物。

五、甘 蔗 渣

甘蔗渣来源于甘蔗制糖业的副产品，在我国南方资源丰富。新鲜蔗渣的碳氮比很高，达 169，不能直接作为基质使用，必须经过堆沤后才能够使用。堆沤时可以采用两种办法：一是将蔗渣淋水至含水量 70%～80%（用手握住一把蔗渣至刚有少量水渗出为宜），然后堆积即可；二是以蔗渣干重的 0.5%～1.0%的比例加入尿素，具体操作是将尿素溶于水后均匀地洒入蔗渣中，再加水至蔗渣含水量 70%～80%，然后堆积即可。加尿素可以加速蔗渣的分解，加快碳氮比的降低，经过一段时间堆沤的蔗渣，其碳氮比以及物理性状都发生了很大的变化（表5-8）。

表5-8 蔗渣堆沤前后物理、化学性状的变化

（华南农业大学作物营养与施肥研究室，1987）

堆沤时间	全碳含量（%）	全氮含量（%）	碳氮比	容重（g/cm^3）	通气孔隙（%）	持水孔隙（%）	大小孔隙比	pH
新鲜蔗渣	45.26	0.2680	169	0.127	53.5	39.3	1.36	4.68
堆沤3个月	44.01	0.3105	142	0.119	45.2	46.2	0.98	4.86
堆沤6个月	42.96	0.3613	119	0.116	44.5	46.3	0.96	5.30
堆沤9个月	34.30	0.6058	56	0.205	26.9	60.3	0.45	5.67
堆沤12个月	31.33	0.6375	49	0.279	19.0	63.4	0.30	5.42

蔗渣堆沤时间太长（6个月以上），会由于分解过度而造成通气不良，且对外加的速效氮的耐受能力差。所以，在实际应用时以堆沤3～6个月为好。经堆沤和增施氮肥处理，蔗渣可以变成与泥炭种植效果相当的良好基质，这为盛产甘蔗的南方发展有固体基质的无土栽培创造了一个物质条件。

用蔗渣作育苗基质时，蔗渣应较细，最大粒径不超过5 mm；用作袋培滴灌或槽培时，粒径可稍粗大，但最大也不宜超过15 mm。

六、菇渣和棉子壳菌糠

菇渣是种植草菇、平菇等食用菌后废弃的培养基质，可用来作为无土栽培基质。根据使用的材料不同，可将菇渣分为草腐型和木腐型两类，前者主要由各种秸秆如水稻秸秆、小麦秸秆及棉子壳等草本材料组成，后者主要由木屑类等木本材料组成。因为木腐型菇渣其理化性状与锯木屑基质相似，一般探讨的菇渣基质主要指草腐型菇渣基质。将废弃的菇渣取来后加水至含水量约70%，再堆成一堆，盖上塑料薄膜，堆沤3～4个月，取出风干，然后打碎，过5 mm筛，筛去菇渣中的粗大植物残体、石块和棉花即可。

菇渣容重为0.41 g/cm^3，持水量为60.8%，菇渣含氮1.83%、含磷0.84%、含钾1.77%。菇渣中含有较多的石灰，pH为6.9。

菇渣的氮、磷含量较高，不宜直接作为基质使用，应与泥炭、蔗渣、沙等基质按一定比例混合使用。混合时菇渣的比例不应超过40%（以体积计）。

棉子壳菌糠pH为6.4，容重为0.24 g/cm^3，总孔隙度为74.9%，大孔隙为72.3%，小孔隙为2.6%，气水比为1∶0.36。含全氮2.2%，含磷0.21%。其性质与发酵木屑有些相近。

七、稻　壳

稻壳（砻糠）是稻米加工时的副产品。稻壳用来作基质，既通气、排水、抗分解，又不干扰营养液或其他基质的pH、养分有效性、可溶性盐，再加上价格便宜，所以，单纯从这些方面来看，在产稻区它是一种比较好的基质。但是，由于其存在质轻而浇水后易浮起、用前要蒸煮以杀灭病原菌、蒸煮时释放出的锰有可能使植物中毒、蒸煮后要添加1%氮肥以纠正高碳氮比等缺点，故而无土栽培中少见直接用作基质。在无土栽培时使用的稻壳通常是进行过炭化（不可用明火）的，称为炭化稻壳、炭化砻糠或稻壳熏炭。

炭化稻壳色黑，容重为0.15～0.24 g/cm^3，总孔隙度为82.5%，其中大孔隙为57.5%，小孔隙为25.0%，气水比为1∶0.43，持水量55%。含氮0.54%，全磷0.049%，速效磷66 mg/kg，速效钾6 625.5 mg/kg，代换钙884.5 mg/kg。电导率为0.36 mS/cm。pH为6.9～7.7。如果炭化稻壳使用前没经过水洗，炭化形成的碳酸钾会使其pH升至9.0以上，因此使用前宜用水洗。

炭化稻壳因经高温炭化，如不受外来污染，则不带病菌。炭化稻壳含营养元素丰富，价格低廉，通透性良好，但持水孔隙度小，持水能力差，使用时需经常浇水。另外，稻壳炭化过程不能过度，否则受压时极易破碎。

炭化稻壳吸收养分的能力较差，但自身含有较丰富的钾、磷、钙等养分，可以满足幼苗需要，故适用于扦插和播种。由于pH偏碱性以及所含养分会干扰营养液的配制，加上资源不十分容易取得等原因，除扦插、播种外，一般不单独作为基质使用，而通常多见用于与土壤混合以改进通气性和肥力。另外，稻壳用作燃料产生的灰烬称为砻糠灰或谷壳灰，实际上与炭化稻壳并非是同一物品。前者燃烧程度高，含碳少，颗粒较细小，灰分含量多；后者则相反，作为基质性能优于前者，无土栽培中用作基质的主要是指炭化稻壳。

八、椰　　糠

椰糠又名金椰粉、压缩植物培养料，是椰子果实外壳加工后的废料。椰子果实外面包有一层很厚的纤维物质，将其加工成椰棕，可以做成绳索等物。在加工椰棕的过程中，可产生大量粉状物，称为椰糠。因为它颗粒比较粗，又有较强的吸收力，透气和排水比较好，保水和持肥的能力也较强。另外，椰棕切成小块或椰壳切成块状物均可作为栽培基质。未经切细压缩者，含有长丝，质地蓬松。经过切细压缩者，呈砖状，每块重450 g或600 g，加水3 000～4 000 ml浸泡后，体积可膨大至6 000～8 000 cm^3，湿容重为0.55 g/cm^3。pH为5.8～6.7。吸水量为自身重量的5～6倍。因为椰糠是植物性有机基质，碳氮比较高，如果给植物只浇清水，容易呈现缺素现象，尤其是植株呈现叶色淡绿或黄绿（可能缺氮）。由于pH、容重、通气性、持水量、价格等都比较适中，用椰糠、珍珠岩、煤灰渣、火山灰等混合后配成盆栽基质比较理想，尤其是作观叶植物的基质效果很好。我国海南等地椰糠资源丰富，开发利用前景较好。

九、腐　　叶

腐叶对花卉无土栽培的意义非同一般，因为它能够给植株提供一个类似有土栽培的理想环境。有些花卉种类需要从基质中不断地汲取所需的养分，为了满足它们的这种需求，仅靠人工调节营养液的供应往往满足不了植物的需要，而腐叶作为一个具有高阳离子代换量的栽培基质，能够很好地满足花卉的这种要求，因此腐叶在花卉栽培中的实用价值越来越为人们所认识。

所使用的基质腐叶来源广泛，容易制作。当深秋时，选择合适的地方挖一个大坑，然后把大量的阔叶树落叶集中在坑里，将其压实后灌水，然后在上面罩以塑料薄膜，并覆盖以土壤。经过一个冬季，可以在土地解冻后将已经腐败的落叶从土中挖出暴露于空气中，经常喷水、翻动，以利其风化，然后再将其捣碎、过筛即可使用。

在操作时，应该根据花卉的种类将腐叶与一定比例的其他基质混合在一起。它不适合单独使用，与其他无土基质混用效果最好。研究表明，含有适量腐叶的基质依然有较高的阳离子代换量，由于它有很好的持水性、透气性，因此很多种花卉都能在腐叶基质中茁壮生长。

十、作物秸秆

利用农作物秸秆合成有机基质不仅可以减少由于燃烧秸秆而造成的环境问题，而且还可以使秸秆变废为宝。我国是农业大国，作物秸秆量也巨大，据不完全统计，我国农作物秸秆年产量约 8 亿 t，其中有很大部分被散落在田间地头，或者被付之一炬，污染环境。

常见的作物秸秆基质主要由玉米秸秆、小麦秸秆、水稻秸秆、棉花秸秆等 1 种或者几种混合秸秆发酵而成。一般在制作作物秸秆基质时先将原料进行粉碎，然后再添加氮源和水分进行高温生物发酵。其理化性状因不同材质而有所不同，一般而言，由于玉米秸秆和棉花秸秆表层具有较厚的蜡层，因此在发酵过程中较难降解，最终产品具有较大的通气孔隙度和较小的容重、持水孔隙度；而小麦秸秆和水稻秸秆易于发酵，因此其产品的容重较大，通气孔隙度较小。在应用时应根据不同秸秆基质的特性区别对待，通过混配其他基质进行理化性状的调制，以适应作物生育的需要。

第五节 化学合成基质和复合基质

一、泡沫塑料

泡沫塑料种类繁多，能用作无土栽培基质的主要有脲醛泡沫、软质聚氨酯泡沫、酚醛泡沫和聚有机硅氧烷泡沫等泡沫塑料，尤其是脲醛泡沫塑料。这里以脲醛泡沫塑料为代表，将它与其他基质进行比较。

泡沫塑料的容重小，脲醛泡沫塑料干容重为 0.01～0.02 g/cm^3，总孔隙度为 82.78%，大孔隙为 10.18%，小孔隙为 72.60%，气水比为 1∶7.13，饱和吸水量可达自身重量的 10～60 倍或更多。有弹性，在受到不破坏结构的外力压缩后仍能恢复原状。脲醛泡沫塑料 pH 为 6.5～7.0，富含氮（高达 36%～38%）、磷、硫、钾、锌等元素，色洁白，容易按需要染成各种颜色，无特殊气味。生产过程中，经过酸、碱和高温处理，即使有病菌、害虫、草子混入，也均被杀灭。pH 容易随意调节。栽培成功的植物已不下 200 种，包括喜旱的仙人掌类和喜湿的热带雨林花卉。日常管理简便，供家庭观赏的盆花，尤其是不讲究生长速度的观赏植物，即使终年只浇清水也无妨。可以使用瓦盆、紫砂盆、塑料盆、瓷盆等各种容器，甚至使用玻璃容器。可单独使用替代土壤用于长期栽种植物，也可与其他泡沫塑料或珍珠岩、蛭石、颗粒状岩棉等混合使用。价格不高昂，与椰糠或建筑保温用岩棉相近，低于农用岩棉，远远低于水晶泥或精品泥炭。它不是土壤而胜似土壤，从播种扦插到移栽定植、从固体基质培到半基质培、从微型盆栽到大型盆栽、从室内盆花到室外盆花等等几乎无不适用，故与其他基质相比，是一种长处极多而短处很少的无土栽培基质材料，基本上能满足理想基质的各项要求。

泡沫塑料非常轻，用作基质时必须用容重较大的颗粒如沙、砾石来增加重量，否则植物无法固定。由于泡沫塑料的排水性能良好，因此可作为栽培床下层的排水材料。若用于家庭盆栽花卉（与沙混合），则较为美观且植株生长良好。

近两年，在我国推销的日本产"盆装泡沫塑料"，其外观和质地与海绵或软质聚氨酯非常相似，技术核心是采用了含水质防腐剂的长效缓释肥料，使日常管理简便化，但只适用于栽种较小型的花卉，价格又非常昂贵（栽种相同大小的一株花卉，代价比使用人工土高出30～40倍）。

二、复合基质

复合基质也称混合基质，是由2种或几种基质按一定的比例配合而成，基质种类和配比因栽培植物种类的不同而不同。

生产上用户常根据作物种类和基质材料配制复合基质，但专用的复合基质由专业公司制作而成。配制复合基质时一般用2～3种单一基质，制成的基质应是容重适宜，增加孔隙度，提高水分和空气含量。同时在栽培上要注意根据复合基质的特性，与作物营养液配方相结合，才有可能充分发挥其丰产、优质的潜能。合理配比的复合基质具有优良的理化特性，有利于提高栽培效果，但对不同作物而言，复合基质应具有不同的组成和配比。陈振德等试验表明：草炭、蛭石、炉渣、珍珠岩按照20∶20∶50∶10混合，适于番茄、甜椒育苗；按照40∶30∶10∶20混合，适于西瓜育苗；黄瓜育苗用50％草炭和50％炉渣混合效果较好。华南农业大学土壤农业化学系研制的蔗渣矿物复合基质是用50％～70％的蔗渣与30％～50％的沙、砾石或煤渣混合而成，无论是育苗还是全期生长效果均良好。但比较好的基质应适用于各种作物，不能只适用于某一种作物。如1∶1的草炭、蛭石，1∶1的草炭、锯末，1∶1∶1的草炭、蛭石、锯末，或1∶1∶1的草炭、蛭石、珍珠岩等复合基质，均在我国无土栽培生产上获得了较好的应用效果。以下是国内外常用的一些复合基质配方。

配方1：1份草炭、1份珍珠岩、1份沙。

配方2：1份草炭、1份珍珠岩。

配方3：1份草炭、1份沙。

配方4：1份草炭、3份沙，或3份草炭、1份沙。

配方5：1份草炭、1份蛭石。

配方6：4份草炭、3份蛭石、3份珍珠岩。

配方7：2份草炭、2份火山岩、1份沙。

配方8：2份草炭、1份蛭石、1份珍珠岩，或3份草炭、1份珍珠岩。

配方9：1份草炭、1份珍珠岩、1份树皮。

配方10：1份锯木屑、1份炉渣。

配方11：2份草炭、1份树皮、1份锯木屑。

配方12：1份草炭、1份树皮。

配方13：3份玉米秸、2份炉渣，或3份向日葵秆、2份炉渣，或3份玉米芯、2份炉渣。

配方14：1份玉米秸、1份草炭、3份炉渣。

配方15：1份草炭、1份锯木屑。

配方 16：1 份草炭、1 份蛭石、1 份锯木屑，或 4 份草炭、1 份蛭石、1 份珍珠岩。

配方 17：2 份草炭、3 份炉渣。

配方 18：1 份椰子壳、1 份沙。

配方 19：5 份葵花秆、2 份炉渣、3 份锯木屑。

配方 20：7 份草炭、3 份珍珠岩。

在配制复合基质时，可预先混入一定的肥料，肥料可用三元复合肥（15-15-15）以 0.25%的比例加水混入，或按硫酸钾 0.5 g/L、硝酸铵 0.25 g/L、过磷酸钙 1.5 g/L、硫酸镁 0.25 g/L 的量加入，也可按其他营养配方加入。在向复合基质加入时，若肥料量大应先将肥料进行粉碎再使用混凝土搅拌器混匀，若肥料量小可用水溶解后再均匀喷入基质中。

干的草炭一般不易湿润，可加入非离子湿润剂。例如，每 40 L 水中加 50 g 次氯酸钠配成溶液，可湿润 1 m^3 的混合物。

第六节 固体基质的消毒

许多无土栽培基质在使用前可能会含有一些病菌或害虫及其寄生虫卵，在长时间使用后也会聚积病菌和虫卵，尤其在连作条件下更容易发生病虫害。因此，在大部分基质使用之前或在每茬作物收获以后下一次使用之前，对基质进行消毒以消灭任何可能存留的病菌和虫卵，是很有必要的。

基质消毒最常用的方法有蒸汽消毒、化学药品消毒和太阳能消毒。

一、蒸汽消毒

蒸汽消毒方法简便易行，经济实惠，效果良好，安全可靠，但成本高。凡在温室栽培条件下以蒸汽进行加热的，均可进行蒸汽消毒。具体方法是将基质装入柜内或箱内（体积 1～2 m^3），用通气管通入蒸汽进行密闭消毒，一般在 70～90 ℃条件下持续 15～30 min。如基质量大，可堆积成 20 cm 高的堆垛，长度根据条件而定，覆上防水耐高温的布，导入蒸汽，在同样温度下消毒 1 h。

二、化学药品消毒

化学药品消毒常用的药剂有甲醛、威百亩、漂白剂等。该方法所使用的药剂一般对人亦有轻微伤害，在使用过程中应注意防护。消毒完毕之后，考虑到药物残留，处理完的基质还应放在通风处晾晒，以免使用时对作物生育产生危害。

1. 40%甲醛 40%甲醛又称福尔马林，是一种良好的杀菌剂，但对害虫效果较差。使用时一般用水稀释成 40～50 倍液，然后用喷壶每立方米 20～40 L 水量喷洒基质，将基质均匀喷湿，喷洒完毕后用塑料薄膜覆盖 24 h 以上。使用前揭去薄膜让基质风干 2 周左右，以消除残留药物危害。

2. 氯化苦 氯化苦为液体，能有效防治线虫、昆虫等害虫、一些杂草种子和具有抗性的真菌等，用注射器施用。一般先将基质整齐堆放 30 cm 厚度，然后每隔 20～30 cm 向基质内 10～15 cm 深度处注入氯化苦药液 3～5 ml，并立即将注射孔堵塞，一层基质施完药后，再在其上铺同样厚度的一层基质打孔施药，如此反复，共铺2～3层；或每立方米基质中施用150 ml药液，最后覆盖塑料薄膜，使基质在15～20 ℃条件下熏蒸7～10 d。基质在使用前要有7～8 d的风干时间，以防止直接使用时危害作物。

氯化苦对活的植物组织和人体有毒害作用，使用时务必注意安全。

3. 威百亩　威百亩是一种水溶性熏蒸剂，对线虫、杂草和某些真菌有杀伤作用。使用时1 L威百亩加入10～15 L水稀释，然后喷洒在10 m^3基质表面，施药后将基质密封，半个月后可以使用。

4. 漂白剂（次氯酸钠或次氯酸钙）　漂白剂尤其适于砾石、沙的消毒。一般在水池中配制0.3%～1%的药液（有效氯含量），浸泡基质30 min以上，最后用清水冲洗，消除残留氯。此法简便迅速，短时间内就能完成。次氯酸也可代替漂白剂用于基质消毒。

三、太阳能消毒

在基质的消毒中，蒸汽消毒比较安全，但成本较高；化学药品消毒成本较低，但安全性较差，并且会污染周围环境。太阳能消毒是一种安全、廉价、简单实用的基质消毒方法，同样也适用于目前我国日光温室的消毒。具体方法是，夏季温室或大棚休闲季节，将基质堆成20～25 cm高，长度视情况而定，在堆放基质的同时，用水将基质喷湿，使含水量超过80%，然后用塑料薄膜覆盖。如果是槽培，可在槽内直接浇水，然后用塑料薄膜覆盖。密闭温室或大棚，暴晒10～15 d，即可达到消毒之目的，效果很好。

基质除了需要进行消毒处理外，如果基质中积累有大量的盐，还应该用水冲洗或浸泡，以消除过量积累的盐分。

第七节　废弃基质的处理和再利用

使用一个生长季或更多生长季的无土栽培基质，由于吸附了较多的盐类或其他物质，因此必须经过适当的处理才能继续使用。通常基质的再生处理分为以下几种方法：

1. 洗盐处理　为了去掉基质内所含的过量盐分，可以用清水反复冲洗基质。在处理过程中，可以靠分析处理液的电导率来进行监控，一般控制在1.00～2.00 mS/cm即可。洗盐处理的效果与无土栽培基质的性质有着很大的关系，总体来看，阳离子代换量较高的基质的洗盐效果相对较差，而阳离子代换量较低的基质的洗盐效果相对较好。

2. 灭菌处理　对于夹杂有致病菌类的基质，可以采用高温灭菌法、药剂灭菌法进行消毒。适合现代化生产的高温灭菌法为蒸汽法，即将处于微潮状态的基质通入高压水蒸气。这种处理方法效果好，没有污染，但投入较大。此外，还可以凭借暴晒法来进行高温灭菌，在操作时可将被处理基质置于黑色塑料袋中，放在日光下暴晒，注意适时翻动袋中的基质，以使它们受热均匀。一般来说，暴晒灭菌法在夏秋高温时节处理效果最好。这种方法并不需要额外的能源，适用范围较广，但缺点是对天气的依赖性较强，且消毒有时并不彻底。在有些情况下，基质的灭菌处理也可以采用甲醛，用量为每立方米基质加入50～100 ml的药剂，由于甲醛能够使蛋白质变性，因此对于各种菌类均有很好的灭杀效果。在操作时，可将甲醛均匀地喷洒在基质中，然后覆盖以塑料薄膜，经过2～3 d后打开塑料薄膜，并摊开基质，使残留的甲醛散发到空气中，否则会对园艺作物的生长产生危害。

3. 离子导入 对于传统无土栽培来说，离子导入这个名词似乎有些陌生，实际上，定期给基质浇灌浓度较高的营养液，就是一个离子导入的过程。除了营养液栽培之外，很多园艺作物固体基质培实际上都面临着离子导入的问题。由于植物根系对于矿质营养的吸收在很大程度上是通过离子交换进行的，因此有固体基质存在的环境中，植物的根系都会与其发生离子交换作用而吸收其表面所吸附的阳离子或阴离子。这个过程是一个可逆反应，当它进行到一定程度后，则必须通过含有较高水平的阳离子或阴离子溶液来置换出基质中未被植物根系所释放的相应离子，这就是所谓的离子导入。它与离子交换的不同之处在于此项操作在人工控制下进行。此项技术的应用还处于试验研究阶段。

4. 氧化处理 一些栽培基质，特别是沙、砾石在使用一段时间后，其表面就会变黑，这种现象是由于环境中缺氧而生成了硫化物的结果。在重新使用时，应该将这些硫化物除去，通常采用的方法主要有通风法，即将被处理的基质置于空气中，这时空气中的游离氧会与硫化物反应，从而使基质恢复原来的面貌。除此以外，还可以使用药剂进行处理，例如在某些情况下，可以采用不会造成环境污染的过氧化氢来进行处理。

第六章 无土栽培的保护设施及环境调控

无土栽培一般是在温室和塑料大棚等（环境）保护设施中进行的。无土栽培作为设施农业生产的高新技术，在提高设施作物生产效率，保障其产品优质、高产、安全供应，以及提高劳动生产效率等方面，具有特别重要的作用。在荷兰，90%以上的温室果菜都采用岩棉（基质）无土栽培（rockwool culture）。由于无土栽培的类型和园艺作物种类很多，对保护设施的结构、规模、环境调控都提出了不同的要求。另外，由于设施类型很多，适合开展的无土栽培方式也不尽相同。在发达国家，温室、大棚设施的设计与建设常常与无土栽培的类型、作物种类、设备选型同时考虑，进行最优化组合，实现高效生产。本章就我国无土栽培保护设施的类型结构与环境调控技术进行阐述，并简要介绍植物工厂化生产的相关知识。

第一节 无土栽培的环境保护设施

我国无土栽培的环境保护设施主要是现代化温室、日光温室和大棚，少量为植物工厂、组培苗室等。

现代化温室是设备完善的高级农业生产设施，可有效调节环境因子变化，使之更适合植物生长发育，适时为市场提供优质的农副产品，是目前我国高档蔬菜、花卉、工厂化穴盘育苗、观光农业等无土栽培植物的主要保护设施。

日光温室是专指我国北方的一种以日光为主要能源的不加温单屋面塑料薄膜温室，一般由透光前坡、外保温帘、后坡、后墙、山墙和操作间组成，基本朝向为坐北朝南、东西向延伸，围护结构具保温与蓄热双重功能，北方地区无土栽培常应用这种节能低碳的保护设施。

大棚是指以利用自然光照提高室温为主的棚状结构，主要是用塑料薄膜作为透明覆盖材料的一种拱形的保护地栽培设施，通常称塑料大棚。一般跨度大于或等于 4.5 m，高度大于或等于 2.5 m，有单栋和连栋之分。与温室的区别是具有结构简单、拆建方便、一次性投资少等优点，南方亚热带地区较多用作无土栽培的保护设施。

一、日光温室的类型及结构特点

我国特有的日光温室的发展经历，最早要追溯到 20 世纪 50 年代中后期，当时系总结改良阳畦发展而来，是一种用于春季育苗的土木结构的小型温室，重点推出了北京改良式温室、鞍山改良式温室等一批单屋面小型温室。这些温室的栋向为东西延长，方位为坐北朝南，由前屋面、后屋面、墙、屋架、覆盖物及加温设备等部分构成。开间 3.0～3.3 m，跨度 4～6 m，每间 15～20 m²，每 4 间（或 3 间）设一个加温火炉，称为一房。每栋温室由 2～6 房（即 8～24 间）组成。温室的前窗（马杠）高 1.0～1.2 m，中柱（后屋面的前檐柱）高 1.70～1.85 m，后柱（靠后墙，或无后柱）高 1.25～1.35 m。中柱和后柱用柁连起（无后柱者柁放在后墙头上），柁上架檩条 2～3 根，然后放秸秆或旧蒲席等，或以水泥预制板做顶，顶上抹麦秸泥和灰土。屋顶宽 1.7～2.2 m，屋顶的坡度为 10°左右。前屋面的坡度，天窗为 15°～20°，地窗为 37°～45°。温室内靠北墙处设加温火炉，炉灶用砖砌成，分为炉身、火道（散热管）及烟囱等，是以煤作燃料的直接加温散热的加温设备（图 6－1）。

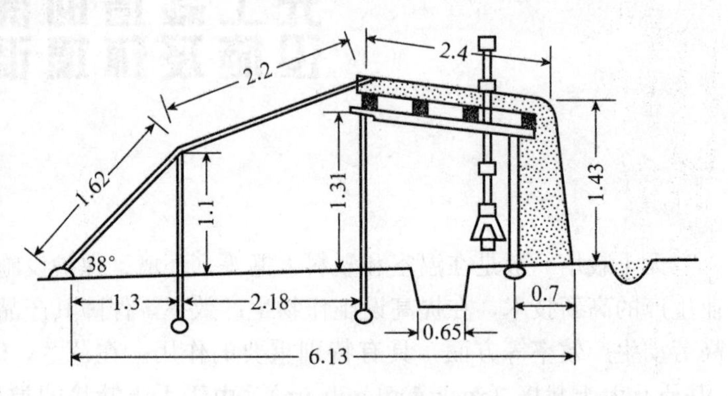

图 6－1 北京改良式温室结构示意图（单位：m）

改良温室前屋面用玻璃覆盖，并覆盖蒲席进行防寒。借助充分采光、严密保温、适量通风和补充加温等措施，可在冬春季调节、控制达到适宜蔬菜生长的小气候条件。但是，由于其主进光面角度偏小，光反射率高，太阳能利用率低，冬季晴天最高温度在 22～25 ℃，难以进行喜温蔬菜的生产，主要用于育苗，并需要补充加温。

到了 20 世纪 80 年代初，我国辽宁省南部地区在这些传统简易小型日光温室的基础上加以改进，建成了“海城式”日光温室（图 6－2）。这种温室跨度 6 m，高 2.5～2.7 m，后墙极矮（0.5 m）或没有，但后屋面长 3.5～4.0 m，由玉米秆、草泥、灰渣组成良好的保护层，阻止热量外溢，同时降低了后墙造价、缩小了温室容积，具有较大的采光角度，使冬季光照利用率显著提高。此类温室不仅室温上升快、贮热多，而且植株受到的直射光照强，光合作用提高，能够在北纬 42°地区冬季不加温或少加温条件下生产出黄瓜等喜温蔬菜，获得极显著的经济效益。这是在改革开放初期，农业产业结构调整尚未大范围实施的条件下，在资源、工业不发达的海城县，农民通过自己辛勤的劳动发展起来，为一部分先富裕起来的人们改善生活提供了条件，这也是在当时交通、通信条件不发达的社会背景下，解决北方地区冬季蔬菜供应紧张的重要途径。它的成功是我国温室发展史上的重要里程碑，开创了低碳节能温室发展的新纪元，令世人瞩目。

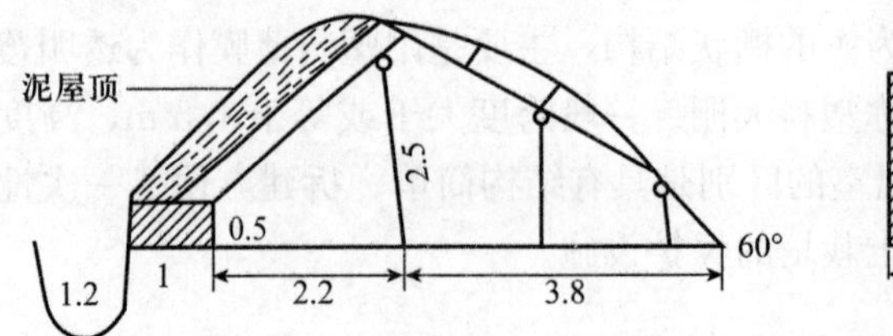

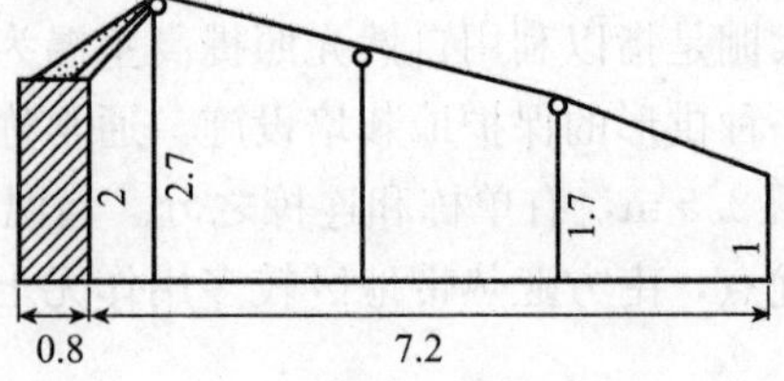

图 6－2 “海城式”温室结构示意图（单位：m）

这类温室主要是利用秋冬季农闲时生产，第二年春季使用完后要拆掉，因此尽管建造简单，却很费工，每 667 m² 温室要约 5 336 m² 地的玉米秸秆覆盖后坡，在以蔬菜生产为主的城市近郊难以采用（缺少木材、秸秆等），同时该温室施工面积大，实际栽培面积小，尤其在春夏季太阳升高之后，室内后屋面遮光严重，可利用面积更小，土地利用率仅四成左右。另外，温室低矮、内部支柱多，操作性能差，用工多。

这一举世瞩目的创造，经农业部为首的各级农业管理部门组织有关科技专家，对其结构性能及配套生产技术进行科学总结、改进和创新，又先后研发出适于北方不同气候带的结构更加优化的高效节能型日光温室。代表类型有：

1. 冀优Ⅱ型日光温室　跨度6～8 m，矢高3 m左右，后墙为空心砖墙，内填保温材料，钢筋骨架，由3道花梁横向连接，拱架间距80～100 cm。温室结构坚固耐用，采光好，通风方便，有利于内保温和室内作业（图6－3）。

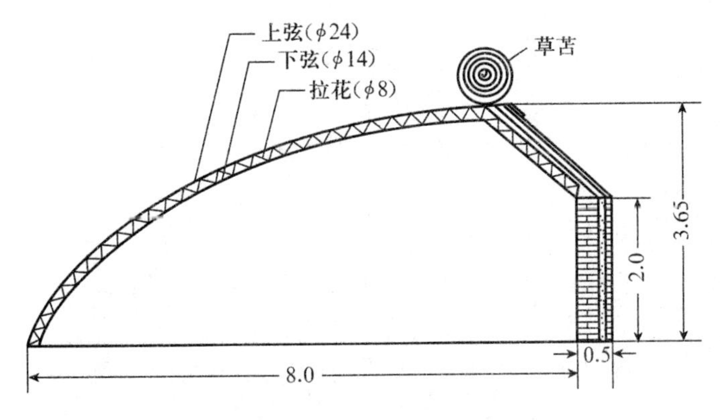

图6－3　冀优Ⅱ型日光温室结构示意图（单位：m）

2. 辽沈Ⅳ型日光温室　为了提高温室的土地利用率，一些地区也开发了大跨度的日光温室，跨度达到12 m以上，温室脊高5～6 m，这些大跨度的温室大幅度增加了温室空间，在一定程度上提高了温室的采光能力，但增加了建造的难度。如辽沈Ⅳ型日光温室是沈阳农业大学研制的大跨度节能温室，温室净跨度12.0 m，脊高5.5 m，后墙高3.0 m，墙体总厚度为60 cm，采用异质复合墙体，在辽宁省及附近地区有一定面积的推广（图6－4）。

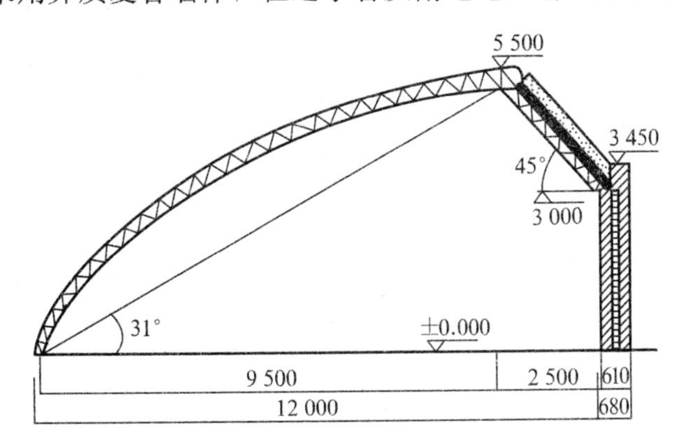

图6－4　辽沈Ⅳ型日光温室结构示意图（单位：mm）

二、现代化大型连栋温室的类型及结构特点

1. 荷兰芬洛式（Venlo）**温室**　现代化温室的典型代表起源于荷兰Venlo地区（图6－5）。这类温室是屋脊型连接屋面，钢架结构，透明覆盖材料主要为专用玻璃（占到95%），温室小

屋面跨度 3.2 m，矢高 0.8 m，每单跨由 2 个或 3 个小屋面直接支撑在桁架上，组合成 6.4 m、9.6 m、12.8 m 的多脊连栋型大跨度温室，开间距 4 m，新建温室总跨度多在 100～200 m，长度在 44～52 m 之间，单座温室面积在 1～4 hm^2 之间，脊高在 5～7 m 之间；通风窗设计在温室顶部，通风面积占温室面积的 16%；地面硬化以减少虫害和土壤蒸发对空气湿度的影响；配备有加温设备、喷雾设备、CO_2 施用设备、内保温系统、自然通风系统、空气环流风机、燃气式 CO_2 发生器、集雨池、营养液配制系统和智能控制系统，温室管理和水肥管理由计算机控制，节省大量人工和劳力。

图 6-5 荷兰芬洛式温室

2. 里歇尔（Richel）温室 法国瑞奇温室公司研究开发的一种流行的塑料薄膜温室，在我国引进温室中所占比例较大。一般单栋跨度为 6.4 m、8 m，檐高 3.0～4.0 m，开间距 3.0～4.0 m，其特点是固定于屋脊部的天窗能实现半边屋面（50%屋面）开启通风换气，也可以设侧窗，屋脊窗通风，通风面为 20%和 35%，但由于半屋面开窗的开启度只有 30%，实际通风比为 20%（跨度为 6.4 m）和 16%（跨度为 8 m），而侧窗和屋脊窗开启度可达 45°，屋脊窗的通风比在同跨度下反而高于半屋面窗。总体而言，该温室的自然通风效果均较好，且采用双层充气膜覆盖，可节能 30%～40%，构件比玻璃温室少，空间大，遮阳面少，根据不同地区风力强度大小和积雪厚度，可选择相应类型结构，但双层充气膜在南方冬季阴雨雪情况下影响透光性。

3. 卷膜式全开放型塑料温室 连栋大棚除山墙外，顶、侧屋面均通过手动或电动卷膜机将覆盖薄膜由下而上卷起通风透气的一种拱圆形连栋塑料温室。其卷膜的面积可将侧墙和 1/2 屋面或全屋面的覆盖薄膜通过卷膜装置全部卷起来而成为与露地相似的状态，以利夏季高温季节栽培作物，并且由于通风口全面覆盖凉爽纱而有防虫之效。我国国产塑料温室多采用此类型，其特点是成本低，夏季接受雨水淋溶可防止土壤盐类积聚，利用夏季通风降温实现节能的目的。例如上海市农业机械研究所研制的 GSW7430 型连栋温室和 GLZW7.5 智能型温室等，都是一种顶高 5 m、檐高 3.5 m、冬夏两用、通气性良好的开放型温室。

4. 屋顶全开启型温室 最早由意大利的 Serre Italia 公司研制成的一种全开放型玻璃温室，近年来在亚热带暖地逐渐兴起成为一种新型温室。其特点是以天沟檐部为支点，可以从屋脊部打开天窗，开启度可达到垂直程度，即整个屋面可以从完全封闭直到全部开放状态，侧窗则用上下推拉方式开启，全开后达 1.5 m 宽，全开时可使室内外温度保持一致。中午室内光照度可超过室外，也便于夏季接受雨水淋洗，防止土壤盐类积聚。可依室内温度、降水量和风速而通过计算机智能控制自动开关窗，结构与芬洛式温室相似。

三、塑料大棚的结构与性能

1. 塑料大棚的结构　塑料大棚结构较简单，骨架主要包括拱架、纵梁、立柱、山墙立柱、骨架连接卡具和门等（图 6－6）。由于建造材料不同，骨架构件的结构也不同。拱架是塑料大棚承受风、雪荷载和承重的主要构件，按构造不同，拱架主要有单杆式和桁架式两种形式。纵梁是保证拱架纵向稳定，使各拱架连接成为整体的构件，纵梁也有单杆式和桁架式两种形式。拱架材料断面较小，不足以承受风、雪荷载；或拱架的跨度较大，棚体结构强度不够时，则需要在棚内设置立柱，直接支撑拱架和纵梁，以提高塑料大棚整体的承载能力。山墙立柱即棚头立柱，常见的为直立型，在多风强风地区则适于采用圆拱型和斜撑型。塑料大棚的骨架之间连接，如拱架与山墙立柱之间、拱架与拱架之间、纵梁与棚头拱架之间的连接固定，除竹木结构塑料大棚采用线绳和铁丝捆绑之外，装配式镀锌钢管结构塑料大棚均由专门预制的卡具连接。塑料大棚的门，既是管理与运输的出入口，又可兼作通风换气口，单栋大棚的门一般设在棚头中央，为了保温，棚门可开在南端棚头，气温升高后，为加强通风，可在北端再开一扇门，棚门的形式有合页门、吊轨推拉门等。作为无土栽培的塑料大棚，应结构牢固，抗风、雪能力强，有一定生长空间和较大的面积，同时易于通风换气，进行环境调控，一般以钢结构的无支柱或少支柱大棚为宜，跨度在 8～12 m，长度在 40～60 m，脊高在 2.4～3.0 m 之间。目前以装配式镀锌薄壁钢管大棚为多。

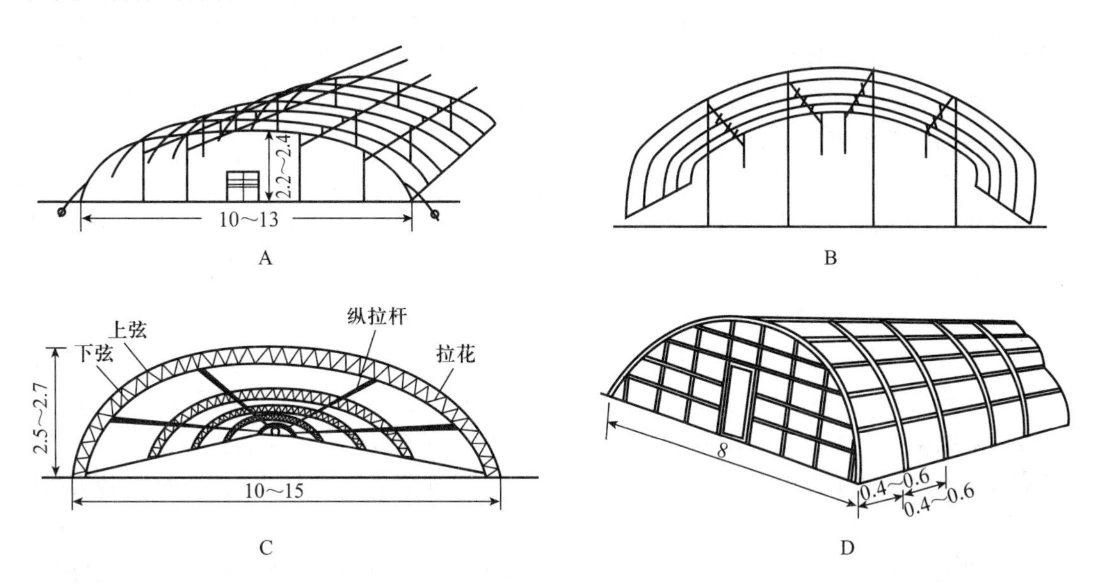

图 6－6　塑料大棚的主要形式（单位：m）

A. 悬梁吊柱竹木拱架大棚　B. 拉筋吊柱大棚　C. 无柱钢架大棚　D. 装配式镀锌薄壁钢管大棚

塑料大棚在 20 世纪 80 年代就有定型产品，主要有中国农业工程设计院研制的 GP 系列、中国科学院石家庄农业现代化研究所研制的 PGP 系列等产品，主要产品规格如

表 6-1 所示。

表 6-1 GP、PGP 系列塑料大棚骨架规格表

型 号	结构尺寸 (m)					结 构
	长	宽	高	肩高	拱间距	
GP-Y8-1	42	8.0	3.0	0	0.5	单拱，5 道纵梁，2 道纵卡槽
GP-Y825	42	8.0	3.0	—	0.5	单拱，5 道纵梁，2 道纵卡槽
GP-Y8.525	39	8.5	3.0	1.0	1.0	单拱，5 道纵梁，2 道纵卡槽
GP-C625-Ⅱ	30	6.0	2.5	1.2	0.65	单拱，3 道纵梁，2 道纵卡槽
GP-C825-Ⅱ	42	8.0	3.0	1.0	0.5	单拱，5 道纵梁，2 道纵卡槽
GP-C1025-S	66	10.0	3.0	1.0	1.0	双拱上圆下方，7 道纵梁
GP-C1225-S	55	12.0	3.0	1.0	1.0	同上，另有 1 道加固立柱
PGP-5-1	30	5.0	2.1	1.2	0.5	拱架管径：20 mm×1.2 mm
PGP-5.5-1	30	5.5	2.6	1.5	0.5	拱架管径：20 mm×1.2 mm
PGP-7-1	50	7.0	2.7	1.4	0.5	拱架管径：25 mm×1.2 mm
PGP-8-1	42	8.0	2.8	1.3	0.5	拱架管径：25 mm×1.2 mm

2. 塑料大棚的性能 塑料大棚以覆盖塑料薄膜为特点，具有采光好、光照分布均匀、短波辐射易于进入而长波辐射较难透过、密闭性好等特点。

（1）光照 大棚内的垂直光照度由高到低逐渐递减，以近地面处为最低。大棚内的水平光照度，南北延长的大棚比较均匀，东西延长的大棚南侧高于中部及北侧。单栋钢材及硬塑结构的大棚受光较好，单栋竹木结构的大棚及连栋大棚受光条件较差。另外，大棚的跨度越大、棚架越高，棚内光照越弱。

（2）温度 在晴好天气，白天温度上升迅速，夜间又有一定的保温作用。尽管如此，由于缺乏夜间加温措施，存在着明显的温度日变化和季节变化，并且缺乏必要的环境调控设备，多数只是通过通风窗来调节温度、湿度的变化，室内环境要素变幅较大。晴日白天太阳出来 1～2 h 就会进入快速升温期，8:00～11:00 进入直线升温期，每小时升温 5～8 ℃；11:00～13:00 升温速度渐缓，并达到最高温度，可高出露地 20 ℃以上，随后开始下降；15:00～17:00 后进入快速降温阶段，平均降温幅度在每小时 5～6 ℃；随着内外温差的缩小，夜间降温幅度会迅速变小，大约每小时降温 1 ℃，到凌晨时，室温仅比露地高 3～5 ℃。有时室内温度还会低于外界温度，称为逆温现象，逆温现象多发生在早春或晚秋、晴天微风的清晨。

（3）湿度 由于薄膜的密闭性较好，棚内相对湿度与露地相比明显较大，日平均提高 35%～40%，见表 6-2。在四季明显的北方地区，由于冬季低温期长，利用时间有限（仅比露地提早或延后 1 个月左右），发展相对较慢，而南方温暖地区或气候温和地区使用较多。无土栽培时，基质培以生长期较长的果菜类蔬菜为主，水培多生产生长速度快、周期短的叶菜类蔬菜。

表 6-2　大棚内外的空气湿度日变化

项　目	场所	时刻												平均
		2:00	4:00	6:00	8:00	10:00	12:00	14:00	16:00	18:00	20:00	22:00	24:00	
绝对湿度（g/m^2）	露地	4.5	4.3	4.3	2.7	2.0	1.6	3.7	2.6	5.7	4.7	4.7	4.5	3.8
	大棚	8.2	7.5	6.7	8.8	18.5	22.3	19.8	19.0	13.7	11.1	10.5	8.8	12.9
相对湿度（%）	露地	87	100	100	41	15	10	27	19	55	66	71	77	55.7
	大棚	99	100	94	99	89	71	90	94	95	96	100	96	93.6

第二节　设施环境条件及其调控

环境保护设施为植物生长发育提供适宜的环境条件。由于设施覆盖物的屏障作用，使温室产生与外界不同的特殊环境，可以保护作物免遭风、雨、杂草、害虫、病害等的干扰和危害，也可以使作物在外界不适宜的条件下进行生产。设施内与外界的隔离，使得加温、施用CO_2、有效地使用化学和生物控制技术等进行植物保护的措施成为可能。设施内单位面积的高产，使得种植者能够和愿意投资先进设备，如无土栽培、补光、保温/降温幕、活动床栽培方式等，以改善和简化生产。因此，设施生产属于精细、集约、高效的作物生产形式。

设施环境与作物的生长发育密切相关。作物通过蒸腾作用、光合作用和呼吸作用，影响空气中的CO_2和水气压的物质流平衡及能量平衡。同时，设施环境条件也显著影响着作物的生理过程。例如，作物叶片的气孔导度随光照度的增加而提高，随空气中CO_2浓度的提高而降低，高湿度促进气孔导度，夏季高太阳辐射引起低湿度，使得气孔导度显著降低，结果使叶片光合作用降低。可见，作物的生长发育速度、进程及各个阶段的转变，显著地受到了环境因子（包括光照、温度、湿度、CO_2及营养等）的影响，并且这些环境因子之间有很强的互作效应。

一、设施环境调控的目标及原则

由于先进设备的安装，使设施的环境可以控制。设施环境控制是设施栽培中非常重要的工作，它能使种植者不依赖外界气候，控制生产过程。对于作物生长发育及产品质量来说，环境控制水平高低在一定程度上起决定性的作用。因此，在设施环境控制中，最重要的目标是降低成本、增加收入。环境控制达到的具体目标可以归纳如下：①提高单位面积产量；②合适的上市期；③理想的产品质量；④灾害性气候或险情的预防（风灾、火灾、雪灾、人为破坏等）；⑤环境保护；⑥成本管理（如CO_2、能源、劳力等）。在此目标的基础上优化作物生长条件。同时，必须考虑设施生产是一种经济行为，因此环境调控的原则为：在可接受的成本和可接受的风险范围内，获得产品的优质和高产。环境调控的成本主要来自于用于加温、降温、降湿或补光等的能源消耗，CO_2的施用也需要额外的成本，成本的投入必须核算由于额外投入成本所产生的额外经济效益。为此，有目标的调控和改善环境，是提高温室作物生产效率的主要途径。

二、光照环境及其调控

光照对温室作物的生长发育产生光效应、热效应和形态效应，光照是作物生长的基本条件。作物对光照度、日照长短和光质有非常敏感的反应，因此在长期的生长过程中，光照对于作物的生育进程及产品收获上市有显著的影响。

（一）保护设施的光环境特征

设施透光覆盖材料透射太阳辐射形成设施内光环境。温室光环境包括光照度、光质、光照时数和光的分布 4 个方面，它们分别给予温室作物的生长发育以不同的影响。

设施内光环境与露地光环境具有不同的特征。

1. 总辐射量低，光照度弱 温室内的光合有效辐射能量、光量、太阳辐射量，受透明覆盖材料的种类、老化程度、洁净度的影响，仅为室外的 50%～80%，这种现象在冬季往往成为喜光园艺作物生产的主要限制因子。

2. 光质变化大 由于透光覆盖材料对光辐射不同波长的透过率不同，一般紫外光的透过率低，但当太阳短波辐射进入设施内并被作物和土壤等吸收后，又以长波的形式向外辐射时，多被覆盖的玻璃或薄膜所阻隔，很少透过覆盖物外逸，从而使整个设施内的红外光长波辐射增多，这也是设施具有保温作用的原因。

3. 光照在时间和空间上分布极不均匀 温室内的太阳辐射量，特别是直射光日总量，在温室的不同部位、不同方位、不同时间和季节，分布都极不均匀，尤其是高纬度地区冬季设施内光照度弱、光照时间短，严重影响温室作物的生长发育。

（二）影响设施内光环境的因素

设施内光照不仅对作物生产有重大影响，而且对温室的性能有决定性作用。对温室采光性能影响的因素有很多，如温室的建造位置（方位、地势、纬度等）、透明覆盖材料、温室结构、骨架材料、遮阳物、空气污染状况等。

1. 温室方位 温室方位是指温室的朝向，对温室采光的影响很大。我国日光温室全部采用坐北朝南东西延长的方位设计，使温室的主进光面面向南侧，太阳光线能与屋面形成一个较大的投射角，利于冬春季光线的进入，能够吸收较多的太阳能。单栋玻璃温室的朝向对室内光照度影响显著，且在不同季节有较大差异，这种差异主要是太阳高度角变化引起的，在高纬度地区温室方位的影响更加突出。大型连栋温室的方位对采光的影响亦很明显（表 6-3），东西走向温室较南北走向温室冬季进光量多，夏季较少，但前跨会对后跨产生阴影，产生弱光带；反之亦然，采用南北延长栋向结构时，冬季光线与屋面形成的投射角小、进光量少，夏季太阳高度角升高，从屋面进入的光线较多，但室内光照分布较均匀。

表 6-3 不同方位连栋温室透光率差值比较

（中国农业科学院，1987）

纬度（北纬）	地点	温室最佳屋面倾角（东西栋）	东西栋与南北栋透光率之差（%）
31°12′	上海	35°	5.48
36°01′	兰州	30°	6.79
39°57′	北京	26°34′	7.40
45°45′	哈尔滨	20°	9.71
50°12′	漠河	16°	11.1

2. 屋面角度和屋面形状　在其他因素相对一致的情况下，屋面角度（前窗和屋脊的连线与地平面之间的夹角）对采光的影响很大。从光学原理看，通过透明材料的光线进入量是与投射角的正弦值成正比，即：

$$S=S_0\times\sin\lambda$$

式中：S——光线进入量，MJ/(m^2 · d)；

S_0——辐射常数，MJ/(m^2 · d)；

λ——投射角，是太阳高度角（h）与温室屋面角（α）之和，即 $\lambda=h+\alpha$。

对于特定的地区而言，太阳高度角的变化是有规律性的，因此屋面角的大小成为与光线入射量关系最为密切的因子。尤其是容积较小的日光温室，屋面角度大，进入的光就多，但同时会使屋脊升高，建筑成本加大，相应的散热面积也会增加，不利于保温。早在 20 世纪 50 年代就有人提出把冬至的太阳高度角作为温室屋面角设计的依据，保证一年中光照时间最短、光照度较低的季节能有充足的太阳辐射进入温室，至今仍被不少人所接受。我国北方干燥型气候环境下日光温室的屋面角一般为 18°～28°，华北地区平均屋面角度要达到 25°以上。而赖特分析了玻璃温室不同屋面角对辐射的损失率，认为从截获光能的角度看，35°的屋面角是较为理想的，低于 26°就会阻碍雪的移动，并且会影响透明覆盖物上水滴的下流，而增加滴水的机会。因此，国外大型玻璃温室的屋面角不低于 25°。

3. 透明覆盖材料　透明覆盖材料的理化性质不同，对不同波长光线的透过能力不同（表 6-4），影响到温室的采光性、光质和光量。塑料大棚、日光温室和拱圆型连栋大棚主要采用塑料薄膜作透明覆盖材料，塑料薄膜透光性好、质地轻、价格低、柔软可随弯就曲，对骨架材料的要求不严格，大大降低了设计与建设成本，是亚洲、非洲及地中海国家广泛采用的透明覆盖材料。塑料薄膜根据制作母料可分为聚乙烯（PE）薄膜和聚氯乙烯（PVC）薄膜两大类，20 世纪 90 年代又开发出乙烯—醋酸乙烯（EVA）共聚膜，其综合性能优于前两者。欧洲国家屋脊型温室较多，玻璃工业发达，玻璃作为透明覆盖的主要材料被广泛采用，玻璃的透光性显著好于薄膜，对紫外光、红外线具有阻隔作用，保温性好。近年来，硬质塑料板作为透明覆盖材料在迅速发展，主要有玻璃纤维增强聚酯树脂板（FRP 板）、玻璃纤维增强聚丙烯树脂板（FRA 板）、丙烯树脂板（MMA 板）和聚碳酸树脂板（PC 板），前三者又称玻璃钢，俗称阳光板。硬质塑料板对光的透过率表现不完全一致，与玻璃相比，FRA 板对紫外光的透过率最高，MMA 板其次，FRP 板几乎不透过；可见光区域三者的透过率比较接近，可达 90%以上；而对>5 000 nm 的红外线区域几乎都不透过。

表 6-4　各种透明覆盖材料对不同波段光的透过率（%）

光波区域	PVC 膜	PE 膜	EVA 膜	玻璃
紫外光（≤300 nm）	20	55～60	35～65	0
可见光（450～650 nm）	86～88	71～80	86～88	90
近红外线（1 500 nm）	93～94	88～91	91～93	80
中红外线（5 000 nm）	72	85	—	0
远红外线（9 000 nm）	40	84	—	0

透明覆盖材料不仅对温室光照、光质产生较大影响，而且对温室保温性、雾滴性具有重

要影响，从而影响到温室的性能、能源的消耗量等。透明覆盖材料的强度、耐久性、机械性、热物理性能及价格因素等，都是生产中需要考虑的重要内容。不同透明覆盖材料的主要性能指标见表 6-5。

表 6-5 常见透明覆盖材料主要性能

性能	玻璃			聚乙烯(PE)膜	聚氯乙烯(PVC)膜	聚氯乙烯(PVC)板	聚丙烯树脂板(PMMA)	玻璃纤维增强聚酯树脂板(FRP)*	玻璃纤维增强聚丙烯树脂板(FRA)*
	普通	普通	钢化						
厚度(mm)	3	5	5	0.1	0.1	0.1～0.2	2.0	0.8	0.8
重量(kg/m²)	7.5	12.5	12.5	0.092	0.125	0.14～0.28	2.38	1.17	1.12
相对密度(g/m³)	2.5	2.5	2.5	0.92	1.25	1.4	1.19	1.45	1.40
抗拉强度(MPa)	—	—	—	12	15	35～50	70～80	120～140	80～90
抗弯强度(MPa)	40～60	40～60	125	—	—	56～91	100～120	150～200	130～180
线膨胀系数[10^{-5} cm/(cm·℃)]	8～10	8～10	—	12.6～16	7～25	5～18.5	5～9	3	5
热导率[kW/(m·h·℃)]	0.756	0.756	—	0.198	0.163	0.163	0.198	0.128	0.233
传热系数[kW/(m²·h·℃)]	—	5.0	5.0	5.8	5.3	3.0	—	—	—
透光率(%)	0.90	0.86	0.86	0.86	0.88	0.85	0.92	0.86	0.90

*为日本材料。

(1) 玻璃 玻璃1883年问世于英国，是由石英砂、长石、纯碱及石灰石等在1 550～1 600 ℃的高温下熔融后，经拉制或压制成型的。以玻璃为透明覆盖材料，最早出现在欧洲，由改良阳畦发展到单屋面温室，为改善光照条件建成双屋面温室（全光照温室）。用于温室的玻璃种类有很多，如透明玻璃（普通平板玻璃）、光扩散玻璃、热线吸收玻璃等，其规格大小、厚度又各不相同，价格也各异。硬质玻璃造价较高，是普通薄膜价格的15倍左右。另外，玻璃是硬质体，质量较重，有热胀冷缩时易破裂，要求温室骨架结实、有承载能力，一般用型钢、铝合金等做骨架材料，形成平面结构体（也有观赏性和艺术性玻璃温室，建成球状、曲面状和其他造型）。玻璃具有耐老化、耐腐蚀、防尘防滴性好、使用寿命长的特点。但抗冲击力差，易受雹灾危害，在多雹雨地区耗损大，尤其是普通玻璃；并且导热系数也较大，不利保温，温室造价高，在我国面积较小。

(2) 塑料薄膜 塑料薄膜主要有聚乙烯（PE）薄膜和聚氯乙烯（PVC）薄膜以及乙烯—醋酸乙烯（EVA）共聚膜等几种。聚乙烯（PE）薄膜是目前世界上应用最多的一种薄膜，种类规格较多，有普通膜、保温长寿防雾多功能膜、长寿膜、长寿无滴膜、三层共挤膜等，不易吸尘，透光率高，但传热快，易老化，保温性稍差，加工时常需加入相关注剂；聚氯乙烯（PVC）薄膜在我国应用较广泛，保温性好于PE膜，但加入的辅基易吸尘，透光率下降快，防雾效果差，密度较大，使用量较多，成本略高；乙烯—醋酸乙烯（EVA）共聚膜近年来发展较快，在欧美几乎都代替了PVC膜，EVA膜的多项性能介于前两者之间，可弥补前两者的不足，生产时EVA树脂可与聚乙烯共挤形成多层复合具多功能的薄膜，一般外层是聚乙烯，中层为醋酸乙烯，生产工艺、规格与PE膜相近，使用寿命较长，成本较低，有可能成为今后农用塑料的主要透明覆盖材料。随加工技术的改进，塑料薄膜覆盖新产品不断问世，其发展日新月异。

(3) 硬质塑料板　硬质塑料板指厚度为0.2 mm的塑料制品，是新一代透明覆盖材料，有平板、波纹状及2层、3层中空板等多种规格。这类材料的优点有透光好，使用寿命长，可长达7～10年，质量轻，骨架可轻型化，可打孔、钉铆，安装简单方便，抗冲击能力强，不易破碎，可修补，对人安全。但老化问题、价格高，是使用上的主要问题。

4. 骨架材料　骨架材料的遮光面积（Z）是其宽度（G）和厚度（P）之和。一般骨架材料的遮光面积与光线入射角有关，入射角越小，建材的遮光面积越小，当入射角为0°时，建材的遮光面积等于其本身的宽度，随入射角的增大，遮光面积也随之增大。当太阳高度角为26°时，材料厚度的阴影是其本身的2倍。在纬度较高的地区，冬季太阳高度角较小，建材的遮光面积显著增大，因此在结构安全性允许的情况下，尽可能采用细而坚固的建材作骨架材料。

（三）设施内光环境的调控

1. 补充光照　在集中育苗、调节花期、保证按期上市等情况下，补充光照是有必要的。补光灯一般采用高压汞灯、金属卤化物灯和生物灯，普通荧光灯、节能灯亦可使用，而白炽灯效率低。补光灯设置在内保温层下侧，一般内保温材料的内侧面使用反光材料（铝箔），温室四周常采用反光膜，以提高补光效果，但补光强度因作物而异。补充光照不仅设备费用大，耗电也多，运行成本高，即使在国外也不十分普及，只用于经济价值较高的花卉或季节性很强的作物育苗生产。

2. 加强设施管理，增加光照　经常打扫、清洗屋面透明覆盖材料，提高透光率；在保持室温的前提下，设施的不透明内外覆盖物（保温幕、草苫等）尽量早揭晚盖，以延长光照时间，增加透光率；注意作物的合理密植，注意行向（一般南北向为好），扩大行距，缩小株距，增加群体光透过率。

3. 遮（阳）光　夏季光照过强，会引起室温过高，蒸腾加剧，植株萎蔫，需降低室内光照度。大型温室一般在温室内、外设置自动遮光装置，遮光材料有遮阳网、铝箔复合材料等，这些材料的遮光率在25%～85%，有多种规格。遮阳网俗称遮阴网、凉爽纱，是以聚乙烯、聚丙烯等为原料，经加工制作编织而成的一种轻量化、高强度、耐老化、网状的新型农用塑料覆盖材料，它具有一定的遮光、防暑、降温、防台风暴雨、防旱保墒和忌避病虫等功能。铝箔复合材料是铝箔和白色塑料编织的材料，是一个相对透气的结构，能将空气交换的影响降低到较小程度，但这种幕下的光照分布是不均匀的，特别是在遮光率较低时（如20%～30%）。

三、温度环境及其调控

（一）温度与作物生长发育

温度是作物设施栽培的首要环境条件，任何作物的生长发育和维持生命活动都要求一定的温度范围，即所谓最适、最高、最低界限的“温度三基点”，当温度超过生长发育的最高、最低界限时，则生育停止甚至死亡。表 6-6 为果菜类蔬菜作物的温度三基点。

表 6-6 果菜类蔬菜作物生育的气温和地温三基点温度（℃）
（高桥等，1977）

蔬菜种类	昼气温		夜气温		地温		
	最高界限	最适温	最适温	最低界限	最高界限	最适温	最低界限
番茄	35	25～20	13～8	5	25	18～15	13
茄子	35	28～23	18～13	10	25	20～18	13
青椒	35	30～25	20～15	12	25	20～18	13
黄瓜	35	28～23	15～10	8	25	20～18	13
西瓜	35	28～23	18～13	10	25	20～18	13
温室甜瓜	35	30～25	23～18	15	25	20～18	13
南瓜	35	25～20	15～10	8	25	18～15	13
草莓	30	23～18	15～10	3	25	18～15	13

温度高低关系到作物的生长发育，通常生长率随温度的增加而加快。对于封闭的冠层来说，温度的变化比较缓和，因此日平均温度较白天或晚上的温度更重要。当然，昼夜温度对植株形态和产品产量、质量有一定的影响，如当夜温高于昼温时，节间缩短、株型紧凑。另外，对于许多作物来说，花芽分化和开花是与光照及温度密切相关的。为此，温度在制订作物栽培计划中起很重要的作用。

（二）设施内温度变化特征

在无加温温室内温度的来源主要靠太阳的直接辐射和散射辐射，而且阳光透过透明覆盖物照射到地面，提高室内气温。由于反射出来的长波辐射大多数被玻璃、塑料薄膜等覆盖物阻挡，所以温室内进入的太阳光能多，反射出去的少。再加上覆盖物阻挡了外界的气流作用，室内的温度自然比外界高，这就是所谓的温室效应。

温室的温度随外界的阳光辐射和温度的变化而变化，有季节性变化和日变化，而且昼夜温差大，局部温差明显。

1. 季节变化 北方地区保护设施内存在着明显的四季变化。按气象学规定，以候平均气温≤10 ℃、旬平均最高气温≤17 ℃、旬平均最低气温≤4 ℃作为冬季指标，以候平均气温≥22 ℃、旬平均最高气温≥28 ℃、旬平均最低气温≥15 ℃作为夏季指标，冬季和夏季之间作为春、秋季指标，则日光温室内的冬季天数可比露地缩短 3～5 个月，夏季可延长 2～3 个月，春、秋季也可延长 20～30 d，所以北纬 41°以南至 33°以北地区，高效节能日光温室（室内外温差保持 30 ℃左右）可四季生产喜温果菜；而大棚内冬季只比露地缩短 50 d 左右，春、秋季比露地只增加 20 d 左右，夏天很少增加，所以果菜只能进行春提前秋延后栽培，只有多重覆盖下有可能进行冬春季果菜生产。

2. 日变化 如图 6-7 所示，上图是冬季、下图是春季不加温温室气温日变化规律，其最高与最低气温出现的时间略迟于露地，但室内日温差要显著大于露地。日辐射量大的 3 月 19 日要比日辐射量小的 12 月 15 日气温上升幅度大，即日温差大。我国北方的节能型日光温室，由于采光、保温性好，冬季日温差高达 15～30 ℃，在北纬 40°左右地区不加温或基本不加温下能生产出黄瓜等喜温果菜。

3. 设施内逆温现象　通常温室内温度都高于外界，但在无多重覆盖的塑料大棚或玻璃温室中，日落后的降温速度往往比露地快，如再遇冷空气入侵，特别是有较大北风后的第一个晴朗微风夜晚，温室、大棚通过覆盖物向外辐射放热更剧烈，室内因覆盖物阻挡得不到热量补充，常常出现室内气温反而低于室外气温 1～2 ℃的逆温现象。一般出现在凌晨，从 10 月至翌年 3 月都有可能出现，尤以春季逆温的危害较大。

此外，室内气温的分布存在不均匀状况，一般室温上部高于下部，中部高于四周，北方日光温室夜间北侧高于南侧。保护设施面积越小，低温区比例越大，分布也越不均匀。而地温的变化，不论季节变化或日变化，均比气温变化小。

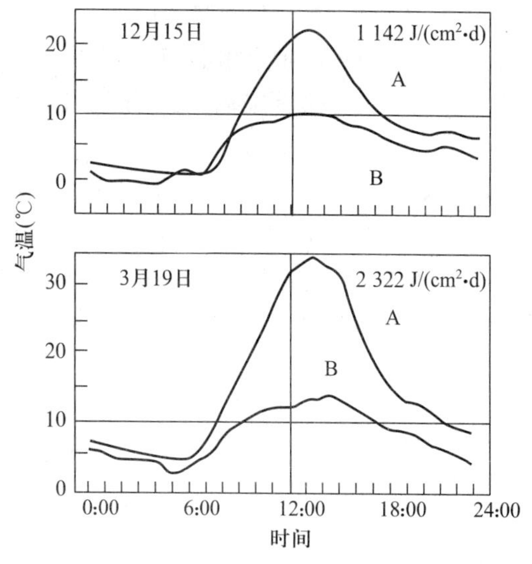

图 6－7　无加温温室内温度的日变化

A. 室内气温　B. 室外气温

（高仓，1980）

（三）设施内温度环境的调控

温度调控往往作为控制温室作物生长的主要方法被使用，但准确控制却很困难，因为需要考虑的因素很多，如温度与光照、湿度、肥料吸收、微生物活动等都有联系。管理温度的确定与能源消耗量（冬季加温、夏季降温）密切相关，因此作物生长的“最适温度”与经济生产的“最适温度”是有区别的；不同作物对温度有不同的反应，同一作物不同品种间也有差异，甚至不同生育阶段也不同。管理温度的确定要使作物生产能适合市场需要时上市，以获得最大效益。

稳定的温度环境是作物稳定生长、长季节生产的重要保证，温室的大小、方位、对光能的截获量、建筑地的风速、温度等都会影响温室温度的稳定。

设施内温度环境的调控一般通过保温、加温、降温等途径来进行。

1. 保温　园艺设施的热量来源主要是太阳辐射（部分温室具有加温设备，也仅作为能源不足时的补充），晴天太阳光线透过透明覆盖材料照射到温室地面，提高地温，当气温低于地温时，地面释放热量到室内空气中（即通过辐射、传导或对流、乱流等），提高气温，由于温室、大棚是封闭或半封闭系统，能够有效地阻挡室内外能量的交流，使蓄积的热量不易损失。同时，由于玻璃或塑料薄膜能够阻止部分长波辐射，也使热能保留在设施内。荷兰布辛格的研究证明，阻止长波辐射对温室效应的贡献率为 28%，封闭性影响气体交换对温室效应的贡献率为 72%，足见温室结构密封性工程质量的重要性。温室吸收太阳能后温度升高，产生室内外温差，引起室内外能量的交换，构成温室的热损失。温室的热损失主要通过辐射、对流和传导 3 种方式进行，保温就是针对热损失提出的相应对策。

（1）温室的热损失　设施内各种传热方式往往同时发生，并且彼此是连贯的，形成热贯流。在不同时期、不同条件下主要传热方式也会发生变化。

①贯流放热（Q_r）：贯流放热指由室内外温差引起的通过透明覆盖材料或围护结构散失的热量，单位是千焦耳/时（kJ/h）。表达式为：

$$Q_r = A_\omega h_t (t_r - t_o)$$

式中：Q_r——贯流传热量，kJ/h；

A_ω——围护设施面积，m^2；

h_t——热贯流率，$kJ/(m^2 \cdot h \cdot ℃)$；

t_r、t_o——设施内、外温度，℃。

热贯流率（h_t）的大小与物质的性质有关，不同物质的热贯流率如表 6-7 所示。从保温的角度看，选择不同的结构材料具有重要意义。另外，环境要素对热贯流率具有明显的影响，如风速的影响，当风速为 1 m/h 时，塑料薄膜的热贯流率（h_t）为 33.47 $kJ/(m^2 \cdot h \cdot ℃)$，当风速加大到 7 m/h 时，h_t 达到 100.42 $kJ/(m^2 \cdot h \cdot ℃)$，增加了 3 倍。

表 6-7　温室常用物质的热贯流率

（张福墁，2009）

种类	规格	热贯流率 $[kJ/(m^2 \cdot h \cdot ℃)]$	种类	规格	热贯流率 $[kJ/(m^2 \cdot h \cdot ℃)]$
玻璃	2.5 mm	20.92	木条	5 cm	4.6
玻璃	3.0～3.5 mm	20.08	木条	8 cm	3.77
玻璃	4～5 mm	18.83	砖墙	38 cm	5.77
聚氯乙烯膜	单层	23.01	土墙	50 cm	4.18
聚氯乙烯膜	双层	12.55	草帘		12.55
聚乙烯膜	单层	24.27	钢管		41.8～54.0
合成树脂板	FRP、FFRA、MMA	5.0	钢筋混凝土	5 cm	18.41
合成树脂板	双层	14.64	钢筋混凝土	10 cm	15.9

②换气放热（Q_v）：换气放热指通过气体交换引起设施内的热损失，包括自然通风、强制通风、门窗缝隙及覆盖物的破损等造成的内外气体交换引起的热释放。这部分热损失包括显热和潜热两部分，计算时常将潜热部分忽略掉。显热失热量的表达式为：

$$Q_v = RVF(t_r - t_o)$$

式中：Q_v——单位时间内换气失热量，kJ/h；

R——每小时换气次数，次/h；

V——设施体积，m^3；

F——空气比热，一般为 1.30 $kJ/(m^3 \cdot ℃)$；

t_r、t_o——设施内、外温度，℃。

设施结构的严密程度不同对换气放热的影响很大，同时风速直接影响换气速度，影响保温性。因此，减少设施缝隙、降低风速是增强保温性的重要措施。

③ 土壤热传导（Q_s）：土壤热传导指土壤向下（垂直方向）、向外（水平方向）的热传导。这种传热情况比较复杂，不同土层间的热传导可以用下列公式计算：

$$Q_s = -\lambda \sigma T / \sigma Z$$

式中：Q_s——土壤传导热量，kJ/h；

$\sigma T / \sigma Z$——某一时刻土壤温度的垂直变化，其中 T 表示土壤温度，Z 表示土壤深度，σ 为微分符号；

λ——土壤导热率，与土壤质地、成分、湿度等有关，一般随土壤湿度增大而增大。

土壤中垂直方向的热传导仅发生在一定深度的土层，一般在 45 cm 以下土层的土壤温度变化已经很小，因此可以认为该深度土层以下的热传导量很微弱。一般温室内白天的气温高于地温，土壤吸收空气中热量，此时地面传热量为负值；相反，为正值，但在有加温条件的温室中，夜间气温高于地温时，仍由空气向土壤传热。

由上述分析可知，温室的保温途径主要包括 3 个方面：第一是减少贯流放热和通风换气量；第二是提高保温比，即扩大温室规模，减少维护结构的相对面积；第三是增大地表热流量。

(2) 保温的具体措施与技术

① 日光温室的保温：我国日光节能温室的保温措施比较完善，主要包括墙体保温和后屋顶、夜间保温透明覆盖物保温及温室周边保温（图 6－8）。

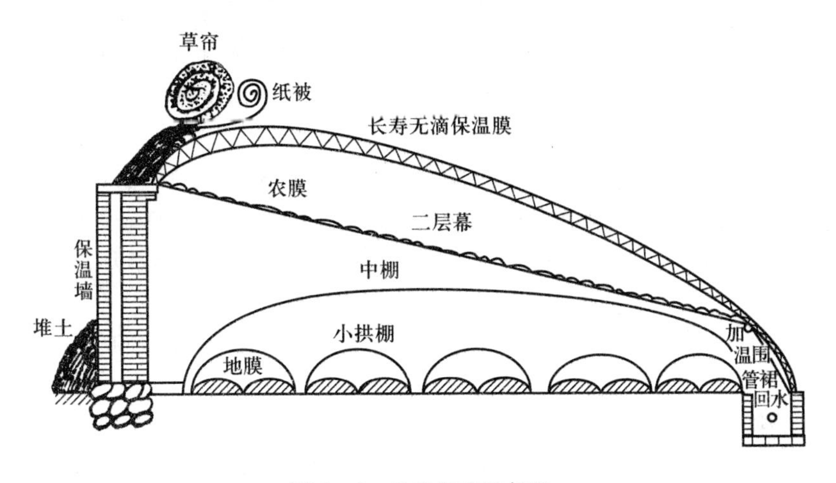

图 6－8　日光温室的保温

保温墙体主要由温室北墙和东西两山墙组成，可将其筑成空心结构，并填充保温材料，如蛭石、炉渣、高粱壳等；也可用石材造墙，其传热系数高，贮热量多，结实耐用，适合钢架结构温室；还可以用土夯墙，就地取材，造价低，保温性好，但易受雨水冲刷坍塌，适宜竹木结构等简易温室采用。

后屋顶又称后坡，用于草帘的存放，一般采用玉米等农作物秸秆捆成 20 cm 大小的小捆子，架在后屋骨架材料上，上面覆土或麦秆泥，其上再铺炉渣，并用白灰泥抹平。有时在骨架上放置木板或竹席、苇席。为坚固耐用，也可采用预制板覆盖或用混凝土浇筑。为提高保温效果，可在后坡上使用聚苯乙烯泡沫板隔热保温。有些温室后屋顶设计成采用透明覆盖物，称为 3/4 温室，能得到较多散射光，但会影响冬季的保温效果。为保温和增加春夏散射光，也有设计成冬季封闭、春季打开的活动后屋顶温室。

透明屋面是太阳能进入温室的主体，但同时也是散热的主体，是保温的重点。白天吸收太阳光后，室温迅速提高，产生室内外温差，构成热交换的动力。透明覆盖材料的贯流传热系数较大，并且传导热量与室内外温差成正比。下午光照减弱后，散去的热量大于得到的热量，温室开始降温，如果缺乏透明屋面的外保温措施，室内热量迅速损失，凌晨时仅比外界温度高 3～5 ℃，在严寒的冬季很难进行生产。因此，当室内温度降低到一定程度时（室温 18 ℃左右时），在透明覆盖物上应采取保温措施。常用的外保温措施有覆盖草帘、纸被、保温被、棉被等，最常见的是盖稻草帘。在钢结构日光温室内或塑料大棚内也常采用多层覆盖进行保温，即二层幕，内设中棚，中棚内再设小拱棚，小拱棚内进行浮面覆盖等。

为防止外界低地温的影响，在温室四周挖 60～70 cm 深、50 cm 宽的地沟，埋入秸秆、马粪等发热材料或绝热材料，减少热量的横向传递，称为防寒沟。秸秆等需要每年更换，在温室的北侧堆土加强保温效果等。

缝隙是交流散热的主要途径，门、通风口等处及塑料薄膜的完整程度是缝隙产生的主要部位，精密设计制作是减少缝隙的重要途径。

② 大型温室的保温：大型温室高大，存在谷部和脊部，围护结构主要是透明覆盖材料，散热面积大、贯流传热系数高、保温性差、加温费用高（占到生产成本的 50%以上）。石油危机出现后，大型温室发展变缓，并且向南方温暖地区推移，加温费用增高是其主要原因。二层保温幕的开发和应用在大型温室的保温中发挥了重要的作用。

温室中应用的保温幕材料最早采用的是薄膜，如聚丙烯薄膜、聚酰胺薄膜等，节能效果达 35%以上，但耐用性差，使用寿命为 0.5～1.0 年；聚丙烯纤维抗老化寿命大约为 5 年；纺织材料的寿命更长，可达 8 年。目前使用的保温幕材料多由 3 种原料组成，即聚乙烯、聚酯纤维、丙烯酸纤维。

挂保温幕的方式主要有两种，一种是永久幕和半固定幕系统（部分可移动），用作节能的固定幕通常使用的是具有高透光率的通气膜，且幕的使用时期主要是冬季和早春，不利的一面是增加了对光的拦截和加大了空气中湿度。为了克服固定幕的缺点，半固定幕被使用，即二层幕材料可被推到一边。另一种是可移动幕系统，被广泛使用。该系统通常安装在温室内部，在连栋温室中，大部分保温幕水平安装，有时二层保温幕（部分）平行于透明覆盖物。

透明屋面的保温也可采用双层充气膜或双层聚乙烯板（阳光板），利用静止空气导热率低来进行保温。双层充气膜是双层膜间通过气泵不断地鼓气，保持膨压，产生空气隔离层，保温节能效果达 35%，但透光率下降 10%以上，且室内湿度增加。双层聚乙烯板中空间隙较小，空气不流动，绝热效果好，使用年限长，但造价高（是塑料薄膜价格的 60～100 倍），成为限制使用的主要原因，同时如果施工质量低，空气间隙进入湿气，会在内壁产生水珠，影响进光和保温效果。

近年来温室四周侧面的保温（垂直幕）也被重视起来，在国外采用铝箔反光材料，做成皱折状的折叠幕（图 6-9），或建成滚动、滑动幕。我国在温室四周用双层膜或玻璃、北侧采用墙体结构等进行保温。

2. 加温 加温分空气加温、基质加温和营养液加温。

(1) 空气加温 空气加温方式有热水加温、蒸汽加温、火道加温、热风炉加温等。热水加温室温较稳定，是常用的加温方式；蒸汽、热风炉加温效应快，但温度稳定性差；火道加温建设成本和运行费用低，是日光温室常采用的形式，但热效率低。

① 热水管道加温系统：由于各国热、光资源状况不同，选择加温系统各异。荷兰多以天然气为燃料，采用热电联合系统加温。热水加温是以管道为主，铺设在地面、空中及温室四周。温室四周散热多，配有较多的散热管；空中加温管一般可升降，置于植物上部，维持生长点温度，防止突然降温对生长点的危害；地面加温管同时作为作业车的轨道。日本温室规模较小，采用热风炉加热较多，以煤油为燃料，进行空气加热。我国目前主要采用燃煤热水循环系统，温度较稳定，但需长期运行，运行费用大，一般占到生产成本的 50%～70%，并且环境污染严重。

荷兰最常使用的热水锅炉加温系统，热水通过一个内径为 51 mm 的钢管的封闭循环系统，将热分配到温室中。设计的供水和回水温度分别是 90 ℃和 70 ℃，管道设置在温室的栽培床或柱子、顶部或靠近侧墙部位。圆翼形钢管有一个较大的交换表面，但在一定程度上圆翼形管降低了散热效果。铝制品散热器比钢制品高出 4 倍的热传导率，但价格较高。

② 热风炉加温系统：天然气热风炉、燃油热风炉、燃煤热风炉、电热风炉等产生热风，由打孔的聚乙烯管（直径 30～50 cm）将热风输送到室内，热空气通过一个管道进行分配，这一系统可将热风送到温室的顶端或苗床下或作物行之间。热风炉加温系统的优点是加热速度快，但温度稳定性差、加热运行成本高。

图 6－9　温室周边折叠式铝箔反光保温

（2）地面加温　冬季生产根际温度低，影响植物根系的吸水和吸肥，使作物生长缓慢，成为生长限制因子。因此，根际加温对于作物生长很有效果。为提高根际温度，通常将外部直径 15～30 mm 的塑料管埋于 20～50 cm 深的栽培基质中，通以热水，用这种方法可以提高基质温度。一些地方采用酿热方式提高地温，即在温室内挖宽 40 cm、深 50～60 cm 的地沟，填入麦秆或切碎的玉米秆，让其缓慢发酵放热。若面积较小，也可使用电热线提高根际温度。

（3）栽培床加热　无土栽培中，地面硬化后，常常加热混凝土地面。在加热混凝土地面时，一些管道埋于混凝土中，与土壤相比，混凝土材料的热传导率常常要更好，所以管道与地表之间的温差要小一些；高架床栽培系统基质层较薄，受气温影响大，在加热种植床时，加热管道铺设于床下部近床处。在营养液膜栽培中，冬季通常在贮液池内加温，为保证营养液温度的稳定，供液管道需要进行隔热处理，即用铝箔、岩棉等包被管道。

除上述加温方式外，利用工厂余热、地下潜热、城市垃圾酿热、太阳能等方式也可进行设施内加温。有时采用临时性加温。如燃烧木炭、锯末、熏烟等。

3. 降温　夏季强光高温是作物生长的限制性因素，遮阳降温可保证作物正常生育，降温的途径有减少热量的进入和增加热量的散出，如用遮阳网遮阴、透明屋面喷涂涂料（石灰）和通风、喷雾（以汽化热形式散出）、湿帘等。夏季光照时间长、温度高，是产量形成的主要时期，但应充分遮光降温。

（1）通风　通风是降温的重要手段，自然通风的原则为由小渐大，先中部、再顶部、最后底部通风，关闭通风口的顺序则相反；强制通风的原则是空气应远离植株，以减少气流对植物的影响，并且许多小的通风口比少数的几个大通风口要好，冬季以排气扇向外排气散热，可防止冷空气直吹植株，冻伤作物，夏季可用带孔管道将冷风均匀送到植株附近。

（2）遮阳网　夏季打开遮阳网可遮光降温，一般可降低气温 5～7 ℃，有内遮光和外遮光两种。遮光降温在弱光照时常常对植物产生不利影响，由于光照的减弱，对光合作用的降低是显而易见的。

（3）水幕、湿帘和喷雾　在温室顶部喷水，形成水帘，遮光率达 25%，并可吸热降温。在高温干旱地区，可设置湿帘降温，湿帘降温系统是由风扇、冷却板（湿帘）和将水分传输到湿帘顶部的泵及管道系统组成。湿帘通常是由 15～300 mm 厚交叉编织的纤维材料构成，多安装在面向盛行风的墙上，风扇安装在与装有湿帘的墙体相反的山墙上。通过湿帘的湿冷空气，经过温室使温室冷却降温，并且通过风扇离开温室。湿帘降温系统的不利之处是在湿帘上会产生污物并滋生藻类，且在温室中会引起一定的温度差和湿度差，同时在湿度大的地区，其降温效果会显著降低。

在温室内也可设计喷雾设备进行降温，如果水滴小于 10 μm，那么它们将会悬浮在空气中被蒸发，同时避免水滴降落在作物上。喷雾降温比湿帘系统的降温效果要好，尤其是对一些观叶植物，因为许多种类的观叶植物会在风扇产生的高温气流的环境里易被“烧坏”。

四、CO_2 环境及其调控

（一）CO_2 与作物生长发育

CO_2 是作物进行光合作用的重要原料，植物叶片在光照条件下将 CO_2 和 H_2O 同化成有机物质，称为光合作用。一般大气中 CO_2 浓度在 0.33～0.34 μmol/mol 之间。在露地条件下，植物利用大气中的 CO_2 进行光合作用；在温室条件下，受覆盖物的阻隔，植物只能利用有限空间中的 CO_2。因此，在密闭的温室中，白天 CO_2 浓度经常低于室外，即使通风后 CO_2 浓度会有所回升，但仍不及外界大气中 CO_2 浓度高。所以，不论光照条件如何，在白天施用 CO_2 对作物的生长均有促进作用。这种促进效果主要是由于 CO_2 固定率的增加导致的光合作用增强，以及相应地降低了光呼吸作用。但 CO_2 浓度高于 1 000 μmol/mol 时会对作物产生危害，进行 CO_2 施肥的温室，通常植株叶片较厚，长期处于高 CO_2 浓度下，能降低 CO_2 对作物的生长促进效果，这与作物的适应性及光合活性的降低相关联。

（二）CO_2 的施用

由于温室的有限空间和密闭性，使 CO_2 的施用（气体施肥）成为可能。在温室内施用 CO_2 始于瑞典、丹麦、荷兰等国家，20 世纪 60 年代英国、日本、联邦德国、美国相继开展 CO_2 施肥试验，目前已进入生产应用阶段，成为设施栽培中的一项重要管理措施。欧洲温室番茄产量提高过程中，CO_2 的作用不可忽视。有人指出，由于冬季加温和施用 CO_2 使温室番茄产量从 10 kg/m^2 上升至 22 kg/m^2；采用无土栽培技术、夏季施用 CO_2 后，温室番茄产量提高到 40 kg/m^2 以上。我国在该领域的研究和应用起步较晚，但由于日光温室在北方地区大面积推广普及，冬季密闭严，通气少，室内 CO_2 亏缺严重，目前已普遍推广 CO_2 施肥技术，效果十分显著。一般黄瓜、番茄、辣椒等果菜类蔬菜 CO_2 施肥平均增产 20%～30%，并可提高品质。鲜切花施用 CO_2 可增加花数，促进开花，增加和增粗侧枝，提高花的质量。CO_2 的施用不仅提高了单位面积产量，也提高了设施利用率、能源利用率和光能利用率。

1. CO_2 施用浓度 对于一般的园艺作物来说，经济又有明显效果的 CO_2 浓度约为大气浓度的 5 倍。CO_2 施肥最适浓度与作物特性和环境条件有关，如光照度、温度、湿度、通风状况等。日本学者提出温室中 CO_2 的浓度在 0.01%（即 1 000 μmol/mol）为宜，但在荷兰温室生产中 CO_2 的施用量多数维持在 0.004 5%～0.005%之间，以免在通风时因内外浓度差过大，外逸太多，经济上不合算。一般随光照度的增加应相应提高 CO_2 浓度。西瓜要求 CO_2 浓度应维持在 600～1 000 μmol/mol 范围内，而黄瓜则以 1 200 μmol/mol 效果最好。阴天施用 CO_2，可提高植物对散射光的利用；补光时施用 CO_2，具有明显的协作效应。

2. CO_2 来源 CO_2 来源有以下途径：加热时燃烧煤、焦炭、天然气等产生 CO_2，也可专门燃烧白煤油产生CO_2；还有用液态CO_2或固体CO_2（干冰）或化学反应生成CO_2；秸秆等有机肥发酵可释放出大量CO_2，方法简单、经济有效，温室基质培生产中多施有机肥，这对缓解CO_2不足、提高产量效果很显著，栽培床下同时生产食用菌，可使室内CO_2保持在800～980 μmol/mol之间。

（1）燃烧法　在欧美等国及日本，常利用低硫燃料如天然气、白煤油、石蜡、丙烷等燃烧释放CO_2，应用方便，易于控制。白煤油是常温常压的液体，便于贮运，1 kg白煤油完全燃烧可产生3 kg CO_2。国外的装置主要有CO_2发生器和中央锅炉系统。在我国有人将燃煤炉具进一步改造，增加对烟道尾气的净化处理装置，滤除其中的NO_2、SO_2、粉尘、煤焦油等有害成分，输出纯净的CO_2进入设施内部。此装置以焦炭、木炭、煤球、煤块等为燃料，原料成本较低，施用时间和浓度易调控。此外，以沼气为燃料的沼气炉或沼气灯、以酒精为燃料的酒精灯在某些地区也用于CO_2施肥。

（2）液态CO_2　液态CO_2不含有害物质，使用安全可靠，但成本较高。通常装在高压钢瓶内，施肥时打开瓶栓直接释放，并借助管道输散，较易控制施肥用量和时间。液态CO_2主要来源有：酿造工业、化工工业副产品；空气分离；地贮CO_2。我国在广东佛山和江苏泰兴均曾发现地贮CO_2资源，纯度高达99%左右。在北欧的瑞典、挪威等国均有专门从事CO_2运销的公司；当前我国多数地区尚受贮运设备等条件的限制。

（3）化学反应　利用强酸（如硫酸、盐酸）与碳酸盐（如碳酸钙、碳酸铵、碳酸氢铵）反应产生CO_2，硫酸—碳酸铵反应法是应用最多的一种类型。在我国，简易施肥方法是在设施内部分点放置塑料桶等容器，人工加入硫酸和碳酸铵后产气，此法费工、费料，操作不便，可控性差，易挥发出氨气危害作物。近几年相继开发出多种成套CO_2施肥装置，主要结构包括贮酸罐、反应桶、CO_2净化吸收桶和导气管等部分，通过硫酸供给量控制CO_2生成量，方法简便，操作安全，应用效果较好。

（4）CO_2颗粒气肥　山东省农业科学院研制的固体颗粒气肥是以碳酸钙为基料，有机酸作调理剂，无机酸作载体，在高温高压下挤压而成，施入土壤后在理化、生化等综合作用下可缓慢释放CO_2。该类肥源使用方便、安全，但对贮藏条件要求极其严格，释放CO_2的速度受温度、水分的影响，难以人为控制。

利用秸秆等农业废弃物在棚室畦沟中掩埋发酵释放CO_2等亦被普及应用。

3. CO_2施用时间　从理论上讲，CO_2施肥应在作物一生中光合作用最旺盛的时期和一日中光照条件最好的时间进行。

苗期CO_2施肥应及早进行。定植后的CO_2施肥时间取决于作物种类、栽培季节、设施状况和肥源类型。果菜类蔬菜定植后到开花前一般不施肥，待开花坐果后开始施肥，主要是防止营养生长过旺和植株徒长；叶菜类蔬菜则在定植后立即施肥。而在荷兰，利用锅炉燃气，CO_2施肥常常贯穿于作物整个生育期。

一天中，CO_2施肥时间应根据设施内CO_2变化规律和植物的光合特点进行。在日本和我国，CO_2施肥多从日出或日出后0.5～1 h开始，通风换气之前结束，严寒季节或阴天不通风时可到中午停止施肥；在北欧国家及荷兰，CO_2施肥则全天进行，中午通风窗开至一定大小时自动停止。

4. CO_2施用的注意事项

① 作物光合作用CO_2饱和点很高，并且因环境要素而有所改变，施用CO_2浓度以经济生产为目的，浓度过高不仅成本增加，而且会引起作物的早衰或形态改变。

② 采用燃烧后产生的 CO_2，要注意燃烧不完全产生或燃料中带有杂质气体，如乙烯、丙烯、硫化氢、一氧化碳（CO）、二氧化硫（SO_2）等对作物造成的危害。

③ 化学反应产生 CO_2 只作为临时性的补充被采用。国际上规模经营的温室几乎没有采用化学反应的方式，因为成本高、残余物的后处理、对环境产生污染、安全性等都待研究。

五、空气湿度及其调控

由于环境保护设施是一种密闭或半密闭的系统，空间相对较小，气流相对稳定，使得设施内空气湿度有着与露地不同的特性。

（一）湿度与作物生长发育

水分在植物体中的作用涉及细胞的分裂、伸长、膨大和生理代谢等诸多过程，最终影响植株生长、发育和形态建成。在干旱条件下，作物受到缺水胁迫，造成细胞失水、萎蔫，细胞膜受损、透性增加，正常的生理代谢发生紊乱，呼吸作用异常，光合性能下降，干物质积累和分配受到影响，产量、品质下降。

空气湿度主要影响园艺作物的气孔开闭和叶片蒸腾作用，空气湿度过低，蒸腾强度提高，作物失水也相应增加，严重时植株会失水萎蔫甚至叶片干枯。空气湿度还直接影响作物生长发育，如果空气湿度过低，将导致植株叶片过小、过厚、机械组织增多，开花坐果差，果实膨大速度慢。在一定的温度条件下，植株生长发育要求一定适宜的空气湿度，湿度过高，则极易造成作物徒长，茎叶生长过旺，开花结实变差，生理功能减弱，抗性不强；湿度过高还会导致番茄、黄瓜等蔬菜植物叶片缺钙、缺镁，造成叶片失绿，光合性能下降，使产量和品质受到影响。一般情况下，大多数蔬菜作物生长发育适宜的空气相对湿度在50%～85%范围内（表6-8）。

表6-8　蔬菜作物对空气湿度的基本要求

类　型	蔬　菜　种　类	适宜相对湿度（%）
高湿型	黄瓜、白菜类、绿叶菜类、水生菜	85～90
中湿型	马铃薯、豌豆、蚕豆、根菜类（胡萝卜除外）	70～80
低湿型	茄果类、豆类（豌豆、蚕豆除外）	55～65
干　型	西瓜、甜瓜、胡萝卜、葱蒜类、南瓜	45～55

另外，许多病害的发生与空气湿度密切相关。多数病害发生要求高湿条件，在高湿低温条件下，植株表面结露及覆盖材料的结露滴到植株上，都会加剧病害发生和传播。有些病害在低湿条件，特别是高温干旱条件下容易发生。表6-9为几种蔬菜主要病虫害发生与湿度的关系。

因此，从创造植株生长发育的适宜条件、控制病害发生、节约能源、提高产量和品质、增加经济效益等多方面综合考虑，空气相对湿度以控制在70%～90%为宜。

（二）设施内空气湿度变化特征

设施环境密闭性越好，空气中的水分越不易排出，内部空气湿度越高。因此，在需要保温的寒冷季节，由于温室、大棚通风不足，使得空气湿度过高。设施内温度对湿度影响较大，一方面，温度升高使栽培床水分蒸发和植物蒸腾加剧，从而使空气中的水汽含量增加，提高了空气相对湿度；另一方面，温度影响空气中的饱和含水量，温度越高，空气饱和含水

表 6-9　几种蔬菜主要病虫害与湿度的关系

蔬菜种类	病虫害种类	要求相对湿度（%）	蔬菜种类	病虫害种类	要求相对湿度（%）
黄瓜	炭疽病、疫病、细菌性病害等	>95	番茄	绵疫病、软腐病等	>95
				炭疽病、灰霉病等	>90
	枯萎病、黑星病、灰霉病、细菌性角斑病等	>90		晚疫病	>85
				叶霉病	>80
	霜霉病	>85		早疫病	>60
	白粉病	25～85		枯萎病	土壤潮湿
	病毒性花叶病	干燥（旱）		病毒性花叶病、病毒性蕨叶病	干燥（旱）
	瓜蚜	干燥（旱）			
辣椒	疫病、炭疽病	>95	茄子	褐纹病	>80
	细菌性疮痂病	>95		枯萎病、黄萎病	土壤潮湿
	病毒病	干燥（旱）		红蜘蛛	干燥（旱）
韭菜	疫病	>95	芹菜	斑点病、斑枯病	高温
	灰霉病	>90			

量就越高，因此，在空气水汽量相同的情况下，温度升高，空气相对湿度下降，反之升高。因此在光照充足的白天，虽然设施内温度升高会导致水分蒸发和蒸腾增加，但由于温度升高使空气饱和水气压增加更大，总体上空气相对湿度仍然下降；在夜间或温度低的时候，虽然蒸发和蒸腾量减小甚至完全消失，但由于空气饱和水气压大幅度下降，仍会导致空气相对湿度明显升高。

设施内空气湿度变化的特征主要有：

1. 湿度大　设施内相对湿度和绝对湿度均高于露地，平均相对湿度一般在 90%左右，尤其夜间经常出现 100%的饱和状态。特别是日光温室及中、小拱棚，由于设施内空间相对较小，冬春季节为保温又很少通风换气，空气湿度经常达到 100%。

2. 季节变化和日变化明显　设施内空气湿度的另一个特点是季节变化和日变化明显。季节变化一般是低温季节相对湿度高，高温季节相对湿度低；昼夜日变化为夜晚湿度高，白天湿度低，白天的中午前后湿度最低。设施空间越小，这种变化越明显。

3. 湿度分布不均匀　由于设施内温度分布存在差异，导致相对湿度分布也存在差异。一般情况下是温度较低的部位相对湿度较高，而且经常导致局部低温部位产生结露现象，对设施环境及植物生长发育造成不利影响。

（三）设施内空气湿度的调节

空气湿度调节的途径主要有调控水分来源、温度、通风、使用吸湿剂等。

1. 提高空气湿度　在夏季高温强光下，环境过分干燥，对作物生长不利，严重时会引起植物萎蔫或死亡，尤其是栽培一些要求湿度高的花卉、蔬菜时，一般相对湿度低于 40%时就需要提高湿度。常用方法是喷雾或地面洒水，可采用三相电动喷雾加湿器、空气洗涤器、离心式喷雾器、超声波喷雾器等。湿帘降温系统也能提高空气湿度。此外，也可通过降低室温或减弱光强来提高相对湿度或降低蒸腾强度。通过增加浇水次数和浇灌量、减少通风等措施，也会提高空气湿度。

2. 降低空气湿度 无土栽培的温室常将地面硬化或用薄膜覆盖，可有效减少蒸发，降低空气湿度。自然通风是常用的除湿降温方法，通过打开通风窗、揭薄膜、扒缝等方式通风，达到降低设施内湿度的目的。地膜覆盖减少蒸发，可使空气相对湿度由95%～100%降低到75%～80%；提高温度（加温等），降低相对湿度；采用吸湿材料，如二层幕用无纺布，地面堆放稻草、生石灰、氧化硅胶、氯化锂等；加强通风，排除湿空气；设置除湿膜，采用流滴膜和冷却管，让水蒸气结露，再排出室外；喷施防蒸腾剂，降低绝对湿度；也可通过减少灌水次数和灌水量、改变灌水方式等降低相对湿度。

六、设施环境控制的设备与技术

前面提到温室环境控制是通过一些设施设备来实施的，包括加温、降温、保温设备，加湿、降湿设备，遮光、补光设备，CO_2 施用以及通风系统，还有一些温室安装了集雨、集热系统、营养液管理系统以及气象站等。为有效地管理这些设备，多采用计算机智能管理系统，实现自动化管理。

（一）设施环境控制理论及气候计算机系统

1. 控制系统理论 设施环境控制系统已演化成复杂系统，它融合了自动控制技术、计算机技术、通信技术等，温室环境控制系统中常用的方法有开关式控制、比例积分微分控制（PID）、模糊控制、反馈控制等。

（1）开关式控制 在商业生产温室中，最简单的控制器是开关控制器，可用于对换气扇、加温设备、补光设备的控制，这些设备不具备模拟调控的条件，只是在温度或湿度高出或低于设定值时启动设备的运行，是最简单的也是很有效的控制方式，但是在测定值与设计值附近开关会频繁启动，对设备本身不是很好。在实际中，为了防止设备开关太频繁，对期望输出有一个上下的浮动。在水分供应上采用时间控制器来确定灌溉时间和灌溉量（营养液供应量），现在市场上有多种时间控制器和智能型时间控制器能够应用在温室生产中，能够分时段按不同时间长度来供应水肥，但不能根据辐射量和生育阶段来自动调节是其缺陷。

（2）比例积分微分控制（PID 控制） 温室环境系统是一个多变量、大惯性、非线性的系统，且存在交联、延时等现象，单纯依靠简单的开关控制难以达到理想效果，多采用比例积分微分控制（PID 控制）。该方法是依据理想设定值（S）与实际采集值（Y）相减，得到偏差（e），再按偏差进行比例（P）、积分（I）、微分（D）组合运算，输出控制量（U），驱动控制设备对环境实施控制。

$$U = K_{\mathrm{P}}e + K_{\mathrm{I}}\int e\mathrm{d}t + K_{\mathrm{D}}\mathrm{d}e/\mathrm{d}t$$

式中：K_{P}、K_{I}、K_{D}——比例、积分、微分运算常数。

式中第一项为比例输出项，构成输出的主要成分，能对偏差立即响应，输出控制量；第二项为积分输出项，它能消除前项可能产生的误差；而第三项为微分输出项，能够改善系统的响应时间。

如为精确控制室内温度，计算机根据辐射强度、室内外温度差、风速计算通风量的大小，能够对通风窗或卷膜电机发出正转、反转指令，开启到适宜的大小，来进行温度控制。这种根据室内外温度与设定温度的比例差值来调节通风口大小的方式称为比例控制（P 控制）；但由于室内温度与设定温度会产生偏差，这时取消关闭装置的操作称为积分控制（I

控制）。上述二者合起来称为比例积分控制（PI控制）。与开关控制相比，设备的动作次数明显减少。PI控制中参数的选择对精确控制具有重要作用。

（3）模糊控制　模糊控制是模糊数学在现代控制理论中的应用。模糊控制技术基于模糊数学理论，通过模拟人的近似推理和综合决策过程，使控制算法的可控性、适应性和合理性提高，成为智能控制技术的一个重要分支。它不需要建立被控对象的数学模型，是用模糊的描述语言、人性思维化的规则和人性思维化的推理来对被控对象进行控制的一种方法。模糊控制是将计算机采集的精确量，经过计算机处理变为模糊量，按照模糊控制规则作出模糊决策。模糊决策简单归纳为："如A则B"、"如A则B则C"、"如A则B否则C"等等。模糊决策输出的仍然是模糊量，在执行控制前还需要转换成精确量。模糊控制系统具有强弹性，适合于非线性、时变、滞后系统的控制，尤其适合于实现温室控制，能降低系统的成本，提高整个系统的运行效率及可靠性。

（4）反馈控制　反馈控制系统是到目前为止很令人满意的控制系统。所谓反馈原理，就是根据系统输出变化的信息来进行控制，即通过比较系统行为（输出）与期望行为之间的偏差，并消除偏差以获得预期的系统性能。在反馈控制系统中，既存在由输入端到输出端的信号前向通路，又包含从输出端到输入端的信号反馈通路，两者组成一个闭合的回路。因此，反馈控制系统又称为闭环控制系统。反馈控制是自动控制的主要形式。反馈控制系统包括负反馈和正反馈。负反馈（negative feedback）：凡反馈信息的作用与控制信息的作用方向相反，对控制部分的活动起制约或纠正作用，其意义是维持稳态，但缺点是滞后、波动；正反馈（positive feedback）：凡反馈信息的作用与控制信息的作用方向相同，对控制部分的活动起增强作用，其意义是加速生理过程，使机体活动发挥最大效应。

反馈控制系统由控制器、受控对象和反馈通路组成。在反馈控制系统中，不管出于什么原因（外部扰动或系统内部变化），只要被控制量偏离规定值，就会产生相应的控制作用去消除偏差。因此，它具有抑制干扰的能力，对元件特性变化不敏感，并能改善系统的响应特性。在工程上常把在运行中使输出量和期望值保持一致的反馈控制系统称为自动调节系统，而把用来精确地跟随或复现某种过程的反馈控制系统称为伺服系统或随动系统。但有时反应太慢影响其应用。

2. 控制系统的硬件和软件　实现环境控制技术是设施专用计算机系统，根据控制的范围不同一般分为单独控制、联合控制、远程控制。单独控制是一座温室采用一个控制系统，多采用单片机实行较为简单的智能控制；联合控制是多个温室采用一套计算机系统来控制；随着互联网的发展，通过光缆实行远距离的温室设备运行与监控成为可能。

设施环境控制计算机包括硬件和软件两大部分，各自承担着不同的功能。

（1）硬件系统　硬件系统是计算机系统的机器部分，它是计算机工作的物质基础。它由运算器、控制器、存储器、输入设备和输出设备5大部件组成，其中运算器和控制器是计算机的核心，合称中央处理单元（CPU）或处理器。CPU的内部还有一些高速存储单元，被称为寄存器。其中运算器执行所有的算术和逻辑运算；控制器负责把指令逐条从存储器中取出，经译码后向计算机发出各种控制命令；而寄存器为处理单元提供操作所需要的数据。存储器是计算机的记忆部分，用来存放程序以及程序中涉及的数据，它分为内部存储器和外部存储器。内部存储器用于存放正在执行的程序和使用的数据，其成本高、容量小，但速度快；外部存储器可用于长期保存大量程序和数据，其成本低、容量大，但速度较慢。

输入设备和输出设备统称为外部设备，简称外设或I/O设备，用来实现人机信息交换、记录、演算，以及计算机之间的通信联系，实现信息共享、远程控制、综合管理、预警通信等。微型计算机中常用的输入设备有键盘、鼠标等，输出设备有显示器、打印机等。具体而言，设施中温度、湿度、辐射等各种信息输入到CPU，按照设定的算法及时进行处理运算，作出决策，发出控制信号，通过输出设备实施控制，其测定值、计算值、图形、表格、设备的运行状态都可以在屏幕上显示；通过键盘输入参数等可以调控设备的运行；通过光缆或电话线将设施信息传到其他计算机，实现信息共享、异地管理；设备出现故障能够及时通知用户或自动采取相应的保护措施，避免或减少不必要的损失等。

1974年，第一个大型气候控制计算机系统在荷兰问世，各种传感器、机电设备与中心计算机相联，控制着多个温室的各种环境控制设备的运行。单片机和微处理器在各个温室中发挥作用，中心主计算机与局域测量和控制处理器相联，液晶显示屏和键盘用于用户与温室的沟通，人机界面，数据传送，图表与警告都能被执行。种植者可以从各种集中或分散设置的商业系统中选择客户。为了满足种植者关于控制数据储存、图表和报警的要求，计算机内存已经扩展到128 kB或更多的程序存储器（EPROM）和一样多的随机存储器（RAM）。目前，气候控制计算机开始可以在互联网上通过鼠标与拍卖行和银行相连接，进行销售与结算。

（2）软件系统　软件系统是为了运行、管理和维护计算机而编制的各种程序的总和，广义的软件还应该包括与程序有关的文档，是计算机系统的重要组成部分，它可以使计算机更好地发挥作用。

荷兰第一个计算机气候控制程序是模拟计算机控制单位动作的直接翻译，在不同的控制循环中没有任何连接，所有必要的控制动作编成主程序，没有任何子程序。在20世纪70年代末80年代初，人们做了许多研究工作去升级这个程序，主程序已经被分成较小的组件，每个功能构成一个小组件，计算机的系统提供了较复杂气候控制的机会。第一个程序用组合语言写成，是为了迅速执行以减少昂贵内存板的需要。家庭计算机的引进显著地降低了硬件的价格，目前内存空间不再是一个限制因素，可以采用多种语言编写程序。

（二）传感器和测量

设施智能管理系统要求一个定量的数据流的持续输入，这些数据来自物理、化学的测量和在温室内、温室周围气候现象的测量，完成这一功能的设备就是传感器。传感器是一种专用设备，是借助敏感元件接受一种物理信息，按照一定的函数关系将该信息转换成一定的电量输出的器械，也被称为发送器、变送器、换能器。传感器的作用是能够从提供的大量信息中发现信号、选择信息，并以可测量的形式传输信号。

传感器的类型很多，园艺设施中常用的传感器有温度、湿度、辐射、CO_2、风速和风向、雨量、pH、EC、液温、流量、重量传感器等，现介绍如下。

1. 温度传感器　温度传感器是用于温度测量的传感器，以铂合金制成，在温室中常用高电阻的温度传感器Pt100、Pt500。此外还有液温传感器，用于加温管道、营养液温度测定。为了防止传感器自身热量的影响，电流不能超过0.2 mA。每年需要校对和维修。校正刻度不超过0.2 ℃，要在常温下进行。

2. 湿度传感器　空气湿度可以用相对湿度和不饱和水蒸气压来描述，在荷兰温室中普遍应用的是两种类型的传感器，即干、湿球仪和毛发传感器。为了测得有代表性的相对湿度，在一个特定位置完成测量是重要的，代表作物生长所处的环境状况。一般在植物生长点水平、大量叶面积附近，或是在其他位置，具体位置确定多由用户决定。

由于较高的太阳辐射和较低的气流速度对温度和湿度的测量会产生不利的影响，因此，通常把传感器固定在通风的盒子中（图 6-10）。这个盒子有两层，且外面有一层反射材料，可以有效地屏蔽辐射，防止阳光直晒产生的误差。区域空气运动的变化不影响测量。在盒子的顶部设计一个风扇，用来提供大于 2 m/s 的向上风速，确保空气样本不被风扇动力热影响。为防止尘埃阻塞，空气进入口可安装一个过滤器。传感器盒一般被安装在有代表性的高度，如作物的生长点或叶面积指数最大的地方。

图 6-10　温室中的温、湿度传感器

3. CO_2 传感器　CO_2 传感器是由气敏元件和某些电路或其他部件组合在一起，把 CO_2 气体浓度转化为电信号进行检测的一种器件。常见类型有红外式 CO_2 传感器、PID 光离子化 CO_2 传感器、定电位电解式 CO_2 传感器等。

红外式 CO_2 传感器利用各种元素对某个特定波长的吸收原理，具有抗中毒性好、反应灵敏的优点，但结构复杂，仪器相对昂贵，持续监测成本高。

PID 光离子化 CO_2 传感器由紫外灯光源和离子室等主要部分构成，在离子室有正、负电极，形成电场，待测气体在紫外灯的照射下离子化，生成正、负离子，在电极间形成电流，经放大输出信号。具有灵敏度高、无中毒问题、安全可靠等优点。

定电位电解式 CO_2 传感器是在一个塑料制成的筒状池体内安装工作电极、对电极和参比电极，在电极之间充满电解液，由多孔四氟乙烯做成隔膜，在顶部封装。前置放大器与传感器电极连接，在电极之间施加了一定的电位，使传感器处于工作状态。气体与电解质内的工作电极发生氧化或还原反应，在对电极发生还原或氧化反应时，电极的平衡电位发生变化，变化值与气体浓度成正比。目前该技术在国外技术领先，此类传感器大都依赖进口。

4. 风速和风向的测量　户外的风速用杯状风速计来测量。风向用风向标来测量，角度决定于一个可变电阻的测量或用一个罗盘。风速过强可及时通过计算机控制关闭通风设备，以减少风害；也可以通过风速大小计算带走的热量多少来精确控制通风窗的开闭角度。由于风速、风向变化较大，常用连续平均值来计量。

5. 雨及雨量监测器　一般降雨传感器是在电路板上有两个梳子状的相互交织的黄金盘子状的电极，当暴露在雨中时，雨滴将两个电极连接起来传达降雨信号。在电路板下面固定有一个小的电流加热元件用于加速雨滴的蒸发，电极应经常清洗，去除雨水蒸发后留下的盐结晶体和尘土。雨量监测仪有测重式、翻斗式、虹吸式、浮子式等类型。

6. 辐射传感器　辐射传感器有直接辐射表、双金属片日照传感器和旋转式日照传感器。通常用于测量短波辐射的仪器有一个宽带热辐射接收器，外面由 1 个或 2 个玻璃圆顶状的东西覆盖，用来防止接收器受到外界天气的影响，以及提供一个稳定的热力环境。这个仪器能测量所有短波能量变化密度或接收平面的太阳辐射，通常位置是水平的，角度的变化应遵循余弦函数。

日辐射量的变化较大，一般用累积值或连续平均值计算出。辐射量直接关系到进入温室的热量，影响温度的升降，计算机可根据室内外温度与辐射量来进行通风或加温等措施实现对温度的控制。

光合作用有效辐射传感器：绿色植物能利用400～700 nm的辐射进行光合作用，简单地将所有短波辐射转换成光合作用有效辐射是不可能的。光合作用有效辐射传感器包含一个带有扩散器和视觉过滤器的矽光电池，它们有好的平行性和稳定性，每 2 年重新标定刻度一次。

网络辐射仪：网络辐射是由两个背靠背安装的热力接收器组成。这两个接收器对短波辐射和长波辐射有相等的敏感性，两个接收器都装有一个薄的聚乙烯帽子（对短波辐射和长波辐射都传播），为了保持形状它们能稍微的膨胀。

光照仪（照度计）：现代光照仪由带有扩散器和视觉过滤器的矽光电池组成，测量单位为 lx，是照度单位，与能量单位（PAR）没有直接的关系，一般不能进行换算，每 2 年需要重新标定刻度一次。过去光照仪广泛应用于园艺研究上，现在基本不再使用。

7. 气象站 气象站是建立在温室附近的气象仪器，包括气温传感器、辐射传感器、降雨传感器和风向风速传感器，有时也会安装一个 CO_2 传感器。在固定传感器时，干扰因素应降到最低。应注意气象站安装在容易接近的地方，方便去保护维修（清洗传感器）。为防止雷击的破坏，应安装避雷针接地处理（图 6－11）。

图 6－11 温室外部的气象站

8. 化学传感器 化学传感器用于测量和控制离子浓度。在营养液或岩棉栽培中，EC 和 pH 传感器是最常用的化学传感器，用于测定营养液中离子浓度和酸碱度。EC 计用于测定营养液离子浓度，称为电导仪，有便携式、台式和与计算机相联的电极传感器等类型，测量单位是 mS/cm，营养液 EC 一般应在 2～10 mS/cm 范围内。pH 传感器是玻璃电极，易破碎，使用过程中要十分小心，同时注意清洗和经常校正，一般使用寿命在 1 年左右，注意及时更换。

在荷兰大型温室无土栽培中，营养液配制系统应用多种离子选择电极传感器，用于 K^+、Ca^{2+}、NO_3^-、SO_4^{2-} 的测定，也有测定 NH_4^+、Na^+ 和 Cl^- 不利于植物生长的离子传感器，避免对作物产生危害。

9. 其他传感器 在营养液栽培中，为控制供液量，需要对残液量进行估算，设计有容积传感器；在营养液池还应有液面传感器，以防止溢液或液面过低；在产品采收后需要分级处理，使用重量传感器（类似电子天平）等。

传感器的应用在设施控制领域发挥着越来越重要的作用，因此设施智能管理农业被称为传感农业或数字化农业、精准农业。

（三）环境控制设备运行的控制方法

1. 加温设备的控制 加温方法有利用热水、热风、电热、工厂余热等，通过散热设备的合理设置，来满足温室所需的热量。多数采用开关控制加温，如电热、热风炉等，在水暖、余热利用上采用电磁阀或流量阀控制供热量。在加温控制上太阳辐射会对温室热量产生重大影响，白天和夜间的控制是不同的，夜间一般采用 PID 控制就十分有效，白天前馈控制更加实用。一些温室可能装备空气加热器，产生 1～3 ℃的热量，这些加热器的开关依靠设置值与所测温度的差值来决定。在温室中如果有 1 个以上的加热器，就需要一个程序来控制。

温度的控制是在一定的范围内，一般与太阳辐射相配合，即随太阳辐射增强温度也应相应升高，这依赖生理学的研究成果。一般在无土栽培条件下，水肥、CO_2 浓度基本能满足作物生长的需求，作物的光合生产决定于太阳辐射与温度。在日本土壤栽培喜温作物情况下，温室温度的管理模式采用四段变温，即上午以光合为主，温度控制在 25～30 ℃；下午是光合产物转移时段，温度控制在 20～22 ℃；前半夜以光合产物运输分配为主，保持较高温度 16～18 ℃；后半夜为减少呼吸消耗实行低温管理，温度在 10～12 ℃。

2. 通风窗的控制　通风不仅会影响温室温度，也会对室内湿度、CO_2 浓度产生影响，同时在遇到强风、降雨等不良天气时，会对设施和作物造成损害，及时开启通风窗很重要。通风控制是一个复杂的系统。日光温室多采用手动通风，大型温室采用电动通风窗或电动卷膜通风设备。一般通风主要用于设施降温，在外界低温时少量通风就可以降低温度，通风窗的开启采用 PID 控制较为适宜。计算机根据气象站提供的外界辐射、风速、室内外温度差，计算通风面积或通风窗角度，启动通风设备运行。在遇到强风时有预警机制及时关闭通风窗，防止强风对温室的破坏；同样降雨时雨量传感器传输信号后启动闭窗机制，防止作物淋雨染病。

3. 湿度控制　降湿控制可以通过通风窗调节，但更多的是通过减少地面蒸发（硬化地面或铺设塑料薄膜、包裹基质等）、通过换气扇、保持较高温度、安装除湿设备等来实现，另外采用流滴薄膜也可实现排湿。夏季高温引起的低湿度对作物生长不利，采用喷雾降温加湿是常用的措施，加湿设备的启动或运行依靠传感器输入计算机的值来控制。

4. CO_2 控制　荷兰通过热电联合系统燃烧天然气产生 CO_2，经处理后通过管道送入温室。日本燃烧航空煤油产生 CO_2，经处理后送入温室，管道上安装电磁阀或气泵，计算机根据 CO_2 传感器输入的数据控制阀门的开合。但 CO_2 传感器价格较高，并且需要每年更换和定期检查，在中小型温室使用成本高。很多情况下采用流量计来估算 CO_2 施用量，根据通风、辐射及温度等情况，依据经验确定施用时间和浓度。一般在辐射强、温度高、光合旺盛时，提高 CO_2 供应水平是有利的，但在通风条件下 CO_2 浓度过高，会溢出室外降低施用效率，增加成本，并会污染大气环境。

5. 人工补光设备的控制　为提高低温寡照时期的光合效率，常常采用补光设备进行补充。补光灯多用开关控制，在计算机中有时间程序，能够确定补光时段和起始时间。由于季节的变换，日出、日落的时间每天不同，计算机中输入季节与日出的相关数据来调整补光时间。

补光灯通常用高压钠灯，为了延长灯泡的寿命，不能频繁的开和关，建议最小开灯时间间隔为 20 min，在再一次开灯之前要求最少关闭 10～15 min，以使灯泡冷却。现在荧光灯、节能灯、电子灯（LED）开始用于给作物补光，升降式的补光设备正在研发中。

6. 二层幕的控制　在大型温室中一般设置内保温幕、遮阳幕、遮黑幕，是在透明覆盖材料下的二层或三层内覆盖系统，它们的作用、功能和开闭时间明显不同，但控制机制基本相同。一般通过电机（直流电机或三相电机）、行程开关与控制箱相接，通过计算机控制运行。

（1）保温幕　白天关闭，夜间打开保温，是提高夜间保温性或降低加温成本的设备，分屋顶保温和侧面保温（温室周边的内保温）。幕布的放置分托幕、垂幕、卷曲、折叠几种情况，幕的运行有锯齿式、卷轴式、齿链式等不同方式。一般屋顶保温采用垂幕系统，可缩小遮光面积；侧面保温采用卷曲式或折叠式，整齐美观，遮光少。

当夜间湿度过高时，可以开启二层幕1～30 cm进行通风，让水汽在寒冷的顶部凝结，当温度降低之后，幕再次关闭。为防止在植株上结露可打开风扇，以迫使在幕下有小的空气流动。

（2）遮阳幕　遮阳幕是用遮阳网制成的平幕系统，可在室内或室外使用，室外的称外遮阳（图6-12），室内的称内遮阳。与保温幕不同的是遮阳幕在白天使用，主要是在夏季光照过强、室内温度过高时使用。控制遮阳幕的机制是计算机根据辐射传感器、温度传感器输入的数据，分析通风降温、喷雾降温等措施难以达到预期效果的前提下，被迫实施的保护手段。外遮阳可以减少热量进入温室，内遮阳可以减少植株的蒸腾和防止植物的灼伤，但遮光会影响喜光植物的光合生产。由于缺乏相关研究，目前遮阳幕的开闭主要由时间控制器或人工操作来实施。

图6-12　温室外遮阳设施

（3）遮黑幕　遮黑幕是在白天使用的幕系统，黑幕必须覆盖整个温室区域或试验区域，用于缩短自然日长，在科研、特种作物生产（如调节花卉的开花时间）中使用，一般由时间控制器来控制。

7. 空气搅和器　在大型温室中室内空气流通差，或夜间湿度大易在植物叶片上结露而又不能通风、换气的情况下，需要安装空气搅和器，室内空气的流动也有利于CO_2的输送。该设备的运行依赖于湿度传感器、风速传感器传输的数据。

8. 灌溉控制和营养液控制　灌溉系统是设施生产中最重要的系统，与产量、品质密切相关。灌溉量应根据辐射、温度、风速、作物的生育阶段及土壤状况来确定，目前比较好的也只能根据累积辐射量和生育阶段来进行PID控制和模糊控制，多数情况下由时间控制器根据生产者的经验来控制，也可通过程序由计算机来确定灌水时间和次数。在自动灌溉情况下，要设计贮液池，池中要装有水位传感器，防止水的溢出或不足。

近年来，营养液栽培备受关注，荷兰设施果菜的98%采用无土栽培，且以岩棉培为主，实行营养液循环式（封闭式）栽培。简单的营养液配制是将浓缩液通过稀释器实现的。稍复杂的是将化学肥料分别水溶后，能够混在一起（不发生化学反应）的装入一个容器中，易发生化学反应的装入另外的容器中，即一般将钙盐和微量元素混在一起装入A罐，其他元素装入B罐，将调节酸碱度的盐酸或碱液装入C罐，通过配肥器（智能型）按比例或通过EC、pH传感器配制成生产中使用的营养液，经过水泵输送到栽培床。现在荷兰的规模化生产中使用先进的营养液配制系统，即不同的营养元素分别装在不同容器中，系统利用各种离子传感器与所有容器相连，通过控制程序，营养液配制系统接受计算机的指令配制需要的营养液。计算机指令的形成是根据气象站获得的辐射、风速、温度指标和室内温度、湿度、CO_2浓度指标，按植物的种类、生育阶段计算后发出的，是高度智能化的营养液配制系统，是荷兰科学家十多年研究成果的集中体现，是农业生产走向工业化的必然过程。由于这种设备造价很高，一般中小型设施很难使用得起，因此荷兰新建温室的规模多在 2～8 hm^2，科学化管理使荷兰商业化温室单产水平达到世界最高，番茄、黄瓜单产在 60～100 kg/m^2，菊花、玫瑰在 300～350 枝/m^2。营养液的供应类似于灌溉系统，一般白天以超出植物需要量的 70%供给到每一植株上（多余液体回收），夜间用清水冲洗 2 h 左右，以防止根际盐分的积累；营养液供应管道用隔热材料包裹，保证营养液温度稳定（根际温度的稳定）。

（四）设备运行规则

前面提到设施环境因素可以通过不同的途径加以调控，但是不同设备的价格、运行费用、调控效果存在着明显的差异，这就会引起生产效果与成本的差异，加之一天内或一年中气候要素的变化是剧烈的，因此商业生产设施中，在一天内或一年中环境调控的途径和技术措施是不同的，有单一的、也可以采用综合措施。例如降温可以通过自然通风、强制通风、喷雾降温、湿帘降温、遮阳降温等措施，在冬季只需要通过少量自然通风就能有效降低气温，但在炎热夏季的中午，这些措施大部分运行也未必能达到控制目标。一天内也是如此，不同时刻运行设备的选择应当根据绩效来进行。

（五）温室管理系统环境参数的设计

环境控制应该适应作物生长的需要，同时在最低的成本条件下达到预期的产量。设施环境控制指标的确立是一项非常复杂的系统工程，环境参数的设计涉及植物的光合生产、呼吸消耗、物质分配，也关系着能源消耗、资源利用等众多因素。一般地说，植物喜欢较为稳定的环境，荷兰温室番茄长季节生产中环境控制参数如下：昼间气温 22～23 ℃，夜间 18～19 ℃，昼夜温差维持 5 ℃；根际温度维持在 20～22 ℃；白天空气相对湿度 55%～60%，夜间 80%～85%；CO_2 浓度维持在 450～550 μl/L；采用岩棉栽培，营养液配方选择番茄专用配方，EC 值维持在 2 mS/cm 左右，以超出植株需要量的 70%供液，满足水肥的需要。这种模式管理能够保证番茄生长的持久平衡、果实品质的稳定，生长期长达 11 个月，采收期达 9 个月，单产水平可达 62～65 kg/m^2。如果温度进一步提高、CO_2 浓度提高，可能会使单产水平进一步提高，但消耗的能源、溢出的 CO_2 会增加生产成本，出现增产不增收的结果。同样在设施黄瓜、甜椒、玫瑰及其他作物的生产上也有确定的具体指标。

目前在我国相关研究较少，但可以明确的一点是荷兰模式不适合中国，因为在中国大部分地区的气候与荷兰存在着巨大的差异，冬季的严寒、夏日的酷暑，加温与降温的成本成为大型温室运行中十分棘手的问题。设施环境控制指标的制定需要更加细致和长期的工作。

温室环境要素对作物的影响是综合作用的结果，环境要素之间又有相当密切的关系，具有联动效应。因此，尽管人们可以通过传感器和设备控制某一要素在一日内的变化，如用湿度计与喷雾设备联动以保持最低空气湿度，或者用控温仪与时间控制器联动实行变温管理等，易实行自动化调控，但都显得有些机械或不经济。计算机的发展与应用，使复杂的计算分析能快速进行，为温室环境要素的综合调控创造了条件，从静态管理变为动态管理。计算机与室内外气象站和室内环境要素控制设备（遮阳幕、二层幕、通风窗、通风换气扇、喷雾设备、CO_2 发生器、EC 与 pH 控制设备、加温系统、水泵等）相联，一般根据辐射、温度、风速以及栽培作物的种类和生育阶段等，确定温室管理中温度、空气湿度、CO_2 浓度等的合理参数，为达到这些目标智能化控制设备的开启，随时自动观察、记录室内外环境气象要素值的变动和设备运转情况。通过对产量、品质的比较，调整原设计程序，改变调控方式，以达到经济生产。荷兰近年来因综合控制技术的进步，使番茄产量显著升高，而能耗、劳动力等生产成本明显降低，大幅度提高了温室生产的经济效益。

不仅如此，计算机系统还可设置预警装置，当环境要素出现重大变故时，能及时处理、提示、记录。比如当风速过大时，能及时关闭迎风面天窗；测量仪器停止工作时，能提示仪表所在部位及时处理；出现停电、停水、泵力不济、马达故障时，可及时报警，并将其记录下来，为今后调整改进提供依据。温室环境计算机控制系统的开发和应用，使复杂的温室管理变得简单化、规范化、科学化。

第三节 植物工厂

一、植物工厂的概念

所谓植物工厂是指在工厂般的全封闭建筑设施内，利用人工光源，实现环境的自动化控制，进行植物高效率、省力化、稳定种植的生产方式。植物工厂是植物产品能够像工业产品那样，不受季节、时间、气候的影响，按时、按量生产出规格一致的植物产品的成套设施。传统的"植物工厂"是作为设施园艺的一种高级形式提出的，它是一种高投入、高科技、精装备的设施园艺技术。近来有学者认为，"植物工厂"应该是植物及其有用物质的高效率工厂化生产设施，应从植物生理代谢与环境的关系来优化工厂化的生产程序。植物工厂不仅限于温室那样的封闭式人工生态系统，还要扩展到组培苗、穴盘苗、嫁接苗等种苗的环境调控和工厂化生产以及月球、火星等人工航天器的植物生产。植物工厂被称为21世纪的未来农业，引起人们的极大关注。

传统农业露地生产受自然条件的影响，是不稳定的农业，属受控农业，干旱、暴雨、大风、雹雪、强日、寒流等自然灾害威胁着农业生产。植物工厂是在计算机精确控制下的"可控农业"，完全不受自然的影响，可保证环境适宜、作业规范、产品整齐、定时定量生产。

二、植物工厂的特征和特点

(一) 特征

1. 高度集成 植物工厂的建立，需要农业、工业、电力、机械、材料、计算机等20多个部门的通力合作才能完成，是多学科、跨部门的高科技合作结晶。

2. 高效生产 产量高、品质好，单位面积产量是普通温室的3～10倍，是露地生产的数十倍。

3. 高商品性 产品整齐，叶色、重量、形状、内在品质基本一致，上下茬没有差异，上市不需称重，直接进入超市销售。

4. 高投入 大量使用机械化设备和计算机等监控仪器，建设费用巨大，运行耗费大量的能源。

(二) 特点

① 周年生产，不受时间、季节、气候的限制，完全按计划生产。

② 实行无土栽培，并且多数是水培，不存在连作障碍。

③ 作物生长速度快，生育期显著缩短，只需露地栽培的1/5～1/3时间就可收获，可大幅度提高产量。

④ 采用密闭式生产系统，病虫害侵染机会少，不施药、无污染、无公害。

⑤ 通过机械系统，使植物可移动或自动调整密度，直至产品形成；生产过程以机器人操作为主，可减轻劳动强度、减少人为误差。

⑥ 立体化栽培，设施利用率高，适于都市型农业。

⑦ 立地条件广泛，沙地、盐碱地、废弃地、城市、郊区、星球、太空站等均可建立。

三、植物工厂的分类

植物工厂根据光源的不同分为3类，即人工光照型、自然光照型和人工光照与自然光照合用型。

1. 人工光照型植物工厂　采用阳光不能直接透入的高绝热材料建成，室内以高压钠灯、荧光灯、生物灯等作为光合作用光源，进行作物生产。由于与外界隔绝，不直接接受日光和外界气温的影响，室内温度、湿度、光照、水肥、CO_2等环境要素容易控制，生产与季节、天气、场地无关，能够周年均衡稳定地生产，基本不用人去操作，全部机械化作业、计算机控制，像美国、日本的叶用莴苣工厂、加拿大的冈本农园、荷兰的食用菌工厂等。目前，在日本等国作为商品性运营的植物工厂，都是完全利用人工光源的完全控制型的植物工厂，但由于人工光源的光量较弱，喜光或长季节生长的作物难以栽培。

2. 自然光照型植物工厂　以太阳光作为光合作用光源的植物工厂，系设施园艺的高级类型。人工光照型植物工厂运行费用很大，能耗很高，很难普及、应用。欧美国家建立了大型现代化温室，内部环境要素通过计算机控制，采用无土栽培，实行长季节生产，一部分作业还利用机器人操作，具备了工厂化生产的基本要素，可生产多种作物，像英国的番茄工厂、玫瑰工厂，荷兰的育苗工厂等。与人工光照型植物工厂相比，光能的利用完全依赖太阳光，周年实现作物地上部和地下部生育环境的部分自动调控，但易受季节、气候变化的影响，作物生产不太稳定，类似季节性植物工厂，运行成本低、建设费用少。

3. 人工光照与自然光照合用型植物工厂　结合前两者的优点，利用自然光源和补充人工光源的植物工厂最多，可以减少庞大的电费开支。一般选择玻璃作为透明覆盖材料，内部采用遮黑幕或泡沫颗粒来调节光照，夜间补充人工光源，为使温度、湿度稳定，安装有自动控制的空调设备。

由于自然光照的变化较大，控制到均一环境的难度增加，设计、建设费用较大，但可以生产喜光性作物，相对而言耗电大幅度减少。如日本三菱重工的全自动型蔬菜工厂和电力中央研究所在群马官城村建立的菠菜工厂、瑞典建立的叶用莴苣植物工厂等均属于此类型。

四、植物工厂的组成与设施

(一) 组成

植物工厂的组成因生产的产品不同而有所区别。

1. 蔬菜生产工厂　一般是由控制室、机械室、育苗室、栽培室、产后处理室等几部分组成。控制室是计算机系统操作；机械室有动力机械、机器人、备用设备等；育苗室包括自动播种装置、自动催芽装置、自动育苗装置；栽培室有自动定植装置、自动调节株行距装置、人工光照装置或光照调控设备与补充光照设备、温度和湿度调控设备、CO_2施肥设备、营养液供应系统、自动采收装置、自动包装设备、传送设备；产后处理室包括箱集作业、预冷机械设备等（图 6-13）。

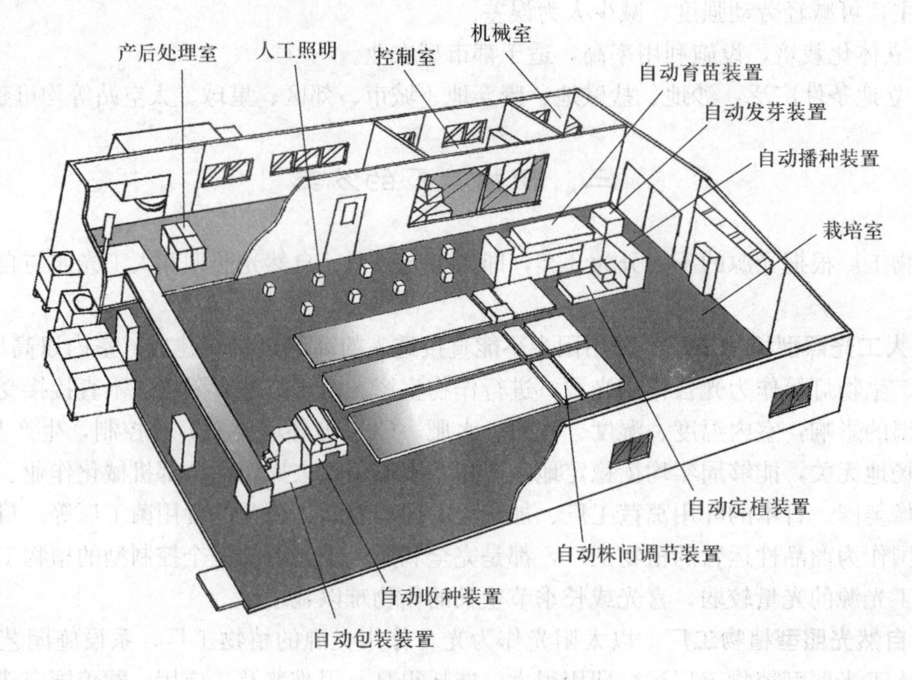

图 6-13 植物工厂组成示意图

（日本三菱重工）

2. 育苗工厂 育苗工厂主要包括种子处理室、控制室、催芽室、播种室、育苗室、包装室；对有些蔬菜、花卉、果树苗木进行嫁接时，还应有嫁接室、嫁接后愈合室与炼苗室；以组织培养进行脱毒快速繁育苗木时，还需建立组培室、检验室、驯化室等。

3. 蘑菇生产工厂 蘑菇生产工厂由菌种室、接种室、控制室、材料室、配料室、消毒室、发菌室、出菇室、包装室等组成。

（二）设施

1. 建筑设施 建筑设施以长方形的连栋型温室为主。从降温节能方面考虑，外壁面积以小为好，空调负荷可降低，相同占地面积下，外壁面积是长方形>正方形>圆形，但圆形建筑造价高。从加温的热负荷方面分析，随着建筑规模的增大和栽培床面积的增大，建筑物外壁面积/栽培床面积（放热比）减小，加温热负荷降低。从屋顶形状来看，以平顶造价最低，屋脊形、波浪形成本依次增加；材料则以轻型钢管结构较钢筋水泥结构综合性能好、造价低，屋顶采用彩色铁皮板为主。

2. 栽培（育苗）设施 目前植物工厂生产的蔬菜多为生长期短的叶菜、芽苗菜、食用菌和育苗等。通常以水培方式栽培，床架高度为 90～130 cm，与光源距离可自由调节，为使充分有效利用工厂内的面积，床架下设滑轮，以便床架可以左右移动，操作时左右自由挪动，只留出一条通路，充分经济利用设施平面面积。育苗或栽培床的大小尺寸与水培床大小尺寸相同，为充分利用设施平面，提高栽培密度与效益，已设计出一种可随植株的生长株行距也能逐渐扩大的一种扇状连续间隔栽培装置。

3. 照明设施 传统植物工厂人工光源和空调电费占总成本的 40%～50%，降低电耗必须从改进光源种类与利用方法入手。目前使用光源主要有高压钠灯、金属卤化物灯和荧光灯。高压钠灯长波红外线（热线）占 60%，为排除其蓄积热，空调费用很大；而后两种灯富含短光波段，长光波段很少。目前厂商正在研究开发一种带反射笠的高压钠灯、高光效的荧光灯以及各种灯的合理配置和设置，可显著增加光合有效辐射（PAR）。

4. 空调设施　以热泵温度调控方式的空调设备性能为佳。

5. 检测调控设施　检测调控设施包括地上部环境检测感应器，如光照度、光量子、气温、湿度、CO_2 浓度、风速等感应器；培养液的 EC 值、pH、液温、溶氧量、多种离子浓度的检测感应器以及植物本身光合强度、蒸散量、叶面积、叶绿素含量等检测感应器。

五、植物工厂的发展展望

植物工厂是人类发展农业生产的理想乐园，世界各国的科学家进行了通力合作和不懈的努力，成功地建成了许多座植物工厂，并顺利运行，大幅度提高了土地生产效率，改变了植物生育节奏，尤其是现代生物技术日新月异的发展，为植物工厂提供了更广阔的发展前景。但是也不能否认，植物工厂的建设和运营耗资巨大，即使是发达国家，生产高价值的农产品也难盈利。或许是一些技术还存在问题或不足，比如：

1. 在植物生理方面，许多问题有待研究解决　如在植物生长速度数倍加快时，需要促进植物体内的矿质营养快速运转到各个部位供应生长的需要，否则一些生理病害将不可避免，如叶用莴苣的缺钙症等。

2. 使植物的种质资源及其性状表现保持完全一致　否则植物生长的一致性、产品的整齐度将难以保证，组织培养可望解决这一难题。

3. 植物生长的人工光源有待改进　高压钠灯较日光灯有了很大进步，近年来高功率的荧光灯也已出现、节能灯开始普及，但是人工光源中仍有大量电力用于热耗，并会影响环境温度，所发出的光波植物利用率仍显较低。

4. 传感器的开发和稳定性尚待发展和提高　比如营养液中各种离子的检测缺乏相应的传感器，目前主要是通过 EC、pH 来检测和预测，一些温度、湿度、CO_2 浓度传感器的稳定性尚待提高。传感器是关系到操作正确、快捷与否的关键设备，传感器不敏感将会引起整体操作的失误，甚至导致失败。

5. 建设成本大，运行费用高　随着新建材的不断出现，绝热性好的材料也相继问世，计算机的快速发展、机器人的开发，建设和运行费用将会有所降低。如质轻、价低、隔热好的聚苯烯板材料可被采用。

这些问题的解决有助于植物工厂的进一步发展。我国在改革开放后设施园艺取得了迅猛发展，主要是利用自然光照的现代设施园艺，开展多种形式的无土栽培和环境控制技术，并开发出计算机控制平台，建立起信息系统和数据库，传感器的开发也在不断深入，植物工厂化生产已在我国研发起步。

人类社会的发展面临能源危机、人口压力、粮食不足、环境污染、土地沙化及减少等问题的挑战，植物工厂的高效率、超常发挥植物生长潜能、固化太阳能、利用非耕地等优点，为人类提供了战胜自然的信心。植物工厂不仅可以生产常规蔬菜、花卉，也可用于苗木、食用菌、组培植物、特种植物（如工业加工原料、药材）的生产。植物工厂不仅可建在陆地，也可建在山洞、海洋、太空及其他星球，不仅可建在农村，也可建在城市，发展城市化农业，或许这就是它的魅力所在。

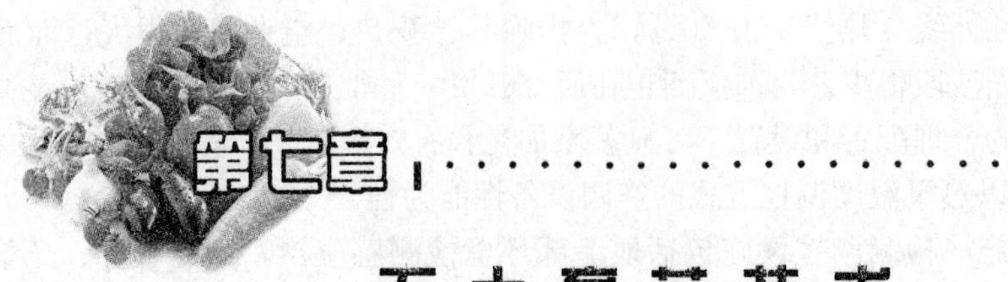

无土育苗技术

育苗是植物栽培过程中不可缺少的重要技术环节。俗话说“苗好三分收”，培育优质壮苗是获得丰产、丰收的基础。实现秧苗的高效率、规模化和标准化生产是当前生产中亟待解决的问题。无土栽培必须采用无土育苗技术育苗，同时用无土方法培育的幼苗也适用于土壤栽培。针对现阶段国内外无土育苗的发展现状，本章将重点介绍无土育苗的特点、方式及常用设施设备、无土育苗的基质和营养液管理、无土育苗对环境的要求及其调控方法等内容，并简要介绍主要作物的无土育苗技术和方法。

第一节　概　　述

无土育苗是指不用天然土壤，而利用蛭石、泥炭、珍珠岩、岩棉等天然或人工合成基质配合营养液，或者利用水培及雾培进行育苗的方法，有时也称营养液育苗。无土育苗是无土栽培中不可缺少的首要环节，并伴随无土栽培的发展而发展。同时，无土育苗也适用于土壤栽培。

发达国家的无土育苗已发展到较高水平，实现了蔬菜、花卉、林木等多种植物秧苗的工厂化、商品化和专业化生产。20 世纪 60 年代诞生的穴盘育苗，70 年代开始在欧美等国家得到大面积推广，此后，日本、韩国和我国台湾的穴盘育苗也走向快速发展阶段。至 20 世纪末，美国、加拿大 90%以上的花坛植物由穴盘生产，欧洲几乎所有的温室蔬菜以及用种子繁殖的切花都通过穴盘培育，日本的蔬菜、切花秧苗生产也主要采用穴盘育苗方式。1980 年，我国北方数省（自治区、直辖市）成立了蔬菜工厂化育苗攻关协作组，无土育苗是其核心内容之一。20 世纪 80 年代中期，北京率先引进国外先进的机械化穴盘育苗生产线。“八五”期间，国内多个省市开展了穴盘育苗技术的研究和推广工作，先后建成专业性育苗场 40 余座。“九五”以来，以穴盘育苗为代表的无土育苗技术不断走向成熟，专业化育苗企业和培育植物种类越来越多，无土育苗所占的比例逐渐增大。据不完全统计，目前山东省从事集约化无土育苗的企业达到 200 余家，其中仅寿光市育苗面积在 1 万 m^2 以上的企业超过 15 家，蔬菜育苗能力达到 5 亿株，技术和装备水平正在不断提高。

一、无土育苗的特点

无土育苗省去了传统土壤育苗所需的大量床土，减轻了劳动强度；育苗基质体积小、重量轻，便于秧苗长途运输和进入流通领域；基质和用具便于消毒，减轻了土传病虫害的发生和传播蔓延；可进行多层架立体育苗，提高了土地和空间的利用率。

无土育苗易于对育苗环境和幼苗生长进行调节，科学供肥供水，提高了肥水利用效率；便于实行标准化、机械化作业和工厂化、集约化育苗，提高了劳动效率，节约时间和劳动力。

由于设施形式、环境条件以及技术条件的改善，无土育苗所培育的秧苗素质优于土壤育苗（表7-1)，育苗期缩短，幼苗整齐一致，根系发达，病虫害少，壮苗指数提高。由于幼苗素质好，抗逆性强，为后期生长奠定了良好的基础，栽植后的缓苗期短或几乎没有缓苗期，生长发育速度加快，开花、结果时间提前。

果菜类蔬菜通常在苗期就已经开始花芽分化，生殖生长好坏与营养生长关系密切。无土育苗在促进幼苗营养生长的同时，也加速了生殖生长进程。由表7-2可以看出，无土育苗番茄不仅花芽分化数目增多，而且平均分化一个花芽所需要的时间缩短。

但是，无土育苗比土壤育苗要求更加完善的设施设备，需要训练有素的人员和专业化的技术，幼苗成本相对较高。而且，无土育苗的根毛发生数量较少，基质缓冲能力较弱，病害一旦发生容易蔓延。

表7-1　黄瓜、番茄无土育苗与土壤育苗效果比较

（山东农业大学，1986）

作物	育苗方式	日期（月/日）		成苗叶面积		鲜　重		根吸收面积			地下部/地上部
		播种	成苗	(cm^2/株)	(%)	(g/株)	(%)	总面积(m^2)	活跃吸收面积(m^2)	活跃面积占总面积(%)	
黄瓜	无土	5/15	6/8	430	145.7	29.2	175.8	4.95	2.20	44.4	0.27
	土壤	5/15	6/10	295	100.0	18.5	100.0	4.09	1.49	36.6	0.39
番茄	无土	5/15	6/12	507	123.3	21.0	161.5	3.85	1.54	41.4	0.19
	土壤	5/15	6/15	411	100.0	13.0	100.0	3.74	0.89	36.7	0.14

注：黄瓜品种为津研1号，番茄品种为历红2号。

表7-2　无土育苗对番茄花芽分化的影响

（沈阳农学院，1981）

处　理	花芽分化数（个）				分化花芽所需天数（d/个）
	花序Ⅰ	花序Ⅱ	花序Ⅲ	侧枝	
土壤育苗	18.0	10.1	1.2	1.7	3.1
无土育苗	20.6	13.8	4.5	6.7	2.2

二、无土育苗的方式

无土育苗主要包括播种育苗、扦插育苗、试管育苗（组织培养育苗）等方法，以播种育苗最常用，其方式有以下几种。

1. 育苗钵育苗　按照制钵的材料，可分为塑料钵、营养钵、纸钵等不同类型。

(1) 塑料钵　应用广泛，种类也多（图7-1)。外形有圆形和方形，组成有单个钵和联体钵，塑料种类有聚乙烯和聚氯乙烯。目前主要是用聚乙烯制成的单个软质圆形钵，上口直径和钵高分别为 8～14 cm，下口直径 6～12 cm，底部有 1 个或多个渗水孔利于排水。育苗时根据作物种类、苗期长短和秧苗大小选用不同规格的塑料钵，蔬菜育苗多使用上口直径 8～10 cm 的，花卉和林木育苗可选用较大口径的。一次成苗的可直接播种，需要分苗的则先播种于苗床或其他容器中，待幼苗长至一定大小再分苗到塑料钵中。育苗基质可以是单一基质，也可以是复合基质。营养液从上部浇灌或从底部渗灌。塑料联体钵通常由十几个至几十个单个钵联为一体，可供分苗或育成苗。

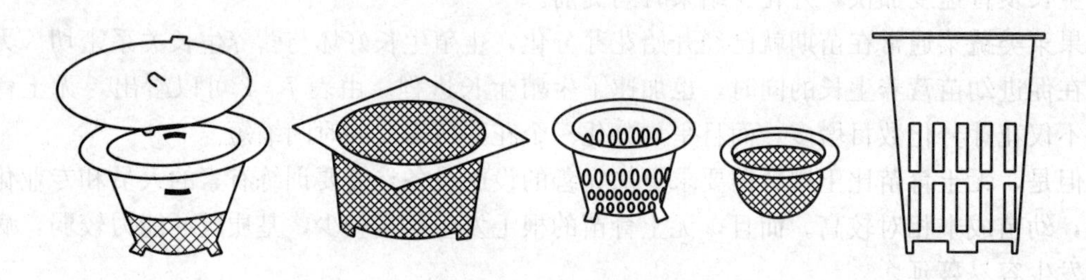

图 7-1　水培用各种成型塑料有孔育苗钵

有些塑料钵的侧面和底部有孔，容积 200～800 ml 不等，使用时装入砾石或其他基质，然后放在盛有 1.5～2.0 cm 深度营养液的育苗盘中育苗，成苗后直接定植到栽培床的定植板孔穴中，或者盛有基质的栽培容器中，作物根系通过底部和侧面的小孔进入营养液或基质中。这种育苗方法主要用于沙砾培、深液流培的果菜类和观叶类花卉，播种床仍需要基质，当幼苗长到 1 片真叶时转移到塑料钵中。有的塑料钵不用基质，在钵上有一塑料盖，中间有一孔，只要将秧苗裹以聚氨酯泡沫后固定于孔中即可。

（2）营养钵（土块）　利用制钵机将营养基质或营养土压制成具有固定形状的小块，中间留孔供播种或移苗。其中，泥炭钵是以泥炭为主要成分，添加一些其他有机物压制而成，在国外广泛采用，常见的如基菲（Jiffy）营养钵、基菲育苗小块等。基菲营养钵是由 70% 泥炭、30%纸浆，再加入一些化学肥料制作而成，直径 4.5 cm，厚仅 7 mm，外表包有弹性的尼龙网状物，具有通气、吸水力强、肥沃、轻巧、使用方便等优点，体积小，搬运方便，主要用于蔬菜、花卉、林木育苗。使用时先让其吸水膨胀，膨大成高 4.5～5 cm 的钵状育苗块，然后再播种或移苗，待幼苗根系穿出尼龙网时定植。营养钵育苗期间无须另行提供养分。

（3）纸钵　在日本、西欧国家主要用于培育叶菜类的小苗。通常用牛皮纸浆，加入 10%～30%的亲水性尼龙纤维、少量防腐剂和化肥制作而成。这种纸钵展开时呈蜂窝状，由许多上下开口的四棱或六棱柱形纸钵连接在一起，不用时可折叠成册，每册中纸钵数和每个纸钵的直径因育苗作物而异。纸钵必须与特制的垫板配合使用，要求垫板透水性好，表面平整，有弹性，厚度适当，不易被根系穿透，垫板上有许多小孔，以便调节钵中的水分。育苗时展开一册纸钵放在垫板上，装填基质后播种。

2. 泡沫小方块育苗　多用于水培或雾培的育苗。将一种育苗专用的聚氨酯泡沫小方块平铺于育苗盘中，育苗块大小约 4 cm 见方，高约 3 cm，每一小块中央切一“×”形缝隙，将已催芽的种子逐个嵌入缝隙中，并在育苗盘中加入营养液，让种子出苗、生长，待成苗后一块块分离，定植到种植槽中。

3. 岩棉块育苗　岩棉块主要有 3 cm×3 cm×3 cm、4 cm×4 cm×4 cm、5 cm×5 cm×5 cm、7.5 cm×7.5 cm×7.5 cm、10 cm×10 cm×5 cm 等不同规格。上表面的中央有一个小方洞，用以嵌入一个小方块，小方洞的大小刚好与嵌入的小方块相吻合，称为钵中钵。小方块的中央割一条小缝，用于播种。岩棉块除了上、下两个面外，四周用不透光的乳白色或者黑白双面塑料薄膜包裹，以防止水分蒸发、四周积盐及滋生藻类。育苗时先用稀释的营养液浇湿岩棉块，将已催芽的种子嵌入小方块的切缝中，然后密集置于可装营养液的箱、盘或槽中，在箱、盘或槽底部维持 0.5～1.0 cm 厚的营养液层，靠底部毛管作用供水供肥（图 7-2A）。后期随着幼苗长大逐渐拉开育苗块距离，避免幼苗之间互相遮光。为了便于管理，有时先将播种后的小方块集中放置，待幼苗长至一定大小后再移入大育苗块中。另外一种供液方法是将育苗块底部的营养液层用一条 2 mm 厚的亲水无纺布代替，无纺布垫在育苗块底部 1 cm 左右的一边，并通过滴灌向无纺布供液，利用无纺布的毛管作用将营养液传送到岩棉块中（图 7-2B）。此法虽繁琐，但较顶部浇液法或底部浸液法效果要好。

A

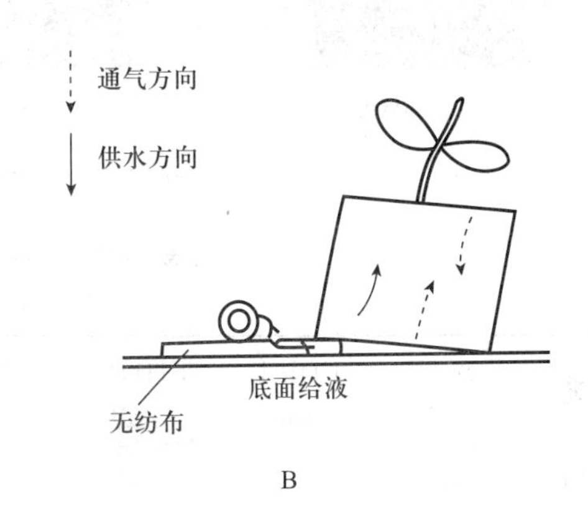

B

图 7-2　岩棉块育苗

4. 穴盘育苗　穴盘是按照一定的规格制成的带有很多小型钵状穴的塑料盘，使用时先在孔穴中装满基质，然后播种，播种时一穴一粒，成苗时一室一株。穴盘的颜色有黑色、灰色、白色等，从制作材料上可分为聚乙烯穴盘、聚丙烯穴盘、聚苯乙烯或聚氨酯泡沫塑料穴盘等。穴盘可以是吸塑而成，也可以是注塑而成。不同国家和地区所使用的穴盘，其规格存在一定差异，外形尺寸多数为 27.8 cm×54.9 cm，穴孔形状有方锥形、圆锥形、六边形、八边形等，穴孔深度 2.5～10 cm 不等，穴孔数目包含 40、50、72、128、200、288、392、512、648 孔等不同类型，其中 72、128、288 孔的穴盘较常用（图 7-3）。依据育苗目的和作物种类，可选择不同规格的穴盘，一次成苗或培育小苗供移苗用（表 7-3）。用于机械化播种或移植的穴盘规格必须与播种或移植机械相配套。

5. 育苗盘（箱）育苗　育苗盘（箱）多为塑料制品，用聚乙烯树脂加入耐老化剂模压成型，有些用泡沫或木头制作。不同规格的育苗盘大小、深浅不同，国内外常用的育苗盘规格一般为 60 cm×30 cm×5 cm 或 40 cm×30 cm×5 cm，底部有细孔透水透气。使用时，填装基质直接播种，或者用于盛放育苗钵，以便于搬运和机械化栽植。育苗盘既可用于播种出苗，又可用于育成小苗，适于立体育苗。有的育苗盘中间设有纵横隔板，每一小格育一株苗。

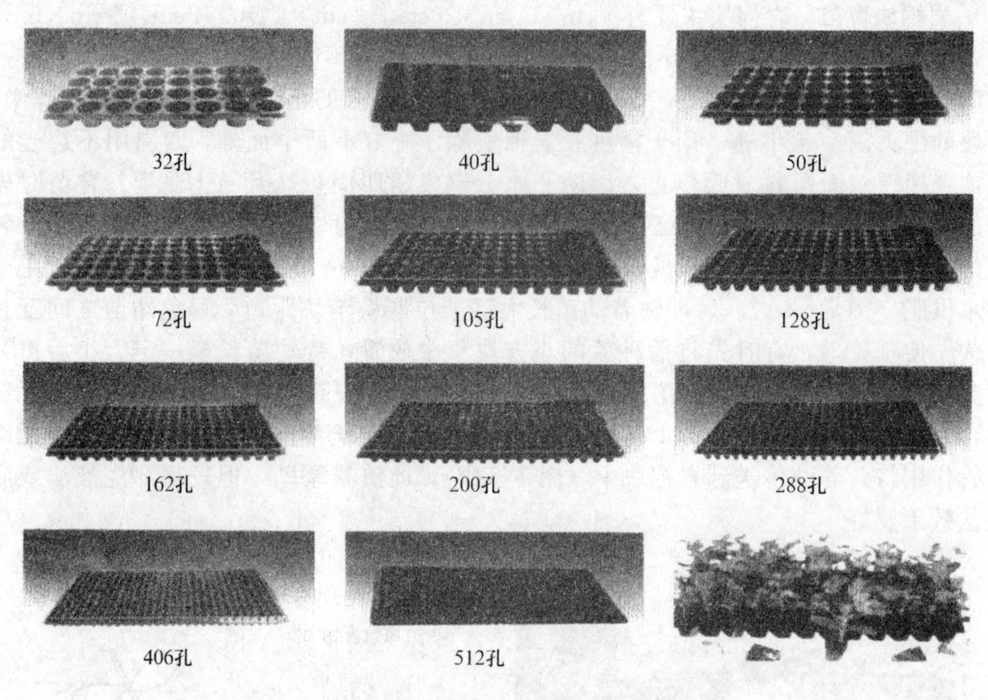

图 7-3 各种规格的育苗穴盘

表 7-3 穴盘规格及其基质用量

（司亚平，1999）

产地	规格（孔/盘）	上口边长（cm）	下口边长（cm）	深度（cm）	容积（ml/盘）	装盘数量（个/m³）	1 000 盘的基质用量（m³）
美国	72	4.2	2.4	5.5	4 633	215	4.65
	128	3.1	1.5	4.8	3 643	274	3.65
	288	2.0	0.9	4.0	2 765	362	2.76
韩国	72	3.8	2.0	4.8	3 186	313	3.20
	128	3.0	1.4	6.5	4 559	219	4.57
	288	2.0	0.9	4.6	2 909	343	2.92

常用硬质塑料育苗箱的规格为 50 cm×40 cm×12 cm，可在里面直接育苗，也可以作为运苗的工具。

6. 育苗筒育苗 育苗筒按照制作材料分为塑料筒和纸筒。塑料筒由工厂吹塑切制而成，规格多样，也有用旧塑料薄膜自行制作的。纸筒用旧报纸、牛皮纸等黏制而成。育苗筒直径 7～8 cm，高 9 cm 以上，在筒内填装基质后播种育苗。

三、无土育苗的设施设备

无土育苗的设施设备可根据育苗的要求、目的和条件综合考虑。规模化、专业化育苗的设施设备应当是先进、完整和配套的；局部小面积的无土育苗也应因地制宜，配置必要的育苗设施和设备。工厂化育苗要求结构性能优良、环境条件可控的大型单栋或连栋温室。规模化育苗或者经济实力较差的条件下，亦可采用结构性能较好的日光温室或塑料大棚，但要配备必要的加温或补光设备，以防极端天气条件出现。冬季地温过低时，亦可在室内铺设电热温床。

1. 催芽室　催芽室是专供种子发芽、出苗所使用的设施，播种完成后即进入催芽室内催芽。大规模无土育苗需设置催芽室。在催芽室内种子的萌发率比在温室中至少要高 10%，而且发芽均匀、速度快、发芽率高、占用空间小、容易管理。催芽室要有一定大小，并且室内温度和湿度条件能够调节，以便根据不同作物发芽所需要的最适温、湿度进行调节。大型催芽室内的温度由冷热系统控制，湿度主要靠自动弥雾加湿系统，光照可以配置，也可以不配置。小型催芽室中采用空调和加湿器即可满足要求。催芽室内上方安装 1～2 个小型排气扇用来促进空气对流，保证温、湿度均匀。将种子催芽后再播种的，可以不用催芽室，用恒温培养箱、光照培养箱催芽即可。种子量稍大时，也可用市售电热毯催芽。

催芽室也可以自行设计建造，一般用砖和水泥砌成，或者将旧房改造。催芽室建在育苗温室或大棚内，可以降低加温能耗。建造专用催芽室时应砌双层砖墙，中间填充隔热材料或一层 5 cm 厚的泡沫塑料板以利保温，出入口的门采用双重保温结构，内设空调机组或者利用空气电加温线加温。建在温室或大棚内的催芽室可采用钢筋骨架，双层塑料薄膜（间距 7～10 cm）密封，既能增加室内温度，又能使出土幼苗及时见光，不至黄化。催芽室内采用空气电加温线加温时，布线间距应大于 2 cm，离开墙壁、地面或薄膜 5～10 cm，以地下增温方式多见，电热线上方盖多孔铁板以便散热。控温仪的感温探头应放在室内的代表性部位，但开关、控温仪、电表、交流接触器等都应安装在室外，以免造成漏电事故。

催芽室的大小主要根据育苗量确定，至少应容纳 1～2 辆育苗车或者多层育苗架，育苗架的规格要与建造的催芽室相匹配，层间距 10～15 cm，最下层离开地面 20 cm，顶部有足够的空间用于空气流通。育苗架底部安装方向轮，以便推运，也可采用固定式。催芽室的顶棚最好设计成倾斜式的，以避免凝结水滴直接滴落到穴盘上。内表面应设计一层防潮层，以防止隔热材料变湿降低保温效果。

2. 绿化、驯化设施　种子萌芽出土后，要立即放在有光并能保持一定温、湿度的设施内绿化，否则，幼芽黄化会影响幼苗的生长和质量。穴盘育苗通常在催芽室内催芽，幼苗出土后立即转移到绿化室内绿化。营养钵育苗时，播种后直接摆放在光照、温度和湿度条件都很好的设施内，此设施既是绿化室，又是幼苗培育的场所。嫁接苗、试管苗驯化过程中，对设施内的光照、温度和湿度条件的要求更为严格。

工厂化育苗使用的机械较多，一般采用大型温室，内部空间大，操作方便，光照、温度、湿度等条件分布均匀，配备加温和降温装置、遮阳和补光装置、CO_2 施肥装置、人工或自动通风和灌溉装置等，对温室内的光照、温度、湿度等条件可以进行调节。等屋面单栋温室一般为南北延长（屋脊方向），长度在 100m 以内，钢架结构，铝合金窗框，屋面和侧窗全部用玻璃或者塑料板材覆盖。连栋温室分尖屋顶和拱圆屋顶两种，以玻璃、刚性塑料或塑料薄膜为覆盖材料，外设遮阳网，内置保温幕，采用中央锅炉或者燃油（气）热风系统加温，机械、湿帘风机或弥雾风机系统降温，室内安装环流风机以促进空气流通，使温度分布均匀，具有较强的环境控制能力。目前，国内工厂化育苗所使用的连栋温室已基本实现国产化，但结构类型和规格差异较大。

在我国，集约化、规模化育苗可以利用日光温室作为绿化和培育幼苗的场所，建造成本低、透光保温性能好、节省能源，但环境调控水平较差。冬季育苗需要配备热水锅炉或者燃煤（油、气）热风炉加温，夏季通过遮阳网覆盖降温。将日光温室进行改造，安装湿帘风机降温系统，并配合遮阳网覆盖，可大大提高降温效果；用保温被作为外覆盖材料，安装自动卷被系统，可提高作业效率，减轻劳动强度，增加室内见光时间。低温季节拱圆大棚育苗必须采用多层覆盖并配备临时加温设备；夏季育苗时，将大棚两侧的薄膜卷起，在通风处安装防虫网，将保温幕换成遮阳网即可。连栋式拱圆大棚的数目不能太多，否则内部环境不易调节。

3. 电热温床 电热温床是无土育苗的辅助加温设施，主要设备包括电加温线和控温仪，附属设备有开关、导线、交流接触器等。

电加温线是将电能转化为热能的器件，型号较多（表 7-4），育苗时可根据需要选择不同规格的土壤电加温线或空气电加温线。铺设加温线的功率密度，北方地区一般为 90～120 W/m^2。控温仪可自动控制电源的通断，以达到控温目的。控温仪的感温探头应放在代表性位置。每台控温仪的负载是额定的，如果电加温线的功率大于额定负载，应外接交流接触器，以免烧坏控温仪。

表 7-4 不同型号电加温线的主要参数

（葛晓光，1999）

型 号	用 途	工作电压（V）	功率（W）	长度（m）
DR208	土壤加温	220	800	100
DV20406	土壤加温	220	400	60
DV20608	土壤加温	220	600	80
DV20810	土壤加温	220	800	100
DV21012	土壤加温	220	1 000	120
DP22530	土壤加温	220	250	30
DP20810	土壤加温	220	800	100
DP21012	土壤加温	220	1 000	120
$F_4$21022	空气加温	220	1 000	22
KDV	空气加温	220	1 000	60

电热温床育苗，若采用育苗钵（盘），应首先做畦并将底部整平，然后铺设隔热层和电热线，上面用细土、沙子、炉渣或稻壳等掩埋固定，最后摆放盛装基质的育苗钵（盘）；若直接铺放基质，则在做畦后铺一层塑料薄膜，膜上打孔，随后铺 1～2 cm 厚的粗基质，布好电热线后再在上面覆盖 8～10 cm 厚度的基质层用于播种或者分苗。

4. 育苗床 为便于操作管理和创造良好的幼苗生长环境，无土育苗通常采用架高的育苗床，将育苗盘、钵摆放在床面上。苗床的形式有多种，多南北方向伸长，长度因温室而异（图 7-4）。简易的固定式育苗床主要用于日光温室或小规模生产条件下，通常是在地面上垒一些方砖，上铺木板或者竹竿、竹片做成的竹排，高度离开地面 6～50 cm 不等，长度 10 m 左右，宽度以在两侧作业时能够触及中央为宜，穴盘育苗时可以横摆 4 个或纵摆 7 个标准育苗盘，床与床之间的走道宽度 30～60 cm，以方便工人进入作业。可以用钢管、角铁、钢丝网、铝合金等材料制作固定式苗床，高度 70～90 cm，宽度 1.8～2.0 m 不等，床与床之间的走道宽度 50～70 cm。采用漂浮育苗或者潮汐灌溉时，还可以直接在地面上建造混凝土池子作为育苗床。这类苗床的地面利用率相对较低。

图 7-4　不同类型的育苗床
左：竹排育苗床　右：滚动式育苗床

大型温室内规模化或工厂化育苗常常使用可移动的育苗床，长度根据温室方向和空间大小确定，多数在 20 m 左右。滚动式苗床的床面用角铁、钢丝网或铝合金制作，为避免床面下陷和不平整，在钢丝网下面设置横撑，苗床支撑在可以滚动的圆管上，能够向两侧移动 45～60 cm。当需要在某个苗床处作业时，可以用手将其他苗床推到一起，也可以通过安装在床一端的手柄转动支撑钢管而使其来回移动，从而留出需要操作苗床处的通道。因为苗床是可移动的，所以连接到苗床的供水、供热和供电系统也必须能随之移动。滚动式苗床可增加地面利用率 10%～25%，而且能减少劳动用工。移动式苗床也是一种滚动式育苗床系统，只是其苗床改变成了箱式大盘，具有一定的规格尺寸，运行操作要求支撑在滚动传送带或轨道上，可以轻松移动。但由于支撑传送带或传送轨道是固定不动的，这种育苗床的空间利用率不如滚动式育苗床的高。

第二节　无土育苗基质及营养液

一、无土育苗基质

育苗基质是为幼苗生长发育提供稳定协调的水、气、肥及其他根际环境的介质，具有固定支持秧苗、贮存供应水分和养分、协调根系生长环境等重要作用。由于育苗基质支持着植物整个苗期的生长，全部水分和矿质营养都是由根系从基质中吸收而来，因此，育苗基质常常成为生产中问题产生的主要根源。选用适宜的基质是无土育苗的重要环节和培育壮苗的基础，育苗基质必须具有充足的营养、适宜的 pH，并能提供良好的根系生长环境。

1. 育苗基质的种类和要求　无土育苗能够利用的基质种类很多，除了最常见的草炭、蛭石、珍珠岩外，还有岩棉、沙子、炉渣等无机基质，以及树皮、炭化稻壳、椰糠、锯末、种过蘑菇的棉子壳等有机基质。不同种类的基质，其理化特性不同，同种基质由于来源不同，理化特性有时也存在较大差异。不同基质种类及其特性，详见第五章第三、四节。

基质性能好坏主要是由其本身的物理性状和化学性状所决定，因此无土育苗中对固体基质的要求也主要是对基质本身的物理性状和化学性状的要求。合理的育苗基质应使保水能力和通气性之间保持平衡，要求疏松透气，保水保肥，呈微酸性，化学性质稳定，不带病菌、虫卵、杂草种子以及对秧苗有毒或有害的物质。育苗基质还要有利于根系缠绕，便于起坨。

基质的pH决定根区营养元素的有效性，影响植物对养分的吸收。对大多数植物而言，幼苗在pH 5.8～6.2的基质中生长良好。通常情况下，水藓泥炭、树皮是酸性的，沙子和珍珠岩是中性的，蛭石、岩棉既有中性的又有微碱性的。

基质中过多的可溶性盐会对种子萌发和幼苗生长带来很多问题。按照饱和基质测定法(SME)测定，基质中的初始可溶性盐分含量应小于0.75 mS/cm(1∶2稀释法)，NH_4^+ 含量小于10 mg/kg，钠含量小于30 mg/kg，氯化物含量小于40 mg/kg。

基质使用前必须进行过筛、去杂质、清洗或者必要的粉碎、浸泡等处理，需要测试其pH、可溶性盐和有效养分含量，了解物理性状和化学性状。重复使用的基质应消毒灭菌，经检验合格后方可再次利用。

2. 育苗基质的选配 基质选配是无土育苗的关键技术之一。与无土栽培基质相似，选择育苗基质同样要考虑其适用性，要求具备良好的理化性状。同时，为了降低育苗成本，选择育苗基质还应注重经济实用的原则，充分利用当地资源，尽量选择资源丰富、价格便宜、性状符合要求的材料为原料。譬如，我国南方地区可以选用炭化稻壳、椰糠等作为育苗基质，北方地区可以选用草炭、蛭石、珍珠岩等。日本蔬菜无土育苗常用炭化稻壳、赤土、沙子、蛭石等为基质，炭化稻壳可以单独使用，也可以与沙子、赤土按照一定比例混合。美国无土育苗常用蛭石、珍珠岩等作基质，有时采用经过充分腐熟和粉碎的树皮，并在其中加入20%（体积比）的粗沙或20%的草炭。在欧洲，由于多数采用岩棉栽培，利用岩棉块进行蔬菜、花卉育苗相当普遍。

由于单一基质很难满足作物生长发育对各项指标的要求，因此在育苗实践中所使用的基质大多数不是单一的，而是将2种或2种以上的基质按照一定的比例混合在一起，以发挥优势互补，改善基质的理化性状以及对水、气、肥的协调能力，提高育苗效果。例如，芦苇末作基质大孔隙多，保水性强，有机质含量高，但容重小，作物易倒伏；炉渣容重较大，通气性好，吸附能力强，有一定的保肥性，但持水、保水性差，总孔隙度较小，不含有机质。试验研究表明，在芦苇末中添加炉渣可改善芦苇末过轻的弊端，缓解保水与通气的矛盾，增加容重，降低大小孔隙比。在配制复合基质时，无论使用何种基质成分，都要注意对混合后基质性状所产生的影响（表7-5）。有时，还要对混合后的基质进一步调整，以更好地满足不同植物秧苗生长的需求。

表7-5 几种复合基质的理化特性比较

（王明启，2001）

复合基质	容重 (g/cm^3)	密度 (g/cm^3)	总孔隙度（%）	通气孔隙（%）	毛管孔隙（%）	pH	EC (mS/cm)	阳离子代换量 (cmol/kg)
草炭、蛭石、炉渣、珍珠岩（2∶2∶5∶1）	0.67	2.29	70.7	17.1	53.6	6.71	2.62	13.77
草炭、蛭石（1∶1）	0.34	2.32	85.3	38.1	47.2	6.09	1.19	30.37
草炭、蛭石、炉渣、珍珠岩（4∶3∶1∶2）	0.41	2.22	81.5	25.3	56.2	6.44	2.82	29.03
草炭、炉渣（1∶1）	0.62	1.93	67.9	17.7	50.2	6.85	2.43	21.50

配制复合基质时，一般采用2～3种基质即可，并且尽量选用当地资源丰富、价格低廉的轻基质，以采用有机、无机复合基质的育苗效果更优。根据复合基质中是否含有草炭，可将复合基质分为草炭系复合基质和非草炭系复合基质两大类。迄今为止，草炭是被世界各国普遍认为最好的育苗基质。无论国内还是国外，无土育苗更多地采用草炭等轻基质材料，与蛭石或珍珠岩按照一定的体积比混合。穴盘育苗基质中通常含有30%～70%的草炭，20%～30%的蛭石。

由于草炭开采不仅增加了生产成本，而且容易导致资源枯竭，破坏生态环境，因此，开发利用草炭替代型基质成为世界各国关注的焦点。20世纪90年代以来，随着人们环保意识的增强和各种工农业废弃物排放量的增加，利用有机废弃物生产多样化、无害化的无土栽培和育苗基质，实现自然资源的可循环利用，无论技术研究和产业化开发均取得了较大进展。

此外，选配育苗基质时还要考虑现代化、工厂化育苗产业发展的要求，有利于操作管理和实现标准化。

二、营养液

无土育苗过程中对幼苗水分和养分的供应，主要通过定期浇灌营养液的方式解决，因此，营养液管理是一项非常重要的工作，是育苗效果和质量的关键所在。不同作物要求不同的营养液配方，不能笼统的照搬使用。而且，由于育苗基质种类、水源以及气候条件等存在差异，对营养液的要求也不同，需要结合实际情况进行调整。

配制营养液需要可靠和高质量的水源，要求不含有害物质，不受污染，钠离子和氯离子含量低，水质不宜过硬。为此，需要事先测定可利用水源的酸碱度、可溶性盐、氯化物以及主要化学元素含量等指标。适于无土育苗的水质标准，pH范围应在5.5～6.5之间，可溶性盐含量不宜超过0.75 mS/cm。如果水源的水质不理想，应该采用相应的水处理技术改善水质。

对营养液的总体要求是养分种类齐全，数量和比例适当，有效性和稳定性好，配制方便。因此，在实际配制过程中应科学选择配方和肥料种类，尽量降低成本。配制营养液的方法可以是先配成浓缩液，使用时再稀释，但需要将含钙的肥料单独盛放，以免形成沉淀。营养液中铵态氮浓度过高易对秧苗产生危害，抑制生长，严重时导致幼根腐烂，幼苗萎蔫死亡。因此在氮源的选择上应以硝态氮为主，铵态氮和尿素占总氮的比例最高不宜超过30%。研究表明，交替使用硝态氮和铵态氮化肥比单独使用任意一种更有利于植物生长。为了促进营养生长，应选用含铵态氮较多的肥料；而为了促进根系和生殖生长，则应使用更多的硝酸钙和硝酸钾。

作物对微量元素的需求量极少，但所起的生理作用很大，供应不足容易出现缺素症状，过多则造成中毒。一般水和基质中均含有一定数量的微量元素，但当含量不足时必须在营养液中添加。营养液酸碱度直接影响养分的有效性，对于大多数作物的无土育苗，通常将营养液pH调整到5.5～6.8之间。

配制育苗营养液可采用无土栽培的配方，根据具体作物确定，常用配方如日本园试配方、山崎配方等，使用标准浓度的1/3～1/2剂量，也可使用育苗专用配方。试验表明，叶菜类育苗可采用配方氮140～200 mg/kg(L)、磷70～120 mg/kg(L)、钾140～180 mg/kg(L)；茄果类育苗配方前期氮140～200 mg/kg(L)、磷90～100 mg/kg(L)、钾200～270 mg/kg(L)，后期氮150～200 mg/kg(L)、磷50～70 mg/kg(L)、钾160～200 mg/kg(L)。除外，也可用尿素加磷酸二氢钾或者氮磷钾复合肥（$N-P_2O_5-K_2O$含量15-15-15）配成溶液后喷灌幼苗，子叶期浓度为0.1%，1片真叶后提高到0.2%～0.3%。对于后者，由于所使用的基质种类不同，有时可能会导致养分供应不足或失衡，譬如微量元素缺乏等。近年来，国内一些育苗企业采用进口或国产的速溶性商品肥料代替营养液，其中除了含有氮、磷、钾外，还能提供钙、镁、硫和微量元素，育苗效果良好。

无土育苗不同营养液供液方式如图 7－5 所示。从顶部浇灌营养液时必须注意均匀、充分，防止育苗容器内积液过多。前人的研究结果显示，在育苗的全过程中，每株番茄、茄子、黄瓜、甜瓜幼苗分别吸收标准浓度营养液为 800 ml、1 000 ml、500 ml、400 ml。小规模育苗时可以参考这个标准，在苗期分次浇施营养液，将每次每平方米苗床的施用量控制在 10L 左右。夏季无土育苗，营养液浇灌次数要适当增加，而且苗床要经常喷水保湿。

图 7－5　无土育苗不同营养液供液方式

左：穴盘育苗顶部供液　右：漂浮育苗底部供液

营养液供给要与供水相结合，可采用浇 1 次或 2 次营养液后浇 1 次清水的办法，以避免基质内盐分积累浓度过高，抑制幼苗生育。工厂化育苗，面积大的可采用双臂悬挂式行走喷水喷肥车，每个喷水管道臂长 5 m，上安几个或几十个喷头，悬挂在苗床上方的温室骨架上，来回移动和喷液，浇灌均匀，节省劳力。也可采用轨道式行走喷水喷肥车。夏天高温季节，每天喷水 2～3 次，每隔 1 d 喷肥 1 次；冬季气温低时，可 2～3 d 喷 1 次，喷水和喷肥交替进行。

另外一种供液方式是从底部供液。潮汐式灌溉是把水或营养液蓄积在育苗床内，使其浸泡育苗容器底部 2～3 cm 并维持一段时间，水或营养液从育苗容器底部的小孔进入，借助毛管作用上升，将容器内的基质完全浸透，然后再将水或营养液全部排放掉。苗床一般用塑料板或泡沫板围成槽状，长 10～20 m，宽 1.2～1.5 m，深 10 cm 左右，床底平整，铺一层厚 0.2～0.5 mm 黑色聚乙烯塑料薄膜作衬垫，防止渗漏；或者直接利用塑料膜制成不透水的育苗床。也有的将床底做成许多深 2 mm 的小格子，育苗块排列其上，底部供液，多余的营养液则从一定间隔设置的小孔中排出（图 7－6）。

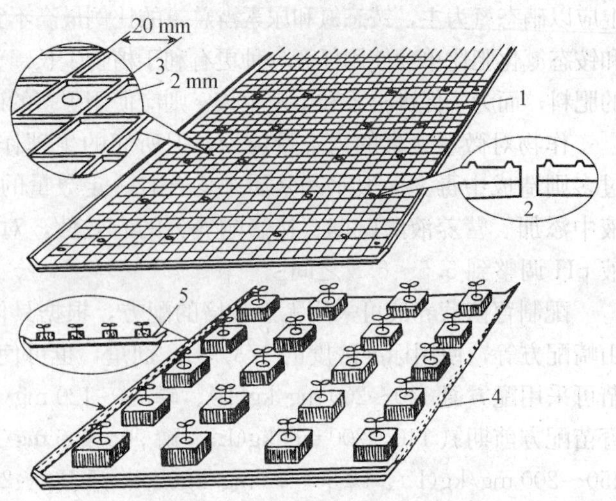

图 7－6　育苗床与育苗块供液系统

1. 育苗床　2. 排水孔　3. 育苗床小格放大图　4、5. 供液孔

近年来，在许多地方相继开发了针对蔬菜、烟草等作物的穴盘漂浮育苗技术。方法是利用砖石和混凝土修建一个深池，注入一定深度的营养液，然后将填充基质并播种后的泡沫塑料穴盘摆放在营养液液面上。营养液通过穴盘底部的小孔，借助基质的毛管作用满足幼苗生长对水分和养分的需求，并通过营养液循环流动增加其中溶存氧的含量。

为了提高肥水利用效率，降低育苗成本，营养液供液可以采用回收循环利用方式。营养液循环装置包括进液管、排液管、贮液池、电泵等。对于循环使用的营养液务必及时调整浓度和酸碱度，并注意消毒处理。

第三节　育苗环境及其调控

幼苗的生长发育受环境条件的影响，只有在育苗过程中创造适宜的环境条件，才能达到培育壮苗的目的。由于幼苗的每一个生育阶段对环境和种植条件的要求都是不同的，生产过程中应最大限度地满足幼苗在不同阶段的需求，合理调控温度、光照、水分、养分和气体等条件。

一、温　　度

在影响幼苗生育的环境因素中，温度起到最重要的作用。温度高低不仅直接影响种子发芽和幼苗生长的速度，而且也左右着秧苗的发育进程。一般情况下，温度对秧苗生育的影响是通过体内酶的活动和同化物运转实现的。温度过低，秧苗生长发育延迟，生长势弱，容易产生弱苗或僵化苗，极端条件下还会因为床温过低造成寒害或冻害；温度过高，幼苗生长过快，易长成徒长苗。

基质温度影响根系生长和根毛发生，从而影响幼苗对水分、养分的吸收。在适宜温度范围内，根的伸长速度随温度的升高而加快，但超过该范围后，尽管其伸长速度加快，但是根系细弱，寿命缩短。早春育苗中经常遇到的问题是基质温度偏低，导致根系生长缓慢或产生生理障碍。夏秋季节育苗则要防止高温伤害。

保持一定的昼夜温差对于培育壮苗至关重要，低夜温是控制幼苗节间过分伸长的有效措施。白天维持秧苗生长的适温，增加光合作用和物质生产，夜间温度则应比白天降低 8～10 ℃，以促进光合产物的运转，减少呼吸消耗。在自动化调控水平较高的温室内，育苗可以实行变温管理。阴雨天白天气温较低，夜间气温也应相应降低。

不同作物种类、不同生育阶段对温度的要求不同。总体来说，整个育苗期间播种后出苗前、移植后缓苗前温度应高，出苗后、缓苗后和炼苗阶段温度应低。前期的气温高，中期以后温度渐低，定植前 7～10 d 进行低温锻炼，以增强对定植以后环境条件的适应性。嫁接以后、成活之前也应维持较高的温度。

一般情况下，喜温性的茄果类、豆类和瓜类蔬菜最适宜的发芽温度为 25～30 ℃，较耐寒的白菜类、根菜类蔬菜最适宜的发芽温度为 15～25 ℃。出苗至子叶展平前后，胚轴对温度的反应敏感，尤其是夜温过高时极易徒长，因此需要降低温度，茄果类、瓜类蔬菜白天控制在 20～25 ℃，夜间 12～16 ℃，喜冷凉蔬菜稍低。真叶展开以后，保持喜温果菜类白天气温 25～28 ℃，夜间 13～18 ℃；耐寒、半耐寒蔬菜白天 18～22 ℃，夜间 8～12 ℃。需分苗的蔬菜，分苗之前 2～3 d 适当降低苗床温度，保持在适温的下限，分苗后尽量提高温度。

成苗期间，喜温果菜类白天23～30 ℃，夜间12～18 ℃；喜冷凉蔬菜温度管理比喜温类降低3～5 ℃。几种蔬菜育苗的适宜温度见表7-6。

表7-6 几种蔬菜育苗的适宜温度

（王化，1985）

蔬菜种类	适宜气温（℃）		适宜土温（℃）	蔬菜种类	适宜气温（℃）		适宜土温（℃）
	昼温	夜温			昼温	夜温	
番　茄	20～25	12～16	20～23	毛　豆	18～26	13～18	18～23
茄　子	23～28	16～20	23～25	花椰菜	15～22	8～15	15～18
辣　椒	23～28	17～20	23～25	白　菜	15～22	8～15	15～18
黄　瓜	22～28	15～18	20～25	甘　蓝	15～22	8～15	15～18
南　瓜	23～30	18～20	20～25	草　莓	15～22	8～15	15～18
西　瓜	25～30	20	23～25	莴　苣	15～22	8～15	15～18
甜　瓜	25～30	20	23～25	芹　菜	15～22	8～15	15～18
菜　豆	18～26	13～18	18～23				

花卉种子萌发的适宜温度依种类和原产地不同而异，一般比其生育适温高3～5 ℃。原产温带的花卉多数种类的萌发适温为20～25 ℃，耐寒性宿根花卉及露地二年生花卉种子发芽适温在15～20 ℃，一些热带花卉种子则要在较高的温度下（32 ℃）才能萌发。播种时的基质温度最好保持相对稳定，变化幅度不超过3～5 ℃。花卉出苗后的温度应随着幼苗生长逐渐降低，一般白天15～30 ℃，夜间10～18 ℃，基质或营养液温度15～22 ℃，其中喜凉耐寒花卉较低，喜温耐热花卉较高。一些主要花卉的昼夜最适温度见表7-7。

表7-7 一些主要花卉的昼夜最适温度

（北京林业大学，1998）

种　类	白天最适温度（℃）	夜间最适温度（℃）
金鱼草	14～16	7～9
心叶藿香蓟	17～19	12～14
香豌豆	17～19	9～12
矮牵牛	27～28	15～17
彩叶草	23～24	16～18
翠菊	20～23	14～17
百日草	25～27	16～20
非洲紫罗兰	23.5～25.5	19～21
月季	21～24	13.5～16

严冬季节育苗，温度明显偏低，应采取各种措施提高温度。电热温床能有效地提高和控制基质温度。当充分利用了太阳能和保温措施仍不能将气温升高到秧苗生育的适宜温度时，应该利用加温设备提高气温。燃煤火炉虽然加温成本低、管理简单，但热效率

低、污染严重。供暖锅炉清洁干净，容易控制，主要有煤炉和油炉两种，采暖分热水循环和蒸汽循环两种形式。热风炉也是常用的加温设备，以煤、煤油或液化石油气为燃料，首先将空气加热，然后通过鼓风机送入温室内部。此外，还可利用地热、太阳能和工厂余热加温。

夏季育苗温度高，育苗设施需要降温，当外界气温较低时，主要的降温措施是自然通风。另外还有强制通风降温，遮阳网、无纺布、竹帘外遮阳降温，湿帘风机降温，透明覆盖物表面喷淋、涂白降温，室内喷水喷雾降温等。试验证明，湿帘风机降温系统可降低室温5～6 ℃。喷雾降温只适用于耐高空气湿度的蔬菜或花卉作物。

二、光　照

光照对于蔬菜、花卉种子的发芽并非都是必需的。有些蔬菜如叶用莴苣、芹菜、胡萝卜，花卉如报春花、毛地黄等需要在一定的光照条件下才能萌发，而另外一些蔬菜或花卉如韭菜、洋葱、黑种草、雁来红等在光下却会发芽不良。

幼苗干物质的90%～95%来自光合作用，而光合作用的强弱主要受光照条件的制约。光照度影响幼苗的生长发育速度和外部形态，强光有利于花的发育，弱光下易形成徒长苗。光照时间对植物的器官形成作用较大，制约花芽分化过程。光质对幼苗也有很大影响，红橙光可以促进光合作用，紫外光能促进秧苗健壮，防止徒长。

苗期管理的中心任务之一是设法提高光能利用率，尤其在冬春季节育苗，光照时间短、强度弱，应采取各种措施改善秧苗受光条件，这是育成壮苗的重要前提之一。为此，①要选择合理的设施方位并改进其结构，尽量增大采光面，增加入射光，减少阴影。②要选用透光性好的覆盖材料，及时清扫，保持表面洁净，增加光照度。③应加强不透明覆盖物的管理，处理好保温和改善光照条件的关系，尽可能早揭晚盖，延长光照时间。④幼苗出土后应及时见光绿化，并随着幼苗生长逐渐拉大苗距，避免相互遮阴。但是，在绿化和分苗后的第1～2天，若天气晴朗、气温较高，则应适当遮阴，防止萎蔫。

随着生产和科学技术的发展，在光照不足的地区或季节育苗，采用人工补光的日渐增多。人工补光的目的有二：一是作为光合作用的能源，克服由于光照不足引起的幼苗光合作用减弱，缩短育苗时间；二是用补光的方法抑制或促进花芽分化，调节花期。对于大规模、专业化、商品化育苗，人工补光可以提高幼苗质量和生长速度，缩短育苗周期，提高设施利用效率，保持育苗生产的稳定性，实现按计划向生产者提供秧苗。

人工补光的光源很多，需要根据补光的目的进行选择。通常要求光源的光谱性能好，发光效率高，寿命长，安装维护方便，价格便宜。白炽灯平均寿命1 000 h左右，主要发射红外线，发光效率低，从节能的观点不太理想，但构造简单，价格便宜，安装使用方便，育苗中仍广泛应用，尤其适于冷床、拱棚、温室低照度补光。荧光灯的寿命一般为3 000 h，光谱性能好，发光效率高，发热量较小，价格较低，在人工气候室、育苗室内应用较多。高压汞荧光灯光谱中的红光成分增加，光色得到改善，发光效率为40～60 lm/W，虽略低于荧光灯，但其功率可以做得很大，且灯具体积小，寿命长，可作为高强度光源用于温室补光。高压钠灯寿命长，发光效率高，光谱中红橙光丰富，但蓝光不足，应用时可与高压汞荧光灯混用。金属卤化物灯的光谱分布均匀，发光效率高，为高压汞灯的1.5～2倍，其中生物效应灯的光谱与日光相近，热耗少，光照均匀，是比较理想的光源，与白炽灯搭配使用效果更好。

由于人工补光育苗的成本较高，生产中仍然要尽可能利用自然光。所有观赏植物的幼苗期对光都比较敏感，因此人工补光的效果较好，特别是第一片或第二片真叶出现后的2～6周效果更好。补光的时间一般为16～18 h，包括光照度足够时把灯关闭的那段时间在内，当自然光超过灯光2倍光照度时即可停止补光。补光的功率密度因光源种类而异，一般为每平方米50～150 W。

夏季高温季节育苗，为了避免强光照射、降低气温，需要进行遮光。搭建荫棚、草帘属于传统的遮阴方法，玻璃温室也可采用涂白和流水降温。近年来，遮阳网、无纺布等被广泛应用。遮阳网是以聚烯烃树脂为主要原料，经加工拉丝后编织成的一种质轻、强度高、耐老化，并具有透气性和透光性的新型农用覆盖材料，具有不同的规格和颜色。以江苏常州市武进第二塑料厂的产品为例，遮阳网的型号及其性能指标见表7-8。

遮阳网具有减弱光强、降低温度、减少土壤水分蒸发、防虫防病等效应，遮阳降温效果因产品颜色、规格、型号、覆盖方式而异，使用时应根据作物种类、育苗季节、使用目标等合理选择。黑色遮阳网的降温效果优于银灰色网，据测定，14:00的地面自然温度为44.4℃，银灰色网覆盖下地表温度为40.9℃，黑色网下为36.3℃；距地面5 cm高处的最高气温，银灰色网下降低2.5℃，黑色网下降低3.3℃。不同天气条件下的降温效果不同，晴天比阴雨天降温效果好。除外，银灰色遮阳网还有驱蚜作用。

使用黑色塑料薄膜将光线全部遮住，可以调节日照时数，控制开花时间，如为了让菊花早开花，通过遮光进行短日照处理。

表7-8 武进第二塑料厂农用遮阳网主要性能指标

（何启伟，1997）

型 号	遮光率（%）		机械强度（50 mm宽度的拉伸强度，N）	
	黑色网	银灰色网	经向（含1个密度）	纬向
SZW-8	20～30	20～25	≥250	≥250
SZW-10	25～45	25～40	≥250	≥300
SZW-12	35～55	35～45	≥250	≥350
SZW-14	45～65	40～55	≥250	≥420
SZW-16	55～75	50～70	≥250	≥500

三、水分

水分是种子发芽的必需条件，只有在吸足水分后，在其他条件适宜时才能萌发。出苗前若苗床缺水，则使种子处于干渴状态，不能发芽；反过来，苗期基质水分过多，通气不良，则有可能造成烂种。

水分又是幼苗生长不可缺少的条件，在幼苗的组织器官中，水分含量占85%以上。苗期保持适宜的基质水分是增加幼苗干物质积累、培育壮苗的有效途径。基质中含水量过多，根系通气就会受到影响；水分不足，根系容易因干旱而受害。基质湿度的高低还与基质温度有着直接的联系。苗床水分过多，基质空气含量少，温度低，根系生理机能减弱。此时若配合较高的温度和较弱的光照，幼苗极易徒长；若配合较低的温度和较弱的光照，则易发生苗期病害，或直接导致沤根。基质水分过少，幼苗生长就会受抑，长时间缺水形成僵苗。

适于各种秧苗生长的基质含水量一般为最大持水量的60%～80%。播种之后出苗之前应保持较高的基质湿度，以80%～90%为宜；定植之前7～10 d适当控制水分。蔬菜不同生育阶段水分含量见表7-9。

苗床水分与空气湿度相互影响。空气湿度过高，幼苗的蒸腾作用减少，对钙的吸收降低，会影响生理代谢，抑制正常生长发育，且易诱发病害；空气湿度过低，幼苗蒸腾旺盛，叶片因失水过多而萎蔫。作物苗期适宜的空气相对湿度一般为白天60%～80%，夜间90%左右，出苗之前和分苗初期的空气湿度适当提高。

苗床水分管理的总体要求是保证适宜的基质含水量，适当降低空气湿度，具体情况应根据作物种类、生育阶段、育苗方式、设施和环境条件等灵活掌握。例如，营养钵或营养土块育苗时的浇水量要比床土育苗法多，特别是泥炭营养钵育苗，开始应用时浇水的程度应达到完全蓄水，这样在以后就比较容易控制水分含量。大规模的现代化育苗，采用洒水壶或软管人工浇水费时费工、均匀性差，应安装固定式喷雾装置或移动式灌溉系统，实现浇水的机械化、自动化，大幅度提高灌溉效率，但仍需注意检查那些浇水不均匀的小块区域和边缘区域。育苗多数是在设施内进行的，由于设施空间小，气流相对稳定，空气湿度要比露地高得多，特别是用塑料薄膜作为覆盖材料的保护设施，早晚空气湿度经常处于近饱和状态，因此设法降低苗床空气湿度非常关键。

表7-9　不同生育阶段基质水分含量（相当于最大持水量的%）

（司亚平，1999）

蔬菜种类	播种至出苗	子叶展开至2叶1心	3叶1心至成苗
茄子	85～90	70～75	65～70
甜（辣）椒	85～90	70～75	65～70
番茄	75～85	65～70	60～65
黄瓜	85～90	75～80	75
芹菜	85～90	75～80	70～75
叶用莴苣	85～90	75～80	70～75
甘蓝	75～85	70～75	55～60

苗床浇水或营养液应选择晴天的上午进行。低温季节育苗，浇灌的水或营养液最好经过加温。采用喷雾法灌溉可以同时提高基质和空气的湿度，在夏天还有利于降低叶面温度。降低苗床湿度的措施主要有合理灌溉、通风、提高温率等。

四、气　　体

在育苗过程中，对秧苗生长发育影响较大的气体主要是CO_2和O_2，此外还包括有毒气体。

CO_2是植物光合作用的原料，外界大气中的CO_2浓度约为330 μl/L，日变化幅度较小，但在相对密闭的温室、大棚等育苗设施内，CO_2 浓度变化远比外界要强烈得多。室内 CO_2 浓度在早晨日出之前最高，日出后随光、温条件的改善，植物光合作用不断增强，CO_2 浓度迅速降低，甚至低于外界水平呈现亏缺。由图 7－7 看出，1 叶龄期，黄瓜沙培幼苗的塑料苗圃内 CO_2 浓度在换气之前降低不太明显，但是到 3～4 叶龄期，随着叶面积指数进一步增大，换气之前的 CO_2 浓度降低相当显著，4 叶龄期甚至降至 65～70 μl/L 的低水平。冬春季节育苗，由于外界气温低，通风少或不通风，内部 CO_2 更显不足，限制幼苗光合作用和正常生育。

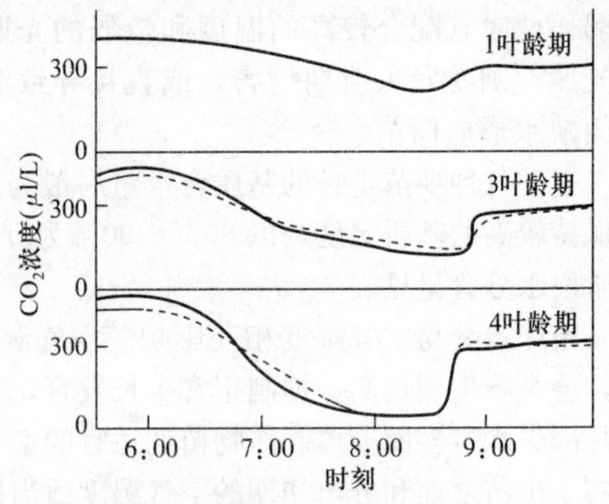

图 7－7　塑料苗圃内 CO_2 浓度的日变化

苗圃体积为 4.5 m^3（—实线）和 6.4 m^3（…虚线）

（伊东，1970）

苗期 CO_2 施肥是现代育苗技术的特点之一，无土育苗更为重要。CO_2 施肥一般在每天日出之后到日落之前 1 h 进行，使用金属卤化物灯和高压钠灯补光，可以一直持续到关灯。试验结果表明，秋海棠在低光照度下接受 4 周的 CO_2 处理，会比未经处理的穴盘苗移栽时间提前 10 d，并使开花期提前。冬季每天上午 CO_2 施肥 3 h 可显著促进黄瓜、番茄幼苗的生长，增加株高、茎粗、叶面积、鲜重和干重，降低植株体内水分含量，有利于壮苗形成（表 7－10）。而且，苗期 CO_2 施肥还有利于提高秧苗定植后的前期产量和总产量。

表 7－10　黄瓜、番茄苗期 CO_2 施肥壮苗效果比较

（魏珉等，2000）

蔬菜	施肥浓度 (μl/L)	株高 (cm)	茎粗 (cm)	叶面积 (cm^2)	全株干重 (g/株)	净同化率 [g/(m^2·d)]	壮苗指数	含水量 (%)
黄瓜	1 100±100	22.15	0.494	284.68	1.194 5	3.292	0.197 8	83.303
	700±100	21.30	0.473	247.66	0.917 1	2.867	0.127 2	83.299
	不施肥	17.04	0.433	186.82	0.681 2	2.754	0.090 2	83.741
番茄	1 100±100	40.25	0.556	296.33	1.561 5	2.895	0.183 6	83.016
	700±100	37.25	0.531	249.99	1.265 6	2.775	0.132 7	83.172
	不施肥	29.55	0.511	197.55	0.872 3	2.410	0.104 5	83.534

基质中 O_2 含量对幼苗生长同样重要。O_2 充足，根系才能发生大量根毛，形成强大的根系；O_2 不足，则会引起根系缺氧窒息，地上部萎蔫，停止生长。基质总孔隙度 60%左右为宜，可满足幼苗根系对 O_2 的需求。

危害幼苗的有毒气体主要来自加温或 CO_2 施肥过程中燃料的不完全燃烧、有机肥或化肥的分解以及塑料制品中增塑剂的释放等。为此，育苗用的塑料薄膜、水管要严格检查；燃料燃烧要充分，烟囱密封性要好；不要在育苗温室内堆积发酵有机肥。

设施通风不仅降低温、湿度，也可以补充设施内部 CO_2，减少有毒气体积累。但外界气温太低时不能及时放风，导致设施 CO_2 不足，秧苗处于碳饥饿状态，此时 CO_2 施肥最有效。

综合前人的研究结果，苗期 CO_2 施肥应尽早进行，子叶期开始最佳，施肥浓度宜掌握在 1 000 μl/L 左右。

目前主要的 CO_2 施肥方法包括以下几种。

1. 液体 CO_2 施用法　液体 CO_2 通常装在高压钢瓶内，打开瓶栓可直接释放，较易控制施肥量和施肥时间，使用安全可靠，但成本较高。

2. 燃料燃烧法　CO_2 发生机容积较小，应用方便，易于控制，适于温室内使用，主要以天然气、煤油、丙烷、液化石油气为燃料。在欧美国家，常常将温室加温和 CO_2 施肥结合起来，利用加温锅炉产生的废气，经过滤、冷却处理，并与空气混合后通入温室。在我国，将燃煤炉具进行改造，增加对烟道尾气的净化处理装置，滤除其中的有害成分后输出纯净 CO_2，以焦炭、木炭、煤球、煤块等为燃料，成本也较低。

3. 化学反应法　利用强酸与碳酸盐反应产生 CO_2，硫酸—碳铵法是应用最多的一种类型。近几年各地相继开发出多种成套 CO_2 施肥装置，主要结构包括贮酸罐、反应桶、CO_2 净化吸收桶和导气管等部分，使用方法简便，效果较好。

五、养　分

在幼苗生长过程中，营养条件好时，幼苗生长健壮，根系发达，抗逆能力强，果菜类蔬菜幼苗花芽分化时间早、质量好；营养不足，则导致幼苗生长发育不良，容易出现老化苗和僵化苗，影响果菜类蔬菜的花芽分化和发育，甚至产量。斋藤曾研究了番茄苗期氮、磷、钾与幼苗生长的关系（表 7－11），结果表明，高氮浓度条件下（120 mg/L、240 mg/L），幼苗的株高、茎粗、叶片数和茎叶重均较高，氮浓度下降，幼苗生长变弱；高磷浓度条件下，幼苗健壮，生长旺盛；施钾量对幼苗生长发育影响不明显，但对培育壮苗、提高抗病性有良好的效果。

表 7－11　氮、磷、钾浓度对番茄幼苗生长的影响

（斋藤，1981）

营养元素	浓度（mg/L）	株高（cm）	茎粗（mm）	展开叶片数（片）	茎叶重（g/株）
氮	12	7.5	3.4	5.1	3.5
	30	11.3	4.9	6.1	7.6
	60	13.4	5.7	7.1	15.5
	120	15.7	6.4	8.0	21.7
	240	17.8	6.5	8.2	24.6
磷	5	5.4	2.6	4.6	3.1
	20	9.5	4.4	6.1	7.7
	80	15.7	6.4	8.0	21.7
	160	17.1	6.5	8.0	24.6
钾	10	12.4	5.2	7.4	16.1
	80	15.7	6.4	8.0	21.7
	160	18.3	6.5	8.1	23.4

幼苗不同生长阶段对营养的需求有差异。从种子发芽至子叶展平，是幼苗由异养向自养的过渡阶段，时间长短因不同作物种类而异，异养阶段主要靠种子贮藏的养分生长。子叶转绿以后开始进行光合作用，进入幼苗正常生长发育的自养阶段，叶片和根系生长旺盛，必须保证充足的养分供应。要求各种养分的种类齐全、比例适当，不可偏施氮肥，否则容易出现幼苗徒长。

基质不仅对秧苗起着固着作用，而且提供幼苗生长所需要的水分和养分，所以基质的营养条件对秧苗生育影响很大。目前，无土育苗多采用草炭、蛭石的复合基质，有时添加部分珍珠岩，以增加透气性。草炭和蛭石本身虽含有一定量的大量元素和微量元素，可被幼苗吸收利用，但养分不均衡，尤其对于育苗期较长的作物，基质中的营养远不能满足幼苗生育的需要，应当及时补充。

无土育苗养分的供给方式主要有两种。

1. 定期浇灌营养液 这种方式可避免水溶性养分被固定，提高养分有效性，具有节肥效果，但营养液配制和定期浇灌费工费时。

不同作物秧苗对营养液的要求不同，同一作物在不同生育时期也不一样。总体说来，幼龄苗的营养液浓度应稍低一些，随着秧苗生长，浓度逐渐提高。日本有资料认为，幼苗期的营养液浓度应比成株期略低一些，为成株期标准浓度的 1/2 或 1/3。但也有研究认为，苗期应采用配方的标准浓度营养液。无土育苗的实践证明，营养液浓度比成株期略低，对果菜类幼苗的正常生育影响不大。

营养液供给早晚对幼苗生长有明显影响。发芽期原则上不用另行补充营养，子叶完全展开前必须及时浇灌营养液。试验结果表明，与子叶展平期或第一片真叶期开始供液比较，幼苗出土时即开始供液的生长量显著增加，说明在幼苗出土后适当提前供液是必要的。一般在进入绿化室后即开始浇灌营养液，1 d 1 次或 2 d 1 次。冬季育苗，光照度弱，幼苗易徒长，施肥量和施肥次数应适当减少。一旦植物的叶片数、株高和根系生长已经达到了理想的状态，就需要在移栽或运输前适当控制和延缓植株生长，除提供较低的温度外，也可浇灌硝态氮和钙含量较高的营养液。

基质中可溶性盐积累（EC 大于 1.5 mS/cm，稀释比例 1∶2）会带来很多问题，如种子萌发率降低、幼苗生长势减弱、根尖死亡、叶片斑枯等。可溶性盐类的来源除了基质本身所含有或由其不断分解释放之外，育苗过程中使用的水源和肥料以及肥水管理措施等都至关重要。无土育苗实践中，一旦基质中积累盐分过多，淋洗是最有效的方法，可用清水淋洗几遍，冲刷掉其中的盐分。

2. 基质中添加肥料 无土育苗养分的供应，除了浇灌营养液的方法之外，还可以在配制基质时根据固有养分含量和作物需求添加一定数量的肥料，并在生长后期酌情追肥，平时管理过程中只浇清水。这种方法操作管理方便，成本较低。

针对秧苗对养分忍耐力较低、苗期较长的特点，为保证秧苗生长所需要的养分，又不至于因养分浓度太高造成伤害，应尽量使基质中含有较多的有机肥。由表 7－12 看出，配制基质时加入一定量的有机肥或化肥，不但对种子出苗有促进作用，而且幼苗的各项生理指标都优于基质中单施化肥或有机肥的幼苗。

作物种类不同、育苗方式不同，基质中添加的肥料量也不同（表 7－13）。一般所育幼苗的苗龄越大、每株苗所占有的营养体积越小，混入的肥料数量就应越多。但是，无论混入化肥还是有机肥，均存在一定弊端。化肥由于浓度较高，不可避免地存在磷、钾在基质中的固定和转化；有机肥的主要问题是氮供应不稳定，尤其在低温季节，供应不足，肥效慢。将有机肥与化肥配合起来使用的效果最好。近年来，随着有机废弃物作为基质的应用和推广，肥料直接混入基质的营养供应方式有了新的改进。在有机废弃物的堆沤发酵过程中配入一定的肥料，一方面为有机物的充分熟腐提供氮源，另一方面又能提高有机废弃物的养分含量。

表 7-12　复合基质的育苗效果

（司亚平，1999）

处　　理	株高（cm）	茎粗（mm）	叶片数（片）	叶面积（cm^2）	全株干重（g）	壮苗指数
氮磷钾复合肥	14.2	3.1	4.5	27.96	0.124	0.121
尿素＋磷酸二氢钾＋无臭腐熟鸡粪	17.6	3.6	4.9	39.58	0.180	0.181
无臭腐熟鸡粪	12.5	2.9	4.1	19.12	0.110	0.104

表 7-13　几种主要蔬菜穴盘育苗基质及养分配比

（陈殿奎，1993）

作物	穴盘规格（孔/盘）	基质配比	每盘基质中加入肥料量（g）		
		草炭：蛭石	尿素	磷酸二氢钾	无臭腐熟鸡粪
黄瓜	50	3：1	3.0	4.0	10.0
番茄	72	3：1	5.0	6.0	20.0
茄子	72	3：1	6.0	8.0	40.0
辣椒	128	3：1	4.0	5.0	30.0
甘蓝	128	3：1	5.0	3.0	15.0
芹菜	288	3：1	2.0	2.0	10.0

六、植株生长调控

幼苗的生长发育状况与环境条件和管理措施密切相关，生产高质量的幼苗，必须把环境因素、水和基质的质量、养分和水分管理等因素综合起来考虑，协调好地上部和根部生长的关系。优质幼苗具有以下特征：高度适中，节间短，分枝多；叶片数合适，绿色，无黄叶或黄斑；根系发达，有明显根毛；无病虫害；生长整齐一致；移栽后容易成活等。

（一）对幼苗地上部和地下部的生长调控

人们研究发现，在线性范围（通常为 10～26 ℃）内，日平均温度（ADT）决定叶片数的增长速率，降低日平均温度可以控制幼苗地上部生长，但根的生长速度也随之降低。对于大多数作物而言，节间长度主要是由昼夜温差（DIF）所决定的，正的昼夜温差可以增加茎和节间的长度以及植株干重，但负的昼夜温差将会使节间变短，但能保持根的生长（表 7-14）。

表 7-14 穴盘苗生长过程对日平均温度（ADT）和昼夜温差（DIF）的反应

（RC Styer、DS Koranski，1997）

生长过程指标	日平均温度		昼夜温差	
	增加	降低	正温差	负温差
光合作用	↑	↓	↑	—
呼吸作用	↑	↓	—	↑
叶片数	↑	↓	—	—
节间长度	—	—	↑	↓
叶片大小	↑	—	↑	—
茎粗细	—	↑	↑	—
叶片颜色	—	—	↑	—

幼苗地上部和根部生长失衡主要表现为两种情况。一类是地上部生长过量，幼苗长得高，茎徒长，节间长，叶片大而软，根系发育较差；另一类是根系生长超过地上部，根系过于发达，但地上部长势弱、叶片小、颜色浅、节间短且顶端小。对于前者，控制地上部生长的方法包括降低环境温度或用负的昼夜温差、提高基质温度、减少水分用量、选用含硝态氮和钙较多的肥料、使用植物生长调节剂等；后者一般在空气湿度低、光照度大和温度高的环境中容易发生，促进地上部生长可以采取增加日平均温度或用正的昼夜温差、提高基质水分含量、多用含铵态氮和磷的肥料、增加幼苗生长环境中的湿度、减少植物生长调节剂的使用等措施。环境和栽培措施对根和茎生长的促进作用见表 7-15。

表 7-15 环境和栽培措施对根和茎生长的促进作用

（RC Styer、DS Koranski，1997）

因 子	促进生长的水平	
	茎	根
温度	增加（10～27 ℃之间）+DIF	增加（10～27 ℃之间）－DIF
光照度	低光（<15 600 lx）	高光（>15 600 lx）
水分	高	低
营养	高铵态氮和磷	高硝态氮和钙
CO_2 浓度	高（1 000 μl/L）	高（1 000 μl/L）
空气湿度	高	低

在育苗管理过程中，如果幼苗生长速度较慢，需要加速其生长，可以采取以下措施：提高日平均温度（3 ℃左右）、采用正的昼夜温差、选择干—湿循环浇水法提高基质水分含量、提高营养液中氮素水平、选择铵态氮或尿素含量较高的肥料等。反过来，当需要延缓幼苗的生长速度时，则可以通过降低日平均温度（3 ℃以上）、采用负的昼夜温差(3～6 ℃)、适当控制浇水降低基质含水量、降低营养液中氮素水平、选用硝态氮和钙含量高的肥料、合理使用植物生长调节剂处理等办法实现。在此过程中，要注意检测基质的 EC、pH 变化，防止对根生长和养分吸收产生抑制。应慎重选择植物生长调节剂的种类，以免造成移栽后幼苗生长缓慢。

（二）对幼苗高度的控制

无土育苗，尤其是穴盘育苗，由于高度集约化的生产方式和穴盘的特殊构造，造成幼苗地上部与地下部的生长空间常常会受到限制，如果再遇到高温高湿、光照不足、移植或定植不及时等情况，很容易造成秧苗徒长。徒长苗的主要表现是根系不发达，茎细弱，节间长，叶片稀少，叶薄、色黄，组织柔嫩，抗逆性差，定植后缓苗慢，生育期推迟，坐果率及产量降低。

控制幼苗徒长有非化学方法和化学方法两种。

1. 非化学方法

（1）温度　通常在 10～30 ℃范围内，茎叶和根的生长速度与温度成正相关，环境温度越低，幼苗生长速度越慢，提高日平均温度会加速幼苗的生长，降低日平均温度则使幼苗生长缓慢。调节昼夜温度可以影响植株的高度和发育速度。研究表明，在凌晨太阳升起的最初 2～3 h 是有效使用昼夜温差的关键阶段，降低这段时间的温度对植株高度的控制效果与全天降低温度的控制效果一样，所以在太阳升起前必须使环境温度设置在低温水平。当幼苗出现 1 对成熟的真叶后，即可进行昼夜温差处理。然而，不是所有的植物对昼夜温差的反应都一样。此外，光周期也影响昼夜温差的效果，黑夜越长，昼夜温差作用效果越明显。使用昼夜温差处理幼苗时，必须注意计算日平均温度，防止因为使用昼夜温差而延迟幼苗的生长。

（2）光照　充足的光照有利于培育壮苗。北方冬季弱光、短日，温室内的光照条件不能满足幼苗生长的需要，可采用氙气灯（HID）人工补光，并延长光照时间。人工补光的番茄和黄瓜幼苗株高降低，茎加粗，根冠比增大，干物重与叶绿素增多，叶片数增加。强光虽有抑制幼苗徒长的效果，但容易对植株产生胁迫，灼伤叶片。在炎热的夏季适当进行遮阴有利于幼苗生长，但遮阴过重形成弱光易导致幼苗徒长。光周期和光质对幼苗生长也有很大影响。例如，红光和蓝红混合光具有促进番茄幼苗快速而健壮生长的作用，但蓝光对幼苗生长有抑制作用。与在番茄上不同，红光、蓝光以及蓝红混合光对黄瓜幼苗株高有抑制作用，以蓝红混合光的抑制作用最大，蓝光的抑制作用最小。

（3）水分　基质水分含量越低，幼苗生长越慢，茎叶也会越壮实，利于促进根系生长。一般采用干湿循环的办法调节基质中水分含量。但是，控制水分会阻碍幼苗生长，延迟花期，过度控制水分则容易产生老化苗。因此，通过控水来防止幼苗徒长不是最有效的方法。空气湿度也影响幼苗生长高度，由低温潮湿天气引起的高湿环境使许多作物的穴盘苗因蒸腾作用减少而徒长。降低室内空气湿度主要通过加温和通风换气等措施，并加快空气的流通。

（4）养分　育苗基质中含有较高的初始养分，会加速幼苗早期，甚至在真叶期以前的生长。一些作物在子叶完全展开前就已经长得很高，很难再控制植株的高度。因此，配制基质的 EC 值应低于 0.75 mS/cm。对于易于徒长的作物，要减少肥料的用量，尤其在阴天的时候，更要适当控制基质 EC 值。铵态氮和尿素使作物长得细弱，硝酸钾和硝酸钙则促进幼苗生长健壮。低光照天气下伴随着高湿度，很容易形成徒长苗。在冬季和阴雨天气，应采用硝态氮肥培育秧苗，控制株高。

（5）机械方法　很多机械方法在控制幼苗的高度方面都取得了良好的效果，如拨动法、阻压法、增加空气流动法等，这些方法通过接触或摆动植株使之弯曲，刺激乙烯的产生。乙烯是一种植物生长激素，能够促进侧枝的萌发，抑制顶端的生长。每天对蔬菜幼苗拨动几次，会使株高明显降低，尤其是对番茄的效果较好，但要避免刮伤叶片，降低幼苗质量。

2. 化学方法 夏季育苗温度过高，或者育苗的营养面积过小，均容易引起幼苗徒长。采用植物生长调节剂来控制幼苗徒长，是一种有效而简便的方法，能有效提高秧苗质量。人工合成的化学生长调节剂可抑制植物体内赤霉素的产生，降低幼苗节间长度，控制植株高度。在多数条件下，生长调节剂处理后的幼苗叶片更绿，分枝增加，根系发达，但是可能会延迟开花期。

生产中常用的化学生长调节剂有丁酰肼（B_9）、矮壮素（CCC）、缩节胺（DPC）等。使用方法包括浸种、叶面喷雾、根部浇灌、基质表面喷雾等。丁酰肼通常采用喷雾的办法，由植物叶片吸收，并移动到达植物体内任何一个部位，使用浓度 1 250～5 000 mg/kg。在较高的温度下，幼苗生长较快，丁酰肼容易从叶片上散发掉，作用效果下降或不明显。矮壮素既可以叶片喷雾，又可以灌根，使用浓度一般为 750～3 000 mg/kg，使用时应尽量减少对叶片产生伤害。在某些情况下，将丁酰肼（约 2 500 mg/kg）和矮壮素（约 1 500 mg/kg）混合使用，效果比单独使用两者后的总和还要明显，但是要根据不同的作物区别对待。丁酰肼和矮壮素通过叶片被作物吸收利用的速度较慢，因此最好在傍晚施用以提高吸收效果。

使用生长调节剂控制幼苗徒长时需注意以下问题：不是所有的生长调节剂对同一种作物都具有相同的功效，也不是某种生长调节剂对所有作物都有同样的功效；不要过多地依赖化学生长调节剂控制幼苗徒长，应尽量采用非化学方法，然后再考虑使用抑制剂；在使用生长调节剂前，应充分了解其作用特性、施用方法和适宜的作物，施用浓度要恰当，施用量应均匀一致。

第四节 主要无土育苗技术

一、播种育苗

根据育苗的规模和技术水平，播种育苗可以分为普通无土育苗和工厂化无土育苗两种。

（一）普通无土育苗

普通无土育苗一般规模较小，可以一家一户自育自用，也可以大到一定的面积，实行规模化育苗，成批生产、销售。主要在阳畦、电热温床或配备临时加温装置的日光温室、塑料大棚等设施内进行，采用基质床、育苗钵、育苗盘、穴盘、岩棉块等形式，进行人工播种、嫁接及管理。这种育苗方法的设施、设备投资较少，育苗成本较低，但是，由于育苗条件差，主要靠人工操作管理，影响秧苗的质量和整齐度。

育苗开始前，对育苗场地及育苗器具做好必要的安排和准备，使用已用过的育苗用具和基质应进行消毒，50～100 倍的福尔马林或 0.05%～0.1%的高锰酸钾都可以。播种前几天，在育苗床内填入基质或者将基质装入育苗钵、穴盘或育苗盘（箱）中。基质填装前要喷湿，相对湿度最好调整到 50%～70%之间。装填时应轻填充，不要装得太紧。装满基质的穴盘也不要叠摞摆放，以免过分挤压降低基质透气性。寒冷季节育苗，要在播种之前使基质温度上升到 20～25 ℃，等待播种。

为减少苗期病害的发生，种子最好先经过热水烫种、药剂浸种或干热处理后再浸种。不同作物的适宜浸种时间不一样，一般用温水浸种 4～12 h 即可，种皮厚者浸种时间略长，种皮薄者略短。浸种可与药剂消毒结合进行。浸种结束后，用湿布包好，放在适宜的温度下催芽，待多数种子萌动后即可播种。有些作物种子种皮坚硬，吸水困难，如花卉中的梅、荷花、美人蕉等，在浸种之前可以用机械摩擦将种皮磨破，或用硫酸等浸泡，待种皮变软时立即用清水将硫酸冲洗干净，然后催芽或播种。蔷薇科花卉的种子则必须在低温和湿润的环境条件下经过很长一段时间才能打破休眠。

播种前，先用清水喷透基质，播种后均匀覆盖1～2 cm厚的基质，轻微喷水或不喷水，最后覆盖塑料薄膜提温保湿，创造适宜的温度条件，促进出苗。出苗期间保持基质湿润，喷水时注意防止浇水过量或者水流过大，以免造成基质积水、表层板结或者将已播种的种子冲出。需要分苗的作物，可先在播种床或育苗盘播种，待幼苗长至1～2片真叶时分苗至育苗钵中，或者移植到分苗床中，行株距7～10 cm见方。苗期的营养供给可以通过定时浇灌营养液来解决，也可以将肥料事先混入基质中，以后只浇清水。采用岩棉块或泡沫小方块育苗，将催芽种子播入后，排列在盛有浅层营养液的苗床中进行循环供液育苗，期间营养液需不断调整。

达到成苗标准后及时栽植。栽植前5～7 d减少供液量，进行炼苗。用岩棉块、营养钵育苗者，起苗十分方便。非岩棉块、营养钵育苗的作物，起苗时应尽量保持根系完整，栽植之后立即供液。冬春季节的栽植时间以晴天上午为宜。夏季育苗播种后的苗床要注意遮阴和防雨。

（二）工厂化穴盘育苗

工厂化穴盘育苗是在完全或基本上人工控制的环境条件下，按照一定的工艺流程和标准化技术进行秧苗的规模化生产。这种现代化的生产方式具有效率高、规模大、生产出的秧苗质量及规格化程度高等特点。工厂化育苗要求具有完善的育苗设施、设备和仪器以及现代化的测控技术和科学的管理。工厂化穴盘育苗的流程、设施及作业见图7-8。

1. 育苗方法　工厂化穴盘育苗是以草炭、蛭石等轻基质材料作为育苗基质，采用机械化精量播种，一次成苗的现代化育苗体系，是国际上20世纪70年代发展起来的一项新的育苗技术，我国80年代中期从国外引进。穴盘育苗采用的设施通常是具有自动调温、控湿、通风装置的现代化温室或大棚，档次高，自动化程度也高，空间大，适于机械化操作，室内装备自动滴灌、喷水、喷药等设备，有自动控温催芽室、幼苗绿化室，全自动智能嫁接机及促进愈合装置等，并且基质消毒、混合搅拌、装盘、压穴、播种、覆盖、镇压、浇水等一系列作业都可以实行机械化、程序化的自动流水线作业。穴盘具有一定的规格，育苗前应根据育苗目标和作物种类合理选择，国内外目前普遍采用的基质配比大致是草炭50%～60%、蛭石30%～40%、珍珠岩10%。穴盘育苗具有省工、省力、效率高，节约能源、种子和育苗场地，提高秧苗质量，便于远距离运输和机械化栽植等优点，适于蔬菜、花卉、烟草育苗。表7-16列出部分蔬菜穴盘育苗的规格与成苗标准，供参考。

2. 育苗的关键设备

（1）基质消毒机　为防止育苗基质中带有致病微生物或线虫等，使用前最好消毒。基质消毒机实际上就是一台小型蒸汽锅炉，有专门出售的产品。也可以买一台小型蒸汽锅炉，根据锅炉的产汽压力及产汽量，筑制一定体积的基质消毒池。

（2）基质搅拌机　育苗基质在被送往送料机、装盘机之前，一般要用搅拌机搅拌。一是使基质中各成分混合均匀；二是打破结块基质，以免影响装盘的质量。基质搅拌机有单体的，也有与送料机连为一体的。

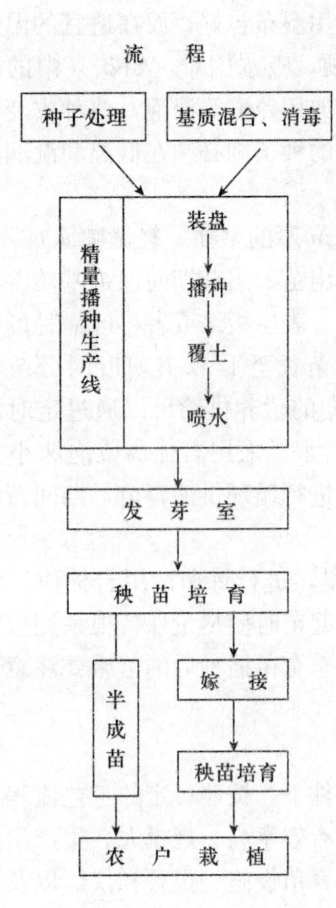

设施、设备及条件

基质混合机械、车间
种子处理、包衣机械、车间

播种车间、自动送钵盘机、
基质装钵盘部、压穴、播种

自动控温、控湿装置

自动调控温度、湿度、CO_2等条件
温室或塑料大棚

全自动智能嫁接机、
促进愈合装置（光、温、湿自动调控）

自动调控温度、湿度、CO_2等条件
温室或塑料大棚

图 7-8 穴盘育苗的流程、设施及作业图

表 7-16 不同穴盘育苗期及成苗标准

（司亚平，1999）

种 类	穴盘规格（孔/盘）	育苗期（d）	成苗标准（叶片数）
冬春季茄子	288	30～35	2叶1心
	128	70～75	4～5
	72	80～85	6～7
冬春季辣椒	288	28～30	2叶1心
	128	75～80	8～10
冬春季番茄	288	22～25	2叶1心
	128	45～50	4～5
	72	60～65	6～7
夏秋季番茄	200或288	18～22	3叶1心
夏播芹菜	288	50左右	4～5
	128	60左右	5～6
叶用莴苣	288	25～30	3～4

（续）

种　类	穴盘规格（孔/盘）	育苗期（d）	成苗标准（叶片数）
叶用莴苣	128	35～40	4～5
黄瓜	72	25～35	3～4
大白菜	288	15～18	3～4
	128	18～20	4～5
结球甘蓝	288	20 左右	2 叶 1 心
	128	75～80	5～6
花椰菜	288	20 左右	2 叶 1 心
	128	75～80	5～6
抱子甘蓝	288	20～25	2 叶 1 心
	128	65～70	5～6
羽衣甘蓝	288	30～35	3 叶 1 心
	128	60～65	5～6
落葵	288	30～35	2～3
蕹菜	288	25～30	5～6
菜豆	128	15～18	2 叶 1 心

（3）自动精量播种生产线　穴盘自动精播生产线是工厂化育苗的核心设备，它是由穴盘摆放机、送料及基质装盘机、压穴及精播机、覆土机和喷淋机 5 大部分组成，主要完成基质装盘、压孔、播种、覆盖、镇压到喷水等一系列作业（图 7－9）。这 5 大部分连在一起是自动生产线，拆开后每一部分又可独立作业。

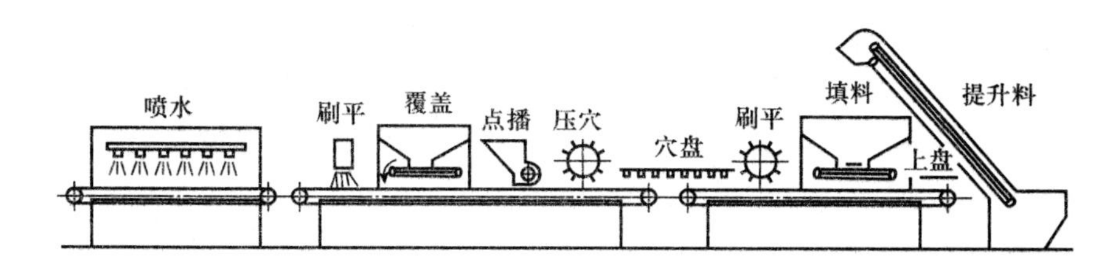

图 7－9　穴盘育苗精播生产线

（4）恒温催芽室　恒温催芽室是一种能自动控制温度的育苗催芽设施。利用恒温催芽室催芽，温度易于调节，催芽数量大，出芽整齐一致。标准的恒温催芽室是具有良好隔热保温性能的箱体，内设加温装置和摆放育苗穴盘的层架。

（5）喷水系统　在育苗的绿化室或幼苗培育设施内，设有喷水设备或浇灌系统。工厂化育苗温室或大棚内的喷水系统一般采用行走式喷淋装置，既可喷水，又可喷洒农药。在幼苗较小时，行走式喷淋系统喷入每穴基质中的水量比较均匀。但当幼苗长到一定程度，叶片较大时，从上面喷水往往造成穴间水分不匀，故可采用底部供水方式，通过穴盘底部的孔将水分吸入。

(6) CO_2 增施机　CO_2 发生装置有多种类型，或以焦炭、木炭为原料，或以煤油、液化（石油）气为原料，或利用碳酸氢铵和硫酸发生化学反应释放 CO_2。

二、扦插育苗

取植物的部分营养器官插入基质中，在适宜环境下令其生根，然后培育成苗的技术称扦插育苗。扦插育苗利于保持种性，节省种子，缩短育苗周期，加快发根速度，提早开花结果，并且可实行多层立体工厂化育苗，因此在多种园艺作物上得到应用。扦插育苗是花卉、果树无性繁殖的主要方法之一，在蔬菜上也有应用。

1. 扦插时间　扦插一年四季都可进行，一般多在早春和夏末，此时的自然环境最好。

2. 插穗的选择　插穗应选择易生根且遗传变异小的部位作为繁殖材料。木质化程度低的植物如秋海棠、常春藤等节间常有气生根，可以剪取有节间的带叶茎段作插穗；木质化程度高的植物可以用硬枝或嫩枝作插穗；还有些植物可以用根作插穗诱导不定芽和不定根。

3. 扦插方法　通常依据选取植物器官的不同分为叶插、枝插和根插。

(1) 叶插　凡是能自叶上发生不定芽及不定根的种类，均可用叶插法。适合叶插法的花卉应具有粗壮的叶柄、叶脉或肥厚的叶片，如落地生根、石莲花、景天、虎皮兰等。果树几乎不用叶插。

(2) 枝插　枝插又分嫩枝扦插和硬枝扦插。嫩枝扦插主要用于温室花卉和常绿花木，如天竺葵、秋海棠类、倒挂金钟、茉莉、杜鹃花、夹竹桃等。一般 5～9 月进行。选取当年生的健壮、充实、带叶的枝条作插穗，过嫩容易腐烂，过老生根困难。插穗长度 6～10 cm，至少带 2～3 个芽，扦插时剪去下部叶片及部分上部叶片以减少蒸发。硬枝扦插多用于落叶花木，如石榴、月季、木槿、一品红、迎春、葡萄等花卉和果树。选一二年生健壮枝条作插穗，入冬前沙藏于窖里，春季扦插或在温室内提前扦插。插穗应选取枝条中段、芽饱满处，长度 10～25 cm。嫩枝扦插或常绿果树扦插，插入基质的深度为插穗的 1/3～1/2；硬枝扦插时，顶芽与地面相平或稍高、低于地面。

(3) 根插　根插主要用于芍药、牡丹、荷包花、荷兰菊、宿根福禄考等根上能长不定芽的花卉种类和枝插不易成活的某些果树树种如枣、柿、核桃等，用这种方法繁殖的苗木生理年龄小，达到开花的阶段需要培养时间长。

在扦插育苗中，为了促进插穗生根，提高成活率，常常在扦插之前用生长素类物质处理，常用的药剂有吲哚乙酸（IAA）、吲哚丁酸（IBA）、萘乙酸（NAA）、2,4-D、ABT 生根粉等，处理方法主要包括浸泡和蘸粉。浸泡浓度草本植物 5～10 mg/kg(L)，木本植物 50～200 mg/kg(L)，时间 12～24 h。

4. 扦插基质　扦插基质要求通气、保水、排水性良好，且无病原菌感染，常用的有蛭石、珍珠岩、泥炭、炉渣、沙、锯末等。复合基质沙与炉渣 1∶1、蛭石与珍珠岩 1∶1、泥炭与珍珠岩 1∶1、泥炭与蛭石 1∶1、泥炭与沙 1∶1 等作为扦插基质效果较好。

不同作物应选择各自适宜的扦插基质。有些花卉如一品红、榆叶梅、爬山虎、菊花等，用沙作为扦插基质效果不错，但杜鹃花等一些难生根花卉，生根部位对水、空气条件要求严格，用珍珠岩或珍珠岩与锯末的复合基质更易成功。许多报道认为，蛭石安全卫生、保水透气，是花卉扦插的良好基质。

5. 影响扦插生根的环境因素

（1）光照　叶插和嫩枝扦插带有芽和叶片，在光下可进行光合作用，产生生长素，制造营养物质，促进生根，因此保持一定的光照条件非常必要。此外，光照还可以提高基质的温度。但是，扦插后 2～3 d 内应适当遮阴，夏季强光下更需遮阴，防止土壤蒸发和插条蒸腾过剧，使插条保持水分平衡，否则影响成活。

（2）温度　不同作物要求的扦插生根温度不同，多数为 15～25 ℃，热带物种较高，耐寒性植物和硬枝扦插时温度可略低一些。气温高于 35 ℃时最好不要扦插。基质温度高于气温 3～5 ℃可抑制地上部分生长，促进根的发生，所以在扦插床或扦插箱底部设加温装置可以促进提早生根。保持一定的昼夜温差利于生根，对许多作物来说，昼间 21～26 ℃、夜间 15～21 ℃较适宜。

（3）湿度　插穗只有在湿润的基质中才能生根，基质适宜含水量因作物种类而异，有些花卉可直接插入水中生根，如夹竹桃、橡皮树、月季等，有些则必须在相对湿度 80%以上、通气良好的基质中才能生根，如杜鹃花、一品红、葡萄等。通常，扦插后要浇足水，最好采用喷雾法，然后在扦插床上覆盖塑料薄膜，1 周内应保持较高的空气相对湿度，尤其对嫩枝扦插，以 80%～90%为宜，生根后逐渐降低到 60%左右。

（4）氧气　愈伤组织及新根发生时，植株呼吸作用旺盛，因此要求扦插基质具有良好的供氧条件。理想的扦插基质既能保湿，又能通气良好。多数植物插条生根需要保持 15%以上的氧气含量。

三、组织培养育苗（试管育苗）

组织培养育苗是利用植物组织培养的繁殖方法，在无菌条件下将离体的器官、组织、细胞或原生质体放在培养基上培养，促使其分裂分化或诱导成苗的技术。组织培养包括胚胎培养、器官培养、愈伤组织培养、细胞培养、原生质体培养等多种类型，用于育苗以器官培养中的茎叶离体成苗技术最为普遍。这种方法不用种子繁育，而是利用植物组织的再生能力培育秧苗，对不易获得种子的植物，尤其对一些珍稀、新优及用其他无性繁殖方法难以繁殖的种类或品种非常有价值，最早主要应用于育种过程，目前已广泛应用于蔬菜、果树、花卉等植物的秧苗扩繁，如马铃薯、大蒜、草莓、苹果、菊花、月季等作物的脱毒快繁等。而且，组织培养育苗能够保持原有品种的优良性状，获得无病毒苗木，提高繁殖系数，实现育苗的自动化、工厂化和周年生产，在室内人工控制条件下以高密度、快速度繁殖。但是，组织培养育苗成本较高，有一定技术难度。

培养基是用于组织培养繁育幼苗的物质，其中包含营养物质、支持物和水分，营养物质包括植物所必需的大量元素、微量元素、铁盐、有机成分（维生素、氨基酸、肌醇等）、蔗糖、激素等，支持物常用琼脂，水用蒸馏水。繁殖作物的基本培养基有 MS、White、Nitsch、N6 等，其中以 MS 培养基最常用（表 7 - 17）。

组织培养育苗的步骤：取材（芽、茎段、根等）⟶自来水冲洗试材 1～2 h⟶70%乙醇灭菌 30 s⟶0.1%氯化汞灭菌 8～10 min⟶无菌水冲洗 5～6 遍⟶无菌条件下接种⟶分化培养（25 ℃）增殖培养⟶诱导生根⟶炼苗⟶移栽。从乙醇消毒开始，整个过程都在无菌条件下进行。接种后的培养温度依作物种类而定，一般在 20～28 ℃，每天光照时间 10～16 h，光照度 1 000～3 000 lx。

表 7-17 MS培养基配方

化合物	用量（mg/L）	化合物	用量（mg/L）
二水氯化钙	440	七水硫酸亚铁	27.8
硝酸钾	1 900	五水硫酸铜	0.025
七水硫酸镁	370	六水氯化钴	0.025
硝酸铵	1 650	甘氨酸	2
磷酸二氢钾	170	盐酸硫胺素	0.1
四水硫酸锰	22.3	盐酸吡哆素	0.5
七水硫酸锌	8.6	烟酸	0.5
硼酸	6.2	肌醇	100
碘化钾	0.83	蔗糖	30 000
二水钼酸钠	0.25	琼脂	10 000
乙二胺四乙酸二钠盐	37.25	氢离子浓度 1.585 μmol/L(pH 5.8)	

组织培养过程中，细胞的分裂、生长和分化，组织和器官的生长和分化等一系列过程，都是在植物激素的调控下进行的，所使用的植物生长调节物质主要有：生长素类，如吲哚乙酸、吲哚丁酸、萘乙酸等，其作用是调控培养材料向根的方向分化；细胞分裂素类，如6-BA、玉米素等，其主要作用是调控培养材料向茎、芽方向分化。两类激素的比例最终控制着细胞和组织的分化方向。

当组培苗生根长度达到1～2 cm时，准备移栽。移栽之前可用降低培养温度（20 ℃以下）和增加光照度（3 000 lx以上）的方法进行1周左右的炼苗，移出前1～2 d将培养瓶移入温室，打开瓶口。移栽的具体操作：从培养瓶中小心地取出生根试管苗后，用清水仔细洗去培养基，用纸将水吸干，再移栽到锯末＋泥炭（1∶1）或蛭石＋珍珠岩（1∶1）的基质中，喷透水，基质应预先消毒。开始阶段覆盖保湿，空气相对湿度80%～90%以上，温度20～25 ℃，适当遮阴，防止强光照射。1周后降低湿度，浇营养液，保持基质相对湿度60%～70%为宜。

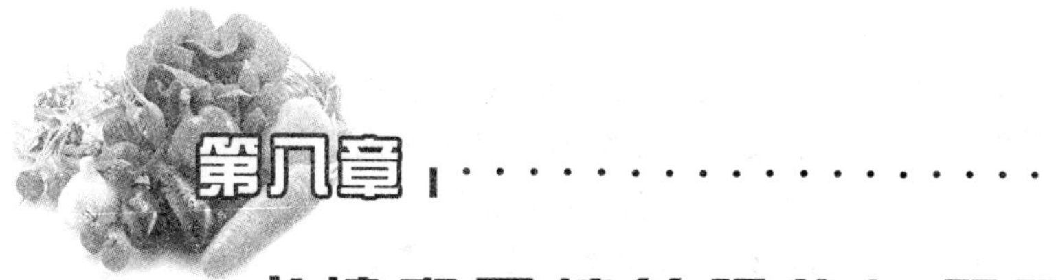

第八章 水培和雾培的设施与管理

水培是无土栽培的主要形式，采用营养液作为栽培介质，营养液可依据栽培作物种类、生育阶段、栽培季节和品质要求等进行自主调整，营养液可供给植株生育需要的完全营养，可进行精量化准确控制，是一种高科技、高水平的现代农业栽培方式。但水培主要应解决好植株根系的供氧难题，做好营养液的消毒处理，控制好营养液配比和浓度，达到优质高效、持续生产的目的。

雾培同样采用营养液作为植株营养和水分的来源，很好地解决了水培根际容易缺氧的难题，但对栽培设施要求较高，目前主要用于叶菜栽培和观光栽培等。

本章主要介绍水培和雾培的主要类型、特征、设施组成与结构以及栽培管理技术要点。

第一节 概　　述

水培是指植物部分或全部根系浸润生长在营养液中，一部分根系裸露在潮湿空气中的一类无土栽培方法；而雾培是指植物根系生长在雾状的营养液环境中的一类无土栽培方法。这两类无土栽培技术与基质培的不同之处在于根系生长的介质环境是营养液而不是固体基质。

无论是水培或是雾培，其设施均必须具备以下 4 项基本功能：①能装住营养液而不致漏掉；②能固定植株，并使部分根系浸润到营养液中，但根颈部不浸没在营养液中；③使营养液和根系处于黑暗之中，以防止营养液中滋生绿藻，并有利于根系生长；④使根系能够吸收到足够的氧气，保证根系的正常生育。

一、水　　培

水培根据其营养液液层的深度、设施结构以及供氧、供液等管理措施的不同，可划分为两大类型：一是营养液液层较深，植物由定植板或定植网框悬挂在营养液液面上方，而根系从定植板或定植网框伸入到营养液中生长的深液流水培技术（deep flow technique，DFT），有时也称深水培技术；二是营养液液层较浅，植株及定植钵直接放在种植槽槽底，根系在槽底生长，大部分根系裸露在潮湿的空气中，而浅层营养液在槽底流动的营养液膜技术（nutrient film technique，NFT），有时也称浅水培技术。

1. 深液流水培

（1）动态浮根系统　动态浮根系统是我国台湾省开发应用的一种深水培技术，指作物根系置于栽培床的营养液中，可随营养液的液位变化而上下左右波动，当栽培床的营养液灌满深度为 8 cm 时，栽培床内的自动排液器将营养液排放出去，栽培床内的营养液深度降至

4 cm，使上部根系暴露在空气中以利吸氧，而下部的根系仍浸在营养液中吸收水分和养分，在夏季高温季节不容易出现因营养液的温度上升而影响溶氧状况。

（2）M式水培设施　M式水培设施是日本较早应用于商业化生产的一种深水培技术。它的特点在于无贮液池，栽培槽的营养液通过泵直接循环。它利用预先生产的定型泡沫塑料拼装成种植槽，然后在泡沫塑料槽内铺垫一层塑料薄膜以使种植槽中可盛装营养液，再在槽底安装一条开有许多小孔的供液管，穿过种植槽底部薄膜安装营养液回流管并与水泵相连，同时在水泵出口处附近安装一个空气混入器。在水泵开启时，将种植槽内的营养液抽出流经空气混入器，使营养液中的溶存氧含量增加，然后这些经过增氧之后的营养液再从供液管上的小孔喷射回种植槽中。此种方式以栽培叶菜为主。

（3）协和式水培设施　协和式水培设施与水泥砖结构深液流水培设施的结构类似，但其中种植槽为泡沫塑料拼装式的，可拆迁，安装较为简单。其特点为整个栽培系统分成各个栽培床，每个栽培床分别设置供液、排液装置。通过增大栽培槽面积、扩大贮液容积、采用连续供液法，来提高栽培系统的稳定性。以栽培果菜为主。

（4）日本神园式水培设施　日本神园式水培设施与水泥砖结构深液流水培设施的结构类似，但有两处不同：一是种植槽为水泥预制件拼装而成，需衬垫1层或2层塑料薄膜；二是其营养液是以在种植槽中供液管上加上喷头的喷雾形式来提供的，这样营养液中的溶存氧可达较高的水平，有利于根系对氧的吸收。

（5）新和等量交换式水培设施　该系统的种植槽槽框是由聚苯乙烯泡沫塑料压铸成U形，使用时将这些槽框拼接起来，槽内衬塑料薄膜，然后连接好供液、排液管道以及水泵，并在槽框上放上定植板后即可种植。最显著的一个特征是整个系统中没有设贮液池，而是依靠种植槽之间的水泵进行营养液的相互循环流动。

（6）水泥砖结构固定式水培设施　这是一种改进型的日本神园式深液流水培设施，是用水泥和砖作为设施的主体建造材料。整个系统由种植槽、定植板或定植网框、贮液池、营养液循环流动系统4个大部分组成，具有建造方便、设施耐用、管理简单等特点。

2. 营养液膜水培　营养液膜水培系统针对基质培或深液流水培中种植槽等生产设施较为笨重、造价昂贵、根系供氧不良等问题而设计。设施的投资较少，结构简单容易建造，在配套自动控制装置下易于实现生产过程的自动化。但耐用性、稳定性差，管理技术要求高，后续投入的生产资料耗费较多。营养液膜技术依据栽培作物的株型大小而使用不同形式的种植槽或定植板。

3. 其他水培形式　为了充分发挥水培技术的作用，许多国家和地区因地制宜创造出了许多水培的形式，有些是在深液流水培或营养液膜水培基础上改进的，有些则是二者的结合，还有为适应家庭水培等的需要而设计。

（1）浮板毛管栽培（floating capillary hydroponics，FCH）　浮板毛管栽培是用宽35 cm、深10 cm、长150 cm的聚苯乙烯泡沫板制成深水培栽培槽，槽内盛放较深的营养液，再在营养液的液面飘浮一块聚苯乙烯泡沫浮板，浮板上铺上无纺布，两侧垂入营养液中，通过分根法和毛管作用，使一部分根系在浮板上呈湿润状态吸收氧气，另一部分根系伸入深层营养液中吸收养分和水分。这种形式的栽培方法，协调了供液和供氧间的关系，液位稳定，不怕中途停电停水。

（2）深水漂浮栽培　深水漂浮栽培系统是在整个温室内部除了两端留出少量的空间作为工作通道及放置移苗、定植的传送装置之外，全部建成一个深80～100 cm的水池，整个水池中放入80～90 cm深的营养液，在水池底部安装有连接压缩空气泵的出气口以及连接浓缩液分配泵的出液口，池中的营养液通过回流管道与另一个水泵相连接，通过该水泵进行整个贮液池中营养液的自体循环。

（3）多功能槽式水培　多功能槽式水培设施是一种具有多种栽培用途的泡沫板槽式栽培装置，可以栽培各种蔬菜、花卉及草莓等作物，具有通用的底槽、槽堵和4种不同栽培用途的定植板，附有栽培专用方形定植钵、水培定植杯等产品。

（4）立体叶菜水培　立体叶菜水培包括层架式、柱式、管式、墙式多种形式立体栽培方式，充分利用温室空间。

（5）小型水培　小型水培设施主要用于家庭栽培、中小学教具或科研单位用作研究工具，大多结构简单，只需一个不漏营养液的容器，再加上充气泵等少量配件即可。常用的有以下一些装置：小型简单静止水培装置、带充气设备的小型水培装置、报架式小型立体水培装置、灯芯式水培装置等。

二、雾　　培

雾培可根据根系是否或短时间浸润在营养液层中而分为半雾培和雾培两种类型。半雾培是指有部分根系浸入营养液的液层中或根系短时间浸没在雾状的营养液中，而大部分根系或多数时间根系生长在雾状的营养液中；雾培则是指根系完全裸露生长在含有营养液的雾状水汽中。半雾培也可看做是水培的一种形式。雾培依设施不同又可分为A型雾培、移动式雾培、立柱方程式雾培等形式。

第二节　深液流技术

深液流技术是最早成功应用于商业化植物生产的无土栽培技术。1929年由美国加利福尼亚州大学的格里克（W. F. Gericke）首先应用于作物的商业化生产。在几十年的发展过程中，世界各国对其作了不少改进，现已成为一种管理方便、性能稳定、设施耐用、高效的无土栽培类型。深液流技术在日本使用较普遍，在我国台湾、广东、北京、上海、山东、福建、湖北、广西、四川和海南等许多省（自治区、直辖市）也有一定的栽培面积。据不完全统计，目前我国的应用面积为100余hm^2。

一、深液流技术的特点

（一）优点

① 液层深，每株作物所占有的营养液量较大，营养液的浓度、pH、温度较稳定。因此，根际环境的缓冲能力大，受外界环境的影响较小。

② 植株悬挂于定植板上，根系部分裸露在空气中，部分浸没在营养液中，可较好地解决根系的水气矛盾。

③ 营养液循环流动，能增加营养液中的溶存氧含量，消除根表有害代谢产物的局部积累。通过降低根表与根外营养液的养分浓度差，促使因沉淀而失效的营养物重新溶解。

④ 适宜种植的作物种类多。除了块根、块茎作物之外，几乎所有的作物均可在深液流水培中良好生长。

⑤ 养分利用率高，可达90%～95%以上。营养液封闭式循环利用，不污染环境。

(二)缺点

① 投资较大,成本高,特别是固定式的深液流水培设施的建设费用较拼装式的高。

② 易造成病害的蔓延。由于深液流水培是在一个相对封闭的环境中进行的,营养液不断循环利用,一旦根系病害发生,极易蔓延扩散。

③ 技术要求高,如在悬挂定植时,植物根颈若被浸没于营养液中就会腐烂而导致植株死亡,而且在植物栽培过程中,需要定期对营养液进行科学的管理。

二、常用深液流水培设施的组成与结构

深液流水培设施由于建筑材料不同和设计上的差异,已有多种类型问世。例如,日本就有两大类型,一种是用塑料制品的成型设施,工厂化生产,生产者安装使用(如M式、协和式和新和式等);另一种是由水泥构件制成,生产者可以自制(如神园式)。而目前我国用得较多的为改进型神园式水培设施,经实践试用证明,此形式较适合我国国情。现以改进型神园式水培设施为重点,同时将其他常用的几种深液流水培设施的结构介绍如下。

(一)改进型神园式水培装置

改进型神园式水培装置是用水泥和砖作为设施的主体建造材料,目前在我国大面积使用推广,实践证明它具有建造方便、设施耐用、管理简单等特点。该装置主要包括种植槽、定植板或定植网框、贮液池、营养液循环流动系统4部分(图8-1)。

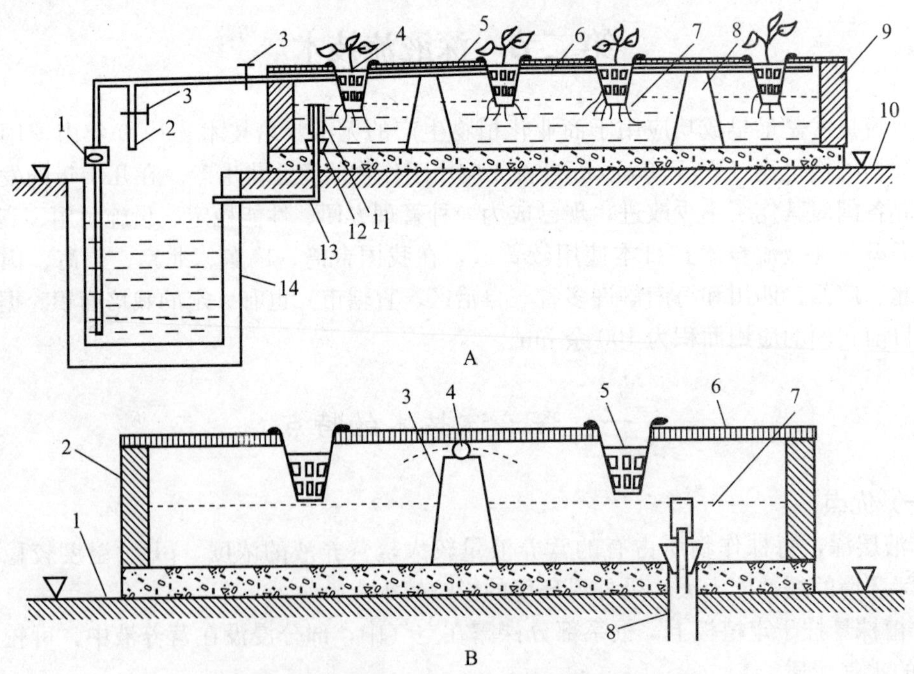

图8-1 改进型神园式深液流水培设施组成示意图

A. 改进型神园式深液流水培设施组成示意图纵切面

1. 水泵 2. 充氧支管 3. 流量控制阀 4. 定植杯 5. 定植板 6. 供液管 7. 营养液 8. 支承墩 9. 种植槽 10. 地面 11. 液层控制管 12. 橡皮塞 13. 回流管 14. 贮液池

B. 改进型神园式深液流水培设施组成示意图横切面

1. 地面 2. 种植槽 3. 支承墩 4. 供液管 5. 定植杯 6. 定植板 7. 液面 8. 回流及液层控制装置

1. 种植槽　种植槽在建造时，首先将地整平、打实基础，槽底用 5 cm 厚的水泥混凝土筑成，在混凝土槽底上面及四周用水泥砂浆砖砌为槽框，再用高标号耐酸抗腐蚀的水泥砂封面，以防止营养液渗漏。新建槽需用稀硫酸浸洗，除去碱性后才能使用。

这种槽的优点是生产者可自行建造，管理方便，耐用性强，造价也低。其缺点是不能拆卸搬迁，是永久性建筑，且槽体比较沉重，必须建在比较坚实的地基上，否则会因地基下陷造成断裂渗漏，因此，在设计建造时要选好地点。一般种植槽宽度为 80～100 cm，连同槽壁外沿不宜超过 150 cm，以便操作方便和防止定植板弯曲变形、折断等，槽的深度为 15～20 cm，长度为 10～20 m。

2. 定植板和定植网框

（1）定植板　定植板一般用密度较高、板体较坚硬的白色聚苯乙烯板制成，板厚 2～3 cm，在板面上钻出若干个定植孔，定植孔的孔径为 5～6 cm，种植果菜和叶菜都可通用（图 8－2）。定植孔数量可根据种植作物的种类和种植槽的宽度而定，种植小株型叶菜的定植孔密度大一些，种植大株型果菜类则密度应小一些。也可用栽叶菜类的定植板栽果菜类，只要将多余的孔用泡沫塑料堵塞住便可。

每一个定植孔中放置一个塑料制成的定植杯（图 8－3），高 7.5～8.0 cm，杯口直径与定植孔相同，杯口外沿有一宽 5 mm 的边，以卡在定植孔上，不致掉进槽底。杯的下半部及底面开有许多孔，孔径约 3 mm。

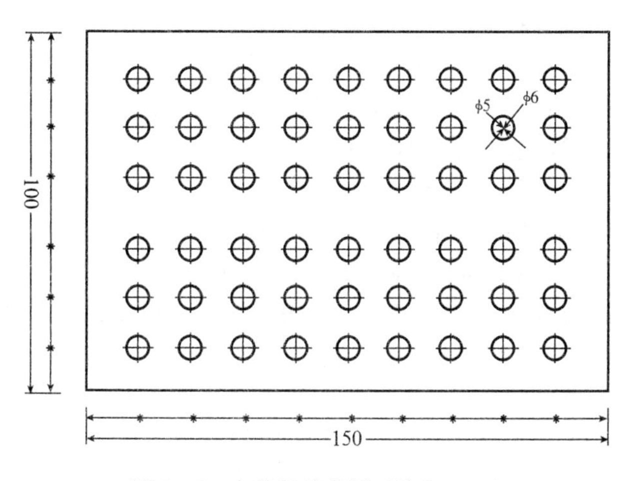

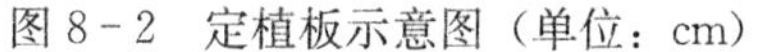

图 8－2　定植板示意图（单位：cm）

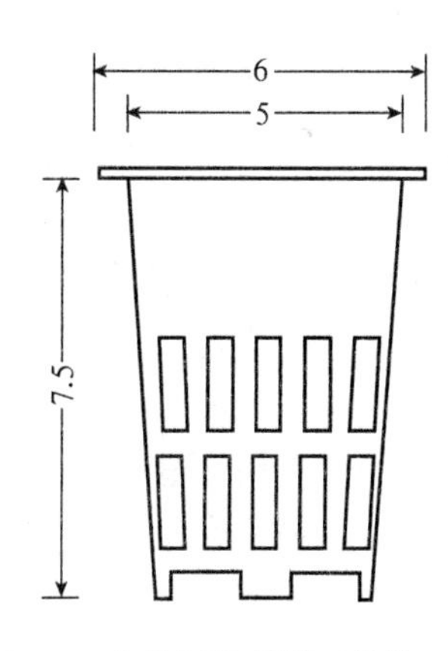

图 8－3　定植杯示意图（单位：cm）

定植板的宽度与种植槽外沿宽度一致，使定植板的两边能架在种植槽的槽壁上。为了防止槽的宽度过大而使定植板弯曲变形或折断，在 100 cm 宽的种植槽中央砖砌一个支撑墙，也可以在槽内中央水泥支撑墩上放置一条塑料供液管道，同时起支撑板重量和供液的作用。在种植槽建造时，要确保框四周及槽中支撑墙或支撑墩（连供液管）顶面的水平。如果不水平，则可能造成在种植过程中种植槽一端水位较高而另一端水位较低，在刚定植幼苗的时候，根系尚不能伸出定植杯，需将水位调高浸没定植杯底 1～2 cm，如种植槽框不水平，可能会出现有些小苗被淹死，而有些会干死的情况。

（2）定植网框　定植网框是美国加利福尼亚州大学格里克（W. F. Gericke）于 1929 年最早开发的水培生产设施。定植网框宽与种植槽外沿宽度一致，而长度视材料强度和搬运的方便而定，一般为 50～80 cm。它由木板或硬质塑料板或角铁做成边框，用金属丝或塑料丝织成网作底，框内盛放固体基质。格里克所用的基质为河沙或细碎的老化植物残体，其性能不稳定。而目前所用泥炭、蛭石等轻型基质，性能较稳定，效果好。然后把植物幼苗定植在这些基质中，定植初期应向固体基质浇营养液和水，待根系伸入槽里营养液中能吸收到营养液维持生长，才可停止浇液浇水（图 8-4）。

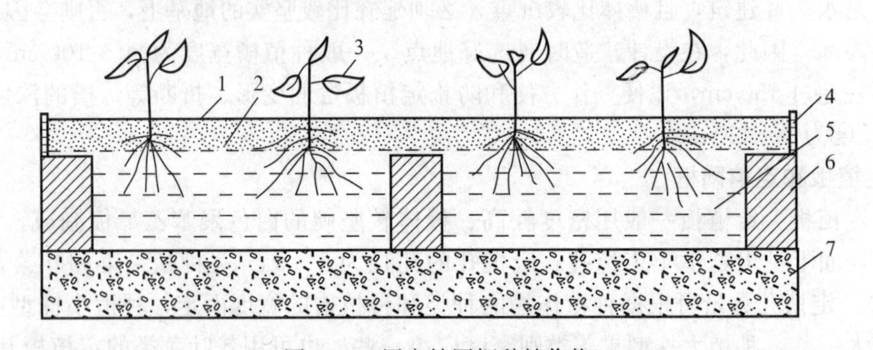

图 8-4 用定植网框种植作物

1. 基质 2. 塑料丝网 3. 植株 4. 定植网框 5. 营养液 6. 种植槽 7. 槽底

网框定植的优点是幼苗首先在基质中生长，而此时如果基质中混有肥料或用营养液浇灌，作物生长仍较为整齐，可防止大小苗现象。但其缺点是投资较大，基质用量较多，每种一茬需换一次。现已很少使用此法，只有在种植块茎作物如马铃薯等才考虑使用这种方法。

3. 贮液池 地下贮液池是作为增大营养液的缓冲能力，为根系创造一个较稳定的生存环境而设的。有些类型的深液流水培设施不设地下贮液池，而直接从种植槽底部抽出营养液进行循环，如日本 M 式水培设施就是这样，这无疑可节省用地和费用，但也失去了地下贮液池所具有的许多优点。

地下贮液池的功能主要有：①增大每株占有营养液量而又不致使种植槽的深度建得太深，使营养液的浓度、pH、溶存氧、温度等较长期地保持稳定。②便于调节营养液的状况，例如调节液温，若无贮液池，而直接在种植槽内增降温度，势必要在种植槽内安装复杂的管道，既增加了费用又造成管理不便。又如调节 pH，如无贮液池，势必要将酸、碱母液直接加入槽内，容易造成局部过酸或过碱的危险。

地下贮液池的容积可按每个植株适宜的占液量来推算。大株型的番茄、黄瓜等每株需 15～20 L，小株型的叶菜类每株需 3 L 左右。算出全温室（大棚）的总需液量后，按 1/2 量存于种植槽中，1/2 量存于地下贮液池。一般 1 000 m^2 的温室需设 30 m^3 左右的地下贮液池。

地下贮液池在建造时池底要用 10～15 cm 厚水泥混凝土加入钢筋制成，池壁用砖和水泥砌成，以不渗漏为建造的总原则。同时所建的地下贮液池池面要比地面高出 10～20 cm 并要有盖，防止雨水或其他杂物落入池中，并保持池内黑暗，以防藻类滋生。

4. 营养液循环流动系统 营养液循环流动系统包括供液系统和回流系统两大部分。供液系统中包括供液管道、水泵和调节流量的阀门等部分，而回流系统由回流管道和种植槽中的液位调节装置两部分组成（图 8-5）。

（1）供液管道 由水泵从贮液池中将营养液抽起后，分成两条支管，每支管各自有阀门控制。一条支管转回贮液池上方，将一部分营养液喷回池中起增氧作用，若要清洗整个种植系统时，此管可用作彻底排水之用；另一条支管接到总供液管上，总供液管再分出许多分支

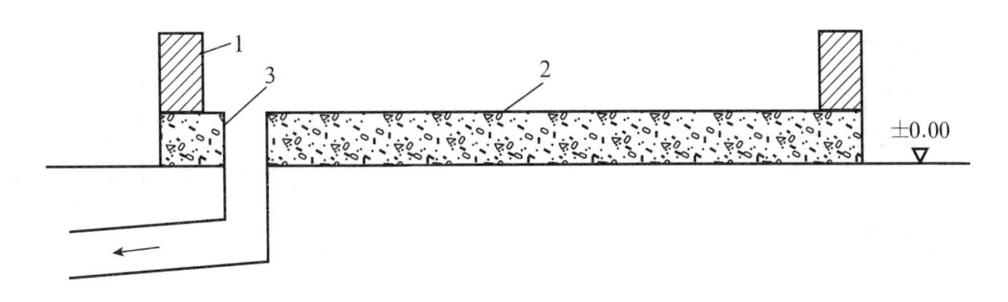

图 8－5　深液流水培种植槽纵切面示意图（示埋在地下的回流管道）
1. 槽框　2. 槽底　3. 回流管道

通到每条种植槽边再接上槽内供液管。槽内供液管为一条贯通全槽的长塑料管，其上每隔一定距离开有喷液小孔，使营养液均匀分到全槽。槽内供液管安放的位置有 3 种：一种是放在槽底为营养液浸住，此法不好，既失去瀑射增氧效果，又容易被根系堵塞。第二种是将供液管架于液面之上，营养液从槽头的这一截管道中喷出，并从种植槽的一端流向另一端。这种架设方式可节省大量的管道，但营养液增氧效果也不很理想，因为营养液在槽中从一端流向另一端的过程中会逐渐被植物根系吸收而使得营养液中的溶存氧含量逐渐降低，特别是种植大株型、根系发达的植物，并且营养液流入量较少时，这种情况更为严重，有时甚至出现种植槽中近供液管的一端（水头）植物生长势好，而远离供液管的一端（水尾）植物生长较差的现象。要解决这一问题可通过延长水泵的开启时间来增加流入种植槽中的总液量，但这样增加了电能的消耗，生产成本提高，而且造成水泵使用寿命缩短。第三种供液管架设方式为在每条种植槽中间的分隔墙上方把已开设喷液水孔的供液管从种植槽的一端延伸到另一端（横向架设）。这种架设方式无论是在溶存氧的供应还是养分的供应上均优于上述两种方式，但是建造时所需管道较多，成本较高。

槽宽为 80～90 cm 的种植槽内供液管用直径 25 mm 的聚乙烯硬管制成，每距 45 cm 开 1 对孔径为 2 mm 的小孔，位置在管的水平直径线以下的两侧，小孔至管圆心线与水平直径之间的夹角为 45°。每条种植槽的供液管在其进槽前设有控制阀门，以便调节流量。

（2）回流管道及种植槽内液位调节装置　回流管道在建造时要预先埋入地下，然后才建种植槽，而且所用回流管道的口径要足够大，以便及时排出从种植槽中流出的营养液，以避免槽内进液大于回液而溢出营养液。

为了保证种植槽中能够维持一定深度的液层，并且液层的深度可根据生长期的不同而进行调节，因此要用一个开了孔并在孔口中装有一段塑料管的橡皮塞样的液位调节装置塞住种植槽回流管的出水口，如图 8－6。当种植槽中供液管不断供液而使得液位升高到液位调节装置的出水口时，营养液便能从管口回流到贮液池中。如果要对种植槽的液位进行调节，只需将液位调节装置的橡皮塞中的塑料管拉高或压低即可。

为防止回流管中有异物堵塞，可用一个口径较大、高度高于液位调节装置中的回流管的硬质塑料管，在管口的一端锯成锯齿状的缺刻，罩住液位调节装置的四周（图 8－7）。这样根系就不会伸入到回流管中而造成堵塞，而是浮在营养液表层。同时又可迫使营养液从围堰下部的缺刻处通过并向上流动至回流管口，这样可使供液管的小孔中喷射出来的溶存氧含量较高的营养液驱赶种植槽下部溶存氧含量较低的营养液从回流管流出种植槽，有利于营养液中溶存氧含量的提高。

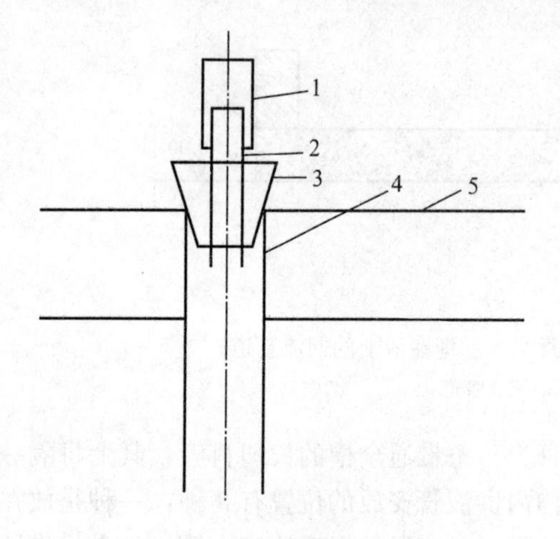

图 8-6 液层控制装置

1. 可升降的套于硬塑料管外的橡皮管 2. 硬塑料管
3. 橡胶塞 4. 回流管 5. 种植槽底

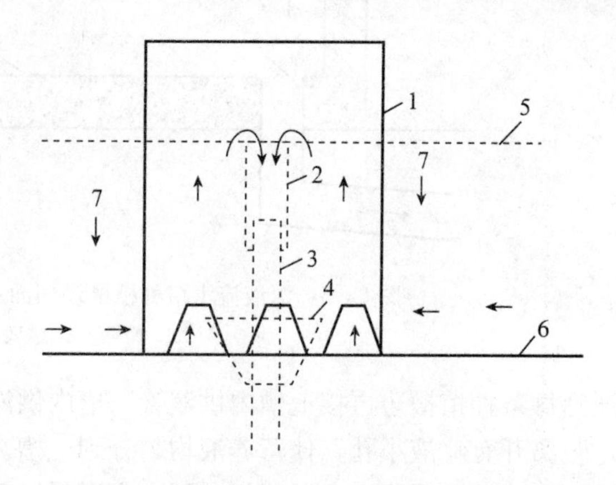

图 8-7 罩住液位调节装置的塑料管

1. 带缺刻的硬塑料管 2. 液位调节管 3. PVC硬管
4. 橡胶塞 5. 液面 6. 槽底 7. 营养液及其液向

(3) 水泵及定时器 水泵应选用具有抗腐蚀性能的型号，其功率的大小根据温室的大小而定。功率太大，会使贮液池中的营养液很快被抽干，如营养液回流不够及时会从种植槽面溢出；功率太小，则供液时间需较长才可达到理想的充氧及补充养分的水平。在 1 000～2 000 m^2 的温室中，选用一台直径 25～50 mm、功率为 1.5 kW 的吸泵即可。而在单栋面积为 320 m^2 的温室或大棚中，选用功率为 550 W 的水泵就行。

为了控制水泵的工作时间，同时满足作物不同生长时期对氧的需求和管理上的方便，应安装一个定时器。

(二) 协和式水培装置

协和式水培装置使用成型塑料栽培槽，装置规范、标准，对日本水培的普及发挥了先驱的作用。其最大的特征是把种植槽分割成许多单元。种植槽为拼装式的，可拆卸，安装较为简单。但由于栽培槽被分割成许多单元，所以给栽培结束后的清洗、消毒带来不便。装置分为叶菜类使用和果菜类使用两种，对于果菜类生产更为合适。它的组成和结构如图 8-8、图 8-9 所示。该装置主要由种植槽、定植板、营养液循环系统、贮液池和供液控制系统等部分组成。

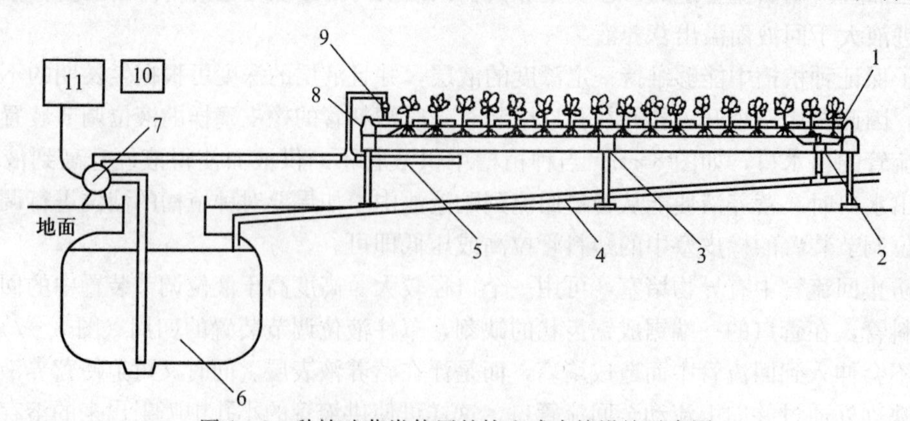

图 8-8 种植叶菜类使用的协和式水培设施示意图

1. 定植板 2. 液位调节装置 3. 栽培架 4. 回流管道 5. 供液管道 6. 贮液池
7. 水泵 8. 种植槽 9. 空气混入器 10. 追肥自控装置 11. 供液及液温控制盘

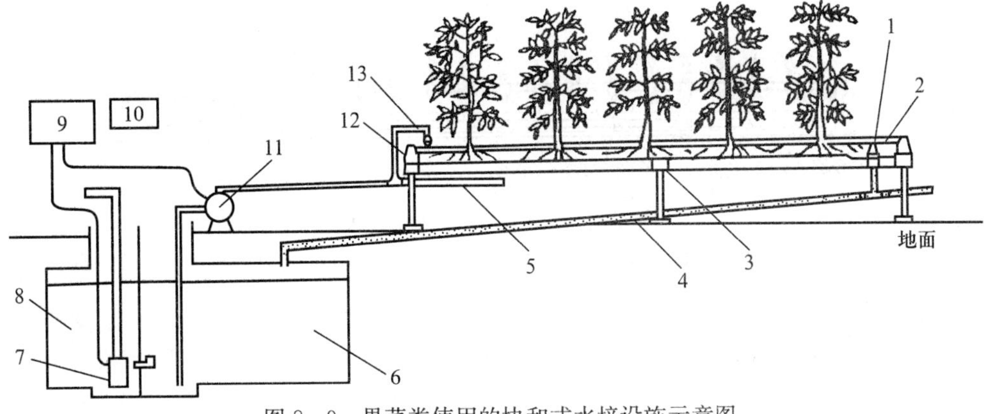

图 8－9　果菜类使用的协和式水培设施示意图

1. 液位调节装置　2. 定植板　3. 栽培架　4. 回流管道　5. 供液管道　6. 贮液池　7. 育苗用水泵　8. 育苗用的贮液池　9. 供液及液温控制盘　10. 追肥自控装置　11. 水泵　12. 种植槽　13. 空气混入器

1. 种植槽　可用硬质塑料板、木板、钢板或水泥预制件做成可拼装的预制块，安装时在水平的地面上拼装在一起，然后在种植槽内铺上一层塑料薄膜，以便盛装营养液。

2. 定植板及定植杯　与上述改进型神园式水培装置的定植板及定植杯类似。

3. 营养液循环系统　与上述改进型神园式水培装置的营养液循环系统类似。

协和式水培种植槽中的液位调节装置如图 8－10 所示。它是一种连接种植槽中营养液流向回流管道并可调节种植槽中液位的装置。它由一个开有缺刻的套筒，而套筒缺刻上有不同长度的活芯，以及一些密封种植槽内衬塑料薄膜的紧固装置组成。该装置可随着植株生长期不同、根系的多少，根据加在套筒上的不同长度的活芯来调节种植槽中的液位。

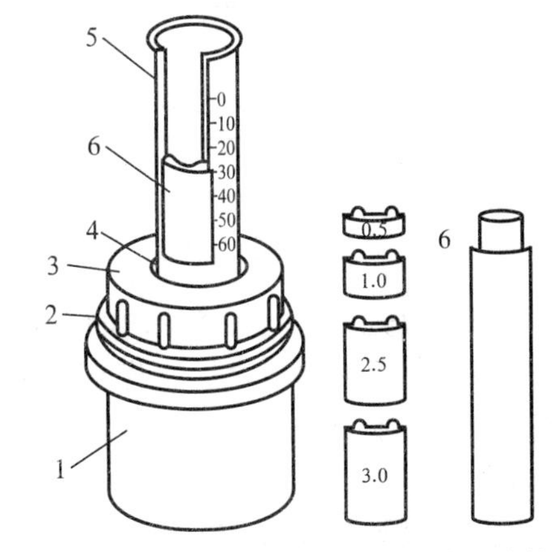

图 8－10　协和式水培种植槽的液位调节装置

1. 连接槽底的回流管　2. 密封圈　3. 紧固螺母　4. 衬垫　5. 套筒　6. 调节液位高低的活芯

4. 营养液自动控制系统　该系统使生产过程自动化，使得管理过程更加准确、精细，降低劳动强度。本系统主要由计算机装置、营养液加温装置、连接了蠕动泵的营养自动检测及补充装置等组成。

（三）M 式水培装置

M 式水培装置与协和式水培装置在日本差不多是同一时期出现。当时协和式水培装置主要以生产果菜类为主，而 M 式水培装置则比较适合生产柔嫩的叶菜类（如鸭儿芹等）。

M 式水培装置（图 8－11）的特征是无贮液池，栽培槽由 U 形的成型品连接而成。另外，种植槽是用隔热效果较好的泡沫聚苯乙烯材料制成，因此营养液的液温较为稳定。

但由于无贮液池，这给营养液的管理带来不便。如营养液的加入及酸碱度的调节都必须在种植槽中进行，易造成植物因局部过酸或过碱而受伤害。另外，由于种植槽在种植前需先垫一层塑料薄膜，因此薄膜要求绝对不能漏水。换茬时应防止薄膜破损，这也给管理带来不便。

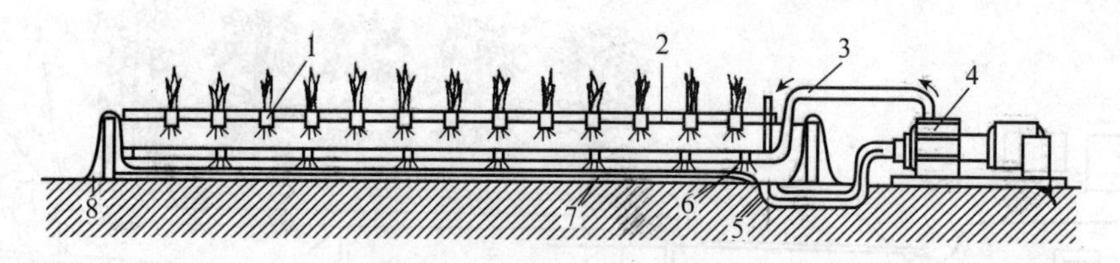

图 8-11 M式水培设施示意图

1. 海绵块 2. 定植板 3. PVC管道 4. 水泵 5. 入水口 6. 喷液口 7. 种植槽 8. 塑料薄膜

M式水培装置的种植槽由预先定型生产的泡沫塑料板拼装而成，槽的宽度有 60 cm、90 cm、120 cm 3 种，在槽内垫一层塑料薄膜以盛装营养液，定植板仍然是用泡沫聚苯乙烯板制作，定植板浮在装有营养液的栽培槽上。栽培槽可直接排于地面，也可设支架架起，便于作业。槽底安装一条开有小孔的供液管，穿过种植槽底部的薄膜，安装回流管并与水泵相连，同时在水泵出口处附近安装一个空气混入器（图 8-12），这有利于大型植株栽培根系氧气的供应。

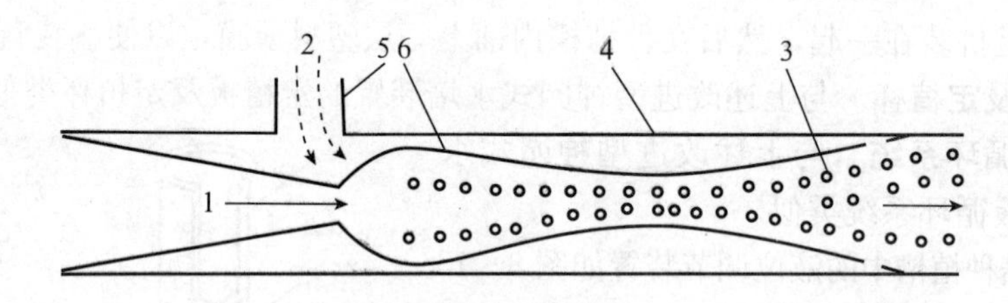

图 8-12 空气混入器示意图

1. 营养液 2. 空气 3. 气泡 4. 外管 5. 空气入口 6. 口径突然收窄的内管

在水泵开启时，将种植槽内的营养液抽出流经空气混入器，使营养液中的溶存氧含量增加，然后这些经过增氧之后的营养液再从供液管上的小孔喷射回种植槽中。空气混入器的数量因栽培作物和床长等条件而异。一般床长 30～40 m 时，叶菜类以 2～4 个、果菜类以 4 个为标准。

（四）神园式水培装置

神园式水培是日本神奈川县园艺试验场研究设计出的水培方式，1974 年以神奈川县为中心开始普及。神园式水培设施的组成和结构（图 8-13、图 8-14）与上述改良型神园式水培设施结构类似，但也有不同之处，主要表现在以下两个方面：一是种植槽为水泥预制件拼装式，需衬垫 1 层或 2 层塑料薄膜，如垫 2 层薄膜要将厚的一层（0.3～0.4 mm）先垫上，然后再垫上一层薄的（0.1 mm），换茬时将上面一层薄膜换掉即可。省去了后茬种植时

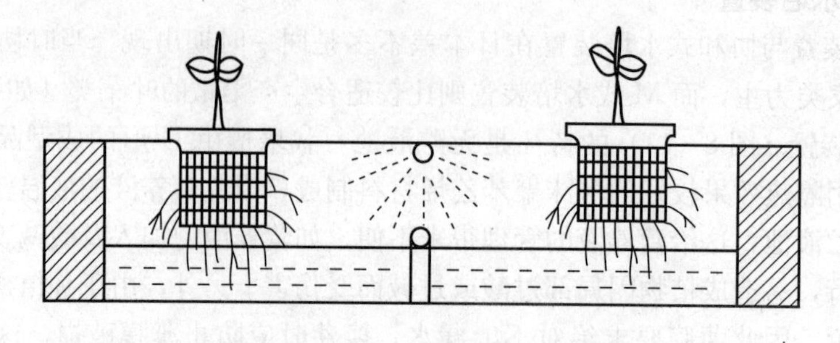

图 8-13 神园式水培种植槽示意图

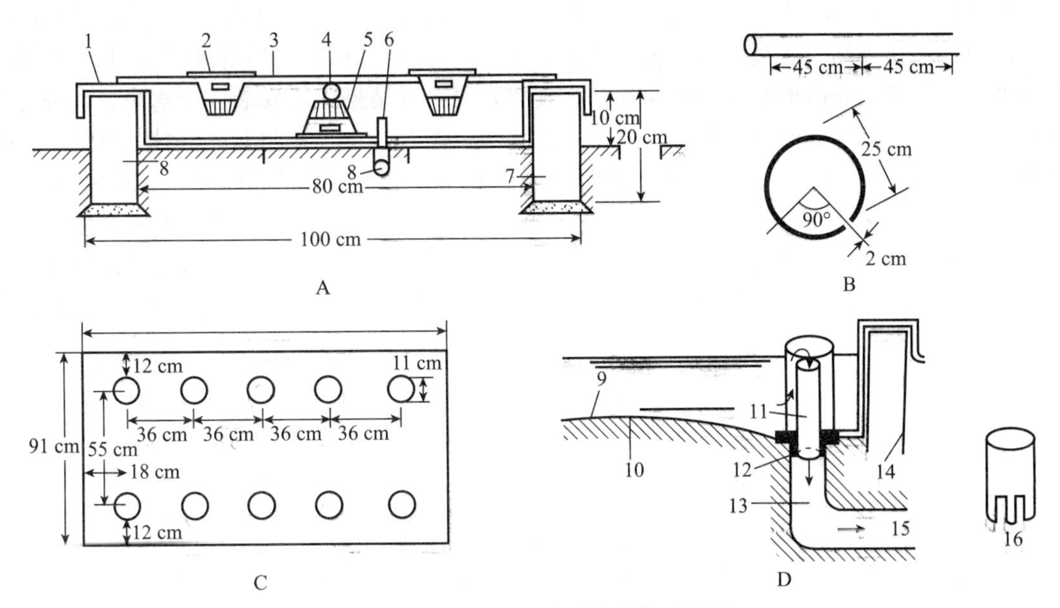

图 8-14　神园式水培设施结构示意图

A. 种植槽横切面　1. 厚塑料薄膜　2. 定植杯　3. 定植板　4. 喷液管　5. 支撑墩（用定植杯倒扣而成）　6. 液位调节装置　7. 水泥预制的槽框　8. 回流管道

B. 喷液管规格（管径 25 mm，塑料管）　C. 定植板平面规格示意图

D. 回流管内浮标口构造示意图　9. 塑料薄膜　10. 硬水泥板　11. 液位调节装置　12. 橡皮塞　13. 回流管道　14. 水泥预制的槽框　15. 回流营养液流向　16. 防止根系扎入回流管的装置（用硬质塑料管制成）

清洗、消毒等工作，但需投入新的薄膜。二是神园式水培的种植槽与目前我国使用的改良型神园式设施一样有一层较深的流动营养液层，但其营养液是以在种植槽中供液管上加上喷头的喷雾形式来提供的，这样营养液中的溶存氧可以满足作物根系对氧的需要。

（五）新和等量交换式水培装置

新和等量交换式水培装置是于 1979 年由日本新和塑料公司开发的水培系统（图 8-15）。该装置的特征是将栽培槽分为 A、B 两部分，两部分的营养液能依靠栽培槽之间的水泵相互等量进行交换，而促进营养液的循环流动，因此，整个系统不需设贮液池。这种方式使根的氧气补给不仅在营养液中进行，而且也在空气中进行。故该方式更适合果菜类栽培，因为果菜类的根系从空气中吸收的氧气比从水中吸收的氧气更多。

由于该装置不需贮液池，因此植物根系环境的调控应特别注意，尤其在植物生长旺盛时期对养分和水分的吸收均较多，为了解决随营养液量的减少而稳定性下降的问题，最好使营养液的量多一些，尤其是在长期栽培时更显得重要。

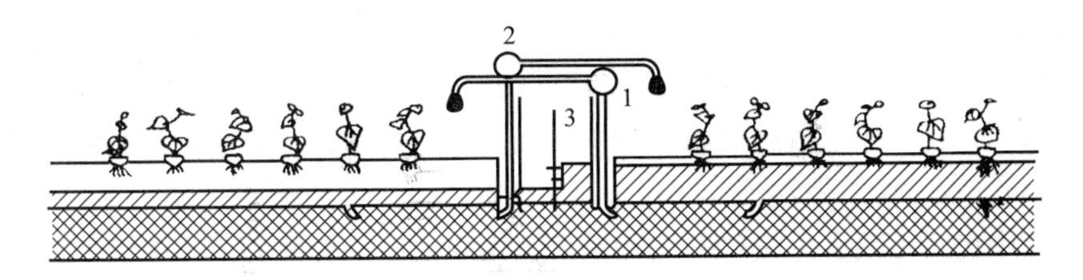

图 8-15　新和等量交换式水培系统的组成

1、2. 水泵　3. 交换槽

该装置的种植槽的槽框是由聚苯乙烯泡沫塑料压铸成U形，使用时将这些槽框拼起来，槽内衬塑料薄膜，然后连接好供排液管道以及水泵（图8－16），并在槽框上放上定植板后即可种植。每两个种植槽通过一个交换槽相连接，每个种植槽中均安装一个水泵，在进行营养液循环时，一个种植槽（图8－16－1）中的水泵（图8－16－3）将营养液抽入到另一个种植槽（图8－16－2）内，直到该种植槽中的水位达到一定的水平而将浮球开关（图8－16－5）顶高，从而切断水泵（图8－16－3），而另一个种植槽（图8－16－2）的营养液增加时，其浮球开关升高，从而开启水泵（图8－16－4），将这一种植槽的营养液抽回另一种植槽（图8－16－1）中，这样又将这一种植槽的浮球开关顶高而关闭水泵（图8－16－4），如此循环

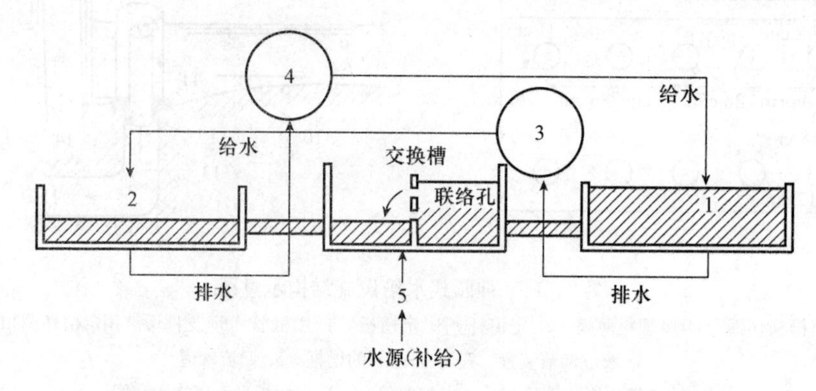

图8－16 新和等量交换式水培系统的供排液系统运转示意图

1、2. 种植槽 3、4. 水泵 5. 浮球开关

往复。这两台水泵的开关由一组计算机定时器来控制，它可以调节1～2 h内重复抽水1～2次。当两个种植槽在水泵均不工作时，其水位达到平衡，如果由于植株消耗水分之后水位下降了，连接外部水源的浮球开关就会打开，让清水流入种植系统中，使得种植系统的水位达到一个固定的水平。

三、深液流栽培管理技术要点

不论哪一种深液流水培方式，其栽培管理技术基本相同。但前提条件是管理人员要全面掌握无土栽培技术所涉及的相关理论和实践知识，如作物栽培学、植物营养学、植物保护和农业化学等多学科的知识，根据具体所采用的设施类型和栽培作物的种类而灵活运用所学的知识才能达到理想的栽培效果。现以我国目前使用最多的改进型神园式水培装置（水泥砖结构深液流水培设施）为对象来介绍其栽培管理技术要点。

（一）种植槽的准备

1. 新建种植槽的处理 新建成的水泥结构种植槽和贮液池会有碱性物质浸出，其浸出液的pH可高达11左右，因此使用前应进行处理。开始时先用清水浸泡2～3 d，洗刷去大部分碱性物质，然后再用稀硫酸或磷酸浸泡中和（忌用盐酸，因为盐酸与硅酸钙反应会破坏水泥层的结构），直至调节浸泡液pH稳定到6～7之间，再用清水冲洗2～3次即可。新建槽在使用过程中仍会不断有少量的碱性物质溶解出来，使营养液的pH缓慢上升，一般会维持3～6个月，甚至更长，因此，在种植过程中还需密切注意营养液pH的变化，及时采取处理措施。

2. 换茬时的清洗与消毒　生长期较长的作物如番茄、辣（甜）椒、黄瓜、甜瓜等在每种植1茬时都必须换营养液，清洗整个种植系统，然后才进行消毒处理以便下一茬的种植；生长期短的作物如叶菜类，则经过3～5茬的种植之后才更换营养液并进行系统的清洗和消毒。具体方法如下：

（1）定植杯的清洗与消毒　将定植板上的定植杯连残茬捡出，集中到清洗池中，将杯中的残茬和小石砾脱出，从石砾中清去残茬，再用水冲洗石砾和定植杯，尽量将细碎的残根冲走，然后用含0.3%～0.5%有效氯的次氯酸钠或次氯酸钙溶液浸泡消毒1 d，而后将石砾及杯捞起，用清水冲洗掉消毒液待用。如当地小石砾价格很便宜，可更换新的小石砾使用。

（2）硬泡沫塑料定植板的清洗与消毒　用刷子在水中将贴在板上的残根冲刷掉，然后将定植板浸泡于含0.3%～0.5%有效氯的次氯酸钠或次氯酸钙溶液中，使之湿透后捞出，一块块叠起，再用塑料薄膜盖住，保持湿润30 min以上，然后用清水冲洗待用。

（3）种植槽、贮液池及循环管道的消毒　用含0.3%～0.5%有效氯的次氯酸钠或次氯酸钙溶液喷洒槽池内外所有部位使湿透（每平方米约为250 ml），再用定植板和池盖板盖住保持湿润30 min以上，然后用清水冲洗去消毒液待用。全部循环管道内部用含0.3%～0.5%有效氯的次氯酸钠或次氯酸钙溶液循环流过30 min，循环时不必在槽内留液层，让溶液喷出后即全部回流，可分组进行，以节省用液量。

（二）栽培管理

1. 栽培作物种类的选定　深液流水培设施适用种植作物的种类较多，但对于初次进行无土栽培生产的人员来说，一般考虑种植一些较易进行水培的作物种类，如叶用莴苣、番茄、节瓜、蕹菜、小白菜、菊花等。在无法进行温度调控的温室或大棚中，应选择完全适应当季生长的作物种类来种植。利用温室或大棚的保温作用或棚室内的遮阳网、水帘等降温措施，可在一定时间内进行反季节生产，切忌盲目进行反季节生产，以免造成种植的失败或经济效益不理想。

2. 育苗与定植

（1）无土育苗　详见第七章无土育苗技术。

（2）移苗　在移苗时首先将粒径稍大于定植杯下部小孔隙的非石灰质小石砾用清水冲洗干净，以洗去石砾中细小的沙粒或其他杂质，然后用上述的消毒方法对沙粒进行消毒、清洗干净，在定植杯底部先放入1～2 cm厚的小石砾，以防幼苗的根颈部直接压迫在杯底，然后将幼苗从育苗穴盘或育苗杯中连带育苗基质一并移入底部已垫有小石砾的定植杯中，再另取一些小石砾放在幼苗根团附近将其固定。固定幼苗最好使用石砾，而不要用毛细管作用很强的材料如泥炭或细碎的植物性残体，因石砾颗粒相对较大，毛细管作用较弱，可有效地防止由于种植槽中的营养液随毛细管作用而上升并在表面形成盐霜，而表面盐霜的盐分浓度很高，会影响到植物茎基部的生长，严重时可致植物死亡。营养液随着毛细管作用上升还会使得茎基部长时间处于潮湿状态而容易感染病害。

（3）过渡槽内集中寄养　幼苗移入定植杯后，本可随即移入种植槽上的定植板孔中，成为正式定植，但定植板的孔距是按植株长大后需占用的空间而定的，初期幼苗太细，很久才能长满空间。为了提高温室及水培设施的利用率，将已移入定植杯内的细小幼苗密集置于一条过渡槽内，带苗的定植杯直接置于槽底，作过渡性寄养。槽底放入1～2 cm深的营养液，使其能浸住杯脚，幼苗即可吸收到水分和养分，迅速长大并有一部分根伸出杯外，待长到有足够大的株型时，才正式移植到槽的定植板上。移入后幼苗很快就长满空间（封行），达到可以收获的程度，大大缩短了占用种植槽的时间。这种集中寄养的方法，对生长期较短的叶菜类是很有用的，对生长期很长的果菜类作用较小。

（4）正式定植后对槽内液面的要求　将植有幼苗的定植杯移入种植槽上的定植板孔以后，即为正式定植。此时幼苗的根尚未伸出杯底或只有几条伸出，这就要将槽内液面调至能浸住杯脚 1～2 cm 处，使每一植株有同等机会及时吸收到水分和养分，这是保证植株生长均匀、不致出现大小苗现象的关键措施。若液面调得太高以致贴住定植板底，会妨碍氧气向营养液中扩散，同时也会浸至植株的根颈使其窒息坏死。当植株发出大量根群深入营养液后，液面随之调低，以离开杯脚。

3. 营养液的配制与管理

（1）营养液配方的选用　营养液的配方种类很多，但并非每一种作物都需要一个专用的营养液配方。有些配方不仅适用于某一种作物，而且适用于与这种作物相类似的另外一些作物，这种配方称为通用营养液配方，如霍格兰配方、日本园试配方等。但也不是说通用营养液配方就适用于任何的植物种类，因为植物对营养的需求规律既有共性又有个性。有些植物甚至某种植物的不同生长时期对某一种或某一些养分需求多一些，有些要求少一些。例如利用园试配方配制的营养液来种植叶用莴苣和芥菜，就会出现芥菜缺铁而叶用莴苣生长正常的现象。因此，在使用时一般选择一个通用的营养液配方，再根据种植植物的特性、当地的水质和气候以及不同的生育时期来试用并进行适当的调整，在证明其确实可行之后才大面积应用。

（2）种植槽中液位的调控　深液流水培技术种植成败的一个很重要的环节就是根据作物生长进程而对营养液液位高低的调控，因为这一环节直接影响到作物根系生长是否良好、养分吸收是否迅速而有效，如这一环节调控得不好，有可能严重危及作物根系的生长以及直接影响产量的形成和提高，因此在管理上要特别重视。

作物刚定植时应保持营养液液面浸没定植杯杯底 1～2 cm；当根系生长大量伸出定植杯时，将液位调低至液面离开定植杯杯底；当植株很大、根系非常发达时，只需在种植槽中保持 3～4 cm 的液层即可，这样可以让较多的根系裸露在营养液层上部至定植板下部的那部分空间中，可以吸收到空气中的氧气以供作物生长所需。暴露在空气中的根系部分可以形成大量的根毛（不同作物根系发生根毛的情况不同，有些根毛发生得较多，而有些很少），这些根毛的形成增加了作物对氧的吸收量。但已长有根毛的根系部分如果在营养液中浸渍时间较长，可能会使得这些根毛死亡并伤及整个根系，因此不能够随意调节营养液液位的高低。在生产实际中，应该随着植株的长大、根系的增多，逐渐地把浸没定植杯的营养液液位降低，使部分根段裸露在空气中，一旦液位降低，根系产生较多根毛之后，就不能把已降低液位的营养液层再升高，否则可能造成根毛甚至整个根系的伤害，严重的也有可能造成死亡，但也不能使种植槽中的液层太浅，一般应保证液层的深度可维持在无电力供应、水泵不能正常循环的情况下植株仍能正常生长 1～2 d 的营养液量。

（3）建立科学高效的管理制度　科学的管理制度是先进科学技术发挥作用的必要保证，没有科学的管理制度，再先进的科学技术也难在提高生产力上发挥作用。在我国长期自给经济基础形成的思想意识影响下，往往忽视科学的管理制度，因此在学习、引进先进的科学技术以提高生产力时，必须同时加以解决这一问题。

深液流水培的生产过程中，从设施的清洗、消毒、播种、移苗、定植以及定植后直到收获完毕的各个环节要做到责任落实到人，同时必须建立完善的管理档案，详细记录在种植过程中植株的生长情况，病虫害的发生情况，营养液酸碱度和浓度的变化情况，大棚或温室中的温度、湿度情况以及气象资料，并且要记录根据这些情况的出现所采取的一些管理措施，例如添加肥料、调节酸碱度、喷施农药及温室或大棚的开窗或覆膜等。表 8－1 为一例深液流水培管理记录表，可供参考。只有做好详细的记录，才能对生产过程中出现的问题作出科学的分析，寻求科学的、妥善的解决方法，同时也为今后的生产管理积累宝贵的资料和经验。

表 8－1　深液流水培管理记录表

棚　　号：＿＿＿＿＿＿＿＿面积：＿＿＿＿＿＿＿＿

作物种类：＿＿＿＿＿＿＿＿品种：＿＿＿＿＿＿＿＿管理人：＿＿＿＿＿＿

日期	天气情况	营养液 EC	营养液 pH	营养液循环情况	作物生长情况	处理措施	备注

第三节　营养液膜技术

营养液膜技术（nutrient film technique，NFT）是指将植物种植在浅层流动的营养液中较简易的水培方法。它是由英国人库柏（A. J. Cooper）于 1973 年发明，1979 年以后该技术以其造价低廉、易于实现生产管理自动化等特点迅速在世界上许多国家推广应用。美国的 Grane、英国的 Adams、印度的 Douglas 等人曾对营养液膜技术的构造及日常管理等方面进行过许多改进和提高。我国于 1984 年在南京开始应用此项技术进行无土栽培，效果良好。

一、营养液膜技术的基本特征

（一）优点

① 设施的投资少，施工简易、方便。

② 种植槽内的液层浅且流动，作物根系一部分浸在浅层营养液中，另一部分暴露于空气中，可以较好地解决根系的氧气供应问题。

③ 易于实现生产过程的自动化管理。

（二）缺点

① 种植槽的耐用性较差，维护工作频繁，后续投资较多。

② 营养液总量少，液层浅，根际环境稳定性差，对管理人员的技术水平和设备的性能要求较高。

③ 营养液膜栽培设施为封闭的循环系统，一旦发生病害，较容易在整个系统中传播、蔓延。

二、营养液膜栽培设施的结构

营养液膜栽培设施主要由种植槽、贮液池、营养液循环流动装置 3 部分组成（图 8－17）。此外，还可以根据生产的需要和资金情况及自动化程度要求的不同，适当配置一些其他辅助设备，如浓缩营养液贮备罐及自动投放装置、营养液加温及冷却装置等。现将营养液膜栽培生产设施的主要部分概述如下。

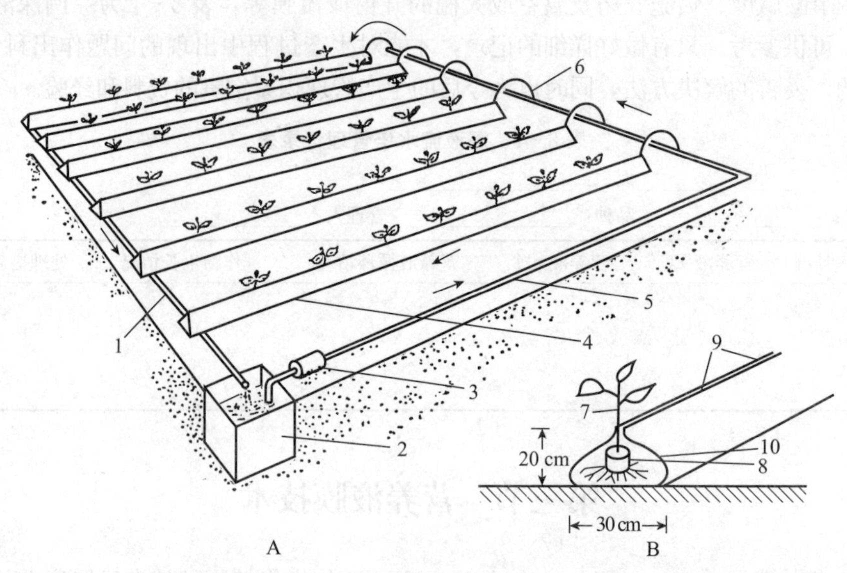

图 8-17 营养液膜栽培设施组成示意图

A. 全系统示意图 B. 种植槽剖视图

1. 回流管 2. 贮液池 3. 泵 4. 种植槽 5. 供液主管 6. 供液 7. 苗 8. 育苗钵 9. 木夹子 10. 聚乙烯薄膜

（一）种植槽

营养液膜栽培设施的种植槽按种植作物种类的不同可分为两类，一类适用于大株型作物（如果菜类蔬菜）的种植，另一类适用于小株型作物（如叶菜类蔬菜）的种植。种植槽一般用软质塑料薄膜、硬质塑料板、铁板、玻璃钢或水泥砖等建成。

1. 适种大株型作物的种植槽 一般用 0.1～0.2 mm 厚的面白底黑的聚乙烯薄膜围合起来，做成等腰三角形的种植槽。为了使营养液能从槽的一端流向另一端，槽底的地面需平整、压实且成一定坡降，一般槽的坡降以 1∶75～100 为宜。坡降过大，营养液流速过快；坡降过小，则流动缓慢，不利于槽内营养液的更新。

建槽时，先将温室地面整平、压实，并做成一定坡度，然后用厚度为 0.1～0.2 mm 的黑白双面塑料薄膜沿斜面方向平铺于地面，白色面向下，黑色面向上，定植作物时把带苗的育苗钵按一定的株距放在薄膜的中部排成一行，然后把两边薄膜拉起来，使得薄膜中央有 25～30 cm 的宽度紧贴地面，做成槽底宽 25～30 cm、高 20～25 cm 的槽，拉起的薄膜合拢起来用夹子夹住，成为一条高 20～25 cm 的薄膜三角形槽（图 8-17B），槽的长度在 30 m 以内为宜。幼苗的茎秆部分从槽顶部薄膜之间的隙缝中伸出，而根系则生长在黑暗的槽内。除了用塑料薄膜做成种植槽外，还可以用木板或水泥砖或铁皮等材料做成种植槽，然后也要在这些槽中铺垫塑料薄膜以盛装营养液。

种植槽中的营养液液层的深度不宜超过 5 cm。液层过深，容易造成营养液中供氧不足；而液层过浅，可能不能及时满足作物对水、肥吸收的需要，特别是流量较小、间歇供液时间较长和种植槽长度较长时，水、肥供应不足的问题会更加严重。一般在长度为 25 m 左右、槽底宽度为 25～30 cm 的种植槽内，营养液每分钟流量为 2～4 L 时，可满足大多数作物生育的需求。

在种植槽中种植作物特别是当植株较大、根系发达时，会在种植槽中形成一层厚厚的根垫，这不仅严重阻碍营养液在种植槽中的流动，而且在厚实的根垫内部营养液难以流入而使得氧气和养分供应不足，常会引发烂根现象。为了改善根际的通气、水分和养分供应状况，可在槽内底部铺垫一层无纺布，其主要作用：一是使营养液能均匀地扩散到整个槽底，防止浅层营养液直接在塑料薄膜上流动而产生乱流，特别是当植株较小、根系不发达时，营养液有时不能接触到根系，造成植株缺水，铺垫无纺布保证了植株水分的供应。二是防止根系发达、根量大时在槽底形成的厚实根垫，营养液在根垫内部流动不畅，造成根垫缺氧而腐烂。无纺布阻碍了根系的穿透，根系只能在无纺布上生长，营养液可在其间流动，可在一定程度上解决根垫的缺氧问题。三是由于无纺布可以吸持较多的水分，当停电或供液间歇时间较长时，可缓解植株因缺水而迅速出现萎蔫的危险。

2. 适种小株型作物的种植槽　可用玻璃钢制成的波纹瓦或水泥制成的波纹瓦作槽底，适当增加种植密度，提高小株型作物单位面积的产量（图 8－18）。波纹瓦的谷深为 2.5～5.0 cm，峰距视株型的大小而改变，一般为 10～15 cm。波纹瓦的宽度为 100～120 cm，可种植 6～8 行作物。种植槽长度 20 m 左右，坡降 1∶75。两片波纹瓦连接处的叠口长度不小于 10 cm，以便波纹瓦之间能够很好地嵌合起来，防止营养液流出，必要时也可在波纹瓦的接合处用水泥砂浆或沥青加以黏合。一般把种植槽架设在高度为 80～100 cm 的铁架或木架上，便于操作。在定植作物时要在波纹瓦上盖一块厚度为 2.0～2.5 cm 的聚苯乙烯塑料板作为定植板，一方面防止营养液暴露在阳光下而滋生绿藻，另一方面可防止植株幼苗根茎直接浸入营养液中而腐烂死亡。定植板上应按一定株行距开孔作为定植孔，以便插入幼苗。

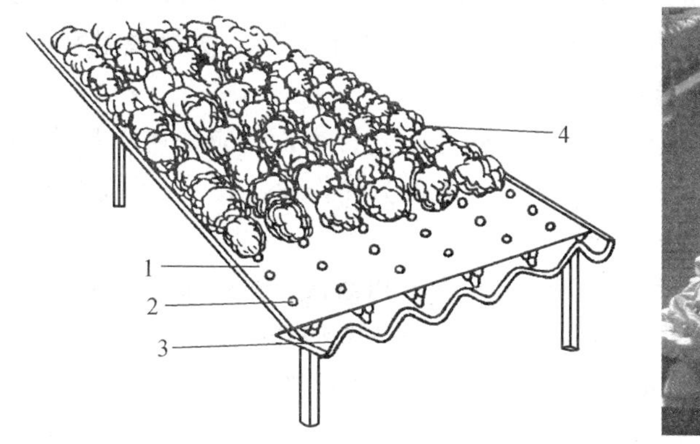

图 8－18　小株型作物用的种植槽

1. 泡沫塑料定植板　2. 定植孔　3. 波纹瓦　4. 结球莴苣

（二）贮液池

贮液池的容量以足够整个种植面积循环供液之需为度。对于大株型作物，贮液池一般设在地面以下，以便营养液能即时回流到贮液池中，其容积按每株 5 L 计算。对于小株型作物，若是种植槽有架子架设的，则可把贮液池建在地面上，只要确保营养液能顺利回流到贮液池中即可，其容积一般按每株 1 L 计算。当然增加贮液量有利于营养液的稳定，但投资也相应增加。

（三）循环流动系统

循环流动系统主要由水泵、管道及流量调节阀门等组成（图 8－19）。

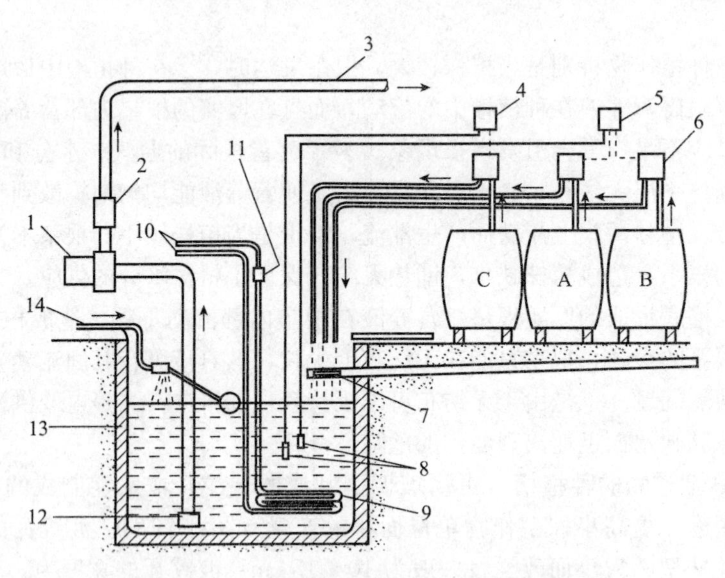

图 8-19 营养液膜设施的循环流动系统示意图

A、B. 浓缩营养液罐 C. 浓酸液/碱液罐

1. 水泵 2. 定时器 3. 供液管 4. pH 控制仪 5. EC 控制仪 6. 注入泵
7. 营养液回流管 8. EC 及 pH 探头 9. 加温或冷却管 10. 暖气（冷水）螺纹管
11. 暖气（冷水）控制阀 12. 水泵滤网 13. 贮液池 14. 水源及浮球开关

1. 水泵 应选用耐腐蚀的自吸泵或潜水泵。水泵的功率大小应与整个种植面积营养液循环流量相匹配。如功率太小，流量不足，有些种植槽得不到供液或各槽供液量达不到要求；如功率太大，造成浪费，也可能因压力过大损坏管道。一般每 667 m^2 大棚或温室选用功率为 1 000W、流量为 6～8 L/h 的水泵就可达到要求。

2. 管道 管道共分两种，一种是供液管道，另一种是回流管道，均应采用塑料管道，以防止腐蚀。安装管道时，应尽量将其埋于地面以下，一方面方便作业，另一方面避免日光照射而加速老化。

（1）供液管道 供液管道可按管径的不同分为主管、支管和毛管。主管管径较粗大，而连接主管至各种植槽附近的支管管径较小，从各支管进入种植槽处的毛管直径只有 3～5 mm。在安装供液管道时主管上要安装流量调节阀门，其他各支管要安装阀门，以调节流量，使得各种植槽的流量尽可能均匀。每一条种植槽要从支管中引入 2～3 条供液毛管，供液量控制在每槽每分钟流量为 2～5 L。每一种植槽中安装数条供液毛管的目的在于保证若有毛管堵塞时仍有备用的可以供液，避免植株因缺水而死亡。小株型作物用的波纹瓦种植槽的每一波谷中一般设 2 条供液毛管，其流量一般控制在每分钟 1～2 L。

（2）回流管道 在种植槽的最低一端设一排液口，用管道统一连接到回流主管上再流回贮液池中。种植槽上的排液管和回流主管的管径均要足够大，以确保能够将营养液快速排到贮液池中，防止滞溢出来。种植槽进液量在每分钟 5～6 L 时，排液管的口径不小于 25 mm，而回流主管则视大棚或温室中种植槽的数量而定。

还有一种回流是在槽低端采用水泥砌砖而成的回流管道，即在种植槽的低端位置与种植槽垂直的方向用砖砌成一条坡降为 1∶50～75 的排液沟并一直延伸至贮液池中，营养液从种植槽的最低端流入排液沟后再流到贮液池中。建好的排液沟要用水泥预制板或泡沫塑料板或黑色塑料薄膜覆盖，防止尘土掉入及滋生绿藻。

(四) 其他辅助设备

由于营养液膜种植槽中的液层较浅以及整个系统中的营养液总量较少，所以在种植过程中营养液的管理比较麻烦，特别是气温较高、植株较大时，营养液的浓度及其他一些理化性质变化较快，如果采用人工方法进行调控则较困难。若采用一些辅助设备进行自动化控制，则可大大减轻劳动强度。其辅助设备主要由以下几部分构成。

1. 供液定时器　在利用营养液膜设施种植作物时，并非每天 24 h 均开启水泵进行连续营养液的循环流动，而是根据作物的生长情况来进行间歇供液。安装供液定时器可准确地控制水泵工作的间歇时间，省去人工控制的麻烦，使得生产过程更趋自动化。定时器应是比较准确的，根据作物生长实际的需要来设定间歇时间的长短，如每小时内供液 15 min，停止 45 min 等。

2. 电导率（EC）自控装置　电导率自控装置由电导率传感器、检测及控制仪表、浓缩营养液罐（A 液和 B 液两种）和浓缩营养液注入泵以及与水源连接的电磁阀等部分组成。当电导率传感器（电导电极，即探头）和相应的仪表感应到营养液的浓度降低至设定的电导率范围的下限时，就会由控制仪表发出指令而开启浓缩营养液注入泵，把浓缩的营养液注入贮液池中，使得工作营养液的浓度达到原设定值；而当电导率传感器测得的营养液浓度高于设定的电导率范围的上限时，控制仪表就会发出指令而将连接水源的电磁阀打开，注入清水到贮液池中，以稀释较高浓度的工作营养液至原设定的水平。目前国内外已有成套的由计算机控制的电导率自控装置出售，而且这些控制装置不仅对营养液的电导率进行控制，还可以对营养液的 pH 以及温室的温度、湿度和光照等环境条件进行控制。

3. pH 自控装置　pH 自控装置由 pH 传感器、控制仪表以及带有注入泵的浓酸或浓碱贮存罐组成。其工作原理与电导率自控装置相似，只不过是由 pH 自控装置加入贮液池的是浓酸（一般为硝酸或磷酸）或浓碱（一般用氢氧化钠或氢氧化钾）。

4. 营养液的温度控制装置　气温和液温对作物的生长起着重要的作用，液温的促进作用有时会补偿气温对作物生长的影响，而且通过调节液温来改善作物的生长条件，要比对整个温室或大棚进行调温效果明显。

营养液的温度控制装置主要由加温装置或降温装置及温度自控仪两部分组成。营养液加温有多种方法可供选用，可采用热水锅炉将热水通过安装于贮液池中的不锈钢螺纹管加温，该加温方式一次性投资较大，但运行成本相对较低，温度稳定，可用于大规模生产；也有人采用电热管来加温，该加温方式投资较少，但运行成本高，温度稳定性差，可用于小规模生产或临时性加温。当营养液温度上升到一定程度时，由温室自控装置切断热水的流动或电加热管电源；反之，当温度下降到一定程度时，则恢复热水的流动或通电加热。地下热资源丰富时可以采用地热提高营养液的温度。

营养液的冷却降温较为麻烦。应首先考虑把贮液池建在地下，上盖白色泡沫塑料板，防止受太阳光直接照射而使营养液温度上升过快。如果贮液池建在地面上，则应用隔热性能较好的材料。强制进行营养液冷却降温最经济的方法是抽取深层地下凉水或冷泉水通过设在贮液池中的螺纹管进行循环降温。种植槽应采用隔热性能良好、不易受光照影响而剧烈升温的材料建造。

5. 安全装置　营养液膜栽培的特点决定了种植槽内液层很薄，一旦停电或水泵故障而不能及时循环供液，很容易因缺水而使作物萎蔫。例如，有吸水无纺布作槽底衬垫的种植槽种植番茄，在夏季强光条件下，停液 2 h 即会萎蔫。没有无纺布衬垫的种植槽种植叶菜，在夏季强光下，停液 30 min 以上即会干枯死亡。所以营养液膜系统必须配置备用电机和水泵，还要在循环系统中装有报警装置，发生水泵失灵时及时发出警报以便补救。

EC、pH、温度等自动调节装置的产品质量要稳定可靠、灵敏性好，要经常监视其是否失灵，以保证不出错乱而危害作物。

三、营养液膜栽培管理技术要点

（一）种植槽的准备

如果是新槽，要检查槽底是否平顺和塑料薄膜有无破损渗漏，这直接影响种植能否成功；如果是换茬后重新使用的旧槽，同样应认真检查塑料膜是否渗漏，同时要进行彻底的清洗和消毒。

（二）育苗与定植

由于大株型和小株型作物所需要的种植槽不同，因此其育苗和定植方法也不尽相同。

1. 大株型作物的育苗与定植 因营养液膜系统的营养液层很浅，定植时作物的根系都置于槽底，故定植的苗都需要带有固体基质或有多孔的塑料钵以锚定植株。育苗时就应用固体基质制成育苗块（一般用岩棉块）或用多孔塑料钵育苗，定植时不要将固体基质块或多孔塑料钵脱去，连苗带钵（块）一起置于槽底。

2. 小株型作物的育苗与定植 可用压制成型的小岩棉块、聚氨酯海绵块来育苗。这些育苗块的大小应以可放入定植孔为度。育苗时在育苗块的上面切出一条小缝（有些商品化的育苗块在出厂时已切开一条缝隙或十字形的切口），把种子置于其中（也可催芽后播入），淋水或浇灌稀的营养液，待苗长至 2～3 片真叶时可移入定植板上开出的定植孔中。定植时要使育苗块触及槽底，海绵育苗块则嵌在定植孔中（不触及槽底），叶片伸出定植板。也可采用小的育苗杯来育苗和定植，这种育苗杯与深液流水培的定植杯很相似，只是其规格比深液流水培的要小得多，育苗和定植方法与深液流水培类似。

（三）营养液的配制与管理

1. 营养液配方的选择 与深液流水培中营养液配方的选择类似，所不同的是由于营养液膜种植系统的营养液总量较少，在作物生长过程中营养液的浓度和组成变化较快，因此要选择一些稳定性较好的营养液配方。

2. 供液方法 营养液膜种植系统的供液非常讲究。因为营养液膜栽培液层很浅，一般在 5 cm 以下，这样浅的液层，其中含有的养分和氧气很容易被消耗到很低的程度。当营养液从槽头一端流入，流经一段相当长的路程（以限在 25 m 计）以后，其中许多植株吸收了其养分和氧气（以番茄为例，株距 40 cm 则有 60 株/槽），这样从槽头的一株起，依次吸收到槽尾的一株时，营养液中的养分和氧气所剩不多，造成槽头与槽尾的植株生长差异很大。当输液量小于一定限度时就会造成对产量的影响（图 8－20、图 8－21）。

从图 8－20 可以看出，在槽长 21.5 m 的情况下，草莓每分钟供液 2 L，已能保持出口处营养液的溶存氧浓度在 6 mg/L 左右；对番茄来说，要每分钟供液 1 L 能保持这种程度；对黄瓜来说，则要每分钟供液 4 L 才能保持这种程度。当然这与植株的种植密度有关，增加密度就会低于该水平，减少密度即使不供那么多营养液也可保持这种水平，说明营养液膜栽培的供液量与很多因素有关。从图 8－21 可以看出，番茄在少量供液时，出液口附近产量明显低于

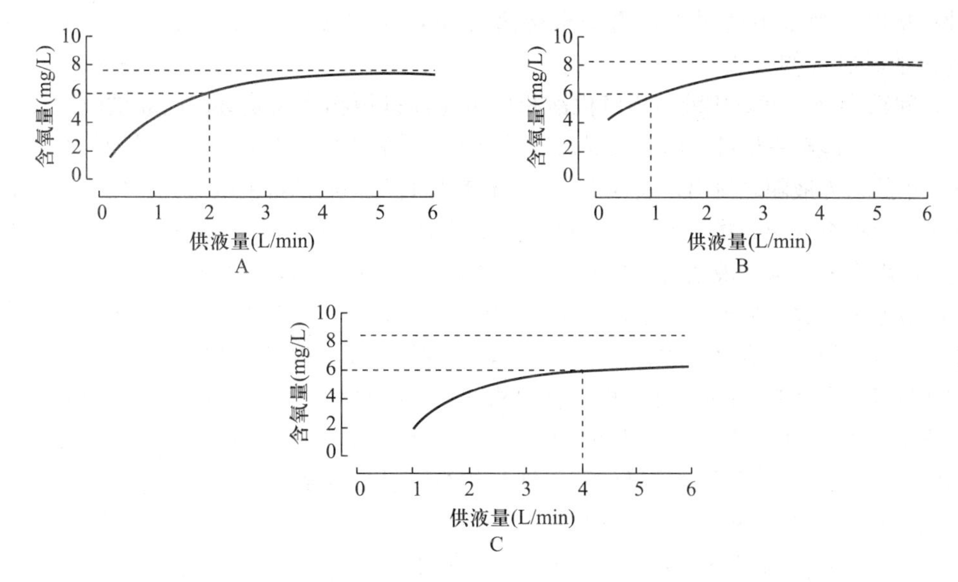

图 8-20　不同供液量与营养液中含氧量的关系

A. 草莓　B. 番茄　C. 黄瓜

虚线：入口处营养液中含氧　实线：出口处营养液中含氧，槽长 21.5 m

（日本千叶农试）

多量供液的处理。

对于大多数作物而言，营养液中溶存氧含量在 4 mg/L 以上时均能较好地生长。如果在长度为 25 m 的种植槽中定植 60 株番茄，每分钟连续供液 2～4 L，则可以满足作物生长对溶存氧的要求。如果种植密度更大或种植槽更长，而营养液流量仍然保持为 2～4 L/min，则营养液溶存氧含量就会降低而达不到作物生长的要求。要达到溶存氧在 4 mg/L 以上的水平，就需要增大流量，但随着流量的增大，种植槽中液层深度也会增加，造成根系浸没在营养液中的部分增多，则影响到根系对空气中氧气的吸收。为了解决种植槽较长（30 m 左右）和种植株数较多植株根系氧气的供应问题，可以采取间歇供液的方法。这样营养液膜栽培营养液供液的方法就分为连续供液和间歇供液两种。

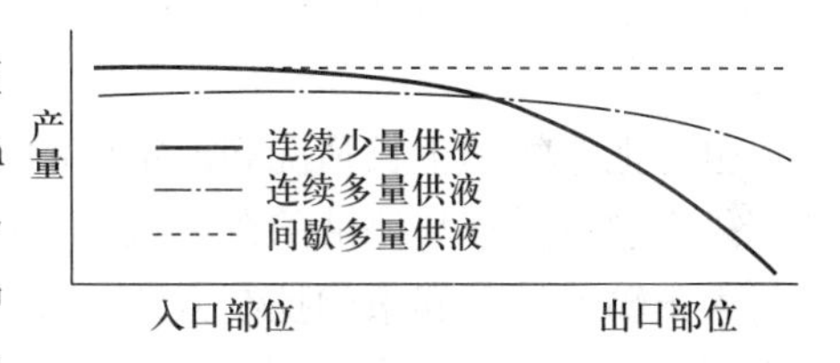

图 8-21　不同供液量与番茄产量的关系

（日本千叶农试）

（1）连续供液　连续供液指营养液一天 24 h 内均不断地流入种植槽中的供液形式。每条种植槽的流量大致控制在 2～4 L/min 的范围内，流量可随作物长势及天气状况而进行适当的调整。植株较大、天气晴朗、炎热的白天，流量适当加大；而植株较小、阴天、夜晚时，流量可较小。即使在夜间也需要维持一定的供液量，否则会影响植株根系对养分和水分的吸收。

定植在营养液膜栽培系统种植槽中的植物，依据其根系的生长状况可分为两个阶段，即从定植后到根垫开始形成，根系浸渍于营养液中，主要从营养液中吸收溶存氧气，这是第一阶段；随着根量的增加，根垫形成后有一部分根系暴露在空气中，这样就从营养液和空气两方面吸收氧气，这是第二阶段。第二阶段的出现快慢，与供液量多少有关。供液量多，根垫要达到较厚的程度才能露于空气中，从而进入第二阶段较迟；供液量少，则很快就进入第二阶段。第二阶段是根系获得较充分氧源的阶段，应促其及早出现。因此，种植槽的供液量不能过多，否则根垫之外裸露在空气中的根形成较迟，且液层较深也影响根系对氧气的吸收。

（2）间歇供液　间歇供液与连续供液相比更能促进植物生长发育。间歇供液的优点主要表现在：一方面能解决植株在营养液膜栽培系统中根系氧气的供应问题。在供液停止时，根垫中大孔隙里的营养液随之流出，通入空气，使根垫里直至根底部都能吸收到空气中的氧，这样就增加了整个根系的吸氧量。另一方面可减少水泵的工作时间，延长其使用寿命和节约能源。但是使用间歇供液要求贮液池的容积要大，当水泵停止工作之后，种植槽中的营养液大部分会流回到贮液池中存放。另外，在根量较少、根垫未形成之前，间歇供液对于改善氧气的供应作用较小，只有在根垫形成之后才有作用。因此，间歇供液要在根垫形成以后才开始进行。

间歇供液的供液时间和频度要根据种植槽的长度、种植作物的密度、植株长势以及气候条件来确定。如果种植槽较长、种植密度高、植株较大、空气干燥、炎热，而供液时间过短，间歇时间太长，则流入种植槽的营养液量过少，会影响到出液口附近植株水肥的供应，甚至出现作物缺水凋萎的状况。一般夏季（5～8 月）强光条件下，停液 2 h 即会使番茄出现萎蔫；即使冬季弱光条件下，停液 4 h 同样会使番茄发生萎蔫。而如果供液时间太长，间歇时间过短，如小于 35 min 则起不到补充氧气的作用。因此，间歇供液的频度要根据实际情况来确定，不能一概而论，这在营养液膜栽培生产管理上非常重要。可以用经验的方法来大致确定间歇供液的时间。例如，在槽长 25 m 左右、流量为 4 L/min、种植槽中设有无纺布的条件下种植番茄，夏季的白天每小时供液 15 min、停供 45 min，夜晚每 2 h 内供液 15 min、停供 105 min；冬季的白天每 1.5 h 内供液 15 min、停供 75 min，夜晚每 2 h 内供液 15 min、停供 105 min。

也可把作物的生长情况和温室中的光照、温度等环境因素与间歇供液结合起来，并通过计算机来进行供液与停液的最适调控。例如，英国温室作物研究所研究了把营养液的循环供液与太阳辐射结合起来的控制方法，即当短波辐射能量累计达到 0.3 MJ/(m^2·h）时，水泵开启工作 15 min，而在夜间没有太阳辐射时，就采用定时器进行简单的控制。

3. 液温管理　虽然每一种作物对液温的要求各不相同，但为了管理上的方便，可将其控制在一定范围内，同样可以满足作物生长发育的要求。一般以夏季不超过 30 ℃，冬季不低于 12 ℃为宜。

在营养液膜栽培设施中，往往由于种植槽建造材料的隔热保温性一般较差，特别是用塑料薄膜围合而成或用水泥波纹瓦做成的种植槽，其隔热保温性能更差，再加上槽中营养液量少，因此液温的稳定性较差，在冬春季节易出现槽的进液口与出液口液温的明显差异（表 8-2）。进液口与出液口的温度相差可达 5.8 ℃，1 月中旬，使进液口营养液经加温调整到适合作物生长要求的液温（15.4 ℃），但流到种植槽的末端时就变成了低于作物生长要求的温度（9.6 ℃），而且液温的降低幅度与供液量成负相关，即供液量小时，液温降低的幅度就大。因此，适当地增加供液量有助于稳定种植槽内液温的变化，而且有利于水分和养分的供应。稳定槽内液温还可以利用保温性能较好的材料（如泡沫塑料等）做成种植槽、把管道埋于地下、将贮液池建在室内等方法。还可在冬季低温时预先在地面铺设电热线，然后在电热线上制作营养液膜栽培系统种植槽，通过加热来提高液温。

4. 营养液的补充和更换　如果营养液的管理有自控装置，则营养液的补充或更换则较为方便。若人工管理，则每天要检测一次贮液池的养分消耗情况并及时补充、调节，并且每天要视水分的消耗情况而定期补充水分。因为营养液膜栽培系统的营养液总量较少，在种植作物的过程中，其浓度变化较为剧烈，经过一段时间种植之后的营养液，由于其中已累积了许多植物根系的分泌物以及由于肥料不纯净而带入的杂质和作物吸收较少的盐分，此时要更换营养液。一般生长期达 6 个月以上的作物如番茄、甜椒等，营养液经过 2～3 个月后要更换；而生长期短的作物如叶菜类蔬菜，种植 1～2 茬之后进行更换。

表 8-2　营养液膜栽培系统进液口与出液口液温差异情况（槽长 14 m，坡降 1∶70）

供液量（L/min）	1 月中旬平均值						4 月中旬平均值					
	最低温度（℃）			最高温度（℃）			最低温度（℃）			最高温度（℃）		
	进液口	出液口	差	进液口	出液口	差	进液口	出液口	差	进液口	出液口	差
0.21	15.4	9.6	−5.8	21.9	23.2	+1.3	16.7	12.9	−3.8	25.3	26.8	+1.5
0.51	15.4	11.8	−3.6	21.9	23.0	+1.1	16.7	14.3	−2.4	25.3	26.6	+1.3
2.01	15.4	14.2	−1.2	21.9	22.5	+0.5	16.7	15.8	−0.9	25.3	26.1	+0.8
4.01	15.4	14.6	−0.8	21.9	22.3	+0.4	16.7	16.1	−0.6	25.3	25.8	+0.5
大棚内气温		1.4			28.3			10.3			34.6	

第四节　雾培技术

雾培（spray culture）是指作物的根系悬挂生长在封闭、不透光的容器内，营养液经特殊设备形成雾状，间歇性喷到作物根系上的栽培方式。作物根系生长在相对湿度 100%的空气中，而不是生长在营养液中，作物茎叶的生长与一般栽培方式相同。

雾培以雾状的营养液同时满足作物根系对水分、养分和氧气的需要，根系生长在潮湿的空气中比生长在营养液或固体基质中更容易吸收氧气，它是无土栽培方式中根系水气矛盾解决得较好的一种形式，这是雾培得以成功的生理基础。同时，雾培易于自动化控制和进行立体栽培，提高温室空间的利用率。

雾培最早出现在意大利，用来种植叶用莴苣、黄瓜、甜瓜、番茄等蔬菜。美国亚利桑那大学环境研究实验室的研究人员对雾培进行了发展和改进，并将这一先进的栽培技术展示在美国加利福尼亚的迪斯尼乐园中，供游人参观。日本已用雾培技术规模化生产叶用莴苣。我国北京等大城市的现代化农业园区也有雾培技术的应用与展示。

一、雾培的类型及设施

雾培因设施结构的不同分为 A 型雾培、立柱式雾培、箱式雾培、半雾培、移动式雾培等类型。

1. A 型雾培　这一栽培方式由美国亚利桑那大学研究开发，其设施结构如图 8-22、图 8-23 所示。A 形的栽培框架是该类型雾培的典型特征。作物生长在侧边上，根系侧垂于 A 形容器的内部，间歇性沐浴在雾状营养液中。如果框架侧边与底边的角度为 60°，那么作物实际生长的面积是占地面积的 2 倍。因此，A 型雾培可以节约温室面积，提高土地利用率。这种栽培方式适用于空间狭小的场合，如宇宙飞船中。

A 型雾培的主要设施包括栽培床、喷雾装置、营养液循环系统和自动控制系统。喷雾装置是雾培的重要设施，该装置必须将营养液喷成非常细小均匀的雾状，同时还要将空气混合在雾中，喷到根系上的是营养液悬浮颗粒与空气的混合物。

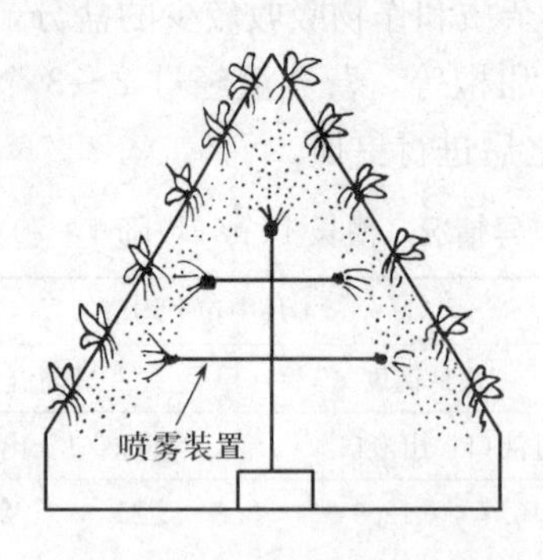

图 8-22 A 型雾培剖面图
（池田，1990）

图 8-23 A 型雾培栽培床

2. 立柱式雾培 作物种植在垂直的柱式容器的四周，根系生长在容器内部，柱的顶部有喷雾装置，可将雾状营养液喷到根系上，多余的营养液经柱底部的排液管回收，循环使用（图 8-24）。立柱式雾培的特点是充分利用空间，节省占地面积。这种栽培方式最初由意大利比萨大学的研究人员开发。

图 8-24 立柱式雾培

立柱式雾培的主要设施包括立柱、喷雾装置、营养液循环系统和自动控制系统。立柱的柱体高度 1.8～2.0 m，直径 25～35 cm，柱间距 80～100 cm，一般用白色不透明塑料制成，柱的四周有许多定植孔定植作物。喷雾装置是在每根立柱的顶部均有喷嘴，将雾状营养液及空气喷到柱内，供根系生长使用。

3. 半雾培 半雾培（semi-spray culture）是指作物的根系大部分时间生长在空气中，短时间生长在营养液中。营养液以喷雾的形式喷入栽培床内，因喷液量大，每次加液后栽培床内迅速充满营养液，根系全部或部分浸泡在营养液中，泵停止后，栽培床内的营养液以一定的速度从床底部的排液管流出，根系重新暴露在潮湿的空气中（图 8-25、图 8-26）。这种栽培方式设计的初衷是既解决水培供液与供氧的矛盾，又节省能源的消耗。

半雾培的主要设施包括栽培床、喷雾装置、营养液循环系统和自动控制系统。栽培床宽 40 cm，高 30 cm，长度可根据需要灵活设计。栽培床上部盖有 2～3 cm 厚的聚苯乙烯泡沫定植板。喷雾装置在栽培床的侧壁上部，每隔 1～1.5 m 有 1 个喷嘴。该喷雾装置的加液量较大，每次加液可迅速使栽培床内充满营养液。自动控制系统参照 A 型雾培。

4. 箱式雾培 箱式雾培主要用于马铃薯种薯的生产，这是目前雾培成功用于商业化生产的形式之一。主要设施包括栽培床、喷雾装置、营养液循环系统和自动控制系统。栽培床使用长方体的泡沫箱或塑料箱，下部以金属支架支撑（图 8-27）。用箱式雾培进行马铃薯种薯的生产或脱毒薯的加代繁育，减少了病虫害的发生，大大提高了种薯的产量、质量和繁殖系数。

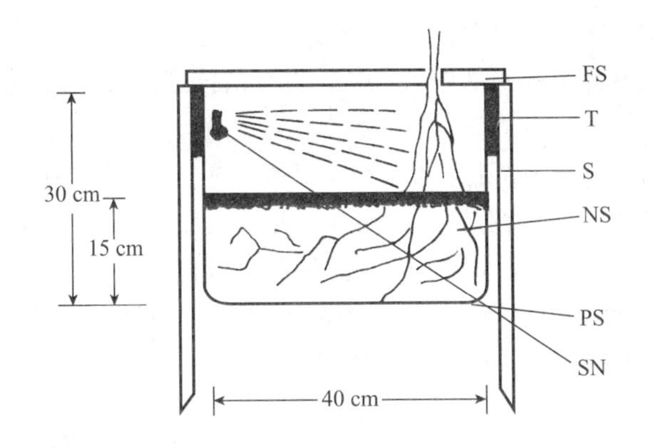

图 8-25　半雾培栽培床剖面图

FS. 聚苯乙烯定植板　T. 固定栽培床形状的板条　S. 桩

NS. 营养液　PS. 塑料薄膜（0.3 mm 厚，100 cm 宽）　SN. 喷嘴

（J. Sholto Douglas，1985）

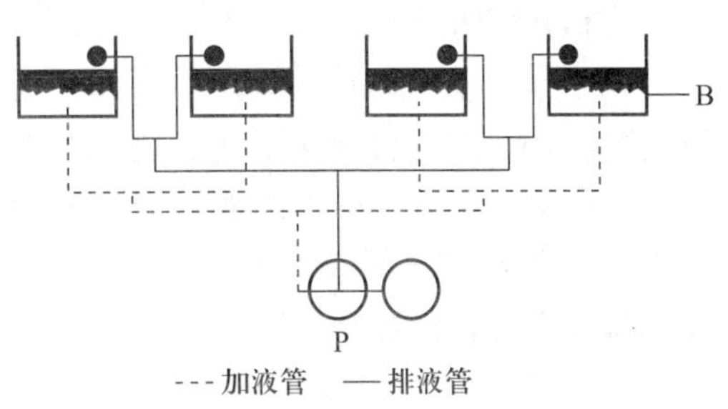

图 8-26　半雾培加液、排液管线图

B. 栽培床　P. 泵

（J. Sholto Douglas，1985）

5. 移动式雾培　为发挥现代农业的展示与教育功能，移动式雾培应运而生。作物悬垂生长在一个可缓慢移动的空中轨道上，作物的根系部分时间裸露在空气中，当作物移动到喷雾箱时，雾状营养液喷到根系上，供给作物水分和养分（图 8-28）。移动式雾培最早由美国亚利桑那大学开发，在迪斯尼乐园展示。在借鉴国外经验的基础上，北京市农林科学院研发了国产的移动式雾培装置。

图 8-27　箱式雾培马铃薯

图 8-28　移动式雾培系统

移动式雾培的主要设施包括移动轨道、喷雾箱、营养液循环系统和自动控制系统。移动轨道用来支撑作物，使作物根系悬垂在一定的高度，并能使作物缓慢移动，轨道一般建在 2.5～3 m 的高度。喷雾箱内有喷嘴，当作物移动到该段时，根系进入箱内，接受喷雾。

二、雾培的栽培管理

1. A 型雾培

（1）作物种类的选择　A 型雾培多用于种植叶菜，如叶用莴苣（图 8-29）、苦苣（图 8-30）等。

（2）育苗与定植　A 型雾培采用育苗移栽的方式。种子播在特制的育苗钵内，一钵一粒。钵的四周和底部有许多孔，根系可以长出钵外。定植前需检查设施是否运转正常，并准备好营养液。待幼苗长至适宜大小（根系长出育苗钵底部约 3 cm），将育苗钵放入栽培床侧面的定植孔即可。

（3）温、湿度管理　雾培作物的根系生长在空气中，根温直接受气温的影响，不如生长在土壤或溶液中稳定。具有相对稳定、适宜的空气温度是所有雾培方式的基本要求。因此，雾培一般在条件较好的温室内进行，通过对温室气温的控制，保证作物根系生长在适宜的温度范围内。

由于 A 型雾培的栽培床具有一定的封闭性，根系生长在相对隔绝的空间，对温室大环境的湿度没有特殊要求，但栽培床内部必须保持 100%的相对湿度。

图 8-29　雾培紫叶莴苣

图 8-30　雾培苦苣

（4）营养液管理　雾培营养液的配方及配制方法与其他水培方式相同。A 型雾培营养液日常管理主要包括每天喷雾开始的时间、结束的时间、喷雾次数、每次喷雾持续的时间及喷头的喷雾量。因作物需水量受光照、温度、湿度等环境因素及作物本身生长阶段的影响，因此，上述管理指标需根据季节、天气和作物生长阶段而调整。在光照度大、外界温度相对较高的季节，要提早每天开始喷雾的时间，延迟结束喷雾的时间，适当增加喷雾次数（包括夜间）。植株大时与植株小时相比，每次喷雾持续的时间略长。要特别强调的是，喷雾供给根系的不仅是水分和养分，还包括空气。

2. 立柱式雾培　立柱式雾培适于种植叶菜、小型果菜及观赏植物，如散叶莴苣、香芹、草莓、矮牵牛以及锦紫苏等观叶植物。作物根系生长在相对封闭的容器内，因此栽培管理与 A 型雾培相似。

3. 半雾培　半雾培适于种植各种蔬菜、花卉。作物对环境条件的要求与 A 型雾培相同。营养液管理的关键包括泵每天工作的次数（即加液次数）、每次工作时间的长短，营养液在栽培床内上升的高度、速度及排出栽培床的速度。上述指标因栽培季节、天气及作物生长阶段的不同而改变。在幼苗阶段，每次加液，液面高度达定植板下沿，淹没全部根系；植株长大后，液面高度适当降低，只淹没根系的下部。幼小的植株，每天加液 1 次；大植株每天加液 2～4 次，每两次加液之间间隔 4 h，夜间一般不需加液。在一天当中温度最高的时间段（12:00～14:00）需安排一次加液。理想的加液是，营养液经喷嘴喷出后，在栽培床内迅速上升到所需的高度；理想的排液是，营养液以相对较慢的速度排出，使根系能充分吸收水分和养分。每次加液停止后（泵停止工作），多余的营养液要彻底排出栽培床，排出的营养液可循环使用。

图 8-31　箱式雾培

4. 箱式雾培　箱式雾培主要用于马铃薯种薯的生产。栽培管理与A型雾培相似（图8-31）。

5. 移动式雾培　这种栽培方式多用于种植果菜，如各种颜色和形状的南瓜、番茄、彩椒等，以提高观赏性。采用育苗移栽的方法。因作物根系大部分时间直接裸露在空气中，因此要求种植环境的温、湿度均适宜。所以，这种栽培方式只适于在条件很好的温室内进行，以向游人展示为目的，不宜用于大规模生产。

三、对雾培的综合评价

雾培最大的优点是在不使用额外能源的基础上，很好地解决了水培根系供液与供氧的矛盾，A型雾培和立柱式雾培还具有节省占地面积、提高单位面积产量的优势。各种类型的雾培因其新颖独特的设施和先进的栽培管理方法，成为观光农业和展示现代农业的重要方式。

但是，雾培设施的首次投资较大，且由于雾培作物根际环境的缓冲性差，雾培对生长环境的温、湿度有较严格的要求。一旦发生停电等故障，作物将面临死亡的危险。因此，迄今为止雾培在各个国家都没有成为无土栽培的主要方式，尚未用于大规模的商业化生产。但是，作为一种先进而合理的栽培方式，雾培将随着人类文明的发展而进一步完善发展。

第五节　其他水培技术

一、深水漂浮栽培系统

深水漂浮栽培系统（deep water floating system）又称浮板栽培技术（floating raft growing technology）或深池栽培系统（deep pool growing system），其营养液层深度一般为20～50 cm，定植板依靠浮力漂浮在营养液上，没有其他支撑，作物也漂浮在营养液表面生长。该栽培系统最初由美国亚利桑那大学于20世纪70年代末研究开发，后经加拿大HydroNov公司发展推广应用于商业化生产，在加拿大、美国以及我国的北京、深圳等地建立了深水漂浮栽培温室，用于水培蔬菜的商业化生产（图8-32）。

1. 深水漂浮栽培系统的特点　深水漂浮栽培系统的优点：①营养液用量大，缓冲性大，作物根系所处环境的营养成分和温度相对稳定；②作物漂浮在营养液表面，操作时移动方便；③换茬方便迅速，土地利用率高；④营养液循环使用，省水省肥，栽培管理简便。

该系统的缺点：①设施成本较高；②首次使用营养液用量巨大；③必须安装营养液消毒装置，否则一旦发生病害，会造成严重损失。

2. 设施　深水漂浮栽培系统的主要设施包括栽培床、定植板、营养液循环系统、自动控制系统和营养液消毒装置。栽培床一般为砖和水泥砌成的水池，其中容纳营养液。每个栽培床宽4～10 m，长数十米，大型连栋温室里往往多个栽培床平行排列，中间以走道分隔。定植板一般为白色聚苯乙烯泡沫塑料板，其作用是固定作物。定植板上有许多定植孔，孔距因作物种类和生长阶段的不同而异，这也是该栽培方式节省温室空间、提高土地利用率的方

图 8－32　深水漂浮栽培系统

法之一（图 8－33）。营养液循环系统包括贮液池、泵、加液系统、回液系统以及补氧装置。营养液循环可以使营养液中的养分分布均匀，通过有高低落差的循环可以补充营养液中的氧气，用充气泵向营养液中充氧也是补充溶氧的方法。自动控制系统包括与计算机相连的电导率仪、pH 计、温度计、湿度计、光照测定装置及报警装置等。上述系统可以对营养液的浓度、酸碱度、温度进行实时监测，对温室的温度、湿度和光照进行监测，并按照设定程序自动加液。对深水漂浮栽培的营养液一般采用紫外线消毒的方式，紫外消毒机安装在营养液循环系统中。

图 8－33　定植板及其不同时期的定植孔距

A. 幼苗期定植板　B. 生长中期定植板　C. 生长后期定植板

3. 栽培管理　深水漂浮栽培系统适于种植各种叶菜。初始时需要大量的营养液以填满栽培床，以后每次换茬不需更换营养液，只需补充作物消耗的养分，以及不断补充作物蒸腾消耗的新鲜水分。由于该栽培系统的定植板漂浮在营养液上，移动方便，根据植株的大小多次更换定植板以节省温室空间是深水漂浮栽培的特征之一。据此深水漂浮栽培的单位面积种植株数可提高1倍以上。

4. 对深水漂浮栽培的综合评价　深水漂浮栽培因其设施的规模化、现代化，产品质量的稳定和均一，真正实现了蔬菜的工厂化生产（图8-34）。紧凑合理的定植方式、快速简便的茬口更换，都显著地提高了土地利用率，从而大幅度提高了单位面积的产量。但这一栽培方式的设施规模往往较大，投资大，生产成本也相对较高，只有产品以较高的价位出售，才能保证获得好的经济效益。因此，深水漂浮栽培温室多建于大城市周边地区，以供应都市居民新鲜高档蔬菜为目的。

收获成熟的叶用莴苣

成熟叶用莴苣通过传送带运往包装车间

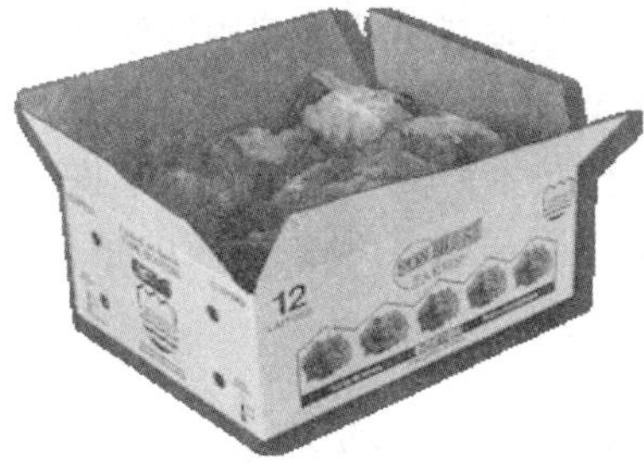

不同包装的产品

图8-34　深水漂浮栽培叶用莴苣的收获和产品

二、浮板毛管栽培技术

根系供液与供氧的矛盾是每一种水培方式都需要解决的问题，如何在不消耗能源的基础上解决这一矛盾，一直是无土栽培研究者努力的方向，浮板毛管栽培技术也因此而产生。这种栽培方式的主要原理是利用毛细管力，将营养液移动到漂浮在营养液上部的根系部位，根系不是浸泡在营养液中而是生长在潮湿的吸水垫上，可以从空气中吸收氧气。栽培床中的营养液不需要通过循环或气泵充气的方式补充氧气。

1. 浮板毛管栽培技术的特点　浮板毛管栽培技术的主要特征是利用毛细管力。选择毛管吸水力强的材料铺在浮板上，两端垂入营养液中，在毛细管力的作用下营养液顺着吸水材料上升到浮板表面根系着生的部位，供给根系营养液。根系一方面可以从吸水垫上的营养液中吸收水分和养分，另一方面可以从空气中吸收氧气。

2. 设施 浮板毛管栽培的设施结构如图 8-35 所示。营养液层深度与深水漂浮栽培相似，但栽培床的宽度要窄得多。把塑料薄膜铺在地面上挖好的坑里，就是一个栽培床。浮板的作用是承载作物，需选择浮力大的材料，一般使用聚苯乙烯泡沫板。吸水垫利用毛细管力将营养液从下到上移动到根系部位，可选用无纺布。护根布将根系包住，既保持根系周围较高的空气湿度，又不影响根系对氧气的吸收，并起到固定植株的作用。反光膜覆盖在栽培床的最上部，防止光线进入栽培床，给根系创造一个黑暗的环境。简易的浮板毛管栽培系统不需营养液循环装置和自动控制系统，大大降低了设施成本和生产成本。

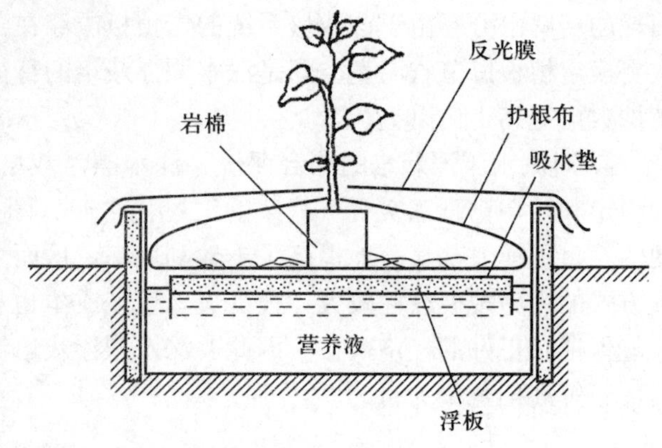

图 8-35 浮板毛管栽培
（池田，1990）

3. 栽培管理 浮板毛管栽培这一水培方式适用于叶菜和其他作物的短期栽培。定植前将配好的营养液灌入栽培床，定植后营养液一般不循环，可根据营养液的消耗情况进行适当补充。叶菜类生长期短，只有营养生长，用上述方法栽培效果较好。番茄等生育期长的作物，吸收养分的比例因生育阶段的不同而有所差异，多余的养分会在根圈蓄积，特别是吸水垫部位，盐分积累更严重，导致部分根系生长不良。为此，研究人员对浮板进行了改进，将浮板的上表面由水平改为倾斜，从倾斜面的上部用微管滴灌供液。

4. 对浮板毛管栽培的综合评价 浮板毛管栽培解决了根系供液与供氧的矛盾，降低了设施成本和生产成本，栽培管理技术简便，农民易于掌握。但这一栽培方式仍处于发展的初级阶段，如何根据作物的不同生育阶段实现营养液的精确调控、如何解决根圈盐分积累问题，仍需在设施和管理上不断改进。

三、多功能槽式水培

多功能槽式水培设施是一种具有多种栽培用途，可以栽培各种蔬菜、花卉及草莓等作物的多功能泡沫板栽培模式，具有通用的底槽、槽堵和 4 种不同栽培用途的定植板，附有复合栽培专用方形定植钵、水培定植杯等产品（图 8-36）。

图 8-36 多功能槽式水培设施

1. 通用底槽及槽堵 通用槽底及槽堵为高密度聚苯材料模压而成，槽的外径宽 600 mm、长 1 000 mm，槽深 50 mm，厚度为 20 mm，槽底具有两条凸起 10 mm 的纵向分界线。槽侧立面具有曲线形可叠加的嵌合结构，槽的两端具有互相连接的嵌合结构，侧立面上部与定植盖板之间具有咬合结构。槽堵为簸箕形，外径、槽深、厚度、槽底分界线及上下、左右咬合结构完全与底槽一致，长度为500 mm，其中一端的槽堵底部有一个内径 50 mm、外径75 mm的排液口。

2. 定植装置

（1）A 型定植板　A 型定植板为高密度聚苯材料模压而成外罩式定植板，厚度为20 mm，外径宽 600 mm，长 1 000 mm，内高 10 mm。定植板上具有纵向 3 排、每排 5 个隐形定植孔，定植孔的周围正面凸起板面5 mm（可以阻挡灰尘、滴水流进栽培槽），反面向下凹 5 mm，定植孔内径上部 28 mm，下部 25 mm，中间具 2 mm 封闭薄片，根据栽培密度需要考虑是否打开。定植板两端具有互相搭接的嵌合结构，与底槽口具咬合结构。

（2）B 型定植板　B 型定植板为高密度聚苯材料模压而成外罩式定植板，厚度为20 mm，外径宽 600 mm，长 1 000 mm。定植板上具有纵向 6 排、每排 10 个定植孔，定植孔的周围正面具有凸起板面 5 mm 的结构（可以阻挡灰尘、滴水流进栽培槽），定植孔内径为25 mm。定植板两端具有互相搭接的嵌合结构，与底槽具咬合结构。

（3）C 型托植板　C 型托植板为高密度聚苯材料模压而成内嵌式托板，厚度为 20 mm，外径宽 600 mm，内径宽 520 mm，长度 500 mm。托植板与底槽具有嵌合结构，托植板本身具有隔挡结构，互相连接处不设搭接结构。托植板上具有纵向 8 排、每排 7 个扎根透水孔。

（4）D 型定植板　D 型定植板为高密度聚苯材料模压而成外罩式定植板，厚度为20 mm，外径宽 600 mm，长 800 mm，内高 50 mm，板内侧顶部具 2 根加强筋。定植板上具有纵向 2 排、每排 2 个方形定植孔，定植孔的周围正面具有凸出板面 5 mm 的凸起结构（可以阻挡灰尘、滴水流进栽培槽）。定植孔内径上口为 97 mm 见方，下口为 90 mm 见方。定植板两端具有互相搭接的嵌合结构，与底槽口具嵌合结构。

（4）定植钵　采用聚苯乙烯塑料模压而成，方形，上口边长 120 mm，底部边长 80 mm，高 90 mm，底部为格栅状，果菜复合栽培专用。

（5）定植杯　采用聚苯乙烯塑料模压而成，圆形，上口具有平行向外延伸的“翻边”构造，杯体外径 24 mm，底部外径 19 mm，高 45 mm，杯体上部 20 mm 为封闭式，下部25 mm为格栅状，叶菜水培专用。

四、立体叶菜水培

立体叶菜水培包括层架式、柱式、管式、墙式等多种形式立体栽培方式，充分利用温室空间（图 8－37）。

1. 链条组合式墙体栽培设施结构　由墙体栽培槽、槽顶盖、底部集液槽、基座、固定轴管、无纺布、基质、定植杯、营养液循环供液系统等组成。

栽培槽体采用高密度聚苯材料模压而成，槽外径长 860 mm，高 125 mm，槽内径长820 mm，宽 40 mm，深 10 mm，厚度为 20 mm。槽内分设 4 个挡格，每个挡格的底部具有 2 个排液口，两侧各带 1 个凸出的 U 形定植口，整个栽培槽体两侧共有 8 个定植口。栽培槽两端带有内径 40 mm 的轴管圈，两端轴管圈的位置是上下错位排列，便于横向连接。栽培槽体的上端与底部具有上下叠加的嵌合结构，使槽体纵向串叠后形成整体，并可避免槽内上下水外溢。

槽顶盖、底部集液槽长宽与栽培槽体完全一致，两端带轴管圈，槽顶盖内深 40 mm，底

图 8-37　立体叶菜水培

部集液槽内深 60 mm，底部中间具一个内径 25 mm、外径 50 mm 的排液口，可以外接内径 50 mm 的聚氯乙烯管。基座与固定轴管起支撑、连接、固定栽培墙体的作用，基座一般为砖混结构，高度 200～240 mm，宽度与栽培槽体外径宽基本一致，事先将回液管路固定到基座中，轴管上部与温室或其他建筑物进行连接固定，以确保整体栽培墙设施的稳固。

无纺布、基质是墙体栽培槽内作物根系生长的载体，无纺布承担吸水和保护基质不下漏、不外溢的作用，基质可选用海绵或珍珠岩、大粒蛭石、小陶粒等吸水性、透气性、排水性良好的材料。

配合墙体栽培槽的凸起定植口，设计了一种专用 U 形定植杯，杯体外壁为封闭式，内壁和底部为格栅状，供作物根系向外伸展。定植杯底部平整，装上基质后可以自立，便于分苗、移苗操作和苗床浇水作业，成苗后将杯体直接塞入墙体的定植孔中即完成定植作业。

2. 三角立柱栽培设施　由三角立柱钵、无纺布、基质、定植杯、柱芯管、集液槽、营养液循环供液系统等组成。

三角立柱钵为正六边形，高 160 mm，内深 140 mm，中间为内径 50 mm 的轴芯管圈，管圈外壁与钵体内壁具间隙结构，用于填充基质材料，满足作物根系生长对空间的需要，其间隙宽为 30～40 mm 不等，内腔底部具有 6 个排液孔，有利于营养液的上下径流。栽培钵体具 3 个凸起的 U 形定植口，成正三角形排列，故名三角立柱栽培模式。

无纺布、基质、定植杯、轴心管等的功能及材料基本与链条组合式墙体栽培设施一致。

集液槽可以是水泥结构，也可以采用多功能槽式水培设施的通用底槽与 A 型定植板配合。集液槽的宽度一般在 300～800 mm 之间，深度 50～120 mm，将柱体排出的营养液全部收集并通过排液管路流回营养液池，完成循环供液。在集液槽上覆盖定植板或铺设鹅卵石，进行叶菜或花草的平面种植。

3. 组拼式墙面立体栽培设施　由栽培盒、连接盒、无纺布、海绵、定植杯、集液槽、附着支架、固定螺丝、营养液循环系统等组成（图 8-38）。

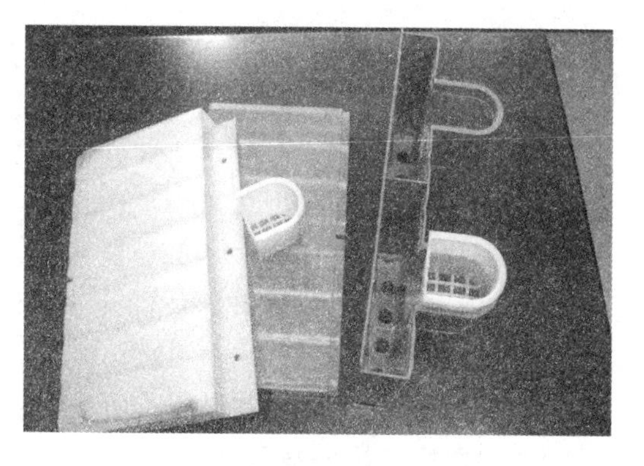
图 8-38　组拼式墙面立体栽培设施配件

栽培盒采用丙烯腈-丁二烯-苯乙烯(ABS)塑料模压而成，栽培盒外径尺寸为长250 mm、高 125 mm、宽 30 mm。上部开口处壁厚 1 mm，往下逐渐增厚至 2 mm。栽培盒中间具有一个挡格，将盒体分为纵向两个空腔（124 mm×124 mm）供植物根系生长，空腔内填充无纺布和基质材料。栽培盒底部具有 8 个直径为 12 mm 的排水孔；盒体上口的外壁上具有两个 U 形凸起的定植口，定植口内径为 38 mm。盒口的内壁高出盒体20 mm，具 3 个固定螺孔。连接盒外形尺寸、盒内构造与栽培盒完全一致，只是不带定植口，起到连接栽培墙上下栽培盒给排液的作用和调节植物种植间距的作用。盒体中填充无纺布包裹基质材料，作为根系生长的载体。

墙体支撑附着物，必须是完全平整的垂直面，能拧进螺丝，便于将栽培盒、链接盒固定在垂直面上，也可考虑采用木条、木板等做成骨架，再将栽培盒、链接盒安装固定在骨架上形成栽培墙体。

回液槽设在栽培墙体设施的底部，用塑料槽或水泥槽将栽培墙体盒排出的水肥收集并回流到营养液池中，完成循环供液。

4. 螺旋仿生立体水培柱　由栽培钵、外罩式定植盖、内嵌式种植盘、小型定植杯、柱芯管、营养液循环系统等组成（图 8-39）。

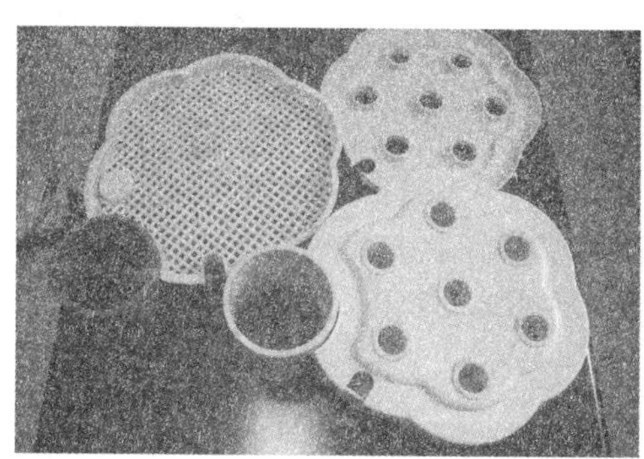

图 8-39　螺旋仿生立体水培柱栽培配件及栽培

栽培钵采用聚丙烯塑料模压而成，钵体高 45 mm，厚度 2 mm，外形为六瓣花边形，外径 230 mm，钵的一侧带内径 75 mm 的固定圈，与栽培钵形成整体，圈壁厚为 5 mm，高度为 80 mm。栽培钵的一侧底部设有排液管口，内径为 16 mm，可以插接外径 16 mm 的聚氯乙烯管调节钵内水位。

外罩式定植盖其内径尺寸与栽培钵外径尺寸吻合，罩在栽培钵上形成一个整体，定植盖上具有 7 个内径为 25 mm 的定植孔。定植盖的一侧边沿设有一个内径为 16 mm 的进液口。内嵌式种植盘其外径尺寸与栽培钵内径尺寸吻合，搁置在栽培钵内形成笼屉型构造。种植盘底部为网格状，便于根系的穿透。

柱芯管为外径 75 mm 的聚氯乙烯管，回液管路在每个栽培柱的底部设一个对应回液管口，将每个柱的排液串联回收，流回到营养液池，完成循环供液。

五、家庭用水培装置

水培因其洁净、美观、简易的特点而适宜于家庭使用。在有限的空间种植蔬菜、花卉等作物，不仅可以为家庭提供新鲜的产品，更重要的是达到美化环境、休闲娱乐的目的。

与大面积商业化水培生产不同，家庭用水培装置侧重于设施小巧、轻便，造型新颖美观，日常管理简便。发达国家有专门的公司生产销售成套的家庭用水培装置，或销售可组装的关键部件，让用户自己制作、组装，体验动手的乐趣。在销售设施的同时，可配套销售营养液。目前，国内也有公司和科研院所开始从事适于家庭使用的无土栽培设施的研发。

1. 小型营养液膜栽培装置 图 8-40 为小型营养液膜栽培装置，种植的是不同品种的散叶莴苣。将栽培槽放置在普通家用方桌上，5 个栽培槽，每个栽培槽可种植 5 株叶菜，在 90 cm 见方的面积上可种植 25 株叶菜。营养液贮存于黑色带盖塑料盒，盒里有一个小型潜水泵，与黑色加液管相连，每一个栽培槽通入一根加液软管。桌子沿栽培槽的方向垫起轻微的坡度，营养液因重力作用由加液端流向回液端，再经白色回液管流回营养液盒。封闭式水培不会对环境造成污染，也保持了庭院的清洁。用户可以购买整套装置，或仅购买栽培槽及循环装置，营养液盒用带盖的塑料桶或其他类似容器代替。将潜水泵与一台定时器相连，就可实现定时定量加液，即使家庭成员外出几天，蔬菜也可以正常生长。

图 8-40 家庭用营养液膜栽培装置

2. 家庭用管道栽培装置 图 8-41 是家庭用小型管道栽培系统。用聚氯乙烯管作为栽培容器，采用深水培原理，封闭式系统，立体设计，占地面积小，适于家庭阳台、庭院等种植草莓、小株型叶菜及花卉。

图 8-41 小型管道水培草莓

3. 蔬菜墙　将栽培槽用支架固定在墙上或篱笆上就形成了赏心悦目的蔬菜墙（图 8－42）。为便于操作，一般垂直固定 3 层栽培槽，每个栽培槽种植 7 株叶菜。栽培槽有轻微的坡度。黑色加液软管一端与潜水泵相连，另一端直接通到最高的栽培槽，营养液因重力作用由上到下依次流过每个栽培槽，最后经白色回液管回到营养液盒。

图 8－42　蔬菜墙

4. 蔬菜花卉桌　图 8－43 是小巧灵活、移动方便的蔬菜花卉桌。支架分为两层，栽培床安装在支架的上层，为边长 90 cm 的正方形，支架的下层放营养液盒。支架脚上的轮子使装置移动方便。如果摆放在室内，需要人工补光装置，如安装在支架顶部的人工光源。

图 8－43　蔬菜花卉桌

家庭用水培装置占地面积小，可以利用庭院、阳台等有限的空间进行种植，不仅美化家庭环境，而且起到美化城市环境的作用（图 8－44）。我国的一些大城市，如北京、上海、南京等，居住空间相对较小，为改善居住环境和美化市容，政府积极发展阳台农业，家庭用水培装置正适应这一需求。但目前国内从事研究开发、生产和销售家庭用水培装置的企业较少，尚需探索成功的运行模式。家庭无土栽培是一个有潜力的发展领域。

图8-44 多种多样的家庭无土栽培形式

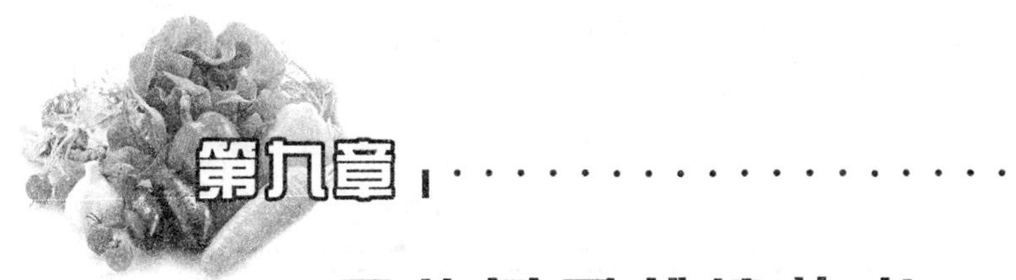

第九章 固体基质栽培技术

固体基质栽培简称基质培，是利用非土壤的固体基质材料作栽培基质，用以固定作物，并通过浇灌营养液供应作物生长发育所需的水分和养分，进行作物栽培的一种形式。与水培相比，基质栽培设施简单、成本低。由于基质具有缓冲作用，养分、水分和温度等环境变化缓和。栽培技术与传统土壤栽培有很大相似之处，容易掌握，因此目前我国大部分地区的无土栽培都采用基质培。在基质培生产中需要大量基质材料，使用前需对基质进行处理，栽培后需对基质进行消毒、添加和更换等工作，费工较多。

基质培有不同的分类方法。根据栽培用的基质材料的不同，可分为无机基质培和有机基质培。无机基质培主要有沙培、砾培、岩棉培、蛭石培等，有机基质培主要有泥炭培、椰糠培、锯末培等。无机基质理化性状稳定，是当前基质栽培的主要材料；而有机基质材料在使用上有一定的要求，主要为工农业有机废弃物经堆制发酵后合成，所形成的有机基质培在我国各地广泛采用。

基质培有多种设置形式，按照栽培空间状况可分为平面栽培和立体栽培。平面栽培就是利用平面空间进行栽培，一般的蔬菜都可以进行平面栽培，尤其适于植株高大的蔬菜，如番茄、黄瓜等，平面栽培又分槽培和袋培等。立体栽培就是充分利用设施空间进行栽培，主要用于小株型园艺作物，又可分为立柱式栽培和多层式栽培等。

第一节　砾　　培

利用砾石作为栽培基质的无土栽培方式称为砾培。砾培是无土栽培初期阶段的主要形式，它是一种封闭循环的系统，其关键部件是一组不漏水的种植槽，槽内装满惰性砾石，砾石的直径一般大于 3 mm，种植槽定期灌营养液，然后排出回流至贮液池。按灌液方式可分为美国系统（American system）和荷兰系统（Netherland system），后者又称菲利普系统，是以荷兰发明者菲利普的名字命名的。两者都以砾石作为基质，由栽培床、贮液罐、电泵和管道等几部分组成。美国系统的特点为使营养液从底部进入栽培床，再回流到贮液罐中，整个过程营养液都在一个封闭系统内，通过水泵强制循环供液，回流时间由继电器控制。荷兰系统采用让营养液悬空落入栽培床的方法，在栽培床末端底部设有营养液流出口，直径为注入管口径的一半，这样，整个循环系统形成一个节流状态，经流出口流入贮液罐的营养液与注入口一样采取悬空自由落入的方法，能使营养液更好地溶解空气，提高营养液的溶氧浓度，供液时再将贮液罐中的营养液用水泵再次泵入注入口，循环使用。其特点是每次灌液时，能将栽培床中的营养液全部更新（图 9－1）。由于营养液循环使用，水分和养分的利用都很经济。因此在当时，砾培被公认为无土栽培技术上有实用效果的典型。

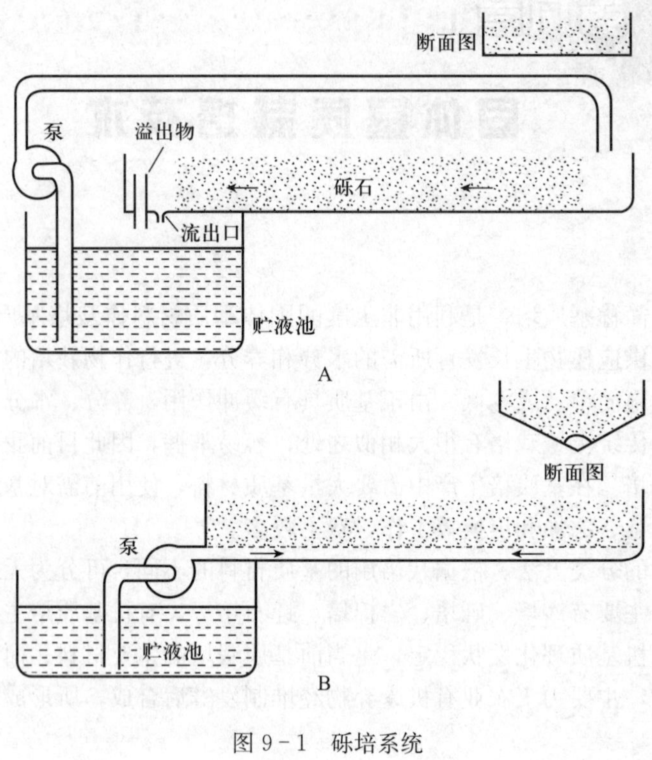

图 9-1 砾培系统

A. 荷兰系统 B. 美国系统

一、基 质

砾培所用的砾石以花岗岩碎石最为理想，粒径在 5～15 mm，要求质硬而未风化，棱角较钝，不会因为摩擦而对植株的根颈部造成伤害。尽量不选用石灰性的砾石，因为石灰质砾石中的碳酸钙能与营养液中的不溶性磷酸盐作用，生成不溶性的磷酸钙和磷酸氢钙，严重降低营养液中有效磷的浓度。

采用石灰性砾石时，要作专门的处理。可用浓度为 0.5～5.0 g/L 的重过磷酸钙溶液浸泡砾石数小时，定时测定浸泡液中水溶磷的浓度，开始时会不断降低，当降到 10 mg/L 以下时，需将旧浸泡液排去，换上新的，再浸泡、测定，直至浸泡液的水溶磷含量稳定在 30 mg/L和 pH 6.8 左右时，将浸泡液排去，用清水清洗数次，即可使用。此时砾石的颗粒表面包上一层不溶性磷酸钙，抑制碳酸钙的溶出。当经过多次使用，砾石表层的磷酸钙层被磨损掉，碳酸钙重新暴露再起作用时，应重新浸泡处理。

即使选用非石灰性的砾石也具有一定的置换、吸附、溶出多种离子的性质，如果使用前不进行处理，就会干扰营养液的稳定，引起作物缺素症的发生。处理方法是将砾石用清水洗净，首先除去混入的腐殖质和黏土，然后用营养液浸渍循环多次，并测定流出的营养液中的磷、钾、钙、镁、铁等的含量及 pH 的变化，如变化较大，则要更换新的营养液，直至营养液的组成趋于稳定时才可使用。

二、砾培的设施结构

砾培多采用下方灌排营养液的方式，这种方式设备相对简单，无须频繁供液，耗电少。其设施主要包括种植槽、灌排液装置、贮液池、转换式供水阀和管道等（图 9－2A）。

1. 种植槽　种植槽直接建于地面上，为方便作业也可建在 50～60 cm 高的水泥墩桩上。槽的宽度以 80～100 cm 为宜，两侧深 15 cm，中间深 20 cm，槽底呈 V 形（图 9－2B）。槽底要有轻微的坡降，一般为 1∶400。槽长应在 30 m 以内，太长会影响营养液的灌排速度，槽的两端设有灌排液缓冲间，由灌排管与槽内相通。槽壁采用木板、水泥板或砖水泥混制而成，为了防止漏水和酸性营养液的侵蚀，需在槽内铺一层厚度为 0.15 mm 的黑色聚乙烯薄膜。

2. 灌排液装置　灌排液装置主要由设置在种植槽底部的灌排管（灌液与排液合用）和设置在槽两端的灌排液缓冲间两部分组成。

（1）灌排管　灌排管是由陶制或塑料制成的半圆管，弦长 8 cm，覆盖在槽的中间部位（图 9－2C），管的两端与缓冲间的隔墙底部的孔相接。

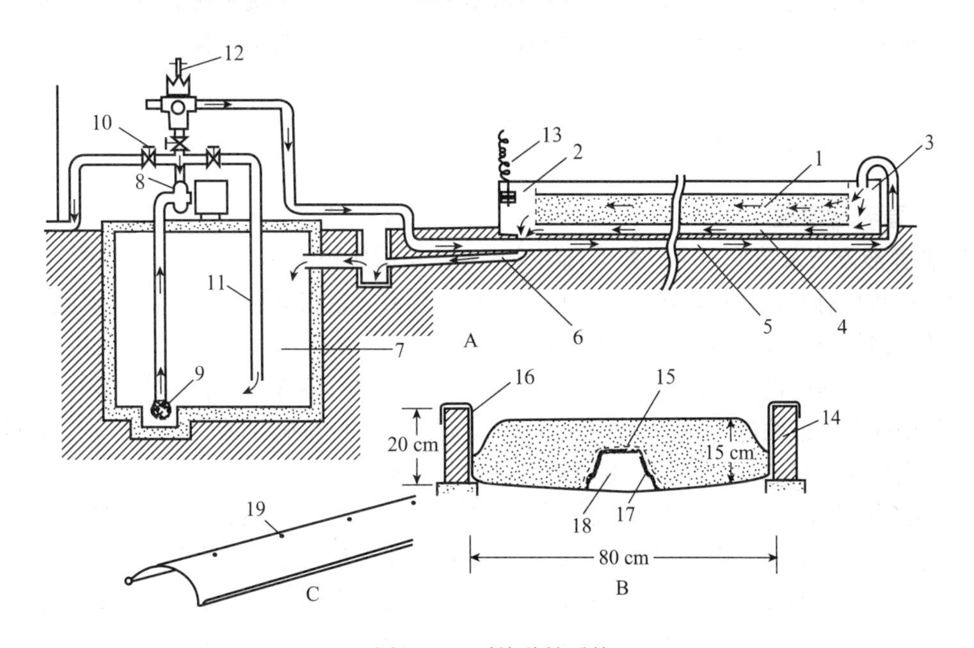

图 9－2　砾培种植系统

1. 砾石层　2. 排液缓冲间　3. 灌液缓冲间　4. 灌排管　5. 供液管　6. 回流管　7. 贮液池　8. 水泵　9. 水泵滤网　10. 阀门　11. 分液管　12. 转换式供液阀　13. 传感器　14. 槽壁　15. 尼龙纱网　16. 黑色塑料膜　17. 半圆灌排管　18. 灌排通道　19. 小孔

陶质管较短，一般 50 cm 左右，应用时可将每段连接起来，贯通全槽，应在每段接口处留一小缝，使营养液能上下进出。采用较长的塑料管时，应在其背上每隔 45 cm 开一个直径约 1 cm 的孔，使营养液能够进出。灌排管布置好后，在其上盖一层尼龙纱网，以阻止细砾石掉进管内或堵塞孔缝。

（2）灌排液方法　营养液由水泵供液管引到槽端后，灌入灌液缓冲间，经过槽底的灌排管间的孔隙向上渗到基质中。此时排液口阀门关闭，营养液在槽内由下向上升高浸泡砾石，直至达到要求时，液面与排液缓冲间上的浮子开关接触，指令关闭水泵停止供液，同时指令排液口阀门开启进行排液，将槽内全部积液排回地下贮液池中，形成一次灌排。每次排水要将排液缓冲间的营养液抽干，不能有重力水积于槽底，保证只有砾石颗粒表面持有一层水膜。

3. 贮液池 贮液池应建于地下，用钢筋混凝土建成，内部抹上耐酸抗腐蚀性强的水泥浆膏，池的容积约为砾石用量的75%，1 000 m^2 的温室约需一个容量为25 m^3 的贮液池。

4. 水泵、转换式供水阀与管道 水泵采用扬程低、扬水量大的自吸泵。为达到速灌速排的要求，333 m^2 的温室或大棚以设置扬水量为200 L/min的水泵为宜。

温室或大棚内的种植槽分为4列（或其倍数）设置，采用自动转换式供水阀，使每列种植槽顺次供液。自动转换式供水阀的四面开口的外壁内装有一个开口碗子，当水泵启动时，由于水压将碗子往上压，营养液从一个方向开口的孔道中流出，当水泵停止时，旋转45°，接通开口部，停止时又旋转45°，共旋转90°，以使4个出液口顺次打开。因此，可以安装自动控制装置来进行营养液的定时、定量供给。

各种配管多用硬质聚氯乙烯管材，用接头连接。水泵除与转换式供水阀连接外，还在接于转换式供水阀之前分出一条支管作清洗贮液池时使用，以将清洗水排到室外去。此管在不清洗贮液池时可引回贮液池内，让一部分营养液冲入贮液池中起搅拌作用。

三、砾培技术要点

（一）营养液管理

1. 营养液配方及浓度 应根据砾石的性质和栽培的作物选择合适的营养液配方及浓度。理想的非石灰性砾石，选用通用配方即可；石灰性砾石应选用偏酸的配方，以限制pH的升高，如英国洛桑A配方、法国好酸作物配方等。

由于砾石中所持的营养液量少且不具有缓冲作用，故营养液的浓度不宜太高，以免植物的蒸腾作用使营养液浓度升高。当选用总盐含量超过2 g/L的配方时，应用其1/2剂量的浓度，或选用标准剂量总盐分含量较低的配方，如山崎配方。

2. 供液频率与供液量 供液次数的受基质颗粒的大小和持水状态、作物种类和植株大小以及气候等因素制约，应根据具体情况确定。总的要求是有足够的水分供作物吸收，不致因水分消耗造成营养液浓度过高。一般比较标准的砾石（容重在1.5 g/cm^3 左右，总孔隙度在40%左右，持水率在7%左右），在白天每隔3～4 h灌排1次；如基质总孔隙度在50%左右，持水率在13%左右时，则可每隔5～6 h灌排1次，供液次数还应结合气候与植株生长状况而调整。在基质处于能速灌速排、彻底排完的状况下，供液次数以稍偏多些为宜。在定植幼苗初期，容许灌入营养液后不立即排出，保留1～2 h再排去，以利缓苗发根。

营养液灌入种植槽内的液面应在基质表面以下2～3 cm，不要漫浸到基质表面，使基质表面保持干燥，以阻止藻类生长，也可减少水分损失，避免营养液蒸发在表面形成盐霜。

（二）基质消毒

换茬时应对砾石进行消毒。首先将砾石及种植槽内灌排管中的残根除去，然后将含0.3%～0.5%有效氯的次氯酸钠或次氯酸钙溶液灌入种植槽内，漫过砾石层表面，浸泡30 min后排出，最后用清水洗去残留消毒液。

第二节　沙　　培

沙培是用沙子作为基质的开放式无土栽培系统。沙培可以看做是砾培的一种，但其基质粒径比砾培小，且其保水性比砾培高。沙培系统的特征是沙粒基质既能保持足够湿度，满足作物生长需要，又能充分排水，保证根际通气。

沙漠、半沙漠占地球陆地面积的1/4～1/3，从理论上讲这种系统具有很大的潜在优势，沙漠地区的沙子资源极其丰富，不需从外部运入，价格低廉，且沙子不需每隔1～2年进行定期更换，属永久性的基质。

一、基　　质

沙是无土栽培中应用最早的一种基质材料，中东地区、美国亚利桑那州、中国的海南与西北戈壁沙漠地区，以及其他富有沙漠的地区，都用沙作无土栽培基质。优点是取材广泛，价格便宜，栽培效果较好；缺点是容重大（1 500～1 800 kg/m^3），搬运和更换基质时比较费工。沙的不同粒径组成，物理性质有着很大的差异，决定着栽培效果。粗沙透气性好而持水力弱，细沙及粉沙相反。Shive研究结果表明，1.0～1.5 mm粒径的沙粒保水力为26.8%，0.5～1.0 mm的为30.2%，0.32～0.5 mm的为32.4%，0.25～0.32 mm的为37.6%。

由于沙的种类及来源不同，其pH和微量元素含量都有较大的差别。鉴于以上所述，沙作为无土栽培的基质，使用中应注意以下几个方面。

① 沙粒不宜过细，一般选用0.6～2.0 mm粒径组成的为好。沙粒应均匀，不宜在粗沙粒中加入土壤或细沙。J. S. Dauglas认为，粒径小于0.6 mm的沙粒应占50%左右，大于0.6 mm的应占50%左右。王儒钧等试验沙培的粒径组成为：沙子粒径大于2 mm的占1.1%，1～2 mm占6.9%，0.5～1 mm占19.7%，小于0.5 mm占72.3%。

② 沙子在使用前应进行过筛，剔除大的砾石，用水冲洗以除去泥土及粉沙。

③ 石灰质沙不能作为栽培基质，因为石灰质的沙会影响营养液的pH，还会使一些养分失效。用前需进行化学分析，以确定有关成分含量，以保持营养成分的合理用量和有效性。

④ 确定合理的供液量和供液时间，防止因供液不足而造成缺水。

二、沙培的设施结构

（一）栽培槽

1. 固定式栽培槽　一般多用砖或水泥板筑成水泥槽，内侧涂以惰性涂料，以防止弱酸性营养液的腐蚀，也可用涂沥青的木板建造。槽宽80～100 cm，两侧深15 cm，中央深20 cm，槽底呈V形，槽底铺双层0.15 mm厚的黑色聚乙烯塑料薄膜。

由于沙培采用滴灌法供液，一般供液量都超过8%～10%，且不回收，因此槽底部应有1∶400的坡降，以利于排液。另外还应设置排液管，使多余的营养液排到棚室外面。排液管的设置依槽底形状不同而异，V形的槽底，排液管可设置在槽底中央；如中间高两边低的槽（图9－3），则设在槽外，于栽培槽之间设一暗沟排液。设置在槽中间的排液管可用多孔塑料管，管径4～7.5 cm，孔隙朝下，即排水孔朝向槽底。也可以从排水管腹部每隔 40～50 cm切割一道深入管径 1/3 的缝隙作为排水通路，缝隙朝底下，以防作物根系阻塞孔隙。

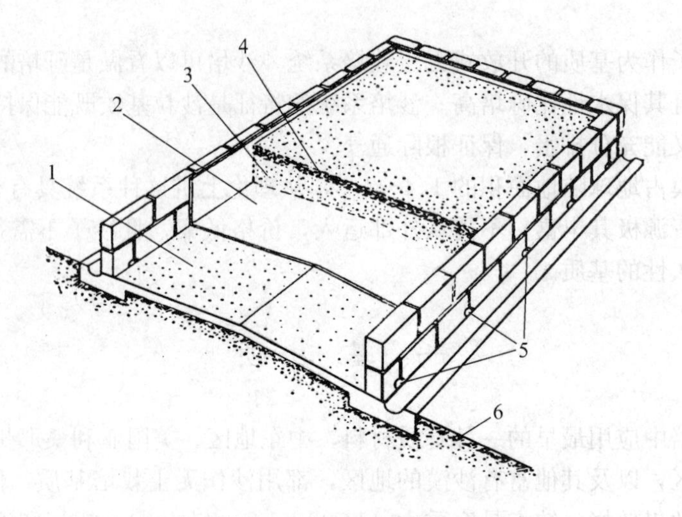

图 9－3　槽底中间高两边低的沙培槽

1. 中间高两边低的槽底　2. 塑料薄膜　3. 沙层　4. 粗沙砾　5. 排液孔　6. 地面

2. 全地面沙培床　这是另一种沙培形式，由美国亚利桑那州开发的，非常适于在沙漠地区应用。在整个温室地面上全部铺上沙，做成一个大栽培床，为了利于排水，床底的坡降应稍大，通常为 1∶200，在床上铺两层 0.15 mm 厚的黑色聚乙烯薄膜，薄膜上按 1.5～2.0 m 的间隔平行排列直径为 4.0～6.0 cm 的多孔塑料排液管，排液管孔应向下（图9－4）。排出的营养液流到室外的贮液池中，可用于大田施肥。排液管放好后，铺上 30 cm 厚的沙层，整平。沙的厚度要均匀，如深浅不一，将导致基质中湿度分布不匀，浅的地方作物根系可能会长入排水管中将其堵塞。

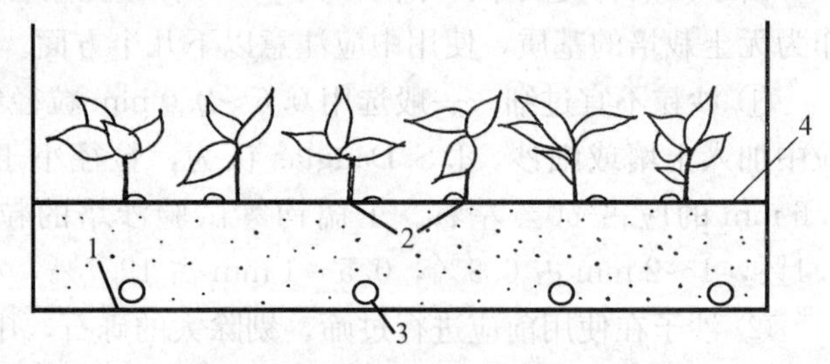

图 9－4　全地面沙培床断面图

1. 沙子　2. 作物　3. 排液管　4. 铺于地面的薄膜

(二) 供液系统

沙培通常采用滴灌方式供液，供液系统由供液主管（直径 32～50 mm）、支管（直径 20～25 mm）、毛管（直径 13 mm）、滴管和滴头组成。滴管和滴头接在毛管上，每一植株有一个滴头，务求每株滴液量相同。毛管在水平床面长度不能超过 15 m，过长会造成末端植株的供液量小于进液口一端的供液量，导致作物生长不一致。

较为经济、方便的方式是选用多孔微灌软管代替上述滴灌系统，使毛管、滴管和滴头融为一体，出水口位于软管轴线的上方，管壁厚一般为 0.1～0.2 mm，出水孔的孔径为 0.7～1.0 mm，孔距为 250～400 mm，对水源的要求不高，直接铺在行间，从微孔中流出营养液，湿润基质。微灌带的出水孔采用特殊的机械加工方法形成，流量均匀。微灌带的成本低，使用方便，但使用寿命较短。

灌溉系统用的营养液要经过一个装有 100 目纱网的过滤器，以防杂质堵塞滴头。

三、沙培技术要点

(一) 营养液管理

1. 营养液配方及浓度　从沙的化学性质看，pH 一般为中性或偏酸性。除钙的含量较高外，其他大量元素含量都偏低。各种微量元素在沙中都有一定的含量，很多沙中铁的含量较高且可被植物利用，锰和硼的含量仅次于铁，有时可以满足作物的需要。

另外，沙培基质的缓冲能力较低，且是采用开放式供液，在基质中贮液不多，以致使基质中营养液的成分、浓度和 pH 变化较大。因此，在选定营养液配方时，应根据所用沙的各种元素的含量对配方进行调整，以确保各种养分的平衡。另外，营养液的生理反应比较稳定，使用时应用低的剂量；如果配方的生理反应稳定，但剂量较高，则可用其 1/2 的剂量。

2. 供液量和供液方法　在正常情况下，可根据作物对水分的需要来确定供液次数。每天可滴灌 2～5 次，每次要灌足水分，允许有 8%～10%的营养液排出，并以此来判断是否灌足。

每周应对排出营养液中的可溶性盐总量用电导率测定仪测定 2 次。如可溶性盐总量超过 2 000 mg/L 时，则应改用清水滴灌数天，让其溶盐，以降低浓度。当出现低于滴灌用的营养液浓度后，应重新改回用营养液滴灌。

在连续低温阴雨天气，作物对水分的需求量减少，但对营养的要求降低较少，可将营养液的浓度提高（总营养盐浓度不要超过 2.5 g/L）进行滴灌。

(二) 基质消毒

一般每年进行基质消毒 1 次，也可以 1 茬 1 次，以消除包括线虫在内的土传病虫害。常用消毒剂为 1%福尔马林溶液、0.3%～1%次氯酸钙或次氯酸钠溶液。药剂在床上滞留 24 h 后，用清水洗 3～4 次，直至完全将药剂洗去为止。

第三节　岩 棉 培

用岩棉（rock wool）作基质的无土栽培称为岩棉培。1968 年丹麦的 Groden 公司最早开发出农用岩棉。1970 年荷兰开始试验利用岩棉作基质种植作物，获得成功。1980 年以后，在以荷兰为中心的欧洲各国迅速普及。我国的岩棉培技术目前尚处于起步阶段。1987 年，江苏省农业科学院蔬菜研究所与南京玻璃纤维研究院二所合作，研制出了适宜无土栽培的国产农用岩棉。

一、岩棉培的特征

岩棉是一种用多种岩石熔融在一起，喷成丝状冷却后黏合而成的，疏松多孔可成型的固体基质。这种人工加工而成的农用岩棉，容重一般为 80～90 kg/m^3，总孔隙度为 96%，浸水后岩棉的三相比为固相 4.6%、液相 45.2%、气相 50.2%。具有土壤栽培的多种缓冲作用，如吸水性能、保水性能和通气性能，质地柔软、均匀，利于作物根系的生长。

岩棉培就是将植物种植于一定体积的岩棉块中，让作物在其中扎根锚定，吸水、吸肥。其基本模式是将岩棉切成定型的块状，用塑料薄膜包裹成枕状块，称为岩棉种植垫（图

9-5)。种植时，将岩棉种植垫上面的薄膜割开一个小穴，种上带有苗块的小苗，并滴入营养液，植株即可扎根其中吸收水分和养分。

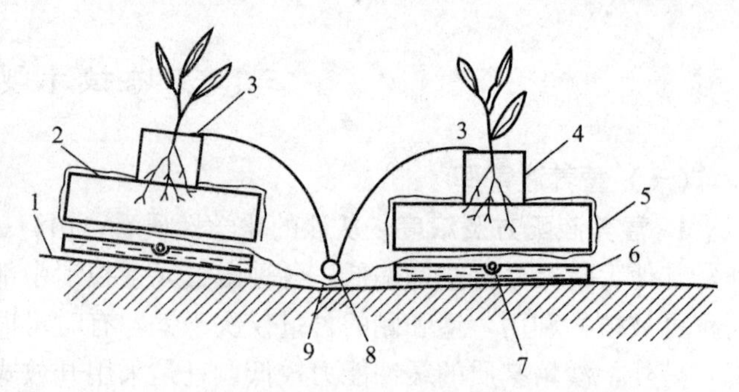

图 9-5　开放式岩棉培种植畦及岩棉种植垫横切面

1. 畦面塑料薄膜　2. 岩棉种植垫　3. 滴灌管　4. 岩棉育苗块　5. 黑白塑料薄膜　6. 泡沫塑料块　7. 加温管　8. 滴灌毛管　9. 塑料薄膜沟

岩棉培的优点在于：

① 岩棉培能很好地解决水分、养分和氧气的供应矛盾问题。利用岩棉的保水和通气特性协调肥、水、气三者关系，无须增加其他装置。而水培则需要配置瀑氧装置、水面喷水、安装起泡器、营养液循环、薄层间歇供液等方法使部分根系暴露在空气中，给根系补充氧气。

② 岩棉培具有多种缓冲作用。利用岩棉的吸水、保水、保肥、通气和固定根群等作用，可以为作物的根系创造一个稳定的生长环境，受外界的影响较小。同时，由于岩棉质地均匀，栽培床中不同位置的营养液和氧气的供应状况相近，不会造成植株间的太大差异，有利于平衡增产。

③ 岩棉培的装置简易，安装和使用方便。岩棉培一般采用滴灌供液，对地面坡降的要求不如营养液膜栽培严格。营养液的供应次数少，受停电、停水的影响小。

④ 岩棉本身无病菌、虫卵和杂草种子，在栽培管理过程中土传病害很少发生。在不发生严重病害的情况下，岩棉可以连续使用 1～2 年或经过消毒后再度利用。

二、岩棉培的设施结构

根据供液方式的不同，岩棉培可分为开放式和循环式两种。

开放式岩棉培是供给作物的营养液不循环利用。通过滴灌滴入岩棉种植垫内的营养液，多余的部分从垫底流出而排到室外。其优点是设施结构简单，施工容易，造价便宜，管理方便，不会因营养液循环而导致病害蔓延的危险。在土传病害多发地区，开放式岩棉培是很有效的一种栽培方式。缺点为营养液消耗较多，多余的营养液弃之不用会造成对外界环境、地下水等的污染，使外界环境氮磷富营养化。

循环式岩棉培是为克服开放式岩棉培的缺点而设计的。所谓循环式，是指营养液被滴灌到岩棉中后，多余的部分通过回流管道流回地下集液池中，再循环使用。其优点是不会造成营养液的浪费及污染环境；缺点是基本建设投资较高，容易传播根际病害。

为了避免营养液排出对土壤的污染，保护环境，岩棉培都朝着封闭循环方式发展。荷兰目前已全部改为封闭循环供液方式。

岩棉培的基本装置包括栽培床、供液装置和排液装置等。

(一) 栽培床

栽培床由畦和岩棉垫构成。两种类型的岩棉培因对排液的要求不一样，故栽培床也有一定的差别。

1. 开放式岩棉培的栽培床结构

(1) 筑畦　栽培床的地面一定要平整，否则会造成供液不均，甚至会使盐分积累、pH

升高，影响栽培效果。将棚室内地面平整后，按规格筑成龟背形的土畦并将其压实。畦的规格根据作物种类而定。以种植番茄为例，畦宽 150 cm，畦高约 10 cm，畦长约 30 m，中间做一畦沟，畦沟有 1∶100 的坡降，以利排水。整个棚室的地面筑好畦后，铺上 0.2 mm 厚的乳白色塑料薄膜，将全部地面连畦带沟都覆盖住，膜要贴紧畦和沟，使铺膜后仍显出畦和沟的形状。铺乳白色薄膜的作用，一是防止土中病虫和杂草的侵染；二是防止多余营养液渗入土中而产生盐渍化；三是增加光照反射率，使温室种植的大株型作物下部叶片的光照度提高，有利生长。

（2）摆放岩棉种植垫　岩棉垫外套黑色或黑白双色聚乙烯塑料薄膜袋。在畦背上摆放两行岩棉种植垫，垫的长边与畦长方向一致。每一行都放在畦的斜面上，以利排水。岩棉种植垫与畦沟的距离比与畦中央的距离短，造成畦背上两行之间的距离较大，隔着畦沟的两行之间的距离较小（图 9－6）。

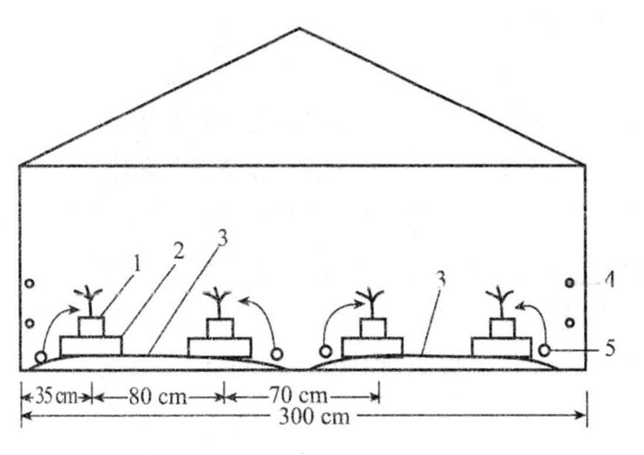

图 9－6　岩棉种植垫的排列

1. 岩棉育苗方块　2. 岩棉种植垫　3. 畦面　4. 暖气管道　5. 滴灌管

在冬季比较寒冷的地区，应设根部加温装置。方法是在岩棉种植垫下垫一块硬泡沫塑料板，宽度与岩棉种植垫一致，厚度约 3 cm，泡沫塑料板的中央开一小凹沟，放置加温管道。

2. 封闭式岩棉培的栽培床结构

（1）筑畦框　先用木板或硬泡沫塑料板在地面上筑成一个畦框，高 15 cm 左右，宽 32 cm左右，长 20～30 m，框内地面做成一条小沟，按 1∶200 坡降向集液池方向倾斜，整个地面要压实。然后铺上厚度为 0.2 mm 的乳白色塑料薄膜，膜要贴紧地面的沟底，显出沟形。

（2）安置岩棉种植垫及排灌管　筑好畦框并铺以塑料薄膜后，在上面安置岩棉种植垫。在畦框底部的小沟中布置一条直径为 20 mm 的硬聚氯乙烯排水管，并将其接到畦外的集液池中。小沟两侧各安置一条高 5 cm、宽 5 cm 的硬泡沫塑料条块，作支承岩棉种植垫之用，使种植垫离开底部塑料薄膜，以防止营养液滞留时浸到垫底。将岩棉种植垫置于硬泡沫塑料条块上，一个接一个排满全畦，垫与垫的相接处留一小缝，以便营养液排泄。在岩棉种植垫上安置一条直径为 20 mm 的软滴灌管，管身每隔 40 cm 开一个孔径为 0.5 mm 的小孔，营养液从孔中滴出，每孔流量约为 30 ml/min，滴灌管接通室外供液池。

3. 岩棉种植垫规格的确定　一般认为，岩棉种植垫规格形状以扁长方形较好，厚度 7～10 cm，宽度 25～30 cm，长度 90 cm 左右。据有关研究资料，番茄、黄瓜的日最大蒸腾量为 3 L/株，加上 1/3 的供液保证系数，则为 4 L/株。一般岩棉体的孔隙度为 95%，这有利于作物生长的最大持水量不超过其体积的 60%。以上述两数值为基础，即可算出每株番茄需占有岩棉体的体积为 6.7 L，若以 1 个岩棉种植垫种 2 株作物为宜，则其体积应为 13.4 L。将这 13.4 L 体积的岩棉体制成长、宽、厚为 90 cm×20 cm×7.5 cm 的扁长方形即成。再用乳白色塑料薄膜将岩棉体整块紧密包住，即成为适合于种植类似番茄、黄瓜等作物的岩棉种植垫。

（二）供液装置

1. 开放式岩棉培的供液装置　开放式岩棉培一般采用滴灌系统供液。滴灌系统由营养液罐（池）、过滤器及其控制部件、塑料干管和支管、毛管、滴头管组成，各部分及其布置部位如图 9－7 所示。

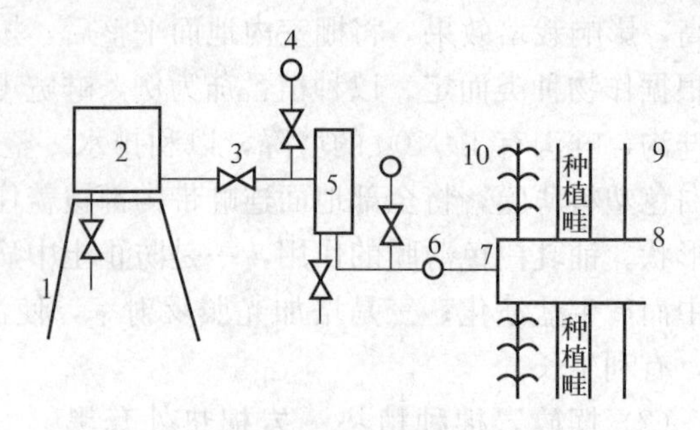

图 9－7　开放式岩棉培重力滴灌系统

1. 铁支架　2. 高位营养液罐　3. 阀门　4. 压力表　5. 过滤器　6. 水表　7. 干管　8. 支管　9. 毛管　10. 滴头管

（1）液源、过滤器及控制部件　液源有两种提供方式。

第一种方式如图 9－7 所示，设有一定容量的营养液池，在池内配制好可直接供给作物吸收的工作营养液。液池供液建于高处，依靠重力作用将营养液压进输液干管（输液干管配套装配大于 100 目的过滤器，过滤器的前后设有压力表和流量控制阀），然后分流到各支管以至灌区。这种依靠重力的供液方式比较简单，对动力要求较低，管理方便。营养液池也可建于地面以下，要求增设一个一定功率的水泵，以将池中营养液泵向过滤器，然后分送到灌区。

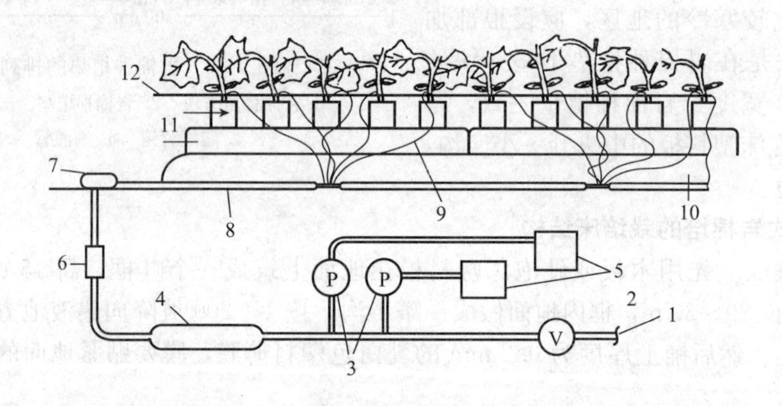

图 9－8　开放式岩棉培浓缩营养液罐式滴灌系统

1. 水源　2. 电磁阀　3. 浓缩营养液定量注入泵　4. 营养液混合器　5. 浓缩营养液罐　6. 过滤器　7. 流量控制阀　8. 供液管　9. 滴头管　10. 畦　11. 岩棉育苗块和岩棉种植垫　12. 支持铁丝

第二种方式是只设浓缩营养液贮存罐（分 A、B 两种浓缩液），而不设大容量营养液池（图 9－8）。在需供液时，用活塞式定量泵分别将 A、B 罐中的浓缩营养液输入水源管道中，与水源一起进入肥水混合器中，混合成一定浓度的工作营养液，然后通过过滤器过滤，再进入输送管道分送到灌区。这种营养液供应方式，关键在于定量泵和水源流量控制阀及肥水混合器，这些设备必须是严密设计的自动控制系统，根据指令能准确输入浓缩液量和水量，并使它们混合均匀成指定浓度的工作营养液。

（2）干管和支管　营养液通过过滤器后，分送到各种植行之前的第一级和第二级管道，管径大小与所需的供液量是相适应的，其长度根据输液距离而定。

（3）毛管　毛管是进入种植行中的管道。毛管的直径通常为 12～16 mm，采用具弹性的塑料制成。每两行植株之间设一条毛管，长度与种植行一致，放在畦沟内，利用一条毛管接出两行植株所需的滴头管。

（4）滴头管　滴头管是直接向植株滴液的最末一级管，用有弹性的硬塑料制成。其一端嵌入毛管上，方法是先在毛管上钻一孔径略小于滴头管外径的小孔，然后将滴头管嵌入孔中，要做到不易松脱和漏水。滴头管的另一端用小塑料棒架住，插在每株的定植孔上，滴液出口离基质面 2～3 cm，让营养液以较慢的速度滴出，落到定植孔中。最常用的滴头流量为 2～4 L/h。

滴头管一般有两种形式：一种为发丝管，管内径很细，标准规格是 0.5～0.875 mm，水通过它时就会以液滴状滴出，所以这种发丝管本身就是一个滴头。其流量受管的长度影响，长度越长，流量越小。其缺点是整段管太细，用在营养液滴灌上比较容易堵塞而又较难疏通。另一种为水阻管，用一条孔径约 4 mm 的塑料管紧密套住一小段孔径为 0.5～1.0 mm 的管子，这段小孔径管就是滴头。水阻管一端嵌入毛管上，作滴头的一端架在定植孔上。这种滴头管不易堵塞。

2. 循环式岩棉培的供液装置　循环式岩棉培的供液装置示意图见图 9-9。

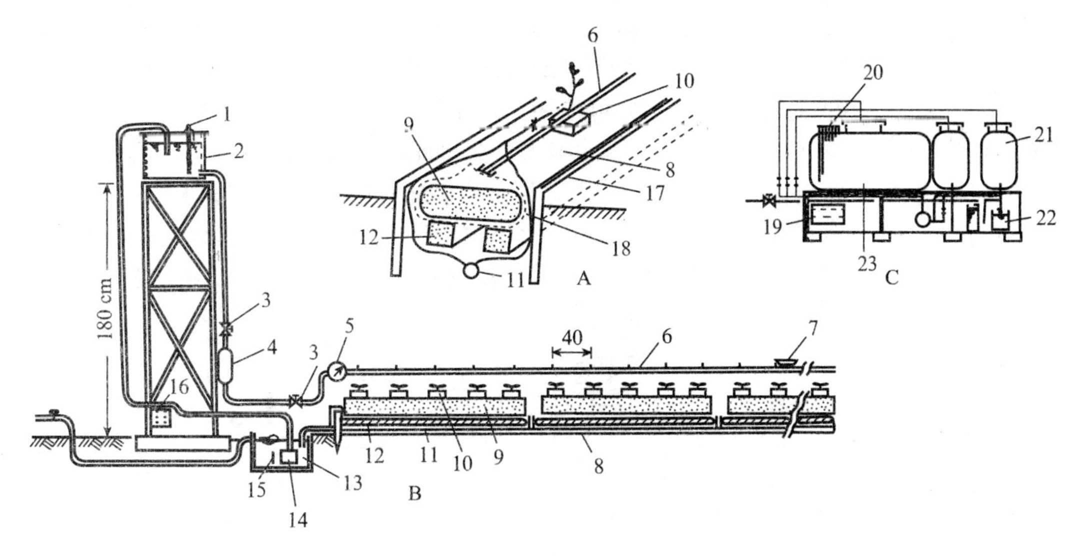

图 9-9　循环式岩棉培供液装置示意图

A. 种植槽结构　B. 全系统　C. 营养液自动补充装置

1. 液面电感器　2. 高架供液槽　3. 阀门　4. 过滤器　5. 流量计　6. 供液管　7. 调节阀　8. 聚乙烯薄膜　9. 岩棉种植垫　10. 岩棉育苗块　11. 回流管　12. 泡沫塑料块　13. 集液池　14. 水泵　15. 球阀　16. 控制盘　17. 畦框　18. 无纺布　19. 控制盘　20. 液面电感器　21. 母液罐　22. 肥料溶解槽　23. 混合罐兼贮备营养液

(1) 供液池　供液池设置于高 1.8 m 的架台上，依靠重力将营养液输给栽植畦，内设液面传感器控制池内液位，并在输出管上设置电磁阀和定时器控制输液。

(2) 过滤器　供液池出来的营养液要先经过过滤器过滤才流到各畦中去。

(3) 畦内滴灌管　滴孔以慢速滴出营养液，透过岩棉种植垫，流到畦底的排水管中，然后流回集液池中。

(4) 集液池　集液池设于畦的一端的地下，将回流的营养液集中起来供循环利用。内设液面传感器。

(5) 水泵　水泵设于集液池内，与液面传感器连接起来控制水泵的启动与关闭。

(三) 排液装置

开放式岩棉培的排液装置是在岩棉种植垫的底部将塑料薄膜包装戳穿几个小孔，让多余的营养液流出。然后靠畦面斜坡的作用，使流出的营养液流到畦沟中，集中到设在畦的横头的排液沟中，最后将其引至室外。室外设置集液坑，将流出的营养液集中起来，收集的废液可作大田作物施肥之用。

循环式岩棉培营养液循环利用，不设排液装置。

三、岩棉培的育苗与定植

（一）育苗

育苗用的岩棉块的形状和大小可根据作物种类而定。一般有以下几种规格，即 3 cm×3 cm×3 cm、4 cm×4 cm×4 cm、5 cm×5 cm×5 cm、7.5 cm×7.5 cm×7.5 cm、10 cm×10 cm×5 cm 等方块。较大的方块面上中央开有一个小方洞，用以嵌入一块小方块，小方洞的大小刚好与嵌入的小方块相吻合，称为“钵中钵”。大块的岩棉块除上、下两个面外，四周应用黑色或乳白色不透光的塑料薄膜包上，防止水分蒸发和在四周积累盐分及滋生藻类。首先选一定大小的育苗箱或育苗床，后者在床底铺一层塑料薄膜，以防营养液渗漏。然后将岩棉块平放其中，用清水浸泡 24 h 后方可使用。种子可直播在岩棉块中，也可将种子播在育苗盘或较小的岩棉块中，当幼苗第一片真叶开始呈现时，再将幼苗移到大岩棉块中，如图 9-10 所示。播种时先用竹竿或镊子在岩棉块上刺一小洞后放入种子，每块 1～2 粒，播种宜浅不宜深。浇透水后盖上旧报纸或无纺布，直至出苗。出苗见真叶后开始浇营养液标准浓度的 1/3～1/2 量，直至成苗。在育苗过程中要不断拉大岩棉块的间距，防止幼苗徒长。

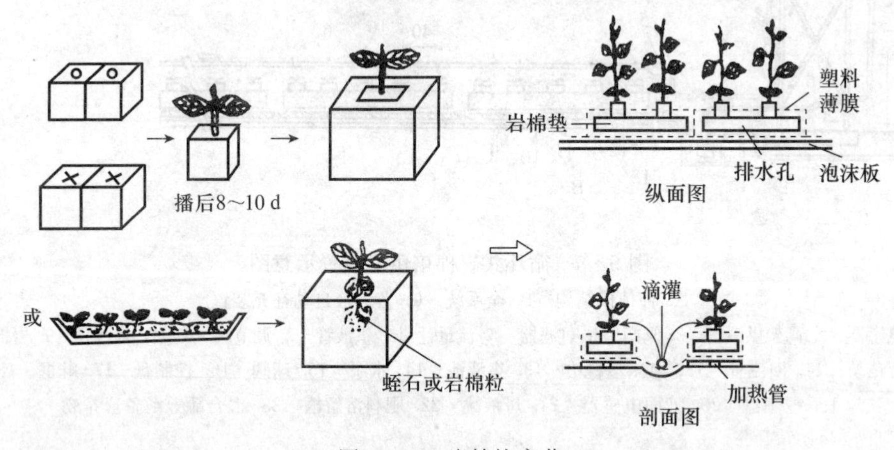

图 9-10 岩棉块育苗

（二）定植

先将岩棉种植垫上面的包膜切开一个与育苗块底面积相吻合的定植孔，再引来滴灌系统的滴头管于其上，滴入营养液让整个岩棉种植垫吸足营养液，再在岩棉种植垫两端底部靠畦沟一边戳出几个小孔，使多余的营养液可流出。然后将带苗的育苗块安置在岩棉种植垫的定植孔上，再将滴头管的滴头架设于育苗块之上，使滴出的营养液滴到育苗块中后再流到岩棉种植垫中去。待根伸入种植垫后，再将滴头移到种植垫上，使营养液直接滴到种植垫。

四、营养液的管理

（一）供液量的确定

确定供水量受三方面因素的制约，一是基质允许持水量，二是每株拥有基质的体积量，三是作物需水量。作物需水量受作物种类、生育期和光照、温度等条件影响。目前资料所提供的数据依据多是经验性的或是一个安全范围，要靠在实际中灵活运用。现列出一些基本数据供参考，并举例说明运用这些数据的思路。

1. 岩棉基质允许持水量　日本安井秀夫提出，岩棉体的持水量最大不应超过岩棉体积的 80%，但考虑到水分因重力作用而在岩棉体中分为上、中、下 3 层不同情况，如果按整体供水为 80%，则下层便会出现超过 80%的持水量，要保持下层的持水量不超过 80%，则总供水量应该定为总体积的 60%，这样就会出现下层为 80%、中层为 60%、上层为 40%的状况。这种状况可协调岩棉体中的水气矛盾。

2. 作物需水量　表 9－1 为在无土栽培条件下几种作物不同生育期的需水量。田中调查了日本 52 户农家用开放式岩棉培种植番茄的成功事例，其滴灌营养液的用量数据如表9－2所示。

表 9－1　几种作物不同生育期吸水量［L/(株・d)］

作物种类	定植初期	始花期以后	收获盛期
番　茄	0.1～0.2	0.8～1.0	1.5 左右
黄　瓜	0.2～0.3	1.0 左右	1.6 左右
甜　瓜	0.1～0.2	0.5 左右	1.0 左右
草　莓	0.02 左右	0.04 左右	0.15 左右

表 9－2　开放式岩棉培番茄分月的滴灌供液量

月　份	1	2	3	4	5	6	7	8	9	10	11	12
平均值［L/(株・d)］	0.79	0.74	0.84	1.14	1.52	1.53	1.64	1.85	1.48	1.05	0.81	0.67
标准差［L/(株・d)］	0.28	0.25	0.25	0.27	0.46	0.38	0.41	0.33	0.14	0.23	0.22	0.23
样本数（个）	13	11	13	17	18	20	13	8	7	11	16	20

表 9－1、表 9－2 中的数据都是一种粗略的参数，只能作为参考的基础，必须结合实际情况（株型大小、天气情况等）进行调整，而且调整的幅度可能是很大的。例如，据山崎资料，番茄收获盛期每株日吸水量 1.5 L，但这个“盛期”是段相当长的时期，株型不可能固定不变，同时也会有阴、晴天之别，因此 1.5 L 只是平均值，必然有变幅。据安井秀夫资料，番茄最大耗水量可达 3 L/(株・d)，而田中的资料也表明会出现这样的值［1.64＋3×0.41＝2.87 L/(株・d)，按统计规则算出］，那么在什么情况下要用到这一数值，就要靠管理者随机应变了。

3. 确定供水量的第一种方法——测量基质持水量法　以番茄为例，上述已明确每株番茄需占有岩棉体的体积为 6.7 L，安全允许持水量为岩棉体积的 60%，即每株番茄拥有基础营养液为 4 L，这 4 L 足够番茄吸水量最高峰时一天所需。只要维持住这种持水状况，就可以满足番茄对水分的需要。原则上番茄吸收多少水就应补回多少水。番茄的吸水量可用水分张力计测定岩棉种植垫内持水量来确定。具体方法如下：在种植范围内的多个不同位置选定一些岩棉种植垫，在每一个垫的上、中、下 3 层各安放一支张力计，定时观测其刻度，算出平均值。当其值显示基质的持水量低于原来的 10 个百分点（即从 60%降至 50%）时，就要补充水分。具体补水量为 6.7 L×10%＝0.67 L。若每个滴头的流量为 2 L/h，则需启动滴头工作 20 min。每天经常观测，一达到此限就补水。这种供水方法可以节省用液量，避免过量供液而造成外流污染环境。此法必须有可靠的水分张力计，确定需供水量后，既可手工操作完成补液程序，又可串联于计算机控制的自动化装置上代替手工操作。

4. 确定供水量的第二种方法——估计作物耗水量法 这是一种经验供水法。以番茄为例，参考山崎资料，番茄在始花期以后耗水量为 0.8～1.0 L/(株·d)，现在对象是始花期过后已有许多天的番茄，其株型也比较大，遇上晴天光照强的时候，可能耗水量倾向于 1.0 L/(株·d)，这样，管理者凭借经验设定增加 30%的保险系数，则要 1.33 L/(株·d)，这一估计有可能偏大，但不会对作物造成危害，多余的液体流走即可。确定了每天总供水量后，一般分 4～5 次去完成，一天中 5:00～15:00 分次进行。这种方法要由有经验的人掌握，并经常观察作物的反应，以便及时增减供水量。

（二）供液浓度的确定

按照山崎的理论，作物吸水和吸肥之间是按比例进行的。以 n/W 值为依据制定的营养液配方，在被作物吸收的过程中，水和肥是一同吸收的。使用这种配方配制的营养液供给相应的作物，当作物吸收 1 L 营养液时，它既吸收了 1 L 的水，又将这 1 L 水中 1 个剂量的养分都吸收了。因此，使用山崎配方供液，只要将营养液浓度控制在 1 个剂量的水平即可。如果使用其他浓度比山崎配方浓度高的营养液配方，应仿照山崎配方调整其浓度。例如，使用日本园试配方，其浓度比山崎的番茄配方大 1 倍，则对番茄来说，日本园试配方用 1/2 剂量为宜。日本田中和夫的经验也认为此浓度是较安全的。

（三）循环供液系统的运行

采用 24 h 内间歇供液法。即在岩棉种植垫已处于吸足营养液的状况下，以每株每小时滴灌 2 L 营养液的速度滴液，滴够 1 h 即停止滴液。待滴入的液都返回集液池，并抽入供液池后，再重新滴液（因岩棉种植垫已处于最大持水状态，按每株拥有的种植垫体积，其持液量可达 22 L，而每株一天仅吸 1～2 L，所以滴入的营养液绝大部分都会返回集液池中）。自动控制运行时，过程是这样的，即在供液池已处于存有足够营养液的情况下，传感器指令开启供液电磁阀，营养液即输到畦中。达到 1 h 时，定时器指令电磁阀关闭，停止供液。滴入畦中的液通过排液管集中到集液池中，当集液池的液位达到足够的高度，接触到液面电感器时，即指令水泵关闭，停止抽液，以免供液池中营养液外溢，同时指令供液电磁阀开启，又重新向种植畦中滴液。

（四）岩棉种植垫内聚积过多盐分的消除

由于种植时间长，营养液中的副成分残留于基质中，或使用的配方剂量较大，都会造成岩棉种植垫内盐分的聚积。聚积过多盐分就使垫内营养液的浓度增大，危害作物的生长。故岩棉培在一定的时候要用清水洗盐。方法是检测垫内营养液的电导率变化，一般每周取岩棉种植垫底部流出来的液样测定 2～3 次，如发现超过 3.5 mS/cm 时，即要停止供营养液。在一定时间内滴入清水，洗去过多的盐分，当流出来的洗液的电导率降至接近清水时，重新改滴营养液。由于清水洗盐过程会使基质较长时间处于充满清水状态，导致植株出现“饥饿”，故最好用稀营养液洗盐（1/4～1/2 原用浓度），当流出来的洗液的电导率接近稀营养液时，重新改滴原营养液。

五、岩棉种植垫的再利用

岩棉种植垫种过一茬作物以后，是可以用来种第二茬作物的。荷兰在商业性生产中，证明在新、旧岩棉上种植黄瓜，产量差别不大。英国试验也证明至少可用 2 年，超过 2 年则产量下降，因为岩棉体变得紧实并已解体，通气性下降。

岩棉垫再利用时，原则上要进行消毒。具体做法可结合轮作来避免病害发生，以减少消毒的工作。例如，种过番茄以后，再种番茄时则必须进行消毒，如再种的是黄瓜，则可以不消毒。这要根据具体作物之间传染病害的可能性而定。

Runia(1986）详细研究了岩棉种植垫的消毒方法，即将岩棉种植垫装入篓中，进行蒸汽消毒。消毒的岩棉叠高不宜超过 1.5 m。裸露的岩棉需消毒 2 h，包裹的需 5 h。消毒温度对大多数病菌来说 70 ℃即可，对黄瓜病毒等则需 100 ℃才能将其杀死。由于消毒费用太高，近年已研制一种低密度的、廉价的、一次性使用的岩棉供科研、生产使用。

六、岩棉袋培

岩棉袋培又称袋状岩棉培，即利用一定大小的岩棉垫、岩棉下脚料、粒状岩棉，用聚乙烯黑色或黑白双面薄膜包裹做成岩棉袋，以此组合成栽培床，并配以供液装置，将蔬菜定植其中。可将幼苗直接定植其上，也可先用岩棉块育苗然后定植。由于栽培床是由各自封闭的岩棉袋组合而成，因此利于防病，一旦发现病株，即可将发病的岩棉袋销毁。岩棉袋培比成块的长条状岩棉栽培床的应用效果好。

袋培的方式有两种：一种为开口筒式基质袋培，每袋装岩棉 10～15 L，种植 1 株番茄或黄瓜等大株型作物，如图 9－11 所示；另一种为枕头式袋培，每袋装基质 20～30 L，种植 2 株番茄或黄瓜等大株型作物，如图 9－12 所示。

图 9－11　开口筒式基质袋培

通常用作袋培的塑料薄膜为直径 30～35 cm 的筒膜。筒式袋培是将筒膜剪成 35 cm 长，用塑料薄膜封口机或电熨斗将筒膜的一端封严后，将基质装入袋中，直立放置，即成为一个筒式袋。枕头式袋培是将筒膜剪成 70 cm 长，用塑料薄膜封口机或电熨斗封严筒膜的一端，装入 20～30 L 基质，再封严另一端，依次摆放到栽培温室中。定植时，先在袋上开 2 个直径为 10 cm 的定植孔，两孔中心距离为 40 cm。

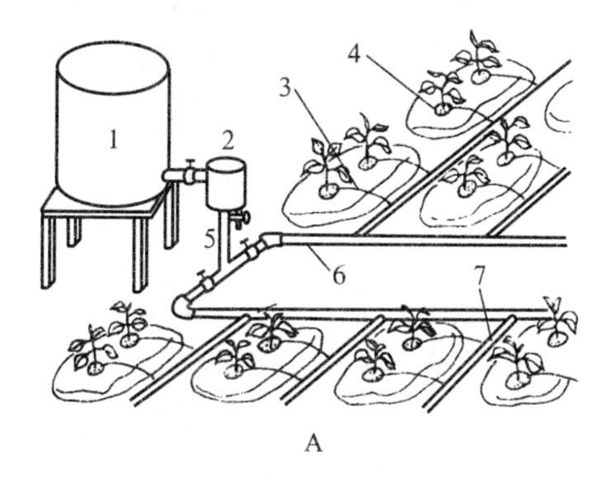

A

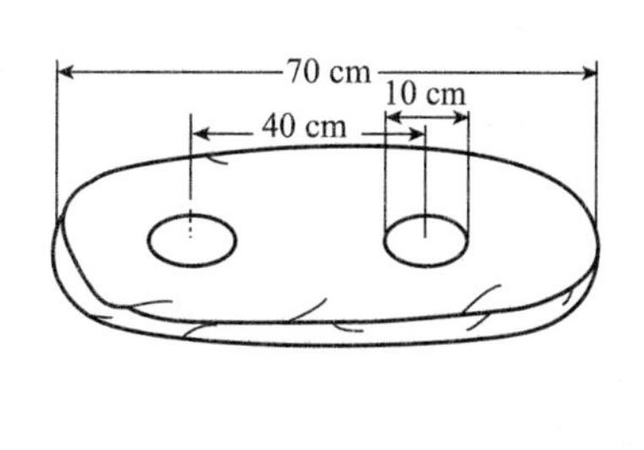

B

图 9－12　枕头式袋培

A. 滴灌系统　B. 种植袋及定植孔

1. 营养液罐　2. 过滤器　3. 水阻管　4. 滴头　5. 主管　6. 支管　7. 毛管

在温室中摆放栽培袋以前，温室的整个地面应铺上乳白色或白色朝外的黑白双色塑料薄膜，以便将栽培袋与土壤隔开，同时有助于冬季生产增加室内的光照度。定植完毕后布设滴灌管，每株设置1个滴头。滴灌系统的安装如图9-12A所示。

无论是开口筒式袋培还是枕头式袋培，袋的底部或两侧都应开2～3个直径为0.5～1.0 cm的小孔，以便多余的营养液能从孔中渗透出来，防止沤根。

第四节 立体栽培

立体栽培也称垂直栽培，是立体化的无土栽培。这种栽培是在不影响平面栽培的条件下，通过四周竖立起来的栽培柱向空间发展，充分利用温室空间和太阳能，可提高土地利用率3～5倍，提高单位面积产量2～3倍。

20世纪60年代，立体无土栽培在发达国家首先发展起来，美国、日本、西班牙、意大利等国研究开发了不同形式的立体无土栽培，如多层式、悬垂式、香肠式、单元叠加式等，我国自20世纪90年代起开始研究推广此项技术。立柱式无土栽培因其高科技、新颖、美观等特点而成为休闲农业的首选项目，近年来在北京、上海、河北、江苏及东北等地区有所采用。

一、立体栽培的类型

1. 柱状栽培 栽培柱采用杯状石棉水泥管、硬质塑料管、陶瓷管或瓦管，在管四周按螺旋位置开孔，并做成耳状突出，以便种植作物，栽培容器中装入基质，重叠在一起形成栽培柱。也可采用专门的无土栽培柱，栽培柱由若干个短的模型管构成，每一个模型管有几个突出的杯状物，用以种植作物（图9-13、图9-14）。

图9-13 柱状栽培

2. 长袋状栽培 栽培袋采用直径15 cm、厚0.15 mm的聚乙烯筒膜，长度一般为2 m，底端结紧以防基质落下，从上端装入基质成为香肠的形状，上端结扎，然后悬挂在温室中，袋子的周围开一些直径2.5～5 cm的孔，用以种植作物（图9-15）。考虑设施成本、栽培效果和对温室大环境的要求等因素，长袋状无土栽培具有一定的观赏价值，且投资少、效益高，在我国各地应用较多。

3. 层架及管状立体栽培 利用支架安装多层栽培盘、钵和栽培管等形成层架及管状立体栽培设施，内装固体基质，滴灌营养液等，进行蔬菜、花卉等作物立体无土栽培（图9-16）。

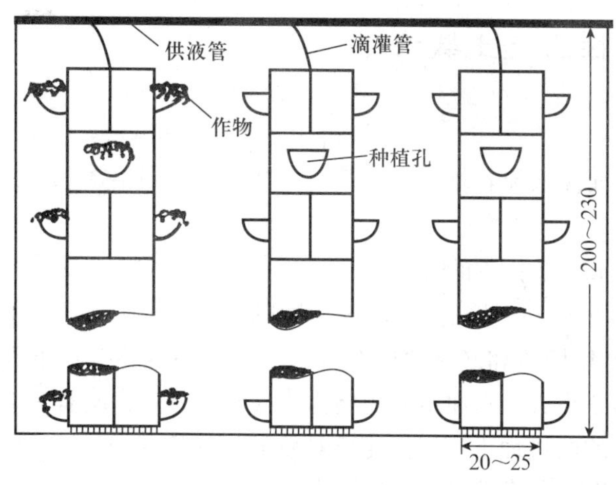

图 9－14　柱状栽培示意图（单位：cm）
（Howard 和 Resh，1978）

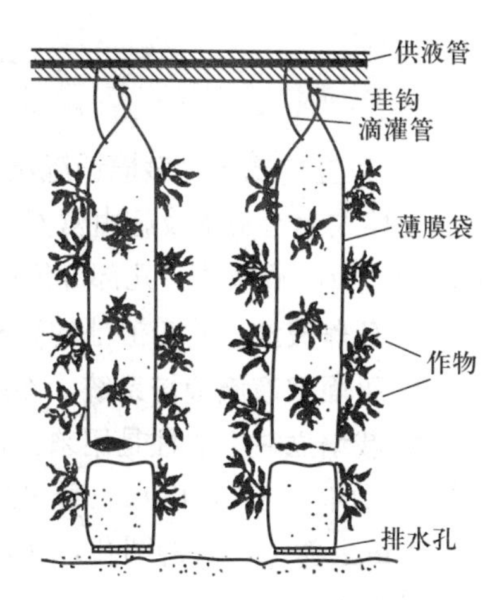

图 9－15　长袋状栽培
（Howard 和 Resh，1978）

图 9－16　层架及管状立体栽培

4. 立体花坛　立体花坛是以钢质、塑料和木质材料等构成其基本构架，覆种植层于构架表面后，或栽植一、二年生草本花卉植物，或直接摆放悬挂盆钵花卉植物于构架外表所形成的二维或三维立体造型的园艺布置形式（图 9－17）。

图 9－17　立体花坛

二、立柱式无土栽培

(一) 立柱式无土栽培设施结构

立柱式无土栽培设施由营养液池、平面深液流栽培系统、栽培立柱、立柱栽培钵和立柱栽培的加液回液系统等几部分组成。

1. 营养液池 营养液池的容积按 667 m^2 的水培面积需要 15～20 t 营养液的标准设计。

2. 平面深液流栽培系统 参照第八章水培和雾培的设施与管理相关内容。

3. 栽培立柱 立柱是用来支撑和固定栽培钵和滴液盒的载体，立柱使各栽培钵串联于一体，通向空中立柱由水泥墩和铁管两部分组成。水泥墩的规格为 15 cm 见方，中间有一直径 30 mm、深 10 cm 的圆孔，埋在水培床的两边地下用以固定立柱铁管，墩距为 90 cm。铁管直径为 25～30 mm，长约 2 m，材料用薄壁铁管或硬质塑料管均可，管下端插入水泥墩的孔中。

4. 栽培钵 栽培钵是立柱上栽植作物的装置，形状为中空、六瓣体塑料钵，高 20 cm，直径 20 cm，瓣间距 10 cm，钵中装入粒状岩棉或椰壳纤维，瓣处定植作物。根据温室的高度将 8～9 个栽培钵和滴液盒组成一个栽培柱。栽培钵错开花瓣位置叠放在立柱上，串成柱形。

5. 加液回液系统 立柱栽培的加液系统由水泵、加液主管、加液支管、滴液盒组成。加液主管为直径 40～50 mm 的硬质滴液管；加液支管为直径 16 mm 的无孔硬质滴管；滴液盒为一圆形塑料盒，盒的两端有两截空心短柄，用于连接加液支管，盒的底部四周有 6 个小孔，使营养液能下流，滴液盒的底部中心固定在立柱上方。

供液时营养液由水泵从营养液池中抽出，经加液主管、加液支管进入滴液盒，从滴液盒流入栽培钵，再通过栽培钵底部小孔流入第二个栽培钵，依次顺流而下到达最下面一个栽培钵，然后流入平面水培床，再流回营养液槽，完成一个循环。

(二) 立柱式无土栽培技术

1. 栽培作物种类的选择 立柱式栽培并不适于所有作物，扬长避短才能发挥立柱的作用。一般矮生型作物适宜立柱式栽培，其向上生长的高度一般不宜超过 45 cm，目前已试验成功的种类有紫背天葵、草莓、大叶茼蒿、散叶莴苣、小白菜、三叶芹、蒲公英等小株型作物。株型较大的作物会因空间限制和重力作用茎秆倒下，影响生长。果菜类对光照条件要求较高，一般不宜立柱栽培，但可以在立柱上部 2～3 层种植草莓等矮生型作物，下部种植叶菜。由于立柱的特殊构型，蔬菜不能前后左右对称生长，结球蔬菜因外形不美观、商品性差而不适宜立柱式栽培。

2. 光照管理 光照是影响立体栽培产量和品质的重要环境因子。在立柱式栽培下，光照度随着栽培钵层数的下降而递减，并且立柱阳面植株获得的光照好于阴面。据测定，立柱从上到下每下降一层，光照度平均减少 15%，除最高一层阴面与阳面光照接近外，其余各层的阴面只有阳面光照的 50%左右。

为了弥补光照的不足和差异，需要定期对立柱进行旋转，使每一层的作物都能接受足量的阳光，这是保证作物整齐生长和提高产量的重要方法。另外也可以采取人工补光的方法，具体操作可参照有关的章节。

三、立体花坛的建造与管理

立体花坛一般选用木制、钢筋或砖木等结构作为造型骨架，然后用蒲包、麻袋或棕皮等将基质包附并固定在底膜上，再用细铅线按一定间隔编成方格将其固定，在填充栽培基质的骨架上栽种观赏植物。立体花坛的主体植物材料多为五色草和满天星类的小花卉，通过植物不同的形态和本身的色彩，形成独特的优势和旺盛的生命力。

（一）骨架结构材料的选择

立体花坛的骨架结构部分可采用的材料与一般建筑材料相同，如钢材、木材、竹、砖、石等，结构材料是根据立体花坛造型、大小、重量、工艺来选择的。无论以哪种结构材料为主，都要符合立体支撑架和造型轮廓的要求，同时能在立体花坛展出期间保证植物材料的生存和生长需要。立体花坛中最为常用的是钢架结构和木架结构。

（二）立体花坛中植物的配置

立体花坛根据植物的生物学特性、土壤及气候条件等因素来选择植物的品种。如有些植物品种要求全光照才能体现色彩美，一旦处于光照不足的半阴或全阴条件下则成为绿色，失去彩色效果，如佛甲草。而有些植物则要求半阴的条件，一旦光线直射，就会引起生长不良，甚至死亡，如银瀑马蹄金。

每一种植物都有生长旺盛期，在选择植物时要充分了解其生态习性，根据季节的不同合理选择。例如红绿草容易繁殖，生长较快，耐修剪，色彩也较丰富，有小叶红、小叶黄、大叶紫等十几个品种，有利于表现各种造型，但缺点是不耐寒。因此在冬季时可栽培其他植物品种如景天科植物、矮麦冬等。另外，植物在不同季节，叶色可随时间、地点、条件的不同而产生变化，应该有前瞻性地选择合适的植物品种。

在选择植物时要将植物材料的质感、纹理与作品所要表现的整体效果结合起来，选择最具有表现力的植物材料。例如朝雾草，叶质柔软顺滑，株形紧凑，可作流水效果或动物的身体；蜡菊，叶圆形、银灰色，耐修剪，可用于立面流水造型、人的眼泪等；波缘半柱花，叶色纯正、华丽，适用于人物造型的衣着等；薹草等可作屋顶用；细茎针茅等可作鸟的尾巴；红绿草可作纹样边缘，使图案清晰，充分展示图案的线条和艺术效果；五彩鱼腥草、血草等适合作立体花坛造景的配景材料。

植物的高度、形状、色彩、质感对立体花坛图案纹样的表现有密切关系，是选择材料的主要依据。

立体花坛造型中立面植物以枝叶细小、植株紧密、萌蘖性强、耐修剪的观叶植物为主，如暗紫色的小叶红草、玫红色的玫红草、银灰色的芙蓉菊、黄色的金叶景天等，都是表现力极佳的植物品种，通过修剪可使图案纹样清晰，并能维持较长的观赏期。枝叶粗大的植物材料不易形成精美的纹样，尤其是在小面积造景中不适合使用。用植株低矮、花小而密的花卉作为图案的点缀，如孔雀草、四季海棠等。平面图案应充分表现花卉群体的色彩美和图案美，植物选择较为广泛，以衬托立体造型、与主题相吻合为原则，选择合适的植物材料形成完美的整体。

（三）立体花坛的喷灌系统

立体花坛的养护管理较花丛花坛和模纹花坛复杂，在设计时应同时进行喷灌方式及供水管道的排布方法等相关设计。目前广泛采用的是微喷滴灌技术，即在立体花坛骨架内部预埋水管和微喷头。喷头应该伸出种植面 50～60 cm，以扩大喷雾半径。如果立面高度超过 3 m，要分层喷灌和滴灌，从总管拉出分管，用阀门分别控制各个层面，均匀浇水。针对立体花坛需水量大、浇水困难、新优花卉不耐强水流冲击、费时耗工等实际问题，采用脉冲式微喷、滴杆、滴灌、小管出流、网格式滴灌、渗灌等微喷滴灌形式，不仅解决了花坛用水车、皮管浇水带来的诸多问题，而且节约了大量用水，降低了工人的劳动强度，同时又保持和优化了立体花坛的景观环境，提高了立体花坛的艺术欣赏水平。

(四) 立体花坛的养护管理

立体花坛施工完毕后要注意养护管理，以保持立体花坛有较长的观赏期。

1. 水分管理 立体花坛浇水方式有人工浇水、喷灌、滴灌和渗灌。无论是人工浇水还是自动喷滴灌，往往容易产生顶部的苗干死、底部的苗淹死的情况，所以浇水时要注意上部勤喷，并适当多喷，下部少喷。浇水宜在早上进行，白天要补水，并尽量在 15:00～16:00 以前完成，让叶片吹干。傍晚浇水会使叶片带水过夜，容易滋生病害。

2. 补植缺株 立体花坛应用的植物材料如果栽植后出现萎蔫、死亡，要及时更换花苗；造成缺苗现象的，应及时补植。补植的规格、品种和颜色要与原来的花苗保持一致，否则会影响立体花坛的整体效果。

3. 适当施肥 立体花坛可利用叶面喷肥的方法进行追肥，也可结合微喷和滴灌补充营养液，保证培养土中含有足够的养分，观赏期较长的立体花坛可追施化肥。

4. 除草 由于立体花坛内水肥条件充足，易滋生杂草与花坛植物竞争水肥，杂草不仅影响植物的生长，而且影响观赏效果，必须及时清除，一般采用人工拔除的方法。

5. 适时修剪 为保持立体花坛植物的整齐一致，使花坛的纹样清晰、整洁美观，提高立体花坛的观赏效果，要适时修剪。最好用大平剪进行平面整体修剪，让花坛表面平整，刚施工完的花坛可以轻剪。在生长养护期，为控制花坛植物的生长，可以适当重剪，使花卉整齐一致、图案线条明显，并通过仔细修剪，将文字或图案凸起来，线条周边剪重些，里面剪轻些，形成凹凸感。一般 10～15 d 修剪 1 次，这样可以保持立体花坛的整齐美观。

6. 病虫害防治 由于立体花坛观赏时间有限，所以花苗的病虫害防治以预防为主。及时拔除病虫苗株，以免影响其他的花卉。

第五节 有机基质培

基质培中采用无机基质的优点是物理性质容易满足作物栽培的要求，且理化性质比较稳定，其缺点是这些基质如砾石、沙、岩棉等几乎没有缓冲作用，自身含有可利用的矿质养分少，且保肥性能差。因此必须采取多供营养液以满足作物生长对养分和水分的需要，既浪费又造成产品中硝酸盐过量积累。特别是岩棉栽培存在投资大、生产成本高和废弃物污染环境等问题。

随着人们环保意识的增强和生活水平的提高，对无土栽培提出了更高的要求和希望，利用容易获得的农业有机废弃物如锯末、玉米芯、向日葵秆、椰糠、花生壳等和造纸厂下脚料、食用菌下脚料、蔗糖厂下脚料、中药厂药渣、纺织厂有机废弃料等经处理作为主要的栽培基质，因其本身富含大量的营养元素，可以简化营养液的配方降低成本，另外这些有机材料大多具有保肥性能，可像土壤栽培那样直接干施固态肥料，能使施肥成本大幅度降低，并且可以生产出无污染的绿色食品。有机基质栽培设施简单，投资少，且方便管理，产品符合无公害的要求，极具发展潜力。

一、基质的混合

有机基质的原料资源丰富易得，处理加工简便，农产品有机废弃物可就地取材，如玉米、向日葵的秸秆，农产品加工后的废弃物如椰糠、蔗渣、酒糟，木材加工的废弃物如锯木屑、树皮、刨花，造纸厂下脚料如苇末，中药材加工厂废弃物如柠檬酸渣等等。每种有机基质都有自身的特点，其透气性、保水性、pH、微量元素含量及分解速度（有的则不分解）各不相同。使用单一的基质就不可避免地存在一些问题和缺陷。基质发展的趋势是复合化，这一方面是植物生长的需要，单一基质较难满足作物生长的各项要求，另一方面则由经济效益及环境因素所决定。复合基质由于组分的互补性，可使各个性能指标达到要求标准。选择能够循环利用、不污染环境并且能够解决环境问题的有机—无机复合基质是将来的主要发展方向。总之，如果仅从基质的物理性质、化学性质、生物学性质的角度考虑，可选用的基质材料很多，如果再考虑经济效益、市场需要、环境要求，则基质的选用范围大大缩小，各地应因地制宜地选择基质。为了调整基质的物理性能，可加入一定量的无机物质，如蛭石、珍珠岩、炉渣、沙子等，加入量依调整需要而定，有机物与无机物之比按体积计可自 2∶8 至 8∶2。

世界上最早采用复合基质的是德国汉堡的 Frushtofer，他在 1949 年将泥炭和黏土等量混合用以栽培植物。从 20 世纪 50 年代开始，美国的加利福尼亚州大学、康奈尔大学用草炭、蛭石、沙、珍珠岩等为原料，制成复合基质以商品形式销售。我国已商品化的复合基质较少，生产上可根据作物种类自行配制。

（一）基质混合的原则

基质混合的总的要求是：容重适宜，增加孔隙度，提高水分和空气的含量。配比合理的复合基质具有优良的理化性质，有利于提高作物栽培效果。生产上一般以 2～3 种基质相混合为宜。不同作物适宜的复合基质组成不同。

比较好的复合基质应适用于各种作物，不能只适用于某一种作物，如 1∶1 的草炭、锯末，1∶1∶1 的草炭、蛭石、锯末，或 1∶1∶1 的草炭、蛭石、珍珠岩等复合基质，均在我国无土栽培生产上获得了较好的应用效果。

（二）基质混合的方法

用量较小时，可将复合基质的各个组分置于水泥地面上，用铲子搅拌。用量较大时，应使用混凝土搅拌器。干的草炭一般不易弄湿，可加入非离子润湿剂。例如，每 40 L 水中加 50 g 次氯酸钠配成溶液，能把 1 m^3 的混合物弄湿。

在配制复合基质时，可预先加入一定量的肥料，一般我国多用有机固态肥料，若用化肥常施用三元复合肥（15－15－15）以 0.25%的比例加水混入，或按硫酸钾 0.5 g/L、硝酸铵 0.25 g/L、过磷酸钙 1.5 g/L、硫酸镁 0.25 g/L 的量加入，也可按其他营养配方加入。

（三）复合基质的检测

配制好的复合基质，在使用前必须测定其盐分含量，以确定该基质是否会产生盐害。可用电导仪测定基质的电导度来确定盐分含量。如果需要进一步证明配制的复合基质的安全性，可从作物生长的外观情况来判断基质是否对作物产生危害。如果在正常供水的条件下，作物幼苗定植后缓苗慢、作物叶片出现凋萎等现象，则说明该基质中的盐分含量可能太高，不能使用。

（四）常用的复合基质

1∶1的草炭、蛭石，1∶1的草炭、锯末，1∶1∶1的草炭、蛭石、锯末，1∶1∶1的草炭、蛭石、珍珠岩，以及6∶4的陈炉渣、草炭等复合基质，均在我国无土栽培生产上获得了较好的应用效果。

国外常用的一些复合基质：①2份草炭∶2份珍珠岩∶2份沙；②1份草炭∶1份珍珠岩；③1份草炭∶1份沙；④1份草炭∶3份沙；⑤1份草炭∶1份蛭石；⑥3份草炭∶1份沙；⑦1份蛭石∶1份珍珠岩；⑧2份草炭∶2份火山岩∶1份沙；⑨2份草炭∶1份蛭石∶1份珍珠岩；⑩1份草炭∶1份珍珠岩∶1份树皮；⑪1份刨花∶1份炉渣；⑫3份草炭∶1份珍珠岩；⑬2份草炭∶1份树皮∶1份刨花；⑭1份草炭∶1份树皮。

育苗和盆栽基质，在混合时应加入矿质养分。以下是一些常用的育苗和盆栽基质配方。

1. 加利福尼亚州大学复合基质 0.5 m^3 细沙（粒径0.05～0.5 mm）、0.5 m^3 粉碎草炭、145 g硝酸钾、145 g硫酸钾、4.5 kg白云石或石灰石、1.5 kg钙石灰石、1.5 kg过磷酸钙（20% P_2O_5）。

2. 康奈尔大学复合基质 0.5 m^3 粉碎草炭、0.5 m^3 蛭石或珍珠岩、3.00 kg白云石或石灰石（最好是白云石）、1.2 kg过磷酸钙（20% P_2O_5）、3.00 kg三元复合肥（5-10-5）。

3. 中国农业科学院蔬菜花卉研究所无土栽培盆栽基质 0.75 m^3 草炭、0.13 m^3 蛭石、0.12 m^3 珍珠岩、3.00 kg石灰石、1.0 kg过磷酸钙（20% P_2O_5）、有机生态型无土栽培专用肥8.0～12.0 kg。

4. 草炭矿物质复合基质 0.5 m^3 草炭、0.5 m^3 蛭石、700 g硝酸铵、700 g过磷酸钙（20% P_2O_5）、3.5 kg磨碎的石灰石或白云石。

二、设施结构及管理

有机基质培的栽培方式有袋培、槽培等，营养液的灌溉方法以滴灌应用最为普遍。由于封闭式系统的设施投资较高，而且营养液管理较为复杂，因而在我国目前的条件下，均采用开放式栽培系统。在此仅介绍有机基质培槽培系统，就是将基质装入一定容积的栽培槽中以种植作物，设施由营养液池（罐）、栽培槽、加液、排液及循环系统几部分组成。

（一）营养液池（罐）

基质栽培的供液方式分为循环式供液和非循环式供液两种，这里介绍循环式供液。无论哪种循环方式供液，营养液池的容积均由栽培面积和作物种类来决定。例如，200 m^2 大棚可种甜瓜600株，每株甜瓜日最大耗液量为2 L，600株甜瓜每天耗液量为1 200 L，所以池的最小容积设计应不低于1.5～2 t。为减少每天配液的麻烦，减轻劳动强度，营养液池的容量设计为4.5 t，即槽长2 m、宽1.5 m、深1.5 m，槽由砖和水泥砌成，为防渗漏在底面和四周需铺上油毡。为使营养液池清洁工作方便，在泵的下方营养液池的一角砌一个20 cm见方的小水槽。

（二）栽培槽

基质栽培槽由槽体、基质和渗液层3部分组成。栽培槽（图9-18）的大小和形状取决于不同作物田间操作的方便程度，如番茄、黄瓜等高秧作物通常每槽种植2行，以便于整枝、绑蔓和收获等田间操作，槽宽一般为0.48 cm（内径宽度）。某些矮生植物可设置较宽的栽培槽，进行多行种植，只要保证手能方便地伸到槽的中间进行田间管理就行。栽培槽的深度以 15 cm 为宜，当然为了降低成本也可采用较浅的栽培槽，但较浅的栽培槽在灌溉时必须特别细心。槽的长度由灌溉能力(灌溉系统必须能对每株作物提供同等数量的营养液)、温室结构以及田间操作所需走道等因素来决定。槽的坡度为了获得良好的排水性能至少应为 0.4%，如有条件，还可在槽的底部铺设一根多孔的排水管。

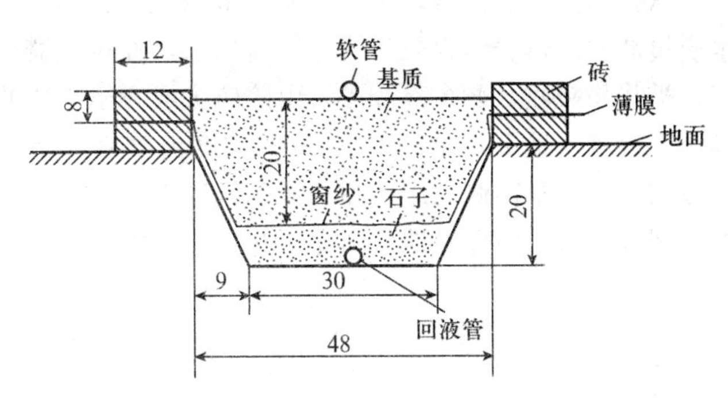

图 9－18　基质栽培槽剖面图（单位：cm）

槽体可以由聚苯板、玻璃钢、银灰膜和水泥等材料制成，简易基质栽培的槽体由砖砌成。制作时先将设施内地面整平，做成由北向南 1∶100 坡度倾斜面，即南边比北边低 20 cm，然后挖槽作栽培槽，槽长 20 m。先按图 9－18 所示从地面下挖一个上宽 48 cm、下宽 30 cm、深 20 cm 的土槽，然后沿槽边的地面砌 2 层砖，这样槽体就制成了。为了与土隔离开，沿床底面铺一层薄膜，在槽南侧下方将薄膜开一洞，用一根塑料管作一通向排液沟的排水口，排水口处于全栽培槽最低位置，塑料管直径 20～25 mm，长 20 cm 左右。然后在薄膜上铺一层核桃大小的碎砖头或石子，作为渗液层。为防止上面的基质混入，砖头上铺一层窗纱，窗纱上铺 20 cm 厚的基质。基质常用复合基质如按 1∶1 比例混合的草炭和炉渣。基质上面中间部位铺一条软质喷灌管，管的一端用铁丝捆死，另一端接在加液管的支管上。

通过比较砖、水泥板、塑料泡沫板等材料的栽培框架成本和使用效果，得出用标准砖(24 cm×12 cm×5 cm)堆砌最为理想（表 9－3），材料丰富，全国各地都有使用不同原料烧制而成的标准砖，成本较低，平均每 667 m^2 用砖成本为 1 000～2 000 元，按 10 年折旧，年均 100～200 元。通气透水性能比塑料材质框架好，有利于为作物根系创造良好的根际环境。而水泥板和塑料板都需要专门设计订制，成本比砖高 2～3 倍，且孔隙较少，通气透水性能较差，另外，种植过程中不便于监测根际情况。

表 9－3　几种典型材质的栽培框架比较

材质	每 667 m^2 一次性投资（元）	折旧成本（元/年）	外观效果	应用效果
砖	1 000～2 000	100～200	一般	最好
水泥板	2 000～4 000	200～400	好	一般
泡沫槽	5 000～6 000	500～600	最好	好
菱苦土槽	4 000～5 000	400～500	较好	好

（三）加液、排液及循环系统

加液、排液及循环系统可以是开放式，也可以是封闭式，这取决于是否回收和重新利用多余的营养液。在开放系统中营养液不进行循环利用，而在封闭系统中营养液则进行循环利用。

从营养液池通向栽培槽的软质加液管的主管道是直径 30 mm 的铁管，在主管道上设一水质过滤器。营养液由泵从营养液池抽出，经过滤器，进入喷灌软管，以喷灌方式加入栽培床，被作物吸收，剩余部分渗入由碎砖头或石子构成的渗液层。由于渗液层下铺有薄膜，营养液不会渗入地下，而沿 1∶100 的坡度流到栽培槽南侧的排液口，经排液口流入排液沟。排液沟是位于槽南侧的用砖和水泥砌成的沟，全部置于地下。营养液顺排液沟与营养液池相通的回液管流回营养液池（图 9－19、图 9－20）。

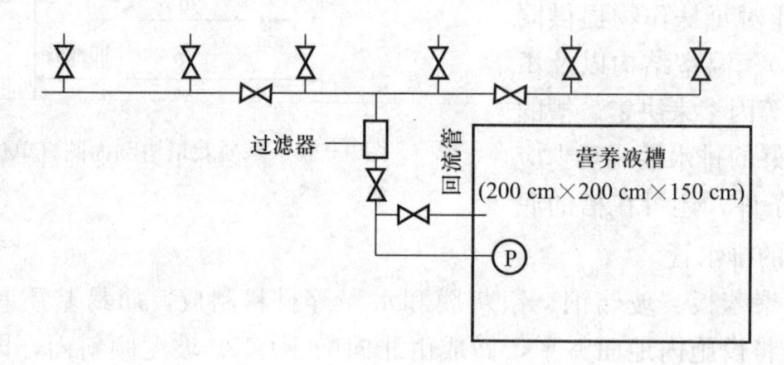

图 9－19　有机基质培营养液循环系统

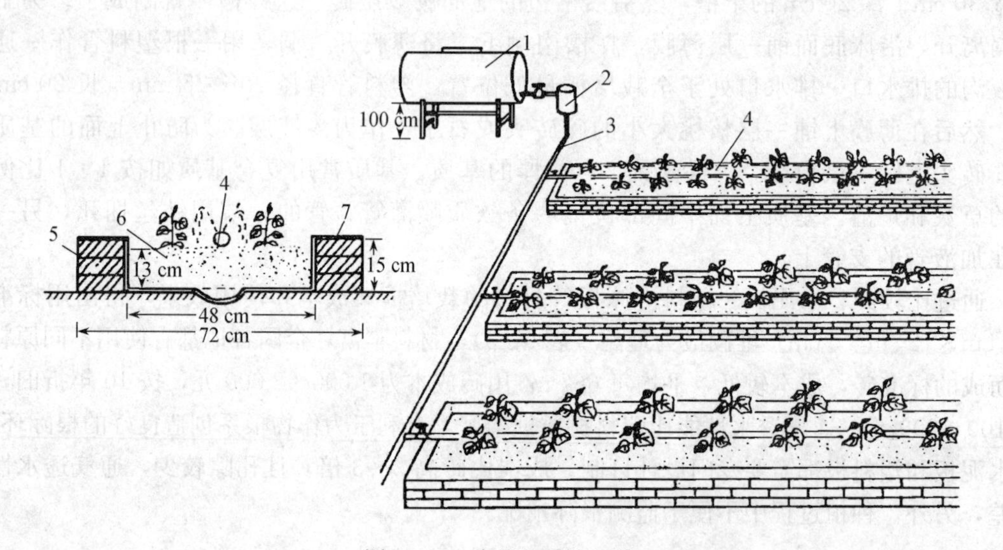

图 9－20　有机基质培系统

1. 贮液罐　2. 过滤器　3. 供液管　4. 滴灌带　5. 砖　6. 有机基质　7. 塑料薄膜

三、有机生态型无土栽培

（一）有机生态型无土栽培的特点

传统有机基质培是以各种无机化肥配制成一定浓度的营养液以供作物吸收利用为主。有机生态型无土栽培则是以各种有机肥的固体形态直接混施于基质中，作为供应栽培作物所需营养的基础，在作物的整个生长期中，可隔几天分若干次将固态有机肥直接追施于基质表面，以保持养分的供应强度，它主要采用槽培的方式进行栽培，属有机基质培的一种形式，与传统的有机基质培相比，它具有以下的优点。

1. 设施简单　传统无土栽培的营养液，需维持各种营养元素的一定浓度及各种元素间的平衡，尤其是要注意微量元素的有效性。有机生态型无土栽培因采用有机基质及施用有机肥，不仅各种营养元素齐全，其中微量元素更是供应有余，因此在管理上主要着重考虑氮、磷、钾三要素的供应总量及其平衡状况，大大简化了操作管理过程。

2. 投资少　由于有机生态型无土栽培不使用营养液，从而可全部取消配制营养液所需的设备、测试系统、定时器、循环泵等设施。

3. 成本低　有机生态型无土栽培主要施用消毒有机固体肥，与使用营养液相比，其肥料成本降低60%～80%，从而大量节省无土栽培的生产成本。

4. 无污染　在无土栽培的条件下，灌溉过程中20%左右的水或营养液排放到系统外是正常现象，但排出液中盐浓度过高，则会污染环境。有机生态型无土栽培系统排出液中硝酸盐的含量只有1～4 mg/L，对地下水无污染。由此可见，应用有机生态型无土栽培方法生产蔬菜，不但洁净卫生，而且对环境无污染。

5. 品质优　从栽培基质到所施用的肥料，均以有机物质为主，所用有机肥经过一定加工处理（如利用高温和嫌氧发酵等）后，在其分解释放养分过程中，不会出现过多的有害无机盐，在栽培过程中也没有其他有害化学物质的污染，从而可使产品达到A级或AA级绿色食品标准。

综上所述，有机生态型无土栽培具有投资省、成本低、用工少、易操作和产品高产优质的显著特点。它把有机农业导入无土栽培，是一种有机与无机农业相结合的高效益低成本的简易无土栽培技术，非常适合我国国情，深受广大生产者的青睐。目前已在北京、新疆、甘肃、广东、海南等地较大面积地推广应用，尤其是在沙漠、戈壁荒滩等非耕地利用方面发挥着重要的作用，获得了较好的经济效益和社会效益。

（二）有机生态型无土栽培的操作管理

1. 配制适合生态农业要求的栽培基质　有机生态基质的原料资源丰富易得，处理加工简便，农业有机物可就地取材，如玉米秸、葵花秆、油菜秆、麦秸、大豆秆、棉花秆等，农产品加工后的废弃物如椰壳、菇渣、蔗渣、酒糟等，木材加工的副产品如锯末、树皮、刨花等，还有中药厂制药后废弃的中药渣，都可以使用。为了调整基质的物理性能，可加入一定量的无机物质，如蛭石、珍珠岩、炉渣、沙等，加入量依调整需要而定，有机物与无机物之比按体积计可自2∶8至8∶2，混配后的基质容重为0.3～0.65 g/cm^3，每立方米基质可供净栽培面积6～9 m^2（即栽培基质的厚度为11～16 cm）。常用的复合基质有4份草炭∶6份炉渣，5份沙∶5份椰壳，5份葵花秆∶2份炉渣∶3份锯末，7份草炭∶3份珍珠岩等。基质的养分水平因所用有机物质原料不同可有较大差异，以氮、磷、钾三要素为主要指标，每立方米基质内含有全氮（N）0.6～1.8 kg，全磷（P_2O_5）0.4～0.6 kg，全钾（K_2O）0.8～1.6 kg。生态栽培基质的更新年限因栽培作物不同一般在3～5年。含有葵花秆、锯末、玉米秆的复合基质，由于在作物栽培过程中基质本身的分解速度较快，所以每种植一茬作物，均应补充一些新的复合基质，以弥补基质量的不足。

2. 供水系统　有机生态型无土栽培的供水系统采用节水灌溉系统，以清水作为灌溉水源，不需要对水源进行特殊处理。对节水灌溉系统的要求不需要像营养液系统那样严格，采用简易节水灌溉设施可以满足供水要求。

综合比较各种节水灌溉系统，结果表明，采用微喷式薄壁软管（简称微灌带）灌溉系统作为有机生态型无土栽培系统的配套灌溉设备效果最好。

其一，成本较低。微灌带是目前国内成本最低的节水灌溉系统，每 667 m^2 平均投资成本为 500 元左右（北京地区价格），使用寿命为 2～3 年，较各种滴头式滴灌系统 667 m^2 节约投资成本 1 000 元以上，节约投资近 70%。

其二，可以有效解决堵塞问题。出现堵塞现象时，只要擦拭软管表面或另用小针扎孔就能解决，基本不会影响作物的正常生长。滴头式滴灌系统对堵塞问题主要采取处理水源、多次过滤等预防的方式，一旦出现堵塞问题，较难解决，容易对当季作物的生产产生较大影响。

其三，可以有效解决灌溉不均等问题。无土栽培的基质一般较疏松，其毛细作用及水分的横向扩散能力均较差，采用滴头式节水灌溉系统进行灌溉时，水分主要受重力作用向下扩散，仅有部分栽培基质能够被灌溉，上层特别是表层基质难以获得水分，从而影响根系的生长发育，给生产造成很大影响。而采用微喷式灌溉系统，能够扩大灌溉面，使各部分基质均能有效获取水分。

其四，可以使水肥互作效果更佳。有机生态型无土栽培的养分供应采用固态有机肥，其养分的释放依赖水分的配合，采用微喷式灌溉系统能够保证基质和固态肥充分获取水分以释放养分。采用滴头式灌溉系统难以保证基质和固态肥中养分的充分释放。

水源采用自来水或建水位差在 1.5 m 左右的贮水池，用以引水自流灌溉。以单个棚、室建立独立的供水系统，由进水主管道、水计量表、支管道、阀门、过滤器、微灌带等部件相连组成。栽培槽宽 48 cm，可铺设 1～2 根微喷灌带；栽培槽宽 72～96 cm，可铺设 2～4 条微喷灌带。

3. 营养与水分管理

（1）营养管理　肥料供应量以氮、磷、钾三要素为主要指标，1 m^3 基质中应含有全氮（N）1.5～2.0 kg、全磷（P_2O_5）0.5～0.8 kg、全钾（K_2O）0.8～2.4 kg。这一供肥水平，足够一茬番茄 667 m^2 产 8 000～10 000 kg 的养分需要量。为了在作物整个生育期内均处于最佳供肥状态，通常依作物种类及所施肥料的不同，将肥料分期施用。向栽培槽内填入基质之前，或在前茬作物收获后、后茬作物定植之前，应先在基质中混入一定量的肥料作基肥（如每立方米基质混入有机生态型无土栽培专用肥 10～12 kg），这样番茄、黄瓜等果菜类蔬菜在定植后 20 d 内不必追肥，只需浇清水，20 d 后每隔 10～15 d 追肥 1 次，均匀地撒在离根 5 cm以外的周围。基肥与追肥的比例为 25∶75 至 60∶40，每次 1 m^3 基质追肥量为全氮（N）80～150 g、全磷（P_2O_5）30～50 g、全钾（K_2O）50～180 g，追肥次数依所种作物生长期的长短而定。

（2）水分管理　有机生态型无土栽培系统的水分供应机制与营养液无土栽培系统不同，营养和水分的供给是分开进行的，不能同时提供水分和养分，水分除直接供应作物所需外，还是溶解固态肥料的溶剂，只有水分与养分良好协调，才能保证固态肥充分释放出能被作物吸收的养分，为作物的正常生育提供相对稳定的养分浓度。另外，水分的供应量还对根际的空气、温度、湿度、微生物活动等微环境造成重要的影响。因此，作物需水量是无土栽培作物良好生长发育的关键指标。根据栽培作物种类确定灌水定额，依据生长期中基质含水状况调整每次灌溉量。定植的前一天，灌水量以达到基质饱和含水量为度，即应把基质浇透。作物定植以后，每天灌溉次数不定，每天 1 次或 2～3 次，以保持基质含水量达 60%～85%（占干基质计）即可。一般在成株期，黄瓜每天浇水 1.5～2 L/株，番茄 0.8～1.2 L/株，甜椒0.7～0.9 L/株。灌溉的水量必须根据气候变化和植株大小进行调整，阴雨天停止灌溉，冬季隔 1 d 灌溉 1 次。

试验表明，灌水量的多少明显影响番茄生长发育和产量高低，受外界气候条件的影响，不同灌水量对春茬番茄生长和产量的影响要比秋茬番茄明显。灌水量对春茬番茄果实的大小有明显影响。除第一穗的果实大小与灌水量无关外，灌水量对二至六穗果实大小的影响都达到了显著差异。灌水量对植株茎粗的影响也比较明显，春茬试验表明，不同处理之间除第一穗的茎粗没有达到显著差异，第二、三、四穗和五穗茎粗都达到了极显著差异。与 300 ml/(株・d) 的灌水量相比，500 ml/(株・d) 和 800 ml/(株・d) 灌水量秋茬番茄产量分别提高 6.38%和 11.98%，春茬番茄产量分别提高 89.61%和 112.45%（表 9-4）。

表 9-4　不同灌水量对番茄产量的影响（1998—1999 年）

灌水量 [ml/(株・d)]	秋茬			春茬		
	小区产量（kg）	折合 667 m^2 产量（kg）	增加（%）	小区产量（kg）	折合 667 m^2 产量（kg）	增加（%）
800	44.76a	4 973.33	11.98	21.67A	8 126.25	112.45
500	42.70a	4 744.45	6.83	19.34A	7 252.50	89.61
300	39.97a	4 441.11	0	10.20B	3 825.00	0

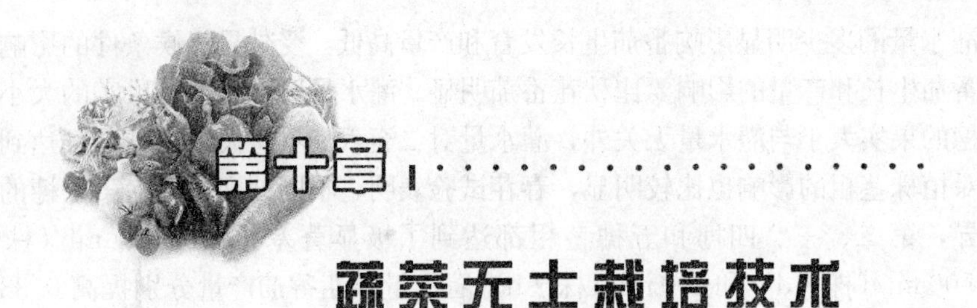

蔬菜无土栽培技术

蔬菜是国内外无土栽培的主要作物类型，栽培形式多样，种类多、面积大、效益好，尤以番茄、黄瓜、甜椒、叶用莴苣、甜瓜栽培面积大。本章主要介绍蔬菜作物无土栽培技术，内容既包括番茄、甜椒、黄瓜和叶用莴苣等传统主栽种类，又包括甜瓜等近年发展迅速的蔬菜类型。不仅介绍传统的水培（营养液）栽培技术，还介绍在我国普遍应用的有机基质无土栽培技术。针对我国设施蔬菜生产特点，本章对现代玻璃温室、塑料连栋大棚、节能日光温室等不同保护设施下的蔬菜无土栽培技术都进行了介绍。对于每一类蔬菜，均从品种选择、设施设备、栽培基质、营养液管理、植株管理、环境调控、安全质量保障、采收和采后处理等方面进行了系统描述。鉴于芽苗菜在我国消费量日益增加，本章特别介绍了豌豆芽、香椿芽、萝卜芽等芽苗菜的无土栽培技术。

第一节　概　　述

一、蔬菜无土栽培的国内外发展概况

蔬菜是国内外进行无土栽培最多的作物，近 40 年来世界蔬菜总产量增长很快，大多数蔬菜总产量的提高主要是靠提高单位面积产量实现的。20 世纪 70 年代以来，世界发达国家如荷兰、法国、日本等国大力发展集约化的温室产业，对主要园艺作物番茄、黄瓜等进行作物动态模型模拟研究，实现了用计算机进行环境调控。荷兰是土地资源非常贫乏的国家之一，但其大力发展设施园艺，利用无土栽培技术弥补其土地资源的贫乏，成为世界上无土栽培最发达的国家之一。荷兰在其 200 万 hm^2 的可耕地中，设施栽培面积就达 1.2 万 hm^2，而其中 1 万余 hm^2 是无土栽培，形成了以高产量、高品质、高效率和高出口量为目标的现代化创汇型设施农业，以 6%的农用地生产出占农业总产值 24%的效益。

日本也是一个设施园艺发达国家，无土栽培面积已由第二次世界大战后的 22 hm^2 迅速发展到了 1999 年的 1 056 hm^2，其中蔬菜为 766 hm^2。到 2003 年，日本无土栽培面积达到 1 500 hm^2，2005 年达到 1 634 hm^2，其中主要作物是蔬菜，2005 年蔬菜无土栽培面积达到 1 298 hm^2。无土栽培的主要蔬菜种类包括番茄、三叶芹、葱类、黄瓜、叶用莴苣等。据 2005 年的资料，番茄无土栽培面积占总面积的 39.3%，三叶芹占 7.7%，葱类占 4.4%。过去 10 余年间番茄无土栽培面积增长迅速，已成为目前无土栽培的优势蔬菜种类。

国外发达国家蔬菜无土栽培技术的发展趋势是向优质、高产、安全、环保、低成本、省力化发展。如荷兰无土栽培番茄产量可达 50～60 kg/m^2，黄瓜超过 60 kg/m^2。日本通过根

域限制和肥水调节，番茄果实可溶性固形物含量可以提高到8%～10%，从而大大改善风味品质。利用生态、生物防治，减少病虫害发生和化学农药的使用，利用蜂类辅助授粉促进番茄坐果，可以减少激素类物质的使用，这些措施都有效地提高了产品的品质。

无土栽培促进了设施蔬菜数字化管理、智能化控制技术的迅速发展。如荷兰研究开发出了Tomsim（用于番茄）、Hotsim（用于黄瓜）等作物模型，对包括整枝方式、栽培密度、针对天气和植株生育状况的环境管理指标、不同生育阶段的水肥管理指标、病虫害预防和控制技术等进行了量化；美国和荷兰专家共同推出的Tomgro番茄管理模型，也已得到广泛应用。

一些发达国家近年来投入大量精力进行温室精确施肥、雨水收集、水资源和营养液的循环利用技术研究。欧盟规定，所有的温室无土栽培系统必须改变过去开放式供液模式，而采用闭路循环系统（closed system），通过对营养液的回收、过滤、消毒等措施，结合新的营养液的补充，又重新回到温室循环使用。该系统可实现节水21%、节肥34%，还可以大幅度地减少营养液外排对周边环境造成的污染。

我国蔬菜无土栽培的迅速发展是在1985年以后，1985年全国无土栽培面积不足2 hm^2，大多数处于试验研究阶段，1990年已发展到15 hm^2，1993年发展到46 hm^2，1997年全国已达138 hm^2，至2000年，我国蔬菜无土栽培面积已突破500 hm^2。按这一发展速度估算，目前我国各类不同形式的蔬菜无土栽培面积估计约2 000 hm^2。

二、蔬菜无土栽培的方式

可用于蔬菜无土栽培的方式很多，但不同国家或同一国家不同地区所采用的栽培方式都不同。这一方面与当地的经济条件有关，更重要的是取决于各个国家和地区的自然资源和光热资源。荷兰的无土栽培主要以岩棉培为主。日本的无土栽培方式则一向以深水培（DFT）为主，这是日本独自发展起来的，具有多种形式，如M式、神园式、协和式等，其共同的特征是液层较为深厚。但是近年日本岩棉培面积迅速增加，已超过了深水培的面积。以色列、阿拉伯国家以及我国新疆地区，因其地处沙漠，故沙培是这些地区蔬菜无土栽培的主要方式。

我国地域辽阔，不同地区水质、光热资源存在很大差别，在近20多年无土栽培的研究实践中，也形成了各个地区各具特色的蔬菜无土栽培体系。华南农业大学根据我国南方热带亚热带气候条件的特点，研制出水泥砖结构深液流水培种植系统，在广东、海南、广西等地推广。浙江省农业科学院和南京农业大学研究出的浮板毛管水培技术（FCH）成为江浙一带主要无土栽培方式，在这一地区也有一定面积的营养液膜栽培（NFT）和基质栽培。北方地区为了克服水质硬度高给水培过程中营养液成分和pH调整带来的困难，形成了以基质栽培、开放供液为主的有机基质培无土栽培技术体系。其中，中国农业科学院蔬菜花卉研究所研究推广的有机生态型无土栽培系统，因其具有设施简单、投资少、管理容易等特点，成为我国蔬菜无土栽培的主要类型之一。而在新疆戈壁滩油田基地，则大面积推广应用基于山东鲁SC型改进的沙培系统，成为我国无土栽培面积最大的地区。近年来，随大型连栋温室而配套引进的无土栽培设施，主要以岩棉培为主。

蔬菜无土栽培方式的选用除与地方经济条件、自然资源和温、光等生态条件有关外，还应考虑栽培作物的种类。例如，无土栽培面积较大的叶用莴苣仍以营养液膜栽培方式

(NFT) 和深水漂浮栽培方式为主，而番茄、黄瓜等则以基质栽培为主。

三、适于无土栽培的蔬菜种类

采用无土栽培方式进行蔬菜生产，能大幅度提高产量，改善品质。从这一点出发，所有蔬菜均适合于无土栽培。但相对于土壤栽培而言，无土栽培增加了设备投资、营养液的成本和管理用工，必须种植一些经济效益高的蔬菜才能获得较高的产投比，获得最大的经济效益。从这一角度出发，适合于无土栽培的蔬菜种类就受到了限制。

目前，利用无土栽培方式较多的蔬菜主要有茄果类、瓜类、叶菜类和芽苗菜类。

1. 茄果类 茄果类蔬菜主要有番茄、茄子、辣椒等，同属茄科 (Solanaceae)，产量高，栽培和产品供应期长，我国南北各地普遍栽培。在无土栽培条件下，这类蔬菜在我国的大部分地区能实现多季节生产、反季节栽培和周年供应，其中栽培面积最大的是番茄，其次是甜椒。

2. 瓜类 无土栽培的瓜类蔬菜主要是黄瓜，面积居瓜类蔬菜之首。由于甜瓜、西瓜、节瓜、瓠瓜、西洋南瓜反季节栽培价值高，所以近年无土栽培的面积也不断增加。

3. 叶菜类 除上述蔬菜外，目前无土栽培面积较大的叶菜有叶用莴苣、蕹菜、小白菜、芹菜等，在日本也进行韭菜、小葱的无土栽培。

4. 芽苗菜类 芽苗菜以工厂化立体栽培为生产特色，对提高温室、塑料大棚的利用率，反季节栽培和周年均衡供应有重要作用。豌豆、萝卜、苜蓿、香椿、菊苣等种子或母株进行遮光培育，可长成黄化嫩苗或芽球，或在弱光条件下培育形成绿色芽菜。芽苗菜类栽培尤其适于工厂化生产，是提高设施利用率、补充淡季的重要生产方式。

第二节 茄果类蔬菜无土栽培技术

一、番 茄

番茄 (*Solanum lycopersicum*) 是国内外无土栽培面积最大，且最具代表性的无土栽培作物。其根际环境要求不像黄瓜等其他果菜那样严格，因而易于栽培。同时，通过营养液浓度和成分的改变，还易于提高品质。

(一) 对环境条件的要求

番茄种子发芽期最适宜温度为 23～28 ℃，生育适温 13～28 ℃，低限 10 ℃、高限 35 ℃，栽培时白天最适温度为 23～28 ℃，夜间为 13～18 ℃，根际温度以 18～23 ℃为好；番茄为喜光植物，光饱和点为 70 klx，光补偿点为 3klx，番茄对日照长短要求不严格，但以每天光照时数 14～16 h 为好；番茄植株需水量大，根系具有较强的吸水能力，基质培的基质含水量在 60%～85%，空气相对湿度在 50%～65%时生长最好；番茄生长期长，需要吸收大量矿质营养，才能获得高产优质的果实。据分析，生产 1 000 kg 果实需吸收氮 2.7～3.2 kg、磷 0.6～1.0 kg、钾 4.9～5.1 kg。此外，缺少微量元素会引起各种生理病害。

(二) 栽培季节与品种

利用温室或大棚基本可实现番茄周年无土栽培，一般分为两种茬口类型：一种为一年两茬，第一茬春番茄多在 11～12 月播种育苗，翌年 1～2 月定植，4～7 月采收，共采收 7～10 穗果；第二茬秋番茄在 6～7 月播种育苗，7～8 月定植，10 月至翌年 1 月采收，共采收 7～10 穗果。另一种茬口类型是一年一茬的越冬长季节栽培，适于冬季较温暖、光照充足的地区，或冬季寒冷但有加温温室的地区。一般在 7～8 月播种，8～9 月定植，10 月至翌年 7 月连续采收 17～22 穗果。

近来日本等国提出水培番茄矮秆密植（留 2～3 穗果摘心）周年多次栽培，由于长势强、品质优而均衡、密植，年单产可超过上述传统栽培方式，也便于产期调节，实现效益最大化，已有应用者。

无土栽培的番茄品种，因茬口类型不同而异。早春茬番茄苗期及生长前期处于低温寡照季节，故以选择耐低温弱光品种为宜，同时还应选用抗烟草花叶病毒病、叶霉病、青枯病的品种；秋茬番茄应选用生长势均衡，耐病性强，特别是耐番茄黄化曲叶病毒病，低温着色均匀，品质好的品种；长季节栽培品种应具有生长势强、耐低温弱光、抗病、坐果率高、畸形果率低的特点。目前，适宜温室长季节栽培的品种较多，品种更新也较快，除荷兰、以色列、日本引进的温室专用品种外，我国近年自主培育的适宜设施栽培的新品种应用面积越来越大。

理论上，多数番茄品种均可进行无土栽培。但因无土栽培投资较大，必须获得高产。因此多利用大型温室采用长季节栽培，以提高产量，降低成本，提高效益。

现代温室番茄长季节无土栽培对番茄品种要求有以下特点：①无限生长类型，以充分利用大型温室的空间。②具有强的生长势及结果能力，果型大，品质好，货架寿命长，耐运输。③在低温弱光下能正常生长和坐果，畸形果少，品质风味佳，以降低能耗。④株形紧凑，以适应冬春季节的弱光照。⑤具有较强的抗病性，特别是抗烟草花叶病毒病、叶霉病、枯萎病、黄萎病等。

目前，从欧美、日本以及我国台湾引进了一些设施专用番茄品种，如卡鲁索、百利、百灵及台湾农友的圣女、龙女等樱桃番茄品种。近年，从国外引进的串番茄品种，如曼西娜、佳西娜等也有一定的栽培面积。在生产上可用于无土栽培的番茄品种有我国自主育成的大果和中果番茄品种中杂 11、中杂 12、中杂 106、佳粉 15、佳红 5 号、金棚系列、辽园多丽、合作 912、合作 918 等，樱桃番茄品种京丹 5 号、北京樱桃番茄等也可用作无土栽培。

（三）育苗

根据番茄无土栽培方式采用合适的育苗方法。

1. 穴盘育苗　宜采用 72 孔或 128 孔的穴盘进行育苗。育苗基质一般使用草炭＋蛭石（按体积比 1∶1 或 2∶1）。播种后应始终保持基质湿润，最初阶段浇清水，第一片真叶出现后开始浇营养液。苗期使用的营养液一般为标准营养液的 1/2 浓度。当幼苗长至 3～4 片真叶即可定植，多用于固体基质培育苗。

2. 育苗钵育苗　每钵放置 1 粒种子，用少量基质覆盖种子约 0.5 cm 厚，待种子长出第一片真叶后，浇山崎番茄配方或 1/2 浓度的园试配方稀释液，一般用于固体基质培育苗。

3. 水培育苗或岩棉培育苗　可直接用岩棉育苗块或聚氨酯泡沫育苗块育苗，将种子播于孔内，出苗前浇清水，一般在播种后 7 d 开始浇灌营养液。苗期的营养液，不论何种栽培季节或品种，都可用山崎番茄营养液配方或园试配方的 1/2 浓度营养液，多用于水培或岩棉培蔬菜的育苗。

(四) 定植

苗龄与定植后的长势有密切的关系。一般越是小苗定植，定植后长势越强，产量越高，但易发生畸形果，品质下降，且易生长过盛而容易发病。凡在夏秋高温季节育苗，秋季延迟栽培的秋番茄或越冬长期栽培的番茄，以幼龄苗定植为好，有利于维持其必要的生长势，增加产量；而在适温适期下定植的春番茄，则以大苗定植为宜。一般夏季苗龄 30 d 左右，冬春季节 55 d 左右。

不论采用何种无土育苗方式，定植前必须准备好栽培设施和营养液。岩棉栽培移栽时可将岩棉育苗块直接放在岩棉种植垫上；水培番茄移苗时将幼苗连同育苗基质一起从育苗穴盘或育苗杯中取出，放入定植杯中，用少量小砾石固定即可立刻定植到种植槽中；泡沫海绵块育苗的嵌入定植板孔穴即可；固体基质栽培番茄移栽时直接将小苗从育苗穴盘或育苗杯中取出后定植到种植槽或种植袋中。

水培定植时要注意育苗床的营养液与种植槽中营养液温差不能超过 5 ℃，否则，容易引起伤根。定植密度通常如下：采用越冬长季节栽培方式，一般每 1 000 m^2 定植 2 400～2 500 株；采用一年两茬的栽培方式，定植密度可稍高些，每 1 000 m^2 定植 2 700～3 000 株。

(五) 营养液管理

番茄营养液配方很多，其基本成分都很相似，但浓度差异较大，应结合实践去比较选用。山崎番茄营养液配方的 EC 为 1.2 mS/cm，pH 6.6 左右，在营养液管理时，可以此作为 1 个单位标准浓度来对待。在适温条件下，以 1～1.5 个单位浓度范围（EC 为 1.2～1.6 mS/cm）作为管理目标。在 11 月至翌年 2 月的低温季节，养分吸收浓度高于施入的营养液浓度，营养液浓度管理目标可提高到 1.5～2 个单位浓度，即 EC 提高到 1.6～2.0 mS/cm范围；高温季节为防止番茄果实脐腐病的发生，可将山崎配方控制为 1.5 个单位浓度，即调节 EC 为 1.6 mS/cm 进行管理。生产上应根据以上管理原则来对营养液进行浓度管理，尽量防止浓度的急剧变化，及时补水和补液，以保持营养液成分的均衡。

番茄植株生长前期，对氮、磷、钾的吸收旺盛，营养液中氮素浓度下降较快。山崎营养液配方中硝态氮浓度的下降很容易从 EC 的测定来判断，并根据测定结果进行补充，因为 EC 与硝态氮浓度存在着密切关系。但是在生长后期，番茄植株对钙、镁的吸收量迅速下降，造成营养液中钙、镁元素的积累。与此同时，对磷、钾的吸收量迅速增加，使营养液中磷、钾元素含量迅速下降。由于 EC 与钾离子的浓度之间的相关不显著，根据 EC 来调整营养液浓度时，很难使营养液恢复到原有的均衡水平，所以在生长后期，有必要定期分析营养液组成成分，以便及时调整或更新。

延迟栽培的秋番茄，植株生长初期正处于高温季节，为防止长势过旺，可用 0.7 个单位浓度的山崎配方；以后随着生长进程逐渐提高浓度，到第三花序开花期，再恢复到 1 个单位浓度（EC 为 1.2 mS/cm）；到摘心期，浓度应增加到 EC 1.7 mS/cm；摘心期过后，以浓度增加到 EC 1.9 mS/cm 为标准管理目标。在番茄无土栽培实践中，为获得更高产量和最佳品质，根据番茄不同生育时期的需肥特点，除对营养液总的浓度进行调整外，还应对各生育阶段氮、磷、钾、钙、镁的浓度进行适当增减（表 10－1）。

番茄生长适宜的营养液 pH 范围为 5.5～6.5。一般在栽培过程中 pH 呈升高趋势，当 pH<7.5 时，番茄仍正常生长，但如果 pH>8，就会破坏营养成分的平衡，引起铁、锰、硼、磷等的沉淀，造成缺素症，必须及时调整。

表 10-1　番茄不同生育阶段营养液配方（μmol/L）

	A	B	C	D	E	F	G
EC(mS/cm)	2.00	2.57	2.54	2.55	2.56	2.59	2.44
NO_3^-	200	230	220	220	220	220	220
NH_4^+	20	20	20	20	20	20	20
P	50	50	50	50	50	40	40
K	230	330	370	400	380	420	340
Ca	180	240	210	190	210	170	210
Mg	70	70	70	70	70	60	60
SO_4^{2-}	50	80	80	80	80	60	80
Fe	2.0	2.5	2.5	2.5	2.5	2.5	2.5
Mn	0.55	0.80	0.80	0.80	0.80	0.80	0.80
B	0.33	0.33	0.33	0.33	0.33	0.33	0.33
Zn	0.27	0.33	0.33	0.33	0.33	0.33	0.33
Cu	0.05	0.15	0.15	0.15	0.15	0.15	0.15
Mo	0.05	0.05	0.05	0.05	0.05	0.05	0.05

注：A. 苗期；B. 第1～3穗花；C. 第3～5穗花；D. 第5～10穗花；E. 第10～12穗花；F. 盛果期；G. 标准配方。

（六）供液方法

水培条件下，随着营养液循环次数和时间的增加，溶氧、养分、水分的供给量也随之增多而促进了番茄的生长。营养液循环次数和循环时间的长短依每株番茄的供液量、营养液的溶氧浓度、生长发育阶段和气温的不同而异。一般掌握营养液中溶氧浓度不低于 4 mg/L 为原则，调节循环次数和时间。通常随着植株的长大，其对水分、养分和 O_2 的吸收量也随之增多，需要增加循环供液频度。例如，番茄在生长前期至第一花序开花前，晴天日耗水量为 500～600 ml/株，而果实迅速膨大期，日耗水量可达 2 L/株，因此应增大供液频度。

营养液膜栽培番茄时，栽培床长 30 m，栽培株数超过 70 株的，每分钟供液量应不少于 3～4 L。据日本千叶农试（1981）报告，每小时间歇供液 15 min 比连续供液的产量高，但以在第 3～4 花序始花时开始间歇供液为宜。

岩棉培间歇供液有利于根系氧浓度的充分供给。开放式供液情况下，多为过量供液，实践中供液量掌握在允许有 8%～10%多余的营养液流出。

（七）液温的管理

无土栽培多在温室、大棚内进行，营养液温度易受气温影响。如果白天液温超过 35 ℃，则从傍晚至半夜必须使营养液冷却到 25 ℃，通常采用在贮液池或种植槽内铺设回流地下水的管道来降温。冬季营养液温度低于 12 ℃，番茄生长就受抑制，因此液温最低要维持 14～17 ℃。气温管理同土壤栽培。但不论气温、液温的管理，均以变温管理为宜。

（八）植株管理及授粉

当植株长到 30 cm 高时，应及时吊蔓引枝向上生长，避免番茄植株倒伏。番茄无土栽培多采用单干整枝，在番茄的整个生育期中，尤其在中后期，要注意摘除老叶、病叶，以利通风透光。同时对萌生的其他侧枝进行打杈，打杈的时间不能过早，尤其对长势弱的早熟品种，否则会抑制营养生长，打杈过迟会使营养生长过旺，影响坐果。长季节栽培的植株生长至生长架的横向缆绳时，要及时放下挂钩上的绳子使植株下垂，进行“坐秧整枝”，务使植株始终保持一人高。

冬春季设施常因棚温偏低、光照不足、湿度偏大而发生落花落果现象。除了要加强栽培管理外，适时地应用植物生长调节剂，如用浓度为20～40 μl/L的防落素蘸、喷花均可。使用时应注意，在温度低时用高浓度，温度高时用低浓度，并避免溅到生长点或嫩茎叶上产生药害。在现代温室多采用放置蜜蜂授粉或在10:00～15:00用电动授粉器授粉。与使用植物生长调节剂相比，这种方法不仅省工省力，而且卫生、安全。

如果每个花序的结果数过多，可适当疏果。一般大果型品种每个花序保留2～3个果实，中果型品种可保留3～4个果实。

（九）生理病害的防治

高温季节易发生果实脐腐病，主要原因是果实钙的供应量不足。导致果实缺钙的原因如下：一是高温期硝态氮加速吸收，抑制了Ca^{2+}的吸收；二是蒸腾作用弱的果实先端容易产生随蒸腾流运转的Ca^{2+}的不足；三是空气湿度不足引起叶片加速蒸腾。高温期夜间根系氧气供应充足，增加空气湿度，调整营养液浓度适中（山崎配方1.5个单位浓度以下），开花时叶面喷施0.5%～1%氯化钙，均有减轻脐腐病发生的作用。

二、甜　椒

甜椒（*Capsicum frutescens* var. *grossum*）栽培因其经济效益高，设施栽培的面积不断扩大，尤其是现代温室无土栽培面积增加趋势明显，成为现代化温室栽培的重要果菜。

（一）对环境条件的要求

甜椒种子发芽的适宜温度为15～30 ℃，最适温度为25 ℃左右，生育最适温度白天27～28 ℃，夜间18～20 ℃，地温17～26 ℃。对光照长短和光照度的要求不严格，只要温度适宜，一年四季均可栽培，其光饱和点为30～40 klx，光补偿点为1.5～2 klx。相对于其他果菜类蔬菜，甜椒比较耐阴，适合进行设施栽培，但在冬春栽培季节仍需要设法增加设施内的光照，确保光照度达到25 klx以上。甜椒对水分的要求较严格，既不耐旱，又不耐涝，适宜的基质相对湿度为60%～70%，适宜空气相对湿度为70%～80%。甜椒对氮、磷、钾三要素肥料均有较高的要求，生产1 000 kg甜椒需吸收氮（N）5.19 kg、磷（P_2O_5）1.07 kg、钾（K_2O）6.46 kg。幼苗期需适当的磷、钾肥，花芽分化期受施肥水平的影响极为显著，适当多用磷、钾肥可促进开花。甜椒不能偏施氮肥，尤其在初花期若氮肥过多会造成落花落果严重。

（二）栽培季节与品种选择

甜椒在7～9月的高温季节生长不良，特别是恰逢结果期，常造成落花落果，产量低，品质差。因此，在种植茬口安排上，应尽量避免结果期处于高温季节。无土栽培甜椒一般采取两种茬口模式：一种是第一茬在7月底8月初播种，8月底至9月初定植，11月开始采收至翌年1～2月，主要供应元旦、春节市场；第二茬在11～12月播种，翌年2～3月定植，5月初开始收获至6～7月。另一种茬口安排是一年一茬的长季节栽培，即在9月播种，10月定植，12月开始采收，一直延续收获至翌年6月。后一种种植方式经济效益高，但对温室环境要求严格，要求在冬季低温季节温室有较强的保温和加温能力，以维持较高的温度，防止植株发生低温伤害，促进成熟转色。

我国大型温室内甜椒栽培以无土栽培为主，对品种要求与番茄相似。目前，我国甜椒无土栽培品种多为从荷兰、以色列、法国等国外及我国台湾引进的品种。目前生产上使用的优良甜椒品种有荷兰的黄欧宝、紫贵人、红将军、白公主、吉西亚、普玛、卡地亚、马拉托、卡匹奴、拉姆等，法国的红天使、黄天使、橙天使、白天使等天使系列，台湾农友的天王星、织女星等星系列，我国近年育成的黄星、红星等品种也有一定应用。

（三）育苗与定植

播种前对种子可进行晒种、浸种、消毒、催芽处理，然后播种。根据无土栽培方式可采用 72 孔穴盘或营养钵育苗。可用于无土育苗的基质很多，如珍珠岩、蛭石、泥炭等均可采用，以有机和无机基质复合使用为宜，有机基质能起到保水、保肥的作用，而无机基质则可以起到通气的作用。一般采用泥炭、珍珠岩复合基质或泥炭、蛭石复合基质。如采用自动化施灌肥水，为保证肥水供应及时且均匀，可用 70%～80%的珍珠岩与 20%～30%的泥炭混合。如采用人工喷施肥水，则用体积比为 1∶1 的泥炭、珍珠岩复合基质，以提高基质的保水、保肥能力，避免基质过干、过湿。每穴或每钵播 1 粒种子，用少量育苗基质盖种约 0.5 cm厚，在幼苗长出真叶后应适当浇淋浓度为 1/2 剂量的甜椒专用营养液，以育壮苗。待幼苗具有 4～6 片真叶时即可定植。

播种前 2 h 左右，采用甜椒营养液标准配方的 1 个剂量营养液把基质淋透。从播种至出苗，适宜日温为 25～32 ℃，适宜夜温为 20～22 ℃；从出苗至 4 叶期，适宜日温 23～28 ℃，适宜夜温 18～20 ℃；4 叶期至定植前 7 d，适宜日温 23～28 ℃，适宜夜温 15～17 ℃；定植前 7 d 至定植，适宜日温 18～20 ℃，适宜夜温 10～12 ℃。

由于甜椒不易发新根，移苗时应注意尽量少伤根，以利缓苗及根系生长。若采用水培或岩棉培方式，亦可在定植杯或岩棉块上直接育苗，小苗移入定植杯后可直接定植在种植槽中，亦可先集中在盛有 2 cm 左右高的营养液的空闲种植槽中一段时间，至新根伸出杯外后定植到种植槽中。甜椒定植的密度一般为每 667 m^2 1 800～2 000 株。

（四）营养液管理

1. 营养液配方选择　适于甜椒生长的营养液配方很多，如日本的山崎甜椒配方、园试通用配方，美国的霍格兰和阿农通用配方，荷兰温室作物研究所的岩棉滴灌配方，以及我国华南农业大学的果菜配方等。山崎甜椒配方的大量元素组成为 $Ca(NO_3)_2 \cdot 4H_2O$ 354 mg/L、KNO_3 607 mg/L、$NH_4H_2PO_4$ 96 mg/L、$MgSO_4 \cdot 7H_2O$ 185 mg/L，微量元素一般选用通用配方。

2. 营养液管理　甜椒在生长前期，需肥量少，苗期适当浇 EC 为 0.8～1.0 mS/cm 的完全营养液；从定植到开花，营养液为标准配方的 1.2 个剂量，EC 为 1.4～1.6 mS/cm；四门椒开花期营养液为标准配方的 1.5 个剂量，EC 为 1.7～1.9 mS/cm，每天滴营养液 3～4 次，每次 3～8 min，一般基质含水量保持在 50%～60%；坐果到果实膨大营养液为标准配方的 1.5～1.8 个剂量，EC 为 2.0～2.2 mS/cm，一般每天滴营养液 3～4 次，每次 5～10 min，基质含水量保持在 60%～65%；采收期应根据种植茬口不同而不同，营养液为标准配方的 1.8～2.0 个剂量，EC 为 2.4 mS/cm，一般每天滴营养液 3～4 次，每次 5～10 min，基质含水量保持在 65%～70%。甜椒因其自身调节生长平衡能力强，在整个生育期中不需调整营养液的配方，只需进行浓度调整。大致每 2 d 应测定 1 次营养液浓度，若营养液浓度已不符合甜椒生长发育要求，则应及时进行补充，同时应注意补充所消耗的水分。

对营养液酸碱度的管理，通常控制在 pH 6.0～7.5。水培甜椒应每周定期检测 pH，如果是新建的水泥种植槽应更频繁检测，若 pH 超出范围，应用稀酸或稀碱溶液进行中和调整。

营养液循环应以补充溶存氧以满足根系对氧的需求为原则。甜椒对氧较敏感，需求较大，缺氧时易烂根而造成减产损失，甚至绝收。因此，必须注意加强营养液的循环补充氧。通常在生长前期，水位应较高，以利于根系伸入营养液中，循环时间相对短些，在白天每小时进行 15 min 左右循环即可，晚上循环时间可减少至每小时 10 min；在生长中后期，特别是开花结果期，应逐渐降低水位，让部分根系裸露在空气中，以利于吸收氧，同时延长循环时间，如每小时循环 20～30 min，以满足根系对氧的需求。若是基质培或岩棉培，则通过控制灌溉量来调整根际的水气矛盾，既保证作物生育对水、肥的需求，又能使根系得到充分的氧气供应。

图 10-1 是上海东海农场引进荷兰温室基质栽培黄瓜、番茄和甜椒 3 种作物灌溉营养液的 EC 值管理状况。从图中可以看出，作物不同在生育阶段对水分的需求差异很大。移栽后，由于更换了作物生长环境，根系也受到了一定损伤，吸收水分的能力下降，此时应适当降低营养液的浓度，且应少量多次供应，以促进成活；在成活后，应适当提高营养液浓度，减少灌溉量，以改善基质的通气条件，促进作物长成发达的根系；随着植株的长大，对水分的需求也不断增加。因此，随着生育期的延长，灌溉量也应该逐渐增加。

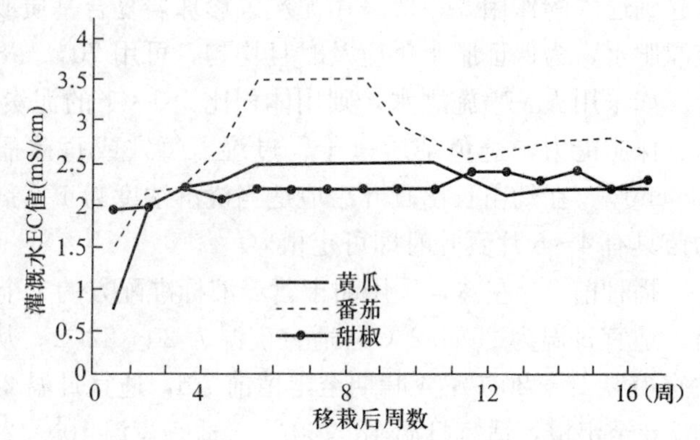

图 10-1 黄瓜、番茄和甜椒不同生长阶段灌溉用营养液 EC 值

每天灌溉量的多少除与生育阶段有关外，还受光照度的影响。图 10-2 所示为日积光与甜椒的日灌溉量的关系。从图中可以看出，甜椒水分供应量与光照度的变化趋势基本一致。在晴天日照较强时，需要的灌溉量也较多；而在阴雨天，光照较弱，根系活力低，对水、肥要求少，因此灌溉量也少。

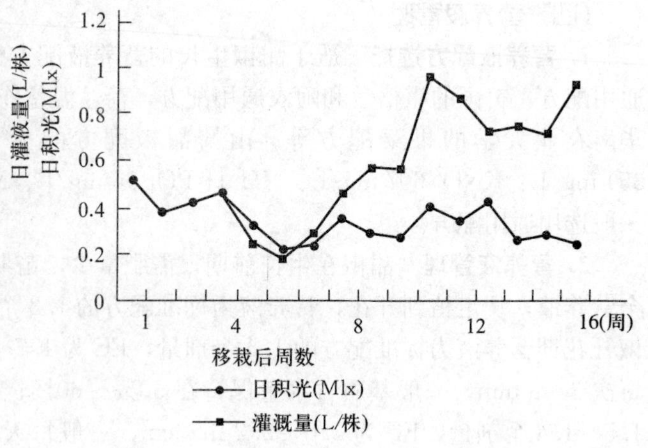

图 10-2 日积光与甜椒日灌溉量的关系

对于基质栽培，每天的灌溉应遵守以下原则：①回收液量以占总灌溉量的 15%～30% 为宜。若采用开放供液，允许 8%～10% 的多余液流出。②灌溉液和回收液的 EC 值相差不超过 0.4～0.5 mS/cm。③ 回收液的 NO_3^- 浓度应

为 250～500 mg/L。④回收液的 pH 应在5.0～6.0范围内。⑤灌溉应少量多次。

（五）植株调整

大型温室内无土栽培的甜椒均需进行植株调整，生产上普遍应用的是 V 形整枝方式，即双干整枝。当甜椒长到 8～10 片真叶时，自动产生 3～5 个分枝，当分枝长出 2～3 片叶时开始整枝，除去主茎上的所有侧芽和花芽，选择两个健壮对称的分枝成 V 形作为以后的两个主枝，其余分枝打掉；将门花及第四节位以下的所有侧芽及花芽疏掉；从侧枝主干的第四节位开始，除去侧枝主干上的花芽，但侧芽保留 1 叶 1 花。以后每周整枝 1 次，整枝方法不变。每株上坐住 5～6 个果实后，其上的花开始自然脱落。等第一批果实开始采收后，其后的花又开始坐果，这时除继续留主枝上的果实外，侧枝上也留 1 果及 1～2 叶打顶（图 10－3）。甜椒整枝不宜太勤，一般 2～3 周或更长时间整枝 1 次。

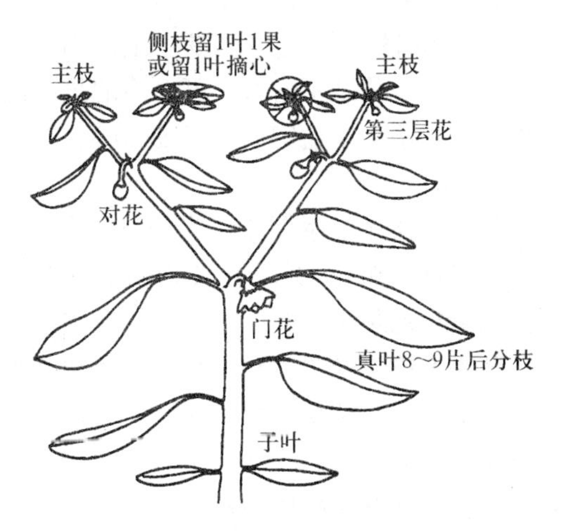

图 10－3　甜椒坐果整枝示意图

为提高甜椒品质，可利用熊蜂进行辅助授粉，以利于果实快速膨大，达到优质高产。在没有熊蜂时，可采用敲击生长架的方式辅助授粉。

此外，在管理上应注意棚室内的温度及湿度的控制。如在早春栽培，应于定植后的缓苗阶段保持较高的温度以促进缓苗，温度以控制在 30 ℃左右为宜，以后温度可控制在白天 25～30 ℃、夜间 15～20 ℃。秋季栽培时，生长前期应加强通风等措施以降低棚室内的温度，而生长后期应注意保温防寒，以避免高温或低温所造成的落花落果。

（六）收获

甜椒是一种营养生长和生殖生长相互重叠明显的作物，在开花之后即进入长达数月的收获期，应适时采收以利于提高产量和品质。当果实已充分膨大，颜色变为其品种特有的颜色，如黄色、紫色、红色等，果实光洁发亮时即可采收。

（七）病虫害防治

甜椒的病虫害主要有病毒病、炭疽病、青枯病、疫病、枯萎病、螨类、棉铃虫等。病虫害防治应严格贯彻以防为主的原则，做好各个环节的管理工作，若出现病虫害应及时对症下药予以控制。

第三节　瓜类蔬菜无土栽培技术

一、黄　　瓜

黄瓜（*Cucumis sativus*）为葫芦科甜瓜属的一个栽培种，又名胡瓜、王瓜、青瓜。黄瓜以嫩果为食用器官，可生食也可熟食，还可腌渍加工，是世界性重要蔬菜，是无土栽培的主要蔬菜作物之一，栽培面积仅次于番茄。

无土栽培黄瓜的特点是生长速度快，收获期早而且集中，果皮富有光泽，果实品质好，深受消费者欢迎。但由于黄瓜根系容易早衰，生长势较难维持，因此单茬生产季节不如茄果类蔬菜栽培季节长。

（一）对环境条件的要求

黄瓜为喜温性蔬菜，生长适宜温度为18～30℃，最适温度24℃，种子发芽适温27～29℃。从苗期开始，昼夜温差宜保持在10～15℃。夜温以15～18℃为宜，较低夜温有利于雌花形成。黄瓜不耐寒，可忍耐的最低温度为5℃，低于0～−1℃受冻害，10～13℃停止生长。根系生长适宜温度范围20～25℃，低于20℃根系生理活性减弱，10～12℃停止生长。

黄瓜喜强光不耐弱光，光饱和点为55 klx［约990 μmol/(m² · s)］，光补偿点为2 klx［约36 μmol/(m² · s)］。在较高温度和较高CO_2浓度的条件下，提高光照度可提高光合性能。黄瓜对光照长短的反应因生态类型不同而有差异，华南生态型品种要求较短光照，华北生态型要求较长光照。对所有类型品种，短日照均有利于花芽分化和雌花形成。

黄瓜为喜湿植物，由于叶片大而薄、根系浅，对空气湿度和根际湿度要求均较高，适宜的空气相对湿度为60%～90%，湿度过低，植株生长发育和黄瓜果实生长均受影响。因此，为了减轻病害发生而片面要求降低空气湿度应该慎重。

黄瓜根系喜欢弱酸性至中性条件，在pH 5.5～7.2范围内均可正常生长，但以pH 6.5为适宜。根系耐盐性差，基质或营养液盐分不宜太高。对矿质元素要求较高，每生产1 000 kg黄瓜产品所需营养元素的量为：氮2.8 kg、磷0.9 kg、钾3.9 kg、钙3.1 kg、镁0.7 kg，可见对氮、钾及钙元素的需求量较高。

（二）品种选择

根据黄瓜品种的分布区域及生物学性状，可分为不同生态类型，生产上常见的有4大类型，即华南型、华北型、欧美型露地黄瓜和欧洲型温室黄瓜。

设施栽培对黄瓜品种的要求与露地不同，主要表现在以下几个方面。

1. 要适合市场要求 黄瓜有长型、短型、有刺、无刺、绿色、白色等之区别，要根据不同地区的消费习惯和市场需求选择品种。

2. 生长和结果特点 现代温室空间大，并配备有利于作物长季节栽培的生长架系统，要求生长势强、结果期长、持续结果能力强的品种，以充分利用大型温室的空间，从而在高投入前提下实现高产出和高效益。

3. 对环境条件的要求 选择耐低温弱光或抗高温能力强、光合性能好、抗病虫能力较强的品种。此外，夏季温度偏高对黄瓜生长发育也不利，现代温室虽然有遮光通风降温设备，但仍难以创造最适的生长发育适温。因此，具有良好的耐高温能力也是必需的。

4. 抗病虫害的能力 由于现代温室一般具有良好的环境调控能力，能在外界环境条件不适宜的季节为黄瓜生长发育创造比较适宜的环境条件，但同时也为病虫害的发生和蔓延创造了有利的条件，而且在大型温室中，病虫害一旦发生，就会迅速蔓延。因此，适宜设施栽培的优良黄瓜品种还需具备抗病虫害的特点。

黄瓜无土栽培选用的品种首先要满足设施栽培的要求，大多数设施栽培条件下表现好的品种都可用于无土栽培。国内外生产实践证明，适宜现代大型温室无土栽培的黄瓜品种应为无限生长类型，具有生长势旺盛、结果能力强、耐低温弱光、抗多种病害、品质好、货架寿命长、耐运输等特点，最好具有单性结实的特点。可供大型温室无土栽培的品种比较丰富，既包括我国自主培育的品种，又包括从国外引进的品种。常见的国内品种有密刺型的津春、津优、津绿系列品种及中农 21、中农 203、北京 102、北京 202、北京 301 等，无刺或少刺型的早青 2 号、中农 9 号、中农 202 等，迷你水果黄瓜如京研迷你 1 号和 2 号、吉瑞、中农 19、中农 29、春秋王等。国外引进的水果型黄瓜品种也有较多选择，如荷兰的戴多星、夏之光、冬之光、康德、弗吉尼亚，以色列的 9158，日本的青味三尺等。

（三）栽培季节与方式

1. 栽培季节　黄瓜无土栽培的季节选择主要根据黄瓜的生长发育特性和设施的环境条件来决定。黄瓜的生长势难以长期维持，一般较难像番茄那样进行长季节栽培。在现代温室条件下，一般有两种茬口类型。

（1）一年三茬　第一茬在 8 月中旬播种育苗，9 月上旬定植，10 月上旬至翌年 1 月采收；第二茬为 12 月育苗，翌年 1 月定植，2 月下旬至 4 月采收；第三茬为 5 月上旬定植，6 月上旬至 8 月采收。

（2）一年两茬　前茬为长季节番茄，黄瓜为番茄后作，3 月下旬育苗，4 月上旬定植，6 月上旬到 8 月采收。也可作为春番茄后作，7 月下旬育苗，8 月定植，9 月下旬至 12 月采收。

北方地区日光温室一般安排两茬，以冬春季节为主茬，栽培时间较长，秋冬季节为副茬，栽培时间较短。冬春季节栽培于 11 月下旬至 12 月上旬播种育苗，翌年 1 月中下旬定植，3 月上旬至 6 月下旬收获。秋冬季节栽培于 8 月下旬至 9 月上旬播种育苗，9 月下旬至 10 月上旬定植，11 月上旬至翌年 1 月采收。

塑料大棚由于保温增温条件差，一般进行秋延迟栽培和春提早栽培。秋季于 7 月下旬至 8 月上旬育苗，9 月中旬定植，10～12 月收获。春季于 1 月下旬育苗，2 月下旬至 3 月上旬定植，4～6 月收获。

2. 栽培方式　黄瓜可采用多种无土栽培方式，如水培中的营养液膜技术（NFT）、深液流技术（DFT）、浮板毛管技术（FCH）等，基质培可采用岩棉培技术、复合基质培技术、有机基质培技术等。使用的栽培设备可以是固定的栽培槽、砖槽、地沟槽，也可使用栽培袋、栽培盆等容器进行基质栽培。

大型现代温室多采用岩棉培方式或无机基质槽培形式，南方地区也采用浮板毛管法或深液流法。栽培系统包括贮液池、水泵、进液管、栽培槽（床）、回液管、沉降池等，一般多为循环式栽培。

日光温室或塑料大棚以有机或无机基质培较多，其中应用最多的为复合基质槽培。栽培系统由贮液池（罐）、进液管、栽培槽、滴灌带等组成，大多为开放式系统。采用的基质来源非常广泛，稻麦茎秆、锯木屑、蔗渣、泥炭等有机基质，沙、炉渣、蛭石、珍珠岩等无机基质均可使用。栽培基质可因地制宜，充分利用有机废弃物和无机废弃物，通过无害化处理制成蔬菜栽培或育苗用基质。

（四）管理技术

1. 育苗　无土栽培黄瓜应采用基质穴盘育苗、基质营养钵育苗或岩棉块育苗等护根无土育苗，穴盘以 72 孔为宜，营养钵可采用 8 cm×10 cm 规格。播种前种子应进行消毒和催芽处理，采用精量播种，一穴（钵）一苗，一次成苗。出苗后，用 1/2 剂量日本园试配方营养液浇淋补充营养，管理上应注意增强光照，保持较大昼夜温差。

为防止疫病、枯萎病、蔓枯病等传染性病害，提高植株抗性，可采用嫁接育苗，以云南黑子南瓜、新土佐南瓜等为砧木，以栽培品种为接穗进行嫁接。

2. 定植 黄瓜幼苗不宜过大，否则根系老化，定植后影响植株生长，一般在3叶1心或4叶1心期即可定植。在低温季节（冬春季节）苗龄可长些，30～35 d；高温季节（夏秋季节）苗龄可适当短些，15～20 d即可。定植之前需将定植设施准备好，进行棚室和设施消毒，基质栽培应将基质铺好。定植密度可根据品种特性和栽培方式而定，同时也应考虑栽培季节。生长势强、分枝多的品种，温度较高的季节，营养液栽培，密度应小一些，一般667 m^2定植1 500～2 000株；生长势弱、分枝少的品种，栽培季节温度较低。采用基质栽培，密度可适当大些，667 m^2 定植2 500～3 000株。

3. 环境调控 黄瓜无土栽培的环境调控应根据黄瓜的生长发育特性和对环境条件的要求进行。

冬春低温季节在棚室内栽培黄瓜，以夜间气温保持在15 ℃，液温保持在20 ℃为宜。如果夜温过低，则侧枝发生困难，产量受到严重影响。黄瓜定植后不同生长阶段对温度的要求见表10-2。保持合适的昼夜温差对于获得优质高产是必要的，其原因第一是因为植株夜间不进行光合作用，过高温度促进呼吸，增加消耗，低温则可减少呼吸消耗；第二是夜间缺少紫外线照射，温度过高会引起徒长；第三是夜温过高，同化物质运转缓慢，植株生长迟缓，引起落花。阴天植株温度要求比晴天低。许多研究和栽培实践证明，黄瓜在阴天日照不足的情况下，较低温度比较高温度可获得更高产量。

表10-2 黄瓜定植后各生长阶段对温度的要求

生长阶段	最低温度（℃）	最适温度（℃）	最高温度（℃）
营养生长期（昼/夜）	18/10	25/18	32/22
果实成熟期（昼/夜）	20/12	25/18	35/20

提高栽培环境的温度，可采用增强设施密闭性能、进行覆盖保温、必要时进行人工加温等方法。夏秋季节温度较高，可采用遮阳网覆盖、地面覆盖银色地膜、地面铺设冷水管道等降低根际温度，采用强制通风、顶部微喷、湿帘等方法降低空气温度。当环境温度超过30 ℃时，即应采取措施降温。

黄瓜为喜光植物，弱光不利于植株生长发育和产量、品质的提高，特别是低温与弱光同时作用会影响开花坐果，并易导致形成畸形瓜，可通过及时揭开保温覆盖物、延长光照时数等方法提高光照。采用结构合理的棚室设施、日光温室采用机械卷帘，均可提高光照效果。光照度过高时，可通过遮阳网覆盖遮阴。

温室内相对湿度应维持在70%～80%范围内，以减少病害发生，促进植株正常生长。湿度过高或过低均会造成产量降低和品质下降。在冬春季节为加强保温，温室、大棚经常处于密闭状态，内部相对湿度常在90%以上，可以在白天温暖时段进行通风或通过加热降低湿度。

白天太阳升起后，温室、大棚内 CO_2 浓度急剧下降，造成黄瓜植株光合能力下降，严重时甚至出现 CO_2 饥饿。大量研究和生产实践证明，增施 CO_2 气肥可显著提高黄瓜品质和产量、提高植株抗病性，生产上 CO_2 施用浓度一般在800～1 000 μl/L。

4. 营养液管理 营养液管理是无土栽培专有和重要的技术。水培黄瓜依靠营养液供应植株生长和果实发育所需的矿质营养和水分，因此应持续进行营养液供应。黄瓜无土栽培可使用日本园试通用配方、日本山崎黄瓜专用配方、华南农业大学果菜配方等营养液配方，3种配方对黄瓜产量影响不大。也可采用山东农业大学黄瓜配方，即大量元素用量：硝酸钙

900 g/t、硝酸钾 810 g/t、过磷酸钙 850 g/t、硫酸镁 500 g/t，微量元素通用。

开花前营养液浓度应控制 EC 在 1.4 mS/cm 左右；开花后浓度可逐渐升高，EC 控制在 2.0 mS/cm 左右；果实膨大期浓度应进一步提高，EC 为 2.56 mS/cm 左右。在收获盛期应适当增加磷、钾元素的供应量，同时应注意补充硼素和铁素营养。黄瓜对营养液酸碱度要求为 pH 5.6～6.2。

可按补水量的 70%补充各种肥料，即补水量为 1 000 L 时，应按 700 L 营养液所需肥料量加入。冬季肥水供应间隔时间不宜长，防止大量水分补入后造成液温剧烈波动而发生生理障害。而高温季节由于蒸腾量大，吸收肥水量也大，应及时补充肥水。黄瓜水分需求量一般为每天每株 1～2.5 L，营养液浓度在夏季稍稀些，冬季稍浓些。一般白天供液 6～8 次，夜间供液 1～2 次。

黄瓜根系对氧的需求量在果菜类中属于较高的作物，要求营养液中有较多溶存氧。但一般所采用的间歇供液法对黄瓜溶氧量没有明显影响。在深液流水培中，采用液面下降供氧法效果较好。这种方法是在停止供液时，种植槽中营养液徐徐流回贮液池中，当栽培槽中液位降低到一定程度时再开始供液，如此反复，使黄瓜植株生长势强、产量高。

黄瓜基质培多采用开放式滴灌供液，即在苗期每天每株供液 0.5 L 左右，从开花期到采收期供液量逐渐增加至 2～2.5 L。一般白天供液 2～4 次，夜间不供液，供液时允许 10%左右营养液从基质中排出。每隔 7～10 d 应滴 1 次清水以冲洗基质中积累的盐类。基质栽培使用的营养液配方及浓度与水培相同，供液应以保持基质湿润为原则，不宜饱和，否则造成根系缺氧影响正常生理功能。

采用有机基质无土栽培技术，可根据情况利用各种不同的复合基质，一般多采用槽式栽培。栽培基质一般每立方米混入 10 kg 消毒腐熟鸡粪和 0.5 kg 磷酸二铵作底肥。在定植后初期（10～20 d）一般滴灌清水即可，以后根据植株营养状况，每 20 d 追施 1 次消毒腐熟鸡粪，追肥量为 0.8～1.0 kg/(m^2·次)，根据栽培期长短追肥 5～8 次。如果出现缺素症状，可采用以下方法进行调节：对于缺氮，可每立方米基质追施尿素 0.2 kg，并结合叶面喷施 0.3%尿素；对于缺磷，可每立方米基质追施 40%磷酸二氢钾复合肥 0.5 kg，并配合 0.2%浓度叶面喷施；对于缺钾，可每立方米追施硫酸钾 0.2 kg，并叶面喷施 0.2%浓度磷酸二氢钾。

5. 植株调整　黄瓜的植株调整包括绑（吊）蔓、整枝、摘心、打杈、摘叶等作业。无土栽培一般不采用搭架方式，而以吊蔓栽培为主要形式。在吊蔓之前，首先在栽培行上方拉挂铁丝，然后将聚丙烯塑料绳一端挂在铁丝上，另一端固定在黄瓜幼苗真叶下方的茎部，将植株向上牵引。当植株长至 7～8 片真叶时即可吊蔓，定期将黄瓜蔓缠绕在吊绳上使之绕吊绳向上伸长。

黄瓜植株调整应根据品种特性、栽培目标及设施性能来确定。一般以早熟、短季节栽培为主，只将基部侧枝、卷须、花芽去掉，当植株长到铁丝高度时进行摘心，主蔓瓜采收后，再利用侧蔓回头瓜提高产量。对于日光温室或现代温室较长季节栽培方式，将植株 1 m 以下（12～13 片叶）的卷须、侧枝、花芽全部除去，只留 1 m 以上的花芽。当植株长至 2 m 左右（20～21 片叶）时应即时摘除茎部老叶，植株长至 2.5 m 左右（25～26 片叶）时摘除顶芽。侧芽长出后，绕过铁线垂下，利用侧蔓结瓜。一般每周整枝 2～3 次（打老叶、除侧枝、除卷须、疏果等）是获得优质高产的关键措施。

黄瓜整枝方式一般有单干垂直整枝、伞形整枝、单干坐秧整枝和双干整枝（V 形整枝）

等方式（图 10-4）。

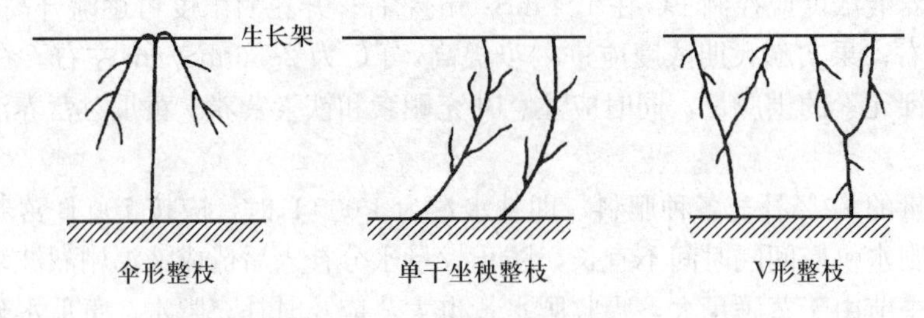

图 10-4 无土栽培黄瓜整枝方式

果实为长型的黄瓜品种一般采用伞形单干整枝，植株长至 1 m 以上高度时开始留果，早熟品种留果结位可适当降低。果实为短型的黄瓜品种一般从第四节开始留果，侧枝生长旺的品种也可在侧枝留 1～2 果后再摘心，整枝方法可采用单干坐秧或单干伞形整枝。夏季栽培为提高光合作用，充分利用夏季温光资源，可采用双干整枝。摘除主蔓 5 节以下所有花芽和侧蔓，在第六节开始留一侧枝并培养成为另一主蔓，以后保持双干生长，为 V 形整枝。

为了判断和评价肥水管理及环境调控措施是否合适，在进行植株调整的同时，应对植株生长状态进行观察和分析，以便及时进行调整。观察主要集中在茎、叶、生长点及花上。

（1）茎蔓　正常节间长度为 12～15 cm，昼夜温差过小容易导致节间过长，低 EC 值或高根压可导致茎基部开裂，从而容易感病。

（2）叶片　叶片的颜色可以反映出植株缺素的种类和程度，通过对叶片观察，可以初步判断植株缺素情况。

（3）生长点　植株生长点是最活跃、也是最敏感的部位。植株顶部生长瘦弱、花发育不良、卷须生长细弱时，可缩小昼夜温差 2～4 d，然后提高昼温，降低夜温，昼夜温差达到 10 ℃以上，2～3 d 后可有新花长出。植株生长点粗短紧缩，并伴有大花形成，卷须生长旺盛，表明植株营养生长差，要求给予较高的昼夜温度，平均温度应在 24 ℃左右，直到新的侧枝出现及花数增加。

植株顶部褪绿或有轻微斑点，通常是暂时性缺铁所致。当结果过多而光照较差时，即使根部有足够的铁供应，也会造成生长点缺铁。中午前后提高营养液的 EC 值，可缓解缺铁症状。若生长点呈深绿色，可能是由于灌水不足导致，傍晚前增加供水次数或夜间灌水 1～2 次可缓解这一症状。

（4）花器官　花的颜色偏淡，可能是相对湿度过高所致，可适当降低空气湿度，增加湿度饱和差，但应注意湿度过低会对植株生长产生抑制。花芽或幼果发育不良，可能是光照过弱，可适当降低环境温度；也可能是开花过多、根系受到伤害、过度打老叶或除侧枝所致。因此，每周最多只能打掉 1～2 片老叶及 1 个侧枝。

（5）果实　长型果实偏短，主要是昼夜温差过小或湿度饱和差过小所引起，昼夜温差在 6～10 ℃有利于细胞伸长，可保证果实正常生长。此外，经常出现的蜂腰瓜、大头瓜、尖头瓜等畸形瓜均为低温弱光等不适宜的环境条件所致。

6. 病虫害防控　黄瓜病害种类较多，危害不同部位的侵染性病害有 20 多种，主要有霜霉病、黑星病、白粉病、灰霉病、细菌性角斑病等。黄瓜虫害主要有蚜虫、红蜘蛛、棉铃虫等，近年来温室白粉虱发生也日趋严重，防治方法首先是做好棚室及内部栽培设施的消毒，切断病虫害来源，然后再配合化学药物防治。

（五）采收、包装和贮运

1. 采收　黄瓜以嫩果食用，而且持续结果。因此，要适时、及时采收。否则，不仅影响果实质量，还会发生坠秧并影响以后果实的发育，进而影响产量。采收期的确定应根据品种特性和消费习惯，对于出口产品应根据进口国的产品质量标准进行采收。

我国北方地区传统习惯消费顶花带刺的嫩瓜，因此可适当早采。一般在雌花闭花后 7～10 d，果皮颜色由淡绿色转为深绿色即可采收。此时短型黄瓜长度 15～18 cm，单瓜重 200～250 g；长型黄瓜长度 30～40 cm，单瓜重 400～450 g。

小型水果黄瓜（短型黄瓜）一般每天采收 1 次，长型黄瓜每 2 d 采收 1 次。采收时在果实与茎部连接处用手掐断，果实的果柄必须保留 1 cm 以上。采收一般在早晨和上午进行，主要是为避免果实温度过高，否则不仅影响贮运，还因温度过高导致水分散失加快，降低新鲜度，影响品质。采收的产品应避免在阳光下暴晒，应及时运出棚室至阴凉处保存。采摘应使用专用采摘箱，禁止使用市场周转箱采摘，否则易将病菌和病毒带入温室、大棚而传染病害。

2. 分级包装　黄瓜产品采收后，必须根据不同标准进行分级和包装。分级标准一般根据黄瓜颜色、大小、弯曲度等指标确定，不同目标市场、不同消费用途的分级指标不同。但不论什么标准，都不允许有畸形果、病果。分级后应对果柄进行修剪，按要求剪成 1 cm 或 0.5 cm 长。

分级后的黄瓜根据市场或客户要求进行包装，外包装可用市场周转箱，有钙塑箱、纸箱等。有些情况下也需要内包装，主要是采用塑料薄膜进行包装，可带有托盘，也可不带托盘。这种包装不仅保护黄瓜果皮免受伤害，还可起到贮藏作用，称为自发生气调薄膜包装（MAP）。

3. 贮藏与运输　黄瓜果实采收后，有条件应进行预冷并进行冷藏或在冷藏条件下运输。黄瓜贮藏或运输应在低温下进行，但温度不能过低，一般不能低于 10 ℃，否则会出现冷害。在适宜条件下，即温度 12～13 ℃、相对湿度 90%～95%、O_2 浓度 2%～5%、CO_2 浓度 0～5%，黄瓜果实可贮藏 20～40 d。贮藏时注意与其他蔬菜及果品分开，一方面避免吸收其他产品气味而影响质量，另一方面避免呼吸跃变型果实（如番茄等）释放乙烯引起黄瓜变黄和衰老，品质变劣。

黄瓜运输，特别是长距离运输，应尽可能采用冷藏运输，并进行良好的包装，防止运输过程中发生机械损伤和衰老劣变，保持果实的最佳品质。

（六）拉秧与设施消毒

当黄瓜植株出现衰老迹象，表现为生长势减弱，新叶变小，枯叶、老叶增多，植株营养不良，结出的果实大部分为畸形果，产量也明显下降，此时应及时拉秧。

对于水培，首先停止供液，然后将植株根系从栽培槽中拔出；对于基质培，停止供液后，将植株拔出基质。待植株失水干枯后，统一收起并运至温室、大棚外进行集中处理。不允许堆放在栽培设施内部或附近，以防传播病虫害。拉秧后要进行棚室清理，并连同无土栽培设备一起进行消毒，消毒方法参见有关章节。

二、甜　瓜

甜瓜（*Cucumis melo*）属于葫芦科甜瓜属蔓生草本植物，以果实为食用器官，味道甘美，营养丰富，深受人们喜爱。甜瓜有厚皮甜瓜和薄皮甜瓜两种类型。厚皮甜瓜又分有网纹和无网纹两种类型。其中网纹甜瓜由于外观美丽、香气浓郁、肉厚汁多，成为瓜果中的珍品。甜瓜无土栽培主要选择厚皮甜瓜品种，用于生产高档精品甜瓜。

（一）对环境条件的要求

甜瓜属于喜温耐热型蔬菜作物，生长适温为25～30 ℃；根系生长温度下限8 ℃，最适为34 ℃，上限为40 ℃；茎叶生长适宜温度25～30 ℃，15 ℃以下、40 ℃以上生长缓慢。甜瓜设施栽培，要求有较大的昼夜温差，以利于苗期花芽分化和果实发育期的糖分积累。果实生长适宜昼温27～30 ℃，夜温15～18 ℃。甜瓜总体上对高温适应性强，在35 ℃高温下仍正常生长发育，至40 ℃时仍维持较高同化效能。

甜瓜要求充足而强烈的光照，生长发育要求光照时数在10～12 h以上，光饱和点50～60 klx[989～1 079 $\mu mol/(m^2 \cdot s)$]，光补偿点4 klx[72 $\mu mol/(m^2 \cdot s)$]，不耐遮阴。改善叶幕层光照条件、提高光照度、延长光照时间，是甜瓜优质高产的生态基础。

甜瓜属于耐旱植物，但由于植株和果实含水量大，对水分要求也比较高，并且因生长发育阶段不同表现出差异。一般地，苗期对水分要求较少，营养生长期要求较高，开花结实期又有所下降，果实膨大期对水分要求最高，至成熟期再度降低，采收之前要特别注意控制水分。在一天中，从早晨开始吸水量逐渐增加，至中午之前急剧增加，中午达到最大值，午后又逐渐减少。甜瓜生长环境的空气湿度不宜过高，否则引起徒长，特别是高温高湿条件可导致徒长加剧，并容易引发病害。

甜瓜根系呼吸作用强，属于好气性植物，根系生长发育和生理活性对O_2要求非常高。在基质栽培条件下，如以O_2浓度在20%条件下根系鲜重为100%，当O_2浓度降到10%时，根的鲜重只有25%。因此，甜瓜无土栽培要特别注意根际供氧充足。甜瓜地上部分茎叶均有光合能力，提高空气中CO_2浓度有利于提高植株净光合速率，可显著增加甜瓜产量。因此，甜瓜设施栽培提倡采用CO_2施肥。

甜瓜根系生长的适宜pH为6.0～6.8。pH过低造成根系环境偏酸，影响钙的吸收；pH过高则根系环境偏碱，影响钙、镁吸收并易引起锰中毒。甜瓜根系轻度耐盐，极限耐盐总盐量为1.52%，但对氯离子比较敏感，耐氯化物总盐量为0.015%。成龄植株耐盐性较幼苗强，适当提高含盐量（0.615%）可促进植株生长发育、提早成熟并改善果实品质。

甜瓜属于喜钾植物，厚皮甜瓜对氮、磷、钾三要素的吸收比例为2.7∶1∶4.3；薄皮甜瓜与厚皮甜瓜相似，为2.4∶1∶4.7。氮肥中约1/2被果实吸收，其余供茎叶生长所利用，钾、磷则主要用于果实生长发育。因此，从坐果至果实成熟，应增加营养液中钾、磷供应，减少氮素供应量。

（二）品种选择

无土栽培属于高效设施生产，以生产优质高档精品甜瓜为主，在品种选择上应以果实品质为重点，一般应选择优质高档的网纹甜瓜和非网纹甜瓜品种，也可选择优质特色薄皮甜瓜品种。在我国南方地区，由于甜瓜生长季节温度高、雨水多、湿度大，导致病害较重，因此除考虑品质外，还应特别注意品种的早熟性和抗病性问题。

目前，我国生产上栽培的优质厚皮甜瓜品种来源主要有两个方面：一是我国内地育成的品种，如新疆地区育成的有哈密瓜血统的厚皮甜瓜；二是从国外及我国台湾等地区引入的品种。由于日本以及我国台湾的厚皮甜瓜栽培历史较长，生态条件与我国南方地区相近，因此，近年我国南方地区引进和推广的优质厚皮甜瓜品种多数来自日本及我国台湾。

设施甜瓜无土栽培对品种的要求：①品种适合市场要求，风味品质好，糖度高，外观漂亮，商品性好，但不宜选种抗性差、成熟期过晚的品种。②抗性强，尤其是对低温、弱光和高湿条件有较好的耐受性，具备较强的抗病性，如对枯萎病、蔓枯病、白粉病、霜霉病、病毒病等甜瓜易感病害的抗性较强。③生长期不能太长，成熟期不能过晚，宜选择中早熟品种，这样可以保证在夏季高温多雨季节到来之前完成果实的生长发育，获得高质量的果实，这在我国南方地区特别重要。④植株生长势不能过弱，但也不能过强。生长势过弱，在生长后期，特别是果实膨大期和成熟期，植株容易发生早衰。但生长势过强，则会影响坐果和果实发育成熟，导致植株生长过旺，果实延迟成熟，品质下降。

根据试验研究和生产实践，目前可供选择的品种较多，包括厚皮甜瓜品种中甜 1 号、丰甜 1 号等，无网纹（光皮）厚皮甜瓜品种西博洛托、古拉巴、新世纪、蜜世界、状元、玉姑等，网纹类型厚皮甜瓜品种阿鲁斯系列品种、翠蜜、海蜜 2 号、海蜜 5 号等，哈密瓜类型的 9818、雪里红、仙果等。近年我国各地科研机构培育出一些优良的厚皮甜瓜新品种，可在无土栽培中应用。

（三）栽培季节与方式

1. 栽培季节　由于甜瓜属于喜高温不耐低温的蔬菜作物，在无加温或保温条件不良的情况下，冬季不能进行甜瓜栽培。南方地区由于夏季进入梅雨季节后，雨量增加，气候阴湿，与甜瓜生长发育要求强光、高温、干燥的生态环境不符，夏季也不适宜甜瓜栽培。

因此，我国不论在南方、北方，普遍可以进行春、秋两季栽培，根据不同栽培地区气候条件进行春提早或秋延迟栽培。北方地区也可加一茬夏季栽培，如有加温条件，也可增加一茬越冬栽培。总之，根据甜瓜生育期和生长发育特性，一般生长期仅 100～120 d，每株留果仅 1～2 个，生长周期短，只要有一定的设施环控条件，一年至少可进行 3～4 茬栽培。

在长江流域，厚皮甜瓜可进行春、秋两茬栽培。春提早栽培在 12 月至翌年 1 月育苗，1 月中下旬至 2 月上中旬均可定植，尽量在梅雨季节前采收完毕，6 月底前拉秧；秋延迟栽培在 7 月育苗，7 月下旬至 8 月上旬定植，10 月下旬拉秧。

2. 栽培方式　甜瓜无土栽培可采用水培（营养液栽培）和基质栽培，两种方法都能收到良好效果。

（1）营养液栽培　营养液栽培是甜瓜无土栽培最早应用的一种形式，也是技术上比较成熟的一种形式。国外无土栽培发达国家及地区如日本、欧洲、美国等采用较多。营养液栽培可采用深液流技术（DFT）或营养液膜技术（NFT）。这两种方法在管理上可实现标准化和精确化，甜瓜成熟期早、产量高、品质好，特别是对于网纹甜瓜，可使其网纹更加漂亮。但对管理水平要求高，技术难度大，不易被掌握，同时一次性投资也较大。

（2）基质栽培　基质栽培可采用岩棉培、无机基质培、有机基质培等形式。

① 岩棉培：岩棉培在国外应用较多，栽培甜瓜效果较好，管理技术也比水培容易，如欧洲、美国、日本多采用开放式滴灌岩棉培。但在我国由于农用岩棉生产量少、成本高、废弃岩棉不易处理等问题，岩棉培应用较少。

② 沙培：沙培是以栽培槽或栽培盆钵为容器，以沙为栽培基质，利用非循环方式供应营养液和水分的一种栽培方式。利用这种方式进行甜瓜栽培，基质取材方便，管理相对容易，但也存在基质沉重搬运困难、盐分容易在基质表面积累形成“盐霜”而危害植株茎基部等问题，栽培过程中需经常用清水冲洗基质，每 1～2 个月用较大量清水冲洗表面。我国新疆哈密和吐鲁番等沙漠地区，沙培基质栽培哈密瓜已形成规模，是我国沙培甜瓜的主要

产区。

③ 有机基质栽培：以各种有机基质或复合基质为栽培基质，采用地槽式、砖槽式、袋式、盆钵式等形式进行甜瓜栽培，是我国厚皮甜瓜无土栽培的主要方式，近年发展迅速。采用这种方式，栽培基质来源广泛，可充分利用不同地区自然资源，除天然有机基质泥炭（草炭）外，常用的基质原料有作物秸秆、造纸芦苇废渣、菇渣、锯木屑、蔗渣、炭化稻壳（砻糠灰）等，但一般均需要经过粉碎、发酵等加工过程才可应用。由于单一基质理化性质不能完全符合栽培要求，最好将不同基质按一定比例混合，形成复合基质。常用的方法是以一种有机基质为主，配合使用1～2种其他基质，最好能加入一定比例的无机基质，如蛭石、煤渣等。例如，泥炭、炉渣、水洗沙按4∶3∶3混合，草炭、炉渣、蛭石、树皮按4.6∶1.5∶1.5∶2.4混合，泥炭、煤渣、珍珠岩按1∶1∶1混合等。

中国农业科学院蔬菜花卉研究所研究开发的有机生态型无土栽培技术已成功应用于甜瓜栽培，南京农业大学等单位研究开发的以发酵苇末为基质、以专用无土栽培盆钵为容器的厚皮甜瓜避病栽培在长江流域也获得成功应用。

以南京农业大学研究开发的专用无土栽培盆钵栽培为例。当甜瓜幼苗生长到3～4片真叶时定植，定植密度按甜瓜品种生长势而定，长势强的品种如西域1号，采用1.6 m行距，栽培盆之间距离0.55 m（株距0.55 m），每盆定植2株，每667 m^2摆放758盆，定植1 516株；长势较弱的品种如海密2号、西博洛托等，采用1.5 m行距，0.5 m株距，每667 m^2摆放900盆，定植1 800株。栽培基质可采用有机基质、复合基质或沙。定植后如春季温度较低，可将栽培盆集中保温；当气温明显而稳定升高，最低温度高于8 ℃后，可将栽培盆按预定行株距摆开，连接供液管路和回流管路。

（四）管理技术

无土栽培是一种高投入、高产出的优质高效栽培形式，因此，对栽培管理要求比较高，一切技术工艺都要按高效模式进行，尽可能进行精细化、规范化、标准化操作。

1. 育苗　甜瓜对育苗要求较高，应采用不同形式的护根育苗，如穴盘育苗、营养钵育苗、岩棉块育苗。穴盘育苗一般采用72孔的穴盘，如果使用的是未经处理的种子，则在播种前应对种子进行消毒处理。有条件的可采用嫁接育苗，有利于提高抗性，可有效防治病害。

（1）轻基质穴盘育苗　甜瓜适宜小苗定植，应采用轻基质穴盘育苗，在连栋温室内扣小拱棚再铺设电热线进行早春育苗。可采用128孔（夏秋季节）或72孔（早春季节）穴盘育苗；如采用营养钵育苗，可选用6 cm×6 cm或8 cm×8 cm的营养钵为育苗容器，育苗基质可用发酵苇末或发酵苇末和蛭石、珍珠岩按2∶1∶1混合而成，也可用泥炭、蛭石和珍珠岩按2∶1∶1的比例配制的复合基质。

播种前，甜瓜种子先用10%磷酸三钠溶液浸种30 min，用清水冲洗后再用0.1%高锰酸钾溶液消毒15～20 min，然后用温水浸种4 h，充分搓洗后于25～30 ℃的温度下催芽，胚根刚露白（长度2～3 mm）时即可播于穴盘或营养钵中。每穴播1粒发芽的种子，播后覆盖基质，稍压实后刮去多余的基质，浇透水放在适温处出苗。

播种后全天控制温度在28 ℃左右，60%出苗后，白天控制温度在25 ℃，夜间15～18 ℃，以防徒长。根据基质的干湿情况及时淋水，可不浇营养液，只浇清水。当幼苗长至2～3叶时，每周喷施日本园试通用营养液1/2剂量1～2次，每次必须浇透。为防止苗期病害发生，可喷1～2次保护性杀菌剂。当日历苗龄20～30 d，秧苗长到3～4叶时即可定植。

如果是秋季栽培，根据情况可进行种子直播，也可进行育苗栽培。育苗可在7月下旬至8月上旬进行。夏秋育苗应注意控制温度，防止幼苗徒长。可采用加强通风和覆盖遮阳网来控制温度、减少光照。秋季甜瓜育苗，苗龄应比早春育苗小，日历苗龄15 d左右，秧苗长至2叶1心时即可定植。

（2）嫁接育苗　与黄瓜和西瓜相比，甜瓜嫁接对砧木选择更加重要，因为砧穗组合不仅应该具有良好的亲和性，还要求砧木不能对接穗品种的果实品质产生不良影响。研究和生产实践表明，杂交南瓜砧木强力新土佐、瓠瓜砧木超丰2号以及冬瓜等均可作为甜瓜砧木。嫁接以顶斜插接效果好，嫁接速度快，成活率高。

2. 定植　当甜瓜幼苗具3～4片真叶时即可定植。定植时要注意保护根系完整和不受伤害，不论是营养液栽培还是基质培，均不需去除育苗基质。定植在一天当中均可进行，但对于没有加温条件的园艺设施，以晴朗天气的上午定植为好。如果育苗场地与定植场所相距较远，秧苗运输时应注意保温防晒和防止冷害、冻害，可用报纸或无纺布遮盖。

无论槽培、袋培还是盆栽，普遍采用双行定植。定植密度依品种、栽培地区、栽培季节和整枝方式而有所不同，一般控制在每667 m^2 定植1 500～1 800株。小果型品种、早春栽培、西北地区及单蔓整枝密度可高些，大果型品种、秋延后栽培、南方地区及双蔓整枝密度可适当低些。

3. 环境调控　定植后1周内应维持较高的环境温度，白天在30 ℃左右，夜间在18～20 ℃。为防止高温对植株造成伤害，可适当增加环境湿度。在开花坐果期，白天控制温度为25～28 ℃，夜间15～18 ℃，温度过高要适当通风。在果实膨大期，白天温度应控制在28～32 ℃，夜间在15～18 ℃，保持13～15 ℃的昼夜温差。开花后至果实采收，应降低棚内湿度，有利于防止病害发生。

整个生长过程要保持较高的光照度，特别是在坐果期、果实膨大期和果实成熟期，较高的光照度有利于提高植株光合作用，促进坐果和果实膨大，增加果实含糖量，提高果实品质。

在保温的前提下，应加强通风换气以降低环境湿度，环境相对湿度控制在60%～70%为宜。有条件的应增施 CO_2 气肥，浓度为1 000 μl/L左右。总体上，在甜瓜生长期，环境调控应以增温、降湿、通风、透光为原则。

4. 肥水管理　无论是营养液栽培还是基质栽培，肥水管理都是最重要的管理环节。营养液配方可选用日本山崎甜瓜专用配方、园试通用配方及静冈大学甜瓜配方，均可获得较好的效果（表10-3）。

表10-3　园试、山崎甜瓜大量元素配方（mg/L）

化合物名称（分子式）	园试通用配方	山崎甜瓜配方	静冈大学甜瓜配方
硝酸钙［$Ca(NO_3)_2 \cdot 4H_2O$］	945	826	944
硝酸钾（KNO_3）	809	607	—
磷酸二氢铵（$NH_4H_2PO_4$）	153	153	114
硫酸镁（$MgSO_4 \cdot 7H_2O$）	493	370	492
硫酸钾（K_2SO_4）	—	—	522
总盐含量	2 400	1 956	2 072

注：微量元素配方通用。

甜瓜对养分吸收可分为3个时期：①授粉之前的营养生长期，植株对肥水要求较高，吸收水分呈逐渐增加趋势；②授粉至果实膨大期，植株对肥水吸收继续提高，特别是对矿质营养要求较高；③果实膨大期至成熟期，对肥水要求逐渐减少，尤其是对水分要求明显减少。因此，肥水管理应根据甜瓜对肥水需求特性进行。生长前期可采用完全剂量营养液，中后期逐渐降低，由2/3剂量再降到1/2剂量。根据试验，苗期采用1剂量营养液（日本山崎甜瓜营养液）、花期用2/3剂量营养液、网纹形成期用1/2剂量营养液效果较好。

目前，甜瓜无土栽培的营养液供应还没有达到精确定量，大多是根据植株大小和生长发育情况，再根据天气情况人为控制。一般是幼苗期每1～2 d供液1次，成龄期每天供液1～2次，每次供液量根据植株大小每株0.5～2 L不等，原则是植株不缺素、不发生萎蔫，基质水分不饱和。此外，晴天可适当降低营养液浓度，阴雨天和低温季节可适当提高营养液浓度，一般以1.2～1.4个剂量为好。

在网纹形成期宜控制水分供应，否则网纹形成不均匀，易造成果皮开裂。果实成熟期供水过多使果实含糖量下降，品质变差，因此在采收前10 d左右应控制供水。

5. 植株调整 植株调整对于甜瓜栽培非常重要，每株留蔓数、每蔓留瓜数、坐果节位对甜瓜品质和产量及成熟期都有显著影响。据上海农业科学院园艺所的研究，在岩棉培条件下，网纹甜瓜以双干整枝留2果产量高于双干整枝留4果和单干整枝留1果或2果，但单干整枝留1果在单瓜重、可溶性固形物含量、外观形态及早熟性方面均表现最好。

以单蔓整枝为例，植株长到22～24片叶时摘心控制植株高度，留果节位在12～16节，12～16节位以下侧枝全部打掉，以上侧枝除最顶部留1～2蔓外，其余也全部打掉，12～16节所有子蔓留1～2叶摘心。

甜瓜坐果性差，需人工辅助授粉才能坐果，授粉在8:00～11:00进行，也可利用蜜蜂授粉，一般将熊蜂提前1周放入温室驯养。授粉后3 d，子房开始膨大，1周后当幼果有鸡蛋大小时应及时定瓜，选留节位适中、果形周正、无病虫害的幼果。留果原则一般为1蔓1果，对于小果型品种，为提高产量可1蔓2果，其余瓜要及时去除以防消耗营养。

6. 病虫害防治

（1）病害防治 甜瓜病害主要有蔓枯病、霜霉病、白粉病。病害的有效防治是甜瓜栽培成功的关键技术之一，应采用以物理防治、生物防治为主的综合防治方法进行。

① 品种选择：甜瓜品种之间的抗性差异显著，选用抗病耐病品种，可显著地减轻病害的发生，是病虫害防治的有效途径。

② 种子处理：利用药剂处理可有效切断种子病源。根据区域发病的特点选用不同的药剂进行药剂浸种或拌种。长江流域及东部地区以防蔓枯病为主，一般选用2.5%适乐时悬浮种衣剂包衣播种，也可用50%多菌灵500倍液浸种30 min，对多种病害有很好的防护作用。此外，可以用10%磷酸三钠溶液浸种30 min，用清水冲洗后再用0.1%高锰酸钾溶液消毒15～20 min，可有效杀灭寄附在种子表面的病菌。

③ 栽培设施消毒：清理设施内枯枝残叶，种植前用硫黄进行熏蒸并高温闷棚。高温闷棚和药剂熏蒸两项措施可以单独进行，也可联合进行，对甜瓜病害防治都能收到良好的效果。

④ 环境控制：根据病害发生规律，人为调节控制温、湿度，使环境条件利于植物生长，

抑制病害发生和发展。利用晴天中午高温高湿闷棚，棚内温度升至 38 ℃以上，不超过 40 ℃，以防温度过高伤害植株。维持 2～3 h 高温后逐渐放风降温，2 次处理就能达到很好的防治效果。高湿环境特别是根部高湿有利于蔓枯病的发生，可采用高畦栽培、暗沟滴灌、采用 NAU－G1 型盆栽系统、适当通风等措施，可以有效降低根部空气湿度，从而防止病害发生。

蔓枯病是一种传染性、毁灭性病害，多在茎蔓基部发病，主要是因环境湿度过高，特别是近基质表面处湿度过高而引起，应以预防为主，进行综合防治。可采用提高茎蔓基部距基质表面高度，降低近基质表面处空气湿度，对栽培环境特别是基质应彻底消毒，采用抗病砧木进行嫁接换根等。

⑤ 药剂防治：选用高效低毒低残留农药进行适时防治。霜霉病在发病初期可选用 72%可露可湿性粉剂 1 000 倍液，或 69%安可锰锌可湿性粉剂 1 000 倍液等喷雾防治。蔓枯病选用 70%代森锰锌可湿性粉剂喷雾，或发病前用 50%甲基托布津可湿性粉剂加水调成糊状涂根茎部防病，或发病后刮除侵染病部，用 50%甲基托布津或托布津加杀毒矾用水调成糊状涂抹。白粉病可选用 42%粉必清悬浮剂 160～200 倍液喷雾防治。注意农药的交替使用和混用，提高药效，避免产生抗药性。

（2）虫害防治　甜瓜虫害主要有瓜绢螟、蚜虫、红蜘蛛等。可用以下措施防治：①栽培中利用遮阳网、防虫网驱虫和隔离，可有效地阻止害虫的侵入和危害。②瓜绢螟在秋季危害较重，在 3 龄前防治，选用 25%水分散粒剂阿克泰 5 000 倍液喷雾，以幼嫩部位为防治重点，也可用 Bt 生物农药防治。③高温干燥利于红蜘蛛的发生，蚜虫四季皆能发生，可用 10%吡虫啉可湿性粉剂 2 000 倍液、虫螨克 1 000～1 500 倍液、25%抑太保 1 500 倍液等交替使用进行防治。

（五）采收、包装

1. 采收　甜瓜果实成熟后应及时采收，否则会造成过熟发酵，影响品质。用于远途运输或贮藏的果实可适当早采，一般在八成熟时采收。

采收期的判断可依据品种特性，根据果实表面颜色、网纹形状、果柄状态的变化来判断。一般地，当果皮颜色变浅，依品种不同转为黄色、淡黄色、黄绿色或乳白色；网纹甜瓜网纹充分形成；结瓜侧蔓瓜前叶片变黄、干枯，则表示已经成熟，需要采收。有些成熟期转色不明显的品种，如果皮绿色品种，可采用计算日期的方法进行，一般早熟品种授粉后 35～40 d果实成熟，中熟品种 40～45 d，晚熟品种 50 d 左右成熟，可在授粉时标记日期，根据日期采收。

采收宜在早晨冷凉时间进行，将果柄连同侧蔓剪成 T 形带蔓采收，以提高保鲜效果。网纹甜瓜不耐贮藏，在 8～10 ℃条件下可贮藏 10～15 d。

2. 分级和包装　采收后应根据商品标准进行分级，对符合标准的果实贴上商品标签，用泡沫网套包好，再装入专用包装纸箱。可按 2 个或 4 个果实装箱，中间用隔板分开，纸箱外侧要打孔 2～4 个以利通气，纸箱内可衬垫碎纸屑或泡沫材料以防止果实在箱内摇动，保护其商品性。

（六）拉秧与消毒

果实采收后要及时拉秧，先将植株根系拔出基质或栽培槽，待植株晒干后集中运出销毁，以防病虫害传播。拉秧后将基质进行翻晒消毒，同时利用夏季高温或采用药剂熏蒸进行大棚、温室消毒，为下茬栽培作准备。

第四节　叶用莴苣无土栽培技术

叶用莴苣（*Lactuca sativa*）属菊科一、二年生草本植物，因宜生食故俗称生菜。叶用莴苣营养价值较高，其维生素 A、维生素 B_1、维生素 B_2 及钙质、铁质含量都高于一些瓜果类蔬菜，叶片脆嫩爽口，可生食、凉拌或做色拉冷盘，与番茄、黄瓜并列为温室无土栽培 3 大菜类。叶用莴苣的无土栽培主要分为水培和基质栽培两种方式。

一、叶用莴苣水培技术

采用水培的方法栽培叶用莴苣可以得到品质优良、病害少、无污染、整齐度好的产品，因而是生产无公害、高档次叶用莴苣的理想方法。随着人们生活水平的提高，用于制作蔬菜色拉的多品种叶用莴苣需求量越来越大，因而叶用莴苣也逐渐成为国内外水培蔬菜面积最大的作物，在我国大城市中已成为百姓家中一种常用蔬菜。

（一）生理特性

1. 种子发芽　叶用莴苣属菊科莴苣属植物，原产地中海沿岸，性喜冷凉气候。种子发芽适温 18～20 ℃，在 15～25 ℃范围内发芽率都比较高，低于 15 ℃发芽所需天数增加，4 ℃以下几乎不发芽，25 ℃以上发芽率急剧降低，30 ℃以上多数品种发芽受阻。我国北方地区冬季寒冷，只要采取一些保温、加温措施，控制温度在 15～25 ℃范围内，使叶用莴苣种子发芽是容易的。但在夏季，要保证在高温下叶用莴苣种子能顺利发芽，就必须采取一些特殊的栽培技术。首先播种床应尽可能地设在通风凉爽的地方，并采用黑色遮阳网进行遮阳，以降低气温和地温。其次要选用耐高温、抗抽变的叶用莴苣品种，并进行低温处理。具体做法是：把叶用莴苣种子用凉水浸泡 30 min 后将水沥净，装入密闭的塑料袋，放入冰箱的冷藏室中（2～3 ℃），2 d 后取出播种。用这种方法处理的叶用莴苣种子发芽率高、发芽势整齐，播种后 1～2 d 即可全部出苗。另外，叶用莴苣种子发芽时需要光照，黑暗下发芽受抑制，这是叶用莴苣种子发芽的一大特征，切忌播种过深。

2. 生育适温　叶用莴苣生育适温是 15～20 ℃。气温 25 ℃以上时叶色变浅，30 ℃以上时叶片细长、扭曲、不结球，10 ℃以下生长缓慢，露地叶用莴苣可耐－5 ℃低温，大棚叶用莴苣可耐 0 ℃低温。叶用莴苣的结球期适温是 10～15 ℃，夏季由于气候炎热，结球不紧，变形并易烂心。

3. 抽薹和花芽分化　高温长日照促进花芽分化，生育初期的长日照影响更大。如果从发芽后约 1 个月内保持 8 h 短日照，高温期栽培也可以。北京地区一般品种在日平均气温 22 ℃以上时发生抽薹。

（二）栽培设施

目前世界上有些国家已实行了叶用莴苣机械化无土栽培规模化生产，而我国各大城市郊区生产条件与发达国家相比有一定的差距，主要利用深液流水培（DFT）或营养液膜栽培（NFT）进行生产。其中深液流水培的设施包括栽培床及贮液池、循环系统和控制系统 3 大部分。

1. 栽培床及贮液池　栽培床是水培设施的主体部分。栽培床由床体和定植板（也称栽培板）两部分组成。床体是用来盛营养液和栽植作物的装置，由聚苯材料制成，长 100 cm，宽 66 cm，高 17 cm。为了不让营养液渗漏和保护床体，里面铺一层厚 0.15 mm、宽 1.45 m 的黑膜。栽培板用以固定根部，防止灰尘侵入，挡住光线射入，防止藻类产生并保持床内营养液温度的稳定。栽培板也是由聚苯板制成，长 89 cm，宽 59 cm，厚 3 cm，上面排列直径 3 cm 的定植孔，孔的距离为 8 cm×12 cm。可以根据需要自行调整株行距，叶用莴苣可以调整为 20 cm×20 cm。

贮液池设在大棚或温室中心部位的地面下，池口与地面齐平，具体大小可根据大棚或温室的地形灵活掌握。例如，栽培用大棚长 30 m、宽 6 m，设置 6 条栽培床、12 个栽培槽，共计定植 1 900 株左右。根据定植株数及耗液量，贮液池的大小设计为 2.5 m^3。为了使贮液槽不漏水、不渗水和不返水，施工时必须加入防渗材料，并于贮液槽内壁涂上防水材料。除此之外，为了便于贮液槽的清洗和使水泵维持一定的水量，在设计施工中应在贮液槽的一角放水泵之处做一个 20 cm 见方的小水槽，以便于营养液槽的清洗。

2. 循环系统　循环系统包括水泵、阀门、管道、增氧器等。营养液循环过程为：贮液池→水泵→管道→阀门→增氧器→栽培床→排液口→贮液池。

水泵应选择低扬程、出水量 2～3 L/h（供 1 个大棚用）的，以减少水泵负荷，延长使用寿命。增氧器的主要功能是增加营养液中氧的含量，以维持根系正常生长发育对氧的要求。排液口是活动的，可以根据作物生长情况、栽培季节，调节栽培床内营养液水位的高低。

3. 控制系统　控制系统主要有定时器和控温仪。定时器用于控制水泵的运转，根据作物的生长情况、栽培季节，合理调节营养液的循环时间。控温仪主要用于冬季控制营养液加温，调节营养液的温度。

（三）栽培技术

1. 品种选择与季节安排　叶用莴苣的品种繁多，基本上分为结球叶用莴苣、花叶叶用莴苣和直立叶用莴苣 3 大类，这 3 种叶用莴苣都可以采用水培方式。叶用莴苣喜冷凉，在冬春季节 15～25 ℃温度范围内生长最好，低于 15 ℃生长缓慢，高于 30 ℃生长不良且极易抽薹开花，所以用于水培的叶用莴苣适合选择早熟、耐热、耐抽薹的散叶叶用莴苣品种，如奶生一号、精选奶油生菜、现代舞裙、美国皇帝、意大利耐抽薹生菜、玻璃生菜等品种。如作为生食和观赏目的，以荷兰红叶生菜为主。

2. 播种育苗

（1）准备好育苗盘　育苗盘规格为长 60 cm、宽 24 cm、高 4 cm，平底不漏水的塑料盘。

（2）准备好育苗基质——海绵块　叶用莴苣育苗也是采用水培方式，其育苗基质选用 3 cm厚疏松的海绵。先把海绵裁成略小于苗盘大小的块状，再栽成 3 cm 见方小块，为便于在苗盘中码平，小块相互之间稍有连接。将海绵用清水洗净，平铺于苗盘中备用。

（3）种子处理　为使叶用莴苣种子出苗齐，尤其在高温季节一定要进行低温处理。具体方法：将叶用莴苣种子在冷水中浸泡 30 min，然后控去多余的水分，用纱布包好，装入密封塑料袋中，然后放入冰箱冷藏室（温度 1～2 ℃），存放 2 d 后取出播种。

（4）播种　将浸泡后的种子直接抹在海绵块表面，每块抹上 2～3 粒。播完后将苗盘加满清水，使水浸至海绵体表面。播种后的保湿工作非常重要，每天应给种子表面喷雾 2～3 次，直至出芽。若温、湿度条件正常，2～3 d 后种子即可出齐苗。

（5）苗期管理　播后的种子保湿非常重要。每天用喷壶喷雾 1～2 次，以保持种子表面湿润，必要时盖遮阳网和薄膜。正常情况下，播后 2～3 d 即可出齐苗。播后第 10 天，当真叶展开后，喷施 2.0 mS/cm 浓度的营养液，真叶破心后间苗。叶用莴苣的苗龄一般20～30 d。

3. 定植及定植后管理

（1）定植　幼苗具 3～4 片真叶时为定植适期。秧苗过小，定植困难，成活率低；秧苗过大，根系互相缠绕，并易损伤叶片。

定植前 10 d 左右，应根据苗情适当控制水分，一方面可使基质松散便于起苗，另一方面有利于促进根系的发育。起苗时，将苗连同基质一起取出，尽量少伤根系。由于定植使营养钵孔扩大，基质容易脱出，故在栽苗前，可先加入一部分基质，然后栽苗。栽苗时先将秧苗立于营养钵中央，再将秧苗四周用基质填满，也可以先把秧苗拔起，将根系放入水中清洗，洗去基质后，直接立于营养钵内，不加基质。

（2）定植后温度管理　叶用莴苣喜冷凉气候，生长适温为 15～20 ℃，最适宜昼夜温差大、夜间温度低的环境。白天气温保持在 18～20 ℃之间，超过 25 ℃应通风降温，夜间保持 10～12 ℃，营养液温度调节到 15～18 ℃为宜，超过 30 ℃生长不良。

（3）定植后 CO_2 施肥　温室内封闭的环境易造成 CO_2 缺乏，光合抑制加剧，严重影响植株的光合作用，进而影响产量。CO_2 施肥方式很多，目前应用较多且简便易行的方法是硫酸加碳酸氢铵，通过化学反应产生 CO_2。具体方法：在金属容器中装入稀释 4 倍的浓硫酸，每天上午加 348 g 碳酸氢铵。每 667 m^2 设施内设置 10 个容器，可产生 1 000 μl/L 浓度的 CO_2，其副产物硫酸铵仍可作肥料施用。

（4）定植后水位管理　定植初期，由于秧苗小，根系不发达，因此水位要高，以距离盖板 0.5～1 cm 为宜。在适温条件下经过 10 d 左右，幼苗根长达到 10～15 cm 时，应把水位降为离盖板 2～3 cm，以利于根系和植株的生长发育。

（5）营养液的管理　叶用莴苣的营养液配方为氮、磷、钾、钙、镁 5 种元素在营养液中的质量浓度分别是 285.21 mg/L、35.25 mg/L、350.06 mg/L、228.71 mg/L 和66.04 mg/L。

为了增加营养液中氧的含量，在每个栽培槽的进水口设置增氧器。若无增氧器，增加灌液的次数也同样可以起到增氧的作用。增氧装置的水泵每运转 10～15 min，停止 15～20 min。气温高时，水泵运转时间可增加到 20～25 min，停止 10～15 min，既可增氧，又可适当降低栽培床内的水温，促进植株生长。在冬季气温较低时，可在贮液池内架设电热线，对培养液进行加温，同时缩短水泵运转和停止时间，以便提高根际温度。

营养液管理的另一个关键问题是营养液的 EC 和 pH 的管理，应根据气候条件，结合结球莴苣生长情况定期测量，记录耗水量，根据 EC 的变化及耗水量进行补水补肥，使 EC 保持在结球前以 2.0 mS/cm、进入结球期后以 2.0～2.5 mS/cm 为宜。pH 保持在 6～7，当$pH>7$时可用 HNO_3 稀溶液加以调整，当 $pH<6$ 时可用 0.5%～1.0%的 NaOH 溶液加以调整。

（6）营养液的更新与补充　叶用莴苣水培采用循环式供液的方法。每天供液 2 次，8:00 和 17:00 各 1 次，每次供液 5～10 min，温度高、光线好的天气适当延长供液时间。营养液每周更换 1 次，同时测量 EC 和 pH。营养液循环的主要目的在于增加营养液中的溶氧量，以满足植株根部对氧的需要。

（7）病虫害防治　在大棚内无土栽培结球莴苣时，由于棚内空气湿度大，再加上高温，定植密度大或管理不善极易导致早衰，或感染霜霉病、软腐病等。因此应根据气候条件和植株生长情况，在封行前及早喷药防治。

（四）采收

不结球莴苣从小苗到成熟收获都可食用。为达到较高的产量，一般情况下按生长期计算，收获期春季 90～100 d，夏季 70 d 左右，秋季 100～120 d，每 667 m^2 的产量为 2 500～3 000 kg。另外，可采用分期播种分批采收，达到周年均衡供应。

二、叶用莴苣有机生态型无土栽培技术

（一）品种选择

叶用莴苣属喜冷凉的耐光性作物，耐寒性、抗热性不强，一般在秋冬季和春季栽培。适合基质无土栽培的品种很多，如大湖 366、皇帝适合四季栽培，马来克适合秋冬季栽培。

（二）播种育苗

将草炭和蛭石按 3∶1 的比例，再加入尿素 2.0 g/盘、磷酸二氢钾 2.0 g/盘、消毒鸡粪 10.0 g/盘混配作为育苗基质，装入直径 8～10 cm、高 7.5 cm 的塑料钵中，然后浇透水，再将经浸种、催芽的种子播入营养钵内。将温度调至 15～20 ℃，以利种子发芽。以后灌溉清水以补充水分。

（三）栽培技术

1. 栽培槽的构造　建槽大多数采用砖，3～4 块砖平地叠起，高 15～20 cm，不必砌。为了充分利用土地面积，栽培槽的宽度定为 96 cm 左右，栽培槽之间的距离定为 0.3～0.4 m，填上基质，施入基肥，每个栽培槽内可铺设 4～6 根塑料滴灌带。

2. 基质配比　可选择以下基质配方进行叶用莴苣基质栽培：4 份草炭∶6 份炉渣，5 份沙∶5 份椰壳，5 份葵花秆∶2 份炉渣∶3 份锯末，7 份草炭∶3 份珍珠岩。无论何种基质，均应先腐熟，碳氮比降到 30∶1。

3. 定植　每个栽培槽可栽植 4~5 行叶用莴苣，株行距以 25 cm×25 cm 左右为宜。

4. 水肥管理　定植之前，先在基质中按每立方米基质混入 10～15 kg 消毒鸡粪、1 kg 磷酸二铵、1.5 kg 硫酸铵、1.5 kg 硫酸钾作基肥。定植后 20 d 左右追肥 1 次，每立方米追施 1.5 kg 三元复合肥（15－15－15）。以后只需灌溉清水，直至收获。

（四）采收

不结球莴苣长到一定大小即可采收，结球莴苣则需要在叶球形成后采收。采收时可连根拔出，带根出售，以表示是无土栽培产品，能够引起人们更大的兴趣和购买欲望，因而有比较好的售价。叶用莴苣采收后可经过初加工，然后采用保鲜膜包装上市，可取得更好的经济效益。

第五节　芽苗菜无土栽培技术

芽苗类蔬菜是指利用植物种子或其他营养贮存器官，在黑暗或光照条件下直接生长出可供食用的嫩芽、芽苗、芽球、幼梢或幼茎的一类蔬菜。芽苗菜中含有人体所需的各种营养物质，如维生素类的维生素 A、B 族维生素、维生素 C、维生素 D、维生素 E、维生素 K 等，氨基酸类的谷氨酸、丝氨酸、蛋氨酸等，矿物质的钙、铁、磷、钾等。此外，还含有各种活性物质、植物蛋白、脂肪和淀粉等。同时又能满足人体膳食纤维的正常需要，保证消化道畅通，促进人体健康，是一种具有丰富的营养价值、便于人体吸收、品质柔嫩、口感好、风味独特，并具有特殊保健功效的蔬菜。根据芽苗类蔬菜产品形成所利用的营养的来源不同，又可将其分为种芽菜和体芽菜两类。前者指利用种子贮存的养分直接培育成幼嫩的芽或芽苗，如大豆、绿豆、赤豆、蚕豆类以及香椿、豌豆、萝卜、荞麦、蕹菜、苜蓿芽苗等；后者多指利用二年生或多年生作物的宿根、肉质直根、根茎或枝条中累积的养分培育成芽球、嫩芽、

幼芽或幼梢，如由肉质直根育成的芽球菊苣，由根茎培育成的姜芽，以及由植株、枝条茎蔓培育的树芽香椿、枸杞头、花椒尖、豌豆尖、辣椒尖、佛手瓜尖等。

芽苗菜是近年来兴起的新兴蔬菜，此类蔬菜生产方式灵活，室内、蔬菜保护地设施和露地都可栽培，具有无公害、绿色、环保等特点。采用立体栽培可大量节约土地，有效面积扩大 3～5 倍。芽苗菜生产 5～10 d 一茬，复种指数高达 30～40，在 200 m^2 的大棚空间相当于 2 hm^2 的黄瓜、番茄的产量。现以栽培较广泛的豌豆芽、香椿芽、萝卜芽和荞麦芽的生产为例，介绍芽苗菜的立体无土栽培技术。

一、生产场地

为便于环境控制，实现芽苗菜的周年生产，生产场地应具备温度可控、通风条件好、光照好、水源充足等条件，催芽室温度在 20～25 ℃，要求生产场地白天温度达 20 ℃以上，夜晚不低于 16 ℃，并根据芽苗种类不同，提供相应的适宜光照。

芽苗类蔬菜可以通过工厂化进行大规模生产，生产厂房完全按工业使用标准设计，可分为播种、催芽、栽培、采收 4 个车间。为提高栽培环境调控能力和能源利用效益，一般多采用空闲民房或轻工业用厂房作为生产场地，并分隔成育苗室、绿化室、工作室等部分。育苗室四周墙面涂成黑色，以降低室内光照度，使之达到 200～1 000 lx，空气相对湿度为 60%～90%，温度为 20～25 ℃，严寒冬季采用水暖加温，炎热夏季采用喷雾、强制通风、空调等降温措施。绿化室是幼苗芽长 10～12 cm 后进行光照培育的地方，一般设在向阳面，安装大玻璃窗，四周墙面涂成白色，室内光照度为 3 000 lx，空气相对湿度为 60%～85%，温度 16～25 ℃。工作室供浸种、播种和芽菜包装用。

此外，芽苗类蔬菜还可以采用日光温室、塑料大棚进行非规模化生产，也可以利用居家阳台或空置房屋作为生产场地进行立体无土栽培等。

二、生产设施设备

1. 栽培装置与产品运输装置 为提高生产场地利用率，充分利用空间，可采用活动式多层栽培架，栽培架由 230 mm×30 mm×4 mm 角钢组装而成，分 6 层，每层可放置 6 个育苗盘，每架计 36 盘，底部安装 4 个小轮（其中 1 对为万向轮），可随意在生产车间移动组列。为便于产品进行整盘活体销售，采用产品集装架，其结构基本同栽培架，但层间距离缩小（22 cm），以提高运输效率，集装架的大小与防尘密封运输工具相配套。作为非规模化芽苗类蔬菜生产，立体栽培架可采用 4 cm×3 cm 方木或小于 25 mm 的角钢制作，也可搭简易架。栽培架规格可依据生产场地空间的大小设计，但层间距离不应小于 40 cm。

2. 栽培容器与基质 为适应立体无土栽培的要求，栽培容器可选用市售轻质塑料育苗盘，其规格为 60 cm×25 cm×5 cm 的标准盘。也可用木条和纱网、金属薄板制作，但要求盘底平整、通气、排水。栽培基质主要选用洁净无毒、质轻、持水力较强、使用后其残留物易于处理的无纺布、纸张、3 mm 厚的泡沫塑料片、珍珠岩粉或消毒后能继续使用的白棉布。例如冬春或晚秋利用日光温室或大棚生产时，内设栽培架用角铁组装，或用竹、木搭建，底层距地面 20 cm，其余层距 40 cm，长、宽根据场地和容器而定。用底部有许多漏水孔的器皿作容器，用轻质保湿性强的无纺布、卫生纸、白棉布等作基质。栽培室内用硫黄熏蒸消毒。容器用3%石灰水浸泡洗刷后，铺入无纺布播种。然后用无纺布盖好，再浇水。最后将栽培盘叠起，3～4个一摞，放在栽培架上，一天浇水5～6次，每次浇水时更换栽培盘方向和上下位置。每摞用黑色薄膜或双层遮阳网盖上遮光。

3. 喷水装置　根据不同生长阶段，可用塑料软管连接喷头、自来水龙头进行喷洒，或采用喷雾器及微喷装置进行定时喷水或淋水。

三、芽苗菜立体无土栽培技术

（一）芽苗菜日光温室立体无土栽培技术

芽苗类蔬菜立架无土苗盘栽培过程依次为品种选择、种子清选、浸种、播种、催芽、出盘、生长管理、产品收获。几种芽苗类蔬菜的无土栽培参数见表10-5。

表10-5　几种芽苗类蔬菜无土栽培主要技术

芽菜种类	最适浸种时间（h）	播种量（g/盘）	催芽温度（℃）	生长适温（℃）	出盘标准（芽苗高：cm）	收获标准（芽苗高：cm）	生产周期（d）
豌豆芽	24	450～500	20～25	22～25	1～2	10～15	8～9
香椿芽	24	50～100	20～25	22～25	0.5～1	7～10	15～18
萝卜芽	6～8	80～100	20～25	22～25	0.5～1	6～10	5～7
荞麦芽	24～36	160～175	20～25	22～25	1～3	10～12	9～10

1. 品种选择　可用于生产芽苗菜的种类很多，在生产上常用的有豌豆、荞麦、萝卜、香椿和花生等。种子质量要求纯度、发芽率、净度分别为93%、95%、97%。用于芽苗菜栽培品种的种子，应注意选择发芽率在95%以上，纯度和净度均高、种粒较大、芽苗生长速度快、粗壮、产量高、纤维形成慢、品质柔嫩，还应注意价格便宜、货源稳定、供应充足且无任何污染的新种子。经试验和品种筛选，采用的品种有青豌豆、麻豌豆，武陵山红香椿、河南红椿，山西荞麦、日本荞麦，国光萝卜、娃娃缨萝卜等。

2. 种子清选与浸种　种子的质量与芽苗菜生长的整齐度、商品率以及产量密切相关。因此用于芽苗菜生产的种子除采用优质种子外，在播种前要进行种子清选，剔去虫蛀、破残、畸形、腐霉、瘪粒、特小粒以及已发过芽的种子。香椿由于高温下种子极易失去发芽力，因此必须选用未过夏的新种子，使用前需揉搓去翅翼，筛除果梗、果壳等杂物。荞麦应晒种1～2 d，并筛去不饱满、成熟度较差的种子，也可用盐水进行选种。杂质较少的萝卜、花生种子可直接用于生产。经过清选的种子先在清水中淘洗1～2次，待洗净后在20 ℃左右的水中浸泡，浸泡时间见表10-6。

表10-6　几种芽苗菜种子的浸泡时间、催芽温度及播种量

种类	浸种时间（h）	播种量（g/盘）	催芽温度（℃）	催芽时间（d）	采用基质
豌豆	24	450～550	20	2～3	纸
萝卜	6～8	75～100	20	1～2	纸或无纺布
荞麦	24	150～175	25	2～3	纸
香椿	24	50～75	25	4～5	纸+珍珠岩粉
花生	24	1 250	25	2～3	纸

经清选的种子即可进行浸种，作业程序：先清洗苗盘、浸湿基质，然后在苗盘内铺基质(豌豆和荞麦采用纸作基质，萝卜和香椿多采用白棉布或3 mm厚泡沫塑料作为基质)，撒播种子。接着进行叠盘上架，并在每一摞叠盘的上下覆垫保湿盘，完成后即可送催芽室进行催芽管理。一般可用20～30 ℃的洁净清水先将种子淘洗2～3次，待干净后浸泡，水量需超过种子体积的2～3倍。浸种时间冬季稍长，夏季稍短，一般豌豆、香椿1 h。浸种结束后，再对种子轻轻揉搓，冲去种皮，沥去多余水分待播。

3. 播种及催芽 将纸张平铺于栽培盘中，纸张的尺寸应略大于盆底的尺寸，然后用清水将纸湿润，把已浸泡好的种子依所需量均匀撒在纸床上，播种之后苗盘叠放整齐，一般8～10盘为一摞。最上层用湿麻片盖住，放置在温度较适宜的地方进行催芽。当种子芽长到0.5～1.0 cm长时，即可将苗盘置于栽培架上。各种芽苗菜催芽所需时间见表10-6。

紫芽香椿种子发芽需要较长的时间，因此在播种前要先进行常规催芽。在铺有湿布的苗盘内，放入500～750 g已经浸过种的种子，种子上覆盖湿棉布，苗盘上下再覆垫保湿盘。在正常情况下，经过4～5 d，当60%以上的种子露芽时即可播种，所以紫芽香椿播种的是已经出了芽的种子。此外，紫芽香椿也可用珍珠岩作基质进行栽培。将珍珠岩拌湿，用2 000 ml铺底，抹平后播种，再用1 000 ml盖严种子，播完后不进行叠盘催芽可直接进入栽培车间。芽苗菜播种时要注意按照种子的大小不同调节好播种量。龙须豌豆苗每盘以播种500 g左右种子为宜，芦丁苦荞每盘可播150～170 g，娃娃缨萝卜菜播60～100 g，紫芽香椿播30～50 g。

播种完毕的芽苗菜，再进入催芽车间进行叠盘催芽。夜间要求室温保持在20～25 ℃，每天定时进行一次喷雾或淋水，并进行“倒盘”，以调换苗盘的位置。在正常情况下，经过2～6 d的催芽，芽苗达到1～3 cm高时，便可“出盘”。“出盘”时，将叠卧的苗盘一层层单放在栽培架上，然后进入栽培车间进行培育管理。

4. “出盘”后的管理 为满足芽苗菜对温度、水分和光照的要求，栽培车间应通过暖气或空调机调控、通风、遮光、空中喷雾等方法进行温度调控，使室内温度稳定在18～25 ℃。生长期间应根据蒸发量和湿度状况，每天对芽苗菜进行2～3次喷雾或淋水，浇水量以喷淋后苗盘内基质湿润但不大量滴水为度，同时还要喷湿地面，使车间内空气相对湿度经常保持在85%左右。

(1) 光照 由于不同种类芽苗菜对光照要求不同，因此，必须将较喜光的芦丁苦荞和娃娃缨萝卜菜安排在强光区，将较耐弱光的紫芽香椿和龙须豌豆苗分别安排在中光区和弱光区为宜。芦丁苦荞每盘可播150～170 g，娃娃缨萝卜菜播60～100 g，紫芽香椿播30～50 g，种子发芽率低应加大播种量。大多数芽苗菜都是在较弱光照、高湿的环境条件下栽培的，但因品种的不同对光照、温度、水分等条件的要求也有较严格的区别。因此，要求采取相应措施进行科学的管理。

豌豆、花生在整个生长周期中所需的光照度要比荞麦、萝卜、香椿弱得多。因此，在日光温室中生产芽苗菜，栽培架采用黑色塑料遮阳网覆盖遮光。豌豆、花生栽培架应用一层黑色塑料网再加一层深色无纺布覆盖。其他几种芽苗菜栽培架只需覆盖一层黑色塑料网纱。两层覆盖下生产出的豌豆芽呈嫩黄色，茎较细长，纤维含量少。若进行一层覆盖生产芽苗菜，虽芽茎较粗且芽苗呈深绿色，但纤维含量较高，适口性差，且花生芽易变为褐色。荞麦、萝卜、香椿生长前期可覆盖一层塑料网纱，当芽苗植株长到12 cm左右时，揭去覆盖塑料网纱进行自然光照射。几种芽苗菜光照度指标见表10-7。

表 10-7　几种芽苗菜光照度指标（lx）

种类	最低光照度	最适光照度	最高光照度
豌豆	黑暗	50～100	300
萝卜	100	1 500～2 000	3 500～4 000
荞麦	100	1 500～2 000	3 500～4 000
香椿	100	1 500～2 000	3 500～4 000
花生	黑暗	50～100	300

（2）温度与通风　各种芽苗菜对温度环境条件的要求各异（表 10-8）。在单一种类栽培区应根据不同种类的不同要求，分别通过暖气和放风管理、强制通风、空调机等进行温度调控。在混合栽培区则可调控温度在 18～25 ℃范围内。此外，应注意保持一定的昼夜温差，切忌出现夜高昼低的逆温差。在天气变暖时撤去暖气，并逐步进行平稳过渡。夏季炎热时要进行遮光、空中喷雾、强制通风和逆向通风（即中午炎热时关闭窗户，夜晚凉爽时开启窗户进行大通风）以及开启空调机等，以降低室内温度。

不同芽苗菜在生长过程中对温度的要求各异。与荞麦、香椿、花生相比，豌豆、萝卜要求的温度相对较低。因此，在温室栽培时应将豌豆、萝卜与荞麦、香椿、花生分架放置，前者栽培架可放在温室中温度较低的地方，后者放在温度相应较高的地方。冬季温室夜间温度最低不应低于 4 ℃，若低于此温度芽苗菜生长会严重受阻，此时应采取措施注意保持芽苗菜生长所需的温度。夏季最高温度不宜高于 30 ℃，注意通风换气、降低温度，保持适宜的生长温度。

表 10-8　几种芽苗菜生长适温范围

种类	最低温度（℃）	最适温度（℃）	最高温度（℃）	生长周期（d）
豌豆	6～12	12～18	20	6～10
萝卜	6～12	12～18	20	7～10
荞麦	12～15	18～23	25	8～11
香椿	15	20～25	25～30	12～15
花生	15	20～23	25	7～9

（3）水分　芽苗菜的栽培采用了不同于土壤栽培的特殊基质，种粒全部放置于基质表面，水分易蒸发。因此，需进行较频繁的水分补充。一般每天用喷雾器进行 2～3 次的喷淋，水量以种子、芽苗表面全部湿润，并使盘底基质上有薄薄一层水膜为宜，这样栽培架内相对湿度可达 70%～84%。冬季温度较低的情况下可适当减少水分喷淋次数；在特别炎热的夏季，为防止水分大量散失造成湿度过低，可适当多喷淋 1～2 次，可避免因缺水导致芽苗菜的异常生长，致使产量和品质下降。

（4）病虫害防治　为了保证产品达到绿色食品标准，应通过控制温度、湿度、通风、清洁容器和场地等生态或物理防治方法，采取严格的措施预防病虫害的发生。芽苗菜栽培与一般蔬菜栽培相同，病害时有发生。香椿在生长过程中易发生猝倒，萝卜易发生子叶腐烂，荞麦在催芽过程中易发生种子霉烂。在防治上可采取：①用 0.1%高锰酸钾溶液对种子表面进行消毒，时间 5 min。②认真清洗栽培盘，在阳光下暴晒 1～2 d。③香椿在生长过程中应适量浇水，多见光，保持较高的温度；萝卜采用“渗水”的方法将水自盘底浇入，慢慢渗透基质，绝对要避免因喷淋造成叶面水分过多而烂叶的现象。豌豆、花生一般较少发生病害。

5. 采收及包装　一般芽苗菜多以活体整盘出售。芽苗幼嫩，茎叶含有较多的水分，不致萎蔫脱水，且保持较高产品档次。在产品形成时应及时采收，用小包装出售或活体整盘上市。表 10－9 列出的是几种芽苗菜的采收标准。

表 10－9　几种芽苗菜的采收标准

种类	整盘活体出售	剪割采收小包装出售
豌豆	芽苗浅黄绿色，生长整齐一致，顶部有 2 片复叶未展开，茎长 8～10 cm，幼嫩无纤维	从芽苗茎顶部向下 8～10 cm 处剪割，采用透明食品袋或透明塑料盒包装，每袋（盒）装 200 g，封口上市
萝卜	芽苗深绿色，下胚轴白色或红色，苗高 10 cm，生长整齐，子叶展平	带根拔起，洗净根部，同样以塑料袋（盒）包装上市
荞麦	芽苗子叶绿色展平，下胚轴红色，苗高 15～20 cm，不倒伏	从下胚轴 15 cm 处剪割包装上市
香椿	芽苗浓绿，苗高 8～12 cm，子叶展平，真叶未出	带根拔起，洗净根部，包装上市
花生	下胚轴长 2 cm	以塑料袋（盒）包装上市，每袋（盒）500 g

在正常情况下，经过栽培车间 4～5 d 的培养，当龙须豌豆苗长到 10～12 cm 高、顶端复叶展开时即可上市，每盘可采收产品 300～500 g；芦丁苦荞长到 12～15 cm 高、子叶平展、充分肥大时即可上市，每盘可采收产品 400～500 g；芽苗菜中，娃娃缨萝卜菜产品形成周期短，它只需在栽培车间培育 3～4 d，当芽苗长到 8～10 cm 高、子叶开展、充分肥大时便可上市，每盘可采收产品 400～450 g；紫芽香椿由于生长较慢，需在栽培车间培育 10～15 d，当子叶平展、种壳脱落、苗高 8～10 cm 时才能上市，每盘能采收产品 350～450 g。

（二）芽苗菜水培立体无土栽培技术

以生产萝卜芽为例，先将场地门窗封闭，单位面积用纯硫黄 1 g/m^2 点燃熏蒸 4～12 h，然后打开门窗通风换气，也可用 0.4％甲醛溶液喷雾消毒。重复使用的无纺布、白棉布、盖布用高压锅消毒。栽培容器用日光暴晒 3～5 d，或用 80 ℃以上的水浸泡 15～30 min，或用 3％石灰水或 0.2％漂白粉溶液或 0.1％甲醛溶液浸泡洗刷，再用清水冲洗2～3 次。

将淋湿的无纺布铺在消毒育苗盘的盘底，均匀撒入种子，1 m^2 用种量为 250～300 g。播后用无纺布盖好，在无纺布上洒水。然后，将栽培盘放在育苗架上，一天浇水 2～3 次。24～48 h 后，胚根扎入底部无纺布内，幼芽长 1.5 cm 时，将种子上面盖的无纺布揭下，并在浇的水中添加营养液，1 kg 营养液中各类营养元素含量为氮（N）100.0 mg、磷（P_2O_5）30.0 mg、钾（K_2O）150.0 mg、铜 60.0 mg、镁 20.0 mg、铁 2.0 mg、硼 1.0 mg、锰 6.0 mg、钼 0.5 mg。添加营养液浓度由低到高，按 1/4 剂量→1/2 剂量→全液进行。在浇液的同时，改换育苗盘的方向，防止萝卜芽因见光和浇液不均匀向一边倾斜生长。3～5 d后，萝卜芽长到 10～12 cm，子叶微开，将其移入绿化室见光。一天浇水 3～4 次，用喷雾器喷洒营养液 1～2 次，2 d 后苗高可达 13～15 cm。生长过程中，如果密度过大、湿度过高，叶子上产生黑色小麻点，可用浸水法补水，即将容器底浸入水面，湿润无纺布，上部叶面不再增加湿度。严重时应销毁，以防传染。

采用工厂化生产时，也可用蛭石或珍珠岩，或草炭与炉渣灰混合物作基质。使用时，先在苗床上铺一层塑料薄膜，防止营养液渗漏。再将蛭石等基质填入苗盘中，浇透底水，播入种子。播后再盖一层基质，厚 1～2 cm。为了保湿、保温，可再盖一层地膜或无纺布或纸，并将几个苗盘叠放在一起，最上面一层盖湿麻袋，保持黑暗和湿润。出苗后将叠盘拿开，除去覆盖物。每天向苗盘喷浇营养液。喷淋时要仔细、周全，不可冲动种子，每隔 6～8 h 倒盘 1 次。当盘内萝卜芽将要高出苗盘时，及时摆盘上架，在遮光条件下保温保湿培养，经 6～7 d，芽长 10 cm 时，将遮光物揭去，使之见光绿化。见光绿化 2～3 d，苗高 8～10 cm、苗体整齐、子叶平展、充分肥大时，可整盘活体上市。苗高 13～15 cm、子叶平展、真叶未出时，连根拔起，用 18.5 cm×3.5 cm 不透明的快餐盒包装，每盒 100 g，保鲜膜封口，或用 16 cm×27 cm 封口袋包装，每袋 300～400 g，封口上市。不能及时上市者，应放到 4～10 ℃冷柜或冰箱冷藏室中贮存，保存期可达 15 d。

（三）小规模立体无土栽培技术

小规模立体无土栽培适用于家庭，可利用阳台通过纱网进行萝卜菜水培生产。

用木条或粗铁丝做框架，蒙上绷紧的 1～2 层窗纱做网筛，网筛孔以萝卜子不漏下即可。网筛大小依容器而定，常用容器为快餐店的托盘，大小为 24.5 cm×37.5 cm×2.5 cm，其他容器也可使用。场地和容器等要先消毒，将种子均匀撒在纱网上，纱网放在盛有营养液的平底容器内，使营养液高出纱网 0.1 cm 左右，托盘上覆盖薄膜。营养液的成分为 0.1%尿素或碳酸氢铵。一天中揭膜 2～3 次，每次约 30 min，使之通风换气。种子发芽后，除去覆膜，营养液面与纱网持平，使根下扎。在生长过程中，水分蒸发使液面降低，应及时用营养液补充，保持根部湿润。7～10 d 后，当子叶平展、真叶未出时，连根拔起，食用或包装上市。

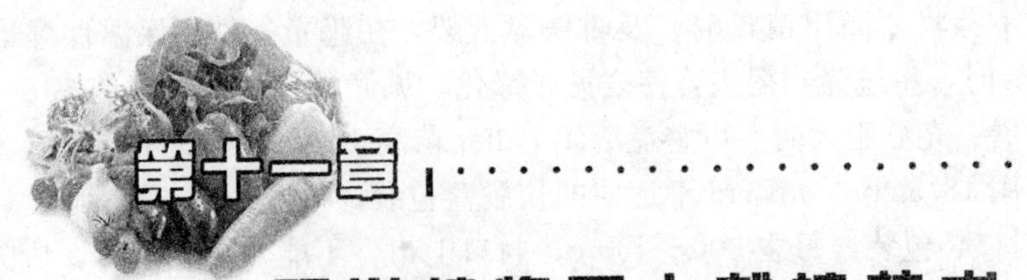

第十一章 观赏植物无土栽培技术

本章介绍了部分花卉的无土栽培技术，既包括观赏凤梨、蝴蝶兰、一品红、杜鹃花、仙客来等常见的以固体轻型基质栽培的盆栽花卉种类，又包括月季、菊花、非洲菊及红掌等近年来国内外无土栽培方式发展较迅速的切花种类。并针对每一类花卉的特点，对品种选择、栽培基质、水肥管理、环境调控、株形与花期调控、病虫害防治等无土栽培的技术要点进行介绍。

在栽培方式方面，不仅介绍花卉生产应用普遍的基质无土栽培，还介绍了近年来在我国发展较快的水培及水晶泥栽培、沙培、砾培等栽培类型。此外，鉴于屋顶绿化的发展趋势和无土草坪生产的日益普及，本章特别介绍了屋顶绿化技术，包括屋顶绿化的设计原则和类型、种植设计、植物的栽培等内容，并介绍了无土草坪卷（毯）和草坪植生带的生产技术。

第一节 概　　述

无土栽培是设施花卉工厂化生产的重要形式。以花卉业著称的荷兰，花卉无土栽培面积占保护地栽培面积的90%以上，花卉产品销往全世界，成为花卉应用无土栽培最成功的国家之一。与传统的土壤栽培相比，花卉无土栽培技术具有许多优点，具体表现在以下几个方面。

1. 科学调控，品质优良　由于人工配制的营养液可以根据不同花卉生育期养分需求特点，科学调控配方，从而有利于花卉生长发育，培育出的花卉具有花多型大、味浓色艳、花期长和花期可控等特点。

2. 节约养分、水分和劳力　土壤栽培花卉所施用的养分和水分利用率低，大量营养及水分流失或蒸腾，同时在管理上费工费时。无土栽培只需定期补充配制好的营养液，操作简便，省工省时。

3. 清洁轻便，病虫害少　土壤栽培在浇水过程中，花盆底部易漏污泥浊水，易污染环境且又笨重，并容易带来病虫害。无土栽培采用疏松透气的轻基质和无机元素配制的营养液，既清洁卫生，又减少了病虫害的发生。

4. 栽培灵活，美化生活　无土栽培便于按照花卉不同生育期的需要提供最适当的水肥条件，只要通风、透光条件许可，可以充分密植和立体化栽植，单位面积产量高。无土栽培的生长环境较适宜，花卉生长迅速，产花周期短，单位面积产花量较高。此外，用营养液或其他基质栽培花卉，配以各种精巧别致、造型美观的器具，也提高了花卉的观赏价值。目前全世界以荷兰为中心，已广泛应用无土栽培技术进行鲜切花和盆花生产。

我国花卉无土栽培近年来发展迅猛，如红掌、文心兰、石斛兰等切花和凤梨、蝴蝶兰、红掌、一品红、杜鹃花等盆花的无土栽培已经普及应用。同时，随着人们生活水平的提高和居住条件的改善，室内、屋顶和城市空地的绿化日益受到重视，室内植物水培、屋顶轻基质绿化等无土栽培技术正在不断被应用于实践中。虽然无土栽培具有诸多方面的优越性，但与土壤栽培相比，无土栽培需要较大的资金投入，包括各类栽培设施、各种应用营养液来灌溉作物的无土栽培系统设备及用于配制营养液用的肥料等，导致无土栽培的成本较大，限制了其在生产中的规模化应用，目前多应用于产值较高的中高档盆花和切花生产。此外，无土栽培对基质选择、营养液配方、配套管理技术有较高的要求，且环境保护的需要对可再生、无污染替代基质的选用及营养液的循环利用等提出了更高的要求。

第二节　切花无土栽培技术

一、月　　季

月季（*Rosa hybrida*）又称现代月季，是指由原产我国的月季花（*Rosa chinensis*）、香水月季（*Rosa odorata*）等蔷薇属种类于1780年前后传入欧洲后，与原产欧洲及我国的多种蔷薇经反复杂交后形成的一个种系。现代月季栽培品种繁多，现已达20 000多个，而且还在不断增加。现栽培的月季品种大致分为6大类，即杂种茶香月季（简称HT系）、丰花月季（简称Fl系）、壮花月季（简称Gr系）、微型月季（简称Min系）、藤本月季（简称Cl系）和灌木月季（简称Sh系），其中切花品种主要为杂种茶香月季。现代月季由于四季开花、色彩鲜艳、品种繁多、芳香馥郁，因而深受各国人民的喜爱，被列为四大切花之首。

（一）生物学特性

1. 形态特征　常绿或半常绿灌木，高可达2 m。小枝具钩刺或无刺，无毛。羽状复叶，小叶3～5片，少有7片，宽卵形或卵状长圆形，长2.5～6 cm，先端渐尖，具尖锯齿；托叶大部与叶柄合生，边缘有腺毛或羽裂。花单生或几朵聚生成伞房状，花色甚多，色泽各异，直径4～5 cm，大型花直径可达15 cm，多为重瓣，也有单瓣者；萼片尾状长尖，边缘有羽状裂片；花柱分离，伸出萼筒口外，与雄蕊等长；每子房1胚珠。果卵球形或梨形，长1～2 cm，萼片脱落。花期4～10月。大多数是完全花，或者是两性花。月季花色丰富，通常可分为红色、朱红色、粉红色、黄色、白色和其他色系。

2. 生态习性　月季对气候、基质的适应性较其他花卉强，我国各地均可栽培。长江流域月季的自然花期为4月下旬至11月上旬，温室栽培可周年开花。

月季性喜温暖、日照充足、空气流通、排水良好的环境。但是过多的强光直射对花蕾发育不利，花瓣容易焦枯。一般22～25 ℃为花生长的适宜气温，多数品种最适温度白天15～26 ℃，夜间10～15 ℃。夏季高温对开花不利，如夏季持续30 ℃以上高温，则多数品种开花减少，品质降低，进入半休眠状态，植株生长不良，虽也能孕蕾，但花小瓣少，色暗淡而无光泽，失去观赏价值。月季较耐寒，一般品种可耐－15 ℃低温，冬季气温低于5 ℃即进入休眠。

月季喜水喜肥，在整个生长期中不能缺水，尤其从萌芽到放叶、开花阶段应充分供水，基质应经常保持湿润，才能使花大而色艳，进入休眠期后要适当控制水分。由于生长期不断发芽、抽梢、孕蕾、开花，必须及时补充营养液，防止树势衰退，使花开不断。

（二）繁殖方法

月季繁殖方法有无性繁殖和有性繁殖两种。有性繁殖多用于培育新品种，无性繁殖有扦插、嫁接、分株、压条、组织培养等方法，其中以扦插、嫁接简便易行，生产上广泛采用。

1. 扦插 长江流域多在春、秋两季进行，采用多年生半木质化带叶枝条。春插一般从4月下旬开始，至6月底结束，此时气候温暖，相对湿度较高，插后25 d左右即能生根，成活率较高；秋插从8月下旬开始，至10月底结束，此时气温仍较高，但昼夜温差较大，故生根期要比春插延长10～15 d，成活率亦较高。此外，月季也可在冬季扦插，可充分利用冬季落叶后修剪下的木质化枝条，扦插时用500～1 000 mg/L吲哚丁酸或500 mg/L吲哚乙酸快浸插穗下端，可促进生根。扦插基质可用砻糠灰、河沙、蛭石、炉渣、泥炭等，单独或2～3种混合使用。插条入土深度为穗条的1/3～2/5，早春、深秋和冬季宜深些，其他时间宜浅些。

2. 嫁接 嫁接是月季繁殖的主要手段之一，该方法取材容易，操作简便，成苗快，前期产量高，寿命长。嫁接适宜的砧木较多，目前国内常用的砧木有野蔷薇（*Rosa multiflora*）、粉团蔷薇（*R. mutiflora* var. *cathayensis*）等。一般多用T形芽接或嵌芽接等方法，生长期均可进行。

如要求短期内繁殖大量特定品种，可进行组织培养，能大量培育保持原品种特性的组培苗。

（三）无土栽培技术

1. 品种选择 切花栽培的月季应具有其特殊的要求，主要包括以下几个方面：①植株生长强健，株形直立，茎少刺或无刺，直立粗壮，耐修剪。②花枝和花梗粗长、直立、坚硬；叶片大小适中，有光泽。③花色艳丽、纯正，最好具丝绒光泽。④花形优美，多为高心卷边或高心翘角；花瓣多，花瓣瓣质厚实坚挺。⑤水养寿命长，花朵开放缓慢，花颈不易弯曲。⑥抗逆性强，应根据不同栽培类型的需要而具有较好的抗性，如抗低温、抗高温、抗病虫害能力（尤其是抗白粉病和黑斑病能力）。⑦耐修剪，萌枝力强，产量高。

随着切花月季生产的快速发展，优良品种不断涌现，目前国内市场常见的品种中有红色系的黑魔术（Black Magic）、卡罗拉（Carola）、红衣主教（Kardinal）等，粉色系的黛安娜（Diana）、影星（Movie Star）、芬得拉（Vendela）、维西利亚（Versilia）、诱惑（Attracta）等，黄色系的金香玉（Golden Gate）、假日公主（Quee's Day）、阿斯梅尔金（Aalsmeer Gold）等，白色系的雪山（Avalanche）、坦尼克（Tineke）等。

2. 栽培方式及技术要点 切花月季的无土栽培通常采用岩棉培和有机基质培两种方式。

（1）岩棉培 选择生长良好、腋芽没有伸出且带5个小叶以上复叶的芽，上方留1～2 cm，下部留2～3 cm剪下。经消毒后，在下切口上蘸上生根剂，插入预先浸足水的7.5 cm或10 cm的岩棉钵内，月季插入深度约2 cm。保持18 ℃以上的温度，经30～40 d的时间，有根从岩棉钵下部伸出来，腋芽抽出小枝，此时可用EC为0.8～1.0 mS/cm的营养液施肥，待枝条伸出5 cm以上后便可准备定植。

栽培床要求稳固，栽植槽可低于地面或高于地面，宽60 cm，高20 cm，长度可根据设施的宽度确定。栽植槽建完后把岩棉制成长70～120 cm、宽15～30 cm、高7～10 cm的条块，作为月季根系生长发育的基质，每块岩棉均用银白色或黑色塑料薄膜包裹，以减少营养液散失。如果使用新的岩棉板，使用之前需用pH 5.5～6.5、EC 1.0～1.2 mS/cm的营养液浸泡后再定植。将岩棉板放入槽内进行打孔，孔距一般为25 cm×40 cm，孔的大小与岩棉钵大小相同，一般为直径7～10 cm。每个栽培床可用单行或双行岩棉条块进行栽培。通常定植密度为7～10株/m^2。

（2）有机基质培　有机基质栽培是目前国内切花月季无土栽培的主要方式。常见的有机基质有泥炭、蛭石、砻糠、珍珠岩、河沙、锯木屑、炉渣等，多混合使用，混合基质以容重0.1～0.8 g/cm^3、孔隙度60%～90%为宜。基质栽培的方式有槽式栽培、袋式栽培等，其营养和水分的供应方式应根据栽培方式而异，槽式栽培和袋式栽培则多以滴灌方式供应水分和营养液。

① 槽式栽培：槽式栽培是将无土基质装入一定容积的栽培槽中进行切花月季的栽培。每立方米混合基质可施入经腐熟消毒处理的禽粪等有机肥料5 kg、硝酸钾0.5 kg、磷酸二铵0.5 kg作为基肥。苗定植后应定期追肥，施肥间隔时间和用量视苗生长而定，营养生长旺盛期和开花期应多施肥料，可每10～15 d追施禽粪等有机肥料1.5 kg，也可同时施用硝酸钾和磷酸二铵等。此外，也可结合病虫害防治进行叶面追肥，可采用0.1%～0.5%尿素和磷酸二氢钾喷施。

② 袋式栽培：袋式栽培则采用银白色或黑色塑料薄膜袋内装栽培基质，并开孔定植栽培切花月季。其水分和营养液的供应均以滴灌方式为主，也可利用喷灌和叶面追肥方法补充水分和营养。

3. 营养液管理　切花月季无土栽培的营养液配方见表11-1和表11-2。在整个生长期

表11-1　切花月季无土栽培营养液基准配方（mg/L）

营养元素	岩棉培	基质槽培	营养元素	岩棉培	基质槽培
NO_3^--N	144	182	Fe	1.40	1.40
P	46	54	Cu	0.03	0.05
SO_4^{2-}	32	48	Zn	0.16	0.23
NH_4^+-N	7	10	Mn	0.28	0.28
K	225	235	B	0.22	0.22
Ca	120	180	Mo	0.05	0.05
Mg	18	24	EC(mS/cm)	1.5	2.0

表11-2　月季无土栽培营养液配方

化合物名称	用量（mg/L）
硝酸钙［$Ca(NO_3)_2 \cdot 4H_2O$］	490
硝酸钾（KNO_3）	190
氯化钾（KCl）	150
硝酸铵（NH_4NO_3）	170
硫酸镁（$MgSO_4$）	120
磷酸（H_3PO_4，85%）	130
螯合铁（EDTA-2NaFe）	12
硫酸锰（$MnSO_4 \cdot 4H_2O$）	1.5
硫酸铜（$CuSO_4 \cdot 5H_2O$）	0.125
硫酸锌（$ZnSO_4 \cdot 7H_2O$）	0.85
硼酸（H_3BO_3）	1.24

内营养液的pH应控制在5.5～6.5之间。营养液的浓度和供应量应根据月季植株的大小以及不同的生长季节而区别对待，一般在定植初期，供液量可小些，营养液浓度也应稍低些，EC控制在1.5 mS/cm左右；进入营养旺盛生长期后，要逐渐加大供液量，每天供液5～6次，平均每株供液800～1 200 ml，EC可提高至2.2 mS/cm；进入开花期后，可增加到每天每株供液1 200～1 800 ml。冬季或阴雨天供液量要适当减少，夏季或晴天供液量要适当加大。此外，要定期测定岩棉内营养液的pH、EC和NO_3^-－N含量，根据测定结果对营养液进行调整。

4. 整枝修剪 切花月季的整枝修剪是贯穿整个切花生产过程中的重要管理措施，直接影响到切花的产量和质量。切花月季的整枝修剪主要通过摘心、除蕾、抹芽、折枝、短截等方法，以增强树势，培育产花母枝，促进有效花枝的形成和发育。切花月季生产中由于生产栽培方式不同以及生长阶段不同，其整枝修剪的技术有较大差异，以下分别给予简单介绍。

（1）幼苗期修剪 定植后的幼苗修剪的主要目的是形成健壮的植株骨架，培育开花母枝。幼苗修剪的主要方法是利用摘心手段控制新梢开花，促使侧芽萌发。由于幼苗初期萌发的枝条多较为瘦弱，需要多次摘心。当营养面积达到一定程度后，才能萌生达到一定粗度的枝条。直径具有0.6 cm以上的枝条即可摘心后作为开花母枝（一般应摘去第一或第二片具5小叶的复叶以上部位的全部嫩叶），当植株具有3个以上开花母枝后就可以作为产花植株进行管理。

（2）夏季修剪 切花月季经过一个生长周期后，植株高度不断升高，使枝条生长势下降，切花产量和质量降低，尤其是温室栽培进行冬季产花型生产的植株必须进行株形调整，以利于秋季至冬春季的产花。传统的夏季修剪主要通过短截回缩的方法，但由于夏季植株仍处于生长期，该方法对树体伤害较大，且营养面积大量减少，不利于秋季恢复生长。现多用捻枝和折枝的方法，捻枝是将枝条扭曲下弯而不伤木质部，折枝是将枝条部分折伤下弯但不断离母体。捻枝和折枝可减少对树体的伤害，保证充足的营养面积，利于树体的复壮。生产上根据需要也可将捻枝、折枝与短截回缩的方法结合使用。

（3）冬季修剪 冬季修剪应用于月季冬季休花型栽培，在植株落叶休眠后，为树体复壮而进行的树体整形修剪。一般在休眠后至萌芽前1个月进行。通常先剪除弱枝、病虫害枝、衰老枝后，用短截的方法回缩主枝（开花母枝），一般保留3～5个主枝，每枝条保留高度为40 cm左右，具体常视品种不同而异。

（4）日常修剪 切花月季除了苗期修剪和复壮修剪以外，在生长开花期间，经常性的修剪也十分重要。日常修剪包括切花枝的修剪、剥蕾、抹芽、去砧木萌蘖以及营养枝的修剪等。其中切花枝的修剪尤其重要，因为切花枝的修剪不仅影响到切花的质量，还影响到后期花的产量和质量。通常合理的切花剪切部位是在花枝基部留有2～3枚5小叶复叶以上部位。此外，及时对弱枝摘除花蕾或摘心、短截，以适当保留叶片，增加营养面积也是非常必要的。

5. 环境调控 月季在萌芽和展叶发枝的营养生长期，浇水要逐步增加。当从营养生长转向生殖生长为主的花芽分化期，要适当控水，以防徒长不孕蕾。孕蕾期要多浇水，以利花蕾发育。开花期则要适当少浇水，防花早谢，花谢后要恢复原浇水量。进入休眠期要极少浇水。

设施内温度调控以放顶风为主，适当放腰风，每天保持温度平稳上升或下降，切不可升温或降温过快。月季在萌芽期和营养生长期，白天温度保持在25 ℃左右，不高于30 ℃，夜间温度保持在 10～12 ℃，温度不可过高，防止枝条徒长；在花蕾形成期到现蕾期，白天温度保持在 20～25 ℃之间，夜间温度保持在 15 ℃左右，不低于 8 ℃，防止盲花和畸形花的产生；开花期，白天温度在 20 ℃左右，夜间 10 ℃左右为宜。在设施内栽培月季时，夏季要遮阴、充分换气、降低室内温度。温度达 30 ℃以上又多湿则会造成病害严重，因此温室栽培多在夏季减少灌水，强迫植株休眠，等到秋季再开花。10 月下旬关闭通风口，夜温保持在 13～15 ℃，昼温 20～25 ℃，11 月中旬开始加温。

根据日照时间的长短，及时揭放覆盖物，保证每天的光照时数为 8 h 以上，尽量延长光照时间，有利于光合作用和营养物质的积累。

6. 病虫害防治　月季是病虫害发生较多的花卉，尤其在大棚、温室等环境中更易诱发。因此，在生产中应贯彻预防为主的原则，加强管理，增强植株的抗御能力。同时应该根据栽培环境特点，有针对性地选择抗性强的品种，清洁环境，控制温、湿度，并根据病虫害发生的规律及时喷施农药，控制病虫害的发生和蔓延。

通常月季生产中较易发生的病害有黑斑病、白粉病、霜霉病、灰霉病等，可利用粉锈宁、百菌清、托布津、多菌灵、退菌特、甲霜灵等防治。常见的虫害有螨虫、蚜虫、介壳虫、月季叶蜂、月季茎蜂等，可利用三氯杀螨醇、克螨特、双甲脒、氧化乐果、辛硫磷、杀灭菊酯等喷杀。

二、菊　　花

菊花（*Chrysanthemum morifolium*）是原产我国的传统花卉，在我国有文字记载的已有 3 000 多年的历史，作为人工栽培的记载也有 1 600 多年。菊花在 8 世纪（唐代）传入日本，1688 年经由日本传入欧洲，18 世纪末经由欧洲传入美洲。菊花以其色彩清丽、姿态优美、香气宜人、花期持久等特点而深受人们喜爱，为位居国际花卉市场产销量前列的四大切花之一，约占切花总量的 30%。我国传统的菊花栽培多以艺菊盆栽为主，品种的选育也多为盆栽品种。与日本、荷兰、美国等国家相比，我国在切花菊的品种选育与栽培上起步较晚，但近年来，我国通过品种引进和自主培育以及改进栽培管理技术，切花菊生产已经达到了较高水平，已经出口国际市场尤其是邻近的日本、韩国、俄罗斯等国家，成为我国出口创汇的重要花卉产品。

（一）生物学特性

1. 形态特征　菊花为菊科菊属多年生宿根草本，基部略木质化。切花品种一般株高 80～150 cm，叶互生，卵形至广披针形，具较大锯齿或缺刻。头状花序单生或数朵聚生枝顶，花序直径 2～20 cm，由边缘的舌状花和中心的筒状花组成，筒状花多为黄绿色，舌状花花色极为丰富，有黄、白、粉、红、紫、绿、棕黄、复色、间色等。菊花花型多变，但切花菊多为单瓣型、平盘型、芍药型、莲座型、蜂窝型或托桂型等整齐圆正的花型。

2. 生态习性　菊花原产我国，现世界各地广为栽培。其性喜冷凉，具有一定的耐寒性。5 ℃以上地上部分可萌芽，10 ℃以上新芽伸长，以 16～21 ℃最为适宜生长，花芽分化和开花所需的温度因种类和品种而有所不同。夏菊以温度较低为好，10～13 ℃花芽分化，其后随着温度达到 15～20 ℃而促进开花；秋菊和寒菊在 15 ℃左右花芽分化而开花。秋菊和寒菊是典型的短日照植物，即使花芽分化后，在长日照条件下也不开花，日照短于 13 h 花芽开始分化，10～15 d后花芽即可分化完全。夏菊和八九月开花与日照长短无关，只与营养生长有关。菊花喜阳光充足，也稍耐阴，夏季宜适当遮蔽烈日照射；喜湿润，也耐旱，但忌积涝；喜富含腐殖质、通气和排水良好、中性或偏酸性的基质，在弱碱性基质上也能生长，忌连作。菊花花芽分化对日照长度的要求因品种而异，以要求短日照的秋菊品种为主，部分品种花芽分化不受日照长短影响。花期5～12月，多数品种花期集中于10～11月。

(二) 繁殖方法

菊花常用扦插、分株方法繁殖，也可嫁接、组培或播种繁殖。播种多用于育种，切花生产多以扦插繁殖为主。扦插繁殖多在4～8月进行，多剪取健壮的7～10 cm长的顶梢嫩枝并去除下部叶片用作插穗，插穗宜随采随用，如采后不能即时扦插，可放入保湿透气的塑料袋中，于0～4 ℃低温下贮藏。扦插基质多用蛭石、泥炭、珍珠岩、砻糠灰、河沙等，其中蛭石、泥炭、珍珠岩、砻糠灰等基质温度上升较快，宜用于春季扦插，而河沙则宜用于夏季扦插。插床应尽量采用全光照自动间歇喷雾装置，尤其高温季节应用，可保证成活率，提早生根。插后2～3周即可生根，成活后应尽快定植，留床时间过长会导致苗瘦弱、黄化甚至腐烂死亡。

(三) 无土栽培技术

1. 品种选择 切花菊品种丰富，全世界有1万个以上，按自然花期可分为夏菊（花期5月中旬至9月上旬）、早秋菊（花期9月上旬至10月上旬）、秋菊（花期10月中下旬至11月下旬）和寒菊（花期12月上旬至翌年1月）。国际上按花径大小和分枝特性多将切花菊分为大菊类（Disbud chrysanthemum，又称单头菊，花径多大于10 cm，栽培时每分枝留1朵花）、多头菊类（Spray chrysanthemum，花径多介于5～10 cm之间，分枝多且冠幅较大，以欧美国家栽培最为广泛）、小菊类（Santini chrysanthemum，花径多小于5 cm，分枝多但冠幅较小，以日本栽培最多）。

切花菊品种应具有以下几个特点：①植株生长强健，株型高大，直立挺拔，高度在80 cm以上。②花枝粗壮、直立而坚硬，节间均匀；花梗坚硬，且大菊花梗应短而粗壮。③叶片大小适中，厚实，浓绿而有光泽，并斜向上生长。④花色艳丽、纯正，无斑点，不易变色。⑤花大小适中，花型整齐，花瓣瓣质厚实坚挺。⑥水养寿命长，花朵开放缓慢，叶片不易枯萎。⑦抗逆性强，应根据不同栽培类型需要而具有较好的抗性，如抗低温、抗高温、抗病虫害等。

目前我国切花菊品种多引自日本、荷兰等国，品种较为混杂，缺少较为稳定的主栽品种，现较常见栽培的大菊品种有神马、优香、精云、岩白扇、乙女樱、辉世界、黄云仙、金御园等；多头菊多为欧美引进品种，如蒙娜丽莎（Monalisa）系列、欧元（Euro）系列、诺亚（Noa）系列等。其中由于部分品种为国外尚处于保护期品种，目前国内种植多为经授权后用于出口生产。此外，国内如南京农业大学、昆明虹之华园艺公司等科研与生产单位已有部分自主选育品种在国内市场推广。

2. 栽培方式与定植 切花菊的无土栽培多采用栽培床进行基质栽培，栽培基质通常采用陶粒、泥炭、蛭石、砻糠、珍珠岩、河沙、锯木屑、炉渣等，多采用混合基质。栽培床一般宽100～120 cm、高20～25 cm，用砖铺砌。

切花菊由于品种和温度等差异，其生长周期一般为80～120 d，其定植的时间则视目标花期、品种及栽培季节不同而异。一般夏菊宜在2～5月定植，早秋菊宜在5月下旬至7月初定植，秋菊和寒菊宜在6月下旬至8月下旬定植，如补光延迟花期栽培则定植期也应相应推迟。定植的密度视栽培方式、品种特性等的不同而异，多头菊栽培密度一般在 25～35 株/m^2，株行距为 15 cm×15 cm 左右，一般分枝性强的品种株行距宜大，反之宜小；而单头菊栽培密度一般在 50～80 株/ m^2，株行距在 12 cm×12 cm 左右。

3. 营养液及其管理　营养液供应可用滴灌方式，并利用喷灌方式进行水分的补充，尤其在夏季高温时，喷灌可有效增加空气湿度、降低气温。营养液的配方如表 11－3 所示。

表 11－3　菊花无土栽培营养液配方

化合物名称	用量（mg/L）
硝酸钙 [$Ca(NO_3)_2 \cdot 4H_2O$]	700
硝酸钾（KNO_3）	400
磷酸二氢钾（KH_2PO_4）	135
硝酸铵（NH_4NO_3）	40
硫酸镁（$MgSO_4 \cdot 7H_2O$）	245
螯合铁（EDTA－2NaFe）	22
硫酸锰（$MnSO_4 \cdot 4H_2O$）	4.5
硫酸铜（$CuSO_4 \cdot 5H_2O$）	0.12
硫酸锌（$ZnSO_4 \cdot 7H_2O$）	0.8
硼酸（H_3BO_3）	1.2
钼酸铵 [$(NH_4)_6Mo_7O_{24} \cdot 4H_2O$]	0.10
EC(mS/cm)	2.0

营养液的浓度和供应量应根据切花菊植株的大小以及不同的生长季节而区别对待。一般在定植初期，供液量可小些，营养液浓度也应稍低些；进入营养旺盛生长期后，要逐渐加大供液量，每日供液 3～4 次，平均每株供液 300～500 ml。阴雨天供液量要适当减少，晴天供液量要适当加大。此外，要定期测定基质的 pH、EC 和 NO_3^-－N 含量，根据测定结果对营养液进行调整。在菊花定植初期，营养液浓度宜处于较低水平，EC 约为 0.8 mS/cm；随着植株生长，可逐渐增加营养液浓度，EC 可提高到 1.6～1.8 mS/cm；夏季高温时，由于水分蒸发量大，营养液浓度应适当降低，EC 为 1.2～1.4 mS/cm。此外，营养液的 pH 可用 5%稀硝酸溶液调整在 5.5～6.5 范围内。

菊花的有机基质培也可通过施入基肥和生长期追肥的方式进行栽培。每立方米混合基质可施入经过腐熟消毒处理的禽粪等有机肥料 5～8 kg、硝酸钾 0.5～1.0 kg。苗定植后应定期追肥，施肥间隔时间和用量视苗生长而定，营养生长旺盛期宜多，可每 30 d 追施禽粪等有机肥料 1.5 kg，也可同时施用尿素、硝酸钾和磷酸二铵等。此外，也可结合病虫害防治，采用 0.1%～0.5%尿素和磷酸二氢钾喷施进行叶面追肥。

4. 植株管理

（1）摘心、整枝　多本菊栽培方式应在苗定植后 1～2 周摘心，只需摘去顶芽即可。摘心后 2 周左右需行整枝，视栽植密度和品种特性，每株保留 2～4 个侧芽，其余剥除。

（2）张网　切花菊要求茎秆挺直，但切花菊由于高度较高而极易倒伏。因此，当植株长到一定高度时，应及时张网支撑，以防止因植株倒伏使茎秆弯曲而影响质量。支撑网的网孔可因栽植密度或品种差异而定，通常在 10 cm×10 cm 和 15 cm×15 cm 之间。一般用 2 层左右网支撑，网要用支撑杆绷紧、拉平。

（3）抹侧芽、侧蕾　菊花开始花芽分化后，其侧芽就开始萌动，需要及时抹除（多头菊和小菊品种除外）。由于上部侧芽抹去后，会刺激中下部侧芽的萌发，因此，抹侧芽需要分几次进行，才能全部抹除。随着花蕾的发育，在中间主蕾四周会形成数个侧蕾，单头菊栽培应及时抹除侧蕾，以保证主蕾的正常生长，抹蕾宜早不宜迟，只要便于操作即可进行，如过迟，茎部木质化程度提高，则不便于操作。

5. 环境调控　菊花可进行促成栽培也可抑制栽培。促成栽培是根据菊花的花芽分化需要短日照条件的特性，通过对其进行短日照处理使提早开花。方法是长日照季节，每天17:00至次日9:00遮光，光照时间控制在9～10 h，至花蕾现色时停止遮光，可提前开花。一般情况下，株高25～30 cm的植株，在白天15～20 ℃、夜间10 ℃左右的条件下，10～15 d可完成花芽分化，45～55 d当花蕾充实并着色后即可撤除遮蔽物。菊花的抑制栽培是通过长日照处理使其延迟开花。其方法是当植株长到25～30 cm时，进行补充光照。一般在天黑前，在距离植株1 m左右的上方用普通的白炽灯进行光照处理，使每天的光照达到15 h左右。在长日照处理条件下，花芽分化受到抑制，停止长日照处理，花芽开始分化并现花蕾。

6. 病虫害防治　菊花是病虫害发生较多的花卉之一，虽然较少形成致命伤害，但极大影响切花品质。因此，在无土栽培中应加强预防管理，增强植株的抗御能力。同时应根据栽培方式，选择相应品种，清洁环境，控制温、湿度，并根据病虫害发生的规律及时喷施农药，控制病虫害的发生和蔓延。

菊花常见病害有斑枯病、立枯病、白粉病等，虫害有蚜虫、菊天牛、菊潜叶蛾、白粉虱、红蜘蛛、尺蠖、蛴螬、蜗牛等，应及时采用相应杀菌剂和杀虫剂防治。

三、非洲菊

非洲菊（*Gerbera jamesonii*）又名扶郎花，1878年英国人雷蒙首次在南非的德兰士瓦地区发现，1887年英国人詹姆逊引入英国，以后逐渐推广至世界各地。现栽培的均为通过大量的杂交工作选育出的品种，其产量和观赏性均有大幅度提高。由于非洲菊花朵硕大、花枝挺拔、花色艳丽、产量高、花期长、栽培管理容易，现已成为世界著名的切花种类，在国内外均有广泛栽培。

（一）生物学特性

1. 形态特征　非洲菊为菊科大丁草属多年生常绿草本，全株具毛。叶基生，长椭圆状披针形，叶缘羽状浅裂或深裂，基部渐狭。头状花序基出，单生，花径10～14 cm，花梗长。外轮舌状花大，1～2轮，也有多轮的重瓣品种，花色丰富，有白色、粉色、粉红色、浅黄色到金黄色、浅橙色到深橙色、浅红色到深红色等。内轮筒状花极小，也有较发达的托桂花品种，筒状花花色通常有绿色、黄色或黑色等。

2. 生态习性　非洲菊性喜冬季温暖、夏季凉爽、空气流通、阳光充足的环境，要求疏松肥沃、排水良好、富含腐殖质的基质，pH以6.0～6.5的微酸性为宜。对日照长度不敏感，在强光下花朵发育最好。生长期最适温度为昼温20～25 ℃，夜温16 ℃，冬季若能维持在12 ℃以上，夏季不超过30 ℃，只要温度适宜，一年四季均可开花，冬季低于7 ℃则停止生长。自然条件下以4～5月和9～10月为盛花期。非洲菊对温差相当敏感，夜间温度应比白天低2～3 ℃，如果温差太大，会造成畸形花序。同时灌溉的水温也相当重要，冬季水温最好较基质温度高出 3～4 ℃；夏季高温时忌用很凉的水来灌溉，否则会引起大量病害，甚至植株死亡。

（二）繁殖方法

非洲菊用组培、分株或播种繁殖。切花生产上现多以组培方法繁殖，既可大量、快速繁殖种苗，又可解决品种退化问题，且植株的生长势强、产量高。组培常以花托作外植体。

非洲菊也可分株繁殖。分株苗开花早，但生长势弱于组培苗，且长期分株繁殖易出现生长势衰弱及病毒积累等现象。分株一般在 4～5 月进行，切离的单株应带有芽和根。

播种繁殖多用于育种和部分盆栽品种的繁殖。

（三）无土栽培技术

1. 品种选择　20 世纪 60 年代荷兰部分公司开始专业的切花非洲菊育种工作，经过 20 多年的努力繁育了许多品种，涌现的国际著名公司有 Schreurs、Florist、Terra Nigra 等，每年这些公司各自都要推出数十个品种。非洲菊根据花瓣的宽窄分为窄花瓣型、宽花瓣型、重花瓣型与托桂型等，花色有橙色品系、粉红色品系、大红色品系、黄色品系、白色品系等 12 个色系。根据花的大小可分为大花型和小花型，大花型一般花径 11～15 cm，花梗长55～60 cm，每株产量 35～40 支/年；小花型花径 6～8 cm，花梗长 55～60 cm，每株产量70～80 支/年。

目前国内常见栽培的品种如荷兰 Schreurs 系列，包括小花型的花之娇（Amon，粉紫色）、粉佳人（Kimsey，粉色），大花型的红色妖姬（Debora，鲜红色黑心）、橙色风暴（Olina，橙红色）、波波夫（Popov，粉色黑心）、太阳黑子（Indian Summer，深黄色黑心）、大地粉（Maroussia，粉色）、北极星（Tsjar，红色）、太阳风暴（Essandre，黄色黑心）等。

2. 栽培方式与定植　非洲菊的无土栽培可采用岩棉栽培，也可用其他基质通过栽培床或盆钵等进行栽培，栽培基质通常采用陶粒、泥炭、蛭石、砻糠、珍珠岩、河沙、锯木屑、炉渣等，栽培床宽 100～120 cm、高 25～30 cm，用砖铺砌。

非洲菊的定植密度应视品种、栽培模式等而异，一般定植密度为 8～12 株/m²，株行距多在 25 cm×35 cm 左右。定植时间以春、秋两季为好，此时气候适宜，便于缓苗。因春季定植后，当年秋、冬季产销旺季即可产花，故生产上又以春季栽植较为普遍。非洲菊的栽植深度应以植株不倒伏为度，尽量浅植，一般要求根颈部位露出基质表面 1.0～1.5 cm 以上。如栽植过深，则小苗的根颈和生长点部位极易腐烂而导致死苗，即使能够成活，由于生长点埋入基质中，生长发育易受阻，产花率降低，如浇水、施肥不当，还会引起植株腐烂死亡。

3. 环境调节

（1）温度　在种植初期，较高的温度可以促进植株的生长，较适宜的温度为白天 24 ℃左右、夜间 21 ℃左右。大约 3 周后，白天温度为 18～25 ℃、夜间 12～16 ℃可以保证生长和开花。在秋冬季，由于光照时间短，过高的温度会导致花朵质量差，一般白天温度至少保证在 15 ℃，夜间则应不低于 12 ℃，这样可以保持植株生长、开花。冬季 5 ℃左右低温可保持植株存活，但生长缓慢甚至进入休眠或半休眠状态。总之，冬季夜温若能维持在 12～15 ℃以上，夏季日温不超过 30 ℃，则可终年开花。温度的调节可通过加热、通风、遮阴等手段来实现，但同时应注意湿度的变化。

（2）湿度　非洲菊较喜湿润基质和较干燥的空气湿度，生长期应充分供给水分。但浇水时应注意，勿使叶丛中心着水，否则易使花芽腐烂，尤其在夏季高温闷热天气或冬季低温生长缓慢时。因此，非洲菊应予避雨栽培，如有条件，最好利用滴灌设施供应水肥。空气相对湿度以不超过 70%～80%较适宜，如湿度过高则易造成花朵畸形，且增加病害发生。夏季由于温度高、光照强，植株蒸腾作用加大，易导致基质干燥、植株缺水，应及时补充水分，同时应予遮阴。秋季气温下降，植株蒸腾减少，但生长旺盛，此时仍有较大的需水量。而冬季植株生长缓慢甚至进入休眠或半休眠状态，要注意减少浇水，降低空气湿度。冬季浇水最好在早上进行，以保证夜间低温时保持较低的空气湿度。

4. 营养液及其管理 营养液的配方如表 11－4 所示。由于非洲菊喜较干燥的空气环境，营养液和水分的供应宜采用滴灌方式，而较少用喷灌方式。

表 11－4 非洲菊无土栽培营养液配方

化合物名称	用量（mg/L）
硝酸钙［$Ca(NO_3)_2 \cdot 4H_2O$］	760
硝酸钾（KNO_3）	430
磷酸二氢钾（KH_2PO_4）	170
硝酸铵（NH_4NO_3）	60
硫酸镁（$MgSO_4 \cdot 7H_2O$）	245
螯合铁（EDTA－2NaFe）	13
硫酸锰（$MnSO_4 \cdot 4H_2O$）	1.2
硫酸铜（$CuSO_4 \cdot 5H_2O$）	0.15
硫酸锌（$ZnSO_4 \cdot 7H_2O$）	1.2
硼酸（H_3BO_3）	1.9
钼酸铵［$(NH_4)_6Mo_7O_{24} \cdot 4H_2O$］	0.10

营养液的浓度和供应量应视具体情况而定，定植初期浓度低而量小，旺盛生长期浓度高而量大。每日供液 4～6 次，平均每株日供液 400～600 ml。要定期测定基质的 pH、EC，根据测定结果对营养液进行调整。定植初期，营养液 EC 约为 1.5 mS/cm；随着植株生长，可逐渐提高到 2.0～2.5 mS/cm；夏季高温时，由于水分蒸发量大，营养液浓度应适当降低，EC 不超过 2.0 mS/cm。此外，营养液 pH 应调整在 5.5～6.5 范围内。

非洲菊的无土栽培可结合病虫害防治，采用 0.1%～0.5%尿素、磷酸二氢钾或低浓度硼酸等喷施进行叶面追肥。

5. 植株管理

（1）剥叶 非洲菊切花生产中，为平衡营养生长与生殖生长的关系，避免因营养生长过旺导致开花少、花质量下降的情况，同时也为改善群体通风透光条件，常需要进行剥叶。剥叶时应注意以下几方面：①先剥除病叶和发黄老化叶片；②留叶要均匀分布，避免叶片重叠、交叉，通常成熟植株保留 3～4 分株，每分株留功能叶 4～5 片；③植株中间如出现过多密集生长的小叶，而功能叶较少时，应适当摘去部分小叶，以控制营养生长，并使花蕾充分见光，促进花蕾发育。

（2）疏蕾 疏蕾的目的是控制生殖生长，提高切花质量。首先，幼苗阶段为保证植株生长，培养营养体，以利于后期成龄植株开花，应疏去全部花蕾，直至植株具有 5 片以上功能叶。其次，在成龄植株开花期，为保证切花质量，也应疏去部分花蕾。

6. 病虫害防治 非洲菊常见病害有病毒病、疫病、白粉病、褐斑病，常见虫害有红蜘蛛、潜叶蛾、白粉虱、蓟马等，尤以病毒病和红蜘蛛危害最为严重。

（1）病毒病 叶片上产生褪绿环斑，有些褪绿斑呈栎叶状，少数病斑为坏死状，严重时叶片变小、皱缩、发脆。有些品种还表现为花瓣碎色，花朵畸形，花色不鲜艳，病株比健康株矮小。病原为烟草脆裂病毒，该病毒通过昆虫传播，往往成片发生。防治方法：①发病初期及时摘除病叶或拔除病株并带出田外深埋或焚烧，以杜绝传染源；②注意蚜虫、线虫的防治，控制病害的传播和蔓延。

（2）红蜘蛛　红蜘蛛多数以成虫或若虫在嫩叶背面及幼蕾上吸取汁液为害。被害嫩叶的叶缘向上卷曲，光泽增强，叶肉质变脆。被害花瓣褐色，萎缩变形，失去观赏价值。红蜘蛛发生高峰多在 5 月或 7～9 月温度高、气候干燥时，低温及湿度大时危害显著减轻。防治方法：①及时剥除受害叶、花蕾，集中烧毁；②选用杀螨剂进行喷雾防治。红蜘蛛易产生抗药性，农药宜交替使用。

四、红　掌

红掌（*Anthurium andraeanum*）又名花烛、安祖花，其花色艳丽丰富，花形奇特，花期长，具有很高的观赏价值，是国内外重要切花之一，在世界各地广为栽培。

（一）生物学特性

1. 形态特征　红掌为天南星科花烛属常绿宿根植物，株高一般为 50～80 cm，因品种而异。具肉质根，叶从短茎抽出，具长柄，单生、心形，鲜绿色，叶脉凹陷。花腋生，佛焰苞蜡质，正圆形至卵圆形，有鲜红、粉红、白色、绿色、复色及镶边色等。肉穗花序圆柱状，直立。

2. 生态习性　红掌原产中、南美洲热带雨林，通常附生于树干、岩石或地表，喜阴暗、潮湿、温暖环境。天然情况下红掌的根裸露在空气中，故栽培时基质需要良好的透气性。理想的基质环境 pH 宜保持在 5.2～6.0，EC 保持在 0.8～1.5 mS/cm。生长的适应温度为 14～35 ℃，最适温度为晴天白天 20～28 ℃，阴天白天 18～20 ℃，夜间 18 ℃以上。相对湿度要求夜晚低于 90%，晴天白天 50%以上，阴天 70%～80%。最佳光照度 15 000～25 000 lx。温度适宜时可周年开花。

（二）繁殖方法

红掌可采用分株、扦插、播种和组织培养等方法进行繁殖。

1. 分株繁殖　分株时期主要在凉爽高湿的春季，秋季阴凉天气也可分株，切忌在炎热的夏季或干燥寒冷的季节分株。分株时将有气生根、具 2～3 片叶的侧枝切下种植于有机基质育苗床中即可形成单株。移植苗时用手均匀用力，将侧芽与母株在地下茎芽眼处分离，较难分离时用锐利的消毒刀片在位于芽眼处将其切开。种植时需使根系平展，植株直立，必要时进行支撑，种后不能立即浇水，可向叶面喷水保持湿度，2 d 后即可依情况进行浇水或营养液。

2. 扦插繁殖　对直立性有茎的红掌品种可采用扦插法繁殖。将短茎剪下，去叶片，每 1～2节为一插条，插于 25～35 ℃的基质育苗床中，几周后即可萌芽发根。该方法繁殖效率有限，周期长，增殖苗性状不整齐，且常导致母本严重带病，插穗生长不佳。

3. 播种繁殖　播种繁殖多用于育种。红掌果实为浆果类，需随采随播。播种前去除果皮、洗去果肉，以避免果皮、果肉腐烂而影响种子的发芽率。待人工授粉的种子成熟后立即播种，温度控制在 25～30 ℃，2 周后发芽。播种方法可采用纯沙催芽法，将种子点播在干净的河沙中，播种深度为 0.5～0.8 cm，保持一定的湿度，一般 15 d 左右可发芽。待长至 5～6片叶时，就可移栽至基质中进行假植栽培。

4. 组织培养 目前规模化生产用苗主要采用组织培养进行繁殖。红掌组培微繁法途径包括茎尖直接获得无菌苗途径、愈伤组织诱导和不定芽再生途径、由外植体直接再生不定芽途径，以及体细胞胚胎发生途径。与传统繁殖法相比，组织培养法不仅可提高繁殖系数、保持优良品种的特性，也可提高生产效益和经济效益。

（三）无土栽培技术

1. 品种选择 红掌品种繁多，目前多来自荷兰，依苞片大小可分为大花品种和小花品种。良好的品种应具备产量高、抗逆性强、花期长、花色艳丽等特性。国内栽培的常见品种有红色的 Tropical、Fire、Calore、Evita，白色的 Acropolis，粉色的 Cheers、Rosa、Elegancia，绿色的 Midori，绿白色的 Simba，红绿间色的 Amigo、Verde、Fantasia 等。

2. 栽培方式与定植

（1）栽培方式 红掌栽培主要采用床栽、槽栽和盆栽 3 种方式。

① 床栽：床栽是目前使用最广泛的栽培方式。栽培床取决于温室布局，过宽不利于操作，过窄浪费空间，一般床宽为 1～1.2 m，栽培床深度为 25 cm 左右，床底部应从两边向中间呈 V 形倾斜，倾斜度为 0.03%，利于多余的水分流向排水管。

② 槽栽：主要使用聚苯乙烯栽培槽替代床栽。沟内铺塑料薄膜，放入排水管，然后槽内装栽培基质。常用 V 形和 W 形两种栽培槽。槽栽使用基质较床栽少，保温性能好，但投资比较大。

③ 盆栽：使用容积 6～10 L 的塑料盆为栽培容器，能较好地避免病害传播，基质用量少，可迅速对营养进行控制，但需滴灌系统，投资比较大，且缓冲能力差，切花的寿命较床栽短。

（2）栽培基质 红掌生长需要排水良好且通气的环境，种植红掌的基质需要达到下列要求：保水保肥力强，排水透气性良好，水和空气的比例宜维持在 1∶1 左右的平衡，小块颗粒需在 2～5 cm 之间。由于红掌的经济寿命达 6～8 年，因此应选择结构较稳定的材料作栽培基质。选用种植基质受种植方法、灌溉方式的影响，目前最常用的是花泥（酚醛塑料泡沫体）。新购花泥应静置 5 d 以上释放有毒气体，随后切成边长 3～4 cm 大小的立方体放入栽培床中，加水浸泡 24 h 以上。种植前最好用营养液浸泡，否则定植后再施营养液很难吸收。排水后检查花泥的 EC 和 pH，同时可加入石灰调节花泥 pH，每立方米加入 1.5 kg，pH 控制在 5.2～6.0，EC 控制在 1.0 mS/cm 以下。

（3）定植 红掌可周年种植，最好选择气候较温和的春、秋季栽种。种植密度视品种和设施条件而异，通常每平方米种植 12～14 株。定植深度以种苗颈部与基质表面持平为准，心叶不可埋入花泥。红掌切花的定植方式有单株或双株两种，一般为单株定植。定植前用 600 倍普力克蘸根，既可防根部病害，又能刺激根生长。定植后前 20～30 d 不应灌溉营养液，每天应采用人工或自动喷雾保持花泥表面微湿和叶片湿润。每周用 600 倍普力克灌根 1 次，连续 3 次。温度控制在昼温 20～25 ℃、夜温 20 ℃左右，光照度在 5 000 lx 以下，相对湿度 70%～80%。

3. 营养液及其管理 配制红掌营养液用水的钠离子和氯离子浓度应低于 3 mmol/L，碳酸氢根浓度低于 0.5 mmol/L，如后者浓度太高，可用硝酸中和，不宜用硫酸和磷酸，否则易造成硫和磷元素过量。红掌对盐敏感，溶液浓度过高会引起花朵缩小、产量降低和茎秆矮小，水质太差可使用水处理设备进行脱盐。应定期使用洁净灌溉水淋洗栽培床，以降低盐分在基质中的积累。

由于红掌叶表面具蜡质，叶片难于吸收肥料，因此宜根部施肥，且便于保持叶和花的清洁。红掌的营养供给量与基质、栽培季节和植株生长发育时期有关。一般要求每立方米基质每天喷灌 3 L 或滴灌 2 L，每升肥料溶液所含营养量应不少于 1 g。供水量一般为冬季每周 7 L/m³，夏季每周 21 L/m³。如花泥 EC 偏高，应加大灌溉量来冲洗过多盐分。基质 pH 保持在 5.2～6.2，以 5.7 最为理想，栽培过程中要经常检测并适时调整基质或肥液的 pH。补充灌溉水分 EC 在 1.0～1.5 mS/cm 之间，秋冬季可略高，在 1.3～1.5 mS/cm 间，春夏季略低，1.0～1.2 mS/cm 即可。由于红掌对盐分敏感，应定期检测花泥的 EC 和 pH，每次取样不少于 20 个点，在不同的苗床取样，每 2 周进行 1 次。不同苗床采样时需要更换橡胶手套，防止相互感染，取样深度应为表层 5 cm 以下的中部花泥，同时检测排水中的 EC 和 pH。应每月 1 次将所取样品进行营养液成分分析，根据情况适时调整肥料配方（表 11－5）。

表 11－5　切花红掌无土栽培的营养元素配方

大量元素			微量元素		
营养元素	mmol/L	mg/L	营养元素	μmol/L	mg/L
K^+	4.5	176	Fe^{2+}	15.0	0.80
Ca^{2+}	1.5	60	Mn^{2+}	3.0	0.16
Mg^{2+}	1.0	24	B	20.0	0.22
NO_3^-	6.5	91	Zn^{2+}	3.0	0.20
SO_4^{2-}	1.5	48	Cu^{2+}	0.5	0.03
P	1.0	31	Mo	0.5	0.05
NH_4^+	1.0	14			

4. 环境调控与田间管理

（1）温、湿度管理　红掌喜阴，阴天温度宜保持在 18～20 ℃，相对湿度在 70%～80%；晴天温度宜在 20～28 ℃，相对湿度 70%左右。总之，温度应保持低于 30 ℃，相对湿度高于 50%。红掌能忍受的最低温度和最高温度分别为 14 ℃和 35 ℃。温度与湿度相互作用对红掌生长发育影响较大，如相对湿度 80%、温度 35 ℃时没有大的影响，而相同温度下相对湿度为 20%时即对其带来损伤，所以在高温时要保持较高湿度，最低温度在 14 ℃左右会造成减产。叶片的温度是影响生长的决定性因素，最好能将叶片温度控制在 30 ℃以下。

（2）光照管理　红掌适宜的光照度在 15 000～25 000 lx 之间，最适光照度 20 000 lx 左右，视品种而异。温室中的光照度不宜长时间超过 25 000 lx，否则易使植株生长缓慢、发育不良，导致某些品种褪色，同时引起温度升高，导致花芽早衰、盲花增加。光照过强必须通过覆盖遮阳网或者涂刷遮阳涂料，使光照适合红掌生长。冬天或阴天应增加光照。

（3）田间管理　田间管理主要包括剪叶、除草、拉线、去除坏花等。根据植株的生长情况，要定期修剪老叶，若叶片太多则花芽很难露出或易产生盲花，茎弯曲，损伤花芽和花朵。打老叶利于促进株间通风和增加光照，同时控制病虫害，不同的品种剪叶次数和保留的叶片数量不同。大叶或水平叶较多的品种一般保留 1.5 片叶（0.5 片指刚长出的新叶），其他品种保留 2～2.5 片叶。剪叶视植株生长情况和密度而定，有时还要考虑天气情况。每个栽培床应各自使用一把小刀或剪刀，并定期消毒以防病害传播。

当植株生长到一定高度时，需在栽培床两边拉线，防止植株向两侧倒伏，以保证走道足够宽敞，减少工人操作对花和叶的伤害。在生产过程中，一些切花会受到损害，应及时剪除，以便下枝花生长。同时要密切观察植株的长势和温室设施的运行情况。

5. 病虫害防治 病虫害防治是红掌切花生产中的重要环节，应以预防为主，综合防治。主要有以下几项预防措施：①保持室内清洁；②切花刀剪等工具定期消毒；③温室开口处安装防虫网；④及时清除病残体；⑤温室严格管理，非生产人员严禁出入，如要进入必须按要求进行消毒；⑥生产过程中严格按操作规程，避免交叉感染；⑦培养健壮植株。

化学农药的使用要谨慎，有些品种对农药十分敏感，铜制剂容易对红掌造成伤害。新农药在使用前一定要小面积低剂量进行试验后再使用，农药宜在早上或傍晚施用，以避免药害发生。

细菌性病害是危害最严重的病害，常造成毁灭性灾害，主要有细菌性疫病和枯萎病，采取预防措施对这两种病害十分有效，常采用 1.5%农用链霉素防治。真菌病害主要有炭疽病、根腐病等，可采用 50%甲基托布津加 75%百菌清各 800 倍液防治。虫害主要有蓟马、红蜘蛛等，用 20%绿威乳油等防治。生理性病害主要有玻璃化或蓝斑现象，产生原因是根压过高，蒸腾作用增强则会消失，肥料浓度高、pH 低、基质湿度大时易发生。冷害发生表现为茎、叶和花上出现同心圆环或斑点，气温低于 12 ℃易发生。红掌的佛焰苞边缘有发白现象，表明花泥中 pH 过低；佛焰苞边缘发黑，则需要增加钙元素的浓度和数量。

第三节 盆花无土栽培技术

一、观赏凤梨

观赏凤梨具有株形独特、叶色光亮、叶形优美、花色艳丽、花型丰富、花期长的特点，且大多较耐阴。此外，观赏凤梨由于叶肉细胞角质层厚、花序呈蜡质，植株不易受损伤，具有易包装、耐运输的特点。随着生产水平的提高和规模扩大，观赏凤梨已经成为我国中高档盆花的主要种类之一，也是国际花卉市场上十分畅销的花卉种类之一。

（一）生物学特性

1. 形态特征 观赏凤梨为凤梨科（Bromeliaceae）观赏植物，原产于美洲的热带和亚热带地区。观赏凤梨通常指凤梨科中包括星凤梨属（又称果子蔓属、擎天凤梨属等，*Guzmania*）、莺哥凤梨属（又称剑凤梨属、丽穗凤梨属等，*Vriesea*）、彩叶凤梨属（*Neoregelia*）、珊瑚凤梨属（*Aechmea*）、姬凤梨属（*Cryptanthus*）、铁兰属（*Tillandsia*）等适用于观赏应用的种类或品种，主要用于盆栽观赏，以星凤梨属和莺哥凤梨属的种类或品种最为多见。

凤梨科植物多为具短茎的附生草本植物。叶互生，狭而具平行脉，多具刺齿，表皮厚，通常近直立或弯展而表面凹入，呈莲座状叶丛（rosette），基部有时红色或其他艳色。花序呈圆锥状、总状或穗状等，生于叶形成的莲座状叶丛中央。植株通常具艳色苞片，有黄、褐、粉红、绿、白、红、紫等色，十分艳丽，小花生于苞片中，萼与花瓣各 3，花瓣分离或微联合。果为浆果、蒴果，稀为肉质聚花果。种子有时具翅或羽状冠毛。

2. 生态习性 观赏凤梨对温度要求较为严格，应保持在 20 ℃以上。白天适宜温度要求在 21～28 ℃，保持在 22～25 ℃之间最为安全，夜间在 18～21 ℃；最高温度不能高于35 ℃，最低温度不能低于 15 ℃。如果温度过高，将会造成高温伤害，导致植株生长缓慢，花型小，花的分枝少。根系生长适温为 29～31 ℃。

光照度是影响观赏凤梨品质的重要因素，过度光照会导致植株叶片及花色变浅，或使部分品种叶片发红甚至灼伤；光照不足则会造成植株徒长、色泽灰暗、花序瘦弱失色，且植株生长不整齐、质量下降。不同种类或品种对光照的要求也有较大不同，通常有灰白鳞片、厚硬叶片的种类较喜充足光照，多数种类夏季宜适当遮阴，冬春季宜光照充足。一般情况下不同属种的光照度适宜范围为星凤梨属 18 000～22 000 lx、莺哥凤梨属 18 000～20 000 lx、光萼荷属 30 000 lx、彩叶凤梨属 25 000 lx、铁兰属 25 000～30 000 lx。

观赏凤梨的多数种类为附生类型，喜疏松、透气性佳、排水良好的微酸性基质，pH 宜为 4.5～6.5。

（二）繁殖方法

观赏凤梨可通过播种、分株、组织培养等方法繁殖。种子繁殖的观赏凤梨因种苗生长缓慢、长势较弱，一般要栽培 3～5 年甚至更长时间才能开花，加之后代易产生性状分离，除育种外一般较少采用。

家庭栽培或小规模生产可采用分株方法，开花之后母株茎基部或根部萌生 1 至数个蘖芽，待蘖芽长到 10 cm 左右时用消毒刀片切割下来，剥去芽下部叶片，晾数小时后可将其集中插入基质并遮阴，22～24 ℃温度下约 1 个月后便可生根。但该方法繁殖率低、一致性差，且由于植株生活力下降及感病等原因而易出现品质退化，规模化商品生产较少采用。

组织培养法繁殖系数高、速度快、植株生长一致、开花早，为大规模商业化生产的主要方法，但技术性较强、成本较高。目前，国内外观赏凤梨的种苗已形成由几家专业化种苗商生产与供应的局面，其中国外公司主要有比利时德鲁仕公司和爱克索特植物公司、荷兰康巴克公司等，目前该 3 大种苗商均已在国内实现本土化生产，成为我国观赏凤梨商品种苗的重要来源。

（三）无土栽培技术

1. 品种选择　目前观赏凤梨盆花生产上主要为星凤梨属、莺哥凤梨属、珊瑚凤梨属、铁兰属等的品种，其中市场上较常见的有以下品种。

火炬星（Focus），又称中火炬，星凤梨属品种。植株较高大，成品高 60～70 cm，叶片亮绿色。花序高出叶面，外形尤似一个燃亮的火炬。

丹尼星（Denise），又名丹尼斯，星凤梨属品种。莲座状植株由密生的深绿色叶片组成，成品高 60～80 cm。花序顶端深红色、星状，色彩艳丽。

吉利星（Cherry），又名吉利红星、红星，星凤梨属品种。外形似丹尼星，是其姊妹品种，但株形较细瘦，成品高 60～75 cm。花序较长，红色。

黄玉星（Pax），星凤梨属品种。中型品种，叶片浅绿色，成品高 60～75 cm，花序嫩黄色。

黄星（Sunytime），星凤梨属品种。中型品种，叶片浅绿色，成品高 60～75 cm，花序嫩黄色。

奥斯托拉（Ostara），星凤梨属品种。中型品种，叶片浅绿色，叶有浅纵斑纹，成品高 60～75 cm，花序鲜红色。

紫星（Alerta），星凤梨属品种。中型品种，叶片浅绿色，成品高 60～75 cm，花序紫红色。

大奖星（Grand Prix），又名巨奖星、大红星，星凤梨属品种。植株中大型，成品高 65～80 cm。深红色的星形花序伸出叶筒中央，颜色艳丽。

帝王星（Empire），星凤梨属品种。大型品种，植株叶片密生，翠绿色，花序深红色，成品高 70～80 cm，高度几乎与叶片齐平。

斑马红剑（Favoriet），又称斑马莺哥凤梨、虎纹凤梨、红剑，莺哥凤梨属品种。叶片具有深绿与浅绿相间的斑马条纹，成品高 45～50 cm。穗状花序剑形，伸出于叶筒中央，具 2 列深红色的苞片。

金凤凰（Annie），又称安妮莺哥凤梨、黄边莺歌，莺哥凤梨属品种。叶片较窄，绿色，成品高 45～50 cm。复穗花序由 6～8 个金黄色小花序组成，花梗深红色，色彩对比强烈。

火凤凰（Poelmannii），又称波尔曼莺哥凤梨，莺哥凤梨属品种。特点是叶片深绿色，成品高 45～50 cm。复穗花序由 3～5 个剑形的红色小花序组成，高出叶筒中央，十分美丽。金边或金心叶的变种称为花叶火凤凰，观赏效果更优。

2. 栽培基质选择 观赏凤梨多为附生种，要求栽培基质具有疏松透气、排水良好及有较低收缩性、不易腐烂等特点。观赏凤梨喜偏酸性基质，基质 pH 宜在 5.5～6.5，EC 宜小于 0.2 mS/cm。生产上可采用进口的观赏凤梨专用基质或以泥炭、珍珠岩和椰糠按体积比 2∶1∶1混合或以泥炭、珍珠岩和粗沙按体积比 7∶2∶1 混合作为栽培基质。

基质在使用前需消毒处理，否则植株易感病。生产上常采用蒸汽消毒，将 100～120 ℃蒸汽通入基质，消毒 40～60 min；或采用 40%甲醛（福尔马林）稀释成 40～50 倍液后喷淋基质，混合均匀后用塑料薄膜覆盖 1 周以上，以达到熏蒸杀灭病虫害和杂草种子的目的，使用前应揭去薄膜让基质风干 1 周，消除残留物危害。

3. 上盆与定植

（1）上盆 上盆前半个月，需要用 0.5%～1%甲醛溶液对温室进行熏蒸消毒，闷棚 7 d 后通风。移苗后要立即上盆，盆大小依苗而定，一般采用规格为 9～11 cm（高）×7～9 cm（内径）的塑料盆。栽培密度以每平方米 40～50 株为宜。种植深度为 2～3 cm，以心叶不埋入基质为宜。如种植过深，基质进入种苗的心部，易影响苗生长；而种植太浅，则植株易倒伏。基质高度宜低于盆口 1～2 cm。此外，基质不宜按压过紧，以免影响透气性。种植后需立即浇透水，保证根系与基质良好结合。

上盆初期温度控制在 22～28 ℃，相对湿度保持在 80%～90%，光照度控制在 3 000～5 000 lx。

（2）换盆定植 上盆后 100 d 左右换盆定植，用盆视不同生长势品种而定，一般用高 12～16 cm、内径 10～14 cm 的塑料盆。栽培密度每平方米 12～15 株，以叶片相互不遮挡为原则。定植前 1 d 基质浇透水，盆底垫上少量基质，将苗脱去小盆后放入栽培用盆，四周添入基质并固定，换盆后浇透水。换盆初期温度控制在 22～28 ℃，相对湿度保持在 80%～90%，光照度控制在 5 000～8 000 lx。

4. 日常管理

（1）水分管理 浇水时应注意见干见湿的原则，盆内基质忌积水，但要求叶杯内保持有充足的水分。应尽量使用天然雨水、过滤后的河水或放置 3～5 d 的自来水灌溉。要求水质 pH 5.5～6.5，EC 小于 0.05 mS/cm。用水严格，忌硼，钠和氯元素含量不宜超过 50 mg/L。

浇水时间一般冬季宜在 9:00～11:00，夏季则应避开 11:00～14:00 高温时段，避免水温与叶面温度相差过大。春夏季 5～9 月为观赏凤梨生长旺季，应每天浇水 1～2 次，多以叶面喷洒为主，保持叶面湿润，基质稍干；秋季 10～11 月每天浇水 1 次；冬季应少喷水，每 2～3 d 浇水 1 次，保持盆土潮润，叶面干燥。

（2）施肥管理 观赏凤梨根系较弱，主要起固定植株的作用，吸收功能是次要的。其生长发育所需水分和养分主要贮存在叶基抱合形成的水杯内，靠叶片基部的吸收鳞片吸收。施肥时应以氮肥和钾肥为主，配合施用少量 $MgSO_4$，施肥方式多采用叶面喷施为主。在配制肥料时，氮、磷、钾的比例一定要适宜，这是培育高品质观赏凤梨的前提条件。

肥料种类：1 号肥：凤梨专用肥，氮、磷、钾比例为 20∶10∶20；2 号肥：KNO_3。肥料浓度均为 0.1%～0.2%，EC 为 1.0～1.2 mS/cm，pH 5.5～6.0，施肥应以薄肥勤施为原则，一般每 5～7 d 施肥 1 次。营养生长阶段以 1 号肥与 2 号肥交替施用，并配合施少量的 $MgSO_4$；催花处理前 30 d 停肥，处理 20 d 后再开始施肥，2 次 2 号肥与 1 次 1 号肥交替使用，每次配合使用少量 $MgSO_4$；出售前 30 d 尽量不施用肥料。

（3）温度管理　观赏凤梨的生长温度一般应不低于 13 ℃，不高于 35 ℃，但不同生长期和不同种类或品种的需求也各不相同，通常要求如下：营养生长期植株生长较快，温度可保持稍高，一般要求昼温 20～32 ℃，最适温度 28 ℃，夜温为 20～30 ℃，最适温度 25 ℃。催花后植株进入生殖生长期，温度宜略低，一般要求昼温为 20～28 ℃，最适温度 22 ℃，夜温为 20～25 ℃，最适温度 20 ℃。开花后应该保持较低温度，以延长观赏期，一般要求昼温为 15～25 ℃，最适温度 18 ℃，夜温为 13～18 ℃，最适温度 15 ℃。

（4）光照度　不同生长发育阶段，观赏凤梨对光照度的需求不同。一般营养生长阶段所需光照度稍低，一般为 15 000～18 000 lx，每天要求光照时间约 12 h，夏季要在温室上方加一层透光率为 60%～70%的遮阳网，湿度高、通风条件良好时可适当提高光照度，但不宜超过 20 000 lx。生殖生长阶段所需光照度稍高，一般催花后至花序抽出前光照度宜在18 000～20 000 lx，花序着色期一般需要 20 000～30 000 lx 的光照度，但通常不宜超过 30 000 lx。

（5）湿度管理　湿度是观赏凤梨生产上应注意的重要环境因子，应尽量使相对湿度保持在一定的范围内，一般保持在 65%～85%。湿度过低将会阻碍观赏凤梨植物光合作用的效率，然而湿度过高又有增加霉菌滋生的危险。一般在光照较强时空气湿度可稍高，而在相对湿度较高的地区也可适当保持较高的日温和光照度。如空气湿度偏低时，需经常进行叶面喷淋，也可通过向种植床下方及走道洒水的方法来提高空气湿度，同时还可达到降温的效果。

（6）花期调控　观赏凤梨盆花的营养体达到一定要求后即可在适宜条件下开花，规模生产时的周年供应主要利用该特点，通过分批定植而在不同时间获得营养体成熟的植株，然后通过药剂催花处理来促进开花，不同种类或品种在药剂催花处理后至开花上市的反应时间有所不同，一般星凤梨属品种多为 16～20 周，莺哥凤梨属品种多为 14～16 周，催花处理的时间即为预定开花上市日期减去该品种的反应周期所得的日期。由于观赏凤梨花期较长，生产上出于保证供应期的考虑，也常适当提前处理。

① 植株准备：观赏凤梨自然生长超过 30 片叶时，在温暖湿润的环境下可自行开花，花期以春末夏初为主。为实现观赏凤梨周年供应，应进行人工催花。催花应选择完成营养生长阶段、积累足够营养物质的植株，如叶数太少，营养不足，即使催花成功，开花也达不到商品标准。生产上一般选用生长期 15 个月以上（部分星凤梨属火炬类品种较长，需达 30 个月以上）、不少于 20 片充分发育叶片、植株冠幅 45 cm 左右（小型品种除外）、茎高 25 cm 以上的植株。人工催花应注意在催花处理前 3～4 周停止施肥，只浇清水，使基质的 EC 小于 0.2 mS/cm。催花前 1 d，应倒去植株叶杯内积水。

② 环境控制：催花处理时水温以不高于 23 ℃、不低于 15 ℃为好，宜在 20 ℃左右，此温度下可使处理时水中溶解足够气体而又接近植株温度。处理时温室应注意密闭，禁止通风，生产上多于早晨 7:00 前进行，因为植株在接受处理后需要足够的光照，以保证植株在

一天中可以充分吸收气体，而且早晨的温度较低，可以使处理后气体缓慢蒸发。

③ 催花处理：催花最常用的方法是用乙炔（C_2H_2）饱和溶液进行处理，用一根皮管将乙炔气体瓶与贮水桶连接起来，并将皮管浸没在水中，用0.5 Pa的压力慢慢将乙炔气体从瓶中释放到水中，100 L的水放气时间不少于45 min。当容器里流出的水具有强烈的气味时，即可用来催花。将乙炔水溶液立即灌入观赏凤梨已排干水的叶杯内，用量以刚好填满叶杯为好。通常需要重复进行3～5次处理，每次间隔2～3 d，一般处理后3～4个月即可开花。催花的同时不要关闭乙炔气阀，因为乙炔气体易从水中蒸发，如关掉气阀，水中的乙炔浓度会逐渐降低，影响催花效果。催花处理2周后开始施肥，少施氮肥多施钾肥，这样可以防止生成绿色花序。

铁兰属和部分绿色叶的莺哥凤梨属植物也有采用乙烯利进行催花，乙烯利常具有较高的催花率，处理后植株反应也较快，但易出现花序变小、延迟开花或心叶出现伤害性色斑等问题，大规模生产应用时应做好预备试验，针对不同品种探寻适宜的处理浓度和次数。此外也有采用电石水催花，而电石水催花实际起作用的还是乙炔，但比直接用乙炔水溶液催花的效果要差些，且电石水溶液中含有石灰，干后会在心叶上形成碳酸钙沉积，催花后需用清水冲洗，加之电石不易存放，因此已较少采用。

5. 病虫害防治

(1) 病害防治

① 心腐病和根腐病：患心腐病植株的叶筒基部嫩叶组织变软腐烂，呈褐色，与健康部位界限明显，具有臭味，轻提叶片或叶筒就能取出，或久后自行倒伏。根腐病危害植株的根尖，使变黑褐化或腐烂，不长侧根，因而影响植株对水肥的吸收，导致植株生长缓慢、变弱。多发生于定植后及高温高湿季节，栽培基质排水不良或浇水过多、水的pH高于7.0及水质含高钙或高钠盐类，使种苗包装时通气不良或种苗植前堆积过久等原因都可引起心腐病或根腐病发生。

防治方法：基质消毒；控制水质；加强通风，保持盆土相对干燥，避免高温高湿环境；发现病株后应及时清除。此外，可用75%恶霜锰锌400倍液或40%乙磷铝400倍液浇灌叶筒，也可用50%多菌灵500倍液、75%甲基托布津等交替使用灌注叶杯，每月1次，连续2～3次。种苗则可用40%乙磷铝800倍液浸苗10 min，取出阴干后再上盆。

② 细菌性叶斑病：发病初期叶片出现黑色小点，周围有水渍状黄色圈，后变成圆形或椭圆形病斑，边缘暗褐色，中央灰褐色，严重时叶片扭曲、干枯。多于闷热、通风不良环境下发生。

防治方法：摘除病株，及时销毁；68%或72%农用链霉素2 000倍液、30%氧氯化铜700倍液或20%龙克菌600倍液，每周1～2次交替喷施。

③ 生理性病害：观赏凤梨老叶、新叶均表现出干尖、烧叶现象，多为含硼量过高所致。此外，灌溉水碱性太强或钙、钠含量较高，空气湿度太低，过度施肥或液肥浓度太高，基质排水不良等，都有可能造成叶尖黄化枯萎。而如老叶上叶脉周围出现黄色小斑点，严重时叶尖变黄，直至死亡，则多为镁缺乏引起的症状。

防治方法：使用不含硼的肥、水浇灌；监控水肥和基质中的EC、pH，使之保持合理水平；避免基质积水；改变肥料配比，叶面喷施硫酸镁。

(2) 虫害防治

① 红蜘蛛：红蜘蛛主要栖息于叶背或叶腋基部，繁殖速度极快，小苗更易受其害，在

干旱季节为害尤重。为害部位出现淡黄色失绿点，后期转变为棕褐色斑块，叶背可发现虫体、卵粒、丝网等分泌物，严重时植株停滞生长，叶片枯干掉落，植株死亡，于通风不良的环境下易发生。应注意避免通风不良，并清除中间寄主，或采用氧化乐果 1 000 倍液或 40% 三氯杀螨醇 2 000 倍液喷施防治。

② 介壳虫类：介壳虫为观赏凤梨较常见的害虫，通过刺吸叶片汁液，从而在叶片上产生失绿斑点，对叶的生长产生不良影响，而伤口会因附有虫的黏液，可能再引起黑霉病。在卵刚孵化、介壳尚未增厚时喷药防治效果最好，可用有机膦类农药如乐果、氧化乐果、乙酰甲胺磷、马拉硫磷、杀螟松等防治。

③ 斜纹夜蛾：斜纹夜蛾主要以幼虫为害观赏凤梨的花朵，取食花瓣、雄蕊和雌蕊。一般白天藏于盆土、盆底部等阴暗处，傍晚取食，阴雨天时白天也在外取食。可采用有机膦类或拟除虫菊酯类杀虫剂防治。

④ 蜗牛：蜗牛主要用齿舌刮食小花，喜阴湿，于阴雨天昼夜活动为害，在较干旱时，白天潜伏，夜间为害。防治蜗牛可在地上撒生石灰粉，或人工进行捕捉，或用树叶、杂草、菜叶等先作诱集堆，天亮前蜗牛潜伏在诱集堆下，可集中捕捉。

⑤ 蚜虫：蚜虫多聚集于花序或花梗上吸取汁液，使花序失色萎缩，提早凋谢。可采用黄板诱杀，清除田间杂草，10%扑虱净 1 000 倍液、10%粉虱净 800 倍液或 10%吡虫啉 1 500倍液交替使用进行防治。

二、蝴 蝶 兰

蝴蝶兰（*Phalaenopsis* spp.）具有花色艳丽高雅、花形优美别致、花期长、耐贮运等特性，被誉为“洋兰皇后”，已成为国内外最畅销、最流行的盆花之一。

（一）生物学特性

1. 形态特征　蝴蝶兰为兰科蝴蝶兰属多年生常绿宿根植物，该属约有 50 种，常见有 20 多种，附生性。单轴分枝，茎短而肥厚，无假鳞茎，常被叶鞘所包。叶大，稍肉质，3～4 片或更多，多正面绿色，背面紫色，椭圆形、长圆形或倒卵状披针形，长 10～30 cm，宽 4～8 cm，先端锐尖或钝，基部楔形或有时歪斜，具关节和抱茎的鞘。总状花序腋生，1 至数枝，拱形，长可达 50 cm，不分枝或有时分枝，花序柄绿色，被数枚鳞片状鞘，常具数朵至一二十朵由中部向顶端逐朵开放的花，萼片近等大，离生，花瓣通常近似萼片而较宽阔，基部收狭或具爪，花色有红、黄、白、白花红心、各色条纹及斑点杂色等。根肉质，长而扁，绿色。

2. 生态习性　蝴蝶兰原产于亚洲南部及部分太平洋岛屿，分布范围东至巴布亚新几内亚，西至印度南部及斯里兰卡，北至中国台湾、云南及菲律宾，南到大洋洲北端。多生于阴湿多雾的热带森林中离地 3～5 m 的树干上，也有长于溪涧旁湿石上。花期 4～6 月。蝴蝶兰性喜高温、高湿及半阴环境，生长适温为 22～30 ℃，冬季 10 ℃以下停止生长，低于 5 ℃可能导致死亡。设施条件下最高气温不宜超过 32 ℃，最低温度不低于 15 ℃，苗期生长最适温度为 22～30 ℃，催花温度为 18～28 ℃，抽花期适温为 18～26 ℃，开花期养护温度为 17～26 ℃。开花需经历 1 个月的 15～18 ℃低温才能促成花芽分化，此后如果持续低温则花梗萌发迟缓。忌烈日直射，否则会大面积灼伤叶片，但也不耐室内过阴，否则会导致生长缓慢，不利于养分贮存和开花。小苗生长适宜光照度为10 000～15 000 lx，中大苗为12 000～20 000 lx。蝴蝶兰喜欢高湿且通风的环境，要求经常保持空气相对湿度在60%～80%，并且保持空气流通，过干对植株生长不利，过湿易感染病害。

（二）繁殖方法

蝴蝶兰为单轴分枝，植株极少发育侧枝，很难采用常规分株法进行大量繁殖，且其种子不含胚乳，在自然条件下萌发率极低，也难以用常规播种方式繁殖。采用组织培养的方法进行蝴蝶兰种苗繁殖，具有增殖率高、速度快、不受季节限制、可周年生产及容易去除病毒等优点，是蝴蝶兰大规模种苗生产的唯一途径。蝴蝶兰组培通常分无菌播种方法和诱导原球茎扩繁方法，前者利用蝴蝶兰果实内的种子通过无菌培养成苗，后者采用茎尖、花梗等作为外植体诱导原球茎后再诱导扩繁成苗，后者由于具有成苗整齐一致且能保留品种优良特性的优点而逐渐成为主要方法。蝴蝶兰组培苗出瓶炼苗后至5 cm口径的白色透明塑料钵培养，称为小苗；经3.5～4.5个月的培养换至8.3 cm口径的塑料钵中进行养护，称为中苗；再经过4个月左右培养换至11.6 cm口径的塑料钵中进行养护，称为大苗。大苗经过5个月左右养护便可作为成熟的可催花植株，整个营养生长阶段需要13～14个月时间。成熟的大苗经变温催花处理后可抽出花梗，经3.5～4个月的养护可开花上市，该阶段为蝴蝶兰生殖生长阶段。

（三）无土栽培技术

1. 品种选择 蝴蝶兰种类繁多，品种各异。根据花朵大小分为大花、中花、迷你型3类，根据花色分有红色、紫红、粉红、红底条纹、纯白、白色红唇、白色黄唇、黄色、黄色带赤斑纹、绿色以及杂色等色系，根据单株花梗分枝情况分单枝、双枝、树型等。目前国内常见栽培品种有大花红色系的台林红天使、内山姑娘、光芒四射、超群火鸟、巨宝红玫瑰和V31等，黄花系列的新垣黄金美人、富乐夕阳、万花筒、小男孩等，小花红色系的满天红、天天红和夕阳红等，斑点系的榕树枫叶、一心太阳美人、CW-27等。

2. 栽培管理

（1）栽培基质 蝴蝶兰常见栽培基质主要以透气、疏松、保水、保肥性能较好的水苔为主。

（2）养分管理 驯化苗初次施肥一般在定植后20 d左右喷施叶面肥，以氮肥为主，可采用花多多专用肥（氮、磷、钾的比例为30∶10∶10）3 000倍稀释液喷施，以水苔全湿为标准，以后每隔5～7 d喷1次，肥料和喷施浓度均不变；中苗阶段用氮、磷、钾比例为20∶10∶20及20∶20∶20的两种肥2 000倍液交替施用，每周1次；大苗阶段用氮、磷、钾比例为20∶20∶20的肥1 500倍液每周施用1次；开花期用氮、磷、钾比例为10∶30∶20的肥1 000倍液每10 d施用1次。另可自行配制复合微量元素母液，结合上述大量元素施肥按1 000倍液每月混合使用1次，当第一朵花开放后应停止用肥。

（3）水分管理 水源应选择EC在0.2 mS/cm以内，pH 5.5～6之间。营养液的适宜EC，小苗在0.6 mS/cm以内，中苗在0.8 mS/cm左右，大苗在1.2 mS/cm以内，抽梗苗在1.5 mS/cm以内。

不同季节、不同地区水分管理方法不同。冬季植株达到七成干时浇水，夏季植株到八成干时浇水。在保证环境一定湿度的条件下还需避免叶片积水，通常夏天在10:00前或16:00后浇水，浇水后打开风机，使叶片快速晾干；冬天在晴天上午浇水，也要用风机吹干叶片上的水分。

蝴蝶兰栽培过程中水温不能超过35 ℃。抽梗苗水温最好控制在25 ℃，不宜低于18 ℃，亦不宜高于 26 ℃。花期水温控制在 25～28 ℃最佳，不能低于 20 ℃。冬季浇水应特别重视水温问题。

（4）环境控制　蝴蝶兰养护过程要根据不同阶段苗龄自身的需要灵活掌握，同时避免出现温度或高或低的状况。设施条件下，夏季采用湿帘一风机系统降温，冬季采取供暖方式升温。温室内通风状况的好坏直接影响蝴蝶兰的生长，通风不良会导致病虫害滋生和落花落蕾。当室温达 28 ℃以上时需开窗通风换气，当室温在 28 ℃以下时要关闭窗门，若此时需要换气，可用风扇直接吹风。冬天开花季节每日或隔日应换气吹风，补充室内 CO_2 以确保开花株顺利生长。

刚出瓶驯化苗的光照度应控制在 1 000 lx 以下，1 周内控制在 2 000～3 000 lx 之间，1 周后可增至 3 000～4 000 lx，1 个月后增至 6 000～8 000 lx。小苗阶段宜在 8 000～10 000 lx 间，中苗阶段 10 000～15 000 lx，大苗阶段 15 000～20 000 lx，成熟株特别是催花时的最佳光照度为 20 000～25 000 lx，可促进蝴蝶兰开花，且花色艳丽持久。当设施内光照度过高时可用外遮阳系统调节。

营养生长阶段空气相对湿度尽量维持在 70%～80%，抽花梗阶段提高至 80%～85%，开花期降低至 60%～70%，以减少病害发生。

（5）花期控制　催花前应先将成熟株和非成熟株进行分区管理，成熟株用作催花株。催花应满足昼夜温差 10 ℃左右，白天最高气温低于 32 ℃，最好控制在 26～28 ℃，夜间最低气温 18 ℃以上，持续保持 35～45 d 植株便可抽出花芽。抽梗苗阶段依据花梗从短到长分为 1～10 cm、10～45 cm、45 cm 着苞和着苞至开花 4 个阶段，具体管理要点见表11－6。

表 11－6　蝴蝶兰着苞期及开花期的管理

生长阶段管理项目	着苞期	开花期
光照度	越强越好（<35 000 lx）	25 000～30 000 lx
温度	白天 22～26 ℃，夜间 13～20 ℃	白天 26～28 ℃，夜间 22～25 ℃
相对湿度	水分要充足，一般为 80%～85%，最低 70%，最高 90%	一般为 60%～70%，最低 50%，最高 80%

（6）病虫害防治　蝴蝶兰的病虫害防治以预防为主，搞好兰仓及外围环境卫生，定时消毒，严禁病株入仓，及时清除病株，定期（每次间隔 10～15 d）喷洒相应农药防病治虫。为预防细菌性软腐病和真菌性病害，每月喷 1～2 次农用硫酸链霉素 1 000 倍稀释液，或多菌灵 1 500 倍稀释液、甲基托布津 1 200 倍稀释液，可达到预防的效果。

蝴蝶兰的主要病害有病毒病、真菌性病害（灰霉病、疫病、炭疽病、白绢病、烟煤病等）、细菌性病害（软腐病、褐斑病）。主要虫害有蝗虫类、蓟马、介壳虫、蛾类、螨类及有害动物（如蜗牛、老鼠）等。

三、一 品 红

一品红（*Euphorbia pulcherrima*）因其观赏期长、色泽艳丽，正值圣诞、元旦、春节开花，便于烘托喜庆气氛，而深受国内外消费者的欢迎，常用于盆栽装饰室内、会场等。

（一）生物学特性

1. 形态特征　一品红又名圣诞红、猩猩木，为大戟科大戟属常绿或半常绿灌木。茎直立而光滑，质地松软，髓部中空，全身具乳汁。单叶互生，卵状椭圆形至阔披针形，叶缘具钝锯齿或浅裂乃至全缘。茎顶部花序下的叶较窄，苞片状，通常全缘，开花时呈红色或黄、白、粉等色，是主要观赏部位。顶生环状花序聚伞状排列，花小，着生在绿色的杯状总苞内，雌雄同株异花，雌花单生于花序的中央，雄花多数，均无花被。蒴果，种子 3 粒，褐色，因雌花比雄花早开，花期又在 12 月至翌年 3 月，故盆栽多不易结实。

2. 生态习性 一品红原产墨西哥南部和中美洲等热带地区，性喜温暖、湿润环境，不耐寒冷和霜冻，适宜生长温度为白天 20 ℃，晚间 15 ℃，开花时气温不得低于 15 ℃，气温降到 10 ℃时开始落叶而休眠。一品红较耐热，在 35 ℃以下能正常生长，但长期 35 ℃以上会抑制生长。一品红为阳性花卉，不耐阴，其适宜光照度在 40 000～60 000 lx 之间，光照不足易导致茎弱叶薄、苞片色泽暗淡；但夏季高温强光时要适当遮光，并增加空气湿度，以避免叶片灼伤并卷曲发黄，甚至基部落叶而使植株“脱脚”。栽培介质的 pH5.5～6.0 最适宜生长。一品红属于典型的短日照植物，一般在 10 月前后进入花芽分化期，其自然花期在 11 月至翌年 3 月。

（二）繁殖方法

一品红生根容易，多以扦插繁殖为主。春末气温稳定回升后，可采用花谢后修剪下来的枝条，每 3 节截成一段进行扦插。规模化生产多于 4 月下旬至 7 月下旬利用顶梢嫩枝扦插，具体时间应视生产盆花的规格而定，规格大则应早扦插，反之可略迟，一般 15 cm 左右口径的中型盆花，多在 6 月中旬前后扦插，7 月上中旬定植。采穗之前母株需控制浇水，使盆内质保持微干状态，抑制嫩枝伸长，使其组织充实，利于插穗成活。插穗多用 4～6 cm 长带 2～3片成熟叶的顶端嫩茎，如插穗过长则不利于后期高度的控制。剪下的插穗应立即直立浸泡在清水中，以防止凋萎，并浸去剪口分泌的乳汁，浸泡时间为 1～2 h，不宜太长。插穗插入基质的深度约为全长的 1/2。扦插用基质可用泥炭、珍珠岩、蛭石或插花泥等，如重复使用必须消毒。插后第一次浇足水，以后浇水不宜太多，主要进行叶面喷雾以保持空气湿润，并适当遮光降温，后期可逐渐见光以促进生根。基质水多、高温和空气不流通易引起插穗基部腐烂。在 15～20 ℃条件下，插后 1 周便开始生根，3～4 周后便可移栽。

（三）无土栽培技术

1. 品种选择 盆栽一品红依花期可分为早花种（11 月中下旬开花）、中间种（12 月上旬开花）和晚花种（12 月中旬开花），按苞片的颜色可分为红、粉、白和黄色等。目前国际上主要的一品红育种及种苗供应商有德国的菲舍尔（Fischer）公司和杜门（Diimmen）公司及美国的保罗艾克（Paul Ecke）公司等，其主要品种有千禧（Millennium）、早生千禧（Early Millenium）、彼得之星（Peterstar Red）、火星（Mars）、威望（Prestige Red）、自由（Freedom）、柯蒂兹（Cortez）、红星（Red Elf）、喜鹊（Picacho）、玛伦（Maren）、红宝石（Red Diamond）、白星（White Star）、大理石之星（Marble Star）、柠檬雪（Lemon Snow）、天鹅绒（Velveteen）、早生天鹅绒（Red Velveteen）、金手指（Gold Finger）等。

2. 栽培基质 一品红的生长基质必须洁净，有稳定的结构、足够通气性和良好排水性，能为根区生长提供适宜的环境。由于泥炭具有良好的孔隙度和优良的持水能力，并具有良好的离子交换能力和缓冲能力，因此商业化基质大多采用以泥炭为主，加入珍珠岩、蛭石、陶粒、锯木屑、树皮或沙等的 1 种或几种混合。混合基质可溶性盐分应相对较低，而且应有足够的离子交换能力来保留和供给植物生长所需的必要元素。

基质和灌溉水的 pH 在整个栽培阶段应保持在 5.5～6.5。pH 太高会降低铁、锰、锌等的吸收，从而导致黄叶；而 pH 太低会降低钙、镁等的有效性，导致生理性病害。pH 偏低可通过添加硝酸钙或碳酸钙来调整，而偏高可用硫酸铜调整。无土基质的盐离子浓度也应控制在一定范围内，其电导率（EC）在 1.5～2.2 mS/cm 间最为适宜，苗期和花期可略低，上盆用基质 EC 在 1.5～1.8 mS/cm，旺盛生长期可略高。EC 偏低不利于养分吸收，偏高又易形成盐伤害。如 EC 偏低可通过添加复合化肥来调整，而偏高则可用水冲洗来降低。pH 和 EC 的数值可分别利用酸度计和 EC 计来测定，每周测定 1 次，并做好记录。

3. 营养管理 一品红需肥量大，氮、钾肥的比例宜为 1∶1。基质中钙含量应与 pH 一致，高钙高 pH 时，所施肥料中应含较多的铵态氮；而 pH 低时，则需较多的硝态氮。如果用雨水浇灌，应加入一定量的硝酸钙。为防止缺乏钼元素，应每 2～3 周给予 0.2 mg/L 的钼酸钠与矮壮素（CCC）一起施入。

（1）营养生长期 刚上盆的生根苗，用氮、磷、钾比例为 20∶10∶20 或 13∶5∶7 的一品红专用肥和钙肥，以浓度 50 mg/L 和 100 mg/L 交替浇灌，每次浇水时都配液肥施用，能防止过量的盐分积累。随着植株生长的加快，逐渐提高肥料的浓度，但最高浓度不宜超过 300 mg/L，基质 EC 保持在 2.0～2.5 mS/cm。

（2）生殖生长期 大约在 10 月上旬（自然花期栽培）一品红进入花芽分化期，此时应降低施肥浓度，改用氮、磷、钾比例为 15∶5∶25 的一品红专用肥料和钙肥交替施用，浓度不超过 250 mg/L，基质 EC 维持在 1.5～2.0 mS/cm，但品种间有差异，不同生育期所需 EC 也不尽相同，通常基质 EC 保持在 1.8 mS/cm 左右。为避免烧苞片，在苞片生长期间给予足够的钙肥很重要，在苞片转色后的最后 3 周应补施 0.15%氯化钙肥。在补施钙肥时，应避免植株在强光下暴晒，尤其在阴暗天气后的晴朗天气，中午前后进行遮阴是很重要的措施。苞片完全转色后，可以适当降低肥料浓度，使基质 EC 控制在 1.0～1.2 mS/cm，此时如 EC 偏高，易导致落叶，并可使苞片出现灼伤现象，至出售前 1 周可仅浇清水。

4. 温、湿度管理 要使新上盆的植株快速建立良好的根系，上盆后需遮阴 3～5 d，温度不应低于 20 ℃，高湿有利于新根迅速生长，尤其在阳光充足的条件下，每天应喷雾几次。上盆 8～14 d 后，根应达盆底，温度根据品种不同降低到 18～20 ℃，此时起相对湿度可以降低至 60%～70%。

苗期随着日温升高，一品红生长加快，最适生长温度为 20～24 ℃。如温度过高，会延长营养生长，推迟花期；如温度过低，则影响花芽分化，且影响根系生长，导致基质中真菌性病害发生。在进入花诱导阶段（自然条件下约在 10 月初）后应给予昼夜温度均高于 20 ℃，宜在 20～25 ℃，低于 20 ℃可导致诱导推迟。随着苞片的转色发育，温度可调至白天 20 ℃，并保持夜温不低于 17 ℃，如低于 17 ℃，花期会推迟，并使苞片变小。同时，应注意降低昼夜温差，最好保持在 1～2 ℃，如温差过大，易促进徒长，并使枝条长短不一。当苞片发育完成，温度可维持在 15～17 ℃，相对低温可以增加苞片的色彩和维持植株的硬度，但应注意各品种间的差异。此外，在出售前 2～3 d，除保持 15～17 ℃的较低温度外，可遮光 50%，有利于延长盆花的货架寿命。

5. 株型调控 为使一品红获得较好的分枝和平整的冠形，必须考虑以下几个关键因素：足够的空间；高光照条件；不同品种的生长特性；注意昼夜温差和降温方法；评估生长速度，每周记录生长高度并与标准高度比较，以便种植者可以预测生长趋势。

定植后经 2～3 周生长，植株具 6～7 片叶子即可进行摘心，摘去顶梢，留 5～6 片叶子，如摘心太迟，植株枝条老化，会影响下部芽的萌发。摘心后 2 周尽量保持较高的空气湿度，有利于侧枝生长。此外，根据品种特性，可选择应用植物生长调节剂，一般摘心后 2～3 周、侧枝 2～3 cm 长时，喷施 1 500～2 500 mg/L 矮壮素；至 8 月下旬，可视植株生长情况再喷施 1 次矮壮素；10 月上旬，可最后 1 次喷施矮壮素，注意不能过迟，否则会使苞片变小。使用生长调节剂以后植物应遮阴处理 1 d。

6. 花期调控 一品红为典型的短日照植物，花芽分化的临界日长约为 12 h 20 min，长江中下游地区在 9 月下旬或 10 月上旬（根据纬度确定），从此时起，在自然条件下，植物需 6～9 周的反应时间使苞片转色发育完成。用遮光方法可以提前花期，但应注意黑布遮光引起的高温会延迟花芽分化。在短日照阶段增强光照有利于改善苞片的大小和色泽，此阶段应注意给予充足的光照。以下为“五一”和“十一”上市的花期促成方法。

（1）“五一”花期促控技术 “五一”上市的一品红，从 9 月下旬到翌年 2 月中下旬的营养生长阶段均需补光，每晚补光 4 h，每天光照时间长达 15 h 左右，光照度 500 lx 左右，夜温不低于 10 ℃；3 月初（具体时间根据不同品种光反应时间而定）进入遮光阶段（用黑幕布），每天 16:00 到次日 8:00，光照时间为 8 h，直至全部苞片转红为止，即可在“五一”上市。

（2）“十一”花期促控技术 选择耐热性强、花期早的品种如早生天鹅绒、千禧，根据品种的具体光反应时间计算该品种从定植至上市所需时间。一般在 6 月上旬定植，6 月中下旬摘心，7 月下旬开始遮光，一直至 9 月下旬开花。“十一”上市促成栽培需注意夜间降温，夜温高于 24 ℃会抑制一品红花芽分化。

7. 病虫害防治

（1）病害防治 生理性病害主要表现为叶片皱缩变形和烧苞片等。叶片皱缩变形主要由于干燥、光照过强、缺素或摘心造成幼叶损伤，当叶片伸展时形成变态叶。烧苞片主要由于肥料浓度过高所至，也可能由干燥、高温、强光照等引起，使苞片从边缘开始腐烂，然后蔓延至整个苞片，多发生于转色的过渡叶片上。生理性病害主要通过环境条件的控制和改善肥水管理来预防。

其他病害主要有根腐病、茎腐病、灰霉病和细菌性叶斑病等。防治应注意以下几个方面：①基质、容器等的消毒。②生长后期应适当控制湿度，应在午前浇水，避免在下午浇水，减少喷雾，并加强通风。③加强肥水管理，促进生长。④药剂防治，根腐病和茎腐病可用五氯硝基苯等浇灌，灰霉病可用甲基托布津、百菌清等喷施，而细菌性叶斑病可用含铜杀菌剂等喷施。但苞片转色后不宜再用杀菌剂喷施，否则会使苞片产生斑点，影响观赏价值。可改用烟熏剂熏蒸，但由于一品红对硫敏感，不宜用硫黄熏蒸。

（2）虫害防治 一品红的虫害主要有白粉虱、红蜘蛛、蓟马等。可使用防虫网、黏虫板等或用杀虫剂喷杀，如 40%氧化乐果 1 000 倍液或 40%三氯杀螨醇 1 000～1 500 倍液等。此外，也可使用 3%啶虫脒 1 000～1 500 倍液、毒丝本（Dusban）1 000～1 500 倍液、阿维菌素 2 000～3 000 倍液、加达螨灵 2 500 倍液、阿克泰 5 000～7 000 倍液、噻嗪酮 1 500 倍液、吡虫啉 1 000～1 500 倍液等。药剂使用时应避免多次重复使用同一药剂，以防止产生抗药性；一些烟熏剂如熏定、烟杀等对粉虱也具有很好的效果。因为粉虱繁殖、传播较快，所以一经发现，应立即防治，避免大面积发生。

四、杜鹃花

杜鹃花（*Rhododendron hybridum*）被誉为“花中西施”，是我国十大名花之一，极具观赏价值。比利时杜鹃体型矮壮、树冠紧密、分枝多，其最早在西欧的荷兰、比利时育成，故又称西洋杜鹃，简称西鹃，系皋月杜鹃、映山红及毛白杜鹃等反复杂交而成，是杜鹃花类中花色、花形多而绚丽，观赏价值较高的一类，也是国内外重要盆栽花卉之一。

（一）生物学特性

1. 形态特征　比利时杜鹃为杜鹃花科杜鹃花属常绿灌木。叶片厚实，互生，毛少，表面深绿色，叶长椭圆形，有光叶、尖叶、扭叶、长叶与阔叶之分。花顶生、腋生或单生，漏斗状，花色丰富多彩，有红、粉、白、玫红等，并有单色、镶边、点红、亮斑、喷沙、洒金等，多数为重瓣、复瓣，少有单瓣，花瓣有狭长、圆阔、平直、后翻、波浪、飞舞、皱边、卷边等，直径 6～8 cm，最大可超过 10 cm。

2. 生态习性　比利时杜鹃喜阴，忌烈日暴晒，适宜在散射光下生长，光照过强则易灼伤嫩叶，尤忌强光直射，否则易使老叶焦化，花期缩短，甚至植株死亡。据观察，杜鹃在 30 000 lx 以上的中强光照下生长不良，而在 20 000 lx 的中弱光照下花开繁密，在 7 000～8 000 lx的偏弱光照下花蕾稀少，在 2 000～3 000 lx 弱光下极难开花，其光补偿点约 1 400 lx。

比利时杜鹃喜温和凉爽的气候，忌酷热、怕严寒，生长最适温度为 12～25 ℃，超过 35 ℃则进入半休眠状态。冬季 5～10 ℃时生长缓慢，0 ℃即可能受害，生产上温度不宜低于 2 ℃。冬季有短暂的休眠期，以后随温度上升，花芽逐渐膨大，一般露地栽培在 3～5 月开花，高海拔地区则晚至 7～8 月开花，北方在温室栽培，1～2 月即可开花。

比利时杜鹃喜湿怕旱，对空气湿度要求较高，相对湿度要求在 60%以上，以 70%～90%为宜。休眠期需水较少，春季及初夏需水多，夏季更多，能够在达饱和的空气湿度环境中生长发育良好。但杜鹃花根系浅，须根细，故需排水良好的栽培基质，切忌积水。杜鹃花为典型的喜酸性植物，以 pH 4.5～6.5 为宜，忌碱性，忌浓肥，宜薄肥勤施。

（二）繁殖方法

比利时杜鹃的繁殖方法有播种、扦插、嫁接、压条等。播种多用于培育杂种实生苗时进行，在生产上多采用扦插和嫁接繁殖。

扦插是应用最广的方法，优点是操作简便、成活率高、生长快速、性状稳定。插穗取自当年生半木质化枝条，剪去下部叶片，留顶端 4～5 叶，如枝条过长可截短。若不能随采随插，可用湿布或苔藓包裹基部，套以塑料薄膜，放于阴处，可存放数日。作为商品性生产的比利时杜鹃，四季均可扦插，但以春、夏、秋三季为佳，尤以 5 月下旬至 6 月中旬扦插成活率最高，此时插穗老嫩适中，天气温暖湿润，成活率可达 90%以上。基质可用泥炭、腐熟锯木屑、河沙、珍珠岩等，大面积生产多用锯木屑＋珍珠岩，或泥炭＋珍珠岩，比例一般为 3∶1。插床底部应填 7～8 cm 厚排水层，以利排水，扦插深度为插穗的 1/3～1/2。用促进生根的萘乙酸 300 mg/L、吲哚丁酸 200～300 mg/L 等植物生长调节剂快浸处理，插后应遮阴和喷水，夏季注意通风降温。视温度不同需 40～70 d 可生根，9 月后减少遮阴，追施薄肥使小苗逐步壮实，10 月下旬即可上盆或移栽苗床。

嫁接在繁殖比利时杜鹃时也较多采用，可快速培育大苗，并可将几个品种嫁接在同一株上。最常用的嫁接方法是嫩枝顶端劈接，以5～6月最宜，砧木多选用毛鹃，要求新梢与接穗粗细相仿。嫁接后要在接口处连同接穗用塑料薄膜袋套住，扎紧袋口，然后置于荫棚下，忌阳光直射，注意袋中有无水珠，若无可解开喷湿接穗，重新扎紧。接后7 d不萎即有成功把握，2个月后去袋，次春松绑。

（三）无土栽培技术

1. 品种选择 比利时杜鹃传统栽培品种有皇冠、锦袍、天女舞、四海波等，近年引进了大量杂交新品种，如美洲（America），花红色；坎宁安白（Cunningham's White），花白色；海尔马特·沃格尔（Heilmut Vogel），花深红色；英加（Inga），花深粉白边；乔泽夫·霍厄塞尔小姐（Mrs. Jozef Heursel），花大红色；帕洛马（Paloma），花粉红色；粉珍珠（Pink Pearl），花粉白色；莱因霍尔德·安布罗修斯（Reinhold Ambrosius），花大红色；赛马（Sima），花白色红边。

2. 栽培基质 杜鹃花栽培基质可用草炭土、腐熟锯木屑、蛭石、珍珠岩、椰糠、中药渣等，多采用混合基质，只要pH在5～6.5之间、通透排水、富含腐殖质均可。目前大规模生产多用腐熟的锯木屑、草炭、椰糠等作基质，但椰糠含盐量较高，使用前应经过淋洗。常见基质配方如草炭3份＋蛭石3份＋珍珠岩3份、草炭土3份＋蛭石3份＋砻糠3份、草炭土3份＋腐熟锯木屑3份＋蛭石3份等，也有以腐熟锯木屑或砻糠为主进行配制的，配方基质需混合均匀，消毒后装盆备用。

3. 水肥管理 杜鹃花营养液要求为强酸性，以pH 4.5～6.5较适宜。营养液的各种成分应全面且比例适当，以满足生长开花需要。可选用杜鹃花专用营养液或通用营养液，以农用复合肥为主，辅以微量元素。大量元素的配制：1 L水加2 g农用复合肥，再加硫酸镁0.5 g为标准溶液。微量元素的配制采用通用配方。定植缓苗后第一次营养液要浇透，此后进入正常管理，每隔10 d左右补液1次，次日应以清水冲洗1次，每次中型盆100～150 ml，大型盆200～250 ml，期间补水保持湿润。杜鹃花不耐碱，应定期监测并调节营养液pH。大规模生产比利时杜鹃盆花，可施用缓释颗粒肥料，每生长季只需施1～2次即可，但施用量应根据植株大小从严掌握，防止高温季节造成肥害。若生长不良，叶片灰绿或黄绿，可在施肥水时加用或单用0.1%硫酸亚铁水浇灌2～3次。

杜鹃花根系细弱，既不耐旱又不耐涝。生长期间如不及时浇水，根系易萎缩，叶片下垂或卷曲，尖端焦黄；若浇水过多，通气受阻，则会造成烂根，叶发黄脱落。杜鹃花对空气湿度要求较高，相对湿度要求在60%以上，以70%～90%为宜。浇水要根据天气情况、植株大小、盆土干湿、生长发育需要灵活掌握，水质要求不呈碱性。如用自来水浇花，最好在缸中存放1～2 d，水温应与盆土温度接近。11月后气温下降，需水量少，室内不加温时3～5 d浇1次水；2月下旬以后要适当增加浇水量；3～6月开花抽梢，需水量大，晴天每日浇1次水，不足时傍晚要补水；7～8月高温季节，要随干随浇，午间、傍晚要在地面、叶面喷水，以降温增湿；9～10月天气仍热，浇水不能怠慢。

4. 整形修剪 幼苗在2～4年内，为了加速形成骨架，常摘去花蕾，并经常摘心，促使侧枝萌发。长成大棵后，主要是剪除病枝、弱枝以及杂乱枝条，保持树冠圆整。

5. 遮阴 比利时杜鹃在5～11月都要遮阴，否则夏季高温闷热常导致杜鹃花叶片黄化脱落甚至死亡，遮阳网的透光率为30%～40%，西侧也要挂帘遮光。此外，也要注意通风降温或喷水降温。

6. 花期管理及花期控制 借助温度调节，盆栽杜鹃花可以四季开放。比利时杜鹃花芽分化后，移至 20 ℃的环境约 2 周时间即可开花，但品种间差异很大。在国外，作为圣诞节开花的比利时杜鹃自冷藏室（3～4 ℃）移出后，需在 11 月上旬置于 15 ℃的温室中，才能保证应时上市。有些品种也可用植物生长调节剂促其花芽形成，普遍应用的是 B_9 和多效唑，前者用 0.15%浓度喷 2 次，每周 1 次，或用 0.25%浓度喷 1 次；后者用 0.03%浓度喷 1 次，大约在喷施后 2 个月花芽即充分发育，此时植株经冷藏能促进花芽成熟。杜鹃花在促成栽培以前至少需要 4 周 10 ℃左右温度冷藏，冷藏期间植株保持湿润，不能过分浇水，每天保持 12 h 光照。

7. 病虫害防治　比利时杜鹃的病害主要有褐霉病、叶斑病、缺铁黄化病、小叶病和病毒病等。褐霉病和叶斑病的病菌均在叶片上形成不规则的黑褐色斑，而前者在后期病斑中部变成灰褐色，在潮湿条件下病斑上产生许多黑色或灰褐色霉层；后者发病后期病斑中部呈灰白色，上生小黑点。两者均为真菌性病害，高温高湿环境下最易发生，应通过通风降湿，清理病叶、病株，加强管理促进植株生长健壮，以及利用化学药剂进行防治。缺铁黄化病、小叶病是由于植株缺素而形成的，前者由于基质缺铁或基质中铁素不能被吸收，从而影响叶绿素的合成，该病多发生在嫩梢新叶，初期叶脉间叶肉褪绿，变成黄白色，但叶脉保持绿色，严重时除大的叶脉外全叶变成黄白色，甚至叶尖、叶缘向内枯焦；而后者是由于基质缺锌而引起的，发病后枝顶叶片变小，叶质硬脆，叶缘向背面翻卷，叶尖失绿变成黄白色，同时枝条顶端生长受阻，节间缩短，叶片成簇生状。缺铁黄化病、小叶病主要是由于基质 pH 偏高，使有效铁和锌元素降低，可通过降低基质 pH、增施硫酸亚铁和硫酸锌等方法进行防治。

此外，比利时杜鹃还易受杜鹃网蝽（杜鹃军配虫）、红蜘蛛、介壳虫、杜鹃叶蜂等为害。杜鹃网蝽成虫 3～4 mm 长，体黑褐色，成虫或幼虫群集叶背吸汁液，使叶面出现黄白斑，叶背可见黑褐色虫粪和蜕皮，严重时造成大量落叶、长势衰竭，应及时用杀虫剂防治。

五、仙 客 来

仙客来（*Cyclamen persicum*）又名一品冠、兔子花、萝卜海棠、兔耳花等，其花色艳丽、花型奇特、花期长且叶形优美，是国内外重要盆栽花卉之一。

（一）生物学特性

1. 形态特征　仙客来为报春花科仙客来属多年生球根植物。具扁圆形肉质块茎，深褐色，外被木栓质。叶丛生于块茎顶端的中心，心状卵圆形，肉质，边缘具细锯齿，叶面深绿色，多有白色或淡绿色斑纹，叶背紫红色，叶缘锯齿状。花单生，由球茎顶端叶腋处生出，花梗细长，花瓣 5 片，向上反卷、扭曲，形似兔耳，花色有红、紫红、淡红、粉、白、雪青及复色等，部分具芳香。蒴果球形，成熟后 5 瓣开裂，内含种子 30～40 粒，种子褐色。花期冬、春季。目前栽培的仙客来多为园艺品种，是从原种仙客来经多年培育改良而成，通常分为大花型、平瓣型、皱瓣型、银叶型、重瓣型、毛边型、芳香型等。

2. 生态习性　仙客来原产南欧及地中海一带，性喜凉爽、湿润及阳光充足环境，不耐寒，也不喜高温，秋、冬、春季为生长季，生长发育适温为 15～25 ℃，冬季温度宜在 12～20 ℃，夏季不耐暑热，温度不宜超过 30 ℃，否则易进入休眠期。要求疏松肥沃、排水良好、富含腐殖质的微酸性基质，适宜 pH 5.8～6.5。要求空气湿度为 60%～70%。仙客来属于中日照植物，喜阳光但忌强光照，适宜光照度为 15 000～20 000 lx，夏季强光下需遮阴。花期长，可自10月陆续开花至翌年5月上旬。

(二) 繁殖方法

仙客来可以用播种、分割块茎和组织培养等方法繁殖。块茎切割方法繁殖多在8、9月间进行，将大的块茎纵切，每块上带有健壮芽，切面消毒晾干后插于基质中，加强管理，待生根发芽后即可进行正常管理。由于块茎切割方法繁殖率不高，繁殖所需时间长，且块茎易因伤口感染而腐烂，故规模化生产上很少应用，而通常采用播种繁殖。

播种时间应视品种类型、预定上市期、栽培条件等而定，大花品种生长期长于中小花品种，需提前播种。如需在元旦和春节开花上市，一般大花品种多在9～10月播种，播后13～15个月开花；而中小花品种多在1～2月播种，播后10～12个月开花。播种不能过早，否则高温不利于萌芽和幼苗生长；也不能过迟，否则苗前期温度偏低不利于生长，在预定花期不能开花，或即使开花但不能达到要求规格。

种子播前应浸种催芽，可用清水浸24 h，然后在0.1%硫酸铜溶液或0.02%高锰酸钾溶液中浸泡30 min，或在0.5%次氯酸钠溶液中浸泡3 h，以进行种子消毒，取出后清洗干净并晾干后进行播种。此前培养土也应进行消毒，播前浇透水，将种子撒播或点播于装有培养土的育苗盆中，播后覆盖0.5 cm细沙或播种用培养土，并喷透水。由于仙客来发芽需要黑暗条件，光照会抑制发芽，因此，播种后育苗盘应用报纸或黑膜覆盖，并置阴暗处。仙客来种子发芽的适温为15～22 ℃，一般为昼温15～20 ℃，夜温5～8 ℃以上即可，如昼温超过25 ℃则会严重抑制发芽，但如昼温长时间低于15 ℃也会明显推迟发芽。适温下仙客来40～50 d才能出齐苗，发芽期间应尽量减少浇水，并避免温度急剧变化，因温度过高或过低、或培养土水分过多而导致氧含量下降均会影响种子发芽。培养土适宜的含水量为70%～80%，低于50%则种子停止萌发。为防止培养土过干，可增加空气湿度或适当在培养土表面喷雾增湿。

待苗出齐后，除去覆盖物并使其逐步见光，每10 d追施1次营养液，氮、磷、钾的比例为1∶1∶1。播种苗长到2～3片真叶时进行移苗，小苗带土移植于育苗箱中。移植时，球茎的2/3左右应埋入土中，留顶端部分约1/3露出土面，生长点不能埋入土中。移植后浇透水，遮阴5～7 d缓苗，此后灌水不宜过多，以保持表土稍湿润为好，每隔2周施肥1次。

(三) 无土栽培技术

1. 品种选择 仙客来园艺栽培品种繁多，如日本将仙客来品种分为6大类：①大花系：该类品种花大色艳，观赏价值高，是冬季的主要盆花。但该类品种对温度要求较高，冬季最低夜温要在10～12 ℃，如低于7～8 ℃就会推迟开花，5～6 ℃时即停止生长。主要品种有胜利女神、巴巴库、橙色绯红等。②作曲家系：也为大花类型，但比大花系抗寒性强，品种多以著名作曲家名字命名，如肖邦、贝多芬、巴赫、李斯特等。③F_1系：为一代杂种，具株形强健、品质优良、生长快、种子发芽率高、上市期整齐等特点。对低温的适应性强，最低温5～6 ℃时仍可正常生长，是春、秋、冬兼用型品种。该类品种由于其优良的商品价值，已成为商品化生产的主要品种类型。由于该类品种多以著名歌剧名称命名，故又称为歌剧系，品种如卡门、托斯卡、阿依达、爱斯米拉达等。④微型系：又称迷你系，小型多花，常带香味，早春上市。该类品种也同F_1系一样具较强的抗寒性，在5～6 ℃时仍可正常生长。⑤巨大花系：也称拉丁美洲系，为超大花，花向下开，多作亲本授粉用，有少量杂交品种供观赏。⑥芳香系：原种仙客来（*C. persicum*）具香味，但在漫长的育种过程中往往失去了香味，仅在微型系中还有具香味品种。但目前具香味品种的育种已受到重视，并有一些带香味品种出现。

2. 基质与营养液　仙客来无土栽培基质可选用泥炭、蛭石、炉渣、锯木屑、沙、炭化稻壳等按不同比例混合作基质，通常以草炭为主，配合其他基质。生产上为节省成本也可以其他基质为主进行配制，如蛭石、锯木屑、沙按比例 4∶4∶2 或炉渣、泥炭、炭化稻壳按比例 3∶4∶3 配制。定植时盆底应垫 3～4 cm 厚的粗粒煤渣，上部用混合基质。

营养液可以先配成浓缩液，使用时再根据不同生长时期稀释不同倍数，通常浓缩 10 倍，用时稀释 3～5 倍，pH 调至 6.5 左右。

仙客来无土栽培营养液推荐配方见表 11－7。

表 11－7　仙客来无土栽培的营养液配方

化合物名称	用量（mg/L）
硝酸钾（KNO_3）	400
硝酸钙［$Ca(NO_3)_2 \cdot 4H_2O$］	250
尿素［$CO(NH_2)_2$］	200
硫酸镁（$MgSO_4 \cdot 7H_2O$）	150
磷酸二氢钾（KH_2PO_4）	100
硫酸亚铁（$FeSO_4 \cdot H_2O$）	100
硫酸钙（$CaSO_4 \cdot 2H_2O$）	50
钼酸铵［$(NH_4)_6Mo_{24} \cdot 4H_2O$］	10
硼酸（H_3BO_3）	10
硫酸锌（$ZnSO_4 \cdot 7H_2O$）	10

3. 生长期管理　播种苗经移植生长 2 个月后，小苗长至 5～6 片叶子，可移植至 8 cm 左右口径的盆中。换盆用培养土应增加腐熟的有机基肥和复合化肥，移植后保持基质表面湿润，每周施肥 1 次，使叶片生长健壮。4 月气温转暖，仙客来发叶增多，宜翻换至大一号盆中，注意不要将基质弄散，球顶露出土面 1/3。翻盆后喷水 2 次，使基质湿透。同时，加强肥水管理，每周施肥 1 次，促使植株生长茂盛。进入 5 月后气温升高，中午遮阴以免叶片晒焦发黄，并于 6 月再一次换盆。气温增高时，球茎及叶片极易腐烂，养护管理需特别小心，应置于室外通风荫棚下的架上，需防雨，切忌球茎受到雨淋，以防烂球。夏季停肥，待立秋气温降低后再重新开始施肥。9 月最后一次换盆，大花品种用口径 15～18 cm 的盆，小花品种用口径 12～14 cm 的盆，具体尚需视生长情况而定。此后，仙客来生长加快，新叶大量增加，此时要注意增加光照和施肥，按正常浓度每周浇 1 次营养液，每 10 d 左右叶面喷施 0.5%磷酸二氢钾溶液。

10 月中旬后应给予充足光照，特别在进入 11 月后，叶片生长缓慢，花蕾发育明显加快，当花蕾长到 2～3 cm 长时，可将叶群中心的叶片向外围拉开，以使内部充分见光，促进花蕾生长发育，同时要将过早开的花摘除，以使开花整齐一致。为使花蕾繁茂，在现蕾期间需保证温度在 12～20 ℃，相对湿度 60%左右。控温是调控花期的主要手段，一般品种在10 ℃条件下，花期可推迟 20～40 d。此时应该增施磷肥，加强肥水管理，施肥时注意不要淹没球顶而造成腐烂。同时，若发叶过密可适当疏除，以使营养集中，开花繁多。

4. 病虫害防治 仙客来的病害主要有细菌性软腐病、细菌性叶腐病、灰霉病、炭疽病、叶斑病等，其中尤以软腐病和叶腐病危害严重，两者均易使叶柄、芽、球茎腐烂，但不同处在于前者使球茎软化腐烂，后者使球茎呈干腐状。细菌性软腐病主要是基质传染，培养土消毒不彻底极易导致病害发生；而细菌性叶腐病则可通过种子、水、花盆、手及工具等传播。两者均易在高温高湿时发生，防治时应注意以下几个方面：①严格种子、培养土和工具等的消毒；②加强通风，降温降湿，并尽量避雨栽培；③及时清理病叶、病株，并应在较干燥时进行摘叶、摘蕾等操作；④定期进行药剂防治。此外，仙客来还易受根结线虫、螨虫、蚜虫等为害，应注意防治。

第四节 容器观赏花卉无土栽培技术

随着花卉无土栽培技术的成熟和普及，以及人们对花卉观赏形式多样化的需求，一些以观赏为目的、以无土栽培为基础、结合具有观赏性容器和介质的花卉新型无土栽培形式日渐盛行。容器观赏花卉无土栽培技术一般可以分为无固体介质的水培养法和有固体介质的水晶泥培养、沙培、砾培和其他有机质培养法等类型，多采用盆栽形式，其中以水培花卉和水晶泥栽培花卉最具特色。

一、盆花水培技术

水培花卉不同于水生花卉。水生花卉是指通常生长在水中，其根和地下茎可以在缺氧的状态下正常生长的植物，如荷花、睡莲等。花卉水培则是通过诱导花卉根部产生类似于水生花卉的组织结构，使其根系适应在水中生长的一种用于观赏的栽培方式。花卉水培属于营养液栽培，通常将根系固定在盖板或浮板上，把根系浸泡在营养液中进行栽培。

（一）水培花卉的特点

1. 观赏性强 水培花卉可以观花、观叶、观根，它的栽培形式多样，可以作为盆栽艺术，直接种在鱼缸、艺术瓶等玻璃器皿里，实现花、鱼共赏的效果。

2. 洁净环保 水培花卉离开了土壤，具有环保、清洁等特点，并可通过叶片的蒸腾和水分的蒸发来增加室内空气湿度，改善室内空气质量。

3. 操作简单、管理方便 水培花卉不用土壤等基质，省去了基质栽培换盆、换土的步骤，另外浇水、施肥也更加简单易行。水培花卉只需夏季 15 d、冬季 30 d 左右换 1 次水，换水的同时加少许营养液即可达到生长高效、品质优良的效果。

4. 种类繁多 在人工水培生根诱导和适宜营养液的基础上，很多植物品种都可以水培，如天南星科、蕨类、五加科、百合科、龙舌兰科、竹芋科、棕榈科、石蒜科、景天科、凤梨科、仙人掌科、桑科等的许多植物。目前培育的水培花卉有 500 多种，实践中应用较多的水培花卉主要是一些喜阴的室内观叶植物。

5. 形式多样、便于组合 水培花卉栽培容器多选用各种形态的透明或彩色玻璃器皿，栽培出来的水培花卉美观大方、形式多样。除一株一盆式栽培外，水培花卉还可以组合成盆栽艺术品，例如把不同花期、不同形态或观赏性各异的花卉组合水培成四季盆景。

（二）盆花水培技术

一般来说，一二年生花卉从幼苗开始水培，可以采用深液流技术或营养液膜技术。对于盆栽多年生花卉而言，一般都采用先基质培成苗再进行水培的方法。在此主要介绍多年生盆花的水培过程。

适应水培的花卉需耐水渍性强，其生物学特性和内部结构都要适合在水中正常生长。因此基质培盆花水培时，诱导植物适宜水中生长是多年生盆花水培的关键技术。

基质培盆花的水培过程具体如下。

1. 脱盆去土　对于基质湿润的盆花，用手轻拍花盆的四周使盆土松动，手握植株基部，斜向下约45°将整株植物从盆中轻轻脱出，轻轻去除过多泥土。若盆土板结，可以喷水或浸泡3～5 min，之后再脱盆去土。

2. 水洗修根　首先用水浸泡植物根部5～10 min，再把根部的泥土洗净。洗根时不要过度伤害根系，以免引起伤口腐烂。剪去老根、病根、死根、烂根和过长须根，保留新根新芽。若花卉根系特别繁茂，可以剪去1/3～1/2的根，以减少氧气消耗，促进水生新根的产生。最后，为防止操作过程中的伤害引起烂根和接触性细菌污染，可采用75%酒精浸泡根尖3～5 s来消毒，也可采用0.5%高锰酸钾溶液消毒处理5 min，再用清水冲洗，即可用于生根水培。

3. 生根水培　盆花水培一般采用定植篮栽培法。把整理好的花卉装入合适的定植篮（图11-1）中，并用海绵、彩石或泡沫固定植株根茎部，把植株根部放入盛有水的容器中。水的高度一般在根的2/3处，注意保持水培花卉根茎部不完全浸入水中，以利于根部呼吸，防止植株腐烂。盆花水培也可以不用定植篮，直接把花卉放在盛有水的容器中，利用较小的容器口来固定植株或者在容器底部放置彩石来固定根部，使植株保持直立生长。

图11-1　定植篮

然而，水培特别是深液流水培中含氧量较低，常不能满足花卉根系的需要而导致烂根和生长不良。对这类花卉需要采用定植篮趋水诱导生根法、逐渐适应法或综合诱变生根法来促进生根，再用上述方法进行水生栽培。

（1）定植篮趋水诱导法　植物根系的生长具有趋水性，即植物的根尖总是向着水分充足的方向生长。利用植物生长的这一特性，结合定植篮栽培法可以诱导花卉的水培生根。一般采用定植篮栽培固定盆花，放置在盛有水的容器中，水面高度保持与植株根部距离1.2 cm左右，花卉叶面每天喷洒少量水，经7 d左右可以观察到植株根向水面生长伸长。随着水位不断下降，可以诱导一定长度的水生根系，成为盆栽水培花卉。

（2）逐渐适应法　利用植物对环境变化的适应性，让在基质生长中的植物根系逐渐向水生环境适应转变的方法。操作中给基质环境下生长的植株逐渐增加湿度，最后将植株转移到水中，进行水生栽培。

（3）综合诱变生根法　综合诱变生根法主要应用于工厂化水培花卉生产，该技术是在深液流技术的基础上，在营养液配制、增氧、水体消毒和处理等方面进行改进。

营养液配制方面，一方面对火鹤、兰花、蕨类、观叶类、观花类、观果类这常用6大类水培花卉植物营养进行针对性配比，另一方面添加微量水培生根调节剂等物质，提高水培植物的成活率，常用一定浓度的吲哚乙酸、萘乙酸和生根粉等。

增氧方面，采用磁性物理增氧、化学增氧和机械增氧相结合的技术，根据需要调节水中氧含量在5～10 mg/L范围内，使多种在水中较难培养的植物可以进行工厂化批量水培。

水温控制方面，通过控制水温即营养液温度，使植株根系处在有效温度范围内，保证各种营养物质吸收，从而促进花卉的生理代谢和生长发育。水温控制可以采用现代化温室，在大环境下保持一定温度，也可通过营养液培养池调节，一般培养池低于地面1～2 cm设置。在夏季，结合温室的水帘和风机等降温系统，室外温度35 ℃时，一般温室气温可以降至30 ℃以下，此时培养池内水温在23～27 ℃，使植物可以安全越夏。在冬季，处于地下的水池又可以使水温比温室气温高3～5 ℃，减少了温度波动，有助于水培花卉生长。对于北方温室，还可在冬季通过管道给水培池加温，尤其在水培年宵花卉的生产中应用较多。

营养液方面，大多数花卉适宜的营养液pH在5.8～7.0之间，南方天然水的pH比较接近，容易调节，北方硬水地区需要定期加入H_3PO_4或H_2SO_4稀释液来调节。此外，一般每周需要根据消耗进行营养液的补充和调整，由于营养液池可连续使用2～3个生长季，水培会比土培节水65%、节肥40%左右。

4. 日常管理 水培花卉进入消费者环节，就需要一些日常的养护管理，一般来说应该注意以下几点。

(1) 采光 水培花卉种类大多是适合于室内栽培的耐阴和中性花卉，一般养护中以散射光为主，要避免长时间的阳光直射，尤其是夏季高温期的阳光直射。天南星科、蕨类等喜阴花卉可摆放在光线较暗的地方；而绿萝、龟背竹、鹅掌柴等中性花卉对光照的要求并不严格，在散射光或遮阴的环境下都能很好地生长。

(2) 温度 水培花卉大多是原产于热带的观叶植物，像绿萝和绿巨人等室内观叶植物需要10 ℃以上的温度才能正常生长。一般水培花卉适宜生长的温度为5～35 ℃，大多数观叶植物在低于5 ℃或高于35 ℃的环境下生长会出现叶片发黄、脱落的现象，有不同程度的伤害。因此，水培花卉需要室内温度5 ℃以上的环境才能安全过冬。

(3) 换水 新鲜的水中含有利于植物生长的丰富氧气。一般春、秋季15 d左右换1次水，夏季5 d左右换1次水，冬季15～30 d换1次水即可达到植物根系对水中氧气的需要。自来水要经放置几小时散发氯气后再用于换水，有条件的情况下可以把自来水在太阳下晾晒半天再使用，温暖的水更利于花卉根系生长。一般加水不宜过多，只要没过植物根部2/3即可，少量根系露在空气中可以吸收空气中的氧气，而水中根系可以吸收水中的溶存氧。

(4) 营养液供给 水培花卉营养液一般在换水时结合使用，可以根据观叶类、观花类、观果类和兰花等各类花卉选择使用营养全面的水培营养液专用肥。营养液按照需求稀释一定倍数后倒入水中。注意营养液不要过量使用，不要缩短每次加营养液的时间间隔。在夏季高温时，花卉对营养液浓度的适应性降低，一般要适当降低营养液的施加浓度，尤其是一些夏季处于休眠的花卉，要停止添加营养液，以免造成肥害。

(5) 根部护理 根部护理主要包括根部的清洗和修剪两方面。每次换水时，要用清水冲洗花卉根部附着的藻类和黏液，维持根部的呼吸环境，同时清洗栽培容器后再加入新的营养液。另外，对于一些已经开始腐烂的老根要及时修剪去除，以免污染水质，影响花卉的正常生长。而对于根系发达和生长茂盛的花卉，可以在春季或结合换水时修剪花卉的过旺的根系和枝叶，以免影响观赏。

(6) 适当通风 水培花卉的室内通风可以在一定程度上打破花卉根系生长的静止水环境，补给水培水中的溶存氧，以保持植株良好生长。

（7）增加空气湿度 水培花卉大多是原产于热带雨林的观叶花卉，喜较高的空气湿度。为防止水培花卉叶片焦尖或焦边，影响花卉生长和观赏性，应适当向植株喷水，保持较高的空气湿度。

（8）花鱼共养 水培花卉容器多为透明玻璃器皿，水中养鱼可以增加观赏性，花卉和鱼一静一动，相得益彰。一般每盆水培花卉可以根据容器大小养1至数条适应性强、不易生病的观赏鱼。鱼会吃一些植物腐烂的根等来维持生命，一般不用经常喂食或可在每次换营养液前1 d喂少量食物，多余的鱼食和鱼排泄物可及时被清理掉，不影响花卉生长。

二、盆花水晶泥栽培技术

水晶泥又称水晶土，为形似水晶的钾-聚丙烯酸酯-聚丙烯酰胺透明共聚体，是一种贮存水分、养分和微量元素的土壤保水剂。水晶泥经充分吸水后，可超过自身重量40～200倍。水晶泥在含有养分的水中浸泡发胀后用于栽培各类花卉，根部可以缓慢地吸收水晶泥提供的水分、养分和微量元素。当水晶泥中的养分和水分缺乏时，可以加入营养液。水晶泥只要不污染，国产或进口水晶泥一般可以循环往复使用6个月至5年左右。

（一）水晶泥花卉的特点

1. 操作简单、养护方便 水晶泥花卉种植简单，后期养护方便。水晶泥栽培花卉不需经常浇水、施肥，只需经较长时间后补充营养液即可。因为水晶泥吸收了花卉生长需要的氮、磷、钾及其他营养元素，栽培的花卉生长健壮、整齐，色泽鲜艳，花期较长。

2. 清洁环保 水晶泥无毒无味，无虫，不滋生霉菌。在栽培一段时间的花卉后会有水解，最终分解为氨、CO_2和水，无任何有毒残留，非常环保卫生。

3. 美观奇特 水晶泥花卉不仅可以观赏到花卉的茎叶和花果，还可以透过盛放水晶泥的透明玻璃容器观赏到花卉形态各异的根系。同时水晶泥栽培基质晶莹剔透、色彩鲜艳夺目，采用不同花卉和容器栽培，形式新奇，可在家庭和各种公共场所点缀、装饰，美化环境，备受消费者的喜爱。

（二）水晶泥花卉栽培技术

水晶泥适宜种植适水性强、喜阴湿的室内观叶、观花植物，栽培中注意以下几点。

1. 材料准备 选用的水晶泥花卉种植玻璃容器不宜过大，以透明度较高、容积250～2 500 ml为宜。选择适宜的矮型室内常绿观叶、观花植物，去盆后洗根并修剪、消毒后备用。对于较难在高水湿环境下生根成活的花卉，可以先水培生根后再用水晶泥栽培。

2. 水晶泥浸泡 选择栽培中需要用到的水晶泥干颗粒母料，用50～100倍的水进行浸泡，浸泡时切勿搅拌。一般国产的大颗粒水晶泥静泡8～9 h，进口的小颗粒水晶泥浸泡1～2 h后用水冲洗2～3遍，再用滤网滤去多余水分。一般每容器中可用2～3种颜色水晶泥搭配。水晶泥一般都经染色，浸泡时最好分开。若水晶泥需添加营养，可根据花卉种类或品种配制好营养液，再用来浸泡水晶泥。

3. 上盆栽植 首先将水晶泥同色干颗粒置于栽培容器底，再按设计好的色彩在底部铺一层水晶泥。然后将准备好的花卉放入容器正中，用水晶泥沿花卉根部四周均匀铺入容器中。底部一层颜色装好后，再装第二层（或第三层）颜色水晶泥。水晶泥装好后要把花卉稍往上提升，使根系舒展，检查装入的水晶泥是否完全盖住根部，再轻压水晶泥以固定花卉。

4. 日常养护 将栽植好的水晶泥花卉放置于阴凉、通风、散射光处，用水喷洒叶面，保持空气湿度60%～80%，经3～5 d缓苗。成活后水晶泥栽培花卉平时尽量不浇水，当水晶泥表面干瘪、花卉出现轻度萎蔫时，根据花卉的习性、植株的大小、季节和水分蒸发能力来适当供应水分。由于含营养液的水分直接加入到栽培容器中易造成下部积水而上部水晶泥干瘪的状况，因此，补充水分时可将水晶泥倒出，重新用营养液浸泡后再栽植使用。水晶泥花卉多数放置于室内，若长期光线不足，会使花卉徒长、黄叶，甚至死亡，需要定期放置于有散射光处1～2 d，利于花卉恢复正常生长。

三、盆花彩虹沙等沙培、砾培技术

盆花的观赏栽培还可以用沙砾来栽培，常见的栽培基质有彩虹沙、彩石和陶粒等。

（一）彩虹沙花卉

彩虹沙是矿物质高度风化筛选而成，外形呈天然沙粒状，粒径一般2～5 mm，含有一些矿物营养，pH 6.5～6.8，切面带有小孔，透气性较好，吸水率约为自重的60%，有红、绿、蓝、黄、白等多种颜色。彩虹沙具有较强的吸附能力和保水、保肥能力，随着花卉的生长，养分可以与水分一起缓慢释放。彩虹沙可以用来栽植蕨类、天南星科、仙人掌类等常见室内观叶、观花植物。

1. 彩虹沙花卉栽培要点 将选择好的基质培花卉去盆、洗根、修剪、消毒后，一般栽植在透明的容器中。可以根据图案设计，用不同的彩虹沙填充栽植花卉，形成美观的栽培景观。底部有排水孔的栽培容器，栽植好的彩虹沙花卉浇透水即可；底部没有排水孔的栽培容器，可将彩虹沙浸湿后再装盆。

2. 彩虹沙花卉日常管理 彩虹沙中含有丰富的营养，花卉栽培初期不需施肥。由于彩虹沙pH稳定，对于一些喜酸性或喜碱性环境的花卉，可以用酸性或碱性液态肥调节pH，喜碱性花卉可以加入$Ca(OH)_2$或K_2CO_3等调节，喜酸性花卉可以加入$FeSO_4$或$NH_4H_2PO_4$等调节。

彩虹沙吸收的水分降到30%时颜色会变浅，可根据栽培基质多少和季节来浇水。一般沙量较少的花卉每周浇1次水，沙量较大的花卉可以半个月甚至1个月浇1次水即可维持花卉的正常生长。

此外，彩虹沙花卉栽植0.5～1年后，可根据花卉的生长状况进行洗盐，并适当追加营养液。由于花卉的根部在生长过程中释放出酸性物质，彩虹沙的养分也会慢慢渗出，长时间的盐分累积会影响花卉的正常生长。当观察到栽培容器中渗出的盐分较多时，可边向栽培容器中加水，边用虹吸管吸水，以带走过多的盐分。

（二）彩石花卉

彩石就是彩色石子，粒径较彩虹沙稍大，一般在2～6 mm。彩石可以分为天然石子和人工染色石子。天然彩石是由天然的彩色石头经粉碎、分级和磨圆抛光加工而成的，其色彩自然柔和但不够均匀。人工彩石是白色的天然石根据需要染色而成，其色彩均匀、鲜艳，但不如天然彩石柔和。

天南星科等适宜水培花卉都可用彩石栽培，可选用口径为10 cm以上的容器栽培。透明容器中可以用不同彩石分层组合成花纹栽培花卉，方法与彩虹沙花卉栽培相同。不透明容器中栽培的花卉也可以用彩石铺在原基质表面。

（三）陶粒花卉

陶粒是陶土在 1 100 ℃高温下膨胀而成的粒状物，具有洁净、美观、轻便、无污染、易清洗、经久耐用和化学性质稳定等显著特点，是无土栽培的常用基质。一般有粒径 5～10 mm和 10～20 mm 两种规格，分别适用于小盆和大盆无土栽培。陶粒疏松多孔，可吸附大量水分和营养物质，具有良好的保水排水性、透气性和一定的保肥能力，有一定的抗压强度和良好的支持力，可以给花卉供水供肥，使花卉生长良好、不易倒伏。

陶粒花卉栽培上盆时注意要一边摇动花盆使陶粒充分填入花卉根系间隙，一边适量上提花卉使根系舒展。后期的养护管理可参考彩虹沙花卉和彩石花卉。

第五节　屋顶绿化技术

一、概　　述

屋顶绿化是在建筑物的屋顶、露台、阳台等进行植物种植绿化和造园。它与地面造园和种植不同，是以人工合成或复合而成的轻型基质为主，采用无土栽培技术进行栽植，栽培系统完全与天然土壤隔离。

随着城市建筑、道路的密度越来越大，建筑、道路与园林绿化争地的矛盾越来越突出，众多的建筑、道路和硬质铺装取代了自然土地和植物，可用于绿化的土地也日益减少，城市的生态环境日趋恶化。由于在城市水平发展绿地已越来越困难，使得人们必须向立体化空间绿化寻找出路，向建筑物的屋顶绿化和垂直绿化方向发展。建筑物的屋顶绿化几乎可以以等面积偿还建筑物所占地面，而且屋顶绿化具有隔热和保护防水层的作用，冬季还具有保温作用。屋顶绿化可与办公室、居室等相连，比室外绿化更接近日常生活。而且屋顶绿化的发展趋势是将其向建筑内部空间渗透，营造一个具有开放的空间感和生机盎然并舒适宁静的高质量环境。总之，屋顶绿化是城市绿化的一种新形式，它为改善城市生态环境、创建绿色城市、丰富和提高人们生活开辟了新的途径。

二、屋顶绿化的设计原则和类型

（一）屋顶绿化的设计原则

屋顶绿化的设计应综合满足使用功能、绿化功能、园林艺术美和经济以及安全等多方面的要求。由于屋顶绿化的空间布局受到建筑固有平面的限制，屋顶的平面多为规则、狭窄且面积较小的平面，屋顶的景物和植物的选配又受到建筑结构承重的制约。因此，屋顶绿化与地面绿化相比，其设计和建设就较为复杂，受到的限制也较多。总的说来，屋顶绿化的设计应注意以下 3 个方面原则。

1. 突出绿化功能　屋顶绿化的目的就是增加绿化面积，改善城市的生态环境，为人们提供优美的生活和休息场所。因此，即使是不同形式的屋顶花园，其绿化功能总是第一位的。好的屋顶花园，除了满足不同的使用要求以外，其绿化覆盖率必须保证在 60%～70% 以上。只有保证了一定数量的植物，才能发挥其绿化的生态效益、社会效益和经济效益。

2. 保证安全　屋顶绿化不同于地面绿化，它是将植物、园林小品等种植或安置在屋顶上，所以屋顶绿化能否进行的前提条件是建筑物是否可以安全地承受屋顶绿化所加的荷重。

这里所指的安全包括结构承重、屋顶防水结构的安全使用以及屋顶四周防护栏的安全等。因此，屋顶绿化前，首先应对建筑物进行安全评估，才能决定能否进行屋顶的绿化。为保证屋顶花园的荷重小于建筑物的结构承重，屋顶绿化常较少选用大的乔木，以减少树木生长所需基质的用量。同时，应尽量采用容重小的轻型基质栽培植物。此外，屋顶防水结构和四周防护栏的安全也是必须考虑的。

3. 强调园林景观的效果 在突出绿化功能和保证安全的前提下，也需要强调屋顶绿化的园林景观特色。由于屋顶多为规则、狭窄且面积较小的平面，其设计更应仔细推敲。植物的选用、小品的位置和尺寸、道路的迂回、种植池的安排等既要与主体建筑物及周围大环境保持协调一致，又要有独特的园林特色。

（二）屋顶绿化的类型

屋顶绿化的类型按使用要求的不同而呈不同形式，通常有以下几种类型。

1. 公共休憩型 公共休憩型屋顶绿化是屋顶绿化的主要形式之一，这种类型的屋顶花园多建在公共场所，所占面积也较大。在设计上除考虑具有绿化效果外，还应注意其服务功能。在出入口、道路、场地布局、植物配置等方面应适应公众活动、休息、游览等的需要。因此，该类屋顶花园的道路、活动场地一般较宽广，供休憩的桌椅等也较多。而植物的种植多采用规则式的种植池，既便于管理，又有较好的绿化效果。

2. 科研、生产型 以园艺科研和生产为主要目的的屋顶绿化形式是科研、教学单位进行科研试验或家庭进行农副业生产的常见形式。此类屋顶花园一般主要配套科研、生产所需的设施如供电、给排水和种植池等以及必需的人行道等设施，较少设置纯观赏的建筑小品等园林设施。多以花卉、盆景、小乔木类或藤本类果树以及蔬菜等园艺植物的种植为主，也可进行屋顶养鱼等。此类屋顶花园既有绿化效果，又有经济效益。

3. 绿化、美化型 在屋顶全部或绝大部分种植各类草坪、地被或低矮的灌木类观赏植物，形成一层屋顶绿毯，也是屋顶绿化的形式之一。这种绿化形式一般较少或不设道路、小品等，而在屋顶整铺栽培基质或在屋顶边缘增设种植池，种上低矮的植物。这种绿化形式绿化率高，产生的生态效益好。但多以绿化、美化为主要目的，不宜或较少具有休憩、游览的功能。多用于高层建筑物前较低矮的裙楼或风景区的低层建筑等。

4. 庭院型 随着城乡人们生活、居住条件的改善，越来越多的人注重生活环境的质量，屋顶的绿化、美化也日益受到重视，庭院型的屋顶花园也逐渐增多。此类屋顶花园一般面积较小、形式多样，可根据主人的喜好设计棚架、种植池或养殖池等或少量的假山、小品等，植物多以种植池或盆栽的形式种植。

三、屋顶绿化的种植设计

屋顶绿化的建设通常包括承重、防水、给排水的设计与施工，种植设计与施工，以及水景、假山、园林建筑与小品的设计与施工等。在此仅介绍屋顶绿化的种植设计。

（一）屋顶绿化的种植形式

屋顶绿化的主体是各类植物，在屋顶有限的空间和面积里，通常各类草坪地被、花卉或树木所占比例应在50%～70%，甚至更高。既然要保持较高数量的植物，就必须在屋顶上应用各种材料，建造形状各异、大小深浅不同的种植区（池），以保证植物赖以生长的环境。目前，屋顶绿化常采用的种植形式有以下类型。

1. 种植池型　在屋顶的承重、防水和给排水结构都有保障的基础上，可在屋顶上建设种植池。种植池的大小、深浅应视不同植物种类、规格等要求的种植基质深度等具体情况而定。一般地被植物只需要 20 cm 左右厚的种植基质即可生长；而较高大的树木则需要 80～100 cm，甚至更厚的种植基质，才能保证其正常生长发育。此外，种植池的建设应考虑屋顶的承重，深厚的种植池必须建在屋顶的承重梁、柱上，不能随意安置。

2. 自然式种植型　大型屋顶绿化较多采用自然式种植，即在屋顶根据设计直接利用栽培基质堆筑微地形，再在上面种植不同种植深度要求的草坪地被、花卉和树木。其优点是可营造大面积绿地，形成一定的绿色生态群落，同时通过利用微地形变化，既丰富了景观层次，又利于屋顶排水。

3. 复合型　在屋顶绿化的设计中，采用种植池与人工堆筑地形相结合，并可用盆栽植物补充，既可灵活适应屋顶现状要求，又丰富了景观，而且利用盆栽可增加不耐寒植物的应用，但冬季应及时入室养护。

（二）屋顶绿化种植层的构造

种植区是屋顶绿化的重要组成部分，而它的种植层处理完善与否直接关系到屋顶绿化的主体——植物的生长。为了保证植物的良好生长，种植层必须保证植株的固定和植株生长所需的养分、水分等必要条件，同时也应考虑排水及建筑物的承重等要求。一般而言，屋顶绿化种植层的构造主要包括以下方面。

1. 人工无土轻型基质的运用　选用人工无土轻基质代替土壤，既可大大减轻屋顶的荷载，又可以根据不同植物的需要配制养分充足、理化性状适宜的基质，还便于基质的消毒等处理，以减轻病虫害的发生。此外，还有利于通过营养液灌溉进行无土栽培，从而既减少屋顶绿化的人工管理，又使屋顶植物能健壮生长。常用的人工无土轻型基质有泥炭、蛭石、砻糠、珍珠岩、椰糠、锯木屑、中药渣等，但锯木屑、中药渣等有机基质应经过腐熟、消毒处理才能使用。

2. 过滤层的设置　为防止基质随浇灌水、雨水或营养液而流失，并导致排水管道的堵塞，在基质层的底部设置一道过滤层。此过滤层不仅可以防止基质微粒流失到排水层，同时还应具有良好的渗水性能，以防止植物根系长期处于过分潮湿甚至积水的环境下。通常过滤层采用特制的玻璃纤维布，也可采用细煤渣代替，或两者结合使用效果更好。

3. 排水层的设置　为及时排掉过多水分，改善种植层的通气状况，并可适当蓄存部分多余的水分，在过滤层下面设置排水层就显得非常必要。排水层应选用通气、排水、蓄水性良好的轻质材料，目前常采用的有膨胀陶粒、轻质骨料、珍珠岩、泡沫塑料等。

（三）屋顶绿化植物的选择

由于屋顶种植条件的变化，屋顶绿化要全面考虑屋顶环境条件的多方面变化，如屋顶光照强，周年和昼夜温差大；风力大，水分蒸发快，湿度低；栽培基质有限，浇水施肥等养护管理不便；以及绿化与屋顶承重和屋顶渗漏等的矛盾等。因此，屋顶绿化的植物选择应从以下方面综合考虑：①植物种类应具有生长势强、抗极端气候能力强的特点。②植物种类应具有植株低矮、根系浅的特点。由于屋顶风力大，而种植层又较浅，如种植树冠大的树木，则极易倒伏。③选用耐夏季炎热、高光强及冬季寒冷的植物种类。④选择耐粗放管理、耐修剪、生长缓慢的植物。⑤选择抗污染、抗病虫害能力强的植物。

通常具有上述大部分特点，适宜用于屋顶绿化的观赏植物种类主要有以下几类。

1. 灌木或小乔木类　如紫薇、木槿、夹竹桃、女贞、黄杨、金钟花、金丝桃、云南素馨、五针松、迎春、龙柏、圆柏、梅花、樱花、海棠、紫叶李、石榴等。

2. 藤蔓类 如紫藤、凌霄、葡萄、金银花、木香、爬山虎、络石、薜荔、扶芳藤、铁线莲、牵牛花、茑萝、观赏瓜类等。

3. 草本花卉类 一二年生的如一串红、紫茉莉、石竹、鸡冠花、雏菊、太阳花、翠菊、金鱼草等；多年生的如菊花、萱草、酢浆草、美人蕉、葱兰、随意草等。

4. 草坪类 如狗牙根、天鹅绒、马尼拉、马蹄金、野牛草、黑麦草、高羊茅等。

四、屋顶绿化植物的栽培

屋顶绿化由于受建筑承重的限制，在栽培基质的选用上应尽可能采用无土轻型基质，以种植池和人工堆筑地形相结合，并用盆栽植物补充的形式进行植物的种植，效果最好。

为了尽量减轻荷载，基质的厚度应控制在最低限度。一般栽植不同植物的基质厚度的要求见表 11-8。草坪地被、草本花卉等可采用堆筑地形种植，而灌木和小乔木应采用种植池或盆栽方式种植，草坪地被与灌木、小乔木之间以斜坡过渡。

表 11-8 不同屋顶绿化植物种植基质厚度（cm）

	草坪地被	草本花卉	灌木	小乔木
植物生存基质最小厚度	10～15	20～30	40～50	60～80
植物生育基质最小厚度	20～30	30～45	60～80	80～100

无土基质常见的有泥炭、砻糠、椰糠、锯木屑、棉子壳、蛭石、珍珠岩、煤渣、药渣、造纸废渣、植物秸秆粉碎料等。各地可根据原料的便利条件因地制宜取材，各原料按适当比例混配。配制的复合基质要求具有材料来源容易，成本低廉，质地轻便，具有较好的保肥、保水能力和良好的透气性，且含有一定的肥力，而不含杂草种子和其他植物的成活根茎。一些有机基质使用前应充分腐熟，以防止种植后发酵生热而烧根，并易引起病虫害的滋生。部分种类的基质如砻糠呈强碱性、椰糠含盐量较高，均应充分淋洗后方可使用。在混配材料时应适当添加部分有机肥和化肥，一般可每立方米基质添加 10～15 kg 经腐熟除臭并消毒处理的禽粪、1 kg 的过磷酸钙和 1.5 kg 的复合肥。基质的配比可参考以下配方：泥炭＋蛭石＋砻糠（1∶1∶1）、锯木屑＋泥炭＋煤渣（2∶1∶1）、泥炭＋珍珠岩＋煤渣（2∶1∶1）。

基质混配后，应注意调整其酸碱度，以满足植物生长的需要。栽培基质适宜的 pH 一般在 5.5～6.8 之间，具体应视植物种类而定。

植物种植并恢复生长后应视气候状况定期灌溉并补充营养。灌溉方式应视具体条件而定，大面积的屋顶花园可安装喷灌、滴灌装置进行水分和营养液的供应，绿化植被较少的则可直接人工浇灌。养分的供应除采用营养液供应外，也可施用固体有机肥或化肥，或者进行叶面喷施，叶面肥可用 0.1%～0.5%磷酸二氢钾和尿素或全营养的商品叶面肥。

第十二章 无土栽培与有机农业

由于现代化产业的发展和人们生活水平的提高，尤其是化学品在生产和生活中的不断增加，排放到环境中的工业废弃物、农用化学物质和生活垃圾等进入农田、空气和水体中，当其数量超过农业生态系统本身的自然净化能力时，就会导致农业环境质量下降，严重影响农产品的质量安全。在现代化农业生产中由于化学肥料、农药以及转基因品种等的采用，难以进行有机农业生产，不能获得有机农产品。无土栽培技术的发展，有机基质和有机肥料的采用，使得在人工保护设施下，摆脱大环境的污染，脱离天然土壤，进行有机农业、获得有机农产品成为可能。本章简要介绍了国内外可持续农业和有机农业的发展概况，环境污染对农业的危害，硝酸盐和亚硝酸盐污染、硝酸盐的消长和迁徙，肥料应用与作物病害，有机营养对作物生育、产量和品质的影响，简介有机农业的基本原理，重点介绍利用无土栽培技术进行有机农业生产的基本方式，详细介绍了无土栽培与有机农业结合的有机生态型无土栽培技术，以番茄有机生态型无土栽培技术为例说明无土栽培有机农业的基本方法，最后介绍了无土栽培有机农业中的关键生产资料有机固体肥料的种类及生产方法等。

第一节 概　　述

一、环境污染对农业的危害

我国有几千年的生态农业历史，顺应自然规律，维护土壤生机，不使用化学肥料及化学合成的农药和激素，保持了整个环境和生态平衡。

20 世纪初，美国农业化学家金氏（F. H. King）到我国进行农业调查，对我国数千年地力不衰退非常惊讶。回国后他写了《四千年的农民》一书，盛赞中国传统的有机农业对保持良好环境条件的作用，成为发展美国自然农业的先河。

到 20 世纪 50 年代为止，我国的农业生产以有机肥为主，很少使用化肥、农药。60 年代以后受到威胁，到 1990 年为止，我国化肥用量已达 1 亿 t，仅次于美国和俄罗斯。但按单位面积计算则高于世界平均水平的 3 倍。这样大量施用化肥，土壤结构被破坏，地下水和江河被污染。据 1999 年全国发生的食物中毒事件中，由于化肥、农药残留污染造成的中毒事件约占 50%。化肥除了破坏土壤的团粒结构外，还带来其他的污染，如磷肥的原料磷矿石中除富含五氧化二磷（P_2O_5）外，还含有砷、镉、铬、氟、钯等无机元素，这些元素随磷一起施到土壤中，长期积累就是有污染的物质。

垃圾、污泥、污水及大型畜禽加工厂排出的废水均含有污染物，过量集中施入农田，也会使有毒物质积累和重金属超标，导致人畜致病。医院未经无害化处理的污水和废弃物中含有大量的病原体，导致对土壤的严重污染。据北京市环境卫生科学研究所从北京市场采集的25种蔬菜147个样品普查大肠杆菌和蛔虫卵结果表明，菜花、黄瓜、扁豆及茄果类蔬菜大肠杆菌污染较严重，马铃薯、藕、笋、萝卜、葱、芹菜、韭菜、香菜、白菜等受寄生虫卵污染较重。用废水灌溉农田，必须进行无害化处理。如按土壤卫生标准计量，有72%的采样不合格，值得密切注意。此外，大城市和工业区的空气污染和地下水污染也是不容忽视的。

农药污染也相当严重，据统计，长江流域城市郊区种菜一般每667 m^2 用农药3～5 kg，北京郊区大棚、温室内的蔬菜生产每667 m^2 用量在9 kg以上。

从世界范围来看，20世纪60年代中期的“绿色革命”给东南亚许多国家造成巨大的损失。以孟加拉国为例，由于“绿色革命”，20多年来化肥、农药用量增加4倍，成本提高6倍，而产量则逐年下降，江河被污染，鱼类减产70%，770万 km^2 土地，66万 km^2 被严重破坏，产品有污染。据调查，孟加拉人平均每人体内滴滴涕含量为12.5 mg/kg，超过英国人5倍。因此，不得不考虑回到有机农业的道路上。

二、硝酸盐和亚硝酸盐对农业的污染

人们为了追求粮食和蔬菜等作物高产，在农田里大量施用化肥，尤以各种氮肥的过量施用给环境带来极大的威胁。各种形式的氮在土壤中都会转化成 NO_3^- -N，它不被土壤吸附，最易随水进入地下。地下水中硝酸盐含量上升，最主要的原因是氮肥的大量施用。由于作物不能全部吸收利用，土壤胶体也不能吸附 NO_3^-，在降水和灌溉条件下，土壤中的硝酸盐很容易向下渗透，从而污染地下水。

医学研究表明，饮用水中硝酸盐含量最大允许量为90 mg/L，超过该标准将会危害人类的健康。联合国饮用水中硝酸盐最大允许量限定为10 mg/L。以人均需水量每日2 L计算，当饮用水中硝酸盐含量为300 mg/L时，每日仅从饮水一项将摄入600 mg硝酸盐，远远高于国际卫生组织规定的最大允许量225 mg/L。考虑到在高氮肥的施用下，蔬菜、瓜果也会含有较高的硝酸盐，因而该地区人们摄入的硝酸盐将大大超过600 mg，对当地居民的健康有严重的危害。如河北省玉田县小定庄农户家中饮用井水，硝酸盐含量高达300 mg/L，全村1 000多人仅1933年就有2名儿童死于血癌。

另外，人饮用 NO_3^- 浓度高的水或食用含多量 NO_3^- 的食品，进入人体胃中，硝酸盐极易转变为亚硝酸盐，并与胺合成亚硝胺，形成胃癌或食道癌而致死。有资料表明，当 NO_3^- 和 NO_2^- 是一起计算浓度时，日本人每天摄入的硝酸盐相当于美国人摄入的3～4倍，因此日本人胃癌死亡率比美国人高6～8倍。

北京市农林科学院植物营养与资源研究所2009年研究北京市3种典型的农田系统（粮田、菜田和果园）土壤氮素累积和蔬菜、地下水硝酸盐污染状况，结果表明土壤氮素累积严重，菜田0～30 cm土层土壤硝态氮含量平均为46.2 mg/kg，是粮田的3.8倍；果园0～30 cm土层土壤硝态氮含量是粮田的1.2倍。此外，菜田地下水硝态氮含量平均为13.8 mg/kg，是粮田地下水的2.8倍，地下水硝酸盐含量超标率为44.8%，是粮田地下水超标率的3.3倍；果园地下水硝酸盐含量为9.3 mg/kg，是粮田地下水的1.9倍，地下水超标率为23.5%，是粮田的1.7倍。研究结果还表明，蔬菜产品的硝酸盐污染更加严重，绿叶菜类蔬菜硝酸盐含量最高，为2 685.5 mg/kg，其次是根茎类、白菜类、果菜类。根茎类、绿叶菜类、瓜果类和白菜类超标率分别为80.9%、37.9%、29.7%和2.2%。

三、施肥对作物病害的影响

大量施用化肥，导致土壤水中离子浓度上升，渗透压增高，使植物根系吸水困难，产生渗透胁迫。这在温室、大棚作物栽培中尤为突出，由于没有雨水淋洗土壤的情况下就更容易发生。大量施用化肥会改变土壤pH，设施栽培还会引起NO_2、NH_3气体危害。如尿素大量使用，在酶的作用下，分解成碳酸铵和碳酸氢铵，溶于水则呈碱性，一部分NH_4^+会变成氨气散发到空气中，在密闭的设施栽培系统中，易引起作物氨中毒，严重时会使植株枯死。

此外，铵态氮施用得太多，容易造成黄瓜和番茄枯萎病，并且会加重和促进病害的发生，如施用硫酸铵200 kg/hm^{2}比施100 kg/hm^{2}萝卜萎蔫病发病严重。铵态氮施用过多时，加重洋葱干腐病，而硝态氮则可减轻该病发生。黄瓜细菌性斑点病以200 kg/hm^{2}硫酸铵为标准，加倍施肥则病害加重，如果再增施磷肥则病害更加严重。此外，蔬菜发生的一些导管病害，也与施用化肥太多有关。

有机肥则会减轻作物的病害。多施有机肥则使黄瓜幼苗的猝倒病发病率很低。用含氮1.44%、磷0.52%、钾1.57%、镁3.2%、钙1.09%、碳3.52%的有机肥，与复合化肥(12－12－12)进行育苗试验比较，在养分相接近的情况下，施化肥者黄瓜幼苗的猝倒病发病率高，施有机肥者发病较少。有机肥可以减轻茄子黄萎病的危害，施用有机肥后病情指数和病株率都有不同程度的降低。每667 m^{2}施用鸡粪在0～5 t范围内防治黄萎病作用依次递增，超过此范围依次递减。猪粪的变化规律基本相似，只是最高值出现在每667 m^2 7.5 t施肥水平。而尿素常规施肥处理的病性指数与病株率均高于有机肥处理。

试验研究表明，氮、磷、钾三要素与魔芋病株率和鲜芋产量均有密切关系。当磷、钾保持平均水平时，667 m^{2}增施氮素(N)1 kg，病株率上升0.39个百分点，鲜芋产量增加5.23 kg；增施五氧化二磷(P_2O_5)1 kg，病株率下降0.55个百分点，鲜芋产量增加13.52 kg；增施氧化钾(K_2O)1 kg，病株率下降0.63个百分点，鲜芋产量增加5.36 kg；当每667 m^{2}施用氮10～18 kg、五氧化二磷7.5～13.67 kg、氧化钾12.5～22.7 kg，魔芋病株率较低，产量和纯收益均较高。

四、有机营养对作物生育、产量和品质的影响

在很长的一段时间里，人们认为植物除碳、氢、氧是从水和空气中吸收，其余的营养物质如氮、磷、钾等以及微量元素都是从土壤中以无机状态吸收的，植物从土壤中不能直接吸收有机物，有机物必须经微生物分解成无机元素，才能被植物吸收。然而，现在已经证明植物能直接吸收有机物。在没有光照的条件下培养植物细胞能增殖、分裂是直接吸收有机物的典型例证。植物细胞能直接吸收葡萄糖、氨基酸，同时也能直接吸收大分子物质，如血红蛋白。由于细胞的外壁存在很大的洞，可以通过分子量为6.5万个血红蛋白，有机物先黏附在膜外，然后被膜包裹起来，最后有机物像球一样进入细胞。有机物进入细胞后，最终被溶解，消化为小分子的氨基酸为植物所利用。

植物在恶劣的环境条件下，能直接吸收有机物。在正常的气温和日照条件下，水稻只吸收无机氮即可满足生育的要求，而在低温寡照下能直接吸收有机氮，以补偿营养的不足。日本小林的试验表明，寒冷季节，在盆栽条件下，水稻每盆施0.5 g硫酸铵作基肥，每盆追施

0.25 g 有机氮 1 次，以不施肥为对照，水稻产量以有机氮施用量多者为高（表 12－1）。这个结果在生产中也已经被证实，如 1993 年遇到异常天气，日本许多地区的水稻因寒害歉收，北海道及东北受害最重，但经过仔细调查，在耕作时大量使用农药及化肥的常规农业生产受害最严重，而采用有机农业（日本称为自然农法的稻田）的生产方式，虽然产量也略有减少，但大部分农田与常年比较没什么变化，这就显示出有机农业的作用。

长期使用有机肥，不但能改良土壤，使作物高产，而且能维持良好的生态环境，从而取得良好的社会效益和经济效益。然而，很多人认为有机农业作物产量不如用化肥的高，似乎低产是有机农业的必然结果，其实不完全如此。在南美洲阿根廷山区巴达哥尼亚的贫瘠土地上，作物产量低，农民生活难以为继。为了解决这些问题，阿根廷成立可持续农业研究与教育中心，于 1993 年后在阿根廷经过 5 年的试验，试种了 150 种作物，得到了可观的产量（表 12－2）。由此可见，有机农业同样可以获得高产。

表 12－1 有机物的施用对水稻产量的影响

（小林，1971）

处理	追肥 氮（g/盆）	氮　源	每盆 平均粒数	总重量（g）	比施硫酸铵 增产（%）
Ⅰ(CK)	0	—	532	13.46	—
Ⅱ	0.25	硫酸铵 100%	866	22.32	0
Ⅲ	0.25	硫酸铵 50%＋脯氨酸 50%	1 001	23.12	3
Ⅳ	0.25	硫酸铵 50%＋尿嘧啶 50%	1 026	24.93	11
Ⅴ	0.25	脯氨酸 25%＋尿嘧啶 25%	1 679	32.59	46

表 12－2 6 种蔬菜年产量（kg/m^2）

（Argentina，1998）

蔬菜种类	全地区平均年产量	研究中心平均年产量
芹菜	60	160
洋葱	50	104
莴苣	20	104
马铃薯	25	104
甘蓝	60	147
番茄	80	240

日本国际自然农法研究中心的研究（2002）指出，在种植叶菜时，营养条件相同，生长初期因有机肥分解较慢，施有机肥的叶菜生长速度不如施化肥的快，后期因有机肥不断释放养分，生长速度赶上施化肥的叶菜，总产量也较高，叶片的蔗糖、葡萄糖和果糖以及维生素 C 的含量显著高于施化肥者，而产品中的硝酸盐浓度则较低。刘伟和李式军采用无机营养液和大豆饼提取的有机营养液，在营养成分相同的条件下进行基质培研究，结果表明，白菜施有机肥比施无机肥产量增加 25.52%，可溶性糖、可溶性蛋白、β-胡萝卜素和可食用纤维素也比后者高出 51.00%、23.51%、18.47%和 16.79%。

据 1983 年发表的《日本食品标准成分表》(第 4 版）表明，从日本市场购买的蔬菜营养成分与有机食品成分相比，萝卜的维生素 C 减少了一半；青椒和芦笋的维生素 A 大量减少，维生素 C 只有 1/7；胡萝卜和芜菁所含的维生素和糖也减少了。瑞士有机农业研究所的试验表明，瑞士东北、西北不同地区 10 个苹果农场，树龄相同，品种都是金元帅，其中，5 个农场用化肥种植，5 个用有机肥。在大面积苹果采收前 1 d，每个农场采 50 kg 苹果，贮藏一段时间后进行理化分析。结果发现，施有机肥的苹果比施无机肥者的磷含量高 31.9%，果实硬度高 14.1%，技术品质高 14.7%，可食用纤维高 8.5%，芳香化合物高 18.6%，活力品质指数高 65.7%（贮藏后期高 132%）。田间试验结果表明，施用有机肥对草莓品质的改善作用也优于尿素，果实中糖酸比值提高 16.5%～21.2%。施用有机肥后，番茄的可溶性固形物含量提高 1.3%～10.8%，硝酸盐含量则比对照降低 14.1%～26.5%。此外，瑞士、荷兰和德国对花卉和观赏植物的试验表明，有机农业种出的花，花色鲜艳，花期延长 7～10 d，并对环境不造成污染。

由此可见，有机农业有无限的生命力，绿色食品将是 21 世纪农业的主导产品。

五、可持续有机农业的迅速发展

为了减缓常规农业给环境和资源造成的严重压力，1992 年和 2002 年联合国分别在巴西和南非召开了“环境与发展”世界首脑会议，将农业走可持续发展道路作为全球未来的共同发展战略。此后，世界许多国家都加快了生态农业、有机农业、自然农业、生物农业等替代常规农业生产方式的步伐，国际市场对无污染安全食品的需求也与日俱增。在上述国际背景下，我国决定开发无污染、安全、优质的营养食品，并将其定名为“绿色食品”。

有机农业运动国际联盟的成立，有力推动了全球有机农业的发展。有机农业运动国际联盟（IFOAM）是目前世界上最大、最有影响的有机农业组织，它成立于 1972 年，总部设在德国，该组织每两年召开一次国际会议，以推动世界各国有机农业的发展。1982 年颁布了最初的有机农业标准《有机生产和加工的基本标准》，后几经修订，1996 年公布的有机农业的主要目标有 12 项，分别为：生产足够的高营养价值的食物，与自然共存、共荣，维护和发展包括微生物、动物、植物在内的生态平衡，长期维持和提高土壤肥力，尽量使用本地区农业系统中可再生性的资源，有机物、营养物尽量在其本地域的系统中应用，尽量使用本地可再生、可再利用的物质、材料，对所有家畜应满足其固有的习性条件，避免农业生产中引起的污染，保持包括植物、野生动物生息地在内的农业系统及其周围环境的遗传多样性，给农业生产者得到包括生活条件和劳动环境在内的安全、正当收益和从工作中获得满足感，注意农业系统对社会和生态学的广泛影响力。该标准已成为许多民间机构和政府机构在制定或修订他们自己的标准或法规时的主要参考依据。

20 世纪 90 年代后，各国政府和组织开始关注有机食品生产和销售的标准化。1993 年，欧盟发布了有机农业条例 EU 2092/91，适用于其成员国的所有有机农产品的生产、加工和贸易（包括进口和出口）；日本于 2000 年 4 月推出并执行了《日本有机农业法》；联合国粮农组织和世界卫生组织联合成立的食品法典委员会（Codex Alimentarius Commission）也于 1999 年通过了《有机食品生产、加工、标识及销售指南》(CAC/GL 32—1999)；美国于 1990 年颁布了《有机农产品生产法案》，美国有机农业标准也于 2002 年 8 月正式执行。目前，世界上已有约 60 个国家制定了本国的有机标准及认证规范，有 400 多个认证机构从事有机认证工作。这些标准的颁布实施和认证机构的成立，均有力促进了有机农业的发展。

我国的有机农业的发展也取得了阶段性的成绩。中国绿色食品发展中心是专门负责组织实施全国绿色食品工程的机构，1992 年 11 月正式成立，隶属农业部，并于 1993 年加入有机农业运动国际联盟。该中心的主要职能是制定发展绿色食品的方针、政策及规划，管理绿色食品商标标准及其他相关标准，构成一个质量控制标准体系。该标准体系对绿色食品产地的生态环境、土壤、水和空气质量都有明确的规定。除此以外，2001 年农业部正式启动“无公害食品行动计划”，2005 年颁布了有机产品国家标准《有机产品》(GB/T 19630)，同时出台了管理有机认证市场的法律法规，促使中国有机农业向规范化方向发展。

第二节 无土栽培与有机农业的结合

一、利用有机生态型无土栽培技术生产有机农产品

20 世纪 90 年代，我国设施作物栽培面积一跃而居世界首位，但种植技术较低，以土壤栽培为主的作物生产形式，土传病虫害比较严重，不利于在设施中开展有机农产品生产。无土栽培虽然能解决土传病虫害问题，但不能生产无公害的绿色食品。为了解决这些问题，中国农业科学院于 1990 年研究出不用营养液，只用固体有机肥与固体基质混合，灌溉作物时只滴灌清水的节能、简易、有效的无土栽培技术，大大降低了一次性投资和运转成本，并且可以生产有机食品。与无机营养液无土栽培形式相比，降低了一次性投资和生产成本（表 12-3），明显降低了产品器官中硝酸盐含量（表 12-4），并且作物的产量与品质等都表现出了优势（表 12-5）。

表 12-3 主要无土栽培系统的一次性投资和运转成本（元）

（蒋卫杰，2000）

无土栽培系统	每 667 m^2 一次性投资	每年运转成本（肥料）
有机生态型无土栽培	3 000	1 400
普通槽培	5 200	4 000
袋培	5 500	4 000
岩棉培	7 900	4 000
鲁 SC 无土栽培	5 400	3 500
营养液膜栽培技术（NFT）	1 500	3 500
浮板毛管法（FCH）	18 000	3 500
深液流栽培技术（DFT）	15 000	3 500

表 12-4 不同无土栽培系统对蔬菜产品器官中硝酸盐含量的影响（mg/kg）

（蒋卫杰，1996）

	番茄	樱桃番茄	黄瓜	菜豆	甜瓜	叶用莴苣
有机生态型无土栽培	6.08	13.7	7.8	41.76	29.8	290
水培	13.60	16.0	35.4	90.82	89.7	2 028

表 12-5 无土栽培方式对樱桃番茄产量与品质的影响

（蒋卫杰，1997）

项目	有机生态型无土栽培（有机固态肥）			营养液槽培
	Ⅰ	Ⅱ	Ⅲ	
小区产量*（kg）	74.45	79.78	80.37	72.02
单果重（g）	180	185	185	166
可溶性固形物（%）	4.13	4.10	3.95	4.18
还原糖（%）	2.22	2.20	2.90	2.16
有机酸（%）	0.35	0.33	0.35	0.43
糖酸比	6.34	6.67	5.71	5.02
维生素 C(100 g 果实中含量，mg)	9.15	9.19	9.43	9.10

* 小区面积为 12.5 m^2。

一般园艺作物均可进行有机生态型无土栽培，主要有以下作物：茄果类，如番茄、樱桃番茄、茄子、辣椒、普通甜椒、彩色甜椒等；瓜类，如黄瓜、甜瓜、西瓜、南瓜、西葫芦、苦瓜、丝瓜、冬瓜等；豆类，如菜豆、豇豆、荷兰豆等；绿叶菜类，如叶用莴苣、小白菜、白菜、蕹菜、菠菜、芹菜等；鲜切花类，如月季、百合、非洲菊等。

二、温室番茄长季节有机生态型无土栽培技术规程

（一）栽培设施

1. 栽培槽

（1）技术指标　栽培槽框架选用 24 cm×12 cm×5 cm，槽间距（内径间距）98 cm，延长方向坡降为 0.5%，隔离土壤的塑料薄膜厚 0.1 mm、宽 80 cm、长度依栽培槽的长度而定，用砖等材料制作栽培槽。

（2）说明　槽内隔离膜可选用普通聚乙烯棚膜，槽间走道可用水泥砖、红砖、编织布、塑料膜、沙子等与土壤隔离，保持栽培系统清洁。

2. 栽培基质

（1）技术指标　栽培基质有机质占 40%～50%，容重 0.35～0.45 g/cm^3，最大持水量 240%～320%，总孔隙度 85%，碳氮比为 30∶1，pH 5.8～6.4，总养分含量 3～5 kg/m^3，基质厚度 15 cm，底部粗基质粒径 1～2 cm，厚度 5 cm。

（2）参考配比　草炭、炉渣的比例为 4∶6，炉渣、菇渣、玉米秸的比例为 3∶5∶2，炉渣、锯末的比例为 3∶4 等。

（3）说明　基质的选材广泛，可因地制宜，就地取材，充分利用本地资源丰富、价格低廉的原材料。基质的原材料应注意消毒，可采用太阳能消毒法，粗基质主要作贮水和排水，可选用粗炉渣、砾石等，应用透水编织布与栽培基质隔离。栽培基质每 667 m^2 的用量为 30 m^3。

3. 供水系统

（1）技术指标　水源水头压力为 9.81～29.4 kPa，滴灌管每米流量 12～22 L/h，每孔 10 min 供水量为 400～600 ml，出水方式为双上微喷，也可用其他滴灌形式。

（2）参考产品　双翼薄壁软管微灌系统。

（3）说明　供水水源可采用合适压力的自来水或高 1.5 m 的温室水箱，也可选用功率为 1 100 W、出水口直径为 50 mm 的水泵。

4. 养分供给　以固态缓效肥代替营养液，固态肥按氮（N）、磷（P_2O_5）、钾（K_2O）1∶0.25∶1.14 的比例配制。基肥均匀混入基质，占总用肥量的 37.5%，追肥分期施用，可用有机生态型无土栽培专用肥。

（二）育苗

1. 品种　有机生态型无土栽培番茄应选用无限生长类型，并具耐低温、弱光及抗病等特点，如卡鲁索（CARUSO）、中杂 9 号、中杂 11、佳粉 15、粉皇后等品种可供选用。

2. 育苗

（1）技术要求　育苗环境良好，经消毒、杀虫处理，并与外界隔离。育苗方法采用 72 孔穴盘进行无土育苗，种子应经消毒处理。从 7 月上旬至 7 月下旬开始育苗，苗龄控制在 25 d 左右。成苗株高小于 15 cm，茎粗 0.3 cm 左右，叶片 3 叶 1 心。

（2）操作方法

① 育苗基质的配制：用草炭和蛭石各50%配制育苗基质，并按每立方米基质5 kg消毒干鸡粪+0.5 kg专用肥将肥料均匀混合，装入穴盘备用。

② 种子处理：采用55 ℃热水浸泡10 min后，取出流水沥干，放入1%高锰酸钾溶液中浸泡10～15 min，用清水洗净，并浸泡6 h。

③ 催芽：取出经过处理的种子，放在28～30 ℃的条件下催芽，催芽期间注意保湿及每天清洗种子。

④ 播种：将装有基质的穴盘浇透清水，播入经催芽的种子。播后白天温度控制在25～28 ℃，夜间15～18 ℃，基质相对湿度维持在80%左右。当温度过高时，可采取遮阳网遮阳、双层湿报纸覆盖苗盘等措施。

⑤ 苗期管理：出苗后白天温度保持在22～25 ℃，夜间12～15 ℃。光照度大于20 000 lx。基质相对湿度维持在70%～80%。降温措施为遮阳网遮阳、叶面喷水等。注意通风、换气、透光，防止幼苗徒长。

（三）田间管理

1. 定植前的准备

（1）技术要求　定植前栽培槽、主灌溉系统等提前安装备用，栽培基质按比例均匀混合，并填入栽培槽中。温室保持干净整洁，经消毒处理，无有害昆虫及绿色植物，与外界基本隔离。备好有机固体肥料。

（2）操作方法

① 消毒处理：提前1个月准备好栽培系统，用水浇透栽培基质，使基质含水量超过80%，盖上透明地膜。整理温室，并用1%高锰酸钾溶液喷施架材，密封温室通过夏季强光照和高温消毒。

② 施入基肥：定植前2 d打开温室，撤去地膜，按10 kg/m^{3}的用量将有机生态型无土栽培专用肥均匀撒施在基质表面，并用铁锹等工具将基质和肥料混匀，将基质浇透水备用。

2. 定植　播种后25 d左右定植，即7月底至8月上中旬。定植苗应尽量选择无病虫苗，大、小苗分区定植，以便管理。采用双行错位定植法定植，株距30 cm左右，并应保持植株基部距栽培槽内边10 cm左右。定植后立即按每株200 ml的量浇灌定植水。

3. 定植后的管理

（1）灌溉软管的安装　小心地将滴灌软管放入栽培槽中间，并使出水孔朝上，与主管出水口连接固定，堵住软管另一端。开启水源阀门，检查软管的破损及出水情况。用宽40 cm、厚0.1 mm的薄膜覆盖在软管上。

（2）水分管理

① 技术要求：根据植株生长发育的需要供给水分。定植后前期注意控水，以防高温、高湿造成植株徒长，开花坐果前维持基质湿度在60%～65%。开花坐果后以促为主，保持基质湿度在70%～80%。冬季要求基质温度在10 ℃以上。

② 操作方法：定植后3～5 d开始浇水，每3～5 d浇1次，每次10～15 min，在晴天的上午灌溉，阴天不浇水。8月底或9月上旬开始开花坐果后，植株生长发育旺盛，以促秧为主，只要是晴天，温度等条件也合适，每天灌溉1～2次，每3 d检查1次基质水分状况，如基质内积水超过基质厚度的5%，则停浇1～2 d后视情况给水。进入10月中下旬以后，温度下降，光照减弱，植株生长缓慢时，要注意水分供给，晴天2～3 d浇水1次，阴天一般

不浇水，但连阴数天后，要视情况少量给水。翌年 2～3 月气温开始上升，温室环境随外界条件的改善而改善，植株再次进入旺盛生长期，水分消耗量开始逐渐上升，可按每天 1 次、2 次、3 次逐渐增加供水，以满足作物生长发育的需要。

③ 说明：水分管理是有机生态型无土栽培番茄能否获得高产的关键技术之一，但带有一定的经验性，要视植株状况、基质的温度和湿度、天气、季节及气候的变化灵活掌握。

（四）温室环境管理

1. 温度

（1）技术要求　根据番茄生长发育的特点，通过加温系统、降温系统及放风来进行温度管理，白天室内维持在 25～30 ℃，基质温度保持在 15～22 ℃。

（2）操作方法　北京地区 8～9 月以防高温为主，温室的所有放风口全天开启，并在中午视温度情况拉上遮阳网降温，必要时进行强制通风降温。10 月上旬白天根据温度情况开、闭放风口调节温度，夜间关闭放风口。10 月中下旬至 11 月上旬应注意天气变化，特别是注意加温前的寒潮侵袭，正常晴天情况下，9:00 左右开启放风口，16:00 关闭；寒潮来临时，应加盖二道幕保温，必要时应采取熏烟及临时加温措施。正式加温后，根据温度情况，抢时间通风。春夏季温度逐渐升高，通过放风、覆盖遮阳网、强制降温系统来达到所要求的温度条件。基质温度过高时，通过增加浇水次数降温；温度过低时，减少浇水次数或浇温水来提高基质温度。

2. 光照

（1）技术要求　番茄要求较高的光照条件，正常生长发育要求 3 万～3.5 万 lx 的光照条件，温室覆盖材料透光率要求维持在 60%以上。

（2）操作方法　苗期或生长后期高温、高光照度时可启用遮阳网，采取双干整枝方式增加植株密度。秋冬季弱光条件下，可通过淘汰老、弱、病株，及时整枝摘叶等植株调整手段改善整体光照状况；可通过定期清理薄膜或玻璃上的灰尘增加透光率；通过张挂、铺设反光幕等手段提高光照度。

3. 湿度

（1）技术要求　应尽量降低秋季温室的空气湿度，维持空气相对湿度 60%～70%。

（2）操作方法　秋冬季节通过采取减少浇水次数、提高气温、延长放风时间等措施来降低温室内空气湿度。

4. CO_2

（1）技术要求　通过加强放风使温室内 CO_2 浓度接近外界空气 CO_2 浓度，有条件时应采取 CO_2 施肥来提高 CO_2 浓度，适宜的温室 CO_2 浓度为 600～1 000 mg/L。

（2）操作方法　可采用强酸与碳酸盐反应制取 CO_2，生产上一般采用硫酸与碳酸氢铵反应产生 CO_2。每 667 m^2 温室每天约需要 2.2 kg 浓硫酸（使用时加 3 倍水稀释）和 3.6 kg 碳酸氢铵，每天在日出 30 min 后施用，并持续 2 h 左右。或施用液化 CO_2 2 kg 左右，也可通过燃煤产生 CO_2。

（3）说明　应将 CO_2 气体通过管道均匀输送到温室上部空间。采用燃煤产生 CO_2 应防止有害气体如 SO_2、NO_2 等伤害植株。

（五）病虫害防治

1. 虫害防治

（1）技术要求　严格控制温室白粉虱、美洲斑潜蝇、棉铃虫（烟青虫）、蚜虫和螨类等番茄主要虫害的大发生。以采用防虫网隔离、引诱物诱杀、银灰膜避虫、环境调控、栽培措施等物理防治手段为主，并抓住秋冬季气温下降，害虫繁殖率降低的有利时机，结合烟雾剂熏烟、药剂喷雾等手段进行综合防虫，尽可能降低虫口密度，控制各种虫害的大量发生。要求在9月开花前将棉铃虫基本消灭，在11月番茄采收前控制住其他各种虫害的发生。

(2) 具体措施

① 物理方法：严格在无虫洁净环境下育苗。番茄定植前，做好防虫网的安装修理工作。定植后，按每10 m^2 张挂1张诱虫板（黄板）诱杀温室内的害虫成虫。黄板粘满昆虫后，应及时替换，并注意适时调整张挂黄板的数量和高度，栽培后期如虫口密度过大，可增加黄板的张数。注意经常检查害虫发生情况，如发现少量棉铃虫，可采取人工捉幼虫予以消灭，对于成虫，可采用杨树枝诱杀。高温低湿（空气相对湿度低于80%）的环境对茶黄螨种群数量增长不利，而空气相对湿度在80%以上的高湿环境对红蜘蛛繁殖不利。适时利用气候变化，合理降低温室温度，对于大部分害虫的生长发育有抑制作用，通过环境调控的手段可控制害虫孵化和繁殖，从而降低虫口密度。及时整枝打杈、摘除带虫老叶等，可降低各种虫卵数量。

② 化学方法：

温室白粉虱：在白粉虱发生早期和虫口密度较低时适量使用药剂，喷雾以早晨日出前为宜。22%敌敌畏烟剂每667 m^2 0.5 kg，于夜间将温室密闭熏烟，可杀灭部分成虫。喷雾采用25%扑虱灵可湿性粉剂1 000～1 500倍液、10%吡虫啉可湿性粉剂1 000～1 500倍液或20%康福多隆可溶剂2 500～3 000倍液等药剂交替使用。

美洲斑潜蝇：番茄叶片被害率近5%时，进行喷药防治。可采用40%绿菜宝乳油1 000～1 500倍液、10%吡虫啉可湿性粉剂1 000倍液或20%康福多隆可溶剂2 000倍液等交替使用。

其他害虫采用相应的化学药剂进行防治。

2. 病害防治

(1) 技术要求　应结合使用抗病品种、虫害防治、环境控制、栽培措施、硫黄熏蒸等手段，辅之以药剂进行综合防治。主要病害为苗期猝倒病和立枯病、晚疫病、灰霉病、病毒病、叶霉病。

(2) 具体措施

① 物理方法：加强温室环境调控，特别是温、湿度的控制，秋冬季尽可能提高温度、降低湿度，提高植株自身的抗病能力，严防温室露水。加强植株管理，及时整枝打杈、绑蔓、打掉底部老叶、摘残花，增加群体通风透光性，严防互相遮阴郁闭。及时摘除病叶，清除病情严重植株。使用安全合格的硫黄熏蒸器，一般从10月开始使用，严格按照说明书进行操作，能有效防治各种叶面真菌性病害。严防农事操作传播病害。

② 化学方法：

苗期猝倒病和立枯病：种子消毒采用0.1%百菌清（75%可湿性粉剂）+0.1%拌种双（40%可湿性粉剂）浸种30 min后清洗，定植时采用50%福美双可湿性粉剂+25%甲霜灵可湿性粉剂等量混合后400倍液灌根。

病毒病：种子消毒采用10%磷酸三钠浸种20 min后洗净，防止蚜虫传毒。在苗期、定植缓苗后（8月上中旬）及坐果初期（9月上旬），喷增产灵50～100 mg/kg，提高抗病能力。采用NS-83增抗剂100倍液、1.5%植病灵1 000倍液预防。

晚疫病：晚疫病为番茄重点病害，温室 11 月开始加温时容易发生，发病前期或发现中心病株立即喷施 58%甲霜灵锰锌可湿性粉剂 400～500 倍液、72.2%普力克水剂 800～1 000 倍液等药剂进行防治。

灰霉病：灰霉病为番茄重点病害，低温高湿条件下易发病，应从 10 月中旬至 11 月上旬开始预防，药剂防治可采用 65%甲霉灵可湿性粉剂 600 倍液、50%多霉灵可湿性粉剂 800 倍液等喷雾，也可采用速克灵等烟剂熏烟。

禁止使用对设施环境有害的农药，目前只能限量使用一些低毒高效无残留的农药，条件成熟时尽量少量或不使用化学合成农药。

第三节　有机肥料及其生产

自从 20 世纪 30 年代无土栽培进入商业性生产以来，几乎都是采用人工化学合成的无机物质配制营养液来灌溉植物，在这方面积累了丰富的经验，极大地推动了无上栽培技术的发展、提高和应用。但大量使用化肥会造成环境和产品不同程度的污染，已引起人们的忧虑。因此，将有机肥料引入无土栽培技术就应运而生，如有机生态型无土栽培技术等。

有机肥料是我国农业生产中的重要肥料，来源广泛、种类繁多，可用于无土栽培的有机肥主要有饼肥、动物粪便、作物秸秆和草炭等，可以说哪里有农业、畜牧业，哪里就有有机肥源，而且农业和畜牧业越发达，有机肥资源就越丰富。有机肥除含有植物必需的氮、磷、钾等大量元素外，还含有多种微量元素，尤其是磷、钾含量较高，氮、磷、钾之比约为 1∶0.52∶1.25；与化肥相比，还含有有机质、生物活性物质（活性酶、氨基酸、糖类等）以及多种有益微生物（固氮菌、氨化菌、纤维分解菌、硝化菌等）。无土栽培中有机肥料的使用可降低运行成本、提高产品品质、保持良好的生态环境，是保证农业持续发展的一项重大战略措施。

一、应用于无土栽培的有机肥种类

1. 饼肥　榨油后剩余的大豆饼、棉子饼、油菜子饼等除用作牲畜饲料和工业原料外，还可作为优质的有机肥，发酵后可加工成无土栽培的有机肥料。我国常见的饼肥养分含量如表 12-6 所示。

各种饼肥是优质有机肥，肥效高、营养齐全，但价格也比其他有机肥高，可以单独使用，也可与其他有机肥混合使用。

2. 作物秸秆　秸秆是农作物收获后的副产品，也是重要的有机肥资源。我国农作物品种繁多，秸秆资源丰富，据计算 1995 年已达到 79 484 万 t。各种作物秸秆都含有丰富的有机物质和各种营养元素（表 12-7），是堆沤有机肥料良好的原料。木本植物的锯木屑含氮(N)0.06%、磷（P_2O_5)0.03%、钾（K_2O)0.10%，养分含量较低，可作为合成栽培基质的原料使用，但不宜作有机肥的原料。

3. 动物粪便　动物的粪便是动物的排泄物，资源丰富，据估算 1995 年我国畜禽粪便（干）达 29 239 万 t。粪便养分齐全、含量高、肥效好，是无土栽培有机肥料的良好原料（表 12-8）。

表 12－6　常见饼肥养分含量（风干基）

（全国农业技术推广服务中心，1999）

有机肥种类	粗有机物（%）	有机碳（%）	大量元素（%）						微量元素（mg/kg）					
			氮	磷	钾	钙	镁	硫	铜	锌	铁	锰	硼	钼
大豆饼	67.7	20.2	6.68	0.44	1.19	0.69	1.51		16.0	84.9	400	73.1	28.0	0.68
花生饼	73.4	33.6	6.92	0.55	0.96	0.41	0.44		14.9	64.3	392	39.5	25.4	0.68
菜子饼	73.8	33.4	5.25	0.80	1.04	0.80	0.48	1.05	8.39	86.7	621	72.5	14.6	0.65
棉子饼	83.6	22.0	4.29	0.54	0.76	0.21	0.54	0.44	14.6	65.6	229	29.8	9.8	0.38
芝麻饼	87.1	17.6	5.08	0.73	0.56	2.86	3.09		26.5	130.0	822	58.0	14.1	0.07
葵花子饼	92.4		4.76	0.48	1.32				25.5	145.0	892	113		

表 12－7　常见秸秆养分含量（烘干基）

（全国农业技术推广服务中心，1999）

秸秆种类	粗有机物（%）	有机碳（%）	大量元素（%）						微量元素（mg/kg）					
			氮	磷	钾	钙	镁	硫	铜	锌	铁	锰	硼	钼
稻草*	84.7	39.6	1.06	0.16	2.00	0.54	0.21		14.6	69.0	1 265	706.7		
麦秸	83.0	39.9	0.65	0.08	1.05	0.52	0.17	0.096	15.2	18.0	355	62.5	3.4	0.42
玉米秸	87.1	44.4	0.92	0.15	1.18	0.54	0.22	0.094	11.8	32.2	493	73.8	6.4	0.51
大豆秸	89.7	45.3	1.81	0.20	1.17	1.71	0.48	0.21	11.9	27.8	536	70.1	24.4	1.09
向日葵秆	92.0		0.82	0.12	1.77	1.58	0.31	0.17	10.2	21.6	259	30.9	19.5	0.37
甘蔗茎叶	91.1	45.7	1.10	0.14	1.10	0.88	0.21	0.29	6.8	21.0	271	140	5.5	1.14

* 由全国农业技术推广服务中心编著《中国有机肥料养分志》计算所得。

表 12-8　常见粪便养分含量（烘干基）

（全国农业技术推广服务中心，1999）

粪便种类	粗有机物（%）	有机碳（%）	碳氮比	大量元素（%）						微量元素（mg/kg）					
				氮	磷	钾	钙	镁	硫	铜	锌	铁	锰	硼	钼
鸡粪	49.48	30.15	14.02	2.34	0.93	1.61	2.82	0.75	0.44	52.42	159.61	8 121	366.26	13.34	1.76
猪粪	63.72	41.38	20.99	2.09	0.90	1.12	1.80	0.74	0.35	37.64	137.16	6 053	425.52	9.20	1.00
牛粪	66.22	36.78	23.17	1.67	0.43	0.95	1.84	0.47	0.31	26.87	100.29	4 052	648.12	13.16	1.22
羊粪	64.24	33.63	16.62	2.01	0.50	1.32	2.89	0.71	0.34	41.93	105.84	5 412	549.22	22.33	1.32
鸭粪	43.49	26.26	17.86	1.66	0.89	1.37	5.49	0.62	0.29	32.52	140.79	9 497	681.32	15.63	0.98
人粪	71.87	36.78	8.06	6.38	1.32	1.60	1.95	1.05	0.57	69.68	340.45	2 752	298.05	4.26	3.48

鸡粪养分含量较高，是无土栽培中常用的优质固体有机肥料。鸡的饲养全国各地十分普遍，随着养鸡技术的发展，机械化、自动化程度的提高，养鸡生产日趋集中，规模越来越大，其饲养量在家畜中居首位，据调查 1 只鸡每天排粪约 0.071 kg，每只鸡总排泄量约为 13 kg，全国每年鸡粪资源可达 5 219 万 t，是宝贵的有机肥资源。

除此之外，食用菌下脚料、骨渣、海肥（如海钱、海乳、干蟹、虾杂类、鱼类等）也是生产有机肥的良好原料。

二、有机固体肥生产方法

有机固体肥来源广泛、种类繁多，但无土栽培用有机固体肥应具有无臭、无菌、无虫、高养分含量、低水分含量等特点，应选择合适的原料堆沤、发酵、干燥、颗粒化和包装。

（一）制堆工艺程序

传统的有机肥采用厌氧的野外堆积法，因占地面积大、时间长、质量难以控制，在无土栽培用有机肥生产上很少采用。目前一般采用好气堆制工艺，它一般由前处理、主发酵（一次发酵）、后发酵（二次发酵）、后处理及贮藏等工序组成。

1. 前处理 以饼肥、作物秸秆、动物粪便等为原料时，前处理主要是破碎、分选、添加辅料、调整水分和碳氮比、添加必要的菌种和酶、去除非堆积杂物等。各种堆肥原料养分含量较高，如动物粪便等可单独堆制；但养分含量较低、理化性状欠佳的原料，如作物秸秆，一般多种原料混合堆制较好。

2. 主发酵（一次发酵） 主发酵可在露天覆盖或室内及发酵装置内进行，通过强制管道通气向堆积层或发酵装置内供给 O_2。由于微生物的作用开始发酵，首先是易分解物质分解，微生物吸取有机物的碳素营养，产生 CO_2 和 H_2O，微生物自身繁殖的同时，将细胞中吸收的物质分解而产生热量，使堆温上升。

发酵初期的物质分解和发酵作用主要靠中温菌（适温 30～40 ℃）进行，随着发酵的进行，堆温上升，高温菌（适温 45～65 ℃）取代中温菌。在 60 ℃左右的温度下，各种病原菌和害虫（卵）等均可被杀死。一般把从温度升高到开始降低为止的阶段称为主发酵阶段，好氧堆肥一般该阶段为 3～10 d。

鸡粪发酵，将含水量调至 60%，堆高约 1 m，用塑料薄膜盖严，堆温升到 65 ℃后开始下降。

3. 后发酵（二次发酵） 经过主发酵的半成品经翻堆增氧、拌匀后进入后发酵工序，将主发酵工序尚未分解的有机物质进一步分解，使之变成腐殖酸、氨基酸等比较稳定的有机物，得到完全成（腐）熟的有机肥堆制品。一般把堆料堆积成 1～2 m 高发酵堆，进行后发酵，并覆盖塑料薄膜等防止雨水进入，以便升温。后发酵一般需 20～30 d，其中要进行堆内通气或每 7 d 翻堆 1 次。经后发酵后鸡粪含水量降至 50%以下。

4. 后处理 经过两次发酵后的物料，几乎所有的有机物都变形、细碎，数量减少，尤其是作物秸秆发酵后体积收缩较大。

部分堆肥工艺和堆肥物在堆制过程结束后会产生臭味，必须进行脱臭处理。去除臭气的方法主要有微生物除臭、化学除臭剂除臭、碱水和水溶液过滤、熟堆肥或活性炭及沸石等吸附剂过滤。堆肥拌料时可加入除臭微生物（如硫杆菌可除去鸡粪等发酵中的臭气），堆肥时可在表面覆盖熟堆肥或塑料薄膜，以防止臭气逸散。也可用堆肥过滤器除臭，当臭气通过过滤装置时，恶臭成分被熟化的堆肥吸附，进而被其中好氧微生物分解而脱臭。

发酵后的堆肥含水量仍较高，需经自然晾晒或烘干、机械压干使含水量在30%以下，然后粉碎过筛，贮存或装袋。

5. 贮藏　堆制有机肥一般在春末、夏季、秋初温度较高的季节进行，所以有时需对堆肥产品进行一定时间的贮藏，可直接贮存在发酵池（槽）中，也可袋装贮存，要求干燥而透气，闭气和受潮会影响有机肥的质量。

综上所述，有机固体肥的堆制工艺流程如图12-1所示。

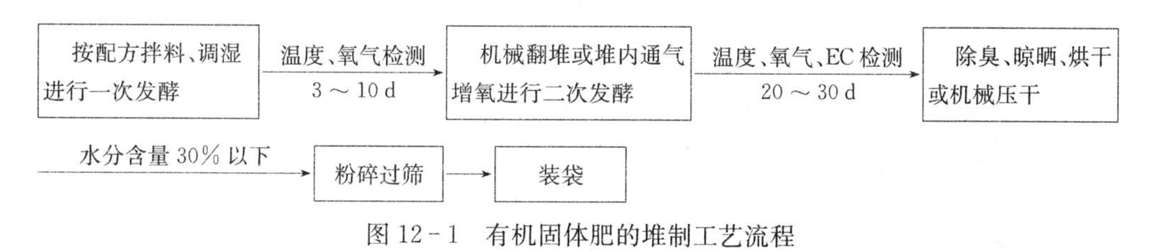

图12-1　有机固体肥的堆制工艺流程

（二）堆肥的影响因素

影响堆肥的因素很多，主要有以下几个方面。

1. 有机质含量　对于快速高温机械化堆肥而言，首要的是热量和温度间的平衡。有机质含量低的物质在发酵过程中所产生的热将不足以维持堆肥所需要的温度，但过高的有机物含量，在发酵过程中通气不良时易产生厌氧条件和发臭。研究表明，堆肥中合适的有机物含量为20%～80%。

2. 水分　水分为微生物生长所必需，在堆肥过程中，按重量计，20%～60%的含水量最有利于微生物分解。含水量超过70%则温度难以上升，分解速度明显降低。因为水分过多使堆肥物质粒子之间充满水，有碍于通气，从而造成厌氧状态，不利于好养微生物生长，并产生H_2S等恶臭气体。含水量低于40%不能满足微生物生长需要，有机物难以分解。

3. 温度　对堆肥而言，温度是堆肥得以顺利进行的重要因素，温度的作用主要是影响微生物的生长，一般认为高温菌对有机物的降解效率高于中温菌，快速、高温、好氧堆肥正是利用了这一点。初堆肥时，堆体温度一般与环境温度相一致，经过中温菌1～2 d的作用，堆肥温度便能达到高温菌的理想温度50～65 ℃，在这样的高温下，一般堆肥只要5～6 d即可达到无害化。过低的堆温将大大延长堆肥达到腐熟的时间，而过高的堆温（70 ℃以上）将对堆肥微生物产生有害的影响。

4. 碳氮比　碳氮比与堆肥温度有关，原料碳氮比高，碳素多，氮素养料相对缺乏，细菌和其他微生物的生长受到限制，有机物的分解速度变慢，发酵过程延长。如果碳氮比高，容易导致成品堆肥的碳氮比过高，使用时将夺取基质培系统中的氮素，使基质处于“氮饥饿”状态，影响作物生长。若碳氮比低于20∶1，可供消耗的碳素少，氮素养料相对过剩，则氮将变成铵态氮而挥发，导致氮元素大量损失而降低肥效。

为了保证成品堆肥中一定的碳氮比（一般为25～35∶1）和在堆肥过程中有理想的分解速度，必须调整好堆肥原料的碳氮比（一般在24∶1左右）。

5. 碳磷比　磷是磷酸和细胞核的重要组成元素，也是生物能ATP的重要组成成分，一般要求堆肥的碳磷比在75～150∶1。

6. pH　pH对微生物的生长也是重要因素之一，一般微生物最适宜的pH是中性或弱碱性，pH过高或过低都会使堆肥处理遇到困难。pH是一个可以对微生物环境估价的参数，在整个堆肥过程中，pH 随时间和温度的变化而变化。在堆肥初始阶段，由于有机酸的生成，pH 下降（可降至 5.0），然后上升至 8～8.5，如果废物堆肥呈厌氧状态，则 pH 继续下降。此外，pH 也会影响氮的损失，因 pH 在 7.0 时，氮以氨气的形式逸入大气。但在一般情况下，堆肥过程中 pH 有足够的缓冲作用，能使 pH 稳定在可以保证好氧分解的酸碱度水平。

（三）堆肥的工艺参数和质量标准

1. 堆肥工艺参数 堆肥工艺参数包括一次发酵和二次发酵工艺参数。

（1）一次发酵工艺参数 含水率 45%～60%，碳氮比 25～35∶1，温度 55～65 ℃，周期 3～10 d。

（2）二次发酵工艺参数 含水率＜40%，温度＜40 ℃，周期 30～40 d。

2. 堆肥质量标准

（1）一次发酵终止指标 无恶臭，容积减量 25%～30%以下，水分去除率 10%，碳氮比 15～20∶1。

（2）二次发酵终止指标 堆肥充分腐熟，含水率＜35%，碳氮比＜20∶1，堆肥粒径＜10 mm。

三、液体有机肥的开发

用人工合成的无机化学物质配制成营养液进行水培生产，已实现营养液浓度、pH、温度等的自动化控制，管理技术已相当成熟、完善，但使用有机固体肥进行基质培以至有机生态型无土栽培，养分、水分等的量化管理、自动化控制仍存在许多难题。近年来研究液体有机肥，并应用于无土栽培中，已取得一些初步成果。

1. 鱼菜共生系统 现代化集约养鱼的鱼池水需要净化，否则水中鱼类排泄物及氨气会影响鱼自身的生长，严重时会导致鱼的死亡。把鱼池水引入无土栽培系统的栽培槽中，植物根系吸收其中的营养物质，可部分净化水质，重复用于养鱼。该方法可栽培叶用莴苣、草莓和番茄等作物，其产量与使用等量营养成分的营养液相当，而且可生产有机食品。研究表明，约 1.2 只重 200 g 的鱼的排泄物可满足 1 株叶用莴苣生长所需的营养。

2. 沼气液等液体肥 沼气液可用于土壤和无土栽培作物的施肥，已取得良好的栽培效果。以沼气液代替营养液进行无土栽培正在研究之中。

动物粪便也可制成优质的液体有机肥，但需做好消毒，并适当进行浓度调整。

史吉平等研究指出，氨基酸液肥和腐殖酸液肥在番茄和黄瓜的有机基质栽培中施用均有明显的增产效果，增产幅度因基质类型而异，最高可达 59.6%。并且，在番茄上腐殖酸液肥的效果好于氨基酸液肥，而在黄瓜上氨基酸液肥的效果好于腐殖酸液肥。

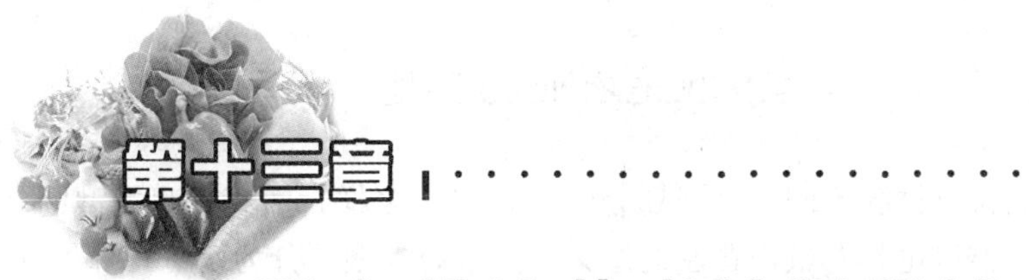

第十三章 无土栽培技术的新领域

无土栽培技术已经广泛应用于蔬菜、花卉、果树等园艺作物和经济作物生产中，尤其是在温室等设施栽培中成为必不可少的技术手段之一，它较好地解决了设施栽培中的连作障碍和品质问题。除此以外，无土栽培技术的应用范围还非常广泛，在开辟作物生产新领域中屡有创新，如在水面种稻上已经获得成功；利用无土栽培技术对工业污水和生活污水的治理上独辟蹊径，开辟了利用生物途径治理污水的新途径；在一些果树和中药材栽培上也取得较好的效果；无土栽培技术在观光农业园中也扮演重要角色。此外，无土栽培技术也被用来解决宇航员在飞行器上的食物供应问题，预示着未来无土栽培技术发展前景广阔。

第一节　无土栽培技术在观光农业中的应用

一、观光农业的概念及特征

观光农业是一种兴起于 20 世纪 60 年代的具有农业生产与休闲、娱乐、求知功能的生态、文化旅游功能的有机结合。从景观学的角度可以将其定义为，在一定的社会经济条件下，在城市化进程中，农业景观、聚落景观、田园风光景观的深层次开发与旅游业延伸交叉形成的新型旅游形式，它既可成为人们审美的对象，为游人提供游赏环境，又是一个兼具生产、观光、休闲、科普等多功能的有机系统。观光农业是以现代农业高新技术、新品种、新模式为主角，传统农业、园林景观为陪衬的观光格局，更多的是要运用现代工业设施来武装农业，以提高人们对现代高科技农业的兴趣与向往。

1. 市场特征　观光农业的客源市场是长期生活在大城市的人们。高楼林立、空气污浊以及快节奏的工作生活，使人们渴望回归自然，决定了观光农业的景观空间结构必须突出自然情趣，努力营造悠闲、平淡的野趣。

2. 区位特征　作为旅游吸引物，观光农业必须能够满足旅游者追求新、奇、特的需求，在空间定位时不能超越游客的心理距离和空间距离，满足节假日的休闲、娱乐的一日游的需要。因此，观光农业必然在空间上定位于可进入性强，而且城乡自然、文化景观差异明显的大城市郊区。

3. 生产与社会公益相结合的特征　观光农业既能营造休闲观光愉悦身心的功能，又能为市民提供采摘、劳作、品赏或野炊以及采购安全优质名优特新农副产品的享乐。有条件的地区还可伸延至构筑为市民提供社会公益型的园艺疗养、老年娱乐养生设施等可持续的休闲观光农业。

二、观光农业的类型

各观光农业园据自身情况不同，其规划分区形式多种多样，而其景观类型则基本一致。因此，按景观类型分类讨论具有较为普遍的意义。按景观类型可分为以下几种景观：农田景观、水体景观、林地景观、建筑景观、科技农业景观及文化景观等。而无土栽培是构成科技农业景观的核心内容，承担着教育、科普及新技术推广的功能。园内多建有现代化玻璃温室、各类节能型日光温室及塑料大棚等设施，种植日常生活中少见的新奇品种、野生品种，展示当今先进的无土栽培方式，如水培、基质培、立体栽培等，同时将节水灌溉技术、新材料在农业上的应用等进行展示，而这些对于游人来说则是另一番新兴现代化的农业景观。

三、无土栽培技术在观光农业中的应用

1. 番茄树式栽培技术 番茄树式栽培是集成设施、环境、生物、营养和信息等技术，最大限度满足番茄生长发育的需求，促其旺盛生长，枝繁叶茂，植株冠幅达到 8～10 m，形状似树，故有人称之为“番茄树”。

（1）适宜范围 主要功能是观赏和采摘，只有采摘才可获得预期的经济效益。因此，该技术仅适宜于经济比较发达的大中城市附近，拥有庞大游客资源的都市观光农业园区、生态旅游度假区、旅游观光景点和农业生态餐厅。

（2）设施要求 番茄树适宜在大型的现代化玻璃温室内栽培。生长的温度范围为 12～32 ℃，低于 12 ℃或高于 32 ℃都难以生长。北方冬季栽培温室内要有加温设施，夏季要有降温设施。

（3）品种选择 适宜品种应具备皮厚果硬，果实红色、粉色、黄色或彩纹，这样的品种秧上挂果时间长，视觉效果好。同时具备抗病性强、耐低温弱光和高温强光能力强。果实风味好。

（4）栽培形式 基质栽培和营养液栽培，固定式和可移动式均可。在温光条件好的温室内可周年生长 1～2 年。

（5）预期产量 从定植期开始，小型果品种单株年结果可达 2 万个以上，大型果品种可达 6 000 个以上，单株产量为 300～500 kg，每年每 667 m^2 产量可达 3 000～5 000 kg。

2. 立柱式无土栽培技术 立柱式无土栽培就是在基本不影响地面栽培的情况下，通过竖立起来的圆柱体作栽培载体，使植物种植向空中发展。它可大幅度地提高单位面积的种植量和收获量，使温室的利用率提高 3 倍以上，种植叶菜类蔬菜可提高产量 2.4～3.7 倍，属工厂化生产的模式。

立柱式无土栽培应用广泛，应用于温室栽培形象好、产量高，适合现在提出的现代农业、旅游农业、可持续发展农业的要求。立柱式无土栽培也可应用于山坡地、盐碱地、屋顶、阳台及庭院，只要有水电的地方就可竖立立柱作生产栽培之用，解决蔬菜种植问题。在城市街道、公园等地可用立柱栽培建立景点美化环境。立柱式无土栽培可采用基质栽培、水培和干湿交替栽培法 3 种方式。固体基质栽培的基质厚度约 10 cm，渗水畅，通气好。水培法可以使植物的一部分根系浸入水中，另一部分根系露在空气中，另外盆钵中有 1/2 的水在循环时得到更新，所以水气关系十分协调。干湿交替栽培法，植物的根系生长于盆钵的上半

部中干湿交替的陶粒中，根系能得到充足的水和空气。

目前，已经开发出多种立柱式无土栽培装置，立柱的第二代产品已产业化，能组合装配成标准型结构。一般立柱由 12 只 ABS 工程塑料盆经中轴串联而成，柱下端有底座，柱上端安装淋滴装置，总高度为 220 cm，柱直径为 15 cm。667 m^2 面积上的全部立柱经淋滴装置串联和并联成为阵式立柱栽培系统。由中国科学院上海生命科学研究院植物生理生态研究所开发的立柱式无土栽培装置，主要由盆钵、中轴、底座及喷淋头供水装置组成，多个盆钵由中心管道穿过其中空中心轴而串联重叠为一单元盆钵柱体。单个盆钵具有一主圆柱体并沿其圆周均匀配置有 5 个突出的、与主圆柱体部分周壁相通的半圆形柱体，整个柱体呈五花瓣梅花形。中心管道顶端装有喷淋头，下端穿出最末尾盆钵底部而固定于底座上。数量众多的单元盆钵柱体可作行列式排列而形成立柱式栽培系统装置。

3. 漂浮板深水培技术　这是各类观光农业园区较早采用的无土栽培形式，多采用叶用莴苣等速生叶菜，在温度调控条件较好的温室中，通过对不同生长发育期营养液的监控、调整和定期更换，可实现叶用莴苣等速生叶菜的工厂化周年批量生产。

第二节　草坪无土生产技术

一、概　　述

（一）草坪的含义及类型

草坪通常指以禾本科草或其他质地纤细的植被为覆盖，并以它们的大量根系或匍匐茎充满土层表层的地被，是由草坪草的枝叶、根系和栽培基质表层构成的整体。

草坪是城乡园林绿化的重要组成部分，发展草坪植物是维护生态平衡、保护环境卫生、绿化美化城乡面貌、减少大气污染、防止水土流失、调节城市小气候、促进体育运动事业发展的重要措施之一。草坪按其应用，可分为休憩、观赏、运动、护坡、放牧等不同功能的草坪。

1. 休憩草坪　休憩草坪指在公园、广场、街道、医院、校园等公共绿地中，开放供游人入内休息活动的草坪。该类草坪没有固定的形状，面积可大可小，管理也较粗放。大面积的此类草坪常配置孤立树，点缀石景、建筑小品等，或栽植树群，也可在周围配植花带等。休憩草坪的建设多利用自然地形排水，降低造价。一般要求选择耐践踏、绿色期长、适应性强的草种。

2. 观赏草坪　观赏草坪指设于园林绿地中，以观赏其景色为目的的草坪，也称装饰草坪或造型草坪。如铺设在建筑、广场雕塑、喷泉、纪念物周围等处用于装饰和陪衬的草坪。此类草坪不允许入内践踏，栽培管理也较为精细。以茎叶细小且密集、低矮平整、耐修剪、绿色期长的草种为宜。

3. 运动草坪　运动草坪是指供开展体育活动的草坪，如足球场、高尔夫球场、网球场和赛马场等，由于各类运动特点各异，因而各类运动场地的适宜草坪草的种类也不同。通常要求该类草坪草应该具有耐践踏、根系发达、耐频繁修剪和刈割、再生能力强等特点。

4. 固土护坡草坪　固土护坡草坪指种植在坡地或水岸地，如公路、铁路、水库、堤岸斜坡等处的草坪，其主要的作用是防止水土流失。该类草坪管理粗放，一般以适应性强、根系发达、草层繁密、耐寒、耐旱、抗病虫害能力强的草种为宜，各地应多选用取材于本地区的野生草种。

5. 放牧草坪 放牧草坪指以放牧草食性动物为主，结合园林休憩、休假地和野游地建立的草坪。它以营养丰富、生长健壮的优良牧草为主，养护管理粗放，面积也较大。一般适宜在城镇郊区的农业观光园、森林公园、疗养院、旅游风景区等地建设。

（二）草坪草的特性和种类

1. 草坪草的特性 草坪草是指能形成草坪，并能耐受定期修剪和适度践踏的一些草本植物，它们是建造草坪的基础材料。适宜作草坪的草种极其丰富，大多数为具有扩散生长特性的根茎类或匍匐茎类禾本科植物，也有少量植株低矮、再生能力强、有匍匐茎、耐瘠薄的其他科植物。它们通常具有以下特性：①植株低矮、整齐，地上部生长点低，具有一定的弹性，耐适度的践踏和修剪。②叶片小型多数、细长而直立，株形密集，质感好。③再生能力和侵占力强，生长迅速，易形成良好的覆盖层，杂草少。④适应性和抗逆性强，对干旱、低湿、贫瘠、盐碱、病虫害、高温或低温等具有全部或部分突出的适应能力。⑤草色美观，绿色期长。

2. 草坪草的种类 草坪草的种类相当丰富，目前国内较常应用的就有数十种，通常可根据其地域分布和科属不同进行分类。按地域不同可分为冷地型草坪植物和暖地型草坪植物。冷地型草坪植物耐寒性较强，夏季不耐炎热，春、秋季节生长旺盛，如各类蒴股颖、草地早熟禾、黑麦草、羊胡子草、紫羊茅、苇状羊茅及高羊茅等。暖地型草坪植物的主要特性是冬季呈休眠状态，早春开始返青复苏后进入旺盛生长，进入晚秋，一经霜害，其茎叶枯萎褪绿，如中华结缕草、沟叶结缕草（即马尼拉草）、细叶结缕草（即天鹅绒草）、狗牙根、百慕大草、天堂草、假俭草、地毯草、竹节草等。按科属不同可分为禾本科草坪植物和其他科草坪植物。禾本科草坪草是草坪植物的主体，占草坪植物的90%以上，在植物学上主要属于羊茅亚科、黍亚科和画眉草亚科。

3. 草种应用与生产特性 草坪有多种功能和作用，草坪草种特性各异，各类草坪建植环境条件变化多样，草坪建设的要求也不尽相同，所以，草坪建植前的草种选择必须依据草种特性、草坪功能要求、环境因素以及经济条件等的不同，方可作出正确选择。常见草种应用与生产特性如表13-1、表13-2所示。

表13-1 常见草坪草应用特性比较一览表

应用特性	冷季型草坪草	暖季型草坪草
成坪速度（快→慢）	多年生黑麦草→高羊茅→细叶羊茅→匍匐蒴股颖→细弱蒴股颖→草地早熟禾	狗牙根→钝叶草→斑点雀稗→假俭草→地毯草→结缕草
叶片质地（粗糙→细软）	高羊茅→多年生黑麦草→草地早熟禾→细弱蒴股颖→匍匐蒴股颖→细叶羊茅	地毯草→钝叶草→斑点雀稗→假俭草→结缕草→细叶结缕草→狗牙根
叶片密度（大→小）	匍匐蒴股颖→细弱蒴股颖→细叶羊茅→草地早熟禾→多年生黑麦草→高羊茅	狗牙根→钝叶草→结缕草→假俭草→地毯草→斑点雀稗
耐热性（强→弱）	高羊茅→匍匐蒴股颖→草地早熟禾→细弱蒴股颖→细叶羊茅→多年生黑麦草	结缕草→狗牙根→地毯草→假俭草→钝叶草→斑点雀稗→野牛草
抗寒性（强→弱）	匍匐蒴股颖→草地早熟禾→细弱蒴股颖→细叶羊茅→高羊茅→多年生黑麦草	野牛草→结缕草→狗牙根→斑点雀稗→假俭草→地毯草→钝叶草
抗旱性（强→弱）	细叶羊茅→高羊茅→草地早熟禾→多年生黑麦草→细弱蒴股颖→匍匐蒴股颖	狗牙根→结缕草→斑点雀稗→钝叶草→假俭草→地毯草

（续）

应用特性	冷季型草坪草	暖季型草坪草
耐湿性（强→弱）	匍匐翦股颖→高羊茅→细弱翦股颖→草地早熟禾→多年生黑麦草→细叶羊茅	狗牙根→斑点雀稗→钝叶草→结缕草→假俭草
耐酸性（强→弱）	高羊茅→细叶羊茅→细弱翦股颖→匍匐翦股颖→多年生黑麦草→草地早熟禾	地毯草→假俭草→狗牙根→结缕草→钝叶草→斑点雀稗
耐盐碱性（强→弱）	匍匐翦股颖→高羊茅→多年生黑麦草→细叶羊茅→草地早熟禾→细弱翦股颖	狗牙根→结缕草→钝叶草→斑点雀稗→地毯草→假俭草
耐践踏性（强→弱）	高羊茅→多年生黑麦草→草地早熟禾→细叶羊茅→匍匐翦股颖→细弱翦股颖	结缕草→狗牙根→斑点雀稗→钝叶草→地毯草→假俭草
耐阴性（强→弱）	细叶羊茅→细弱翦股颖→高羊茅→匍匐翦股颖→草地早熟禾→多年生黑麦草	钝叶草→结缕草→假俭草→地毯草→斑点雀稗→狗牙根
抗病性（强→弱）	高羊茅→多年生黑麦草→草地早熟禾→细叶羊茅→细弱翦股颖→匍匐翦股颖	假俭草→斑点雀稗→地毯草→结缕草→狗牙根→钝叶草
再生性（强→弱）	匍匐翦股颖→草地早熟禾→高羊茅→多年生黑麦草→细叶羊茅→细弱翦股颖	狗牙根→钝叶草→斑点雀稗→地毯草→假俭草→结缕草
耐磨性（强→弱）	高羊茅→多年生黑麦草→草地早熟禾→细叶羊茅→匍匐翦股颖→细弱翦股颖	结缕草→狗牙根→斑点雀稗→钝叶草→地毯草→假俭草
刈剪高度（高→低）	高羊茅→细叶羊茅→多年生黑麦草→草地早熟禾→细弱翦股颖→匍匐翦股颖	斑点雀稗→钝叶草→地毯草→假俭草→结缕草→狗牙根
刈剪效果（好→差）	草地早熟禾→细弱翦股颖→匍匐翦股颖→高羊茅→多年生黑麦草	钝叶草→狗牙根→假俭草→地毯草→结缕草→斑点雀稗
需肥量（多→少）	匍匐翦股颖→细弱翦股颖→草地早熟禾→多年生黑麦草→高羊茅→细叶羊茅	狗牙根→钝叶草→结缕草→假俭草→地毯草→斑点雀稗

表 13-2　常见草坪草生产特性比较一览表

类型	草种名称	每克种子粒数（粒/g）	种子发芽适宜温度（℃）	单播种子用量（g/m²）*	营养体繁殖系数
冷季型草坪草	紫羊茅	1 213	15～20	14～17（20）	5～7
	羊茅	1 178	15～25	14～17（20）	4～6
	加拿大早熟禾	5 524	15～30	6～8（10）	8～12
	林地早熟禾		15～30	6～8（10）	7～10
	草地早熟禾	4 838	15～30	6～8（10）	7～10
	普通早熟禾	5 644	20～30	6～8（10）	7～10
	匍匐翦股颖	17 532	15～30	3～5（7）	5～7
	细弱翦股颖	19 380	15～30	3～5（7）	5～7
	高羊茅	504	20～30	25～35（40）	5～7
	多年生黑麦草	504	20～30	25～35（40）	5～7
	多花黑麦草	504	20～30	25～35（40）	
	小糠草	11 088	20～30	4～6（8）	7～10
	白三叶	1 430	20～30	6～8（10）	4～6

（续）

类型	草种名称	每克种子粒数（粒/g）	种子发芽适宜温度（℃）	单播种子用量（g/m²）*	营养体繁殖系数
暖季型草坪草	狗牙根	3 970	20～35	6～8（10）	10～20
	结缕草	3 402	20～35	8～12（20）	8～15
	野牛草（头状花序）	111	20～35	20～25（30）	10～20
	假俭草	889	20～35	16～18（25）	10～20
	地毯草	2 496	20～35	6～10（12）	10～20
	马蹄金	714	20～35	6～8（10）	8～10
	沟叶结缕草				8～12
	细叶结缕草				6～8

* 括号内为密度需要加大时的播种量。

二、草坪无土生产技术

传统的草坪生产都是以土壤为栽培基质，通常有直播、分栽和铺植等方法。但传统的生产方式存在草坪杂草多、成坪效果差、成坪速度慢、占用土地多、运输困难等问题。近年来，国内外正在兴起工厂化生产无土草坪的新方法，如无土草坪卷（毯）、草坪植生带、草坪砖等的生产，为解决上述问题提供了良好的途径。

（一）无土草坪卷（毯）的生产

无土草坪卷（毯）生产是应用无土栽培技术培植草坪的新技术。其生产的方法是用塑料薄膜、无纺布、网纱、红砖等材料作阻隔层，在其上铺设无土轻型基质，然后播上草种，养护成坪。该方法与传统的带土草坪生产相比具有如下优点：①可节约大量土地，不受土地条件的限制，在沙漠、海岛、阳台、屋顶、晒场等均可生产与种植，只要阳光充足，且有水源即可。②使草坪生产不受季节的限制，实现草坪的集约化、工厂化生产，提高了生产效率。③发芽快、成坪快。由于草种发芽后，根系受薄膜或砖的阻隔，只能横向生长，从而能很快成坪。④清洁卫生、病虫害及杂草少。由于使用的是无土基质，含病虫源及杂草少，且基质易于消毒，从而可较好地控制病虫害的发生。也减少了农药的施用，降低了对环境的污染。⑤草块完整，利用率高，恢复生长快。由于无土草坪卷（毯）根系交织成网，起坪、运输及铺设过程中损伤小，利于快速恢复生长。⑥轻捷方便，易于运输和铺设，节省人力。

无土草坪卷（毯）的常用栽培基质有泥炭、砻糠、锯木屑、棉子壳、蛭石、珍珠岩、煤渣、药渣、造纸废渣、植物秸秆粉碎料等。各地可根据原料的便利条件因地制宜取材，各原料按适当比例混配。配制的无土基质要求来源容易，成本低廉，质地轻便，具有较好的保肥、保水能力和良好的透气性，且含有一定的肥力，而不含杂草种子和其他植物的成活根茎。混配基质中常可适当添加部分化肥，一般每立方米可添加 1 kg 尿素、5 kg 过磷酸钙。基质的 pH 一般根据草坪草不同品种要求控制在 5.5～6.8 之间，基质按适当比例混配后备用。

无土草坪卷（毯）的生产方法是在平整后的地面上用红砖或塑料薄膜等铺设作阻隔层，生产对比发现用红砖作阻隔层，因其排水和透气性较好，因此效果好于用塑料薄膜，但其一次性投入较大。然后在阻隔层上铺设 2～2.5 cm 厚的无土混配基质，适当喷水后再播上草种或切碎的草茎，覆盖无土基质 0.5～1 cm 厚，最后喷水保湿；也可将草种或切碎的草茎与无土基质充分混匀后播种，可不再覆盖。在露天条件下，为保证草种出苗，应在播种后覆盖旧塑料薄膜或遮阳网，出苗后及时揭除，使幼苗充分见光。

当草苗长出 1～2 片幼叶后即可适当施用营养液，但浓度不宜过高，以免引起叶面“灼伤”。随着幼苗的生长，可 7～10 d 喷施 1 次营养液，平日可喷水保持基质的适度湿润。草坪营养液的氮、磷、钾比例为 3∶2∶1 或 2∶2∶1，前期可适当增加氮的比例，后期宜增加磷和钾的含量。营养液配方可参考表 13－3。

表 13－3　草坪营养液配方

化合物名称	用量（mg/L）
硫酸铵 [$(NH_4)_2SO_4$]	280
过磷酸钙 [$Ca(H_2PO_4)_2 \cdot H_2O + 2CaCO_4 \cdot 2H_2O$]	170
硫酸钾（K_2SO_4）	70

此后视气候等状况，逐渐减少水分供应，并需适当喷施药剂，防治病虫害的发生。经 3～4个月后，当草根盘满基质层，提起来成为一个完整的草坪片，并可以卷起来运输时，即可出圃铺植。

（二）草坪植生带的生产

草坪植生带是近年来兴起的人工种草方法。它以化纤、废纸或废棉等再生纤维为原料，经一系列工艺加工，制成有一定弹性和拉力的无纺布，在两层无纺布之间均匀地播种草坪种子并混入一定量的复合肥料，经胶接复合定位工序后，就可以生产出一卷卷的人工草坪植生带。

采用植生带方法生产草坪，可不受气候因素影响，在工厂里使用机械装置，连续不断的批量生产，从而节约了劳动力和土地资源。且草坪植生带运输轻便灵活，铺设方便，为草坪的生产、贮藏、运输、施工和铺设提供了现代化的新方法。此外，草坪植生带具有发芽早、出苗齐、覆盖率高的优点，大大减轻了劳动强度，并能抑制杂草发生，养护管理也较方便。

草坪植生带生产线的设备主要由两大部分组成。一是生产无纺布的机组，包括开花机、清花机、钢丝梳棉机及气流成网、浸浆、烘干、成卷等的机械设备。无纺布生产过程主要包括：将再生纤维经开花机开花成再生绒，并经清花机打松，送进钢丝梳棉机并结合气流成网设备使打松的再生绒均匀附着在尼龙网上而组成棉网，将棉网送到 1%～2%的聚乙烯醇溶液中浸渍，再经挤压、烘干后即成为无纺布。二是复合机组，包括施肥设备、播种机、复合机、针刺机及成卷装置等机械设备。草坪植生带的生产工艺主要包括：将无纺布平展在输送带上，用液体喷肥机将液体肥料喷施在上面，既可增加种子的均匀附着，又可保证草坪草种子萌发后生长所需的养分。然后用播种机将种子播撒在无纺布上。撒过种子的无纺布经输送带送到复合机上，在上面再加一层无纺布，并经针刺机针刺，使棉网上的纤维交织在一起，即成为植生带。

草坪植生带生产时草种的选择是一个关键。一般要求草种具有发芽率高、出苗迅速、形成草坪快等特点。同时为了适应不同地区、不同气候、不同立地环境及不同用途，应选择相应的草种。通常应用的草种有狗牙根、紫羊茅、高羊茅、草地早熟禾、匍匐翦股颖、多年生黑麦草、白三叶等。草坪植生带的生产除采用单一草种外，也可采用 2 种以上的草种混播，但混合种数不宜过多，以2～3种为宜。草种的用量应根据所要求的草坪成坪速度而定，如需要快速成坪则应加大用量。

草坪植生带铺设时可像铺地毯一样，平铺在已平整好的地面上，植生带与植生带之间需适当重叠，铺好后应充分压平，使植生带与土壤紧密结合。植生带表面用无土基质如草炭、蛭石等覆盖，但不宜用过细的基质，以免浇水后板结，影响草种出苗。如在雨季或具有喷雾条件的地面铺设，可不进行覆盖，而改用铅丝做成"凵"形钉子，按一定距离扎入土中固定。草坪植生带铺设后浇透水并保持湿润，经过5～10 d草子即可发芽，1个月左右即可成坪。

第三节　葡萄、中药材和草莓无土栽培技术

一、葡萄无土栽培技术

果树无土栽培的历史较短，早期主要用于果树营养研究和扦插育苗，20世纪80年代日本开始果树无土栽培研究，并在葡萄等一些果树上取得一定进展。目前，无土栽培技术广泛应用于果树苗木的扦插育苗，并在盆栽果树和抑制根际栽培中取得了一定进展。日本冈山农业试验场在20世纪90年代进行了葡萄无土栽培试验，并获得成功。在此以葡萄为例，简要说明果树无土栽培技术要点。

(一) 生物学特性

葡萄（*Vitis vinifera*）是一种适应性很强的落叶果树，从热带到亚热带、温带都有葡萄的分布。葡萄起源于温带，属于喜温作物。欧洲种葡萄萌芽期要求平均温度在10～12 ℃。开花、新梢生长和花芽分化的最适温度为25～30 ℃，低于10 ℃时新梢不能正常生长，低于14 ℃不能正常开花。葡萄果实成熟的最适温度是28～32 ℃，低于14～16 ℃时成熟缓慢，温度过高则果实糖多酸少，影响品质。葡萄耐寒性较差，休眠期芽眼可耐－15 ℃的低温，在－16～－17 ℃则发生冻害，充分成熟的一年生枝可耐－20 ℃的短期低温，葡萄根系抗寒性较差，在－5～－7 ℃时即可受冻，葡萄花蕾期遇－6 ℃的低温会使花蕾受冻，开花期则－0.6 ℃以下的低温就导致花器受冻。葡萄是典型的喜光作物，在光照充足的条件下生长健壮、产量高、品质好，欧洲品种比美洲品种要求光照条件更为严格。葡萄适宜在疏松、通气良好的根际介质中栽培，适宜的pH为6.5～7.5。

(二) 苗木无土繁育技术

葡萄常用的繁殖方法有扦插繁殖、嫁接繁殖、压条繁殖等。扦插繁殖育苗是我国目前应用最广泛的葡萄繁殖方法，从插条扦插至长出成龄叶片前，所需的养分主要靠插条供给，为保证插条贮藏营养和生根层次，一般需要剪留3～4节，而对于种源紧缺、单价高的优良品种枝条，为节约资金，剪留1节，但成活率不高。研究表明，采用葡萄枝条单芽扦插装营养钵，运用无土育苗技术再配合微喷灌技术效果良好。

1. 育苗床　育苗床在日光温室中建造。在日光温室西部挖一长7.5 m、宽2 m、深30 cm的苗床，沿床四周用砖块垒齐，床底整平后，均匀垫铺一层10 cm厚、粒径3～5 mm的炉渣作为隔热层和排水层，并踏实。在其上铺设电热线，然后铺一层厚10 cm左右的蛭石作为催根温床，温床上部加盖塑料薄膜小拱棚。

2. 基质　扦插育苗基质首先要求保水能力较强，认真做好消毒杀菌工作，无病原菌和

害虫。扦插育苗可用的基质种类很多，主要有泥炭、蛭石、珍珠岩、炭化稻壳、炉渣、锯木屑、种过蘑菇的棉子壳、树皮等，不同基质的理化特性不同，这些基质既可以单独使用，又可以按一定比例复合使用，一般复合基质育苗的效果较好。

3. 插条　插条要求芽眼饱满，枝条皮色新鲜，健壮充实。每根插条长 8 cm 左右，保留 1～2 个芽眼。

4. 营养钵　营养钵的规格为 10 cm×10 cm。先在营养钵底层铺 3 cm 厚的复合基质，该基质由腐熟有机肥、煤渣、园土各 1/3 混合组成且经过消毒。将催根处理过的插条插入营养钵上部留出 4～6 cm，填满蛭石。

5. 微喷系统　苗床采用微喷系统，可较好地解决水分供应不均匀的问题，节省人工。

运用无土扦插育苗技术，减少了土传病害的危险。与同期土壤育苗相比，根体积增加 19.6%，根重增加 22.1%。同时保持了良好的空气湿度，有利于降低夏季地温。育苗成活率高达 98.3%。

（三）栽培系统

葡萄无土栽培目前主要采用基质培技术，栽培系统如图 13-1 所示。栽培种植槽为聚乙烯泡沫塑料板或木板做成的正方形带底容器（容积 200 L 以上），内装栽培基质，栽入葡萄苗，放置于深 20 cm 的盘状容器中，在盘中注入水，水深 10 cm。通过设置的水龙头控制容器中水的深度，使其保持一定的水平。葡萄通过蒸腾作用而消耗水分，容器中的水分通过毛细管作用从盘中吸入基质供葡萄根系利用，盘中减少的水分可通过球阀水龙头自动补充。盛夏高温，葡萄叶片蒸腾消耗的基质水分速度大于水分通过毛细管作用从盘中向基质移动的速度时，容易产生短时间的缺水现象。因此，盛夏可通过小型水泵将水从盘中吸上喷于基质表面（一天进行 1～2 次），以补充葡萄植株过量蒸腾消耗的水分，水分控制可实行自动化管理。

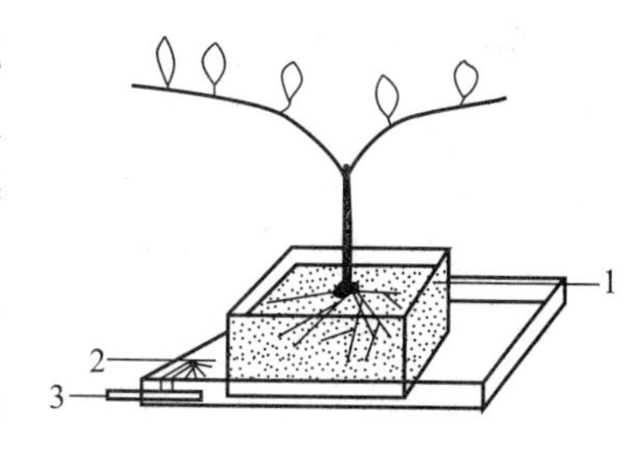

图 13-1　葡萄无土栽培系统模式图
1. 装基质的容器　2. 水龙头　3. 给水管
（田村，1998）

（四）栽培管理技术要点

1. 栽培基质　葡萄无土栽培基质的选择应符合轻质、通气性和保水性良好、价格便宜的原则。日本冈山农业试验场筛选出可替代土壤的人工合成基质材料，其栽培效果好于草炭。另外，当一株葡萄树冠面积达到 5 m^2 时，容器中应装入 200 L 的基质进行栽培，只有这样葡萄的单株产量才最大，且果实品质最好。因此，种植树冠面积为 5 m^2 的葡萄，基质的需求量应为 200 L 左右。

2. 营养管理　葡萄无土栽培施肥所用的化学肥料包括含有氮、磷、钾三要素的大量元素和各种微量元素，均为商品肥料。撒施的肥料自然溶解在循环水中，被葡萄根系吸收。但是，由于无土栽培根际的基质量与土壤栽培相比要小得多，因此一次就把一年所需要的肥料施入，容易引起肥料浓度过高，所以施肥必须按照比例分次进行。葡萄成树后在秋季施入一年基肥的 80%，剩余的 20%在葡萄生育期中施入。基肥中氮肥的施用量根据葡萄的结果状况、果实大小和产量来综合考虑，一般认为不加温温室中按树冠面积计算用量为 10 g/m^2，加温温室为 12 g/m^2。

葡萄无土栽培施肥比土壤栽培要细致得多，科学的管理可用配制的营养液进行灌溉，在葡萄开花期根际对基质的渗透压等十分敏感，基质 EC 不能超过 2.5 mS/cm，而 pH 不能低于5，否则产量会减少。实际生产中，施入营养液的基质被葡萄吸收1～2个月后，要用清水彻底清洗基质以消除盐分，调整pH，而后浇灌新的营养液。

二、中药材无土栽培技术

中药材长期以野生品种种植为主，大规模（约60%）种植是伴随近30年来需求量的大幅增长才出现，而其无土栽培则出现得更晚。中药材无土栽培由于精细的栽培控制技术，其有效成分、农药残留、重金属积累等可以实现严格控制，因而显示出良好的发展前景。中药材无土栽培应用范围除西洋参、石斛、番红花、天麻等生境特殊的珍稀品种外，已开始向半夏、细辛、荆芥、罗汉果、白术等大田条件下有技术瓶颈（如病虫害多发、繁殖系数低等）的常规药材延伸。此外，观赏兼药用的佛手、栀子、桂花、牡丹、月季等发展也十分迅速。下面以石斛和西洋参为例，介绍中药材无土栽培技术。

（一）石斛

1. 生物学特性 中药材石斛的来源为兰科植物金钗石斛（*Dendrobium nobile*）或铁皮石斛（*D. candidum*）以及同属多种植物（霍山石斛、马鞭石斛、黄草石斛等）的茎。石斛属阴性、湿生、附生类多年生兰科植物，自然条件下喜生于热带（如金钗石斛）和亚热带（如铁皮石斛、霍山石斛）的多湿森林的树上或林下岩石、崖壁上，其根系裸露于空气中，具特殊海绵状结构，合轴而丛生，喜湿润而怕涝，不耐寒，需要苔藓类载体，且不同品种间的生物学特性亦有差异。石斛的生命期约为6年，多于第三年开花，花期6月。采收期一般为第三年。

2. 品种 药用石斛品种较多，均可实施无土栽培。传统认为霍山石斛质量最好，但植株小、产量低。铁皮石斛植株较大，产量较高，质量一般。金钗石斛介于两者之间。高端保健品常选择霍山石斛或金钗石斛，饮片与中成药生产投料以铁皮石斛居多。

3. 栽培方式 可采用盆栽、营养钵、槽式栽培等，也可利用树木、石块等在自然条件下采用仿野生栽培或附生栽培。

4. 繁育 自然条件下石斛结实率低，种子萌发需要与真菌共生，种子繁殖较为困难。因此，多采用分株繁殖和组织培养的方法。石斛的种子、茎段、花序等不同外植体培育出的实生苗、原球茎诱导苗和不定芽诱导苗均可作为生产用苗，要求继代控制在10代以内。人工条件下，种子在1/2MS基本培养基上即可顺利得到原球茎，经分化培养的幼苗进行继代增殖。

5. 栽培技术要点 石斛的栽培设施多为各种类型的现代温室。在南方温暖湿润地区，也可选择合适的林地下进行露地无土栽培。

（1）栽培基质 石斛生境特殊，无土栽培方式以模拟其自然生境效果最好。适宜石斛生长的栽培基质主要有砖头、小岩石碎块、砾石、道砟（小石子），辅助的基质有树皮、蛇木屑、苔藓等。碎石大小约10 mm×5 mm×5 mm，成株期碎石、苔藓的比例约为5∶1，组培苗驯化期可添加锯木屑，甚至以之为主。混合后控制pH约为6.0。

（2）栽培方法 组培苗移栽应在覆盖双层遮阳网的大棚下进行。选用湿润碎砖平铺的高垄或小岩石碎块平铺的高垄，按15 cm×20 cm株行距进行穴播，每穴3～4株。根系应紧贴砖面或岩石上，用小石子压于其上以防倒伏，并有利根部附生。栽后用少量苔藓、锯木屑覆盖根部。

幼苗驯化期可采用育苗盘按 5 cm×5 cm 株行距穴播。营养钵可采用的规格为 70 mm×80 mm×10 mm。

（3）营养管理　少量栽培营养液可采用斯太纳（Steiner）配方，由硝酸钙 738 mg/L、硝酸钾 303 mg/L、硫酸镁 240 mg/L、硫酸钾 261 mg/L、磷酸二氢钾 136 mg/L、EDTA 铁钠盐 10 mg/L、硼酸 2.5 mg/L、硫酸锰 2.5 mg/L、硫酸锌 0.5 mg/L、硫酸铜 0.08 mg/L、钼酸钠 0.12 mg/L 组成。每 3 d 结合灌水浇灌 1 次营养液。

规模化生产可采用市售肥料按照驯化期、成株期所需营养的不同调配后浇灌。幼苗驯化期适当增加氮肥的使用量，营养液补充需及时。石斛对微量元素和维生素有一定需求，也需注意补充。

（4）环境控制　石斛喜潮湿环境，但基质含水量过多会阻碍根系与空气接触，造成植株死亡。一般适宜含水量以手触摸基质有潮湿感，挤压无水分流出为度。石斛对空气湿度要求较高，相对湿度应恒定在 80%左右。石斛忌强光照射，幼苗驯化期应控制光照度不超过 35 000 lx，成株期不超过 40 000 lx。温度不得低于 15 ℃，夏季不得超过 35 ℃，其中霍山石斛以 25 ℃较适宜，铁皮石斛、金钗石斛以 25～30 ℃较合适。

（5）病虫害防治　石斛常见的病害有黑斑病、煤污病、炭疽病、软腐病和锈病等，可相应采用多菌灵、百菌清、石硫合剂、粉锈灵等药剂防治。虫害以蚜虫、蜗牛和蛞蝓、石斛菲盾蚧等为主，可分别用克蚜敏、蜗克星、敌杀死等防治。

（6）采收　石斛采收期多在第三年，多以 15 cm 为宜。霍山石斛因植株较小，可适当低于 15 cm。

（二）西洋参

1. 生物学特性　西洋参原产于北美洲的低山地区，为典型的耐阴性植物，适宜在较弱光照、较大空气湿度的条件下生长。对温度较敏感，地温 7 ℃以上方能出苗，在 0 ℃上下反复波动会造成伤害。生长期适宜温度为 20～25 ℃，既不耐寒又很怕热。适宜在疏松、肥沃、有机质含量高、通气良好的根际介质中栽培，适宜 pH 4.8～6.8。西洋参抗病力差，整个生长期都容易感染病害。西洋参为多年生植物，栽培条件下 2～3 年即可开花。采收期国内一般为第六年，国外多为第四年。

2. 品种　西洋参尚无明确的栽培品种，多以在北美的产地不同划分为北部、南部、西部 3 个类型。一般认为北部类型质量较好，即所谓的威斯康星西洋参。

3. 繁育　大多采用种子繁殖。西洋参种胚发育不全，具有形态后熟和生理后熟的特性，需进行人工催熟后方能用于生产。

4. 栽培技术要点　西洋参的无土栽培尚无大规模生产应用的报道。小规模种植，可在气候适宜地区的温室内，以砖垒成长 10 m、宽 1 m、高 25 cm 的栽培池，上面依次铺 5 cm 厚石子、1～2 cm 厚粗沙、15 cm 厚基质，并保证遮阴。

（1）栽培基质　以蛭石和沙（1∶1）混配最为理想，单用蛭石也可。西洋参收获后，基质可用多菌灵 20 g/m^2 消毒后继续使用。

（2）栽培方法　春季按照株行距为 6 cm×6 cm、深度约 2 cm 进行播种。出苗后前 2 年每年 10 月间苗 1 次，第一年每 2 行间 1 行，第二年隔行间 1 行，定苗后继续栽培 3 年。

（3）营养管理　可参考下述配方：硝酸铵 0.005 mol/L，硝酸钙 0.001 2 mol/L，磷酸二氢钾 0.001 8 mol/L，硝酸钾 0.003 mol/L，硫酸钾 0.000 7 mol/L，七水合硫酸镁 0.001 mol/L，另加 EDTA－Fe、硼、铜、锌、锰等微量元素，其中铁、锰需求量较大。西洋参对营养液施用要求较多，一般每 2 d 补充营养液 300～600 ml，每天分 2～4 次补充，补充量还需根据天气情况进行调整，阴天少用，晴天多用。

(4) 环境控制　西洋参怕强光、直射光、喜散射光、漫射光。控制晴天正午光照度为 5 000～8 000 lx，多云天为 2 000～3 000 lx。基质含水量可控制在 50%左右。如在西洋参适宜生长地区进行露地无土栽培，温度无需过多调节，春、秋两季要防止“缓阳冻害”的发生。

(5) 病虫害防治　西洋参病害较多，我国引种至今已发现十余种，其中黑斑病、立枯病、根腐病、疫病、菌核病等较严重。无土栽培条件下，病害发生率降低，主要以预防为主，尤其注意室内消毒，并适当提高荫棚透光率，增加西洋参的光合效率，促使其健壮生长，提高抗病性。

三、草莓无土栽培技术

草莓（*Fragaria ananassa*）属蔷薇科草莓属多年生常绿草本植物，在世界范围内广泛栽培，在浆果生产中占重要地位。近年我国草莓设施栽培发展较快，其中有一部分采用不同形式的无土栽培并取得较好的效果。

（一）生物学特性

草莓具有休眠特性，是一种适应低温环境而进行自我保护的生理现象，分为自然休眠和强制休眠两个阶段。一般在深秋季节，随着温度降低、光照变短而进入自然休眠。进入自然休眠后，满足一定低温后可解除休眠，若此时环境条件合适，植株可正常生长发育，否则进入强制休眠。如果采取措施抑制植株进入休眠，则可在冬季栽培，称促成栽培。如果在休眠期采取措施提前解除休眠，使植株提早进行生长发育，称半促成栽培。充分利用草莓品种的休眠特性，进行促成或半促成栽培，是草莓设施栽培的生物学基础。

草莓对温度的适应性较强，根系生长适温为 15～23 ℃，茎叶生长适温为 20～25 ℃，花芽分化为 5～17 ℃，开花授粉为 15～20 ℃，果实膨大为 18～25 ℃。

草莓喜光又比较耐阴，适宜光照度为 30～50 klx，光照过强易造成伤害。8～12 h 的短日照有利于花芽分化，而较长光照有利于匍匐茎形成。草莓叶片大，蒸腾量高，对水分要求较高，空气相对湿度以 80%为好，特别是在花期，不能高于 90%。

适宜 pH 为 5.5～6.5，生长发育要求有充足的氮、磷、钾供应，但在花芽分化期氮肥过多会抑制花芽分化，而增施磷、钾肥，不仅可促进花芽分化，还可增加产量、提高品质。草莓也要求适量的钙、镁和硼肥。

（二）品种选择

无土栽培草莓应选用休眠浅、花芽分化容易、品质好、产量高、抗性强的品种，多数设施栽培品种都可以用于无土栽培。

1. 丰香　日本引进品种。生长势强，株形较开张。叶片大而圆，叶色浓绿，但叶片数较少，发叶速度慢。休眠程度浅，5 ℃条件下 50～70 h 即可打破休眠。发根速度较慢，根群中的初生根较多，应注意促根和护根。第一花序有花 16 朵左右，第二花序 11 朵左右。平均单果重 16 g 左右，最大果重 30 g 左右，大果率高。果实圆锥形，果面鲜红色、有光泽，果肉淡红色。果实酸甜适度，香气浓郁，汁多肉细，可溶性固形物含量 8%～12%，品质优，是南方地区设施栽培的优良品种。

2. 章姬　日本引进品种。生长旺盛，株形直立。叶片长圆形，浓绿色。休眠程度浅，花芽分化对低温要求不严格。花数较多，第一花序约 20 朵，第二花序 15 朵左右，花轴长且粗。果实长圆锥形，平均单果重 20 g 左右，果型整齐，畸形果少。果面粉红色、有光泽，果肉柔软多汁，风味甜多酸少，可溶性固形物含量 9%～14%，品质极佳。对白粉病、黄萎病、灰霉病抗性较强，是南方地区设施栽培的优良品种。

3. 春旭　江苏农业科学院园艺研究所育成。植株生长旺盛，株形直立，株冠中等。叶片长圆形，翻卷成匙状。每株有花序 2～3 个，花序梗直立。果实中等大小，平均单果重 15 g，最大果重 36 g。果皮红色、有光泽，果肉红色，果心白色，髓心小，肉质细，汁液多，味甜香浓，可溶性固形物含量 11.2%。连续结果能力强，丰产性好，植株耐热抗冷能力均强。休眠程度浅，适宜南方地区促成栽培。

4. 鬼怒甘　日本引进品种。生长势强健，株形直立，植株高大，叶片肥大，叶色浓绿，花序梗粗壮。果实圆锥形，果个大，最大单果重达 60～68 g。果面浓红，有光泽，果肉鲜红，果心淡红色，髓心小。果肉硬度大，耐贮运。酸甜适口，味道浓厚，香气中等。休眠程度浅，花芽分化与始花期均早，耐热性和耐寒性均较强，适宜设施条件的促成栽培。

除上述品种外，适宜大棚、温室无土栽培的品种还有申旭 1 号、冬花、达赛莱克、埃尔桑塔等。

（三）栽培季节与栽培设施

1. 栽培季节　草莓露地栽培是秋季定植，露地越冬，春季萌发后 4～6 月持续收获。但草莓无土栽培属于高效栽培，应以反季节栽培为主。因此，除在夏季 6～8 月高温季节不能进行外，其他季节可通过采用促成栽培、半促成栽培、冷藏抑制栽培进行。生产上常见的为越冬栽培，即 8 月下旬至 9 月上中旬定植，11 月底至 12 月初采收，持续收获至翌年 5 月，一般称冬草莓栽培。另一种方式是利用冷藏抑制方法在夏秋季节栽培，10～11 月供应草莓上市。

2. 栽培设施　草莓植株矮小，可采用多种无土栽培形式栽植，如水培系统的营养液膜技术、深液流技术，基质培中的槽式基质培、袋式基质培形式，以及柱式立体栽培和多层立体栽培形式。基质培所用基质可以是岩棉，也可以采用不同基质按一定比例复合而成的复合基质。

由于草莓植株矮小，近地面栽培在定植、管理、采收等作业方面均需弯腰，费工费时，极为劳累。因此在设施栽培时，要尽可能提高栽培床（槽）的高度，以方便作业。

采用立体栽培，不仅管理方便，还能充分利用空间，提高单位面积产量，因此有不断发展的趋势。辽宁东港市一种立体栽培设施，设 3 个栽培层（图 13－2），产量是相同土壤栽培面积的 2.6 倍。

（四）管理技术

1. 育苗　草莓为无性繁殖，主要利用匍匐茎发生的子株育苗。如果使用组培脱毒苗效果更好。育苗在 3～4 月进行，选用品种纯正、未经结果、健康无病虫害的植株为种株，在专门育苗圃中育苗。草莓无土栽培应注意培育优质种苗，即培育生长健壮、花芽分化良好的种苗。为此，可采用以下方法。

（1）假植育苗　选择健壮子株在 7 月进行假植，然后在 9 月定植。通过假植使子株断根，抑制营养生长，促进花芽分化。

（2）营养钵育苗　将子株移入营养钵集中育苗，通过改善营养供应和断根作用，促进花芽分化。与普通育苗相比，营养钵育苗的花芽分化可提早 7～10 d，收获期提早 2 周左右。

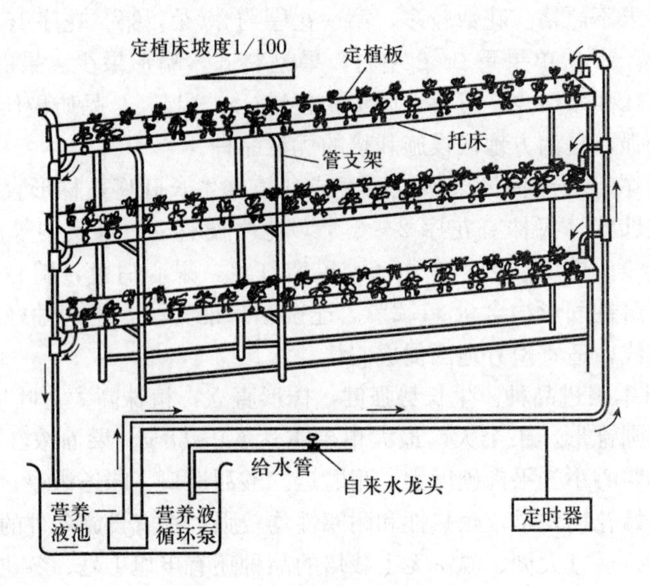

图 13-2 草莓多层立体栽培装置

(3) 无土育苗结合中断氮肥供应 采用岩棉块或基质无土育苗，在 8 月以清水代替营养液灌溉，持续 2 周左右，为避免其他元素缺乏，可加入除氮素之外的矿质营养。如果配合根际低温（15～20 ℃）和遮光处理，则效果更好。

(4) 高山育苗 利用高山低温环境，在 8 月将子株移入高山地区假植，假植时不施氮肥，可明显促进花芽分化。一般海拔每升高 100 m，温度下降 0.5～0.6 ℃。在海拔 500～1 000 m的高山地区育苗效果较好。

除上述育苗方法外，为促进花芽分化，还可采用遮光育苗、夜冷育苗、冷藏电照育苗等方法。

我国草莓设施栽培选用的壮苗还没有统一标准，一般认为的壮苗指标为：根系发达，一级侧根 25 条以上；植株健壮，成龄叶 5～7 片，新茎粗 1 cm 以上；花芽分化早，发育好；苗重 25～40 g，无病虫害。

2. 定植 定植时期的确定既要考虑种苗的生长发育状态，又要考虑到当时的气候条件，还应注意栽培目的。以促成和半促成栽培为目的，宜在 50%以上植株完成花芽分化时进行，一般在 9 月中旬左右，最迟不晚于 10 月上旬。

水培方式栽培，先将草莓植株置于定植杯中，然后固定于定植板上，再将定植板置于栽培槽上。对于营养液膜栽培，可先将草莓植株定植于 8 cm×8 cm×5 cm 的岩棉块中，然后放在栽培槽中使其生长。在定植板或栽培槽中草莓株行距为 20 cm×20 cm，每 667 m^2 定植 8 000 株左右。基质栽培可采用槽式栽培、柱式栽培、盆钵栽培及袋培等多种形式，定植时只要将植株栽入基质中即可。但定植时尽可能使植株根茎基部弯曲处的凸面向栽培槽外侧，利于通风透光，也便于采收。基质培一般采用双行定植，行距为 25～30 cm，株距 15～20 cm，可进行三角形定植，也可采用矩形定植，每 667 m^2 定植 10 000 株左右。

3. 环境调控 草莓定植初期要保证适当的温度和水分，以利于缓苗和植株生长，白天温度控制在 25～30 ℃，夜间 10 ℃左右，营养液温度在 20 ℃左右。1 周以后，植株度过缓苗期应逐步降低温度以促进花芽分化。白天温度保持在 18～25 ℃，夜间 5～10 ℃，通过增加通风来调节温度。当外界温度降至 0 ℃以下时应进行保温，防止植株因低温进入休眠，也避免受到低温伤害。在果实膨大期可适当降温至 20 ℃左右，以促进果实膨大。定植后温度管理非常关键，原则是既有利于植株继续进行花芽分化，又不至于导致植株进入休眠。

应保持环境内较低的湿度。若湿度过高，不仅影响开花授粉，还容易引起病害发生，特别是灰霉病的发生极易导致果实腐烂。

冬春季节光照时间短，光照度较低，不利于植株光合作用，应尽可能提高光照度，延长光照时间。主要通过选择优质薄膜、适时揭盖保温覆盖物等来实现，如有条件，冬季也可以进行人工补光。

冬春季节棚室栽培易造成 CO_2 浓度过低，尤其是营养液栽培，缺少 CO_2 来源。为获得优质高产，必须进行人工增施 CO_2 气肥，浓度一般为 1 000 μl/L 左右。

4. 营养液管理　草莓无土栽培可使用日本园试通用配方、山崎草莓配方以及华南农业大学果菜配方。3 种配方中除日本园试通用配方在种植过程中 pH 有所升高（不超过 8.0）外，其余两种 pH 均较稳定。

草莓根系耐盐性较弱，营养液浓度过高会加速根系老化，造成植株早衰。一般在开花前控制较低浓度，开花以后浓度逐渐增高。由于不同品种耐盐性不同，营养液浓度的确定可根据品种不同而有所差异。表 13－4 为不同品种草莓在不同生长发育阶段适宜的营养液浓度。

表 13－4　不同品种群草莓的营养液管理浓度

品 种 群	营养液管理浓度（mS/cm）			
	定植初期	定植后 1 周至盖膜期	盖膜期至开花期	开花期以后
A群：宝交早生、丰春、春香等	0.4	0.8～1.0	1.2	1.6～1.8
B群：丽红、明宝等	0.8	1.2～1.6	1.8	2.0～2.4

在栽培早期，可通过 EC 的测定来确定和调节营养液浓度。但草莓生长期长达 8 个月，栽培后期由于草莓根系腐烂及其产生的分泌物，使营养液浓度发生变化，EC 已不能准确反映营养液中养分浓度，应通过化学分析测定氮、磷、钾、钙等主要营养元素的含量并进行调整。

草莓生长发育最适 pH 5.5～6.5，但在 pH 5.0～7.5 范围内均可正常生长，一般不必调整。如果超出范围，可用稀酸或稀碱进行调整。

草莓水培可进行循环供液。对于深液流栽培，在开花前每小时循环供液 10 min，开花后供液时间增至每小时 15～20 min。对营养液膜栽培，定植后至根垫形成之前，可按每一栽培槽每分钟 0.2～0.5 L 的流量连续供液，待根垫形成后，采用每分钟 1～1.5 L 的流量以每小时 15～20 min 的间歇方式供液。

对于基质栽培，根据植株生长状态和天气情况进行供液，基质含水量控制在最大持水量的 70%～80%，也可按单株日最大耗水量 0.3～0.8 L 进行供液。营养液以滴灌方式供应，如采用简易滴灌带供液。无论何种供液方式，均可用定时器控制供液时间。

草莓无土栽培容易出现缺钙和缺硼现象，表现为畸形花和叶枯症状，特别是花芽分化期缺硼极易导致畸形花。除及时调节营养液中钙、镁浓度外，也可进行叶面喷硼肥。

5. 植株管理　植株管理包括除匍匐茎、老叶、病叶，人工辅助授粉，疏花、疏果等。草莓经过缓苗进入旺盛生长后会抽生匍匐茎，应及时去除以减少养分消耗。草莓生长过程中不断形成新叶，衰老叶和病叶应及时摘除，因为老叶不仅光合性能下降，还会过度消耗营养，容易受到病害侵染并传播病害，一般每个植株保持 7～9 片叶即可。

为保证单果重和果实品质，对过多的花和果实以及畸形果、病果应及时疏除，每花枝保留5个果左右，以保证果实大而整齐，级序过低的花应疏除。

草莓生长发育过程中应进行1～2次赤霉素处理，可以打破植株休眠状态，恢复旺盛生长，并使叶柄和花枝伸长。处理方法是配制5～10 mg/L的赤霉素溶液，在植株上方10 cm处喷雾。

草莓无土栽培，由于环境温度低、湿度大、光照弱，缺少传粉昆虫，极易发生授粉受精差，果实发育不良，畸形果过多，因此需要人工辅助授粉。有效的方法是人工放养蜜蜂，蜜蜂在花期放养，按500 m^2 左右的面积放养1箱蜜蜂，放蜂量为3 000只左右。

（五）病虫害防治

危害草莓的病害主要有灰霉病、白粉病、病毒病等。草莓灰霉病主要危害果实，其次为叶片。底部幼果先发病，并蔓延至花序基部，使整个花序腐烂枯死。成熟果发病，果面上产生水渍状褐色斑，果肉软腐，表面密生灰霉。栽培设施消毒不彻底、环境湿度过高、氮素施用过多均可导致病害严重。

防治方法应以预防为主，农业技术措施与药物防治结合进行。首先要对栽培环境和设施彻底消毒，发现病果、病叶要及时摘除并带出棚室外销毁。加强环境的通风透光，降低环境湿度。发病初期用0.3%科生霉素水剂100～200倍液喷雾或用50%万霉灵及复配剂1 000～1 500倍液喷雾防治，每5～7 d喷1次，连喷3～4次。

草莓虫害主要有红蜘蛛、蚜虫，可用生物农药虫螨克1 500～2 000倍液喷雾防治，但采收前15 d应停止喷药。

（六）采收、包装与贮运

无土栽培草莓从定植当年11月到翌年5月均可采收鲜果上市，草莓花后约20 d果实开始着色，根据贮运时间，可分别在果面着色70%、80%或90%时进行采收。

草莓采收应尽可能在上午或傍晚温度较低时进行，最好在早晨气温刚升高时结合揭开内层覆盖进行采收，此时气温较低，果实不易碰破，果梗也脆而易断。

盛装果实的容器要浅，底要平，采收时为防挤压，不宜将果实装得过满。可选用高度10 cm左右、宽度和长度在30～50 cm的长方形塑料食品周转箱，装果后各箱可叠放，使用十分方便。采收后应按不同品种、大小、颜色对果实进行分级包装。可用聚苯乙烯塑料小盒或硬质纸盒包装，每盒装果约200 g，这样不仅可避免装运过程中草莓的挤压碰撞，而且美观，便于携带。

草莓采收后，可进行快速预冷，然后在温度0～1 ℃、相对湿度90%～95%的条件下贮藏。也可进行气调贮藏，气体条件为 O_2 1%和 CO_2 10%～20%，降温时最好采用机械制冷。

运输时注意选择路面状况良好的道路，运输车辆的行驶速度不能过快。可将小包装置于适当容积的纸箱内，集装运输。运输的时间最好在清晨或傍晚气温较低时。

第四节　水面无土栽培技术

一、水面种稻无土栽培技术

我国人多地少，可供开发利用的后备耕地资源相对不足，而且这种趋势在相当长的时间内将难以逆转。开发新的粮食生产方式已经成为人们关注的课题。据统计，我国现有总面积

1 300 多 hm^2 的湖泊、水库等内陆水面尚未得到开发利用。为此，由中国水稻研究所等多家科研单位研究开发的水面种稻技术孕育而生。从 1989 年起，中国水稻研究所着手研究一种能开发利用水域表面的新型水上种植技术，并于 1990 年在小型池塘中取得了水上种稻的成功。1991—1993 年中国水稻研究所在浙江选择不同地区的鱼塘、外荡、大型水库、内荡、山塘 5 种水域类型进行水上种稻的生态性试验，累计试种双季稻和单季稻 4.33 hm^2，其中最高的双季连作稻和单季稻单产分别达 14 985 kg/hm^2 和 10 065 kg/hm^2，从而证明在水面上种稻具有可行性，且能取得与水田稻相仿甚至更高的产量，其试验成果将成为一项很有意义的贮备技术。

（一）生物学特性

水稻植株由根、茎、叶、穗组成。水稻的根由种子根和不定根组成。茎由节和节间组成，节间分伸长节间和未伸长节间，未伸长节间位于地下，各节间集缩成约 2 cm 的地下茎，是分蘖发生的部位，称分蘖节。水稻的完全叶具有叶片、叶鞘、叶耳、叶舌。水稻的穗为复总状花序或圆锥花序。水稻的颖花实际是小穗，小穗有 3 朵小花，其中 2 朵退化成为颖片。水稻的种子由小穗发育而来，真正的种子是由受精子房发育成的具有繁殖力的果实。果实称子粒或糙米，由果皮、种皮、胚乳和胚组成。

水稻不同生长发育期对环境条件的要求不同。当种子吸水达风干重的 23%时即可发芽，但达 25%时（饱和吸水量）发芽整齐。在 7～32 ℃范围内籼稻比粳稻吸水快。直播时，田间持水量达 60%～70%发芽出苗顺利。发芽最低温度粳稻 10 ℃、籼稻 12 ℃，适温 28～32 ℃，最高温度 40～42 ℃。各地品种发芽最适温度差异不大，但最低温度差异较大。水稻在水中时胚芽鞘的生长速度远比在空气中发芽快，其无氧呼吸系统比旱生作物发达，胚芽鞘伸长是水稻耐水的适应性。微酸性有利于水稻的生长，工厂化育苗时 pH 调至 4.5～5.5 可抑制立枯病，易于培养壮苗。分蘖的最低温度是气温 15～16 ℃，水温 16～17 ℃；最适温度气温 30～32 ℃，水温 32～34 ℃；最高温度气温 38～40 ℃，水温 40～42 ℃。在分蘖期内日平均温度 22 ℃、最高温度 27 ℃即可满足分蘖要求。改善光照条件有利于分蘖。浅插、浅水灌溉有利于分蘖发生，深水或落干则抑制分蘖。开花的最适温度为 30～35 ℃，最低 15 ℃，最高 50 ℃。20～35 ℃范围内，温度越高灌浆速度越快。相对湿度 70%～80%有利于开花，灌浆期应避免土壤缺水。光照充足光合产物多，结实率和千粒重增加。氮素营养充足可延长叶片功能期，防止早衰。

（二）类型和品种选择

水稻是世界上播种面积仅次于小麦的重要作物，在我国粮食生产中具有重要战略地位。我国栽培的稻种可分为籼稻和粳稻两个亚种，每个亚种分为早稻、中稻和晚稻两个群，每个群又分为水稻和陆稻两个型，每个型再分为黏稻和糯稻两个变种。

水面种稻无土栽培必须选择分蘖力强、根系发达的中、矮秆省肥杂交稻和常规稻品种。据中国水稻研究所试验，适宜水面种稻的连作早稻品种为中 87 - 156 和汕优 48 - 2，连作晚稻品种为秀水 11 和秀水 48，单季晚稻品种为协优 46 和汕优 10 号（表 13 - 5）。福建农业科学院选用秋光、协优 2374、汕优 63、威优 77 等品种，都获得较高的产量。

（三）栽培床的设置

1. 泡沫板栽培床　采用聚苯乙烯发泡板作浮床，规格为 150 cm×100 cm×5 cm，栽植孔间距 20 cm×15 cm，孔径 4.5 cm，以中泡海绵为基质。浮床间用 U 形铁丝钩连接，固定因水域而异，主要采用围架抛锚法、围栏拉绳法和直接打桩法来固定浮床。

表 13-5 主要供试品种和部分栽培要素

（宋祥甫等，1996）

季别	品种名称	播种期（月/日）	移栽期（月/日）	收获期（月/日）	播种量（kg/hm²）	插秧本数（本/穴）	施肥数量（氮，kg/hm²）
连作早稻	中 87-156 汕优 48-2	4/5～4/12	5/9～5/13	7/18～7/30	250～300	2～5	187.5～281.25
连作晚稻	秀水 11 秀水 48	6/7～6/30	7/21～8/3	10/21～11/9	150～300	2～4	187.5～281.25
单季晚稻	协优 46 汕优 10 号	5/16～6/8	6/20～7/11	10/5～11/10	75～250	1～2	187.5～281.25

2. 草把栽培床 草把栽培床主要由床框架和浮垫两部分组成。床框架用于支撑和围护浮垫，浮垫由多个长形草把并列在一起，用横杆、纵杆及绳索加以固定。草把选用农作物秸秆如稻草、麦秆、向日葵秆、黄麻秆以及芦苇、山间杂草等材料混合捆扎而成。栽培床的形状和大小视水域面积及方便操作而定，一般长、宽以 2 m×1.5 m 为宜。制作时将稻草和芦苇各 50%捆扎成直径 15～18 cm、长 2 m 左右的草把，再将多个草把并列组成宽 1.2 m 左右的浮垫，在浮垫两端和中间各串 1 根（共 3 根）木条或竹片作为纵杆穿过浮垫，再用 2 根木条或竹片作横杆围护在浮垫两边，并用固定钉固定在纵杆两端作为床框架，如此即成为牢固的栽培床，此床可连续使用 2～3 年（图 13-3）。

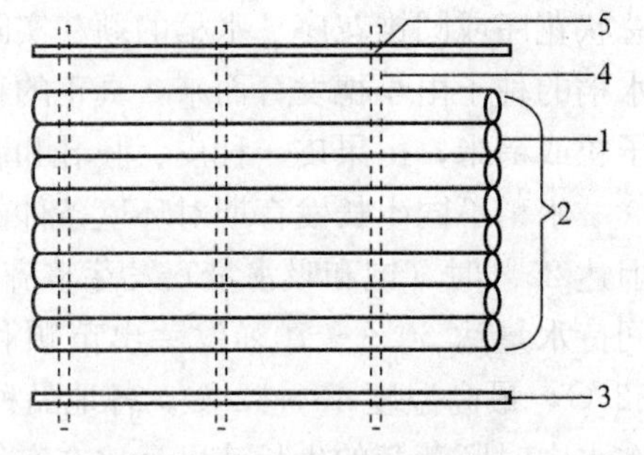

图 13-3 草把栽培床示意图

1. 草把 2. 浮垫 3. 纵杆 4. 横杆 5. 固定钉

（林仁埙等，1994）

（四）水面种稻的增产机理

水面种稻的单产为 8 663 kg/hm²，比同期种植的水田稻增产 12.5%，增产达显著水平。与水田稻相比，水面种稻具有群体大、个体小的特点。其中，有效穗数平均比水田稻增加 29.8%，株高和穗长分别降低 9.6 cm 和 2.5 cm。水面种稻结实率比水田稻提高 18.3 个百分点。因此，水面种稻依靠大群体、高结实率，弥补了因个体小、总颖花数较少对产量造成的不利影响，使水面种稻的产量超过水田稻。水面种稻生育前期总干物质重积累量与水田稻基本接近，中、后期则明显高于水田稻，抽穗以后的总干物质积累量占总干物质积累量百分比较水田稻提高了 3.4 个百分点。水面种稻绿叶干物质积累量在前期与水田稻基本接近，中、后期则一直保持比水田稻高 30%左右的优势。茎鞘的干物质积累量呈现前、中期比水田稻低，但后期却反而高于水田稻的变化趋势，茎鞘的干物质输出率比水田稻低，对产量的贡献不如水田稻。

（五）水面种稻的管理技术

1. 选好品种与合理密植 在选好品种的基础上，针对水面稻的生长发育特点和实际情况，即由于水域中基础肥力明显低于大田，水稻前期养分供应不足，稻苗生长缓慢，分蘖期推迟。为了取得高产，应在培育壮苗和每丛多插株（本）数的基础上合理密植，一般采用株行距 13 cm×13 cm 或 13 cm×16 cm 为宜。

2. 合理施肥与病虫害防治　水面稻的栽培工序较水田稻少，主要管理是合理施肥和病虫害防治。水面稻的环境与大田不同，水域中所含有作物所需要的各种营养元素很少，而且稻床与水面直接接触，存在漏肥现象，因而施肥量要多于水田稻。水面稻施肥应注意少量多次，重头、适中、补尾的技术。为了保证前期有足够的养分供应，打好丰产苗架，施肥上要抓早施，而且每次施用量要少，施肥次数要多。通常在插秧后 2～3 d 开始追肥，把总肥量的 70%～80%于插秧后 20 d 内分次施下，特别要施足磷肥以防坐苗，保证前期有足够养分供应，打下丰产苗架。中期可于表层撒施适量的有机无机配合肥，保证水稻植株稳健生长。后期由于草把栽培床放到水面数月后，稻草中的养分会逐渐释放出来，特别是钾素，而且稻床内部较疏松，根系容易从间隙穿透伸长，很快形成庞大的根群，利于对外界养分的吸收，为高产稳产提供物质保证，这时采用根外追肥即可。施肥次数要多，早、晚稻施肥次数 5～6 次，单季稻、再生稻可稍多些。施肥方法采用表层撒施、集中施肥和根外追肥结合。水面稻通风透光好，病虫害比水田稻少，但在分蘖盛期仍要注意病虫的发生，一般喷农药 2～3 次。

二、蕹菜水面无土栽培技术

蕹菜（*Ipomoea aquatica*）别名空心菜、藤菜、蓊菜和竹叶菜等，原产于我国华南和西南地区的沼泽地带。蕹菜有水蕹菜和旱蕹菜两种类型，在《南方草木状》中就有对水蕹菜浮于水面栽培作了较详细的记载。

（一）生物学特性

水蕹菜系旋花科牵牛属的蔓生草本植物，在热带为多年生，在亚热带为一年生。水蕹菜株形半直立生长，全株光滑无毛。根系发达，须状，白色，主根和不定根均可长达 20～40 cm。茎蔓生，中空，分枝性强，茎节各叶腋易生侧枝，节上易生不定根。叶互生，叶柄较长，叶形主要有披针形、箭形、长卵形和近圆形等。花为两性花，单生或集生于叶腋，聚伞花序，花冠由 5 片花瓣合生而成，呈漏斗状。种子饱满，皮厚，坚硬，黑褐色，千粒重 35～50 g。

水蕹菜喜温暖水湿，不耐寒。种子或种茎萌发的适宜温度为 25～30 ℃，植株生长发育的适宜温度为 25～35 ℃，较耐高温，气温高达 35～40 ℃时对生育无显著的不良影响。水蕹菜需要强光，为短日照植物。水蕹菜既耐肥又较耐瘠薄，适于微酸性土壤（pH 5.5～6.5）。水蕹菜是一种水生或半水生蔬菜，对水分需求很大，在土壤含水量小于 55%时就会严重影响产量和品质。

（二）水面栽培技术

利用池塘、河湾、湖沼边缘等水面进行浮栽，具有不占用农田和病虫害较少等优点。

水面浮栽应选择水质较肥，含氮、磷较多，风浪较小的水面。适于浮栽的品种有广州白壳、四川大叶蕹、三江水蕹菜等。华南地区于 4～6 月、长江流域于 5～7 月均可定植。浮栽的方式主要有绳结式浮栽和浮毯式两种。无论有根或无根秧苗均可浮水栽植，栽植行距 20 cm，株距 10 cm。绳结式浮栽即将秧苗按株行距夹插于在水面上按行距拉起的一条条草绳或塑料绳上，浮毯式浮栽即将秧苗按株行距夹插拉紧、平铺于水面的塑料遮阳网布上。绳结式成本比浮毯式低，因此一般在无食草鱼类的水体中都采用绳结式，而在有食草鱼类的水体中必须用浮毯式，否则秧苗会被鱼食尽。有时也可以在一个较大水面同时采用两种浮栽方式，例如把浮毯式小区设在绳结式小区的外围，可兼起防风消浪的作用。为了便于管理和采收，种植区内需要留操作行，每隔 1.5 m 左右宽的种植带留出 0.5 m 操作行。

(三) 管理技术

浮水栽植水蕹菜，在水位变动较大时应防止蕹菜整株露出水面或淹没水中而造成死亡。必须事前对塑料绳或网布固定的高度及时进行调整。施肥应根据植株长势长相以及水质的肥瘦灵活掌握。施肥方式主要有喷洒液肥和叶面肥两种，后者只能起辅助作用。当水质较瘦时可在种植区的表层水中吊挂缓慢释放器，其内装有长效包膜复合肥，进行根部施肥。

第五节　水培与污水净化

水体的富营养化是全球性水环境问题，利用水生或陆生高等植物进行治理引起人们的普遍重视。20 世纪 70 年代前，国内外利用水生高等植物来净化处理污水，常常选用的生物材料是一般水生杂草（如凤眼莲、喜旱莲子草和宽叶香蒲等）。实践证明，这些水生植物均对污水有一定净化能力，有些还可以作饲料、肥料或燃料，但总体来说，经济效益不高，还存在二次污染的问题。80 年代以来，一些学者开始利用陆生经济植物对湖泊或污染水体进行无土栽培净化水体研究，如利用水芹菜、水蕹菜、西洋菜、丝瓜等进行水面无土栽培获得成功，取得较好的经济效益和社会效益，并减少了二次污染，为富营养水体的净化提供了新的途径，扩大了无土栽培的应用范围。

一、净化水体植物的筛选

常用的净化水体植物有两大类：一类为水生高等植物或湿生植物，其中有一些为水生杂草如凤眼莲、喜旱莲子草和宽叶香蒲等，有一些为经济植物如水芹菜、水蕹菜、莲藕、茭白、慈姑、水稻、西洋菜等。另一类为陆生高等植物，如丝瓜、金针菜、鸢尾、半枝莲、大蒜、香葱、多花黑麦草等。此外，还可以结合水面的总体安排，搞一些适合绿化美化的花卉植物，布置一些人工景观，如水面花坛、人工造字等。

二、水培载体的选择及人工基质

因为大多数水培经济植物不能在水面上直立生长，故水面漂浮式载体的设计和材料选择是必要的。不同的经济植物因形态结构和生物学特性的不同而需要不同的载体，常用的有毛竹载体和泡沫塑料载体。毛竹载体材料来源方便，价格便宜成本低（图 13－4）；而泡沫塑料载体浮力大、经久耐用，但成本较高（图 13－5）。栽培槽体均需要进行固定，防止大风刮走。

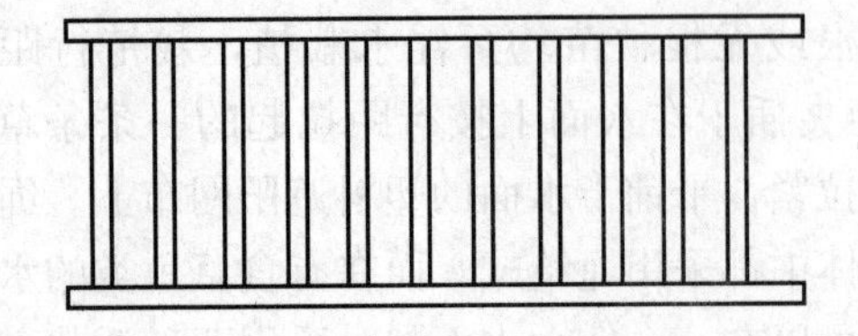

图 13－4　漂浮式毛竹载体

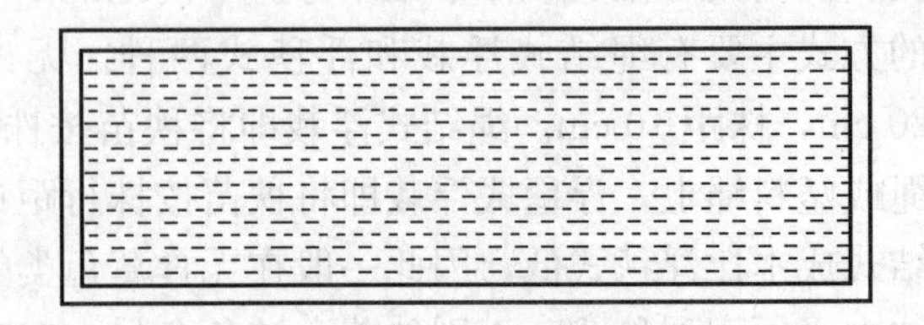

图 13－5　漂浮式泡沫塑料载体

三、管理技术

利用水生和陆生植物对富营养化水体进行净化已经取得一定经验，但要大规模应用还有一段较长的路要走。这里面要将改善水质、社会效益和经济效益相结合。管理技术的主要程序：①植物材料和品种的选用；②水培载体的选择和固定，常用泡沫槽体和竹制结构；③幼苗的培育，基质常用蛭石、珍珠岩、海绵、岩棉等进行无土育苗；④栽植及栽植后管理，栽植后幼苗尚小，根系不发达，应随时注意由于幼苗根系吸收不到水分而萎蔫的情况，成株期应注意植株长势，防治病虫害，适当打掉过多的老叶。

四、净化的效果分析

根据戴全裕等（1996）的研究结果，水培经济植物对酿酒废水都有较好的净化能力。以丝瓜、茭白、水蕹菜、水芹菜和西洋菜为例，当污水停留时间为 120 h 时，它们对废水中污染物的去除率可达总氮 89.0%～95.9%、总磷 81.3%～98.6%、铵态氮 93.9%～99.6%和化学需氧量（CODCT）35.6%～87.4%。根据污染物去除负荷的计算，则丝瓜每天每千克植物体（鲜重）可以去除啤酒废水中总氮 107.28 mg、总磷 18.96 mg、铵态氮 75.78 mg 和化学需氧量 940.1 mg，水芹菜每天每千克植物体可以去除黄酒废水中总氮 35.78 mg、总磷 4.18 mg、铵态氮 20.87 mg 和化学需氧量 288.8 mg；而与同期的饲料植物相比，则凤眼莲每天每千克植物体可以去除啤酒废水中总氮 45.14 mg、总磷 7.64 mg、铵态氮 11.57 mg 和化学需氧量 320.9 mg，多花黑麦草每天每千克植物体对啤酒废水中污染物的去除负荷为总氮 20.03 mg、总磷 3.56 mg、铵态氮 5.34 mg 和化学需氧量 147.5 mg。其中丝瓜的去除负荷可以与凤眼莲相媲美。该项研究既可以净化污水，又可以养殖（养鱼），有较高的经济效益，适合于酿酒废水和其他无毒有机废水应用。

利用人工基质无土栽培经济植物净化富营养化水体的研究，采用水芹菜、多花黑麦草和水蕹菜为试验材料，利用人工基质无土栽培技术将这些植物由陆生转变为漂浮水生生长，室内试验结果表明，3 种植物生长良好，能够使富营养化水体中的总氮、铵态氮、硝态氮、总磷等的去除率达 80%以上（表 13-6）。由文辉等（2000）在富营养化水体中利用人工基质无土栽培水生经济植物净化水质的静态试验结果表明，在 5～10 月间，水蕹菜对总氮、总磷

表 13-6　3 种植物种植对污水净化效果

（刘淑媛，1999）

指标	多花黑麦草			水蕹菜			水芹菜		
	种植前 (mg/L)	种植后 (mg/L)	去除率 (%)	种植前 (mg/L)	种植后 (mg/L)	去除率 (%)	种植前 (mg/L)	种植后 (mg/L)	去除率 (%)
总氮	12.041	2.075	82.77	11.156	2.022	81.88	11.156	4.107	63.19
铵态氮	9.226	1.890	79.51	8.175	0.821	89.96	8.175	1.703	79.17
硝态氮	10.236	1.982	80.64	8.642	0.500	94.21	8.642	1.804	79.13
总磷	1.652	0.086	94.79	1.544	0.115	92.55	1.544	0.378	75.52
$PO_4^{3-}-P$	0.689	0.070	89.84	0.648	0.075	88.43	0.648	0.117	81.74

的去除率分别为81.32%和71.34%；在11月至翌年3月间，水芹菜对总氮、总磷的去除率分别为82.77%和94.77%。经过重金属检测分析，水蕹菜和水芹菜茎叶部分的铜（Cu）、镉（Cd）、铅（Pb）和锌（Zn）含量均处于可食用范围内。结合现场试验结果，轮种上述两种经济植物，每平方米每年自水中移除总氮204.80 g、总磷24.62 g，并可收获50 kg/m^2，具有显著的环境效益和经济效益。所以，在受到有机污染的水体中栽种经济植物净化水质具有广阔的发展前景。

第六节 太空农业

太空农业就是利用卫星和空间站在太空环境下直接生产农作物，以解决太空人的食物来源问题。太空农业的主要研究内容和发展方向是采用现代生物技术和生物工程等手段，开发和确立在最小的空间内部能够充分保障人体各种营养要素需求的生物（植物、动物、微生物）产品的技术体系，以及通过生物生产过程促进和改善生态环境要素的稳定及物质再生与循环利用的可能途径。太空农业与地球上的无土栽培不一样，植物不能以小滴的形式吸收水分或养分。在失重的情况下，为防止液体流失，水分必须以水膜的形式才能被植物吸收。太空农业生产还处在试验阶段，美国、俄罗斯等发达国家科学研究人员在空间站和模拟太空环境的实验室里已培植出小麦、叶用莴苣、番茄等农产品。

一、微重力下植物生长的特点

微重力植物细胞生理学是从细胞水平上研究微重力环境条件下的植物生理学问题，是20世纪60年代末才开始兴起的一个新的研究领域。像其他植物生理学问题一样，微重力植物细胞生理学也包括基础研究和应用研究两个方面。前者主要是研究重力作用机制和无重力作用条件下其他环境因素，如光、温和机械刺激的作用机制；后者主要是为了建立受控生态生命保障系统和开拓空间生物加工。植物是适应地球重力进化而来的，空间微重力环境显然是一种逆境，在这样一种逆境中生长的植物，它在生长发育过程中会出现什么样的变化，是植物生理学的一个薄弱环节。

一般说来，微重力（包括地面模拟）抑制根的生长和促进地上部生长。在微重力作用下，叶用莴苣根分生组织区细胞数减少，但细胞体积增大，延长区细胞变化不大，分化区细胞停止生长。分生细胞体积增大，说明该细胞演变成延长细胞的过程受到微重力的妨碍。在失重条件下，种子萌发不受影响，幼苗按其在胚内位置直线生长，根冠发育正常，但平衡细胞出现形态学上的去极化作用。根冠细胞何种程度的去极化作用仍不影响其感受重力功能是发展空间植物栽培技术的一个问题。

由于航天技术的发展，对过去植物生理学的理论也提出了新概念。比如植物光饱和点，太空条件下比地球至少提高了2倍，即随着光照度的增加，植物的产量呈直线增长。

二、太空植物栽培发展历程及趋势

（一）太空植物栽培发展历程

1971—1982年，苏联曾在宇宙飞船礼炮7号上进行一系列豌豆、郁金香等的种植实验并取得初步成功，开创了宇宙植物栽培的先河。

1992 年，美国亚利桑那大学环境研究中心在温室中设置一个直径 2.5 m 塑料质的圆形大转盘，它不断地回旋着，上面整齐地排列着各类蔬菜。圆盘周围有许多管道，蔬菜则从这些管道吸收大量的光和热，这就是太空农业研究。室内番茄硕果累累，番茄植株裸露的根部悬在空中，营养液滋润着根部，没有吸收的养分就滴流到一个池子里，池中浮游着风信子花。研究人员正设法完善自给自足的生产体系。

1996 年，俄罗斯在一间模拟太空环境的实验室里进行种植太空蔬菜的试验，利用水培法成功地种出了“月球叶用莴苣”、“宇宙胡萝卜”、“外太空番茄”等，其水培法生长的蔬菜比土壤栽培的快 3 倍。用盆栽法研究 2 种或 2 种以上不同蔬菜间作生长情况，研究哪些蔬菜是否会互相排斥。这项研究已为太空科学提供了蔬菜间作的资料，有助于将来在空间站、月球和火星上生产蔬菜。同年，俄罗斯农业科学院和国家宇航局在和平号宇宙站上的太空温室里试种的太空小麦获得成功。太空温室小麦试种的成功为今后宇航员和人类长时间在太空生活提供了食品来源的保证。

美国宇航中心已经采用先进的无土栽培技术，生产人类在太空中生活必需的食物获得成功。采用生物技术培育的特殊品种和高度集约的无土栽培方法，使小麦从种到收仅用 6 周时间。现已研究出将萌发的种子置于一种强电环境中，给植物以强制诱导，促使幼苗朝光的方向生长。如叶用莴苣种植在一个空心圆柱内，圆柱内壁四周都播满了叶用莴苣，通过一定强度的电压和光照后，幼苗就会逐渐生长，营养液在圆柱外壁循环流经叶用莴苣根系使之不断吸收水分和营养元素。这种装置叶用莴苣从种到收只要 20 d 左右。

为了解决失重状态下的营养液输送问题，科学家发明了多孔管植物生长系统装置，利用多孔管上毛细管对营养液的渗透原理来输送营养液，多孔管与黑白双面塑料薄膜之间的空隙处是作物根系生长的地方，营养液不是流过而是通过多孔管渗透到根系。黑白双面塑料薄膜的外层是支撑体，用以保持装置的形状。利用这种装置栽培小麦、水稻和番茄均获得成功。

太空农业的最新技术每平方米可种 1 万株小麦，种 1.2 m^2 的小麦够一个人一年吃的面粉，株高仅 40～50 cm 就成熟了。番茄每平方米种 100～200 株，还有绿豆、菜豆和马铃薯等作物均已试验成功。马铃薯利用雾培的方法进行营养液灌溉，结薯时块茎悬挂在空气中，不但生长良好，采收也非常方便。按目前的技术水平维持一个人在太空中生活，只需要6 m^2 就够了，吃的东西包括麦、薯、豆、菜等作物，从种到收一般为 50～60 d。

美国积极研究太空农业，寻找最佳太空农作物。美国国家航空航天局（NASA）首先模拟太空舱的部分条件，建立了一个包括食物生产、废旧物处理和空间站建设的完整受控生态生命保障系统（CELSS），然后在此系统中研究了 8 种作物即小麦、水稻、花生、大豆、叶用莴苣、甜菜、马铃薯和甘薯的生长情况以及由收获器官制取多种多样食品以满足太空居民需要的可能性。根据预先制定的太空食物源植物标准和试验结果，科学家们认为甘薯是最为理想的太空农作物。

（二）太空农业应最大化实现物质的循环再利用

20 年来，美国国家航空航天局佛罗里达肯尼迪太空中心太空生命科学实验室将人、植物和微生物放置在一个封闭的可再生系统中，通过这一自给自足的环境，宇航员可在太空中旅行数月而不必依靠来自地球的补给，最大限度地实现了物质的循环再利用。

太空舱内能源是稀缺资源，难以用来培育植物。因此，太空农业应尽可能用少的光照培育植物，目前已经开发出可持续利用 10 万 h、几乎不发热也不耗电的发光二极管（LED）。

研究发现，植物基本上只需要红光进行光合作用和生长，不过，植物生长还需要一些蓝光来指引方向和舒展，这就是植物的向光性。

科学家还发现通过控制光照和 CO_2 浓度可控制植物抗氧化物质的生产水平。植物在恶劣环境中会产生含有类胡萝卜素、黄酮醇和其他抗氧化物质的大量色素，以保护自己免受阳光辐射和过早衰老。

将小麦放在国际空间站内失重状态下飞行 73 d 进行光合作用试验，人工控制湿度、温度、CO_2 浓度、通风状况、营养物质和光照度。通过增加 CO_2 浓度模拟飞船内有更多人的情形，衡量植物生产 O_2 的效果。观察发现，释放的 CO_2 越多，小麦需要的水分越少，而生长加快。

太空舱内还设置了新通风系统，由于在失重情况下水珠会到处乱飞贴到舱壁和叶片上，科学家设计了一套多孔管道系统为植物输送水分和营养，同时向植物根部输送 O_2。现在正在从事飞往月球的载人太空舱内进行植物和空气质量试验。宇航员都非常希望有植物在身旁陪伴，它们带来的不仅是 O_2 和食物，也能给宇航员带来心理安慰。

实 验 指 导

无土栽培学是一门应用性、技术性融合交叉的实用性学科，特别强调学生在基础理论指导下，能把所学知识直接运用到生产实践中。为进一步优化知识结构，提高学生应用能力和创新能力，本教材特编写了无土栽培实验指导，涉及无土栽培的基本设施、固体栽培基质的性质、营养液的配制与管理以及各种无土栽培形式等方面。通过具体的实验活动，学生可全面系统掌握无土栽培技术，重点培养学生的实践技能和动手操作能力。

实验一　无土栽培类型的调查

一、目的和要求

通过对不同无土栽培类型的实地调查、测量、分析，结合观看影像资料，掌握本地区主要无土栽培类型的结构特点、性能及应用，学会无土栽培设施构件的识别及其合理性的评估。

二、用具及设备

1. 用具　皮尺、钢卷尺、测角仪（坡度仪）等测量用具及铅笔、直尺等记录用具。

2. 影像资料及设备　不同无土栽培类型和结构的幻灯片、录像带、光盘等影像资料以及幻灯机、放像机、VCD 等影像设备。

三、方法和步骤

1. 调查和测量　分组按以下内容进行实地调查、访问和测量，将测量结果和调查资料整理成报告。要点如下：

（1）调查本地无土栽培设施的类型和特点，观测各种无土栽培类型的场地选择、设施方位和整体规划情况。

（2）测量并记载不同无土栽培类型的结构规格、配套型号、性能特点和应用。

① 记录水培设施的种类、材料，种植槽的大小、定植板的密度、定植杯的型号以及贮液池的容积等。

② 记录基质培的基质种类、设施结构及供液系统。

（3）分析不同无土栽培类型结构的异同、性能的优劣和成本构成与经济效益。

（4）调查记载不同无土栽培类型在本地区的主要栽培季节、栽培作物种类品种、周年利用情况。

2. 观看影像资料 观看录像、幻灯片、多媒体等影像资料，了解我国及国外水培、基质培等无土栽培类型的种类、结构特点和功能特性。

四、作业与思考题

1. 作业 写出实验报告，从本地区无土栽培的设施类型、结构、性能及其应用的角度，写出调查报告，画出主要设施、类型的结构示意图，注明各部位名称和尺寸，并指出优缺点和改进意见。

2. 思考题 说明本地区主要无土栽培类型形成的自然、社会、经济和生态背景。

实验二 营养液的配制技术

一、目的和要求

营养液管理是无土栽培的关键性技术，营养液配制则是基础。本实验运用所学理论知识，通过具体操作，掌握常用营养液的配制方法。

二、材料与用具

1. 材料 以日本园试通用配方为例，准备下列大量元素和微量元素化合物。

（1）大量元素化合物 $Ca(NO_3)_2 \cdot 4H_2O$、KNO_3、$NH_4H_2PO_4$、$MgSO_4 \cdot 7H_2O$。

（2）微量元素化合物 EDTA－2NaFe、H_3BO_3、$MnSO_4 \cdot 4H_2O$、$ZnSO_4 \cdot 7H_2O$、$CuSO_4 \cdot 5H_2O$、$(NH_4)_6Mo_7O_{24} \cdot 4H_2O$。

2. 用具 电子天平（感量 0.01 g、0.000 01 g）、烧杯（100 ml、200 ml 各 1 个）、容量瓶（1 000 ml）、玻璃棒、贮液瓶（3 个 1 000 ml 棕色瓶）、记号笔、标签纸、贮液池（桶）等。

三、方法和步骤

1. 母液（浓缩液）**种类** 分成 A、B、C 3 个母液，A 液包括 $Ca(NO_3)_2 \cdot 4H_2O$ 和 KNO_3，浓缩 200 倍；B 液包括 $NH_4H_2PO_4$ 和 $MgSO_4 \cdot 7H_2O$，浓缩 200 倍；C 液包括 EDTA－2NaFe和各种微量元素，浓缩 1 000 倍。

2. 计算各母液化合物用量 按日本园试配方要求配制 1 000 ml 母液，计算各化合物用量。

A 液：$Ca(NO_3)_2 \cdot 4H_2O$ 189.00 g，KNO_3 161.80 g。

B 液：$NH_4H_2PO_4$ 30.60 g，$MgSO_4 \cdot 7H_2O$ 98.60 g。

C 液：EDTA－2NaFe 20.0 g，H_3BO_3 2.86 g，$MnSO_4 \cdot 4H_2O$ 2.13 g，$ZnSO_4 \cdot 7H_2O$ 0.22 g，$CuSO_4 \cdot 5H_2O$ 0.08 g，$(NH_4)_6Mo_7O_{24} \cdot 4H_2O$ 0.02 g。EDTA－2NaFe 也可用 $FeSO_4 \cdot 7H_2O$和 EDTA－2Na 自制代替，方法是按 1 000 倍母液取 $FeSO_4 \cdot 7H_2O$ 13.9 g 与 EDTA－2Na 18.6 g 混溶即可。

3. 母液的配制 按上述计算结果，准确称取各化合物用量，按 A、B、C 种类分别溶解，并定容至 1 000 ml，然后装入棕色瓶，并贴上标签，注明 A、B、C 母液。

4. 工作营养液的配制 用上述母液配制 50 L 的工作营养液。分别量取 A 母液和 B 母液各 0.25 L、C 母液 0.05 L，在加入各母液的过程中务必防止出现沉淀。方法如下：①在贮液池内先放入相当于预配工作营养液体积40%的水量，即20 L水，再将量好的A母液倒入其中。②将量好的B母液慢慢倒入其中，并不断加水稀释，至达到总水量的80%为止。③将C母液按量加入其中，然后加足水量并不断搅拌。

四、作业与思考题

1. 作业　完成实验报告，详细记录营养液配制过程。

2. 思考题　营养液配制过程中，如果用NH_4^+－N代替一半的NO_3^-－N，应如何进行替换？

实验三　常见固体基质物理性状的测定

一、目的和要求

固体基质的使用在无土栽培生产中是一个非常重要的环节，固体基质加营养液栽培具有性能稳定、设备简单、投资较少、管理较易等优点。基质的种类较多，根据作物的生育要求选配基质，首先必须了解各种基质的不同理化性质。本实验要求运用所学的理论知识，通过具体操作，掌握常见固体基质的物理性状（容重、密度、大孔隙度、小孔隙度等）的测定方法。

二、材料与用具

1. 材料　无土栽培中常用的固体基质1～2种。

2. 用具　比重瓶（容积50 ml）、天平（感量0.001 g）、温度计（±0.1 ℃）、滤纸、纱布、烧杯（50 ml）、量筒（50 ml）、真空干燥器、真空泵等。

三、方法和步骤

1. 密度

（1）称取风干基质样品10 g，倾入比重瓶内，另称10 g样品105 ℃烘干、称重（G）。

（2）向装有样品的比重瓶中加入蒸馏水，至瓶内容积的一半处，然后徐徐摇动，使样品充分湿润，与水均匀混合，之后放入真空干燥器中。

（3）用真空泵抽气法排除基质中的空气，抽气时间不得少于30 min，停止抽气后仍需在真空干燥器中静置15 min以上后加满蒸馏水，塞好瓶塞使多余的水自瓶塞毛管中溢出，用滤纸擦干后称重（g_2），同时用温度计测定瓶内的水温。同时测定不加样品的比重瓶加水的重量（g_1）。

（4）结果计算

$$ds=\frac{G\cdot dwt}{G+g_1-g_2}$$

式中：ds——基质的密度，g/cm³；

dwt——温度为t时蒸馏水的密度，g/cm³；

2. 容重（g/cm³）　将自然状态（或生产状态）下的基质放入一已知体积的容器（烧杯或量筒）后倒出称基质重，用重量除以体积。

3. 总孔隙度（%）　总孔隙度是指基质中包括大孔隙和小孔隙（通气孔隙和持水孔隙）

在内的所有孔隙的总和。以占有基质体积的百分比表示。

$$总孔隙度=\left(1-\frac{容重}{密度}\right)\times 100\%$$

4. 大、小孔隙度 取一已知体积（V）的容器，加满待测的风干基质称重（W_1），然后加入蒸馏水放入真空干燥器用真空泵抽气 30 min，再加满水称重（W_2）后，将容器上口用一已知重量的湿润纱布（W_3）包住，把容器倒置，让容器中的水分流出，放置 2 h 左右，直至容器中没有水分渗出为止，称重（W_4）。

$$大孔隙=\frac{W_2+W_3-W_4}{V}\times 100\%$$

$$小孔隙=\frac{W_4-W_1-W_3}{V}\times 100\%$$

四、作业与思考题

1. 作业 完成实验报告，详细记录基质物理性状的测定过程。每种物理性状测定 3 个样品，计算结果。

2. 思考题 适于作物生长的基质的物理性状应该怎样？根据所学的知识和对各种基质的认识提出一种复合基质的配比。

实验四 常见固体基质化学性状的测定

一、目的和要求

固体基质的化学性质对种植在其中的植物有较大影响的主要有基质的化学组成和由此所产生的基质的化学稳定性、酸碱度、物理化学吸附能力（阳离子代换量）、缓冲能力和电导率等。通过具体操作，掌握常见固体基质化学性质（pH、电导率等）的测定方法。

二、材料与用具

1. 材料 无土栽培中常用的固体基质 1～2 种、pH 4.01 标准缓冲液（10.21 g 在 105 ℃烘过的分析纯 $KHC_8H_4O_4$，用水溶解后定容至 1 L）、pH 9.18 标准缓冲液（3.39g 在 50 ℃烘过的分析纯 KH_2PO_4 和 3.53 g 无水分析纯 Na_2HPO_4 溶于水后定容至 1 L）。

2. 用具 pH 计、玻璃电极、饱和甘汞电极、电导仪。

三、方法和步骤

把电极插入与基质浸提液 pH 接近的缓冲液中，校正待用。

取风干自然状态基质 150 ml，加入去离子蒸馏水 750 ml，振荡浸提 10 min，过滤，取其滤液用 pH 计测 pH，用电导仪测电导率（mS/cm）。

四、作业与思考题

1. 作业 完成实验报告，详细记录基质化学性状的测定过程。每种化学性状测定 3 个样品，计算结果。

2. 思考题 谈谈基质 pH 对基质有效性的影响。通常作物生长良好的 pH 范围是多少？为什么？

实验五　营养液膜技术

一、目的和要求

营养液膜技术是指营养液以浅层流动的形式在种植槽中从较高的一端流向较低的一端的一种水培技术。由于此项技术取材简便、造价低廉、易于实现生产管理自动化等特点，现已在世界上得到了广泛的推广和应用。营养液膜技术针对以往基质培或深液流水培种植槽等生产设施较为笨重、造价昂贵、根系的通气供氧问题较难解决等问题而设计的，因而具有其显著的特征。通过具体实地参观、操作、测量，了解营养液膜栽培技术设施的组成和结构及管理的要点。

二、材料与用具

1. 材料　已育好待移植的叶用莴苣幼苗。

2. 设施　营养液膜技术水培设施。

3. 用具　皮尺、钢卷尺、测角仪（坡度仪）等测量用具及铅笔、直尺等记录用具。

三、方法和步骤

1. 观察与测量　测量并记录营养液膜技术水培设施的材料，种植槽的大小、坡度。了解营养液循环流动系统以及其他辅助设备的各部分组成，掌握各关键部件的工作原理及使用方法。

2. 移苗　将已育好的叶用莴苣幼苗移植到定植板上开出的定植孔中，要使育苗块触及槽底、叶片伸出定植板。

3. 营养液的管理　种植槽中控制营养液的液层在1～2 cm以下。根垫形成后，采用间歇供液法供液。要认真定时或随时检查营养液的电导率、酸碱度和温度的变化及其相应的自控装置的工作情况表实-1。

表实-1　营养液膜技术水培管理记录表

棚　　号：____________

作物品种：____________　　　　记录人：________

日期	温度	湿度	EC	pH	作物生长情况	处理措施	备注

四、作业与思考题

1. 作业　详细记录营养液膜栽培技术设施的组成、结构及关键部件的工作原理和使用方法。总结整个栽培过程的技术要点。

2. 思考题　谈谈营养液膜栽培技术的液面管理的作用与意义。请用现有的材料，设计一套简易的营养液膜技术水培装置。

实验六 深液流技术

一、目的和要求

深液流技术是最早成功应用于商业化生产的无土栽培技术，现已成为无土栽培技术中一种管理方便、设施耐用、后续生产资料投入较少的实用、高效的技术。深液流水培设施种类多样，但都具有一些基本的共同特征。通过具体实地参观、操作、测量，了解常用的深液流水培设施的组成和结构及管理的要点。

二、材料与用具

1. 材料 已育好待移植的作物幼苗（种类待定）。

2. 设施 1种或1种以上的深液流水培设施。

3. 用具 皮尺、钢卷尺、测角仪（坡度仪）等测量用具及铅笔、直尺等记录用具。

三、方法和步骤

1. 观察和测量 测量并记录深液流水培设施的材料、种植槽的大小、定植板的密度、定植杯的型号以及贮液池的容积等，了解关键部件的工作原理及使用方法。

2. 移苗 将已育好的幼苗移植到定植杯中。固定幼苗用稍大于定植杯下部小孔隙的非石灰质无棱角小砾石。

3. 过渡槽寄养 以不放置定植板的种植槽作为过渡槽，在槽中密集排列刚移入幼苗的定植杯，然后在种植槽中放入2～3 cm深的营养液层，以稍浸没定植杯底部为好。

4. 定植 植株生长一段时间，有部分根系生长到定植杯外即可正式定植到种植槽的定植板上。

5. 营养液的管理 刚定植作物后，应保持营养液面浸没定植杯杯底1～2 cm，随着根系较大量伸出定植杯时，应逐渐调低液面使之离开定植杯杯底。当植株很大、根系发达时，只需在种植槽中保持3～4 cm的液层即可。

6. 记录 详细记录在种植过程中植株的生长、病虫害的发生、营养液的酸碱度和浓度的变化、水分消耗，以及大棚或温室中的温度、湿度等各种情况（表实-2）。

表实-2 深液流水培管理记录表

棚　　号：______________

作物品种：______________　　　　记录人：______

日期	温度	湿度	EC	pH	作物生长情况	处理措施	备注

四、作业与思考题

1. 作业 详细记录深液流水培的类型、关键部件的工作原理及使用方法。总结整个栽培过程的技术要点。

2. 思考题 谈谈深液流水培的液面管理的作用与意义。

实验七 岩棉培技术

一、目的和要求

岩棉培是以岩棉作为植物生长基质的一类无土栽培技术。因其设施简便、费用较低、易于大面积的生产自动化，已成为现代无土栽培的一个重要发展方向。通过具体实地操作，了解和掌握岩棉培的生产设施结构和管理方法。

二、材料与用具

1. 材料 已育好待移植的作物幼苗（种类待定）。

2. 用具 岩棉、塑料薄膜、简易滴灌设备。

三、方法和步骤

1. 种植畦的整理 每畦宽度为 150 cm，畦高 10～15 cm（畦沟底面至畦面的高度），在距畦宽的中点左右两边各 30 cm 处开始平缓地倾斜而形成两畦之间的畦沟，畦沟要向温室的一边以 1∶100 的坡降倾斜。

2. 铺膜 在畦面上铺一层厚度为 0.2～0.3 mm 的塑料薄膜。

3. 切岩棉块 根据所需大小切制岩棉块。

4. 移植 所需定植的幼苗移植到岩棉块。

5. 营养液滴灌系统的管理 了解滴灌系统的基本组成，详细记录营养液管理的过程（如每天所灌营养液的量、浓度、时间等）。

四、作业与思考题

1. 作业 详细记录岩棉培的栽培过程，总结整个栽培过程的技术要点。

2. 思考题 如何确定岩棉培中的每日供水量?

实验八 有机基质培技术

一、目的和要求

近年来，无土栽培在我国虽然发展势头不减，但由于营养液配制的繁琐、管理的复杂以及较高的成本，制约了无土栽培的推广与普及，尤其在广大的农村地区。而有机基质培技术是利用消毒的有机基质加上人工滴灌清水的方法，简单易行，十分符合中国的国情。通过具体操作，了解和掌握有机基质培的原理和技术要领。

二、材料与用具

1. 材料 已育好待移植的作物幼苗（种类待定），以及泥炭、珍珠岩、有机消毒膨化肥料。

2. 用具 种植槽或塑料钵、简易的滴灌设备。

三、方法和步骤

1. 配制复合基质 把泥炭、珍珠岩、有机消毒膨化肥料按 6∶3∶1 的比例充分混匀。如泥炭、珍珠岩已使用过，按实验九的方法进行消毒。

2. 制作种植槽 用砖、塑料泡沫板等制作种植槽。

3. 装填基质 把基质填入种植槽或塑料钵中，基质厚 12～15 cm。

4. 移植 移入幼苗，接好滴灌系统。

5. 有机基质培的管理 记录作物生长情况，必要时追施速效肥。控制滴灌速度，以槽底或钵底刚湿不漏为准。

四、作业与思考题

1. 作业 详细记录整个有机基质培的全过程，总结有机基质培的技术要点。

2. 思考题 谈谈有机基质培的优缺点，如何改进？

实验九　无土育苗技术

一、目的和要求

了解常用无土育苗的设施与方法，如育苗容器和育苗基质的选用、营养的供应方式等，作物种类的不同、苗龄的不同，适用的育苗方法也不同。

二、材料与用具

1. 材料 经催芽已萌发的植物（种类待定）种子、基质（泥炭、河沙等）、氮磷钾复合肥（15-15-15）或有机消毒肥料、Hoagland 营养液、消毒剂（40%的甲醇溶液 100 倍液）。

2. 用具 育苗穴盘、塑料钵、镊子、塑料薄膜、简易滴灌设备等。

三、方法和步骤

1. 基质的消毒 有条件的可用蒸汽（80～95 ℃）进行消毒，现在大规模生产中常用化学药剂消毒。消毒用的化学药剂很多，本实验用 40%的甲醇溶液 100 倍液。将基质平铺地面（若不是干净的水泥地面，可在地面上平铺一层塑料薄膜）约 10 cm 厚，然后用甲醇溶液将其喷湿，再铺第二层，直至处理完所有基质后用塑料薄膜覆盖封闭 1～2 昼夜后，将消毒基质摊开挥发直到没有甲醇的气味后（3～4 d）方可使用。

2. 基质的配制 将氮磷钾复合肥（15-15-15）以 0.25%的比例对水混入 1∶1 的泥炭、河沙复合基质中。

3. 基质的填装 将基质均匀地装入穴盘或塑料钵中，基质面比盘沿低约 1 cm。

4. 播种 将催芽后的种子用镊子小心地放入穴盘或塑料钵中，埋入基质以不见种子为好。播好后及时浇透水。

5. 管理

（1）光照　冬春季节应适当补光或加大苗距；夏季，尤其是刚出苗时，应适当遮阴。

（2）温度　可通过棚室内的加温装置和育苗床中铺设的电热线或遮阳网等来调节温度。

注意昼夜温差保持 5～10 ℃。作物不同，生长适宜温度范围差异较大。

（3）水分　在基质含水量约 15%时开始浇水，此时基质表面干燥发白。以早晨 9:00 左右浇水为宜。在定植前可通过控水的方法促进根系生长发达。

（4）空气湿度　空气相对湿度以 80%左右为宜，可用通风或喷雾的方式调节。

四、作业与思考题

1. 作业　写出实验报告，详细记录育苗的整个过程，提出发现的问题和需要注意的事项。

2. 思考题　与常规育苗相比，无土育苗具有哪些优势？在推广普及的过程中有哪些需要改进的地方？

附　　录

附录一　常用元素相对原子质量表

(1999)[$A_r(^{12}C)=12$]

元素名称		元素符号	原子序数	相对原子质量
中文名称	英文名称			
铝	aluminium	Al	13	26.98
硼	boron	B	5	10.81
溴	bromine	Br	35	79.9
钙	calcium	Ca	20	40.08
碳	carbon	C	6	12.01
氯	chlorine	Cl	17	35.45
铬	chromium	Cr	24	51.996
钴	cobalt	Co	27	58.93
铜	copper	Cu	29	63.55
氟	fluorine	F	9	8.998
氢	hydrogen	H	1	1.008
碘	iodine	I	53	126.90
铁	iron	Fe	26	55.85
铅	lead	Pb	82	207.2
镁	magnesium	Mg	12	24.305
钼	molybdenum	Mo	42	95.94
镍	nickel	Ni	28	58.71
氮	nitrogen	N	7	14.01
氧	oxygen	O	8	16.00
磷	phosphorus	P	15	30.97
钾	potassium	K	19	39.10
硒	selenium	Se	34	78.96
硅	silicon	Si	14	28.09
银	silver	Ag	47	107.87
钠	sodium	Na	11	22.99
硫	sulfur	S	16	32.06
锡	tin	Sn	50	118.69
锌	zinc	Zn	30	65.37

注：本表相对原子质量，引自1999年国际相对原子质量表，以$^{12}C=12$为基准。

附录二　植物营养大量元素化合物及辅助材料的性质与要求

用途	序号	名称	分子式	相对分子质量	色泽	形状	溶解度[①]	酸碱性		元素含量（%）	纯度要求[②]（%）
								化学	生理		
配方中直接使用的化合物	1	四水硝酸钙	$Ca(NO_3)_2 \cdot 4H_2O$	236.15	白色	小晶	129.3	中性	碱性	N 11.86，Ca 16.97	农用 90
	2	硝酸钾	KNO_3	101.10	白色	小晶	31.6	中性	弱碱性	N 13.85，K 38.67	农用 98
	3	硝酸钠	$NaNO_3$	85.01	白色	小晶	88.0	中性	强碱性	N 16.50，Na 27.00	农用 98
	4	硝酸铵	NH_4NO_3	80.05	白色	小晶	192.0	水解酸性	酸性	N 35.0	农用 98.5
	5	硫酸铵	$(NH_4)_2SO_4$	132.15	白色	小晶	75.4	水解酸性	强酸性	N 21.20，S 24.26	农用 98
	6	氯化铵	NH_4Cl	53.49	白色	小晶	37.2	水解酸性	强酸性	N 26.17，Cl 66.27	农用 96
	7	尿素	$CO(NH_2)_2$	60.03	白色	小晶	105.0	中性	酸性	N 46.64	农用 98.5
	8	磷酸二氢铵	$NH_4H_2PO_4$	115.05	灰色	粉末	36.8	水解酸性	不明显	N 12.18，P 26.92	农用>90
	9	磷酸氢二铵	$(NH_4)_2HPO_4$	132.07	灰色	粉末	68.6	水解碱性	不明显	N 21.22，P 23.45	农用>90
	10	磷酸二氢钾	KH_2PO_4	136.07	白色	小晶	22.6	水解酸性	不明显	P 22.76，K 28.73	农用 96
	11	磷酸氢二钾	K_2HPO_4	174.18	白色	小晶	167.0	水解碱性	不明显	P 17.78，K 44.90	工业用 98
	12	磷酸二氢钠	$NaH_2PO_4 \cdot 2H_2O$	119.97	白色	小晶	85.2	水解酸性	不明显	P 25.81，Na 19.16	工业用 98
	13	磷酸氢二钠	$Na_2HPO_4 \cdot 2H_2O$	141.96	白色	小晶	80.2(50)	水解碱性	不明显	P 21.82，Na 32.39	工业用 98
	14	重过磷酸钙	$Ca(H_2PO_4)_2 \cdot H_2O$	252.02	灰色	粉末	15.4(25)	强酸性	不明显	P 24.6，Ca 15.9	农用 92
	15	硫酸钾	K_2SO_4	174.26	白色	小晶	11.1	中性	强酸性	K 44.88，S 18.40	农用 95
	16	氯化钾	KCl	74.55	白色	小晶	34.0	中性	强酸性	K 52.45，Cl 47.55	农用 95
	17	氯化钙	$CaCl_2$	110.98	白色	小晶	74.5	中性	酸性	Ca 36.11，Cl 47.55	工业用 98
	18	硫酸钙	$CaSO_4 \cdot 2H_2O$	172.17	白色	粉末	0.204	中性	酸性	Ca 23.28，S 18.62	工业用 98
	19	硫酸镁	$MgSO_4 \cdot 7H_2O$	246.48	白色	小晶	35.5	中性	酸性	Mg 9.86，S 13.01	工业用 98

（续）

用途	序号	名称	分子式	相对分子质量	色泽	形状	溶解度[1]	酸碱性		元素含量（%）	纯度要求[2]（%）
								化学	生理		
辅助性原料	20	碳酸氢铵	NH_4HCO_3	79.04	白色	小晶	21.0	碱性	弱酸	N 17.70	农用 95
	21	碳酸钾	K_2CO_3	138.20	白色	小晶	110.5	强碱性	不计	K 56.58	工业用 98
	22	碳酸氢钾	$KHCO_3$	100.11	白色	小晶	33.3	强碱性	不计	K 39.06	工业用 98
	23	碳酸钙	$CaCO_3$	100.08	白色	粉末	6.5×10^{-3}	碱性	不计	Ca 40.05	工业用 98
	24	氢氧化钙	$Ca(OH)_2$	74.10	白色	粉末	0.165	强碱性	不计	Ca 54.09	工业用 98
	25	氢氧化钾	KOH	56.11	白色	块状	112.0	强碱性	不计	K 69.69	工业用 98
	26	氢氧化钠	NaOH	40.00	白色	块状	109.0	强碱性	不计	Na 57.48	工业用 98
	27	磷酸	H_3PO_4	97.99	淡黄色液体		可溶	酸性	不计	P 31.60	工业用 98[3]
	28	硝酸	HNO_3	63.01	淡黄色液体		可溶	强酸性	不计	N 22.22	工业用 98[3]
	29	硫酸	H_2SO_4	98.08	淡黄色液体		可溶	强酸性	不计	S 57.48	工业用 98[3]

注：①溶解度：在 20 ℃时，100 ml 水中最多溶解的克数（以无水化合物计），括号内数字为另一温度。

② 纯度要求：每 100 g 固体物质中含有本物的克数，即重量%。本物包括结晶水在内。本物以外的为杂质。杂质中含有害物质的限制见第四章的有关声明。

③ 指明三种酸（H_3PO_4、HNO_3、H_2SO_4）皆为液体，每 100 g 液体中含有本物的克数，即重量%，本物以外的主要是水分，也会含微量的杂质，其中有害物质的限制同注②。

附录三　植物营养微量元素化合物的性质与要求

序号	名称	分子式	相对分子质量	色泽　形状	溶解度①	酸碱性	元素含量（%）	纯度要求②（%）
1	硫酸亚铁	$FeSO_4 \cdot 7H_2O$	278.02	浅青　小晶	26.5	水解酸性	Fe 20.09	工业用 98
2	氯化铁	$FeCl_3 \cdot 6H_2O$	270.30	黄棕　晶块	91.9	水解酸性	Fe 20.66	工业用 98
3	EDTA－2Na	$Na_2C_{10}H_{14}O_8N_2 \cdot 2H_2O$	372.42	白色　小晶	11.1(22)	微碱		化学纯 99
4	EDTA－2NaFe	$Na_2FeC_{10}H_{12}O_8N_2$	389.93	黄色　小晶	易溶	微碱	Fe 14.32	化学纯 99
5	EDTA－NaFe	$NaFeC_{10}H_{12}O_8N_2$	366.94	黄色　小晶	易溶	微碱	Fe 15.22	化学纯 99
6	硼酸	H_3BO_3	61.83	白色　小晶	5.0	微酸	B 17.48	化学纯 99
7	硼砂	$Na_2B_4O_7 \cdot 10H_2O$	381.37	白色　粉末	2.7	碱性	B 11.34	化学纯 99
8	硫酸锰	$MnSO_4 \cdot H_2O$	169.01	粉红　小晶	62.9	水解酸性	Mn 24.63	化学纯 99
9	氯化锰	$MnCl_2 \cdot 4H_2O$	197.09	粉红　小晶	73.9	水解酸性	Mn 27.76	化学纯 99
10	硫酸锌	$ZnSO_4 \cdot 7H_2O$	287.54	白色　小晶	54.4	水解酸性	Zn 22.74	化学纯 99
11	氯化锌	$ZnCl_2$	136.28	白色　小晶	367.3	水解酸性	Zn 37.45	化学纯 99
12	硫酸铜	$CuSO_4 \cdot 5H_2O$	249.69	蓝色　小晶	20.7	水解酸性	Cu 25.45	化学纯 99
13	氯化铜	$CuCl_2 \cdot 2H_2O$	170.48	蓝绿色小晶	72.7	水解酸性	Cu 37.28	化学纯 99
14	钼酸钠	$Na_2MoO_4 \cdot 2H_2O$	241.95	白色　小晶	65.0	水解酸性	Mo 39.65	化学纯 99
15	钼酸铵	$(NH_4)_6Mo_7O_{24} \cdot 4H_2O$	1 235.86	浅黄色晶块	易溶		Mo 54.34	化学纯 99

注：①溶解度：在 20 ℃，100 ml 水中最多溶解的克数（以无水化合物计），括号内数字为另一温度。

② 纯度要求：每 100 g 固体物质中含有本物的克数，即重量%。

附录四　常用化肥供给的主要元素、百分含量及换算系数

供给元素（1）	化学肥料（2）			元素含量（%）	换算系数	
	名称	分子式	相对分子质量		由（1）求（2）	由（2）求（1）
N	四水硝酸钙	$Ca(NO_3)_2 \cdot 4H_2O$	236.15	11.87	8.424 6	0.118 7
	硝酸钾	KNO_3	101.10	13.86	7.215 0	0.138 6
	硝酸铵	NH_4NO_3	80.05	35.01	2.856 3	0.350 1
	磷酸二氢铵	$NH_4H_2PO_4$	115.05	12.18	8.210 2	0.121 8
	磷酸氢二铵	$(NH_4)_2HPO_4$	132.07	21.22	4.712 5	0.212 2
	硫酸铵	$(NH_4)_2SO_4$	132.15	21.20	4.717 0	0.212 0
	尿素	$CO(NH_2)_2$	60.03	46.65	2.143 6	0.466 5
P	磷酸二氢钾	KH_2PO_4	136.07	22.76	4.393 7	0.227 6
	磷酸氢二钾	K_2HPO_4	174.18	17.78	5.624 3	0.177 8
	磷酸二氢铵	$NH_4H_2PO_4$	115.05	26.92	3.714 7	0.269 2
	磷酸氢二铵	$(NH_4)_2HPO_4$	132.07	23.45	4.2644	0.2345

（续）

供给元素(1)	化学肥料(2)			元素含量(%)	换算系数	
	名称	分子式	相对分子质量		由(1)求(2)	由(2)求(1)
K	硝酸钾	KNO_3	101.10	38.67	2.5860	0.3867
	硫酸钾	K_2SO_4	174.26	44.88	2.2282	0.4488
	氯化钾	KCl	74.55	52.44	1.9069	0.5244
	磷酸二氢钾	KH_2PO_4	136.07	28.73	3.4807	0.2873
	磷酸氢二钾	K_2HPO_4	174.18	44.90	2.2272	0.4490
	碳酸钾	K_2CO_3	138.20	56.58	1.7674	0.5658
Ca	四水硝酸钙	$Ca(NO_3)_2 \cdot 4H_2O$	236.15	16.97	5.8928	0.1697
	碳酸钙	$CaCO_3$	100.09	40.04	2.4975	0.4004
	氯化钙	$CaCl_2$	110.98	36.11	2.7693	0.3611
	硫酸钙	$CaSO_4 \cdot 2H_2O$	172.17	23.28	4.2955	0.2328
Mg	硫酸镁	$MgSO_4 \cdot 7H_2O$	246.48	9.86	10.1420	0.0986
	碳酸镁	$MgCO_3$	84.31	28.83	3.4686	0.2883
	氯化镁	$MgCl_2$	95.21	25.83	3.9170	0.2553
S	硫酸镁	$MgSO_4 \cdot 7H_2O$	246.48	13.01	7.6864	0.1301
	硫酸铵	$(NH_4)_2SO_4$	132.14	24.26	4.1220	0.2426
	硫酸钾	K_2SO_4	174.26	18.40	5.4348	0.1840
Cu	硫酸铜	$CuSO_4 \cdot 5H_2O$	249.69	25.45	3.9293	0.2545
	氯化铜	$CuCl_2 \cdot 2H_2O$	170.48	37.28	2.6824	0.3728
Fe	硫酸亚铁	$FeSO_4 \cdot 7H_2O$	278.02	20.09	4.9776	0.2009
	氯化铁	$FeCl_3 \cdot 6H_2O$	270.30	20.66	4.8403	0.2066
Zn	氯化锌	$ZnCl_2$	136.28	47.97	2.0846	0.4797
	硫酸锌	$ZnSO_4 \cdot 7H_2O$	287.54	22.73	4.3994	0.2273
Mn	硫酸锰	$MnSO_4 \cdot H_2O$	169.01	32.51	3.0760	0.3251
	氯化锰	$MnCl_2 \cdot 4H_2O$	197.09	27.76	3.6023	0.2776
B	硼酸	H_3BO_3	61.83	17.48	5.7208	0.1748
	硼砂	$Na_2B_4O_7 \cdot 10H_2O$	381.37	11.34	8.8183	0.1134
Mo	钼酸铵	$(NH_4)_6Mo_7O_{24} \cdot 4H_2O$	1235.86	54.34	1.8403	0.5434
	钼酸钠	$Na_2MoO_4 \cdot 2H_2O$	241.95	39.65	2.5221	0.3965

注：以上化学肥料均以纯品计算，实际产品常含有杂质，在应用此表时应计算杂质含量。

附录五　一些难溶化合物的溶度积常数（K_{sp}）

化合物的化学式	K_{sp}	化合物的化学式	K_{sp}
$CaCO_3$	2.8×10^{-9}	$MgNH_4PO_4$	2.5×10^{-13}
CaC_2H_4	2.6×10^{-9}	$Mg(OH)^2$	1.8×10^{-11}

（续）

化合物的化学式	K_{sp}	化合物的化学式	K_{sp}
$Ca(OH)^2$	5.5×10^{-8}	$MnCO_3$	1.8×10^{-11}
$CaHPO_4$	1.0×10^{-7}	$Mn(OH)^2$	1.9×10^{-13}
$Ca_3(PO_4)_2$	2.0×10^{-29}	MnS 晶体	2.0×10^{-13}
$CaSO_4$	9.1×10^{-6}	$ZnCO_3$	1.4×10^{-11}
CuCl	1.2×10^{-6}	$Zn(OH)_2$	1.2×10^{-17}
CuOH	1.0×10^{-14}	$Zn(PO_4)_2$	9.1×10^{-33}
Cu_2S	2.0×10^{-48}	ZnS	2.0×10^{-22}
CuS	6.0×10^{-36}	$FeCO_3$	3.2×10^{-11}
$CuCO_3$	1.4×10^{-10}	$Fe(OH)_2$	8.0×10^{-16}
$Cu(OH)_2$	2.0×10^{-20}	$Fe(OH)_3$	4.0×10^{-38}
$MgCO_3$	3.5×10^{-8}	$FePO_4$	1.3×10^{-22}
$MgCO_3\cdot3H_2O$	2.1×10^{-5}	FeS	6.3×10^{-18}

注：以上难溶化合物的溶度积常数是在 18～25 ℃测定。

附录六　pH 标准缓冲溶液

浓度 ＼ pH ＼ 温度（℃）	10	15	20	25	30	35
草酸钾（0.05 mol/L）	1.67	1.67	1.68	1.68	1.68	1.69
酒石酸氢钾饱和溶液	—	—	—	3.56	3.55	3.55
邻苯二甲酸氢钾（0.05 mol/L）	4.00	4.00	4.00	4.00	4.01	4.02
磷酸氢二钠（0.025 mol/L）、磷酸氢二钾（0.025 mol/L）	6.92	6.90	6.88	6.86	6.85	6.84
四硼酸钠（0.01 mol/L）	9.33	9.28	9.23	9.18	9.14	9.11
氢氧化钙饱和溶液	13.01	12.82	12.64	12.46	12.29	12.13

附录七　EDTA－Fe 及其他金属螯合物的自制方法

现在无土栽培生产中常用螯合铁（EDTA－Fe、EDDHA－Fe）等来作为铁源，以解决无机铁源（$FeSO_4$）在营养液中由于受环境因素（pH 升高、受空气氧化等）的影响而变无效的问题。现介绍用硫酸亚铁或其他无机金属盐和乙二胺四乙酸二钠盐来自制 EDTA－Fe 或其他金属螯合物的方法。

一、0.05 mol EDTA－Fe 贮备液的配制

1. 配制 0.1 mol EDTA－2Na 溶液　称取乙二胺四乙酸二钠［$(NaOOCH_2)_2\cdot NCH_2CH_2\cdot N\cdot(CH_2COOH)_2\cdot2H_2O$］37.7 g 于一烧杯中，加入 600～700 ml 新煮沸放冷至 60～70 ℃的温水，搅拌至完全溶解。冷却后倒入 1 000 ml 容量瓶中，加入新煮沸放置冷却的纯水至刻度，摇均。此溶液即为 0.1 mol EDTA－2Na 溶液。

2. 配制 0.1 mol 硫酸亚铁溶液 称取硫酸亚铁（$FeSO_4 \cdot 7H_2O$）27.8 g 于一烧杯中，加入约 600 ml 新煮沸放置冷却的纯水，搅拌至完全溶解，再倒入 1 000 ml 容量瓶中，加水至刻度，摇均。此溶液即为 0.1 mol 硫酸亚铁溶液。

3. 配制 0.05 mol EDTA－Fe 贮备液 将已预先配制好的 0.1 mol 硫酸亚铁溶液和 0.1 mol EDTA－2Na溶液等体积混合，即得 0.05 mol EDTA－Fe 贮备液。该溶液含铁量为 2 800 mg/L，可按实际需要来加入 EDTA－Fe 贮备液。

二、其他金属螯合物的配制

按表附 7－1 分别称取无机金属盐，按上述方法分别配制 0.1 mol EDTA－2Na 和金属盐溶液，然后等体积混合，所得的溶液即为 0.05 mol 金属螯合物溶液。

表附 7－1 配制金属螯合物所需金属盐用量

金属	所用的金属盐			配制 1 000 mol 溶液所需金属盐用量（g）	0.05 mol 金属螯合物溶液中金属含量（mg/L）
	名 称	分子式	相对分子质量		
铁	硫酸亚铁	$FeSO_4 \cdot 7H_2O$	278.01	27.8	Fe：2 792
锰	硫酸锰	$MnSO_4 \cdot H_2O$	169.01	16.9	Mn：2 747
锌	硫酸锌	$ZnSO_4 \cdot 7H_2O$	287.54	28.8	Zn：3 269
铜	硫酸铜	$CuSO_4 \cdot 5H_2O$	249.68	25.0	Cu：3 177

也可用氯化物来代替表附 7－1 中的各种硫酸盐，但用量必须经过换算。

主要参考文献

北京林业大学园林系花卉教研室．1998. 花卉学［M］. 北京：中国林业出版社．

别之龙．2008. 工厂化育苗原理与技术［M］. 北京：中国农业出版社．

卜崇兴，张艳玲，王叶筠，等．1995. 新疆吐鲁番日光温室下的早金甜瓜沙培技术［J］. 中国西瓜甜瓜（1）：20－21.

蔡象元．2000. 现代蔬菜温室设施和管理［M］. 上海：上海科技学技术出版社．

陈端生，王刚．1996. 几种日光温室外保温覆盖材料的保温性能［J］. 农业工程学报，12（增刊）：108－115.

陈端生．1990. 日光温室气象环境综合研究（一）［J］. 农业工程学报，6(2)：77－81.

陈端生，郑海山，张建国．1990. 日光温室气象环境综合研究（三）［J］. 农业工程学报，8(4)：78－82.

陈端生．1994. 中国节能型日光温室建筑与环境研究进展［J］. 农业工程学报，10(1)：123－129.

陈端生．2001. 中国节能性日光温室的理论和实践［J］. 农业工程学报，17(1)：22－26.

陈发棣，房伟民．2002. 新优盆栽花卉栽培技术［M］. 南昌：江西科技出版社．

陈发棣，房伟民．2003. 新优盆花栽培图说［M］. 北京：中国农业出版社．

陈发棣，郭维明．2009. 观赏园艺学［M］. 北京：中国农业出版社．

陈贵林，李式军．1995. 发展中国的无土栽培业［J］. 科技导报（11）：49－50.

陈幼源．2000. 植株调整对无土栽培网纹甜瓜不同品种产量和品质的影响［J］. 上海农业学报，16(2)：60－64.

陈震，马小军，赵杨景，等．1991. 西洋参无土栽培方法的初步研究［J］. 中国中药杂志，16(9)：528.

戴全裕，陈源高，魏云，等．1996. 水培经济植物对酿酒废水净化与资源化生态工程研究［J］. 科学通报，41(6)：547－551.

杜玉宽，杨德兴．2000. 水果、蔬菜、花卉气调贮藏及采后技术［M］. 北京：中国农业大学出版社．

樊明寿，张福锁．2002. 植物通气组织的形成过程和生理生态学意义［J］. 植物生理学通讯，38：615－618.

高洪波，郭世荣，章铁军，等．2006. 营养液低氧胁迫对网纹甜瓜幼苗生长和生理代谢影响［J］. 沈阳农业大学学报，37(3)：368－372.

高丽红．2004. 蔬菜穴盘育苗实用技术［M］. 北京：中国农业出版社．

葛晓光．1999. 蔬菜育苗大全［M］. 北京：中国农业出版社．

葛滢，王晓月，常杰．1999. 不同程度富营养化水中植物净化能力比较研究［J］. 环境科学学报，19(64)：690－692.

郭世荣，橘昌司，李谦盛．2003. 营养液温度和溶解氧浓度对黄瓜植株氮化合物含量的影响［J］. 植物生理与分子生物学学报，29(6)：593－596.

郭世荣，李式军，程斐，等．2000. 有机基质在蔬菜无土栽培上的应用研究［J］. 沈阳农业大学学报，31（1）：89－92.

郭世荣，马娜娜，张经付．2001. 芦苇末基质对樱桃番茄和瓠瓜生理特性的影响［J］. 植物生理学通讯，37（5）：411－412.

郭世荣．2000. 营养液浓度对黄瓜和番茄根系呼吸强度的影响［J］. 园艺学报，27(2)：141－142.

郭世荣．2002. 固体栽培基质研究、开发现状及今后的发展趋势［J］. 农业工程学报，19（增刊）：1－4.

郭世荣 . 2011. 设施作物栽培学 [M]. 北京：高等教育出版社 .
郝保春 . 2000. 草莓生产技术大全 [M]. 北京：中国农业出版社 .
菅野昭雄，著 . 李式军，编译 . 2008. 日本环保型设施园艺技术发展新动向 [J]. 农业工程技术・温室园艺 (1)：32 - 33.
蒋德宁，温祥珍 . 2011. 设施蔬菜技术讲座 [M]. 太原：山西人民出版社 .
蒋卫杰，刘伟，郑光华 . 1998. 蔬菜无土栽培新技术 [M]. 北京：金盾出版社 .
蒋毓隆 . 1989. 蔬菜塑料大棚栽培技术 [M]. 上海：上海科学技术出版社 .
亢树华，房思强，戴雅东，等 . 1992. 节能型日光温室墙体材料及结构的研究 [J]. 中国蔬菜 (6)：1 - 5.
孔妤，王忠，顾蕴洁，等 . 2009. 土培和水培吊兰根系结构的观察 [J]. 园艺学报，36(4)：533 - 538.
李富恒，王艳 . 2001. 草莓无土栽培营养液的配制及管理 [J]. 农业系统科学与综合研究，17(3)：210 - 211，214.
李建明 . 2005. 室内芽苗菜种植新技术 [M]. 杨凌：西北农林科技大学出版社 .
李建明 . 2010. 设施农业概论 [M]. 北京：化学工业出版社 .
李式军，郭世荣 . 2011. 设施园艺学 [M]. 2 版 . 北京：中国农业出版社 .
李同升，马庆斌 . 2002. 观光农业景观结构与功能研究 [J]. 生态学杂志，21(2)：77 - 80.
李霞，解迎革，薛绪掌，等 . 2010. 不同基质含水量下盆栽番茄蒸腾量、鲜物质积累量及果实产量的差异 [J]. 园艺学报，37(5)：805 - 810.
李小川，张京社 . 2009. 蔬菜穴盘育苗 [M]. 北京：金盾出版社 .
李止正，龚颂福 . 2002. 立柱和柱式无土栽培系统及其在生菜栽培上的应用 [J]. 应用环境生物学报，8 (2)：142 - 147.
连兆煌 . 1994. 无土栽培原理与技术 [M]. 北京：中国农业出版社 .
林仁埙，方红，陈敏，等 . 1994. 水面无土栽培水稻研究 [J]. 福建省农科院学报，9(4)：1 - 4.
林维申 . 1981. 新型单屋面高性能温室结构和性能的研究 [J]. 内蒙古农牧学院学报 (1)：129 - 137.
刘飞，王代容，吕长平，等 . 2009. 我国花卉水培研究及应用 [J]. 广东农业科学，5：69 - 71.
刘铭，张英杰，吕英民 . 2010. 荷兰设施园艺的发展现状 [J]. 农业工程技术・温室园艺 (8)：24 - 33.
刘士哲，连兆煌 . 1994. 蔗渣做蔬菜工厂化育苗基质的生物处理与施肥措施研究 [J]. 华南农业大学学报，15(3)：1 - 7.
刘士哲 . 2004. 现代实用无土栽培技术 [M]. 北京：中国农业出版社 .
刘淑媛，任久长，由文辉 . 1999. 利用人工基质无土栽培经济植物净化富营养化水体的研究 [J]. 北京大学学报（自然科学版），35(4)：518 - 522.
刘义玲，李天来，孙周平，等 . 2009. 根际低氧胁迫对网纹甜瓜光合作用、产量和品质的影响 [J]. 园艺学报，36(10)：1465 - 1472.
刘增鑫 . 2000. 特种蔬菜无土栽培 [M]. 北京：中国农业出版社 .
陆景陵 . 2001. 植物营养学 [M]. 北京：中国农业大学出版社 .
栾玉振 . 1988. 关于温室荷载计算问题的探讨 [J]. 吉林农业大学学报，10(2)：85 - 88.
罗健，王英，林东教，等 . 2007. 金琥快速水培技术及其根系适应性的研究 [J]. 园艺学报，34(3)：711 - 716.
马国瑞 . 1994. 园艺植物营养与施肥 [M]. 北京：中国农业出版社 .
马鸿翔，段辛楣 . 2001. 南方草莓高效益栽培 [M]. 北京：中国农业出版社 .
马骥，王勋陵，王燕春 . 1997. 骆驼蓬属营养器官的旱生结构 [J]. 西北植物学报，17(4)：478 - 482.
马克奇，陈年来，王鸣 . 2001. 甜瓜优质栽培理论与实践 [M]. 北京：中国农业出版社 .
聂和民 . 1990. 日光温室的结构与发展问题探讨 [J]. 农业工程学报，6(2)：100 - 101.
牛庆良，黄丹枫，宋新启 . 2000. 网纹甜瓜基质袋无土栽培技术 [J]. 长江蔬菜 (8)：35 - 36.
潘瑞炽 . 2008. 植物生理学 [M]. 北京：高等教育出版社 .

裴孝伯．2010. 有机蔬菜无土栽培技术大全 [M]. 北京：化学工业出版社．
清水茂．1973. 施設園芸の基礎技术 [M]. 诚文堂新光社．
屈冬玉，李树德．2001. 中国蔬菜种业大观 [M]. 北京：中国农业出版社．
任艳芳，温祥珍，李亚灵，等．2001. 温室内保温覆盖材料的保温性能 [J]. 华北农学报，16（增刊）：107－110.
山崎肯哉．1989. 营养液栽培大全 [M]. 北京：北京农业大学出版社．
司亚平，何伟明．1999. 蔬菜穴盘育苗技术 [M]. 北京：中国农业出版社．
宋祥甫，吴伟明，应火冬，等．1996. 自然水域无土栽培水稻的生态适应性研究 [J]. 中国水稻科学，10（4）：227－234.
苏贵定，李亚灵，李红岩．2010. 高效设施农业基地实用技术 [M]. 太原：山西科学技术出版社．
苏培玺，安黎哲，马瑞君，等．2005. 荒漠植物梭梭和沙拐枣的花环结构及 C4 光合特征 [J]. 植物生态学报，29(1)：1－7.
孙忠富，吴毅明，曹永华，等．1993. 日光温室中直射光的计算机模拟方法 [J]. 农业工程学报，9(1)：36－41.
汤国辉，奥岩松．1994. 我国节能温室发展概况 [J]. 新能源，16(9)：1－5.
唐德英，李荣英，李学兰，等．2008. 金钗石斛试管苗仿野生栽培技术研究 [J]. 中国中药杂志，33(10)：1208－1210.
陶正平．2002. 黄瓜产业配套栽培技术 [M]. 北京：中国农业出版社．
田吉林，奚振邦，陈春红，等．2002. 设施蔬菜无土栽培基质珍珠岩质量参数研究 [J]. 农业工程学报，9：197－198.
汪强，苏菊，孙合金，等．2008. 水培花卉水生根系诱导研究初报 [J]. 中国农学通报，24(1)：60－63.
王虹，徐刚，高文瑞，等．2009. 中药渣有机基质配比对辣椒生长及产量、品质的影响 [J]. 江苏农业学报，25(6)：1301－1304.
王华芳．1997. 花卉无土栽培 [M]. 北京：金盾出版社．
王化．1985. 蔬菜现代育苗技术 [M]. 上海：上海科学技术出版社．
王怀松，张志斌，王耀林，等．2000. 塑料大棚厚皮网纹甜瓜有机生态型无土栽培技术 [J]. 中国蔬菜（6）：45－46.
王久兴，王子华．2005. 现代蔬菜无土栽培 [M]. 北京：科学技术文献出版社．
王久兴．2000. 蔬菜无土栽培实用技术 [M]. 北京：中国农业大学出版社．
王明启．2001. 花卉无土栽培技术 [M]. 沈阳：辽宁科学技术出版社．
王秀峰，陈振德．2000. 蔬菜工厂化育苗 [M]. 北京：中国农业出版社．
王秀峰，魏珉，崔秀敏．2002. 保护地蔬菜育苗技术 [M]. 济南：山东科技出版社．
王瑜．2000. 庭院蔬菜无土栽培 [M]. 北京：海洋出版社．
王振龙．2008. 无土栽培教程 [M]. 北京：中国农业大学出版社．
王忠强，吴良欢，许波峰，等．2007. 供氮水平对爬山虎幼苗生长形态和氮分配的影响 [J]. 应用生态学报，18(10)：2214－2218.
韦强，范双喜，贾立民，等．1998. 黄瓜有机生态型实用无土栽培技术 [J]. 中国蔬菜(5)：42－44.
韦三立．2000. 花卉无土栽培 [M]. 北京：中国林业出版社．
魏凤娟．2010. 铁皮石斛组织培养与栽培技术研究进展 [J]. 广东农业科学（4）：81－85.
魏珉．2009. 日本设施蔬菜及无土栽培发展概况 [J]. 山东蔬菜（1）：44－45.
魏文锋，徐铭，钟文田，等．1999. 工厂化高效农业 [M]. 沈阳：辽宁科学技术出版社．
温祥珍，韩忻彦，李亚灵．2001. 发展设施园艺，促进产业结构调整 [J]. 华北农学报，16（增刊）：189－192.
温祥珍，李亚灵，弓志清．2001. 设施园艺生产与无土栽培 [M]. 北京：中国科学技术出版社．

温祥珍，李亚灵．1994. 温室高效优质高产栽培技术 [M]. 北京：中国农业出版社．
温祥珍，李亚灵．2001. 温室生产在中国农业发展中的地位与作用 [C]. 国际农业科技大会论文集．
温祥珍．1998. 图说绿叶蔬菜的工厂化生产新技术 [M]. 北京：科学出版社．
温祥珍．1999. 从国外设施园艺状况看中国设施园艺的发展 [J]. 中国蔬菜（4）：1-5.
吴明珠，伊鸿平，冯炯鑫，等．2000. 哈密瓜南移东进生态育种与有机生态型无土栽培技术研究 [J]. 中国工程科学，2(8)：83-88.
吴伟明，宋祥甫，应火冬，等．1998. 水域浮床水稻的干物质生产特性 [J]. 中国水稻科学，12(4)：223-238.
邢禹贤．2001. 新编无土栽培原理与技术 [M]. 北京：中国农业出版社．
薛琳，田丽苹．1996. 不同外保温措施对日光温室的温度影响 [J]. 农业工程学报，12（增刊）：144-145.
严巧娣，苏培玺．2006. 植物含晶细胞的结构与功能 [J]. 植物生理学通讯，42(4)：761-766.
杨振超，邹志荣．2005. 温室大棚无土栽培新技术 [M]. 杨凌：西北农林科技大学出版社．
尹克林．2001. 草莓无土栽培 [J]. 中国南方果树，30(1)：34-35.
尤伟忠，HansKok，房伟民，等．2009. 空气湿度对东方百合生长和切花品质的影响 [J]. 园艺学报，36(4)：527-532.
由文辉，刘淑媛，钱晓燕．2000. 水生经济植物净化受污染水体研究 [J]. 华东师范大学学报（自然科学版）(1)：99-102.
郁明谏．1999. 人工土绿化栽培技术 [M]. 上海：上海科学技术文献出版社．
张福墁．2009. 设施园艺学 [M]. 2 版．北京：中国农业大学出版社．
张文献，艾尔肯·牙生．2001. 上海地区哈密瓜有机生态型无土栽培技术初探 [J]. 中国西甜瓜（3）：31-32.
张真和，李建伟．1999. 我国设施园艺的发展态势及问题探讨 [J]. 中国蔬菜，3：1-4.
张正伟，王树忠，曹致富．2004. 大型温室红掌切花栽培管理技术 [J]. 农村实用工程技术，7：48-51.
章镇．2004. 园艺学各论 [M]. 北京：中国农业出版社．
赵有为．1999. 中国水生蔬菜 [M]. 北京：中国农业出版社．
郑成淑．2009. 切花生产理论与技术 [M]. 北京：中国林业出版社．
郑光华，汪皓，李文田．1990. 蔬菜花卉无土栽培技术 [M]. 上海：上海科学技术出版社．
郑光华等译．J. J. 等．1984. 温室管理 [M]. 北京：科学出版社．
钟均超，刘俊玲，孙景玉，等．2005. 无土栽培西洋参基质选择研究 [J]. 人参研究（1）：21.
周艺敏，程奕，孟昭芳，等．2002. 不同营养液及基质对黄瓜产量品质的影响 [J]．华北农学报，17(1)：82-87.
周允将，李保明，秦家利．1991. 保护地遮阳材料的筛选 [J]. 北京农业工程大学学报，11(1)：76-80.
周长吉，杜金光．1999. 几种日光温室复合保温被保温性能分析 [J]. 农业工程学报，15(2)：168-171.
周长吉，孙山，吴德让．1993. 日光温室前屋面采光性能的优化 [J]. 农业工程学报，9(4)：58-61.
周长吉．1994. 日光温室设计荷载探讨 [J]. 农业工程学报，10(1)：161-166.
周长吉．2011.《中国设施园艺》——全国设施园艺生产调查报告 [M]. 北京：中国农业出版社．
RC斯泰尔，DS科兰斯基，著．刘滨，等译．2007. 穴盘苗生产原理与技术 [M]. 北京：化学工业出版社．
池田英男．1996. 最新养液栽培の手引き第 3 章用水と培养液の调整（日本设施园艺协会编）．139-157.
島地英夫．1996. 二重空氣膜構造エアハウスによる太陽熱の集熱 [J]. 施設園芸，38(8)：24.
岡田益已．1984. 温室カーーテン用資材の保温力簡單な比較法 [J]. 農業氣象，40(2)：159-162.
古在丰樹．1979. 生産温室の構造と光環境 [J]. 農業および園芸，54(10、11)：1311-1315、1422-1426.
管原真治．1997. 施設園芸トマトの课题と展望 [J]. 施設園芸，39(2、3、4、5、6)：40、34、56、50、34.

日本施設園芸协会 . 1993. 施設園芸ハンドブック[M]. 三訂 . 園芸情报センター .

Arnon D I, Hoagland D R. 1940. Crop production in artificial culture solutions with special reference to factors influencing yields and absorption of inorganic nutrients[J]. Soil Science, 50: 463 - 485.

Arnon D I. 1937. Ammonium and nitrate nitrogen nutrition of barley at different seasons in relation to hydrogen - ion and oxygen supply[J]. Soil Science, 44: 91 - 121.

Arunika H G, Deborah M P, Michael B J, et al. 2001. Characterization of programmed cell death during aerenchyma formation induced by ethylene or hypoxia in roots of maize (*Zea mays* L.) [J]. Planta, 212: 205 - 214.

Bakker J C, G P A Bot, H Challa, et al. 1995. Greenhouse climate control—an integrated approach [M]. Wageningen Pers.

Challa H, A Christianen - Noordam, 1997. General principles of protected cultivation[M]. Syllabus, Wageningen Agricultural Unicersity.

Clarkson D T C, Carvajal M, Henzler T, et al. 2000. Root hydraulic conductance: Diurnal aquaporin expression and the effects of nutrient stress[J]. J Exp Bot, 51: 61 - 70.

Cornejo J J, Munoz F G, Ma C Y, et al. 1999. Studies on the decontamination of air by plants [J]. Ecotoxicology, 8: 311 - 320.

G Stanhill, H Zvi Enoch. 1999. Greenhouse Ecosystems[M]. Wageningen Pers.

H Kawashima, M Nonaka. 1998. Characteristics of the Thermal Environment in Sloping Greenhouses [M]. Acta Horticulturae.

Howard M. 1987. Resh, Hydroponic Food Production[M]. Woodbridge Press Publishing Company.

Jones J B. 2005. Hydroponics[M]. USA: CRC Press.

Keith Roberto. 2003. How to hydroponics[J]. Future Garden, Inc. Farmingdale, New York, 16 - 18.

Lindsay W J. 1979. Chemical equilibrium in soil[M]. New York: John Wiley and Sons.

Mielke M S, Almeida A A F, Gomes F P, et al. 2003. Leaf gas exchange, chlorophyll fluorescence and growth responses of Genipa americana seedlings to soil flooding[J]. Environ Exp Bot, 50: 221 - 231.

Montesano F, Parente A, Santamaria P. 2011. Closed cycle subirrigation with low concentration nutrient solution can be used for soilless tomato production in saline conditions [J]. Scientia Horticulturae, 124: 338 - 344.

Nakata P A, Kostman T A, Franceschi V R. 2003. Calreticulin is enriched in the crystal idioblasts of *Pistia stratiotes*[J]. Plant Physiol Biochem, 41: 425 - 430.

Nakata P A. 2003. Advances in our understanding of calcium oxalate crystal formation and function in plants [J]. Plant Sci, 164: 901 - 909.

Nukaya A, Hashimoto H. 2000. Effects of nitrate, chloride and sulfate ratios and concentration in the nutrient solution on yield, growth and mineral uptake characteristics of tomato plants grown in closed rockwool system[J]. Acta Horticulturae, 165 - 171.

Philippe M, Ludovic L, Jerome S. 2000. Effect of oxygen deficiency on up take of water and mineral nutrients by tomato plants in soilless culture[J]. Journal of Plant Nutrition, 23(8): 1063 - 1078.

Serio F, De Gara L, Caretto S, et al. 2004. Influence of an increased NaCl concentration on yield and quality of cherry tomato grown in *Posidonia*[*Posidonia aceanica* (L.) Delile][J]. Journal Science of Food and Agriculture, 84: 1885 - 1890.

Steiner A A. 1961. A universal method for preparing nutrient solutions of a certain desired composition [J]. Plant and Soil, 15(2): 134 - 154.

Wen XiangZhen, Li YaLing. 2001. Position and function of greenhouse production in the development of agriculture in China. International conference on agricultural science and technology[J]. Beijing, China, Session

2：Sustainable Agriculture(2)：528－534.

Xiang Zhen Wen，Ya Ling Li，Jun Shen，et al. 2002. Design and the effect of a Chinese greenhouse with unsymmetrical and multi－span structure[M]. Acta Horticulturae.

Ya Ling Li，Stanghellini C，Challa H. 2001. Effect of electrical conductivity and transpiration on production of greenhouse tomato(*Lycopersicon esculentum* L.)[J]. Scientia Horticulturae，88：11－29.

Ya Ling Li，Xiang Zhen Wen，Yi Xia Xue，et al. 2002. Study of growing pattern for high efficient utilization in a greenhouse[M]. Acta Horticulturae.

图书在版编目（CIP）数据

无土栽培学 / 郭世荣主编．—2 版．—北京：中国农业出版社，2011.6（2017.12 重印）

普通高等教育“十一五”国家级规划教材．全国高等农林院校“十一五”规划教材

ISBN 978-7-109-16462-8

Ⅰ.①无…　Ⅱ.①郭…　Ⅲ.①无土栽培-高等学校-教材　Ⅳ.①S317

中国版本图书馆 CIP 数据核字（2011）第 275240 号

中国农业出版社出版
（北京市朝阳区农展馆北路 2 号）
（邮政编码 100125）
策划编辑　戴碧霞
文字编辑　田彬彬

北京万友印刷有限公司印刷　　新华书店北京发行所发行
2003 年 1 月第 1 版　　2011 年 6 月第 2 版
2017 年 12 月第 2 版北京第 5 次印刷

开本：787mm×1092mm　1/16　　印张：25.5　　插页：4
字数：605 千字
定价：48.50 元

连栋玻璃温室（郭世荣）

连栋塑料温室（郭世荣）

营养液罐及其控制系统（郭世荣）

营养液膜（NFT）栽培设施（郭世荣）

深液流（DFT）栽培设施（郭世荣）

家庭用水培设施（郭世荣）

穴盘基质育苗（郭世荣）

叶用莴苣深液流水培（郭世荣）

白菜营养液膜栽培（郭世荣）

菠菜营养液膜栽培（郭世荣）

叶用莴苣营养液膜立体栽培（郭世荣）

叶菜管道式基质栽培（郭世荣）

螺旋仿生水培柱（汪晓云）

叶用莴苣立体柱水培（郭世荣）

立体基质培叶用莴苣栽培（郭世荣）

植物工厂水培叶用莴苣（郭世荣）

草莓基质培（郭世荣）

蔬菜雾培栽培（郭世荣）

番茄岩棉培（郭世荣）

番茄深液流水培（郭世荣）

番茄长季节基质培（郭世荣）

黄瓜袋式基质培（吴震）

黄瓜槽式基质培（郭世荣）

甜椒槽式基质培（郭世荣）

哈密瓜桶式基质培（郭世荣）

网纹甜瓜盆钵基质栽培（郭世荣）

花卉管道式立体无土栽培（郭世荣）

花卉柱式立体无土栽培（郭世荣）

花卉雾培栽培（郭世荣）

凤梨基质栽培（郭世荣）

一品红基质盆栽（郭世荣）

无花果营养液膜周年栽培（郭世荣）